卫生部“十一五”规划教材
全国高等医药教材建设研究会规划教材
全国高等学校教材
供美容医学类专业用

第2版

美容化妆品学

主　审　刘　玮
主　编　李　利
副主编　赖　维　张春娜
编　者　（按姓氏笔画排序）

王学民　上海市皮肤病医院
刘　玮　解放军空军总医院
刘永国　北京工商大学化工与环境工程学院
刘盛秀　安徽医科大学第一附属医院
李　利　四川大学华西临床医学院
李　惠　重庆医科大学附属第一医院
李发胜　大连医科大学检验医学院
杨　帆　天津中医药大学中医学院
杨蓉娅　解放军北京军区总医院
何　黎　昆明医学院第一附属医院
张怀亮　中国医学科学院皮肤病医院
张春娜　宜春学院美容医学院
赖　维　中山大学附属第三医院

编写秘书　周成霞　胡念芳　四川大学华西临床医学院

人民卫生出版社

图书在版编目(CIP)数据

美容化妆品学/李利主编. —2版. —北京:人民卫生出版社,2011. 1
ISBN 978-7-117-13607-5

Ⅰ. ①美… Ⅱ. ①李… Ⅲ. ①美容用化妆品—教材 Ⅳ. ①TQ658.5

中国版本图书馆CIP数据核字(2010)第202708号

人卫智网	**www.ipmph.com**	**医学教育、学术、考试、健康,购书智慧智能综合服务平台**
人卫官网	**www.pmph.com**	**人卫官方资讯发布平台**

版权所有,侵权必究!

本书本印次封底贴有防伪标。请注意识别。

美容化妆品学

第 2 版

主　　编: 李　利
出版发行: 人民卫生出版社(中继线 010-59780011)
地　　址: 北京市朝阳区潘家园南里19号
邮　　编: 100021
E - mail: pmph @ pmph.com
购书热线: 010-59787592　010-59787584　010-65264830
印　　刷: 三河市宏达印刷有限公司
经　　销: 新华书店
开　　本: 787×1092　1/16　**印张:** 28　**插页:** 4
字　　数: 717千字
版　　次: 2002年7月第1版　2025年1月第2版第25次印刷
标准书号: ISBN 978-7-117-13607-5
定　　价: 46.00元
打击盗版举报电话: 010-59787491　E-mail: WQ @ pmph.com
质量问题联系电话: 010-59787234　E-mail: zhiliang @ pmph.com

全国高等学校教材美容医学专业

第二轮规划教材修订说明

全国高等医药院校医学美容专业卫生部规划教材是我国第一套供美容医学专业本科使用的教材，第一轮教材使用至今已整整8年，为我国美容医学人才的培养发挥了巨大作用。8年来，美容医学事业在中国得到了长足的发展，新理念、新器材、新技术层出不穷，尤其是中国传统医学美容思想、方法与西方美容医学的相互渗透与融合，正逐渐产生出带有东方文化气质的新的美容医学，这给第二轮教材的修订工作提供了巨大的动力和挑战。中华医学会医学美学与美容学分会参与了第一轮教材的编写和出版工作，并一直关心本套教材的使用情况。第二轮教材修订工作依然得到了他们的大力支持，并汇集了全国一大批教学、科研和医疗第一线的医学专家共同参与，在总结第一轮教材编写的不足的前提下，进行了人规模的修订，使本套教材内容分类更加科学系统，知识结构更加合理，临床实践更加实用。经过第二轮的修订过后，本套教材将力求更加成熟、完美和新颖。

本次修订工作由2009年3月开始启动，其修订和编写特点如下：

1. 在全国广泛、深入的调研情况下，总结了第一轮教材编写的经验与不足，对第二轮教材评审委员会进行了改选，使评审委员会充分保持学术权威性的基础上，更加考虑评审委员会的教学指导水平。

2. 经全国高等学校美容医学专业第二届教材评审委员会审议决定，本套教材将上一轮教材书名中的名词“医学美容”更改为“美容医学”。

3. 对上一轮教材编写中美容医学与其他学科（整形外科、皮肤科、中医科、口腔科）交叉、含混不清的部分重新做了界定与说明，对难以界定的内容，编写时也采取有取有舍的态度。

4. 本套教材进一步明确了美容医学课程体系与具体骨干课程。

5. 教材编写依然坚持“三基、五性、三特定”的编写原则。

6. 内容上在坚持学科体系完整性的情况下，更加突出教材内容的实用性，力求文字精炼，压缩篇幅，以适合目前的美容医学专业的教学模式。

7. 在尽可能不增加学生负担的情况下，提高印刷装帧质量，根据学科需要，部分教材改为彩色印刷，以提升教材的质量和可读性。

第2轮教材共12种，分为三个部分美容医学理论基础课程、美容医学临床基础课程、美容医学临床课程，新增一种《美容营养学》。本套教材均为卫生部“十一五”规划教材。

全国高等学校美容医学专业

第二届教材评审委员会

名誉主任委员　彭庆星　中华医学会医学美学与美容学分会前任主任委员

顾　　问　刘洪臣　中华医学会医学美学与美容学分会主任委员

王志军　中华医学会医学美学与美容学分会副主任委员

刘　玮　中国医师协会美容与整形医师分会副会长

主任委员　何　伦

副主任委员　刘　宁　于　江

委　　员　（按姓氏笔画排序）

王向义　王海林　边二堂　刘林嶓

何　黎　张信江　林俊华　金哲虎

第 2 轮教材目录

第 2 版前言

《美容化妆品学》是结合美容学的基本原理、皮肤科学的基础知识，重在化妆品临床应用的一门新生的交叉综合性学科。随着化妆品行业的快速发展，化妆品原料研究日新月异，加之皮肤基础理论研究的不断进展，化妆品已从简单的美容修饰作用扩展到参与皮肤新陈代谢，延缓皮肤衰老，修复皮肤屏障等复杂的临床功效。因此,《美容化妆品学》的研究领域也应不断拓展，使其涵盖的内容更加丰富，在这样的背景下，再次修订《美容化妆品学》，日益凸显出其在医学美容教学中的重要地位和作用。

《美容化妆品学》作为一本专科知识载体的教材，既是该学科基本知识的传播，新进展和新成果的展示，也是教学经验的总结和教学效果的保证。为了深刻理解和全面掌握本专业的知识体系，必须构建化妆品研发生产和皮肤基础理论的框架系统。《美容化妆品学》第2版共分总论和各论两部分，包含二十六章。总论部分，在延续对化妆品基础知识和皮肤解剖组织学作概要介绍的内容外，还对化妆品在皮肤科的应用作了单独详细的介绍，并讨论了可能导致的皮肤不良反应以及全身反应，以强调严格执行国家化妆品卫生法规的必要性。在各论的章节中，注意皮肤解剖结构和病理生理特点与化妆品知识体系的融会贯通，以更好地理解化妆品的作用机制、原料和配方，指导临床合理地应用产品。各论先依次介绍了清洁、防晒、保湿等十二类皮肤用化妆品，还增加了敏感性皮肤用产品；后五章介绍毛发使用的各类产品。本书在总论专门阐述化妆品的使用方法，在各论又对每种化妆品的使用作了详细的说明，以呼应本书强调化妆品临床应用的宗旨。总论部分还增设化妆品临床评价章节，尤其对皮肤无创性测量技术做了概要的介绍。在各论中针对每类化妆品的评价，推荐了各种测量方法的组合。在传承基本知识、基本技能和基本操作的基础上，力求汇集当前新的进展。

本轮修订工作得到了人民卫生出版社的大力支持，充分体现了其为提高我国医学教育事业高度的责任感和娴熟的专业技术能力，在此表示衷心地感谢。全体编委来自高校或知名医院，不仅有应用化妆品的临床经验，并承担着化妆品相关的教学工作。部分作者还参与化妆品标准专业委员会的工作、承担化妆品不良反应监测及化妆品人体安全性和功效评价任务。作者们在繁重的日常工作中仍精益求精，相互协作配合，具有高度的责任感，为提升编写质量付出了辛勤的劳动；四川大学华西临床医学院周成霞、胡念芳、孟惠敏、王思宇、王青、杨保华、谢恒、张桂蓉、王曦等年轻医师、研究生为本书的资料收集、文稿整理校对工作付出了艰辛的劳动；卫生部化妆品标准专业委员会刘玮副主任还在百忙中对书稿作了审核，为本书的质量提供了保障。在此对大家的辛勤付出一并致谢。

由于美容化妆品专业发展迅速，知识更新一日千里，作者们的学识框架和判断把握标准以及取舍尺度可能存在差异，因此，本书难免有不完善之处，恳请师生和同行不吝指正，我们会在重印或再版时改正。

李　利

2010年5月30日

目　录

总　论

各　论

总　论

第一章 绪 论

化妆“cosmetic”一词源于古希腊语“kosmetikws”，意即“装饰的技巧”，指通过化妆发扬优点、掩饰缺陷，达到美容的目的。化妆经过数千年的发展，融进了精细化学、工艺制作、皮肤科学以及美学、心理学等交叉学科的内涵，形成了相对独立的学科体系。美容化妆品学是其重要的组成部分，旨在了解化妆品基本原料和工艺生产的基础上，结合皮肤组织解剖结构、生理病理状态，通过阐述功效原料作用机制和配方原理，研究化妆品的安全性、功效评价技术和科学使用方法，以达到护肤美容的目的。

第一节 化妆品的发展简介

化妆品的历史是人类追求美的历史，源远流长。从化妆品的发展来看，可大致将其分为以下阶段：

第一代化妆品可称为“天然化妆品”。人们直接使用天然的动植物或矿物原料，原始单纯，以起到简单的保护与修饰作用。我国化妆品起源于夏商周时期，主要包括油脂、粉、胭脂、画眉用具等。油脂来源于天然的动植物，粉主要是铅粉和米粉，胭脂是从“燕支”当地产的红蓝花叶中提取的红色物质制成的，画眉采用矿物（如石墨、石青）或植物（如青黛）制成。至唐朝，出现了手工制作的烟墨用于画眉，口红也被制成管状。古埃及人使用绔洱涂黑眼皮，使用孔雀石碾成粉末勾描眼圈，用散沫花涂指甲。古希腊人使用铅粉美白皮肤，使用朱砂、桑椹、海藻等制成的土红色粉涂红面颊，并开始利用花汁制成香料。上述化妆品制作使用的材料和工艺尚处于摸索阶段。

第二代化妆品可称为“化学化妆品”。随着工业的发展，新的原料、设备、技术被用于化妆品生产，表面化学、胶体化学、流变理论、乳化理论等也逐步发展完善。人们开始在天然成分中添加其他物质，制作化学制品。化妆品生产也由小型家庭化生产逐渐转为专业化生产。1898年在香港创建的“广生行”是我国第一家现代化民族化妆品工厂，标志着现代化妆品工业在中国的建立。新中国成立前，全国只有少数大城市有化妆品生产，且数量少、质量低，并不普遍；新中国成立后，化妆品工业开始形成独立的工业体系。

第三代化妆品可称为“高新技术化妆品”。开发和利用各类新技术用于化妆品生产，如生物技术中基因工程生产的超氧化物歧化酶、表皮生长因子，细胞工程生产的透明质酸及各种多糖类，酶工程生产的蛋白酶、脂肪酶、淀粉酶等均已被用于化妆品生产，而纳米技术、新型乳化技术、仿生技术、高分子材料应用、脂质体技术等目前也用于化妆品生产，并且进展迅速，前景广阔。

第二节　化妆品的定义

化妆品并非仅指化妆时才使用的彩妆，而是包含护肤品等一大类作用于人体表面和（或）口腔的物质。目前，国际上对化妆品尚无统一定义。

欧盟现行的化妆品法规《化妆品规程》对化妆品（cosmetics）作出的定义是接触于人体各外部器官（表皮、毛发、指趾甲、口唇和外生殖器），或口腔内的牙齿和口腔黏膜，以清洁、发出香味、改善外观、改善身体气味或保护身体使之保持良好状态为主要目的的物质和制剂。欧盟对化妆品的定义范围较宽，针对某些产品在归类上仍存在争议，由各欧盟成员国的政府主管部门确定其是否按化妆品来管理。除欧盟外，拉丁美洲和东南亚的一些国家，以及英联邦国家等也采用了类似欧盟的管理模式。

美国食品和药品管理局对化妆品的定义为：用涂抹、散布、喷雾或其他方法使用于人体的物品，能起到清洁、美化，促使有魅力或改变外观的作用。不包括肥皂。

日本对化妆品的定义是：为了清洁和美化人体、增加魅力、改变容貌、保持皮肤及头发健美而涂抹、散布于身体或用类似方法使用的物品，是对人体作用缓和的物质。以清洁身体为目的而使用的肥皂、牙膏也属于化妆品，而染发剂、烫发液、粉刺霜，防干裂、治冻伤的膏霜及对皮肤或口腔有杀菌消毒效果的，包括药物牙膏，则称为医药部外品。

我国于2007年出台的《化妆品卫生规范》中定义化妆品是指以涂抹、喷洒或者其他类似方法，散布于人体表面任何部位（皮肤、毛发、指甲、口唇等），以达到清洁、消除不良气味、护肤、美容和修饰目的的日用化学工业产品。2008年施行的《化妆品标识管理规定》所称化妆品是指以涂抹、喷洒或者其他类似方法，施于人体（皮肤、毛发、指趾甲、口唇齿等），以达到清洁、保养、美化、修饰和改变外观，或者修正人体气味，保持良好状态为目的的产品，其中牙齿护理产品也在化妆品范畴之内。

由上可知，各国对化妆品的定义不尽相同，但是在“不宣称化妆品的治疗效果、不改善皮肤结构和功能”方面是一致的。此含义与目前市场上功效性化妆品大受消费者的喜爱形成了冲突，凸显法规和现实的矛盾。随着化妆品行业的发展，管理法规与市场之间会逐渐地进行协调而相互适应。

第三节　化妆品的特性

尽管对于化妆品的定义和管理存在差异，但所有化妆品均应具有以下共同的特性。

安全性：化妆品通常由消费者在家庭中每天长期使用，故对其安全性有相当高的要求。配方中的每种原料必须符合安全要求，新原料不仅要测试急性毒性，还需检测亚急性、慢性毒性和致畸、致突变、致癌力。生产环节和生产工艺要求科学合理，减少不良杂质。在上市前，产品需经过毒理学试验、卫生化学检验、微生物检验、人体安全性和功效评价检验等，方可获得上市销售许可。

稳定性：市售化妆品一般需2~3年的保存期限。由于化妆品多属热力学不稳定体系，在制造、贮存和使用过程中要经历各种理化因素、微生物污染等考验，所以产品须通过稳定性检测才能在市场上流通。产品一旦失去了稳定性，可能出现变色、破乳、分层、混浊、沉淀、结块等现象，便不宜再使用。

使用性：化妆品的使用性是指消费者在使用产品过程中的感觉，如产品的流动性、使用是否方便；产品的肤感，包括清洁产品的发泡性、清洁力，用后是否存在紧绷感，护肤产品使用后是否使皮肤感觉柔软、光滑、细腻、有弹性，用后是否有清爽或油腻感等。由于不同消费者对化妆品的使用目的和感觉要求不尽相同，针对不同人群的化妆品应该具有相应的良好使用性，以满足各类消费者的需求。

功效性：除了基础护理，使皮肤保持健康状态，人们对化妆品提出了更多的要求，需要其能有针对性地解决不同皮肤问题。目前化妆品已经可以具有保湿、美白、防晒、抗衰老、控油、除臭、阻汗、抗头屑等各类功效，并可经专业机构对这类化妆品功效进行检验。

第四节　化妆品的分类

化妆品种类繁多，有不同的分类方法，为了便于管理和交流，在此简要介绍几个主要的分类方法。

（一）按化妆品物理形态分类

化妆品形态多样，可归纳为：

1. 液态化妆品　如化妆水、香水等；

2. 油状化妆品　如卸妆油、发油等；

3. 乳类化妆品　如润肤乳、沐浴乳等；

4. 凝胶类化妆品　如防晒凝胶、洁面凝胶等；

5. 霜类化妆品　如面霜、防晒霜等；

6. 固体类化妆品　如眼影、粉饼、唇膏、眉笔、发蜡等；

7. 气雾类化妆品　如发胶、摩丝、喷雾等。

（二）按使用目的分类

按化妆品的使用目的可将其分为清洁类、基础保养类、美容类、特殊用途类(参见本节按管理法规分类)。

1. 清洁类化妆品　起到清洁卫生的作用，如洗面奶、沐浴乳、香皂、洗发香波、洗手液、牙膏等；

2. 基础保养类化妆品　起到保养的作用，可达到柔润光泽、减缓不适、延缓衰老的日的，如润肤霜、护发素、润唇膏等；

3. 美容类化妆品　起到美容、修饰、增加魅力的作用，如彩妆、香水、发胶等。

（三）按使用部位分类

1. 皮肤用化妆品　指用于体表皮肤的产品，如润肤霜、香皂等；

2. 发用化妆品　指用于毛发清洁、保养或美化的产品，如洗发水、护发素、染发剂、烫发剂、发胶等；

3. 甲用化妆品　指用于指（趾）甲的产品，如指（趾）甲油、洗甲水等；

4. 口腔用化妆品　指用于口腔的产品，包括牙膏、唇膏、漱口水等。

（四）按使用人群分类

由于不同性别、不同年龄、不同种族的人群肤质不同，审美观点存在差异，需针对使用人群进行化妆品分类研制。

1. 按使用人群的年龄段可分为　婴儿用化妆品、儿童用化妆品、成人用化妆品、老年用化妆品；

2. 按使用人群的性别可分为 男性化妆品、女性化妆品。

针对不同人群的化妆品除需考虑审美要求的不同外，更重要的是要考虑不同人群皮脂含量、角质层含水量、激素水平、老化程度、皮肤敏感程度等的差异。

（五）按专业性特点分类

化妆品包括专业化妆品和生活化妆品。专业化妆品又称文艺化妆品，是为化妆师刻画戏剧、电影、电视人物形象产生的，如油彩。生活化妆品用于日常生活的皮肤、毛发护理或美容，种类繁多，可根据化妆品形态进行分类，也可根据酸碱度分为酸性化妆品、碱性化妆品、中性化妆品，还可根据功能和用途的不同进行分类如清洁化妆品、护肤化妆品、美容化妆品、营养化妆品、护发化妆品、美发化妆品等。

（六）按管理法规分类

按照我国化妆品相关规定将一些具有特殊用途的化妆品与其他化妆品区别开来，称其为特殊用途化妆品（cosmetics for special purpose）。未列入的化妆品通称为非特殊类化妆品。目前特殊类化妆品有九大类：

1. 育发化妆品 有助于毛发生长，减少脱发和断发的化妆品；

2. 染发化妆品 具有改变毛发颜色作用的化妆品；

3. 烫发化妆品 具有改变头发弯曲度，并维持相对稳定的化妆品；

4. 脱毛化妆品 具有减少、消除体毛作用的化妆品；

5. 美乳化妆品 有助于乳房健美的化妆品；

6. 健美化妆品 有助于使体形健美的化妆品；

7. 除臭化妆品 用于消除腋臭的化妆品；

8. 祛斑化妆品 用于减轻皮肤表皮素沉着的化妆品；

9. 防晒化妆品 具有吸收紫外线作用，减轻因日晒引起皮肤损伤功能的化妆品。

其中育发类、健美类、美乳类、烫发类、染发类产品上市前需进行人体试用试验；防晒类、除臭类、祛斑类、脱毛类产品生产、上市需做人体斑贴试验，防晒类产品还要做防晒功效评价。

第五节 化妆品的发展趋势

随着经济的发展，社会的进步，自我意识的上升，人们不仅对化妆品的数量需求日益增长，对化妆品的质量和功效也提出了更高的要求，这促使了化妆品行业的蓬勃发展。纵观国内外的发展趋势，主要体现在以下几个方面：

1. 新原料的研发 人们一方面注重回归天然，一方面不断应用高科技手段，开发功效卓著的生物制剂。目前，人们越来越关注天然动植物成分的研究，以期减少化学合成物质在产品中的添加。如对于芦荟、绿茶、葡萄等已知其护肤功效的植物，采用各类先进的提取方法获取其中的有效成分，并进行合理的配方用于制成化妆品。我国还利用中医理论优势，对部分中药依据中医理论进行配伍、提取，以获得综合效果，减少不良反应。

与此同时，化妆品企业的研发部门或积极开发新产品，或引进其他科研机构的最新成果，将分子生物学、细胞培养、动物实验以及临床工作中验证有效的生物制剂如各种多肽、细胞因子等添加到化妆品中，大大提高了产品的科技含量及功效性。此外，对于部分功效明显但刺激性、致敏性较强的物质，可通过化学反应制成衍生物，使其在保留原有功效的基础上获得更好的耐受性。通过以上种种途径，在保证安全的前提下，使原料开发更加丰富，产品功效更加明显。需要指出的是，我国规定，凡使用新原料生产的化妆品需实行卫生行政许可管理，只有取得卫生部化妆品新原料卫生许可批件后才可使用。

2. 生产工艺的改进 化妆品制备工艺不断改进，新技术也不断地出现，如多重乳化技术、转相技术、低能乳化技术、纳米技术、脂质体技术等的应用，可使产品获得更高的稳定性，更佳的肤感，或增加透皮吸收度，使产品蕴含的功效得到更大地发挥。但部分新技术的安全性尚存在一定争议，需作进一步观察。

3. 重视安全性及功效性评价 作为人们每天在皮肤上使用的化工产品，化妆品的安全性一直是各国政府关注的重点。在安全性评价的方法中，出于保护动物的考虑，目前很多国家已经不再使用动物，而以细胞培养或其他生物化学方法代之。随着化妆品功效的提升，皮肤无创性测量技术的发展，化妆品的功效评价得以展开。化妆品企业内部和大型医院的皮肤科、质量检测部门以及专业化的第三方评价机构正在参与到化妆品功效评价的行列中。一些国家要求产品宣称的作用需要有终产品人体验证。将产品配方中原料的功效作为终产品功效的宣传将逐渐不再适合化妆品市场。

4. 适用人群的细化 把产品进行市场的细分，强调市场定位，使目标人群聚焦和集中，使营销具有更强的针对性。改革开放前，我国化妆品种类十分单调，仅有凡士林油、雪花膏、香粉、花露水、洗发膏、发蜡等几个品种。现在，随着人们护肤观念的强化，追求个性和时尚，化妆品的品种数已达数千种，且品种越来越细分，并且有针对女士、男士、儿童和中老年等不同消费者的用品。化妆品有高、中、低档之分，并且出现错落有致的产品结构，对品牌按功能侧重进行区隔，如洗发产品已划分出去屑、滋润、修护、防脱等针对性更强的产品。随着人们追求个性和时尚的需求不断增长，市场细分还会继续下去。

经过几十年的发展，中国化妆品行业涌现出了大批知名企业和著名品牌，产品出口逐年上升，已经孕育了超过千亿元的销售市场，现已创汇11亿美元，为150个国家和地区的消费者带来美的享受。我国化妆品的销售额仅次于日本和美国，现已成为全球第三大化妆品消费市场。但还需看到，目前我国化妆品从业人员高端人才储备不足，市场仍以进口品牌占优势，部分知名企业被境外化妆品企业收购，国内厂商多将目光投向中低端市场，消费者对国产化妆品信心不足。我国化妆品行业发展应致力于加强研发，注重创新，提升品质，把握消费趋势，实施品牌战略，大力发展优势项目，以应对新时期行业的挑战和机遇。

第六节　美容化妆品学的学科特点

化妆品从研发生产到推广应用是一项包含了精细化工、工程技术、市场营销和皮肤科学等多个交叉学科的系统工程。有关化妆品的书刊杂志种类繁多，每一类杂志或书籍都是从不同的学科范畴和技术方法，探讨化妆品的不同方面。《美容化妆品学》是供美容专业的临床医学生使用丛书中的一本，相对于化妆品其他研究领域的成果，美容化妆品学有其自身的特点。

美容化妆品学（aesthetic cosmetology）是一门注重临床应用的学科，探讨在美容医学工作中如何应用化妆品，在对人体安全的前提下，通过正确科学的方法，最大限度地发挥化妆品对正常健康人群的保健和美容功效；对实施美容医学治疗的人群或某些皮肤病患者，发挥辅助治疗的作用。

以临床为核心的美容化妆品学，首先要注重化妆品的理化特性与皮肤的生理特性相适应。

使用化妆品的目的是为了维护皮肤的健康和增加容貌的美丽，而与皮肤的生理特性不相适应的原料或产品对皮肤是不安全的。产品作用机制应该与皮肤正常组织解剖结构和生理机制相适应，否则，体外生化试验或细胞培养的效果难以在人的活体皮肤中显现。因此，研究者既要了解产品的作用原理，更要研究其在皮肤的吸收、渗透机制。皮肤基础科学的每一步进展，都会促进化妆品开发的创新或提高。

其次要注重化妆品对人体的功效。如今化妆品几乎已成为人们的日用品，在安全的前提下，产品的功效越来越受到重视。除了基本的临床感观评价之外，采用严谨的科学方法设计方案、现代化的仪器设备评价使用前后的皮肤生物学参数的变化、为人们提供安全且真实有效的产品，也是美容化妆品学重要的研究范畴。目前，相当一部分市场销售的化妆品，其商家宣称的功效大多数没有人体试验依据；一些产品宣称的作用机制与皮肤解剖生理特点完全不相适应，这样的产品难以进入皮肤组织发挥作用。随着国家管理的规范和美容化妆品学研究的进展，这样的产品将渐渐丧失生存的空间。

由上可知，美容化妆品学实际上是化妆品与美容，尤其是皮肤美容交叉结合的一门新兴学科。作为一门新的学科，尚有很多未知的问题需要去发现、去解决，研究的领域和范围还有待发掘和扩展，还会有更多、更新的研究进展和成果不断地丰富着本学科的内涵。原料供应商、配方师、销售人员、皮肤科医师等各相关行业的交流合作有利于美容化妆品市场的健康发展。

作为医学美容专业的学生，除了能够采用医学的方法如手术、药物和其他治疗技术进行美容外，掌握合理使用化妆品的知识，对提高和维持美容治疗的效果是很有必要的。为了更好地应用化妆品、理解化妆品的功效作用，既要对化妆品的生产技术、各种原料的理化特性和配方机制有所了解，更有必要掌握皮肤渗透吸收原理、皮肤衰老机制等相关内容。为更好地理解化妆品研制的基本原理，本书部分章节提供了简单的配方以供参考。在市面上销售的产品配方更为复杂，要对使用产品的全部成分标注进行仔细地分析，以确保在临床工作中科学合理地使用化妆品。

在我国，化妆品市场迅猛扩大，与化妆品相关的科普读物、教材、参考书以及各类产品宣传资料、广告等信息铺天盖地，需要在学习中保持客观、进取的学习态度，在海量的信息中去粗取精，去伪存真。化妆品研究的各个领域，都在日新月异地发展。作为以研究临床应用为主体的美容化妆品学，每天都有新的知识在更新，新的观念被提出，本教材无法及时、全面收录所有的新进展和新成果。因此，美容医师或医学美容专业的在校生还应该关注新出版的专业书籍、杂志以及化妆品相关的专业网站，以最快的速度补充新的知识。以下是部分与化妆品相关的专业网站：

1. 国家食品药品监督管理局http：//www.sda.gov.cn/
2. 中国香精香料化妆品工业协会http：//www.caffci.org/
3. 中国化妆品技术信息网http：//www.china2002.com/
4. 欧洲化妆品盥洗用品及香水协会http：//www.colipa.eu/
5. 中山大学附属第三医院化妆品检测中心http：//www.pifuke.com.cn/cosmetic/
6. 四川大学华西医院化妆品检测中心http：//www.cn-cet.com/
7. 上海香料研究所http：//www.sriffi.com/aboutus3.asp
8. 北京日用化学研究所http：//www.cbdcri.com/
9. 北京华夏美枫-专业化妆品技术中心http：//www.cosmeticn.com.cn/

10. 北京中德联合化妆品研究所 http：//www.caiq-schrader.com.cn/

11. 爱丽仕（广州）化妆品研测中心 http：//www.iecchina.com.cn/

12. 中国化妆品 http：//www.chinacosmetics.cn/index.asp

13. 中华国际医学交流基金会化妆品皮肤科学研究基金 http：//www.xn--cjrs2bw1h55by21dx6dnno.com/cnindex.asp

14. 中国化妆品网 http：//www.zghzp.com/

15. 中国化妆品网 http：//www.c2cc.cn/

16. 美容化妆品网 http：//www.mrhzp.cn/

17. 香精香料化妆品杂志 http：//www.ffc-journal.com/

18. 中国化妆品品牌网 http：//www.999001.com/

19. 妆网 http：//www.zhuangwang.com/

20. 化妆品百科知识网 http：//www.cosmowiki.com/

思 考 题

1. 化妆品的定义是什么？
2. 化妆品有哪些特性？如何分类？
3. 化妆品行业发展趋势怎样？
4. 美容化妆品学的学科特点是什么？

（李 利）

第二章　化妆品相关的皮肤科学

皮肤（skin）是人体最大的器官，被覆于人的体表，是内外环境的分界面，也是抵御外界不良因素侵扰的第一道防线。皮肤的外观反映了机体的健康状态及年龄变化。化妆品直接作用于皮肤，学习皮肤的解剖与组织结构，理解皮肤生理功能与皮肤美容的关系，对化妆品的研发和应用都具有重要意义。

第一节　皮肤解剖与结构

成人皮肤面积约1.5m^2，占人体重量的16%。皮肤从外向内分为表皮、真皮、皮下脂肪3层，每一层均有其独特的结构与功能。皮肤还包含毛发、指甲、大小汗腺、皮脂腺等附属器，同时血管、神经和淋巴管丰富，构成了多层次多细胞的复杂结构，见图2-1。

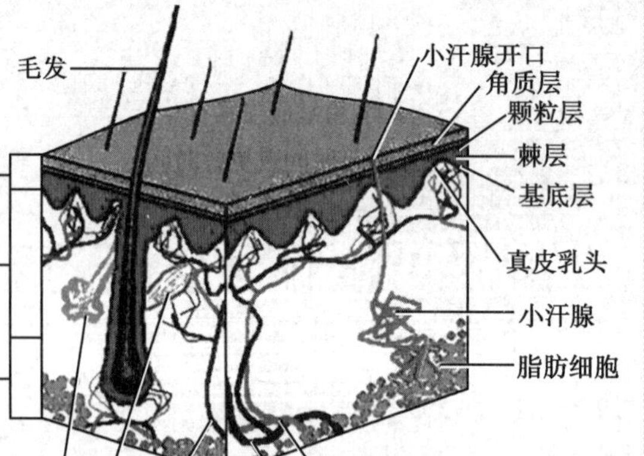

图2-1　皮肤结构模式图

一　表皮

（一）表皮的细胞及其功能

表皮（epidermis）是人体最外面的复层鳞状上皮，来源于外胚层，表皮虽然较薄但却是皮肤屏障功能和外观的重要部分，成人表皮由3种主要细胞构成，即角质形成细胞（keratinocyte）、朗格汉斯细胞（Langerhans cell）及黑素细胞（melanocyte）。后两种细胞与麦克尔细胞（Merkel cell）为树突状细胞。

1. 角质形成细胞及其功能 角质形成细胞占表皮细胞数的80%以上，新生的角质形成细胞从基底层分裂后向外移行至表皮的最外层即角质层，移行期间其细胞形态发生变化，分别称为基底层、棘细胞层、颗粒层及角质层（掌跖部位在颗粒层和角质层之间还有透明层）。新生的角质形成细胞从表皮的基底层分裂后向外移行到颗粒层需要14天，再移行到角质层并脱落需要14天，共需要28天，称为表皮通过时间或表皮更替时间（transit time or turn over time）。

表皮通过时间与美容有重要的关系。许多化妆品可以缩短表皮通过时间，从而达到美白祛皱的效果。但过度或频繁去角质层则可导致皮肤敏感及不能耐受微小刺激。角质形成细胞具有产生角蛋白的特殊功能，而角蛋白是维持表皮正常功能的重要成分，许多皮肤病的原因是角蛋白突变。表皮中相邻2个角质形成细胞由桥粒（desmosome）紧密连接，任何原因导致桥粒受损，都会产生表皮内水疱。

2. 树突状细胞及其功能 树突状细胞分别为朗格汉斯细胞、黑素细胞及麦克尔细胞。朗格汉斯细胞分布在棘细胞层，占该层细胞总数的3% ~ 5%，是一种抗原递呈细胞和免疫监测细胞，与化妆品导致的接触性皮炎有关，也与长期紫外线照射有关。黑素细胞位于基底层，占基底层细胞总数的10%，能合成和传输黑素小体（melanosome），具有抵抗紫外线损伤的作用。人体肤色由4种生物色素组成（即褐色的黑素、红色的氧合血红蛋白、蓝色的还原血红蛋白、黄色的胡萝卜素与胆色素），也受皮肤粗糙程度、水合程度等因素影响，但是决定皮肤颜色的主要因素及皮肤颜色的种族差异是分布在角质形成细胞中的黑素小体的种类、数量及大小，而不是黑素细胞的数量。麦克尔细胞见于掌跖、口腔与生殖器黏膜、甲床及毛囊漏斗的基底层，可能与皮肤触觉有关。

（二）表皮角质层和基底层

1. 角质层的特点及其功能 角质层（stratum corneum）位于表皮最外层，由5 ~ 20层已经死亡的扁平细胞组成，承担着皮肤屏障功能的主要作用，是护肤品作用的初始部位，也是化妆品渗透的主要限速部位，改善角质层的通透性可以更好的促进化妆品的经皮吸收。角质形成细胞在移行过程中不断生长分化并合成富含脂质的颗粒，经胞吐方式终极分化的这类颗粒，与角质层细胞共同维持皮肤屏障功能，尤其是防止经皮失水（transepidermal water loss，TEWL）。

表皮中相邻两角质形成细胞与其细胞间脂质构成了“砖墙结构”，见图2-2。细胞类似砖墙结构中的“砖”，而细胞间脂质类似于填充在砖块间并将砖块紧密连接的“灰浆”。脂质来源于皮脂腺的分泌和角质形成细胞成熟后在角质层的分解，角质形成细胞在表皮颗粒层细胞内合成丝聚合蛋白原后参与形成透明角质颗粒，该颗粒在角质层去磷酸化成为可溶性的中间丝相关蛋白，而后随角质细胞成熟脱水而分解生成大量的天然保湿因子（natural moisturizing factors，NMF），这些NMF维持着皮肤的生理屏障，即皮肤的牵拉和弹性，并对保持皮肤的水合作用十分重要。任何外因或内因导致“砖墙结构”中的任一部分发生异常，如阻碍角质形成细胞的

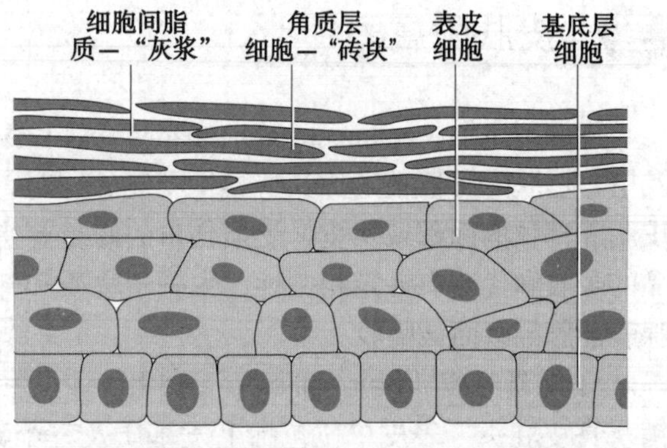

图2-2 表皮的“砖墙结构”模式图

正常生长分化、细胞间脂质及NMF的合成（如遗传因素合成减少或过度洗涤摩擦丢失太多），都可损害皮肤屏障功能，使皮肤容易过敏或不耐受，也容易导致微生物感染。

2. 基底层的特点及其功能 基底层（stratum basale）位于表皮的最底层，仅为一层柱状或立方体状的基底细胞，与基底膜带垂直排列成栅栏状，是表皮细胞的生发层，其中10%具有干细胞的特性。基底层和真皮共同完成皮肤自我修复、创伤修复及瘢痕形成。外伤或手术时，尤其是进行面部美容磨削术与激光治疗时，如果创面不突破真皮浅层，即没有破坏嵌在真皮浅层的表皮乳头，其修复由基底层细胞完成，皮肤就能恢复到原来的状态；如果突破真皮浅层达网状层，由真皮结缔组织增生修复创面，则会形成瘢痕，影响容貌。

二 真皮及皮下脂肪层

（一）真皮的结构及其功能

1. 真皮的结构 真皮（dermis）位于表皮与皮下组织之间，依靠基底膜带与表皮相连，基底膜带受损或病变将会发生表皮下水疱。真皮来源于中胚层，属于不规则致密结缔组织，由胶原纤维、弹力纤维、网状纤维及其基质和细胞成分构成，内含血管、淋巴管、神经、肌肉、皮肤附属器等。

2. 真皮的主要成分及其功能 胶原纤维是真皮的主要成分，具有韧性大、抗拉力强的特点。长期日晒可减少Ⅰ型胶原纤维的形成，使皮肤出现松弛及皱纹，经常应用含胶原蛋白的化妆品可延缓此现象发生。弹力纤维是由交叉相连的弹性蛋白外绕微纤维蛋白构成，使皮肤具有弹性和顺应性，紫外线照射可使之变性和增粗，导致皮肤出现光老化。网状纤维在皮肤创伤愈合或肉芽肿组织中可大量增生。真皮基质主要含酸性黏多糖、氨基多糖及纤维蛋白，是充填于细胞间的无定形物质，起着支持和连接、营养和保护作用。基质中的生物分子能与水结合，保持皮肤充盈。真皮中的主要功能细胞有产生胶原纤维的成纤维细胞、具有清道夫作用的组织细胞、参与Ⅰ型变态反应的肥大细胞。

（二）皮下脂肪层

皮下脂肪层（subcutaneous tissue）位于真皮下方，与真皮无明显界限。皮下组织来源于中胚层，由脂肪小叶和小叶间隔构成，其成分为脂肪细胞和疏松结缔组织，具有软垫作用、保暖及能量储存作用。分布均匀的皮下脂肪层可使女性展现曲线丰满的身材，皮下脂肪太多及分布不匀称使之显得臃肿，而皮下脂肪太少则使皮肤外观干瘪及皱褶。

三 皮肤附属器

皮肤附属器（cutaneous appendages）有毛囊毛发、皮脂腺、汗腺（又分顶泌汗腺和小汗腺）及甲。皮肤附属器在发挥其特异性功能的同时，也保留了表皮的功能，因此在含有丰富毛囊皮脂腺部位的面部或头皮，受损伤口的修复要快且瘢痕形成更小。皮肤附属器同时也与化妆品的吸收和代谢有一定相关性，大分子物质和部分水溶性物质只有少量可以通过毛囊、皮脂腺和汗腺导管而被吸收。

1. 毛囊毛发（hair follicles and hair） 由表皮及真皮两部分组成，真皮单位包括真皮鞘及真皮乳头，表皮单位包括毛发基质及三个集中的结构，即外毛根鞘（ORS）、内毛根鞘（IRS）及毛干。毛囊是皮肤干细胞的重要来源。毛囊恒定部下方有一界限清楚的隆突性结构，称为毛囊bulge区，是表皮干细胞聚集区，能够产生包括表皮、皮脂腺及8种不同的毛囊上皮细胞。毛囊真皮鞘细胞也包含具有多向分化潜能与一定可塑性的干细胞，与外毛根鞘上皮细胞体外共同培养能够产生具有表皮与真皮的完整皮肤替代物。毛皮质中的毛发角蛋白中间丝被丝间基质包绕着，对毛干形成坚硬而有韧性的结构非常重要。成人头皮大约有15万个毛囊，其中的每一个毛囊都有其独立的生长周期，它们都经历着从退化到更新的循环过程，即生长期（anagen）、退行期（catagen）及休止期（telogen）。人体毛发呈随机分散脱落，每天大约有25~100根休止期头发脱落，若用香波洗发则当日脱落的头发数目可增加2倍。

2. 皮脂腺（sebaceous glands） 与毛囊构成毛囊皮脂腺单位，是合成和分泌脂质的腺体，其功能主要受雄激素水平影响，在头面部、胸背上部及肛门外生殖器部位分布最多，称为皮脂溢出区。皮脂腺体积大小的变化及功能异常可发生与其相关的皮肤病，如痤疮、脂溢性皮炎等。

3. 顶泌汗腺（apocrine glands）和小汗腺（eccrine glands） 顶泌汗腺由分泌部和导管组成，能合成与分泌乳样液，主要分布在腋窝、乳晕、脐周、会阴部和肛门周围等，在青春期功能增强，分泌物在皮肤表面被细菌分解则产生氨味，即腋臭。小汗腺属单曲管状腺，由分泌部和导管组成，是合成和分泌汗液的主要腺体，分布于除唇红、包皮内侧、龟头、小阴唇及阴蒂外的皮肤，汗液的分泌受体内外温度变化及交感神经兴奋度影响。

4. 甲（nail） 是覆盖在指趾末端的坚硬角蛋白，具有协助手部精细工作及保护指尖免受损伤的作用，分为甲床、甲板、甲廓。甲床近端是甲母质，为甲的生发区。正常甲的生长速度为：指甲约每3个月长1cm，趾甲约每9个月长1cm。许多因素会影响甲的生长和外观，如营养、应激状况、系统疾病及生活习惯等。

四 皮肤的神经、血管、淋巴管及肌肉

皮肤中分布有丰富的神经。游离神经末梢主要分布于表皮下和毛囊周围，痛、痒及温觉系由真皮乳头层内无髓神经纤维末梢感知，低强度刺激产生痒感，高强度刺激则产生痛觉。皮肤的触压觉由Meissner小体和Vater-Pacinian小体感知，它们主要分布于无毛皮肤如指趾末端。肾上腺素能神经支配血管舒缩、立毛肌竖立及顶泌汗腺分泌，胆碱能神经支配外泌汗腺，内分泌系统调控皮脂腺。紧张或寒冷均可使交感神经兴奋导致立毛肌竖立，形成“鸡皮疙瘩”样皮肤外观。真皮浅层有许多血管丛呈层状分布（图2-3），在四肢末端有较多球体（称动-

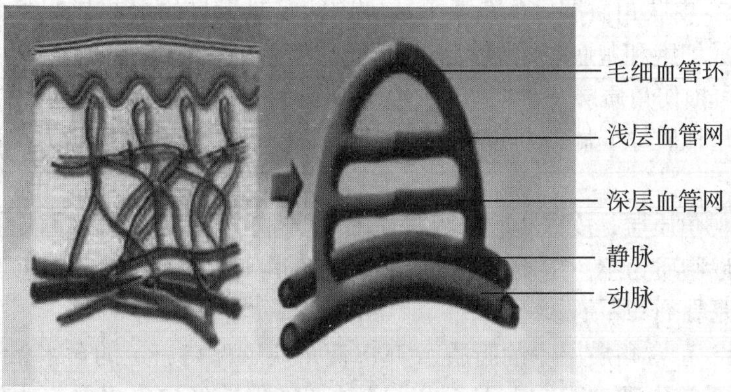

图2-3 皮肤血管网模式图

静脉吻合），真皮深层及皮下组织较大的动静脉也多呈层状分布，浅丛与深丛间有垂直走行的血管相通，皮肤血管在皮肤营养代谢和调节体温方面发挥作用。淋巴管在真皮形成由浅至深的淋巴管网，侵入皮肤的微生物、组织坏死物或炎症产物以及肿瘤细胞在此被拦截、吞噬或被消灭。皮肤的肌肉主要是立毛肌，为纤细的平滑肌纤维束，受寒冷或紧张影响可收缩使毛发直立。汗腺周围的肌上皮细胞也具有平滑肌功能。

第二节 皮肤生理

一 皮肤的健康标志

1. 皮肤颜色 皮肤颜色主要由黑素小体的种类、数量、大小及分布决定，也受皮肤血液循环状态及皮肤表面光线反射影响，“白里透红”是亚洲人理想及健康的皮肤颜色。有肝胆疾病者的皮肤可呈黄色或橘黄色，有血液性疾病或心血管疾病者的皮肤或苍白、或紫红、或呈充血状，有内分泌疾病者的皮肤可有色素弥漫性沉着或色斑，患有慢性及消耗性疾病者的皮肤看上去晦暗。不良的生活习惯及精神神经因素也会影响皮肤颜色。

2. 皮肤光洁度 皮肤质地细腻有光泽为年轻有活力的表现，皮肤角质层的厚薄、表面的光滑程度、湿度及有无鳞屑都会直接影响皮肤的光洁度。

3. 皮肤纹理 皮肤表面纹理细小、表浅，且走向柔和是青春美丽的皮肤外观。随着年龄的增加和环境因素的影响，皮肤纹理逐渐增粗增大，皱纹形成并逐渐加深。

4. 皮肤弹性 健康皮肤真皮胶原纤维丰富，弹性纤维、网状纤维排列整齐，基质各种成分比例恰当，皮肤含水量适中，皮下脂肪厚度也适中，指压平复快。

5. 皮肤湿润度 皮肤的代谢和分泌排泄功能正常，则皮肤滋润、舒展且有光泽。

二 皮肤生理功能与化妆品

1. 保护功能 正常皮肤表面pH为4～6，微偏酸性。角质层细胞的致密结构与角蛋白、脂质紧密有序的排列能筑成一道天然屏障以抵御外界各种物理、化学和生物性有害因素对皮肤的侵袭。如果过度使用去角质产品，过度使用清洁剂改变皮肤弱酸性的环境都会削弱皮肤屏障功能。

2. 防晒功能 皮肤角质层内的角质形成细胞能吸收大量的短波紫外线（180～280nm），而棘层的角质形成细胞和基底层的黑素细胞合成的黑素小体能吸收长波紫外线，以此筑成防晒的屏障。日晒可损伤角质层及干扰角质形成细胞分解形成天然保湿因子，作用于丝蛋白酶，刺激胶原合成，增加胶原变性或断裂及表皮细胞分裂。因此，防晒可延迟皮肤老化及降低皮肤癌发生率。

3. 吸收功能 角质层是皮肤吸收外界物质的主要部位，占皮肤全部吸收能力的90%以上。由于角质层间隙以脂质为主，角质层主要吸收脂溶性物质，因此研究开发皮肤科的外用药物和美容化妆品多是乳剂和霜剂。

4. 保湿功能 正常角质层中的脂质、NMF使角质层保持一定的含水量，稳定的水合状态是维持角质层正常生理功能的必需条件。角质层能保持经皮失水量仅为2~5g/（$h \cdot cm^2$），使皮肤光滑柔韧而有弹性。由于3种关键性脂质，即神经酰胺、胆固醇和脂肪酸是皮肤保湿及屏障修复所必需的，因此开发以这3种生理性脂质按比例配伍的保湿品比非生理性脂质物（如羊毛脂、凡士林）更能从病因上纠正相应疾病，如特应性皮炎、鱼鳞病的生化异常。

5. 美学功能 光滑含水充足的皮肤经光线有规则的反射，皮肤外观有光泽，丰满充盈有弹性。若角质层正常的层数发生变化，或角质层的细胞出现角化异常，均会导致皮肤的颜色和光泽度改变。一些引起干燥伴脱屑的皮肤病，如鱼鳞病、特应性皮炎，其角质层以非镜面反射的形式反射光线，则使皮肤灰暗且无光泽。任何原因导致的角质层过厚，都会使皮肤表现出粗糙、暗淡及无光泽；如果角质层太薄，如过度“去死皮”、“换肤”或频繁使用碱性洗涤用品等，会使皮肤的屏障功能削弱，外界不良因素的侵害容易使皮肤产生敏感及色素异常，如皮肤红血丝、毛细血管扩张性红斑、色素沉着及皮肤老化，甚至引起皮肤疾病。

第三节 皮肤的类型

美容保健的方式应该根据皮肤类型进行设计和选择。皮肤的类型主要由遗传决定，但后天因素如地理、气候、环境、不良刺激等也有影响。对皮肤类型的判断，可以采用肉眼观察法、纸巾拭擦法、美容透视灯（伍氏灯）观察法及无创性皮肤生理功能测试法。中国人面部皮肤分类标准主要是依据皮肤的油-水平衡。随着皮肤美容的发展，在临床工作中，除了以皮肤的油-水平衡作为主要参数外，还应综合考虑以皮肤色素、皮肤敏感、皮肤皱纹和皮肤光反应作为次分类参数，才能全面反映皮肤健康和美学状况。在此同时介绍Fitzpatrick日光反应性皮肤分型（sun-reactive skin typing）以及Baumann皮肤分型，以了解国际皮肤分型的情况。

一 中国人皮肤分型

根据皮肤角质层含水量和皮脂分泌量、皮肤对外界刺激的反应性及皮肤的细腻程度等，人民卫生出版社第7版《皮肤性病学》将皮肤分为五种类型：

1. 中性皮肤（neutral skin） 属理想的皮肤状态。中性皮肤的角质层含水量在20%左右，皮脂分泌适中，pH为4.5～6.6，皮肤紧致、光滑细腻且富有弹性，毛孔细小且不油腻，对环境不良刺激耐受性较好。中性皮肤受季节影响不大，冬季稍干，夏季偏油。这类型皮肤多见于青春期前的人群，随着年龄的增长、所患皮肤疾病及环境因素的影响，中性皮肤可能会转变为干性、油性皮肤，甚至处于敏感性状态。因此，正确持续护肤是必要的。

2. 干性皮肤（dry skin） 干性皮肤的角质层含水量 < 10%，皮脂分泌少，pH > 6.5，面部皮肤皮纹细小及干燥脱屑，肤质细腻但肤色晦暗，洗脸后紧绷感明显，严重干燥时有破碎瓷器样裂纹，对环境不良刺激耐受性差，容易皮肤老化出现皱纹、色斑等。典型的干性皮肤缺乏皮脂，难以保持水分，故缺水又缺油。许多遗传性或先天性皮肤病患者的皮肤类型都为干性皮肤，老年人的皮肤也都为此类型。年轻人干性皮肤主要是缺水，皮脂含量可以正常、过多或略低。无论任何原因导致皮肤出现干性皮肤的表现，其功能损害和干燥感觉都可以通过恰当的功效性护肤品得以改善。

3. 油性皮肤（oily skin） 最常见于青春期及一些体内伴雄性激素水平高或具有雄性激素高敏感受体的人群。油性皮肤皮脂分泌旺盛，与其含水量（< 20%）不平衡，pH < 4.5，皮肤看上去油光发亮、毛孔粗大、皮肤色暗且无透明感，但皮肤弹性好。这类型皮肤对日晒

和环境不良刺激耐受性较好，皱纹产生较晚且为粗大皱纹。油性皮肤容易遭受微生物侵扰（如痤疮丙酸杆菌、葡萄球菌及糠秕孢子菌）发生痤疮、毛囊炎及脂溢性皮炎等皮肤病。油性皮肤应注意清洁、控油及适当使用收敛毛孔的爽肤水。但过度使用控油类产品或长期使用含有皮肤刺激的药物，如过氧化苯甲酰或维甲酸，可导致皮肤屏障功能的损害，经皮失水增加，皮肤缺水变得干燥，降低对日光和外界刺激的耐受性。

4. 混合性皮肤（mix skin） 混合性皮肤兼有油性皮肤和干性皮肤的特点，即面中部（前额、鼻部、下颏部）为油性皮肤，而双面颊和双颞部为干性皮肤。选择护肤品应根据不同部位、不同皮肤类型有针对性的护理。

5. 敏感性皮肤（sensitive skin） 多见于具有过敏性体质的个体，长期使用伪劣化妆品或不正确使用外用药物，如化学剥脱、糖皮质激素均可导致皮肤耐受性降低。敏感性皮肤对外界轻微刺激，如风吹日晒、冷热刺激、化妆品等均不能耐受，常诉痒或刺痛，皮肤可见灼热、潮红。这类型皮肤的护理应选弱酸性、不含香精、无刺激及具有修复皮肤屏障功能的化妆品。

随着皮肤美容的发展，在临床工作中，除了以皮肤的油-水平衡作为分类的参数外，还应综合考虑皮肤色素、皮肤皱纹和皮肤光反应等参数，才能全面反映皮肤健康和美学状况。皮肤敏感很难作为一个独立的类型，它可以出现在干性、油性和中性皮肤类型的人群中。因此，国内一些皮肤美容研究人员参照国内外几种皮肤分型方法，提出多参数皮肤分型（multiparameter skin type）方案（图2-4）。对个体的面部皮肤，首先以皮肤的油-水平衡作为主要参数，判别其为中性、油性、干性或混合性皮肤；其次以皮肤色素、皮肤皱纹、皮肤敏感3个参数，按照无、轻、中、重4个等级判别；同时按皮肤光反应容易出现红斑、黑化，还是两者都等同出现进行判别。通过这样多参数的分类，能更了解皮肤的健康和美容状况，提出更为个性化的全面护肤方案。此方案在临床使用中还有待不断丰富和完善。

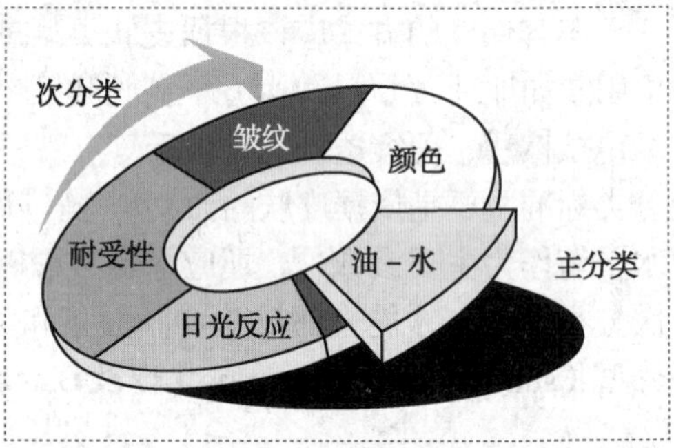

图2-4 皮肤多参数分型图示

二 日光反应性皮肤分型

日光反应性皮肤分型（sun-reactive skin typing）又称皮肤光生物型，最早由美国哈佛医学院皮肤科医师Fitzpatrick在1975年提出，即根据皮肤经一定剂量的日光照射后产生红斑或色素及其程度而分为4种类型皮肤，后来Pathak在此基础上作了修改补充，形成沿用至今的Fitzpatrick-Pathak日光反应性皮肤分型，即分为6种皮肤类型，见表2-1。一项对北京、上海、广州、成都4个城市404名女性的调查显示，70%以上为Ⅲ型，其次为Ⅱ、Ⅳ型，未见Ⅴ、Ⅵ、Ⅰ型。这种分型方法有助于指导光化学疗法剂量的确定，美容激光、强光治疗方案和术后护理选择，预测日光对皮肤损伤是更容易发生红斑还是更容易出现皮肤黑化，以指导消费者对防晒剂强度的选择，以及对防晒产品功能评价方案的设计。

表 2-1　日光反应性皮肤分型

皮肤类型	日晒红斑	日晒黑化	未曝光区皮肤
Ⅰ	极易发生	从不发生	白色
Ⅱ	容易发生	轻微晒黑	白色
Ⅲ	有时发生	有些晒黑	白色
Ⅳ	很少发生	中度晒黑	白色
Ⅴ	罕见发生	呈深棕色	棕色
Ⅵ	从不发生	呈黑色	黑色

三　Baumann 皮肤分型

由美国Baumann医师建立的一种简单易行的皮肤分类法，通过4个部分问答方式评分，累计总分达某一范围则判别是油性或干性皮肤，敏感性或耐受性皮肤，色素性或非色素性皮肤及皱纹性或紧致性皮肤。问卷没有考虑皮肤对日光的反应特性。该方法通过对患者或消费者提问的方式进行判别，尽管比较粗略，但在基层医院及美容院有一定的可操作性。

第四节　化妆品的渗透与吸收

一　化妆品透皮吸收的途径

除了防晒剂等少数产品需要防渗透外，大多数用于皮肤表面的药物或化学物都要渗透到皮肤才能发挥其功效，但化妆品功效成分的透皮吸收并不需要穿透皮肤进入体循环，这是其与药物治疗的主要区别。所使用化妆品的目的不同，则需要使其吸收后滞留的皮肤部位也不同，如一些保湿产品中的脂质仅仅参与角质层屏障，美白产品则应渗入表皮基底层作用于黑素细胞以减少黑素小体产生，抗皮肤老化产品应吸收至真皮作用于成纤维细胞才能达到满意效果。任何涂抹在皮肤上的物质主要通过角质层屏障及皮肤附属器毛囊皮脂腺和汗腺导管途径吸收。透皮吸收机制主要有扩散理论、渗透压理论、水合理论、相似相溶理论及结构变化理论。

1. 角质层屏障　角质层吸收占皮肤吸收的90%，角质层渗透屏障功能由角质形成细胞膜致密交联的蛋白网状结构和细胞外脂质排列成双分子层膜结构所介导，具有亲水极和亲脂极，构成了防止水和大多数化学物质通过的强大屏障。接触皮肤的物质必须穿透角质形成细胞膜和（或）通过角质层间隙才能发挥作用，皮肤吸收能力与角质层厚薄、皮肤的完整性密切相关，也与角质层的水合程度及被吸收外用物质的理化性质有关。在皮肤表面使用封包或贴剂，可增加角质层水合度，从而增强皮肤吸收物质的能力。去除皮肤角质层后，可使物质透皮吸收能力增强十倍至百倍，若用有机溶媒提取出其脂质也可明显增加物质的扩散。表皮或角质层薄的部位对物质的吸收大于表皮或角质层厚的部位，脂溶性或油脂类物质高于水溶性物质被吸收程度。

2. 皮肤附属器　通过皮肤附属器透皮吸收常称之为“旁路”，仅占10%，吸收方式主要是以细胞扩散形式，即一些很难通过角质层屏障的大分子物质或离子型物质。通过毛囊皮脂腺吸收的物质主要由其基质决定，吸收强弱为：羊毛脂 > 凡士林 > 植物油 > 液状石蜡。皮肤还能通过汗腺导管吸收一些重金属（如汞、铅、砷等）及其盐类。由于动物模型研究困难，通过皮肤附属器吸收的特殊作用还不十分清楚。

二 影响化妆品透皮吸收的因素

（一）皮肤因素

皮肤吸收功能与皮肤生理特性及皮肤病理状态有关。

1. 皮肤的解剖部位 皮肤吸收与角质层的厚度、皮肤附属器以及表皮细胞个数等有关。一般来说，阴囊渗透吸收能力最强，面部、前额次之，躯干、四肢稍差，掌跖部位除可吸收水外，对其他物质很少吸收。不同部位吸收能力有差异，按吸收能力排序为：阴囊 > 前额 > 大腿屈侧 > 上臂屈侧 > 前臂 > 掌跖。

2. 年龄与性别 婴儿、老人皮肤比其他年龄的人皮肤对化妆品的吸收能力要强，女性皮肤对化妆品吸收强于男性。皮肤对化妆品的吸收率除了与年龄、性别有关外，还与每单位体重的相对体表面积有关。新生儿皮肤吸收比成人快7倍，因此外用药吸收致全身性副作用或全身性中毒的风险增高。

3. 皮肤温度 当皮肤温度升高时血液循环加速、水合度增加，物质渗透率提高。这是因为温度的升高可以增加皮肤的弥散速度，使局部皮肤血管扩张、充血、血流增速，促使皮肤表面与深层之间的化妆品有效物质浓度差增大，有效物质顺浓度梯度加速吸收。皮肤温度升高也改变了毛孔状态，即毛孔扩张使吸收增加。有研究表明，皮肤温度每升高1℃能使有效成分吸收增加10倍。因此采用蒸汽熏面或利用面膜防止水分蒸发，能使毛孔扩张及增加皮肤水合度，促进皮肤对化妆品营养物质或功效性成分的吸收，但也要注意有毒物质的吸收也会随之增加。

4. pH 表皮中角质层的pH为5.2～5.6，所以皮肤只有在偏酸的情况下才能更好地吸收物质。对于功效性化妆品要提高皮肤的吸收、增强效果，其pH应是偏酸状态的。因此，理想的护肤品应是接近皮肤pH和（或）缓冲作用强的化妆品。

5. 皮肤屏障功能的完整性 皮肤屏障功能不完整或被破坏时其对化妆品的吸收作用将增强。3种关键脂质（神经酰胺、胆固醇、游离脂肪酸）是角质层渗透性屏障所必需的，因此优良的保湿润肤剂应具有这3种生理性脂质按比例的成分才能根本性纠正相应的皮肤病生化异常。非生理性脂质（如羊毛脂、凡士林）能短暂修复皮肤屏障功能，但不能纠正特殊的异常。例如，特应性皮炎（atopic dermatitis，AD）以角质层脂质总量减少伴神经酰胺陡然减少为特点，年龄老化和光老化的表皮角质层脂质总量减少伴胆固醇合成减少，两者均可造成皮肤屏障功能受损害，使吸收作用增强。先天性鱼鳞病等由于皮肤屏障功能的先天不足而降低皮肤的吸收作用。

6. 角质层的含水量 正常皮肤角质层的含水量为20%左右。增加其含水量则增加了亲水和亲脂性物质的皮肤吸收率，如皮肤被水浸软后，可增加物质的吸收。化妆品如使用油性载体，覆盖在皮肤表面，使体内水分无法透出，这些水分将使角质层细胞含水量增加，从而促进皮肤对化妆品的吸收。

7. 皮肤病理状态 当皮肤出现病理状况时，皮肤组织细胞与超微结构发生改变，pH、皮脂膜、皮肤各层结构及血流量均可发生变化，从而影响皮肤屏障功能，使皮肤渗透能力发生改变。造成皮肤出现病理状况的因素有内部因素与外界因素。内部因素包括先天性疾病、系统性疾病和随年龄增加的皮肤老化，使皮肤屏障的结构或功能发生障碍；外界因素包括物理因素（如温差变化、干燥、风吹、紫外线等）、化学刺激（如局部接触刺激剂、致敏剂和消毒品等）、机械因素（如搓澡、过度清洗、外伤等），均会破坏皮肤的表面性质及构成，影响皮肤的渗透功能。

（二）有效成分结构

在透皮吸收中，非极性物质主要通过富含脂质的部位即细胞间通道吸收，极性物质则依靠细胞转运即细胞内通道吸收，因此，具有与皮肤相似成分、结构及性质的化妆品容易被皮肤吸收。如近年研究较热的脂质体，就是将功效成分包封于类脂质双分子层形成的薄膜间，而脂质体具有生物膜的特性和功能（类似皮肤结构），使包封的物质更易渗透进皮肤发挥作用。皮肤的吸收还受物质存在状态的影响，一般而言固体物质不易渗透，气体和液体物质则容易被皮肤吸收。液体物质中的脂溶性物质（如脂溶性维生素、皮质类固醇激素、油脂性物质）可通过细胞膜，吸收较好；水溶性物质（如尿素、葡萄糖、清蛋白、维生素C等）可被细胞中的蛋白质成分吸收，但透过率较低；有机溶剂（如二甲基亚砜、乙醚等）的皮肤渗透性较强。因此，作为营养添加成分的化妆品以脂溶性为宜；供皮肤表面处理用，如漂白、杀菌等作用的化妆品以水溶性为好。

化妆品中的载体可促进有效物质的渗透，最传统和最主要的载体有水及各种动植物油脂，近年来又出现了一些新的载体，如脂质体、微胶囊等。脂质体由于与生物细胞膜的结构类似，因此容易渗透入表皮及真皮，促进化妆品有效成分吸收。化妆品中所含的表面活性剂或透皮促进剂可与皮脂膜相溶，增强表皮细胞膜的渗透性，增加对营养物质的吸收。化妆品中有效成分的相对分子质量和分子结构与吸收的数量有密切关系，一般认为相对分子质量小的物质有利于皮肤的吸收，相对分子量在1万左右的化妆品原料是不利于皮肤吸收的。

（三）物质浓度

化妆品主要以渗透及被动扩散方式进入皮肤，其物质浓度与皮肤吸收率在一定范围内成正比关系，即半透膜隔开不同浓度，由于浓度差形成的渗透压使得高浓度溶液向低浓度溶液被动扩散，在一定的范围内，渗透压越大，扩散速度越快。因此，可适当增加化妆品其浓度并增大涂抹力度（轻拍或按摩），促进其功效成分的透皮吸收率。但某些物质在高浓度时（如苯酚）可导致角蛋白凝固坏死而影响皮肤吸收率。

（四）赋形剂

皮肤的屏障功能使一些药物或化妆品的功效性成分难以透过皮肤达到治疗或美容效果，改变这种状况行之有效的方法是在经皮给药系统中加入适宜的赋形剂。

1. 促渗剂（penetration enhancer） 即能促进皮肤吸收的物质或化学剂，又称为“透皮剂”，属于赋形剂。在选择促渗剂时，要注意所选的促渗剂在促进功效性成分吸收的同时，应尽量减少其刺激性和致敏性，而且最好仅仅在皮肤上发挥瞬间作用，从皮肤上去除后能使皮肤屏障功能快速完全恢复。

2. 剂型 化妆品剂型可影响皮肤吸收率，不同剂型的化妆品渗透进入皮肤的多少有较大的差异。理想化妆品是油与水的乳化剂型，单纯的油相和单纯的水相都较难吸收，故在皮肤护理时紧贴皮肤一层要选用乳化剂型的化妆品，如用膏状物做面膜底霜，是符合皮肤吸收的理化特性的。各种剂型渗透入皮肤由易到难依次为：乳液 > 凝胶或溶液 > 悬浮液 > 物理性混合物。若以其基质类别按吸收程度排序为：油/水型 > 水/油型 > 油型 > 动物油 > 羊毛脂 > 植物油 > 烃类基质。加入有机溶媒可明显提高物质的被吸收率。

3. 以下介绍几类常用的化学赋形剂

（1）氮酮（azone）：氮酮是较早开发出的经皮渗透促渗剂，常用浓度为1% ~ 3%，由弱极性长链烷烃或烯烃组成，对亲水和亲脂性物质都有促渗作用，使用最广泛，能溶解细胞间脂质，有利于功效成分的渗透和溶解细胞内脂质，减小功效成分的扩散阻力，还能增加角质层含水量，提高皮肤吸收率。氮酮的毒性和刺激性很小。

（2）亚砜及其类似物：是研究最早的促渗剂，曾被称为“万能溶解剂”，目前常用的有二甲基亚砜（DMSO）、二甲基乙酰胺（DMAC）及二甲基甲酰胺（DMF），作用与浓度成正比，促渗效果对亲水性物质好于亲脂性物质，促渗机制可能与改变角蛋白结构有关。特点是促渗快，但对皮肤有一定损害（有时是不可逆的），高浓度时可导致皮肤红斑、水疱及蛋白变性。近期开发的癸基甲基亚砜（DCMS）认为对皮肤的损害轻且可逆转。

（3）表面活性剂：十二烷基硫酸钠是一种阴离子表面活性剂，通过改变角质层脂质双分子层结构、移除角蛋白及使角质层膨胀来达到促渗作用，但可使皮肤内水分流失。非离子表面活性剂，如聚山梨酯80，通过改变角质层结构促进功效成分渗透，其促渗效果不理想，但毒性和刺激性很低。

（4）脂肪酸类：这类促渗剂研究最广最多的是油酸，与皮肤中的脂肪酸有相似结构，影响脂质结构的有序排列而减少扩散阻力。在低浓度时，促渗作用与浓度成正比，到达一定浓度时反而会抑制功效成分的透皮吸收。表皮的一些酶类也是改变脂质的结构而起促渗作用。脂肪酸类促渗剂的促渗作用一般是暂时的，去除后皮肤能恢复正常的屏障功能（即皮肤屏障瞬时打开过程）。一种促渗剂可同时用到几种透皮吸收机制，如柠檬精油为一组小分子物质组成（扩散理论），具有脂溶性（相似相溶理论），其所含萜烯能使脂质结构发生变化（结构变化理论）。

（5）甘油（丙三醇）：浓度高的甘油并不适合用在皮肤上，因为高浓度的甘油具有强吸湿性，不但可以从空气中吸取水分，而且还能从真皮中吸取水分，反而使皮肤干燥甚至灼伤。一般用于保湿剂的甘油浓度为5%~20%，包含甘油的保湿剂可介导角质形成细胞的成熟。丙二醇的性质类似甘油，但黏滞度较小，刺激性与毒性亦较低，在化妆品中可与甘油合用，或代替甘油作为保湿原料，还可作为色素、香精的溶剂。

（6）吡咯烷酮羧酸钠：是皮肤天然保湿因子的主要成分之一，为透明、无色无臭、略带咸味的液体，具有很强的保湿作用，其吸湿性能远强于甘油、丙二醇、山梨醇，与透明质酸相当。在同等温度、浓度下，吡咯烷酮羧酸钠的黏度远低于其他保湿剂，无黏腻厚重感，且安全性高，对皮肤、黏膜几乎无刺激性，对亲水性物质的促渗作用大于亲脂性物质，其促渗作用的强弱取决于进入角质层的速度和累计时间，促渗机制可能与角蛋白的结构变化有关。

（7）透明质酸：其亲和吸附的水分可为其本身重量的1 000倍，达500mL/g，且由于水分结合于柱内侧固定不动，不易流失，因此透明质酸是一种非常理想的保水剂。低分子透明质酸可渗入表皮层，促进皮肤新陈代谢，改善皮肤生理条件，为真皮胶原蛋白与弹性蛋白的合成提供合适的环境，并能促进表皮细胞增生分化，清除氧自由基，减少自由基生成。此外，透明质酸还具有抗炎抑菌，促进皮肤修复的作用。

（8）神经酰胺：神经酰胺具有屏障作用、聚合作用（增强角质形成细胞间的黏着力）、防止皮肤水分丢失的保护作用、抗老化作用、抗感染作用。神经酰胺与角质层细胞膜和细胞间隙脂质相同或类似，它可以渗入角质层内直接补充脂质，与角质形成细胞表面蛋白质通过酯键连接起到黏合细胞的作用，在增强表皮细胞的内聚力，改善皮肤保持水分的能力及维持和修复角质层的结构完整性等方面起着重要作用。它可避免或减少因紫外线照射而引起的表皮剥脱，从而有助于皮肤抗衰老。神经酰胺优越的保湿性还表现在它的生物调节作用，低温时吸潮，高温时吸潮性自然下降，从而使皮肤组织的湿度保持最佳状态。

（五）外界环境

环境温度升高，皮肤的血管扩张及汗腺分泌增加，则血流加速、皮肤角质层含水量增加，皮肤的吸收率也相应增加。环境湿度大也使角质层水合度增加，可明显增加皮肤吸收率。伪劣化妆品或不适当外用药物可导致皮肤质地改变，如粗糙脱屑、皮肤皲裂，严重时可发生皮肤炎症反应，这些情况都会增加皮肤的吸收率。使用离子喷雾、按摩及热疗可通过促进血液循环及毛细血管扩张或毛孔扩张来加速功效成分的渗透和吸收。

三 化妆品促渗透技术

皮肤完整的屏障功能在抵御环境不良因素的侵扰中具有保护作用，但也使许多外用于皮肤的药物及化妆品难以发挥功效，添加促渗剂或辅用促渗技术则是行之有效的方法。绝大多数化学物质包括化妆品和美容制剂，是以各种透皮吸收机制进入皮肤发挥其作用的。透皮吸收机制是透皮吸收体系的基石，扩散理论、渗透压理论、水合理论、相似相溶理论及结构变化理论是研究促渗透方法的主要基础。

为了促使这些物质的功效性成分更好的渗透入皮肤，达到理想的效果，采用各种方法对所需成分进行处理、修饰或瞬间提高透皮吸收率，用各种绕过角质层或改变角质层屏障的促渗透技术是近年药剂学和化妆品界研究的热点。下面简单介绍几种常用的化妆品促渗技术：

1. 物理促渗方法 常用的有离子导入技术、超声法，通过热效应的散射或电荷吸引作用干扰正常的角质层屏障，使一些不能渗透皮肤或渗透过程很慢的功效性成分得以被吸收。

（1）离子导入技术（iontophoresis）：利用直流电源将离子型物质电解，经由电极定位导入皮肤并储存于皮肤相应部位，缓慢释放以发挥效果的一种方法。它借助于穿透组织的电流来增加物质渗透，不引起皮肤生理改变。但是只有能解离成离子型的物质才能在电场的作用下进入皮肤，其应用有一定的限制。推测其原理系在电离子的高应力状态下，使在正常生理状态下呈分散且不连续的类脂双分子层（存在亲水性腔隙）发生腔隙扩张及交联，呈现连续的亲水性孔道，从而提高物质的渗透。

（2）超声波导入（sonophoresis）：研究认为促渗过程中气泡和空洞的产生很重要，而低频20kHz的超声波有利于其产生。其作用机制可能与局部温度升高、超声波辐射压、导入物质与皮肤间的电位能降低等有关。在短时间内即可增加物质吸收，对水溶性物质，尤其对蛋白质、肽类药物促渗效果特别明显，对脂溶性物质几乎无促渗作用。

（3）激光微孔技术（laser impregnation）：该技术用聚焦到微米级的激光微束来作用于皮肤，导入功效性成分在皮肤需要的部位，使之瞬时发挥作用，该技术利用了热效应、光化过程及光压效应等，具体何种效应起主导作用还不清楚。该技术也可作用于物质，使其形成质点很小、大小均匀、稳定性好的透明多相稳定液体，更容易透皮吸收。激光的促渗作用相对安全有效，但费用昂贵。

2. 化学方法 理想的化学促渗剂应当对皮肤无毒、无刺激、无致敏，而且起效要快、作用瞬时、持续时间可预见，不影响皮肤屏障功能的恢复，与功效成分相溶，有美肤效果。当然，目前要找到完全满足上述条件的促渗剂很难，但应尽量使其更多地符合以上条件。

（1）透皮吸收促渗剂（penetration enhancers，PE）：指能够增加化学物质透皮速度或透皮量的物质，能可逆地改变皮肤屏障功能。透皮吸收促渗剂的作用机制可归纳为：改变有序排列的角质层脂质双分子层结构，作用于皮肤角质层细胞内蛋白质产生水化通道，促进物质在角质层扩散；增加物质在皮肤中的溶解度，使物质的透皮吸收率增加。透皮吸收促渗剂单独使用时常效果不佳，需2种或多种联合使用，且可与离子导入法和超声导入法联用。如乙醇无毒且易挥发，常作为贴剂给药的溶媒，也常与水或丙二醇配制为混合溶媒用于透皮给药系统。透皮吸收促渗剂可增加功效成分在载体中的溶解度、改变皮肤特性来提高功效成分的吸收及减少角质层脂质以延长功效成分的作用时间。

（2）脂质体技术（liposome technique）：近年来，脂质体技术越来越受到人们关注，脂质体是人工形成的类似生物膜双分子层结构的完全封闭的微囊，对皮肤特别是角质层有特殊亲和力，所带的化学物质在皮肤沉积，较普通的配方更为有效，并且具有高效的皮肤传递作用。它具有仿生性、靶向性、长效性、稳定性和透皮吸收性等一般制剂没有的独特优点，包封于脂质体内的药物被人体作为生物细胞予以识别，可有效地穿过与之大小相似的其他毫微粒所不能穿过的空隙或屏障，且较少被吸收进入体循环。如固体脂质纳米粒（solid lipid nanoparticles）是以类脂质（卵磷脂、三酰甘油等）为载体的固态胶体颗粒，直径约10 ~ 1 000nm，目前已作为防晒品的载体系统，其本身有物理防晒特性，又能提供缓释给药及使之作用时间延长，但需解决载药量小、存放中稳定性差的问题。

（3）新的化学促渗剂：如近期有研究认为噻酮的促渗效果是氮酮的2.99倍；N，N-二甲基氨基乙酸促渗效果是氮酮的数倍，且能被生物降解代谢；壬代环戊双醚在2%时透皮吸收最好，与氮酮比其安全性和刺激性更低。还有二甲氨苯酸辛酯、辛基水杨酸盐及辛基甲氧基苯乙烯也可作促渗剂。

3. 纳米技术 许多物质难被皮肤吸收，是由于存在溶解的问题，而物质的溶解速率是随物质颗粒半径的缩小而提高的，因此纳米技术就被应用于化妆品的制备中。纳米材料的尺寸范围为0.1 ~ 100nm，通过纳米技术能使功效性成分转变为稳定的纳米微粒（1nm相当于一根头发直径的八万分之一），若加入安全的稳定剂和赋形剂，则可提高纳米微粒的溶解率，使化妆品中的功效成分能更好地被皮肤吸收。如在防晒剂，特别是物理防晒剂的制备中，用纳米功能粉体合成和表面处理技术，可获得低光活性、低团聚、高分散的纳米二氧化钛和纳米氧化锌抗紫外线系列产品，能达到更好的防晒效果。纳米技术还可使化妆品的功效性成分展现出全新的活性，如纳米水晶眼影可制造出形象的三维效果，纳米彩妆可展现出更丰富更生动的色彩。虽然纳米微粒是非生物材料，理论上不会诱发免疫反应（如过敏），但是否某些成分会穿透皮肤进入体循环尚待进一步研究，可见纳米技术的安全性还有待完善。

4. 天然透皮促进剂 即来源于天然产物的开发，毒性刺激性很小，是未来开发的方向。主要是萜烯类化合物，如薄荷醇、精油、冰片等。其作用机制都是作用于角质层，或使脂质溶解，或使脂质双分子层膜结构发生变化，或使角蛋白结构变化。

5. 新的促渗透技术 如超立体渗透技术使有效成分的小分子结构包裹在表皮基底层细胞周围，然后按需求有序进入皮肤各层细胞发挥作用；蛋白序列技术将被用于皮肤护理，分子信使将被开发用于打开或关闭特定的生物合成途径。

思 考 题

1. 皮肤分哪5种类型？请写出3种与皮肤类型密切相关的皮肤病。
2. 皮肤屏障功能最重要的是表皮的哪一层？其主要作用是什么？
3. 透皮吸收机制有哪几种理论？

（李 惠 李 利）

参考文献

1. Liu W，Lai W，Wang XM，et al. Skin phototyping in a Chinese female population：analysis of four hundred and four cases from four major cities of China. Photodermatol Photoimmunol Photomed，2006，22（4）：184-188

2. Baumann L. The Skin type solution. New York：Bantam Dell，2006

3. 肖锋，董方言. 透皮给药中促渗技术研究的最新进展. 长春中医药大学学报，2008，24（1）：38-39

4. 林婕，何聪芬，董银卯. 化妆品功效成分的透皮吸收机理. 日用化学工业，2009，39（4）：275-278

5. 李磊，赵秀丽，陈大为等. 化学促渗剂在经皮给药系统中的应用进展. 中南药学，2007，5（6）：532-534

第三章 化妆品的基础科学

第一节 化妆品原料

化妆品是由不同功能的原料按一定科学配方组合，通过一定的混合加工技术而制得的。化妆品的特性及质量的好坏很大程度上取决于原料。

化妆品所用原料按性质和用途分为基质原料、辅助原料和添加剂。基质原料是能够根据各种化妆品类别和形态的要求，赋予产品基础骨架结构的主要成分，是化妆品的主体，是化妆品配制中必不可少的原料，体现了化妆品的性质、功能和用途。基质原料主要有油性原料、粉质原料、胶质原料、溶剂原料和表面活性剂。而辅助原料及添加剂则是对化妆品的成型、色、香和某些特性起作用，一般用量较少，但也很重要，主要有色素、香精、防腐剂、抗氧化剂和各种添加剂等。

化妆品原料，除了必须符合有关法定文件和基准外，还应注意其广泛性、有效性、针对性、配伍性、安全性、特殊性和时效性等。

一 化妆品基质原料

（一）油质原料

油性原料是化妆品的主要基质原料，一般分为油脂、蜡类、高级脂肪酸、高级脂肪醇和酯类。

1. 油脂和蜡类 油脂是各种高级脂肪酸的甘油酯，常温下呈液态的称为油，呈固态的为脂。油脂用作化妆品原料时，对皮肤作用缓和。其功能主要有：使皮肤细胞表面软化，增加其吸收力；在皮肤表面形成疏水薄膜，能抑制表皮水分的蒸发，防止皮肤干燥、粗糙；涂布于皮肤表面能避免机械和药物引起的刺激，起到保护作用；能抑制皮肤炎症，促进剥落层的表皮形成。

蜡类主要是高级脂肪酸和高级脂肪醇生成的酯类，其中还含有游离脂肪酸、游离醇、烃类、树脂等，是具有不同程度光泽、滑润和塑性的疏水性物质。主要功能包括：作为固化剂提高制品的性能和稳定性；提高液态油的熔点；赋予产品触变性，改善对皮肤的柔软效果；在皮肤表面形成疏水薄膜，抑制表皮水分的蒸发；赋予产品光泽，提高其商品价值；改善产品成型性，便于使用。

油脂和蜡类是组成膏霜、唇膏、乳液类等化妆品的基质原料。它们根据来源和化学成分不同，可分为动植物、矿物及合成油脂和蜡类3类。

（1）动植物油脂和蜡类：从动植物组织中得到的油脂称为动植物油脂，包括植物性油脂与动物性油脂。

化妆品常用的植物性油脂主要有橄榄油、蓖麻油、椰子油、棕榈油、茶籽油、杏仁油、月见草油、葡萄籽油、麦胚芽油、玫瑰果油、可可脂、杏核油、棉籽油等。动物性油脂主要有蛇油、水貂油、牛脂、海龟等。与植物性油脂相比，动物性油脂色泽、气味等略差。

有些动植物油脂加氢后的产物称为硬化油。在化妆品中较常见的硬化油有硬化椰子油、硬化牛脂、硬化蓖麻油、硬化大豆油等。

动植物蜡类是指由动植物组织中得到的蜡性物质，种类较多。具有代表性的植物蜡类主要有巴西棕榈蜡、小烛树蜡、米糠蜡和霍霍巴蜡等；动物蜡类有蜂蜡、抹香鲸油、鲸蜡、虫蜡和羊毛脂等。

1）橄榄油（olive oil）：橄榄油是从橄榄果中榨取出来的一种淡黄色透明液体，不溶于水，微溶于乙醇，可溶于乙醚、氯仿等。主要成分为油酸、棕榈酸的甘油酯，还含有丰富的维生素E，极易被皮肤吸收，清爽自然，无油腻感，是天然的美容佳品，被称为“可食护肤品”。橄榄油用于化妆品中，具有优良的润肤、营养肤质、延缓皮肤衰老的作用，此外还有一定的防晒作用。橄榄油对皮肤的渗透能力较羊毛脂、油醇差，但比矿物油好。在化妆品中，橄榄油是制造按摩油、发油、防晒油、唇膏和W/O型香脂的重要原料。

2）蛇油（snake oil）：蛇油由蟒蛇科动物蟒蛇的脂肪提纯精制而成，室温下呈淡黄色油状液体，略有异味，主要成分为脂肪酸甘油酯。蛇油对皮肤皲裂有良好的治疗功效，可使皮肤产生平滑、凉爽的感觉，适用于护肤品和药用油膏。

3）巴西棕榈蜡（carnauba wax）：又称加洛巴蜡，是用南美巴西的棕柏树叶浸提而制得的，粗品为黄色或灰褐色，精制品为白色或淡黄色脆硬蜡状固体。它不溶于水，可溶于热乙醇、热氯仿、四氯化碳、乙醚及碱类，主要成分为蜡酸花醇酯（$C_{25}H_{51}COOC_{30}H_{61}$）。巴西棕榈蜡是化妆品原料中硬度最高的一种，其熔点也是天然蜡中最高的一种，可与所有植物、动物和矿物蜡相匹配，也可与各种天然和合成树脂、脂肪酸、甘油酯相匹配。将它添加到其他蜡类中，可提高蜡质的熔点，增加其硬度、韧性和光泽，有降低黏性、塑性和结晶倾向的作用，因而广泛应用于唇膏制造，以增加其耐热性，并赋予光泽，还可用于睫毛膏等锭状化妆品。

4）蜂蜡（bees wax）：蜂蜡又称蜜蜡，由蜜蜂腹部的蜡腺分泌而得到的淡黄色固体，是构成蜂巢的主要成分。其主要成分为棕榈酸蜂蜡醇酯（$C_{15}H_{31}COOC_{30}H_{61}$）、十六碳烯酸三十酯（$C_{15}H_{30}COOC_{30}H_{61}$）、二十六酸三十酯（$C_{25}H_{52}COOC_{30}H_{61}$）、游离脂肪酸（13.3% ~ 14.5%）、游离脂肪醇（1% ~ 1.25%）和高级烃类化合物（10.4% ~ 13.6%）等。蜂蜡可以和几乎所有的蜡类和油类配伍。蜂蜡广泛应用于化妆品中，是制造乳液类化妆品的良好助乳化原料。由于其熔点高，可用于唇膏、发蜡等化妆品，也可用于油性膏霜产品中。

（2）矿物油脂和蜡类：矿物油脂和蜡类是指以石油、煤为原料经过一系列加工精制得到的油蜡性物质，以直链饱和烃为主要成分。它们的沸点较高，多在300℃以上。矿物性油脂、蜡类来源丰富，易精制，不易腐败，性质稳定，是化妆品价廉物美的原料。此类原料很少单独使用，常与动植物油脂和蜡类调配使用，起到提高稳定性或清洁皮肤的溶剂作用，还可在皮肤表面上形成疏水性油膜，抑制皮肤表面水分的蒸发，从而提高化妆品的效果。

化妆品常用的矿物油和蜡类有液状石蜡、固体石蜡、微晶石蜡、地蜡、凡士林等。其中最为重要的是液状石蜡（paraffin oil or mineral oil），也称矿油或白油，是一类液态烃类的混合物，主要成分为$C_{16}H_{34}$ ~ $C_{21}H_{44}$正异构烷烃的混合体系，呈无色、无臭、透明的黏稠状液体，化学稳定性及微生物稳定性好，具有润滑性，对皮肤、毛发柔软效果好。市售的白油分为轻质和重质2种，前者黏度低，对皮肤毛发的洁净及润湿效果好，但柔软性差；后者黏度高，柔软效果好，但洁净、润湿性差。白油在化妆品中应用广泛，需用量也很大，是香脂类的主要原料，也是发油、发蜡、发乳及膏霜和乳液等各种乳化制品的重要原料。

（3）合成油脂和蜡类：合成油脂和蜡类一般是指由各种油脂或原料经加工合成的改性油脂和蜡类，与原料油脂和蜡类相似，可保持其优点，但在纯度、物理性状、化学稳定性、微生物稳定性以及对皮肤的刺激性和吸收性等方面都有明显的改善和提高，因此广泛用于各类化妆品中。常用的合成油脂和蜡类原料有角鲨烷、羊毛脂衍生物、硅油及其衍生物等。例如，硅油及其衍生物属于高分子聚合物，是一类无油腻感的合成油和蜡类化妆品原料，有优良的物理化学特性，如良好的生物惰性、化学稳定性、较低的表面张力和良好的疏水性，对皮肤无刺激、无致敏，能在皮肤表面上形成均匀防水透气的保护膜等。目前常用于化妆品中的硅油品种主要有二甲基硅油、环状聚硅氧烷、聚醚-聚硅氧烷等。

2. 高级脂肪酸、脂肪醇和酯　化妆品用脂肪酸、脂肪醇和酯多数来自动植物油脂和蜡类水解后进一步分离纯化的产物。高级脂肪酸和醇是各种乳化制品和油膏的重要原料。脂肪酸酯不仅可代替天然油脂，而且可赋予乳化制品特殊功能，也是色素和香精的理想溶剂，部分脂肪酸酯还具有优良的表面活性。

（1）脂肪酸：脂肪酸是动植物油脂的主要成分，以酯的形式存在于油脂中，占油脂组分的92%～95%。化妆品用的脂肪酸是将油脂经过水解、结晶分离（压榨法、溶剂分离法）或蒸馏分离而得到。一般用于化妆品的脂肪酸为C_{12}以上的饱和脂肪酸，硬脂酸占到一半以上，其他如月桂酸、肉豆蔻酸、棕榈酸、油酸、二十二碳酸、十一烯酸等也是化妆品常用的高级脂肪酸。

（2）高级脂肪醇：如月桂醇、十六醇、十八醇、油醇、羊毛醇、加氢羊毛醇等是膏霜类化妆品常用的原料，也用于发乳、奶液等化妆品中，具有稳定膏体、辅助乳化的作用和柔软、滋润的功能，有的还可用作溶剂。

3. 酯类　有三类酯类较常用。一类是高级脂肪酸与低级醇形成的酯，如硬脂酸甲酯、豆蔻酸异丙酯、棕榈酸异丙酯等，与油脂有互溶性，具有黏度低、延展性好，对皮肤渗透性好，无油腻感等优良性质。另一类是高级脂肪酸高级脂肪醇酯，如肉豆蔻酸十八酯、油酸油酯，其对皮肤有润滑性，浸透性好，使皮肤柔软光滑。第三类是低级脂肪酸的甘油酯，该类产品比油脂熔点低，混溶性好，用于唇膏中可增大其强度。

（二）粉质原料

粉质原料是爽身粉、香粉、粉饼、胭脂、眼影等化妆品的基质原料，其用量可高达30%～80%，在化妆品中主要起遮盖、滑爽、附着、吸收、延展、摩擦等作用，此外在芳香制品中也用作香料的载体，在牙膏中作为摩擦剂。使用粉体的化妆品状态一般有粉状、固体状、分散在固体状的油相中或悬浊液中等。

化妆品中使用的粉质原料有白色粉体和有色粉体2类，细度300目以上，水分含量应在2%以下，一般不溶于水。原料质量要求很高，应符合皮肤的安全性，不能对皮肤有任何刺激，有毒物质和重金属含量不得超过国家化妆品卫生规范规定的含量。例如，汞含量不得超过1mg/kg，铅含量不得超过40mg/kg，砷含量不得超过10mg/kg，甲醇含量不得超过2 000mg/kg。

粉质原料包括滑石粉、高岭土、锌白、钛白粉、硬脂酸盐、膨润土、碳酸钙、碳酸镁、云母粉、改性淀粉、纤维素微珠、聚乙烯粉、聚苯乙烯粉、聚四氟乙烯微粉等。

1. 滑石粉（talc） 是天然的含水硅酸镁，主要成分是$3MgO \cdot 4SiO_2 \cdot H_2O$。化妆品用滑石粉，其细度分200目、325目及400目等多种规格，洁白、滑爽、柔软，不溶于水、酸、碱溶液及各种有机溶剂。其延展性为粉体类中最佳，但吸油性及吸附性稍差。多用作香粉、爽身粉等粉类原料。

2. 高岭土（kaolin） 是天然硅酸铝，主要成分是$2SiO_2 \cdot Al_2O_3 \cdot 2H_2O$，为白色或淡黄色细粉，不溶于水、冷稀酸及碱，但容易分散于水和其他液体中，是黏土中耐火性最强的。它对皮肤的黏附性好，具有抑制皮脂及吸收汗液的性能，在化妆品中与滑石粉配合使用，能起到缓和及消除滑石粉光泽的作用，是制造香粉、粉饼、水粉、胭脂、粉条及眼影等制品的原料。

3. 钛白粉（titanium dioxide，TiO_2） 为无臭、无味、白色无定形微细粉末，不溶于水及稀酸，溶于热的浓硫酸和碱，化学性质稳定。钛白粉是一种重要的白色颜料，是颜料中最白的物质，其遮盖力是粉末中的最强者，且着色力也是白色颜料中最强的。当其粒度极微（粒径为30μm）时，对紫外线透过率最小，可用于防晒的化妆品。钛白粉在化妆品粉类制品中应用很广，可作香粉、粉饼、水粉饼、粉条、粉乳等重要的遮盖剂。

4. 锌白粉（zine oxid，ZnO） 是无臭、无味的白色粉末，外观略似钛白粉，不溶于水，溶于酸、碱溶液。锌白粉也具有较强的遮盖力和附着力，且对皮肤具有收敛性和杀菌作用，在化妆品中用于香粉类制品，还可用于制造增白粉蜜，其用量约为15%～25%。

5. 硬脂酸锌 [zine stearate，$(C_{17}H_{35}COO)_2Zn$] 属于金属脂肪酸盐类，一般不溶于水，但可溶于油脂中，对不干性油有促进氧化作用。这类粉剂对皮肤具有润滑、柔软及附着性，可用于香粉、爽身粉等粉类制品。

6. 聚苯乙烯粉（polystyrene powder） 是由纯的交联苯乙烯构成的球形粉末，在化妆品中主要用于粉类和乳液类化妆品，如用于粉饼有很好的压缩性，可改善粉类黏着性，且富有光泽和润滑，是代替滑石粉和二氧化硅的高级填充剂。

（三）胶质原料

胶质原料主要是水溶性高分子化合物，又称水溶性聚合物或水溶性树脂。它们是一类分子中大多含有羟基、羧基、氨基等亲水基的高分子化合物，在水中能溶解或溶胀而呈水溶液或凝胶状态，有不同的黏稠度。它们在化妆品中起着如下作用：对乳状液和悬浮液等分散系起着稳定作用；对乳状液、蜜类半流体起着增稠作用；对膏霜类半固体起着增黏或凝胶化作用；另外还具有胶合、成膜、泡沫稳定及保湿作用等。胶质原料在许多化妆品中被用作胶合剂、增稠剂、悬浮剂、助乳化剂、分散剂、成膜剂、保湿剂和稳泡剂等。

胶质类原料按其来源和高分子化合物的结构，可分为有机天然、有机半合成、有机合成和无机水溶性高分子化合物（图3-1）4大类。

化妆品所用的胶质原料，早期大都是天然胶质原料，如淀粉、植物树胶、动物明胶等，这类天然化合物易受气候、地理环境的影响而质量不稳定。近年来为半合成或合成高分子化合物所取代，如聚乙烯醇、聚乙烯吡咯烷酮等，这类化合物性质稳定，对皮肤的刺激性低且价格低廉。

以下为化妆品中常用的水溶性高分子化合物：

1. 阿拉伯胶（arabic gum） 阿拉伯胶又称金合欢胶，是阿拉伯树胶的分泌物，是由被称为阿拉伯胶酸的多聚糖类物质组成的钙、镁、钾盐，呈白色粉末或颗粒状、淡黄色块状物。阿拉伯胶不溶于乙醇，其水溶液是酸性黏稠状液体，但黏度随时间延长而降低。在化妆品中可作为助乳化剂和增稠剂，在指甲油中可作为成膜剂，在发用制品中作为固发剂，在面膜、扑面粉中作为胶黏剂。常与其他水溶性高分子配合使用。

- 胶质原料
  - 有机物
    - 天然水溶性高分子
      - 动物类
        - 动物胶
        - 蛋白类：酪蛋白、胶原蛋白等
      - 植物类
        - 淀粉类
        - 植物性胶质类，如阿拉伯树胶、黄芪胶、黄原胶
        - 植物性黏液质类，如果胶、榅桲提取物
        - 海藻类，如褐藻酸钠、爱尔兰苔粉
    - 半合成水溶性高分子
      - 纤维素类：甲基纤维素、乙基纤维素、羧甲基纤维素、羧丙基纤维素、阳离子纤维素聚合物等
      - 瓜儿胶及其衍生物
      - 淀粉类：可溶性淀粉、羧甲基淀粉等
      - 其他多糖类衍生物
    - 合成水溶性高分子
      - 乙烯类：聚乙烯醇、聚乙烯甲基醚及其共聚物、聚乙烯吡咯烷酮
      - 丙烯酸和甲基丙烯酸衍生物：聚丙烯酸钠、羧基乙烯聚合物
      - 聚氧化乙烯
  - 无机物：胶性硅酸铝镁等

图3-1　水溶性高分子化合物的分类

2. 海藻酸钠（sodium alginate） 海藻酸钠存在于海带和裙带菜等褐藻类植物中，由这类海藻与碱共煮抽提钠盐精制而得。它是天然水溶性高分子化合物中用途较为广泛的一种褐藻胶，为白色或淡黄色无味、无臭粉末，其水溶液为无色、无味、无臭透明黏稠液体，黏度较高。海藻酸钠溶液一旦干燥，就会形成透明的薄膜。在化妆品中主要用作增稠剂、稳泡剂、乳化稳定剂、胶凝剂和成膜剂，用于发用类化妆品、护肤乳液和面膜等化妆品。

3. 羧甲基纤维素钠（sodium carboxy methyl cellulose，CMC-Na） 羧甲基纤维素钠是纤维素的多羧甲基醚的钠盐，为无臭、无味、白色粉末或颗粒状物，易溶于水及碱性溶液形成透明黏胶体。CMC-Na在水中不是溶解而是解聚，即聚合分子的解聚。它在水中先以悬浮状态存在，然后在水中膨胀至黏度最高，最后完成解聚而黏度稍有下降，对光、热较稳定。在化妆品中，可作为胶合剂、增稠剂、乳化稳定剂、分散剂等，是应用较广的一种水溶性高分子化合物。

4. 聚乙烯吡咯烷酮（polyvinyl pyrrolidone，PVP） 聚乙烯吡咯烷酮是由N-乙烯基吡咯烷酮聚合而制得的直链聚合物，呈白色至淡黄色粉末，易溶于水，可溶于醇、氯仿、胺类、

酮类及低分子脂肪酸。PVP的分子量不同，其性能和使用范围亦不同。聚乙烯吡咯烷酮具有较好的保湿性和成膜性，并与其他水溶性高分子物质有着良好的相容性，因此，广泛用作定发用化妆品中的成膜剂，能在头发上形成光滑和有光泽的透明薄膜，还可用作护肤乳液和膏霜的柔润剂及稳定剂、彩妆类化妆品中的基质原料、染发剂中的分散剂和香波的稳泡剂等。

（四）溶剂原料

溶剂指液状、浆状、膏状化妆品，是如香水、花露水、发水、洗面奶、冷露、雪花膏及指甲油等多种制品配方中不可缺少的一类主要组成部分。它在制品中主要起溶解作用，使制品具有一定的物理性能和剂型。许多固体型的化妆品成分中虽不包括溶剂，但在生产制造过程中有时也常需要使用一些溶剂，以便制品中如香料、颜料等物质能借助溶剂进行均匀分散，在制造粉饼等类产品时也需要溶剂作为胶粘之用。溶剂除了主要的溶解性能以外，在化妆品制品中还具有其他一些特性，如挥发、润滑、润湿、增塑、保香、防冻、收敛等作用。

化妆品中溶剂原料主要包括水、醇类和酮、醚、酯类及芳香族有机化合物等。

1. 水　水是化妆品的重要原料，是一种优良的溶剂，水的质量对化妆品产品的质量有重要的影响。化妆品所用的水为去离子水，水质纯净，无色、无味，且不含钙、镁等金属离子，无杂质。

2. 醇类　醇类主要是香料、油脂类的溶剂，也是化妆品的主要原料。

（1）低碳醇：能使化妆品具有清凉感，并且有杀菌作用，常用作溶剂的低碳醇有乙醇、异丙醇、正丁醇、戊醇等。

1）乙醇：为无色挥发性液体，由于具有溶解、挥发、芳香、防冻、灭菌、收敛等特性，被广泛应用于香水、花露水及生发水等香水类化妆品的生产中。乙醇是所有香水类化妆品的主要溶剂。

2）丁醇、戊醇、异戊醇等：也是化妆品中常用的溶剂。丁醇在化妆品中是制造指甲油的原料；戊醇在化妆品中用作指甲油的偶联剂；异丙醇具有一定的杀菌作用，可替代乙醇应用于制品中，在化妆品中用作溶剂和作指甲油中的偶联剂。

（2）多元醇：常用的多元醇有乙二醇、聚乙二醇、丙二醇、甘油、山梨糖醇等。它们作为化妆品的主要原料，可用作香料的溶剂、定香剂、黏度调节剂、凝固点降低剂，还可作为保湿剂、滋润剂等。

3. 酮、醚、酯类及芳香族化合物　小分子的酮、醚、酯类，如丙酮、丁酮、二乙二醇乙醚、乙酸乙酯、乙酸丁酯、乙酸戊辛酯以及甲苯、二甲苯等芳香族化合物，均是用于指甲油的溶剂组分，但通常有毒性或刺激性，使用时要严格遵守国家化妆品卫生规范的规定。

（五）表面活性剂

1. 概念　表面活性剂是化妆品的重要组分之一，它对化妆品的形成、理化特性、外观和用途都有着重要的作用。

表面活性剂（surfactant）是指能显著降低溶液（一般指水溶液）表面张力和液-液界面张力的物质，是一种具有亲水亲油性的两亲分子。表面活性剂一般是由不同性质的两部分基团所组成。一部分是非极性的亲油基团，称为亲油基或疏水基，一般为8个碳原子以上的烃基；另一部分是极性的亲水基团，称为亲水基或疏油基，如羧酸基、磺酸基、硫酸基、磷酸基、铵盐、季铵盐、羟基、酰胺基、醚键等。表面活性剂分子结构具有不对称性。

当表面活性剂在溶液中以很低的浓度溶解分散时，优先吸附在溶液的表面或其他（如水相与油相）界面上，亲水基伸向水相，而亲油基则伸入非水相，呈有序定向排列，使溶液表面或界面张力显著地降低，改变了系统的界面性质。当表面活性剂达到一定浓度时，溶液内部的表面活性剂两亲分子会聚集形成亲水基朝外、亲油基朝内的缔合体，称为胶束或胶团。能够形成胶束的最低浓度称为临界胶束浓度（简称CMC）。由于胶束的形成，降低了溶液系统的表面能，使系统处于稳定状态。

表面活性剂分子中亲水和亲油这两个基团大小和力量的平衡，决定了该分子的最终亲和力情况。亲水亲油平衡值（HLB）就是用以表示表面活性剂分子内部平衡后整个分子的综合倾向是亲油还是亲水，以及其亲和的程度，即HLB值是衡量表面活性剂分子亲油亲水性相对强度的一种数值量度。以石蜡的HLB=0、油酸的HLB=1、油酸钾的HLB=20、十二烷基硫酸钠的HLB=40作为标准，其他表面活性剂的HLB值通过乳化实验对比乳化效果，分别确定其HLB值，处于0 ~ 40。HLB值小，表示分子的亲油性强；HLB值越大，则亲水性越强。部分典型表面活性剂的HLB值及其应用如表3-1所示。

表3-1　部分典型表面活性剂的HLB值及其应用

名称	化学组成	HLB值		应用范围
石蜡	C_{16} ~ C_{22}烷烃混合物	0		
Span 85	失水山梨醇三油酸酯	1.8		HLB 1.5 ~ 3.0 消泡剂
Span 65	失水山梨醇三硬脂酸酯	2.1		
Span 80	失水山梨醇单油酸酯	4.3	↑	HLB 3 ~ 6 水/油型乳化剂
Span 60	失水山梨醇单硬脂酸酯	4.7		
Aldo 28	单硬脂酸甘油酯	3.8 ~ 5.5		
Span 40	失水山梨醇单棕榈酸酯	6.7		HLB 7 ~ 9 润湿剂
Span 20	失水山梨醇单月桂酸酯	8.6	亲油	
Tween 61	聚氧乙烯失水山梨醇单硬脂酸酯	9.6		HLB 8 ~ 18 油/水型乳化剂
Atlas G-1790	聚氧乙烯羊毛脂衍生物	11.0		
Atlas G-2133	聚氧乙烯月桂醇醚	13.1		
Tween 60	聚氧乙烯失水山梨醇单硬脂酸酯	14.9	亲水	
Atlas G-1441	羊毛醇酯衍生物	14.0		HLB 13 ~ 15 洗涤剂
Tween 80	聚氧乙烯失水山梨醇单油酸酯	15.0		
Myri 49	聚氧乙烯单硬脂酸酯	15.0		
Atlas G-3720	聚氧乙烯十八醇醚	15.3		
Atlas G-3920	聚氧乙烯油醇醚	15.4		
Tween 40	聚氧乙烯失水山梨醇单棕榈酸酯	15.6		
Atlas G-2162	聚氧乙烯氧丙烯硬脂酸酯	15.7		HLB 15 ~ 18 增溶剂
Myri 51	聚氧乙烯单硬脂酸酯	16.0		
Atlas G-2129	聚氧乙烯单月桂酸酯	16.3		
Atlas G-3930	聚氧乙烯醚	16.6		
Tween 20	聚氧乙烯失水山梨醇单月桂酸酯	16.7		
Brij 35	聚氧乙烯月桂醚	16.9		
油酸钠	油酸钠	18.0		
Atlas G-2159	聚乙烯单硬脂酸酯	18.8		
PEG	聚乙二醇	20.0		
SDS	十二烷基硫酸钠	40.0	↓	

2. 表面活性剂的分类 表面活性剂的种类繁多，分类方法很多。根据表面活性剂分子在水中能否解离，分为离子型和非离子型两大类，其中离子型又分为阴离子、阳离子和两性离子表面活性剂等3类；根据溶解性分类，分为水溶性表面活性剂和油溶性表面活性剂；根据相对分子质量分类，分为高分子、中分子和低分子表面活性剂。表面活性剂通常按离子型分类。

阴离子表面活性剂在水溶液中解离时形成带负电荷的疏水基，起表面活性作用的部分是阴离子，是应用最广泛的一类表面活性剂。在化妆品原料中，阴离子表面活性剂多作为去污剂、发泡剂，有的也可作为乳化剂。主要有高级脂肪酸盐、磺酸盐、硫酸酯盐、磷酸酯盐等。

阳离子表面活性剂在水溶液中解离时形成带正电荷的疏水基，起表面活性作用的部分是阳离子，在化妆品中主要用作杀菌剂、抑菌剂、头发调理剂、皮肤柔软剂等。按其结构主要有季铵盐、烷基咪唑啉盐、乙氧基化胺、杂环等类，其中季铵盐类在化妆品中应用比较广泛。

两性离子表面活性剂在水溶液中解离时，因其分子结构中同时具有带正、负电荷的基团，故随介质pH的变化，可分别形成阴离子、阳离子或偶极离子，表现出阴离子、阳离子或类似非离子表面活性剂的性质。两性离子表面活性剂具有低毒性，对皮肤、眼睛刺激性低，耐硬水，有一定的杀菌性和抑霉性，有良好的乳化、分散、润湿和发泡性能，可以与其他几乎所有类型的表面活性剂配伍，并有协同效应。主要有卵磷脂、咪唑啉型、氨基酸型、甜菜碱型、氧化胺型等两性离子型表面活性剂。

非离子表面活性剂溶于水时不发生解离，其分子中亲油基与离子型表面活性剂的大致相同，但亲水基主要是由一定数量的含氧基团（如羟基和聚氧乙烯链）构成。非离子表面活性剂具有较高的表面活性，其水溶液的表面张力低，具有较强的增溶作用、良好的乳化能力和洗涤作用，能在较广的pH范围内使用。由于非离子表面活性剂在溶液中不是以离子状态存在，故不易受酸、碱和电解质的影响，稳定性高，在各种溶剂中溶解性均好，与其他类型表面活性剂相溶性好、能混合使用。非离子表面活性剂主要分为聚乙二醇型和多元醇型两类，分别有脂肪醇聚氧乙烯醚、烷基酚聚氧乙烯醚、乙氧基化聚硅氧烷、聚醚、聚乙二醇脂肪酸酯、失水山梨醇脂肪酸酯和聚氧乙烯失水山梨醇脂肪酸酯、蔗糖酯和葡萄糖酯、磷酸三酯、N-烷基吡咯烷酮等。

3. 表面活性剂的作用 表面活性剂在化妆品中用途十分广泛，主要功能为乳化作用、增溶作用、分散作用、起泡作用、去污作用、润滑作用和柔软作用等，见表3-2。近年来，由于化妆品的剂型向多样化发展，所以要求开发具有多功能的表面活性剂，利用表面活性剂单一性能的化妆品几乎没有，大多是同时利用表面活性剂的多种性能。

4. 乳化剂的选择 化妆品油相原料和水相原料是互不相溶的两相，若要形成稳定的膏霜、乳液化妆品，就需要加入稳定物质，即乳化剂。选择不同的表面活性剂可以形成水包油（O/W）型或油包水（W/O）型的膏霜、乳液。

当化妆品配方中的各种组成大致确定后，即可对乳化剂进行选择，通常根据HLB值来选择适宜的乳化剂。制备O/W型乳状液，需要亲水性较强、在水相中溶解度较大的表面活性剂，HLB值为8～18，通常多为低价的离子型表面活性剂。制备W/O型乳状液，需要亲油性较强、在油相中溶解度好的表面活性剂，HLB值为3～6，通常多为非离子型表面活性剂。通常选用混合乳化剂比单一乳化剂的乳化效果更好。

5. 多重乳液 多重乳液是一种O/W和W/O型乳液共存的复合体系。它可能是油滴里含

表3-2　表面活性剂在各类化妆品中的作用

化妆品类型	乳化	增溶	分散	起泡	去污	润湿	柔软
化妆水	○	○					
膏霜	○	○	○				
粉底	○		○				
乳液	○		○				
指甲化妆品	○		○				
香粉	○		○				
护发素	○	○				○	○
生发、养发剂	○	○					
香波	○	○		○	○		○
发用润丝	○	○				○	○
牙膏	○		○	○	○		
摩丝	○	○		○		○	○

注："○"代表表面活性剂在不同类型化妆品中可发挥的作用

有一个或更多的水滴，这种含有水滴的油滴被悬浮在水相中形成乳状液，这样的体系称为水-油-水（W/O/W）型乳状液，如图3-2所示。含有油滴的水滴被悬浮于油相中所形成的乳状液则构成油-水-油（O/W/O）型乳状液。

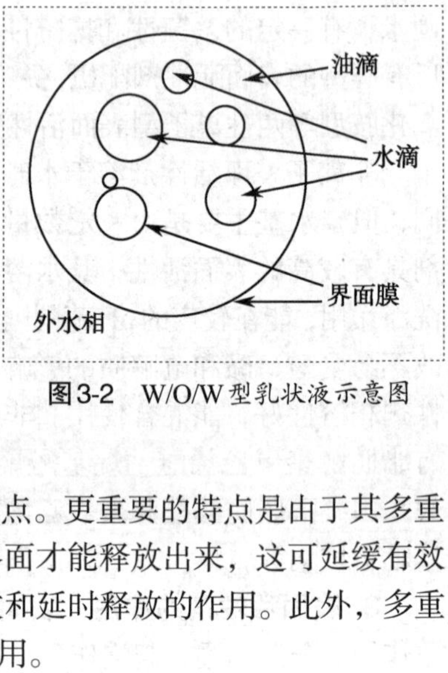

图3-2　W/O/W型乳状液示意图

在化妆品中较广泛使用的乳状液有2种类型，即O/W和W/O型乳状液。O/W型乳状液有较好的铺展性，使用时不会感到油腻，有清新感觉，但净洗效果和润肤作用方面不如W/O型乳状液。W/O型乳状液具有光滑的外观，高效的净洗效果和优良的润滑作用，但油腻感较强，有时还会感到发黏。W/O/W多重乳状液可消除O/W和W/O型乳状液的上述缺点，使用性能优良，兼备2种乳状液的优点。更重要的特点是由于其多重结构，在内相添加有效成分或活性物后，它们要通过两相界面才能释放出来，这可延缓有效成分的释放速度，延长有效成分的作用时间，达到控制释放和延时释放的作用。此外，多重乳状液使用时无油腻感，铺展性好，有优良的净洗和润肤作用。

二　化妆品辅助原料

（一）色素

色素也称着色剂，是通过色素的溶解或分散作用使化妆品的基质及其他原料着色、赋予化妆品一定颜色的原料，是彩妆类化妆品的主要成分，举例见表3-3。化妆品中添加色素可起到美化、修饰的作用，或掩盖化妆品中某些有色组分的不悦色感，以增加化妆品的视觉效果。

化妆品用色素按其来源可分为有机合成色素、无机颜料、天然色素和珠光颜料4类。

1. 有机合成色素　按其化学结构可分为偶氮系、三苯甲烷系、占吨系、喹啉系、蒽醌系、硝基系、靛蓝系等色素（有机染料和颜料），因具有色彩鲜艳、价格便宜等优点而得到迅速发展。

表3-3 彩妆类化妆品用颜料一览表

颜料种类		原料名称	主要功能
白色颜料		钛白粉、氧化锌	遮盖性
着色颜料	天然	胡萝卜素、胭脂红、叶绿素、红花素、靛蓝、藻类	着色性
	有机	（合成）食品、药品及化妆品用合成色素	
	无机	红色氧化铁、黄色氧化铁、黑色氧化铁、锰紫、群青、氧化铬、氢氧化铬、赫石、炭黑	
珠光颜料		鱼鳞箔、鸟嘌呤、氯氧化铋、云母钛、铝粉	光泽性
金属皂		硬脂酸镁、硬脂酸锌、硬脂酸铝、月桂酸锌、肉豆蔻酸锌	附着性

2. 无机颜料 主要有金属和合金粉末、白色颜料和有色颜料3类，具有遮盖力强、耐光、耐热、耐溶剂性等特点。

3. 天然色素 又分为植物性色素、动物性色素和矿物性色素等，与有机合成色素相比，具有安全性高、色调鲜艳而不刺目、富有天然感等优点，同时很多天然色素也有营养或药理效果。天然色素的缺点是产量小，原料不稳定，纯度低，与其他制剂的配伍性也不好，在化妆品的应用中有较大限制。

4. 珠光颜料 是使化妆品产生珍珠般色泽效果的着色剂，主要有鸟嘌呤、氯氧化铋和覆盖云母等。因珠光颜料能加强色泽效果，现广泛应用于膏霜、乳液、乳化香波、彩妆等类化妆品。

化妆品用色素除了对颜色的要求外，还有严格的安全性要求，即无毒、刺激性小。因此在选用着色剂时，必须符合国家《化妆品卫生标准》（GB 7916-87）中对化妆品组分中暂用着色剂的允许使用范围及限制条件。

（二）香精（essence）

虽然各种化妆品其作用、性能、状态等有所不同，但都有一个共同的特点，即常具有一定的温馨、优雅香气。化妆品的香气是通过在配制时添加一定量的香精赋予的，而香精则是由各种香料调配混合而成的。化妆品中添加的香精量虽少，但它起到的作用却是非常重要的，它能提供令人愉快的气味，掩盖产品基质的气味，增强产品的吸引力。香精的质量不仅影响到化妆品的气味、颜色、剂型的稳定性等，还可能影响消费者的喜欢程度，甚至可能还会对化妆品的刺激性、致敏性等方面产生作用，因此香精也是化妆品的原料之一。

1. 香料定义及其分类 配制香精的香料也称香原料，是一种能被嗅觉嗅出香气或被味觉尝出香味的物质。根据其来源，香料可分为天然香料和合成香料两大类。

天然香料是指从含香味物质的动、植物的某些生理器官（或组织）或分泌物中经加工处理而得到的含有发香成分的物质，多为成分组成复杂的混合物，分为动物性香料和植物性香料2类。动物性香料主要有麝香、灵猫香、海狸香、龙涎香和麝香鼠香等5种，因其来源少，价格昂贵，多用于高档化妆品中。植物香料的主要成分是具有挥发性和芳香气味的油状物，是植物芳香的精华部分。

由于天然香料受到原料资源及加工等因素的限制，从产量和质量等方面都不能满足需求。利用单离香料（采用物理或化学方法从天然香料中分离出单体香料化合物）或有机化工原料通过有机合成的方法制得的香料，称为合成香料，具有化学结构明确、气味芳香、纯度高、品种多、产量大、价格低廉等特点。合成香料不仅满足了天然香料不足的问题，而且也扩大了香料的来源，同时还增加了天然香料尚没有的新品种。在目前使用的香精配方中，合成香料约占85%。

2. 香精定义及其分类 由于天然香料具有产量、质量等限制因素，而合成香料香气又较单一，两者都不能直接用于产品加香。天然香料和合成香料需要调配成一定的香型后才能使用。将数种或数十种香料（包括天然香料和合成香料），按照一定的配比和加入顺序调和成具有某种香气或香型及一定用途的调和香料的过程称为调香。这种调和香料称之为香精。

香精的分类方法很多，较常用的是按香精的用途、香型和形态分类。

（1）根据用途分类：化妆品种类繁多，各种化妆品由于其用途、用法、形态等的不同，在配方上和性能上也千差万别。为了满足不同化妆品加香的需要，化妆品香精可分为膏霜类化妆品用香精、油蜡类化妆品用香精、粉类化妆品用香精、液洗类化妆品用香精、香水类化妆品用香精、牙膏用香精等。

（2）根据香型分类：

1）花香型香精：模拟天然鲜花的香味而调和成的香精，如玫瑰、茉莉、桂花、橙花、合欢、康乃馨、紫罗兰、丁香、水仙、玉兰等。

2）水果型香精：模仿水果的香味而调和成的香精，如香蕉、柠檬、苹果、菠萝、杨梅、橘子、樱桃、梨等。

3）非花香型香精：这类香精既不是花香，也不是果香。它可以是模仿某一种芳香物质的香气调配而成，如琥珀香、草香、木香等香型的香精；也可以是幻想或创拟出的香型，如素心兰、东方、国际、巴黎之春等。

（3）根据形态分类：为了能使添加的香精与化妆品的形态保持一致，香精也被调配成不同的形态。因此根据香精的形态可分为：

1）乳化体香精：在表面活性剂的作用下使香精和水形成乳化体型香精，使其更容易添加于膏霜、乳蜜类等乳化体化妆品中。

2）水溶性香精：采用水溶性的香料调和成水溶性香精，其水溶性溶剂一般为40%～60%的乙醇水溶液或易溶于水的醇类，如丙醇、丙二醇等，可以添加于香水、化妆水、古龙水、牙膏或乳化体化妆品中。

3）油溶性香精：将油溶性的香精溶于油性溶剂中调和而成的香精，常用酯类如邻苯二甲酸二乙酯、苯甲酸酯类等作为溶剂，也可用香料自身的互溶性调配而成，可以添加于膏霜、唇膏、发油、发蜡等含油蜡的化妆品中。

4）粉末香精：将香精制成固体粉末状或分散于粉类物质中，也有将香精包覆成微胶囊粉末形式添加于化妆品中，主要用于粉类化妆品。

3. 香精的组成

（1）按香料的作用：按香料在香精中所起的作用，香精通常包括如下几个部分的香料：

1）主香剂：也称主香香料，是形成香精主体香韵的基础，是构成各种类型香精香气的主要原料，一般用量较多。其香型必须与所要调配的香精香型相一致。

2）和香剂：也称协调剂，其作用是调和各种成分的香气，突出主香剂的香气，使香精不致过分的浓烈刺激而变得圆润。其香型也应和主香剂的香型相同。

3）修饰剂：也称变调剂，其作用是使香精变化格调，补充香气上的某些不足或增添新的香韵使香气更为润和。修饰剂的香型与主香剂的香型不同，用量较少。

4）定香剂：也称保香剂，本身不易挥发，且能抑制其他易挥发香料的挥发速度，使香精的香气特征或香型保持稳定、持久。定香剂一般多为天然香料，或者是分子量较大或分子间作用力较强、沸点较高、蒸气压较低的合成香料。

5）香花香料：也称增加天然感的香料，作用是使香精的香气甜悦，更接近于天然花香，主要用香花精油作为香花香料。

（2）按香料挥发度和留香时间：从对香气感觉的观点出发，根据香精配方中所用香料的挥发度和留香时间不同，香精可分为头香、体香和基香三个相互关联的组成部分。

1）头香香料：用于头香的香料，一般是由挥发快、在评香纸上的留香时间在2小时之内、扩散性强的香料组成的。

2）体香香料：用于体香的香料，一般是由中等挥发度的香料组成的，在评香纸上的留香时间为2～6小时。体香香料是组成该香精的主体部分，代表该香精的主体香气。

3）基香香料：用于基香的香料，一般是由沸点高、挥发性低的香料或定香剂所组成，在评香纸上的留香时间为6小时以上。基香是香精的基础部分，代表着该香精的香气特征。

（三）防腐剂（preservative）

化妆品容易被微生物污染，特别是当其含有营养成分时，微生物更易在其中滋生与繁殖，导致化妆品变质。为了确保化妆品在保质期内安全有效，除了在化妆品生产过程中加强卫生管理（如生产设备要经常消毒、杀菌；为防止原料被污染，制造前原料要抽样检验，必要时进行灭菌处理；生产时需要灭菌；包装时注意消毒等）之外，还常在化妆品中添加适量防腐剂，以达到防腐的目的。能够防止或抑制微生物生长和繁殖的物质称为防腐剂，其作用机制是使化妆品免受微生物的污染，延长化妆品的寿命，确保其安全性。

在化妆品中使用的防腐剂必须考虑防腐效果、毒性、刺激性、可溶性、稳定性、适应性以及颜色等方面。应用于化妆品的防腐剂应是无色无臭、安全无毒，在使用范围内对皮肤无刺激性，广谱高效、稳定性好。为了获得广谱的抑菌作用，多采用多种防腐剂配伍使用。

我国《化妆品卫生标准》（GB 7916-87）规定了化妆品组分中限用防腐剂、化妆品中最大允许浓度及限用范围和必要条件。

常用的防腐剂有对羟基苯甲酸酯类、2-溴-2-硝基-1,3-丙二醇、咪唑烷基脲、苯甲酸、苯甲酸钠、山梨酸、乙醇、芳香油、凯松-CG、脱氢乙酸、山梨酸钾、氯乙酰胺、乌洛托品、十一酸及其衍生物、月桂酸单甘油酯、羟甲基甘氨酸钠、聚甲氧基双环噁唑烷、二甲基羟甲基吡唑等等。

1. 对羟基苯甲酸酯类（esters of p-hydroxybenzioc acid） 商品名为尼泊金酯，包括甲酯、乙酯、丙酯、异丙酯和丁酯等，均为无臭、无味的白色结晶或结晶性粉末。该系列用作化妆品防腐剂已有很久的历史，因其具有不易挥发、无毒、稳定性好等特点，现仍被广泛应用。在酸性或碱性介质中其都有良好的抗菌活性，其活性随酯基碳链的数目增加而增强，但在水中溶解度降低。其酯类混合使用比单独使用效果更佳，例如甲酯：乙酯：丙酯：丁酯=7：1：1：1，也可依化妆品不同而改变配比。常用于油脂类化妆品中，最大允许浓度单酯为0.4%，而混合酯为0.8%。

2. 2-溴-2-硝基-1,3-丙二醇（2-bromo-2-nitro-1,3-propanediol） 商品名为布罗波尔（bronopol）。呈白色结晶或结晶状粉末，易溶于水，它的最佳使用pH范围为5～7。在pH为4时最稳定，随介质pH升高稳定性下降。在碱性条件下，溶液颜色容易变深，但对抗菌活性影响不大。与尼泊金酯配伍使用要比单独使用抗菌效果更好，对皮肤一般无刺激性和致敏性。在低浓度下，它是一种广谱抗菌剂，按规定允许最大用量为0.1%，常用于膏霜、奶液、香波、牙膏等化妆品。

（四）抗氧剂（antioxidant）

化妆品中常含有油脂、蜡等原料，其中的不饱和碳碳键易被氧化而使化妆品发生变质，这种氧化变质称为酸败。从外因看，空气中氧、水分、光、热、微生物及金属离子等均可促使氧化反应进行而加速酸败；从内因看，一般认为酸败过程是按自由基链式反应进行的。防止或减缓化妆品氧化酸败作用的物质称为抗氧剂，其作用机制是抑制自由基链式反应的进行，从而防止油脂、蜡类等化妆品原料的氧化。

理想的抗氧剂应该具有以下特点：在较广的pH范围内有效或高效，微量或少量的存在即有较强的抗氧化作用；无毒或低毒性，在规定的用量范围内可安全使用；稳定性好。单一抗氧化剂很难满足全部条件，有时需要复配使用，复配使用时应注意各抗氧剂的使用量也必须符合法规的规定。

常见的抗氧剂有丁基羟基茴香醚、丁基羟基甲苯、没食子酸丙酯（简称PG）、生育酚、叔丁基氢醌（简称TBHQ）、烷基醇胺、磷脂、葡萄糖胺和嘌呤衍生物、硫代二丙酸二硬脂酸酯、硫代二丙酸二月桂酸酯、半胱氨酸、亚硫酸盐等。此外，山梨醇、甘油、丙二醇、柠檬酸、各种磷酸和聚磷酸盐等可作为抗氧剂的增效剂。

1. 丁基羟基茴香醚（butylhydroxyanisol，BHA） 丁基羟基茴香醚是3-叔丁基-4-羟基苯甲醚和2-叔丁基-4-羟基苯甲醚2种异物体的混合物。BHA为稳定的白色蜡状固体，易溶于油脂，不溶于水，在有效浓度内无毒性，允许用于食品中，是一种较好的抗氧剂，与没食子酸丙酯、柠檬酸、丙二醇等配合使用抗氧效果更佳，限用量为0.15%。常以20%的BHA、6%的没食子酸丙酯、4%的柠檬酸与70%的丙二醇一起组成混合物，作为商品抗氧剂使用。但它对敏感皮肤仍有些刺激性，且遇铁离子会变色。

2. 丁基羟基甲苯（butylhydroxytoluene，BHT） 丁基羟基甲苯化学名称为2,6-二叔丁基-4-甲基苯酚。BHT为无臭（或微弱）、无味、无色或白色的结晶（或粉末），不溶于水、甘油、丙二醇、碱等，可溶于无水乙醇、棉子油、猪油等。BHT无毒，对光、热稳定，价格低廉，抗氧效果好，对矿物油脂的抗氧性更好。它是一种很有效的抗氧剂，可单独应用于含有油脂、蜡的化妆品中，其用量一般为0.02%。与柠檬酸、维生素C等共同使用可提高抗氧效果。

三 化妆品的活性成分

现代化妆品除了具有清洁、护肤、护发和美容的基本功能外，还要求具有营养和治疗的作用，而化妆品能有这些功能是通过添加各种添加剂实现的。因此，开发具有优良性能、且安全性高、与其他原料配伍性良好的添加剂，将是化妆品的一个发展趋势。以下简单介绍一些常见的类别。

（一）生理物质添加剂

生理物质对人体生命活动起着很重要的生理作用，它们能通过食物或饮品口服吸收，也可以添加到化妆品中通过皮肤渗入吸收，相对其他物质来说，生理活性物质更易透过皮肤这一生物膜。生理活性物质可以通过各种物理、化学方法和分离新技术（如超临界萃取技术）从动植物等生物体内提取得到，也可以通过生化技术来获取，即生物制剂。现介绍一些目前国内外常用于化妆品的这类物质。

1. 维生素类 维生素对维持全身的正常生理功能是十分重要的。维生素的缺乏会引起各种皮肤疾患，因此它对维持皮肤的正常生理功能也是非常重要的。为了治疗缺乏各种维生素的症状以及预防和治疗各种皮肤与毛发疾患，可以在化妆品中添加适量的各种维生素。

化妆品中使用的维生素类原料有维生素A的棕榈酸酯、维生素A的乙酸酯、维生素B_1、维生素B_2、维生素B_5、维生素B_6、维生素C、维生素D、维生素E、维生素H、烟酸、烟酸甲酯等。

2. 氨基酸类 氨基酸对老化或硬化的表皮恢复水合作用有效，因此将其添加到营养型化妆品中，以期使干燥性皮肤或硬化性皮肤恢复正常。

化妆品中使用的氨基酸有甘氨酸、L-酪氨酸、L-色氨酸、L-脯氨酸、L-组氨酸、L-赖氨酸、谷氨酸、谷胱甘肽、L-羟基脯氨酸、L-天门冬氨酸镁、L-组氨酸盐酸盐等。

3. 表皮生长因子（epidermal growth factor，EGF） 是一种活性多肽物质，它是一种多功能的细胞分裂促进因子，能刺激核酸和蛋白质等大分子的生物合成。EGF添加于化妆品中，可促进皮肤新陈代谢，防止皮肤衰老和皱纹产生，并能防治粉刺、痤疮及各类皮癣，对于消除皮肤过敏和瘙痒有效。用于发用品中，能刺激头皮的血液循环，改善头皮的供养源，防治头皮干涩枯黄和异常脱落。

4. 超氧化物歧化酶（superoxide dismutase，SOD） 是一种抗氧化酶。由于它能特异性地清除体内生成过多的致衰老因子——超氧自由基，调节体内的氧化代谢和抗衰老功能，因此也被称为“抗衰老酶”。除抗衰老作用外，SOD还具有减轻色斑、抑制粉刺、防晒作用等生理学作用和效果，被广泛用于化妆品中。

（二）植物提取物类添加剂

很早以前人们就发现很多植物具有药用价值，其中一些对于皮肤、头发美容具有特定的功效，而植物提取成分用于化妆品中也有很悠久的历史。目前国内外对加入化妆品的植物有效成分研究十分活跃,新产品与日俱增。含植物提取物的化妆品既具有美容作用,又兼有营养、防病和保健效果，且对皮肤无毒无副作用。化妆品中所用的植物提取物类添加剂是由植物萃取液或浓缩物进行调配而成的。

1. 中草药物添加剂

（1）如人参提取物具有使皮肤光滑、柔软、有弹性、减少皱纹和减轻色素沉着、延缓皮肤衰老及防治头发脱发、抗炎、镇痛的功效。

（2）芦荟中含有的活性物质对人体皮肤具有优良的营养和滋润作用，具有保湿、抗敏、促进皮肤新陈代谢、抗菌、消炎、防晒作用。

（3）沙棘中含有丰富的维生素、黄酮、不饱和脂肪酸、氨基酸等多种生理活性物质，大多是人体所必需的营养成分和天然药用成分。化妆品中主要是应用沙棘油，具有消除内自由基、减少脂褐质含量和抗氧化等功能，因而对皮肤和头皮具有优良的营养和保护作用。

（4）甘草有效成分能够抗炎、防治手足皲裂及冻伤，促进其他有效成分在皮肤中的渗透和吸收。

（5）川芎、当归等中草药的有效成分能使皮肤柔软洁白,并能抗皱祛斑,可延缓皮肤衰老。当归具有较强的活血作用，能有效地抑制酪氨酸酶的活性，防止酪氨酸氧化形成色素，故对黄褐斑等色素皮肤病有较好疗效。

（6）益母草中的生物碱有很好的杀灭和抑制各种细菌、真菌的作用。

（7）治粉刺、雀斑、老年斑用的药有荆芥、薄荷、桃仁、柴胡、黄连等。

（8）对皮肤有白皙效果的有当归、芍药、白术、大黄等；防肥胖用的有黄芪、连翘、枳实、柴胡等；解毒美肤用的有鱼腥草、枸杞叶等。

2. 瓜果蔬菜类添加剂 瓜果蔬菜类早已是化妆品的原料，因为瓜果蔬菜中含有丰富的维生素、有机酸、蛋白质、矿物质等，都是化妆品的必要成分。用于化妆品的瓜果蔬菜类添加剂有黄瓜、胡萝卜、苹果、柠檬、橘子、香蕉、莴苣、番茄、杏、樱桃、葡萄、草莓、木莓等。

（1）黄瓜中的氨基酸用于收敛、黏蛋白用于水合、矿物质用于保湿，各种维生素、磷酸、硫磺、脂肪对皮肤的功效是治愈伤口。黄瓜用于化妆品，可做成美容蜜、健肤霜、皮肤营养霜、清洁蜜、面膜、黄瓜霜，另外也可以作保湿剂。

（2）胡萝卜中含有胡萝卜素、糖、果胶、微量元素、维生素，能用来治疗各种疾病，用于皮肤营养霜、美容蜜、面膜中。

（3）苹果中含有水分、糖、有机酸、单宁、酚、果胶、蛋白质、维生素，有治愈伤口的功能。苹果的肉质可作润肤剂、面膜的基料，用于健肤霜、婴儿霜、发油、香波、植物蜜、护肤乳、卸妆油、晒黑剂、面用蜜、面用奶液、面膜等。

（4）柠檬中含有糖、柠檬酸、果胶、蛋白质、维生素、胡萝卜素，有收敛和防腐作用，用于营养霜、面膜、护肤品、美容品等。

（5）橘子中含有维生素C、维生素B_1、维生素B_2、维生素D、糖、泛酸、有机酸，有消炎作用，用于清洁霜、发用品、护肤品、美容品等。

（6）香蕉中含有糖分和维生素A、维生素B、维生素C、维生素E以及矿物质、蛋白质等，用于治疗皮肤病，在化妆品中用于润肤膏、干性皮肤用蜜、清洁剂、雪花膏。

（7）莴苣中含有水分、葡萄糖、蛋白质、矿物质、维生素、有机酸等，在化妆品中可代替黄瓜用，已用作保湿剂、保春霜、面部按摩霜、美容乳液、护肤调理霜、镇痛蜜。

（8）番茄：番茄中含有橘子酸、糖、番茄红素、黄酮类化合物、维生素E、维生素A以及氨基酸。番茄色素在化妆品中作为染色剂，番茄汁有杀菌作用，维生素用于治疗伤口。

（9）杏中含有机酸、果胶、糖、维生素B、黄酮醇、胡萝卜素，用于治疗皮肤病、干燥皮肤的面膜、健肤蜜。

（10）葡萄中含有糖、蛋白质、有机酸、维生素，用于抗皱霜、面膜、护肤品、牙膏等。

（11）樱桃中含有糖、单宁、果胶、蛋白质、有机酸、维生素，对皮肤有滋润、收敛作用，用于营养霜、抗皱霜、面膜、护肤品、美容品等。

（三）动物提取物类

动物提取物是指以动物器官、某一部位或整个动物为原料，经提取加工而制得的稳定的浓缩物。常见的动物提取物主要有透明质酸、胎盘提取物、动物水解蛋白、蚕丝提取物、蜂蜜、蜂胶、蜂王浆、鹿茸、紫胶等动物来源的化妆品原料。

1. 透明质酸（hyaluronic acid，HA） 又称玻璃糖醛酸，由鸡冠和脐带提取而得，系动物组织中的一种黏多糖，呈白色纤维状固体，无臭无味。透明质酸具有吸湿保湿作用、渗透性、润滑性及透气性，是一种性能优良的天然保湿因子，能滋润皮肤、头皮，增加光泽，并能防治皮肤皲裂及皱纹的产生。HA可广泛用于护肤类化妆品及发用类产品，推荐用量为0.03%～0.08%。

2. 胎盘水解液 常用的有人胎盘和羊胎盘的水解液，为浅黄色透明液体。其组成极其复杂，含有丰富的可溶性多肽、酸性黏多糖、氨基酸、酶、激素及微量元素等对人体有益的营养成分。

胎盘提取液具有较为显著的促进细胞新陈代谢和复活的功能；还可增强血液循环和皮脂

腺的功能；对皮肤表皮角质层的水分散失有明显的抑制作用，即具有润湿皮肤和防治皮肤干燥的作用；减少黑素沉着及防晒作用；此外还具有护发、护肤功效，且无毒、无刺激。因而成为化妆品优质、高效的添加剂。但是，部分国家和地区出于伦理及防止疾病，如疯牛病等传播的考虑，禁止使用胎盘作为化妆品原料。

（四）微量元素

人体内的微量元素具有高度的生理活性，参与和催化体内各种生化反应，调节人体动态平衡，维持人体健康。许多微量元素对维护皮肤和毛发的健康具有很多益处，常见的有锌、铁、铜、硒、钼、锰、硅、钙、镍、镁、钴等。在化妆品中应用微量元素时应考虑微量元素的存在形式和用量，同时还要考虑化妆品的剂型和在人体上的使用部位。化妆品使用有机状态的微量元素更利于被皮肤、毛发所吸收和利用。应尽量不使用无机状态的微量元素化合物，以避免对皮肤产生刺激和对人体产生毒性。

第二节　化妆品常用剂型与配方设计原则

化妆品的原料多种多样，配方、生产制备工艺不同，会得到形态各异的剂型。同一功能或性质的产品，由于制备配方和工艺变化、包装要求改变以及使用方法变化等原因，往往导致剂型发生很大的变化。本节主要介绍乳剂、粉剂和粉饼、气雾剂、水剂、油剂、凝胶剂、面膜、固体类化妆品等常用的剂型。

一　乳剂

乳剂（emulsion）是一种或几种液相以液珠形式分散在另一种与它不相混溶的液相中所形成的分散系统，被分散的物质称为分散相，容纳分散相的连续介质则称为分散介质。在乳剂中，往往一相为水或水溶液，称为水相；另一相为与水不相溶的液体，习惯上称为油相。如果分散相为油相，分散介质为水相，油分散在水中，形成的乳剂称为水包油型乳剂，用符号O/W表示，例如洗面奶；如果分散相为水相，分散介质为油相，水分散在油中，形成的乳剂称为油包水型乳剂，用符号W/O表示，例如冷霜。另外，还有一种称作复乳的多重乳剂，它是含小水滴的油滴（W/O）分散在水相中的分散系统，用符号W/O/W表示；或含有小油滴的水滴（O/W）分散在油相中的分散系统，用符号O/W/O表示。

为了制得均匀稳定的乳剂，除了用机械方法（即用特定的乳化设备施以机械力）或超声波震荡以提高液珠的分散程度之外，还必须加入降低两相之间界面张力的物质——乳化剂，以提高乳剂的稳定性。乳化剂大多为各种类型的表面活性剂，其选择很大程度上决定了乳剂的稳定性。选择乳化剂的一般原则是：①要有良好的表面活性；②乳化剂分子在界面上能形成稳定和紧密排列的吸附膜；③乳化剂要对皮肤刺激性较小，安全性较高；④乳化剂与化妆品的其他成分要有较好的配伍性；⑤要能用最小的浓度和最低的成本达到乳化效果，乳化工艺简单。在实际配方中，往往使用两种或两种以上的乳化剂复配。

化妆品乳剂的基本成分含有油相成分、保湿剂、乳化剂、防腐剂和水，以及保证产品稳定性的辅助原料，如抗氧剂、螯合剂、缓冲剂等等。此外，根据配方的目的和需要，可选用多种多样的活性添加剂，使配方更加多样化、功能化。配方设计时应重点考虑如下几点：①乳化体的类型（O/W或W/O型）；②原料和添加剂的配伍性；③感观性质（消费者认可的性质，如油腻、润滑和柔软等肤感）；④物理性质（如黏度、涂抹分散、触变性和吸收快慢等）；⑤产品对皮肤的刺激性和使用的安全性等。

二 粉剂和粉饼

粉剂（powder）也称香粉，主要包括香粉、爽身粉、痱子粉等；粉饼是由粉状压制而成的化妆品，其形状随容器形状而变化。粉剂和粉饼都是由粉体基质、护肤物、芳香物和色素等组成的，具有滑爽、遮盖、吸收、附着等特性。

粉剂和粉饼中的滑爽剂可使粉剂保持较好的光滑感和流动性，常用的有滑石粉。遮盖剂赋予粉剂优良的遮盖性，常用的有钛白粉、锌白粉等。吸收剂可以增加粉剂在制作过程中对香精的吸收，还可以吸收皮肤的汗液和皮脂等分泌物。常用的有沉淀碳酸钙、碳酸镁、胶态高岭土、淀粉和硅藻土等。附着剂可避免粉剂在敷用后脱落，常用的有硬脂酸镁、硬脂酸铝等。

粉剂和粉饼要求具有良好的遮盖力、吸收性、柔滑性、附着性和组成均匀等特性，同时还要求颗粒细小、滑腻、易于涂敷。对于粉饼还要具有适度的机械强度，使用时不会碎裂或崩溃，并且使用粉扑或海绵等附件从粉饼中蘸取粉体时，较容易附着在粉扑或海绵上，然后可均匀地涂抹在脸上，不会结团、不感到油腻。

三 气雾剂

气雾剂（aerosol）是指将化妆品原液与适宜的抛射剂装于具有特制阀门系统的耐压密闭容器中制成的澄明液体、混悬液或乳浊液，使用时借抛射剂的压力将内容物呈雾粒喷出的制剂。常用化妆品气雾剂有以下几类：

（一）香水类（气雾剂型）

香水是香精的乙醇溶液，由乙醇、香精、去离子水制得，可分为普通香水，古龙水，花露水等。原料是决定香水的香型和质量的关键。高级香水多用天然原料如茉莉、玫瑰和麝香等，也有一些合成的原料。香水配制简单，但对设备要求较高，不能与香精发生作用使之变色、变味，最好用不锈钢、搪玻璃、搪锡等。配制时将香精和乙醇溶液均匀混合后，低温陈化至少3个月，使不溶物沉淀出来，过滤，得到透明清晰的香水。

（二）喷发胶

喷发胶是以喷雾形式将内容物附着在头发上，使其在头发表面形成具有一定柔软性、坚韧性、平滑性及耐湿性的黏附性薄膜，从而起到良好的固定发型作用。其配方主要成分有高分子成膜剂、乙醇、调理剂等。

（三）喷雾摩丝

喷雾摩丝主要成分为聚氨基葡萄糖聚合物、冰醋酸、月桂基氧化胺、喷射剂、香精、水等。聚氨基葡萄糖聚合物可保持头发的卷曲性，并对头发有一定的调理作用。

（四）喷雾活泉水

喷雾活泉水是近年来兴起的一种护肤品，可用于敏感性皮肤，红斑、酒糟鼻、痤疮、尿布疹、湿疹、瘙痒及皮肤外科手术后，有明显的舒缓抗炎作用，还有助于卸妆和固妆、补充水分。

喷射剂（propellant）也称为推进剂，主要包括液化或压缩气体（如丁烷、丙烷、异丁烷、异丁烷/丙烷)、80/20(LPG)和二甲醚等。根据气雾剂所需压力，可将两种或几种抛射剂以适宜比例混合使用。

气雾剂的原液配方，由气雾剂的作用或功效决定。在构建原液配方时需注意如下问题：①皮肤和黏膜接触到气雾剂时均应无不良刺激；②雾粒或药物微粒的细度应控制在10μm以下，大多数的微粒应小于5μm；③原液不能与气雾剂的容器发生反应。

四 水剂

水剂是指以水、乙醇或乙醇-水溶液为基质的透明液体类化妆品，如香水类、化妆水类、须后水、痱子水、育发水类、冷烫水、祛臭水等。

水剂这类产品必须保持清晰透明，香气纯净无杂味，即使在5℃左右的低温，也不能产生混浊和沉淀。因此，对这类产品所用原料、包装容器和设备的要求是极严格的。特别是香水用乙醇，不允许含有微量不纯物(如杂醇油等)，否则会严重损害香水的香味。包装容器必须是优质的中性玻璃，与内容物不会发生作用。所用色素必须耐光，稳定性好，不会变色，或采用有色玻璃瓶。设备最好用不锈钢或耐酸搪瓷材料。水剂类制品在生产过程或贮存过程中要特别注意避免发生混浊、变色、变味等现象。

五 油剂

油剂(oils)是以油相成分或油溶性成分构成的制剂。化妆品中常见的油剂有卸妆油、发油、按摩精油、精华油等。基本油相原料有植物性、矿物性及合成酯3种。

(1)植物油有较好的渗透性，能被皮肤吸收，且易于清洗，但植物油受光、热、空气氧化等影响，日久易腐败变质，因此要加入抗氧剂，如维生素E、对羟基苯甲酸丙酯、2,6-二叔丁基-4-甲基苯酚，一般用量在0.02% ~ 1%。此外，在植物油中加入10%的矿物油，也有阻止酸败的效果。

(2)矿物油的皮肤吸收性差，较难清洗，但其无色、无味且性能较稳定。

(3)合成酯发油，是应用上述两类产品的优点，配合各种脂肪酸酯、高级脂肪醇等制成，常用的有油醇、豆蔻酸异丙酯、棕榈酸异丙酯等。

所用香精中含有乙醇时，会导致油剂混浊不清，可添加油溶性乳化剂，放置过滤。

六 凝胶剂

凝胶(gels)是一类含有两种或两种以上组分的包含液体的半固体胶冻及其干燥体系(干胶)的大分子网络体系的通称。其外观呈透明或半透明的半固态胶冻状物，性质介于固体与液体之间，是高分子物质一种特有的结构状态。

凝胶化妆品分水性凝胶和油性凝胶两类。水性凝胶含有较多水分，具有保湿及清爽的效果，适合夏季和油性皮肤使用；油性凝胶含有较多的油分，对皮肤具有保湿、滋润作用，适合冬季和干性皮肤使用。

化妆品用凝胶应安全、无毒、无刺激性，混悬凝胶剂中颗粒应分散均匀，不应下沉结块。外用凝胶剂应均匀、细腻、无结块，在常温时保持胶状，不干涸或液化状态。

七 面膜

面膜（facial mask）是用粉末或皮膜物质等制成的泥浆状到透明流动状的胶状物，涂敷在面部皮肤上，随着其中水分的蒸发能形成一层薄膜，能将皮肤与环境隔开，达到清洁、营养皮肤，补水软化皮肤的目的。其机制是涂于面部形成一层薄膜，防止水分蒸发，使角质层膨胀，保湿性加强，毛孔、汗腺扩张，皮肤表面湿度升高，改善局部微循环，使面膜内药剂易于透入皮肤；面膜干燥时收缩，对皮肤保持张力，使其绷紧，能消除细小皱纹；在剥离或洗去面膜时，可使皮肤的分泌物、皮屑、污垢等随面膜一起被除去，达到满意的洁肤效果。美容面膜按理化性质分类可分为硬膜和软膜。

（1）硬膜：又称为倒模，主要原料是石膏，因此又称为“石膏倒模”。石膏是一种不可逆的无弹性模材料，用适量的水进行调和后，具有良好的流动性及可塑性。倒模又分为热膜和冷膜。①热膜倒模主要用于油性皮肤、雀斑、黄褐斑及有瘢痕的皮肤，也可用于身体局部的护理，如健胸、减肥等；②冷膜倒模主要是在倒模中加入少量的清凉剂等物质，使受施者感到皮肤有凉爽的感觉，但因其是石膏倒模的缘故，局部的表皮温度不变。冷膜敷面后产生的冷凝结膜主要用于暗疮皮肤、敏感皮肤、混合性皮肤及干性皮肤，常常在夏季美容院做皮肤护理使用。

（2）软膜：主要基质为淀粉，淀粉含量在50%～60%，其他主要为有效成分，内含多种营养性药物，可起到消炎、祛斑、增白、防皱、延缓皮肤衰老的作用。其质地柔软细腻、性质温和、无刺激性、使用方便，能达到治疗和美容的双重效果。

成膜剂是面膜的关键组分，常用的是一些高分子聚合物。制备成膜剂溶液时，要注意成膜剂溶解较费时间，必须让其充分溶胀、溶解。含粉末和油分的面膜在制备时，添加成膜剂前需先将粉末、水及保湿剂混合均匀，避免结团，然后才添加油分，再混合。

八 固体类化妆品

外观形态为固体的化妆品，称之为固体类化妆品。固体类化妆品常见的有粉剂和粉饼（见前述）、唇膏、固体香水、棒状止汗剂、香皂等。

（一）唇膏

唇膏分为口红、口白两种。口红是将无毒的色素溶解或悬浮于脂蜡基内制成的棒状物，而口白除含有滋润唇肤的成分外，还添加有营养性成分，也可制成棒状物，但不含有色素成分。唇膏的作用是使唇部具有红润健康的色彩，修饰唇部的轮廓，对唇部起到滋润保护作用。品质优良的唇膏应具有如下特点：①光亮度、油润性好，膏体细腻，表面光洁；②柔软度适中；③色泽均匀一致，附着性好，不易褪色，涂敷后无色条出现；④安全性好，对唇部皮肤无毒、无刺激。

（二）固体香水

固体香水是将香料或香精溶解在固化剂中，制成棒状并固定在密封较好的管形容器中。其特点是香气持久，携带和使用方便，能使皮肤有凉爽的感觉，外观呈半透明状等。固体香水质量好坏的关键在于固化剂的选择，通常采用硬脂酸钠作为固化剂，可以直接加入硬脂酸钠，也可以在制作固体香水的过程中以氢氧化钠中和硬脂酸而得到硬脂酸钠。

第三节　化妆品的生产

一　化妆品的生产设备

化妆品品种繁多，剂型各异，生产方法和使用设备也随之不同。化妆品的生产既有采用间歇操作的多品种少批量的生产方式，又有采用自动化操作的少品种大批量的生产方式。这就要求化妆品的生产设备，既要有适用于多品种少批量的小型设备，又要有适用于现代化生产的自动化高效率设备。化妆品的制备，多是物料间的物理混合、物态变化等，较少发生化学反应。同时化妆品是消费者的日常用品，这就需要化妆品生产设备对耐高温、高压方面要求不高，对卫生和安全方面要求较高，易于拆卸、清洁和不易受污染。

根据化妆品生产的方式和特点，化妆品的生产设备主要分为粉碎、粉末分级、粉体混合、溶解、固-液分离、乳化分散、灭菌消毒、充填、压制成型和包装等设备类型。

（一）化妆品的主要生产设备

1. 粉碎设备　粉碎设备是用来粉碎粉料，以达到制备化妆品细度的要求，是制作含粉半固体或固体化妆品以及粉类化妆品的主要设备。粉碎机种类很多，按作用方式可分为剪切粉碎机、摩擦粉碎机、压缩粉碎机、冲击压缩粉碎机等数种；按被粉碎物料在粉碎前后的大小可分为粗碎设备（主要有颚式破碎机和锥形破碎机）、中碎和细碎设备（主要有滚筒破碎机和锤击式粉碎机）、磨碎和研磨设备（主要有球磨机和棒磨机等）、超细碎设备（主要有气流粉碎机和冲击式超细粉碎机等）。其中球磨机最常用，既可以进行干磨，也可以进行湿磨，且粉碎程度较高。

2. 筛分（粉末分级）设备　筛分设备主要用于分离物料大小颗粒，是由金属丝、蚕丝和尼龙丝等材料编织成的网。筛孔的大小通常用“目”来表示，目数越高，筛孔越小。筛分可用机械离析法，也可用空气离析法。常用的设备有旋转式振动筛分机、电磁振动筛分机、封闭式偏重筛分机。

3. 粉体混合设备　粉体混合设备主要使粉料之间的混合均匀。混合设备的品种很多，如带式混合机、V形混合机、双螺旋锥形混合机、螺带式锥形混合机及高速混合机等。混合机一般用不锈钢材质制成，附有搅拌器。高速混合机是使用比较广泛的混合设备，具有高效、易清洗等特点。

4. 水处理设备　根据《化妆品生产企业卫生规范》的要求，化妆品生产用水的水质至少应达到生活饮用水的卫生标准（GB 5749-2006），水质以“纯水/纯净水”为最佳。纯化水的设备是以饮用水作为原水，经逐级提纯水质，使之符合生产要求。常用的水处理设备有离子交换水处理系统、电渗析设备、二级反渗纯化水设备、超滤设备、蒸馏水器等。

5. 溶解设备　溶解设备主要使各物料充分溶解，形成透明均一的溶液，常用配料锅和搅拌釜等。

（1）配料锅：多采用不锈钢、搪瓷或玻璃材料，其规格、容量可根据生产规模确定。配料锅内常附有机械搅拌设备，通过搅拌使料液混合均匀。

（2）搅拌釜：由搅拌机构和搅拌釜壳所组成。搅拌机构包括传动机构、轴和搅拌器。通常，搅拌机构安装在釜盖上，也可装在独立组装的构件上，或是可移动的。搅拌釜的壳体大多是圆筒形的，一般由不锈钢或搪瓷材质制成。

在生产过程中，搅拌釜多采用间歇操作。物料由上部釜盖加料口加入，在搅拌器作用下迅速混合，并进行乳化。如果需要进行加热或冷却，可以在搅拌釜壳夹套内通入蒸汽或冷却水。乳化搅拌完成后，根据工艺要求搅拌冷却至出料温度，化妆品从底部出料口放出。

搅拌釜一般分为立式搅拌釜、卧式搅拌釜以及轻便搅拌器等。设备简单，使用和维修方便，但乳化强度低，膏体粗糙，稳定性差，一般常用于制作粒度要求不高的膏霜类化妆品。

6. 固-液分离设备 固-液分离设备用于过滤杂质和因冷却而析出的蜡质或其他沉淀物。这类设备种类很多，按工作原理可分为重力过滤、压滤和真空连续过滤。常用的设备有板框式压滤机、滤膜过滤设备、转筒式真空过滤机等。

7. 乳化分散设备 乳化分散设备是用于制备乳化体的设备，主要有以下几类：

（1）搅拌器：是搅拌釜的主要元件之一，可分为高速和低速两大类。高速搅拌器是指在湍流状态下搅拌液态介质的搅拌器，适用于较低黏度液体的搅拌，比如叶片式、推进式和涡轮式搅拌器。低速搅拌器是指在滞流状态下工作的搅拌器，适用于高黏度流体或非牛顿型流体的搅拌，比如锚式、框式和螺旋式搅拌器。

（2）均质搅拌机：是一种高剪切分散机，可制造出效果稳定的良好乳剂。主要部件是均质搅拌头，由转子和定子两部分组成，转子为涡流搅拌桨。均质搅拌机的转速为1 000～16 000r/min，多为无极调速，适用于生产流体或半流体状膏霜类化妆品。

（3）胶体磨：是一种剪切力很大的乳化设备，由铸钢磨体和不锈钢转子、定子组成，外有水冷外套，转子的转速可达1 000～20 000r/min。通过转子和定子之间高速运动所产生的剪切力，能迅速将固体、液体及胶体同时粉碎至微粒化，进行均匀混合、分散、乳化，经过处理的物质细度可达0.01～5μm。胶体磨是制备膏霜类化妆品较常用的乳化设备。

（4）三辊研磨机：是在铸铁的机架上装有3只不同转速的，采用不锈钢或花岗岩制成的轧辊。根据不同产品对细腻程度的要求，可适当调整前后轧辊与中间轧辊之间的间隙，以研磨出不同粗细颗粒的膏体，适用于研细膏霜类化妆品的膏体颗粒。

（5）真空搅拌乳化机：是立式搅拌釜接真空泵，配有2个带有加热和保温夹套的原料溶解罐，一个溶解水相，另一个溶解油相，都备有搅拌桨叶。真空搅拌乳化机在真空状态下进行搅拌和乳化具有很多优点：①可以使膏霜和乳液的气泡减少到最低程度，增加其表面光洁度；②由于在真空状态下进行，产品在生产中减少了氧化过程；③出料时灭菌加压，避免细菌对产品的污染；④一般真空搅拌乳化机附设自动控温装置，适合较大规模生产。这种设备是生产膏霜类化妆品的先进搅拌设备，应用非常普遍。

8. 灭菌消毒设备 化妆品的生产需要进行无菌生产，对化妆品的原料、生产用水、生产设备等都需要进行灭菌和消毒处理。在反应容器中加热灭菌是化妆品生产中最常用的方法，加热配制产品，如加热到85～90℃，保持20～30分钟，可灭除绝大部分细菌。容器和生产设备还可以通过清洗、化学消毒和紫外线灭菌，稀溶液可以通过微孔膜过滤除菌。在生产过程中无法用上述方法灭菌的，可应用适当的方法进行事先灭菌处理，如一些粉体可事先用环氧乙烷或γ射线辐射灭菌。常用的设备有间歇式干热灭菌设备、隧道式干热空气灭菌干燥器和环氧乙烷灭菌器。

9. 充填设备 充填设备是把一定量的产品分装充填入容器中，其计量方法分为按体积充填和按质量充填。

（1）膏体灌装设备：用于灌装膏霜类化妆品。主要是活塞式填充机，利用活塞在缸内产生的压差将乳剂吸入，产生的推力将乳剂送出，同时利用活塞行程进行容积定量控制。主要有小型半自动膏体灌装机、容器旋转式膏体灌装机、膏体自动灌装生产线等。

（2）液体充填设备：用于充填液体化妆品。主要是真空充填机，灌装效率很高。包括半自动活塞式充填机、半自动真空液体充填机、液体自动灌装生产线、高速电子灌装机和全自动高速灌装线等。

（3）压力灌装机：为气雾剂灌装专用，作用是将定量的喷射剂压灌于气雾剂的耐压容器内。

10. 压制成型设备 化妆品生产中压制成型设备主要有制造粉饼用压饼机和唇膏机。

（1）制造粉饼用压饼机：主要用于散粉加工成粉饼，主要由油压机、粉饼盘、加粉模具和自动控制等装置组成。常用的设备有全自动压饼机、小型自动成型压饼机等。

（2）唇膏机：是专门用于唇膏生产的设备，有2种成型方式：①金属模成型，是将熔融的唇膏注入金属制的分开式模具中，冷却后脱模、成型。采用这种方法的生产设备还有浇注锅、唇膏模托架和模具冷却器等。②自动成型，是采用唇膏自动生产机，由尖拱、封壳成型生产流水线组成，将唇膏自动注入尖拱型罩中进行成型，生产线自动脱罩。

11. 包装设备 包装设备是完成化妆品全部或部分包装作业过程的主导设备，可分为封口机、喷码机（喷印机）和覆膜机等。

（1）封口机：用来将盛有化妆品的包装容器（如塑料复合材料软管或硬质塑料瓶等）进行封口。有多种类型，如热风封口机、超声波封口机和电热封口机等。

（2）喷码机（喷印机）：用来在化妆品包装物（瓶、管、盒、盖）上，喷印条码及各种标记（如生产批号、限期、使用日期、合格字样）。利用“喷墨射印技术”设计，根据不同喷印内容，经光电感应器给每个“墨滴”充上不等的电量，不同带电量的墨滴会形成来回扫描的墨线，在受印物上留下所喷印的信息。喷码机可在玻璃、塑料、金属、纸张等不同材料，任何形状的包装物上喷印，且喷印速度快，可与任何化妆品生产流水线相匹配。

（3）覆膜机：对已灌装了化妆品的瓶、管、盒等，再覆盖上一层塑料薄膜，加盖，使其全部密封，这样产品更为卫生，免受污染，并能避免在运输销售过程中可能出现的拆封情况，使消费者对产品更有信任感。

（二）不同类型化妆品生产设备的选择

化妆品根据类型和生产过程的不同，大致可分为液态水基类、液态油基类、液态有机溶剂类、液态气雾剂类、凝胶类、膏霜乳液类、粉类、蜡基类、牙膏类和皂类，不同类型化妆品生产时所选用设备常有所不同。各类化妆品主要生产设备如表3-4所示。

二 化妆品的生产工艺

各类化妆品的生产工艺既有共性部分又各有区别，按照生产工艺的类同性，化妆品生产过程主要分为：液态水基类、液态油基类、液态有机溶剂类、液态气雾剂类、凝胶类、膏霜乳液类、粉类、牙膏类、蜡基类和皂类化妆品的生产工艺。

（一）液态类化妆品的生产工艺

液态类化妆品包括液态水基类化妆品、液态油基类化妆品和液态有机溶剂类化妆品3类，其生产工艺基本相同，且较简单，一般以各物料的混合配制为主。其生产过程主要包括溶解、混合、调整、过滤、陈化及灌装等，如图3-3所示。

其中陈化和过滤是生产过程中的主要操作。若原料中有乙醇等易燃物质，则所用装置应采取防火防爆措施。

表3-4　不同类型化妆品生产选用设备一览表

设备类型	应　用									
	液态水基类	液态油基类	液态有机溶剂类	液态气雾剂类	凝胶类	膏霜乳液类	粉类	蜡基类	牙膏类	皂类
粉碎							√	√	√	√
粉末分级							√	√		
粉体混合							√	√	√	√
水处理设备	√		√		√				√	√
溶解	√	√	√	√	√	√		√	√	√
固-液分离	√	√	√		√	√				
乳化分散				√	√	√		√		
灭菌消毒	√	√			√	√	√	√	√	√
充填	√	√	√	√	√	√	√		√	√
压制成型							√	√		√
包装	√	√	√	√	√	√	√	√	√	√

注："√"表示化妆品主要用到该类型生产设备

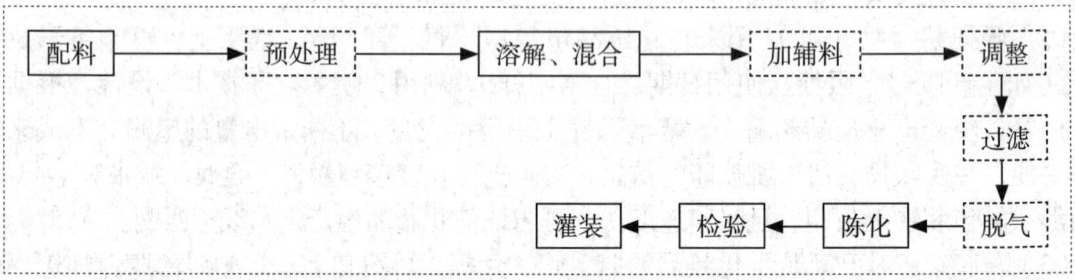

图3-3　液态类化妆品的生产工艺流程图

（二）液态气雾剂类化妆品的生产工艺

液态气雾剂类化妆品的生产过程包括主成分的配制和灌装、喷射剂的灌装、器盖的接轧、漏气检查、重量和压力的检查及最后灌装，其中与一般化妆品生产最大的区别就在于压气的操作。其生产工艺流程如图3-4所示。

（三）凝胶类化妆品的生产工艺

凝胶类化妆品的品种很多，面膜是其中应用较为广泛的一类。面膜中的成膜剂是其关键组分之一，多为水溶性高分子聚合物，在制备成膜剂溶液时，要注意使其充分溶胀、溶解。其生产工艺流程如图3-5所示。

（四）膏霜乳液类化妆品的生产工艺

1. 膏霜乳液类化妆品　乳膏包括膏霜和乳液，在化妆品中应用非常广泛。乳膏种类较多，因基质原料的不同，其生产工艺略有差别，一般的生产工艺流程如图3-6所示。

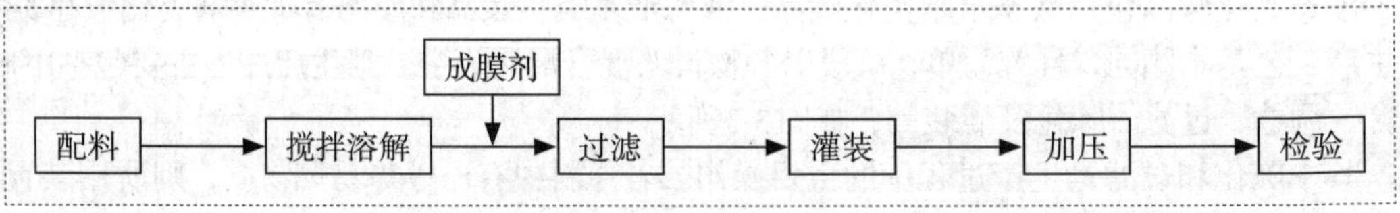

图3-4　液态气雾剂类化妆品的生产工艺流程图

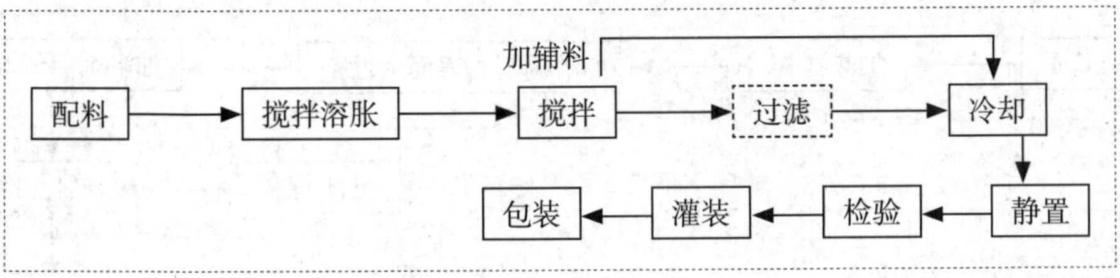

图3-5 凝胶类化妆品的生产工艺流程图

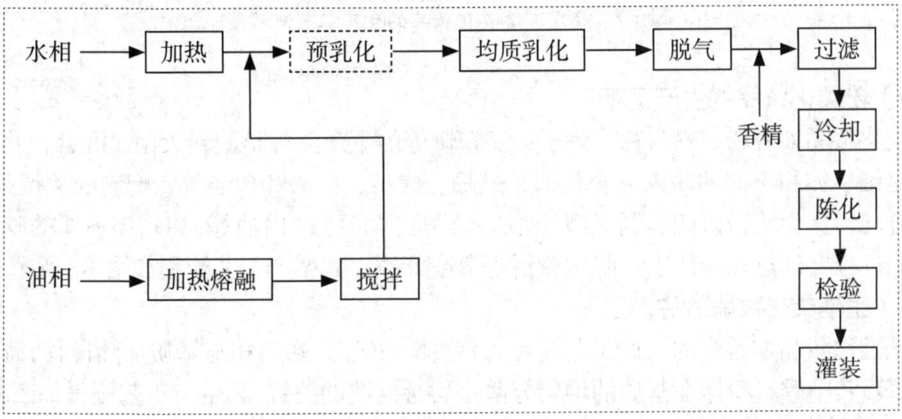

图3-6 膏霜乳液类化妆品的生产工艺流程图

制备过程如下：

（1）油相的处理：先将油相组分在不断搅拌下加热至70～80℃，使其完全熔化或溶解均匀，保持在70℃。要避免过度或长时间加热，以防止原料成分变质。容易氧化的油性成分可在乳化前加入油相，溶解均匀后，即进行乳化。

（2）水相的处理：将水溶性成分加入去离子水中，搅拌下加热至70℃。如配方中有水溶性聚合物，应单独配制，在乳化前加入水相。

（3）乳化：将油相和水相混合均匀后进行预乳化、均质乳化。一般乳化温度为70～75℃，以比各油分的最高熔化温度高5～10℃为宜。

乳化完成后加入防腐剂，以获得在水中的最大防腐剂浓度且分布均匀。待温度降至40～50℃时加入香精，温度高会使香精挥发，或使香味变化，颜色变深。

乳化过程中油相和水相的添加方法（油相加入水相或水相加入油相）、添加的速度、搅拌条件、乳化温度和时间、乳化器的种类、均质的速度和时间等对乳化体粒子的形成及其分布都有很大的影响。

（4）冷却：乳化后乳化体系边搅拌，边冷却至接近室温。冷却时的速度、剪切应力、终点温度等对乳化体系的粒子大小和分布都有影响，必须根据不同的乳化体系选择最优化的条件。

（5）陈化、检验、灌装：一般制备出的膏霜要贮存一至数天陈化后，进行质量检验，合格后再用灌装机灌装。

2. 染发乳膏类化妆品 染发类产品有多种剂型，如液体、乳霜、凝胶、香波，还有粉末，染发乳膏类化妆品的生产工艺流程如图3-7所示。

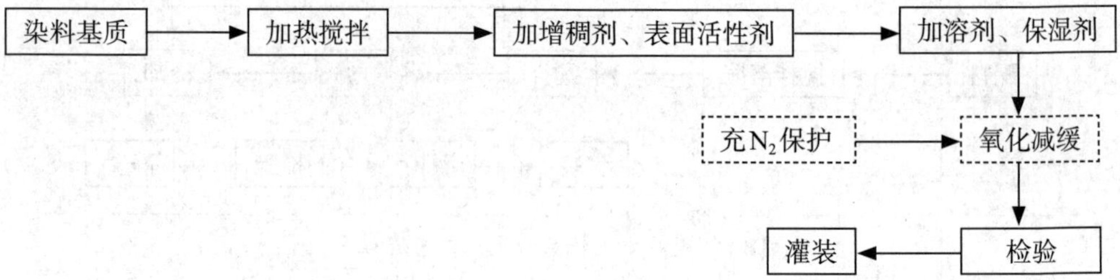

图3-7　染发乳膏类化妆品的生产工艺流程图

（五）粉类化妆品的生产工艺

粉类化妆品如香粉、爽身粉、痱子粉、粉饼等的生产流程是配料灭菌、混合，通过粉碎、研磨将粗细、体积不同的粉末调至相似，过筛、成型、检验和包装等，配制的关键是将粉类物料混合均匀。为使粉饼能压制成型，须加入胶质、羊毛脂、白油等，以增强粉质的胶合性能。压制成型过程要注意控制压力，防止粉饼松散或开裂。其生产工艺流程如图3-8所示。

（六）蜡基类化妆品的生产工艺

蜡基类化妆品如唇膏的生产工艺流程为：颜料的研磨，颜料相与基质加热搅拌，铸模成型，脱模、包装。其中颜料粉体在基质的均匀分散是唇膏制造的关键，其生产工艺流程如图3-9所示。

（七）牙膏的生产工艺

牙膏的生产过程分为制膏、制管和灌装3个工序，其中制膏是制作的关键工序。其生产工艺流程如图3-10所示。

（八）皂类化妆品的生产工艺

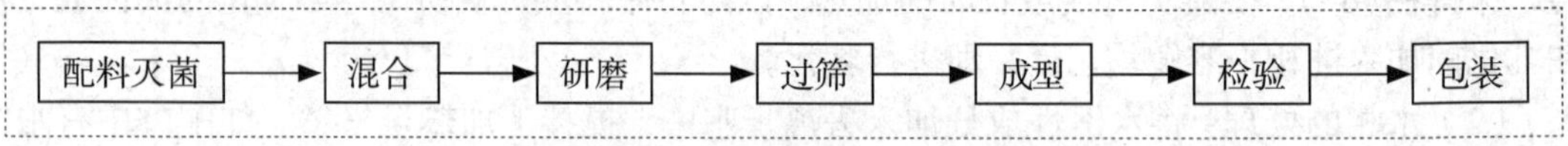

图3-8　粉类化妆品的生产工艺流程图

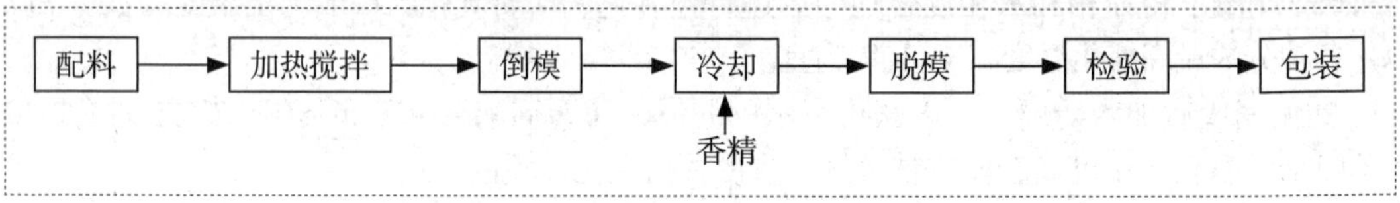

图3-9　唇膏的生产工艺流程图

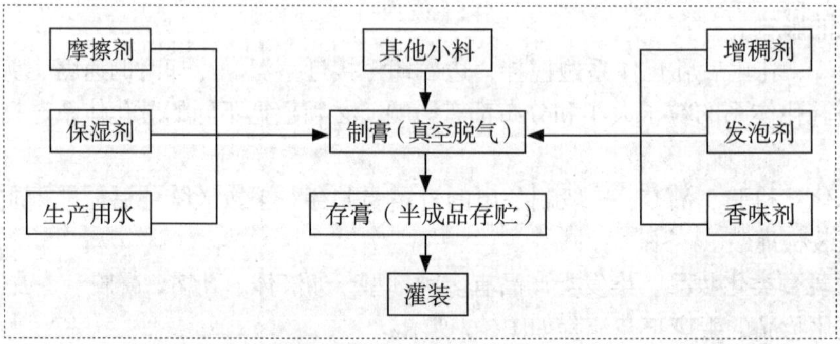

图3-10　牙膏的生产工艺流程图

皂类化妆品如香皂的生产是将油脂、碱等原料置于煮皂设备中，加热进行皂化反应，生成皂基。皂基干燥后添加香精、防腐剂等，再经过搅拌、研磨等过程制得。其生产工艺流程如图3-11所示。

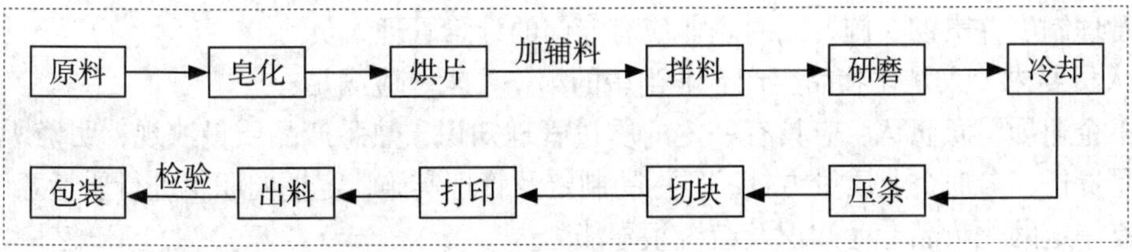

图3-11 香皂的生产工艺流程图

三 化妆品的生产条件

根据国家《化妆品产品生产许可证换（发）证实施细则》（2001年版）规定，由省、自治区、直辖市质量技术监督部门组织审查组，对化妆品企业的生产条件进行审查。化妆品企业的生产条件和生产体系必须符合细则中附件1《化妆品生产企业质量体系审查办法》的规定。本办法具体按：质量管理责任、生产资源提供、技术文件管理、采购质量控制、过程质量管理、产品质量检验、文明安全生产，共7个部分、21个审查项目、44项审查内容（子项）进行审查评价。7个部分中的每一个审查项目，审查内容都按“合格”、“有缺陷”、“不合格”3种审查标准进行评定。

根据本办法，审查组对企业实施审查后，填写《化妆品产品企业生产条件审查不合格项和有缺陷项汇总表》，并对审查中的不合格项和有缺陷项进行综合评价，然后再填写《化妆品产品企业生产条件审查结论》，审查结论为：合格或不合格。

（一）质量管理职责

1. 组织领导 质量管理是企业的一个重要组成部分，企业建立健全质量体系，必须在组织人事方面予以落实和保证。应做到：

（1）建立健全企业组织结构，企业领导中应有专人负责企业的质量工作。

（2）企业应设置相应的质量管理机构或既懂专业技术又熟悉质量管理的人员负责质量工作，建有岗位责任制，并且责、权明确。

2. 方针目标

（1）质量方针：是由企业正式批准颁布的企业总的质量宗旨和质量方向，是企业（公司）方针的重要组成部分。质量方针不是短期目标，是企业较长远（中长期）的各项质量工作的总纲领。质量方针应正式形成文件，采取必要的措施和手段为全体员工所理解、实施和坚持。

（2）质量目标：是质量方针的具体化，即根据质量方针的要求，企业在一定时期内开展质量工作所要达到的预期效果。

3. 管理职责 企业制定质量管理制度，规定各有关部门、人员的质量职责、权限和相互关系。在企业制定的质量管理制度中有相应的具体考核办法，并加以严格实施。

（二）生产资源提供

1. 生产设施 厂址选址、厂区规划等方面在《化妆品生产企业卫生规范》（2007年版）

中都作出了明确的规定，应严格执行。

2. 设备工装 企业必须具有适合产品特点、能保证产品质量的生产设备及工艺装备；生产设备、工具、容器应有清洗、消毒措施；应具备完善的设备管理制度。

3. 测量器具 必备常规检测仪器，配备相关的检测仪器。仪器精确度能满足生产需要和达到检定规定规程的要求，定期进行鉴定和校准（周期鉴定合格证）。建立检测仪器、计量器具的管理制度并贯彻实施，同时企业应有专门的计量管理人员。

4. 人员要求 人是化妆品生产企业当中的第一要素，应满足：

（1）企业质量负责人：应具有一定的质量管理知识，熟悉产品质量法规，明确所承担的产品质量责任，参加企业质量方针、目标的制定及管理实施，定期向职工进行质量意识教育，同时具有一定的化妆品专业知识及组织领导能力。

（2）企业技术人员（含有技术员以上技术职称或中专以上理工科毕业的）：占企业职工数的3%以上，应具有一定的质量管理知识，掌握分工范围内，如原料性质、配方设计、产品标准、工艺要求、检验方法等专业技术知识。

（3）生产操作工人：直接从事化妆品生产的人员必须取得健康合格证，经过化妆品生产知识、卫生规范、化妆品标签标识的培训，熟悉并掌握本岗位“应知应会”的知识，生产人员着装符合《化妆品生产企业卫生规范》要求。

（三）技术文件管理

1. 技术标准

（1）包括原料、包装材料和产品标准。企业应当具备所生产或外加工的产品相关的国家标准或行业标准，如：《化妆品卫生标准》（GB/7916）、《化妆品标准汇编》、《定量包装商品计量监督管理办法》（2006年版）、《化妆品卫生规范》（2007年版）、《消费品使用说明——化妆品通用标签》（GB 5296.3-2008）、《限制商品过度包装要求——食品和化妆品》（GB 23350-2009）等。

（2）根据产品的技术特性、质量要求，没有国家标准、行业标准和地方标准的，由企业制定相应的企业标准。由企业自定的产品标准应严于或达到相应的强制性国家标准或行业标准的要求，并须经过当地标准化部门备案。

2. 工艺文件 化妆品的生产工艺直接关系到系列产品的物理性、稳定性和使用性，制定好的企业工艺文件并在实际生产中切实贯彻执行，对稳定提高产品质量意义重大。企业的工艺文件是企业的技术法规，应正确、完整、一致，有完备的签署、更改手续。

3. 文件管理 技术文件管理制度应包括文件的种类及基本管理程序和要求。主要有：部门归口的管理及其职责，文件编写、审批、发放、更改和管理应符合规定的程序，企业生产过程的各项原始记录（包括工艺规程中各个关键因素的检查结果），其保存期应较该产品的保质期延长6个月。

（四）采购质量控制

1. 采购制度 制定采购质量控制制度，制定委托加工的原辅材料、专用包装相应的质量管理控制办法，以上应包括采购的范围、管理部门（或人员）和职责、选择供货方的具体办法、质量要求，采购文件的形式、制定、审批等。

2. 供方评价 对供方的情况清楚（有供方资料和质量指标），有供方供货记录。

3. 采购文件 企业应根据正式批准的采购文件（如采购计划、采购合同、技术标准）进行采购，并有按规定要求的质量检验或验证记录。

（五）过程质量控制

1. 工艺管理 企业应制定工艺管理制度及考核办法，对工艺规程的编制与修订要有明确的规定。应严格对工艺规程的执行和检查，按生产操作规程的要求进行生产操作记录。

2. 品质控制 关键工序是质量控制点，工艺流程图上应标出质量控制点；明确相关质量控制点的控制方法；产品留样管理。

（六）产品质量检验

1. 检验管理

（1）制定质量检验管理制度，包括原料检验、包装材料、半成品、成品和不合格品管理制度。

（2）相关产品中的甲醇、对苯二胺、铅、汞、砷、致病菌物质（非常规检验项目）含量的检测可委托有合法地位及能力的单位进行，并有相关委托证明。

2. 过程检验 企业在生产过程中要按有关规定对半成品进行质量检验及控制，对不合格品的处理按不合格品管理制度执行。

3. 出厂检验 企业按产品标准对出厂的产品进行质量检验，包括感官指标、理化指标、净含量、卫生要求、标签标识等。

（七）文明安全生产

1. 文明生产 企业的厂址选择、厂区规划、厂房建筑、工厂布局应符合《化妆品生产企业卫生规范》的要求。

2. 安全防护 制定安全生产制度，对生产现场采用安全防护措施。气雾剂及有机溶剂单元的生产应有特殊防护措施，如：应有当地消防部门的验收证明，气雾剂应执行《易燃气雾剂企业安全管理规定》、化学危险品管理规定等。

3. 环保要求 现场卫生状况及对粉尘、噪音、有害气体的防护措施。企业排放的废水、废气、废渣必须达到国家有关环保要求（环保部门验收证明）。

第四节 化妆品的包装与运输

化妆品的包装处于化妆品生产过程的末尾和运输过程的开端，作为生产的终点，是最后一道工序，标志着生产的完成。化妆品的包装必须根据化妆品的特性，使用适宜的包装材料或包装容器，将化妆品包装或盛装，必须保持化妆品状态完好，以满足生产的要求。作为运输的始点，化妆品的包装必须选择合适的包装材料、设计合理的包装结构和正确的包装技术方法，使化妆品包装完成后具有可运输的能力，在整个运输过程中，包装要发挥对化妆品的保护作用。

如果包装仅从生产终点的要求出发，就难以满足流通的要求。包装与运输的关系比与生产的关系更密切，其作为运输始点的意义比作为生产终点的意义更重要。包装贯穿于整个运输过程的始终，如果没有完善的包装，就没有现代化的运输。同时，现代运输的发展又对包装提出了更高的要求，促进了包装的进一步发展。

一 包装的定义和分类

在我国《包装通用术语》的国家标准中，对包装（package，packaging）下了明确的定义：

"在流通过程中保护产品，方便贮运，促进销售，按一定的技术方法而采用的容器、材料及辅助物等的总名称。也指为了达到上述目的而采用的容器材料及辅助物的过程中施加一定技术方法等的操作活动。"

包装按在流通领域中的作用分为销售包装（consumer package，commercial package）和运输包装（transport package，industrial packaging）；按包装形态又分为单包装、内包装和外包装；按包装的保护技术可分为防潮包装、防锈包装、防虫包装、防腐包装、防震包装、危险品包装等。单包装是直接盛装和保护商品的最基本包装形式,内包装是单包装的组合形式，外包装是商品的外层包装。通常，销售包装相对于运输包装被称为内包装，运输包装就是外包装。

二 包装的基本功能

包装的发展，对包装的功能要求越来越多，但包装最基本的功能有3个，即保护功能、方便功能和传递功能。

（一）保护功能

在包装的功能中，对产品的保护功能通常是最重要的。这意味着它能防止在物流环境中的机械冲击、振动和其他应力，防止产品破损变形，防止化妆品发生化学变化及有害生物对化妆品的影响，防止异物混入、污物污染、丢失和散失，以保证化妆品安全到达用户手中。

（二）方便功能

现代化妆品能为人们带来许多方便，这对提高工作效率和生活质量，都发挥着重要作用。包装的方便功能体现在方便生产、方便储运、方便使用和方便处理等方面。

（三）传递功能

随着信息技术和电子商务的发展，包装的传递功能也越来越重要。合理的包装，其绘图、商标和文字说明等既展示了化妆品的内在品质、便于消费者识别，又介绍了化妆品的成分、性质、用途和使用方法，便于消费者购买、携带。好的包装本身又是很好的广告，是"无声的推销员"，可起到美化宣传商品的作用，提高市场竞争力。新颖独特、精美合理的包装是化妆品价值增值的重要手段。

包装的三大基本功能彼此联系、相辅相成，共同发挥作用。不同用途的包装，其功能的侧重点有所不同，如销售包装侧重于包装促进销售的传递功能，而运输包装则强调包装的防护、方便功能。

三 化妆品包装材料和包装容器

（一）化妆品包装材料

包装材料（packaging material）是用于制造包装容器和构成产品包装的材料（如木材、金属、塑料和纸等）总称。《化妆品生产企业卫生规范》（2007年版）规定：包装材料中直接接触化妆品的容器和辅料必须无毒、无害、无污染。化妆品包装的材料一般有塑料、玻璃、金属、纸和纸板及复合材料等。

1. 塑料 塑料是一类多性能、多品种的合成材料，其物理性能优良、化学稳定性好；属于轻质材料、加工成型简单多样、印刷和装饰性能较好；属于节能材料，价格较低，是化妆品最常用的包装材料，常有以下品种：

（1）聚乙烯（PE）：根据密度不同分为高密度聚乙烯（HDPE）、中密度聚乙烯（MDPE）、低密度聚乙烯（LDPE）等。通常，高密度聚乙烯可用来制造重包装袋（瓶、盒等），中、低密度聚乙烯多用来生产薄膜。

（2）聚丙烯（PP）：适于制造瓶盖、瓶、打包线，双向拉伸聚丙烯薄膜可用来代替玻璃纸。

（3）聚氯乙烯（PVC）：主要用做塑料薄膜、瓶、香脂衬料。由于生物降解性差，燃烧时又会产生有害物质，世界上一些国家已禁止其使用。

（4）聚苯乙烯（PS）：属硬质塑料，较常使用其改性的共聚物。常用于制造雪花膏容器，袖珍式、细圆条杆状容器（如睫毛油容器）和瓶盖等。

（5）聚对苯二甲酸乙二醇酯（PET）：具有优良的光学性质，近似于硬玻璃，透明、有光泽、耐药性和外观都很好，对气体和水蒸气渗透性低。

2. 玻璃 玻璃是使用较早的化妆品包装材料，至今仍被广泛使用。作为包装材料，玻璃具有十分优异的特性：透明，可看清内容物；化学稳定性好，具有无毒、无味、耐热、耐磨等特点；易于密封，气密性好；有一定机械强度，不变形，抗压强度大；可加工出外形精美的各种造型。其缺点是：耐冲击强度差、脆性大、易碎、运输成本较高。

化妆品常用的玻璃材料是钠钙玻璃，可制成透明或着色的玻璃瓶。此外，还有乳白玻璃，用于膏霜类化妆品；铅玻璃和磨砂玻璃，可用于高档化妆品或香水。

3. 金属 金属是传统包装材料之一。金属具有良好的延伸型，易加工成型；非常牢固，强度高、防潮、防光，便于储存、携带、运输和装卸；包装精美，可再生利用等特点。其缺点是成本较高，化学稳定性差，易锈蚀。故一般将它们电镀后使用，以防锈和增加美观。其中铝质轻，易加工成型、耐腐蚀，广泛用作气雾剂、口红、袖珍型、染眉制品和铅笔型制品的容器；黄铜为铜和锌的合金，金黄色，主要用于袖珍型容器和口红的容器以及一些化妆品的附件；马口铁主要用于气雾剂容器；不锈钢主要用于气雾剂阀门的弹簧和其他一些需耐腐蚀的配件。

4. 纸和纸板 纸和纸板是现代包装的重要材料之一，在化妆品中应用十分广泛。纸包装材料价格低廉，有适宜的坚牢度、耐冲击性和耐摩擦性，易达到卫生要求、无毒、无污染；良好的成型性和折叠性，便于采用各种加工方法；有良好的印刷性能；本身质量轻，运输成本较低；可回收和再生，节约资源等特点。但其缺点也较明显，如难于封口，受潮后牢固度下降，气密性、透明性、防潮性差，受外力作用易破碎等。在使用时要防潮、防破裂。

化妆品包装用纸主要有牛皮纸、蜡光纸、玻璃纸、羊皮纸和瓦楞纸等，主要用作包装化妆品，印刷装潢商标、标签和说明书等。化妆品包装用纸板主要有箱纸板、牛皮箱纸板、单面白纸板、灰纸板和瓦楞纸板等，主要用于生产纸箱、纸盒、纸桶等包装容器。

近年来，用纸和其他材料复合，给化妆品销售包装增添了异彩；用纸加工成高强度瓦楞纸，给运输包装开辟了新路。

5. 复合材料 化妆品作为一种时尚消费品，它需要优质的包装材料，以提升其身价。塑料、玻璃、金属3种材料，是当前主要使用的化妆品包装容器材料，其性能各有千秋。单质材料现已很难满足目前日益发展的化妆品性能的综合要求和高指标要求，复合材料因其具有可设计性的特点，受到各发达国家的重视并大力开发，发展很快，是今后化妆品包装材料发展的主导方向。

复合材料是由两种或两种以上异质、异形、异性材料复合形成的新型材料。经过设计，即通过对原材料的选择、各组分分布设计和工艺条件的保证等，使原组分材料优势互补，进而呈现出特殊的综合性能。当今化妆品使用的复合包装材料主要有聚酯/镀铝/聚乙烯软管、真空镀铝纸等。

（二）化妆品包装容器

包装容器（container）为储存、运输或销售而使用的盛装物品或包装件的总称，简称容器。它们是包装材料、包装工艺、包装结构、包装造型以及包装标识的综合产物。

化妆品包装容器的特性主要是：具有保护内容物的功能；容器材料与内容物的配伍性，即耐药品性和耐腐蚀性；具备使用的功能性和安全性；生产的可行性；经济性和促销性等几方面特性。

根据化妆品的包装形式和材料品种，化妆品包装容器分为瓶（包括塑料瓶、玻璃瓶等）、盖（包括外盖、内盖及塞、垫、膜等）、袋（包括纸袋、塑料袋、复合袋）、软管（包括塑料软管、复合软管、金属软管等）、盒（包括塑纸盒、塑料盒、金属盒等）、喷雾罐（包括耐压式的铝罐、铁罐等）、锭管（包括唇膏管、粉底管、睫毛膏管等）、化妆笔、喷头（包括气压式、泵式）、外盒（包括花盒、塑封、中盒、运输包装等）。

化妆品产品包装所采用的材料必须安全，不应对人体造成伤害。包装外观要求详见《化妆品产品包装外观要求》（QB/T 1685-2006）。

粉状化妆品常采用的包装方式主要有：纸盒、复合纸盒（多采用圆柱状盒型）、玻璃瓶（广口、小型）、金属盒、塑料盒、塑料瓶（广口、小型）、复合薄膜袋等。一般情况下，包装容器要进行精美的装潢印刷，同时，在采用塑料和金属容器包装时，常常用印刷精美的纸盒与之相配合。

液态类和膏霜乳液类化妆品的包装形式十分繁多，主要有各种造型和规格的塑料瓶（一般要经过精美的装潢印刷）；塑料袋的复合薄膜袋（常用于化妆品的经济装或较低档化妆品的包装）；各种造型和规格的玻璃瓶（包括广口瓶和窄口瓶，一般用于较高档化妆品或易挥发、易渗透化妆品的包装，如指甲油、染发水、香水、爽肤水等的包装）。对于上述几种包装形式，有时还采用与彩印纸盒相配合的方式，与彩印纸盒共同组成化妆品的销售包装，以提高化妆品的档次。

气雾剂类化妆品常用的喷雾包装容器主要有：金属喷雾罐、玻璃喷雾罐和塑料喷雾罐等。

四 化妆品的运输

（一）化妆品运输的定义、作用和方式

运输（transport）是人和物的载运及输送。化妆品的运输专指化妆品的载运及输送，它是在不同地域范围间，以改变化妆品的空间位置为目的的活动，对化妆品进行空间位移。

化妆品的运输同其他货物运输一样，是社会再生产的一个生产过程，是商品生产在流通领域内的继续，是联系社会生产、分配、交换和消费的纽带，是沟通城乡、促进生产、搞活流通、繁荣经济的重要环节。化妆品运输在商品流通过程中的作用，主要有以下几点：①把商品从生产地运达消费地，从而实现商品的经济价值和使用价值，促进再生产的发展；②改善企业经营管理，降低流通费用，提高经济效益；③加强国家之间、地区之间、国民经济各部门之间的经济联系，搞活流通，促进商品经济的发展。

货物运输主要有铁路运输、公路运输、水路运输、航空运输、管道运输等多种方式。各种运输方式随着经济的发展，也在不断变化，相应地由单独作业趋向相互影响、相互协调、联合运输。

（二）化妆品的包装与运输关系

化妆品的包装与运输是物流系统中2个重要的组成部分，它们是物流活动得以高效开展的必然要素，两者的关系相辅相成、相互影响。

运输与包装的效益背反，在满足运输要求的基础上，包装费用越低越好；如果加强包装，甚至过度包装，商品的流通损失会降低，但包装费用就必然增加。因此，包装运输总体合理化，才会有最优的经济效益。

运输的方式决定了包装与否、包装种类、包装设计和包装成本，而包装状况影响运输成本、运输组织、运输发展。运输对包装的影响是全方位的，要求包装尺寸模数化、强度合理、包装完整、标志清楚。包装对运输的影响是整体性的，包装影响到整个运输过程的组织和实施；同时，包装技术的发展，也深刻影响到运输行业的发展趋势。

（三）化妆品的运输

化妆品运输包装常以使用纸箱为主，主要为小尺寸纸箱，有别于电子、家电产品等包装物件。纸箱的质量必须坚韧，能承受所装化妆品的重量；箱内底、盖要有垫板；装箱时按层摆满，不留空隙，以增强纸箱的抗压力。以公路运输、集装箱货运为主要运输方式。

运输化妆品的工具必须清洁、卫生、干燥，严禁与有毒、有害、有异味、易污染的物品混装、混运。在标签、批号和货物三者符合的情况下才能运输。填写的化妆品运输单据要字迹清楚，内容正确，项目齐全。运输包装必须牢固、整洁、防潮，并符合化妆品的包装规定。在运输包装的两端应有明显的运输标志，内容包括始发站和到达站名称、化妆品名、重量、件数、批号系统、收货和发货单位地址等。运输过程中必须稳固、避免剧烈震动、撞击和日晒雨淋。

第五节　化妆品的质量标准

化妆品作为广大消费者的日常用品，其质量优劣直接关系到消费者的身心健康。为了加强对化妆品的质量控制，国家及化妆品行业相关主管部门先后制定了化妆品国家基础标准、卫生标准、相关标准、产品标准及国家和行业的化妆品试验方法标准等几十个标准。任何种化妆品产品都必须符合上述标准，才允许在市场上销售。这些标准的制定与实施，对提高产品质量，规范化妆品行业的发展起到了重要的作用。但目前我国化妆品行业正以较快的速度发展，品种不断增多，现有的国家和行业标准其覆盖面仍不能满足日益丰富、快速发展的市场需求。因此，地方政府、生产企业可根据地方或企业的自身条件，在国家指导性框架下，以适应竞争需要和生产要求为目的，制定更贴近用户要求、更实用和完善的地方或企业标准，来指导生产。

化妆品的质量标准应包括以下几方面：

（一）化妆品原料的标准

化妆品原料的标准包括原料外观描述、鉴定试验、物理和化学实验、贮存条件以及安全方面的各项要求。控制原料规格对于保证产品质量极为重要。

（二）化妆品配方的组方标准

在化妆品的组方中，应根据化妆品的剂型、功能和性质来确定化妆品的组方原则，根据原则实施化妆品组方的方案和标准。

（三）化妆品生产工艺的操作规程标准

产品必须有生产工艺操作规程，在生产过程中，要求按规定操作并做详细记录，这样才能保证每批次产品的质量稳定；应遵守操作安全要求，特别是在有危险的原料存在和有可能发生溢出时，应遵守安全注意事项并及时采取相应的措施。

（四）化妆品的产品标准

产品标准是对产品的结构、规格、质量和检验方法所做的技术规定，是检验产品质量的主要指标，包括感官、理化、卫生等指标。

（五）产品包装材料的标准

对于包装材料要规范到组件的规格，甚至应指定所有被批准使用的材料的类型和品级。

思 考 题

1. 什么是油脂和蜡？其在化妆品中的作用是什么？
2. 什么是防腐剂、抗氧剂、香精、色素？在化妆品中的作用各是什么？
3. 什么是表面活性剂？它在化妆品中有何作用？
4. 化妆品的基本剂型有哪些？
5. 乳剂配方设计的原则是什么？
6. 化妆品的生产设备主要有哪些？
7. 化妆品的生产工艺主要有哪些？
8. 化妆品的包装与运输的作用是什么？两者之间的关系如何？

（李发胜　刘永国）

第四章　化妆品的人体功效评价

随着化妆品市场的扩大和科学技术的发展，消费者越来越重视化妆品的功效，具有功效的化妆品市场份额快速增加。由于化妆品是一种多种原料的复配剂，单一原料的功效不能代表终产品的功效，体外试验的结果是否在体内能得到印证很难预测。因此，如其他健康产品、新药开发一样，体内试验有着不可替代的意义。化妆品功效评价将成为未来行业发展技术水平的标尺，其重要性将逐渐得到政府监管部门的认可和负责任的企业的响应。动物保护日益高涨的呼声，也使得人体成为化妆品临床评价的唯一试验对象。化妆品功效评价是美容化妆品学重要的基本内容，作为临床美容医师，了解化妆品的人体试验，对正确选择和使用化妆品是很有必要的。本章就化妆品人体评价的方法、技术以及人体试验的一般原则作概要介绍，涉及每一类化妆品的评价将在各类化妆品章节作分别介绍。

第一节　化妆品人体评价方法

化妆品人体评价是一个多层面多途径的复杂体系。按评价指标的性质可分为主观半定量评价和客观量化评价。主观评价以人的主观判断为标准，不需特殊设备仪器，经济简便，但易受个体主观感觉差异的影响；客观量化评价是通过特殊的仪器设备进行皮肤测量，主观影响因素较小，但需要购买设备和聘请专业的技术人员，不易广泛开展。

一　化妆品人体功效半定量评价

（一）志愿者评价

通过志愿者实际使用化妆品后的感觉进行统计分析，用以评价化妆品的临床功效。

1. 志愿者的选择与培训　一般筛选年龄在18～60岁的健康男女作为试用者人群，针对特殊年龄的产品可适当调整年龄构成。设计相关皮肤类型问卷，排除对化妆品不耐受的志愿者。要求参与试验的人群具有对化妆品基本的感觉判别能力，能够区分产品外观在视觉和嗅觉方面的基本差异。在此基础上，培训受试者正确使用化妆品，以便按照规定方法正确使用样品。

2. 选择评价指标　包括一般观察指标和特殊观察指标。

（1）一般观察指标：是对产品的共性评价，又称为感官评价（subjective evaluation），即通过受试者的视觉、嗅觉和触觉对产品的质地（柔滑细腻，颗粒感的或是粗糙的）、颜色（均匀度、柔和度、与肤色配合融洽度）、香味（愉悦、刺鼻）、延展性（是否容易涂敷，涂布层均匀度)、使用感(滑爽，干燥或油腻)等做出评价，清洁产品还包括清洗后的皮肤感觉(皮肤光洁度、滑爽感和清洁感)。毛发产品应包括产品是否容易取出涂抹、洗涤中泡沫丰富和细腻度、产品是否容易清洗、有无残留、洗后头发质地(顺滑易梳理、有光泽、飘逸，手感滑爽、柔软，无枯燥感)等指标。

(2)特殊观察指标：是针对不同产品所宣称的功能，如保湿、抗皱、美白等，设定相应的保湿、抗皱、美白等特殊观察指标。

3. 观察指标的量化 一般采用等级量化方法。语言评价量表(verbal rating scale，VRS)是将效果用“无效”、“有效”、“显效”和“痊愈”表示，对每一等级用语言文字做相应的描述，使受试者或研究者明确每一等级的具体含义。也可采用视觉模拟评分法(visual analogue scale，VAS)，用一条长10cm的标尺，两端分别表示无效(0)和痊愈(10)，被测者根据其自身感受，在直线上的相应部位做记号，记号从“0”到“10”的距离即是评分分数。评价时，受试者面对无刻度的一面，将游标放在当时最能代表自己感受的部位；研究者面对有刻度的一面，记录受试者感受的分数。

(二)研究者评价

采用语言评价量表，观察受试者皮肤在使用前后发生的变化。主要针对产品的功能进行评价，如保湿、抗皱、美白等，设定相应的保湿、抗皱、美白等特殊观察指标；同时对产品引起的皮肤不良反应，如红斑、鳞屑等进行评价。

在使用产品前后对皮肤进行摄影，以对比不同试验阶段的照片，获得产品在改善人体皮肤质地、颜色等方面的信息。

二 化妆品人体功效定量评价

半定量评价方法尽管简单易行，但由于受主观因素的影响，难以在不同的研究者和研究机构间比较，使学术交流受到限制。随着现代生物物理学、光学、电子学、信息技术和计算机科学的发展，近30年来，一部分皮肤科医师、化妆品企业科研人员和大专院校科研机构致力于活体皮肤无创性测量技术的研究，不断研发出新仪器设备，可无创、动态地测量活体皮肤表面的细微结构、机械力学规律、颜色变化、分泌代谢等生理学特点，测定皮脂分泌、角质层水含量、经皮失水、pH等参数，使化妆品的护肤功效得以定量测量和分析。

由于这些技术具有可动态地观察活体皮肤变化规律，观察指标数字化，较少受主观因素影响，便于不同研究者之间交流，对皮肤无创伤等优势，现已在化妆品人体功效评价中得到广泛应用。随着这一领域研究的不断深入，可使对看似浅表的皮肤有更进一步的理解，能对皮肤的细微变化进行精准测量，这必将推动化妆品人体功效评价的发展。

尽管无创性皮肤测量有着各种优势，但应注意其大多数的检测指标不是直接测量得到，而是通过物理或化学原理转换得来。其检测结果波动性大，易受检测环境、检测体位等因素影响。无创性皮肤测量在实际应用中，应注意以下事项：

(一)无创性皮肤测量方法的影响因素

1. 保持测量环境恒定。测量最好在专门修建的温控室进行，除特殊情况外，一般控制温度为20～22℃，相对湿度在40%～60%，环境安静无噪音。每次试验都应记录环境温湿度，前后测量应该在相同环境下进行。

2. 测量体位前后应保持一致。人体受地心磁场的影响，皮肤表面纵轴方向和横轴方向的纹理、弹性有一定的差异。如果不能保持相同的体位，前后测量值的改变可能是体位变化造成的，而不是产品本身的作用。

3. 测量前饮水、进食、运动都会改变皮肤的生物学状况。因此，应该对进食、饮水的时间有严格的规定，以保证受试者测量前后、受试者与受试者之间测量一致。测量前一般要求静息15～30分钟。

4. 对同一项试验，最好由同一台设备和同一个技术员测量，以减少操作的差异。每次测量，需重复测量3～5次，取其均值，以减少测量误差。

（二）皮肤生物学参数的影响因素

1. 年龄 应根据研究的目的，纳入不同年龄的受试者。年轻人皮脂分泌多，因此对控油类产品应多纳入年轻志愿者；对抗衰老类产品，则应多纳入中年志愿者。

2. 性别 男性皮肤粗糙，多油腻；女性皮肤偏干性的比例高，尤其是中年以后。因此，应根据待验产品的特点，选择适当的性别构成比例。

3. 种族 由于种族不同，人的皮肤颜色、同年龄段的皮肤细腻度、皮肤角质层含水量都有差异。如不涉及种族差异化比较，最好选择同一种族的人群作受试者。

4. 部位 不同部位的皮肤，皮肤生物学参数有较大的差异。曝光部位的皮肤颜色更深，皮肤更粗糙，衰老速度更快。面部“T”区（额部和鼻周皮肤）、前胸后背皮脂分泌旺盛，而四肢皮肤分泌低下，掌跖和唇红无皮脂分泌。应根据产品的功能诉求，选择试验部位。

5. 季节 皮肤表面的生物学特性随季节变化而发生改变。秋冬季节皮肤干燥，保湿产品的功效容易显现。夏天环境湿度大，又容易出汗，对保湿产品的功效评价很难进行。夏天皮肤受日光照射时间长，紫外线强度大，美白产品和抗皱产品的功效评价一定要考虑季节因素的影响。

第二节 皮肤生物学无创性测量技术

无创性皮肤测量为化妆品的功效评价提供了强有力的技术支撑。新的技术和设备还在不断地涌现，对皮肤表面测量的新参数还在不断地推出。由于篇幅的限制，本章仅选择介绍在化妆品评价中已经比较成熟又常用的皮肤生物学测量技术。尽管这些检测设备还有待完善和提高，但随着该领域先进技术设备的不断面世，它们在化妆品功效测量方面将显示出更广阔的应用前景。

一 角质层含水量

皮肤角质层结构致密，含水量较其他组织少，形成了防止水分丢失的天然水屏障。当含水量低于10%，皮肤将变得干燥、粗糙，出现细纹甚至皲裂；而高于20%，皮肤渗透性增加，易受有害物质侵袭。保持皮肤角质层适当的湿润度是维持皮肤生理环境、促进皮肤新陈代谢的先决条件。保湿类化妆品正是通过模拟皮肤天然保湿系统来维持正常的角质层含水量（water content of stratum corneum）的。比较使用产品前后角质层含水量的变化，可以评价化妆品的保湿或抑汗功效。由于皮肤角质层的含水量直接影响皮肤屏障功能，参与老化皮肤、敏感性皮肤的发病机制，因此角质层含水量的评价也用于抗老化类、舒缓类化妆品的临床功效研究。

直接定量测定角质层含水量的方法包括红外线法、核磁共振光谱仪、共聚焦Raman分光镜（confocal Raman spectroscope）或其他的成像技术。但这些方法价格昂贵，还处于研发阶段。利用皮肤角质层的电生理特性，间接测量角质层含水量的方法简便易行。

（一）电容法

利用水的介电常数远远高于其他物质介电常数的特性，当测试探头与皮肤接触后，所测电容值的变化可以反映皮肤角质层中的含水量。电容量越高，角质层含水量也越高，反之亦然。测试所得的参数是相对值。电容法测量时间短、重复性好，对干燥性皮肤测量较敏感。保湿化妆品功效评价多用此原理检测。

（二）电导法

存在于水中的电解质具有导电性，利用角质层含有大量的电解质，通过测试探头与皮肤接触后呈现出的与含水量相应的电导，其相关系数可达到0.99，因此电导的变化可非常灵敏地反映角质层的含水量。现已开发出用一个单向、固定高频率电流（3.5MHz）测量电导的仪器，可以使用干电极，对角质层浅层和深层含水量都有很好的相关性，适合评估皮肤角质层水合动力学变化，且不受富含电解质溶液的影响。与电容法相比，电导法对含水量较高的皮肤更敏感一些。

二 经皮失水

皮肤角质层构成了天然的屏障，它不仅防止经皮肤吸收的各种各样异物的进入，还防止内源性物质包括水在内的分子从表皮丢失。经皮失水（transepidermal water loss，TEWL）又称为透皮水蒸发或透皮水丢失，指真皮深层的水分通过表皮蒸发散失，是用于描述皮肤水屏障的重要参数。健康皮肤的特性之一就是TEWL和水分含量之间保持一定的比例。当皮肤表面被封包时，皮肤角质层含水量增加。一旦去除封包，截获在皮肤中的水分就会蒸发，即TEWL增加。在这种情况下，TEWL与角质层的水合作用是成比例的。但当皮肤水屏障功能受到损伤时，即使在角质层含水量不足的情况下，水分仍然经皮蒸发，使皮肤更加干燥。

当皮肤处于生理性老化或病理性干燥状态时，如特应性皮炎、银屑病、鱼鳞病等，角质层含水量很低，TEWL值高于正常值。暴露于阈下刺激的临床上外观正常的皮肤，也可以通过测量TEWL进行监测。因此，在研究角质层功能上肉眼不可见的生物学改变时，测量TEWL是一个简单可靠的方法。由于TEWL与角质层含水量关系密切，因此这2个指标常联合应用于保湿类、舒缓类和清洁类产品的安全性和功效性评价。

环绕身体边缘的弥散层10 ~ 30μm厚度内，才能测量到有效的TEWL。任何环境因素引起的围绕身体边缘层的变化都将影响TEWL的检测值。因此，在测量时，要求配备单独房间，保持测量环境安静，受试者体位固定，受试者和操作人员均须情绪稳定。根据不同的水取样技术，TEWL的测定方法可以分为开放法和封闭法，测试参数单位均为g/（h · m^2）。

（一）开放法

测量探头是一个开放式的圆筒（图4-1，左），垂直放置于待测皮肤表面。圆筒里面有2个湿度探测器，连接着2个与皮肤表面保持不同距离的热敏电阻。测量这2个探测点的相对湿度和温度，并计算相应的水蒸气压力。这2个探测点水蒸气压力梯度的差值与通过皮肤特定位置水蒸气丢失的速度相关，测试结果代表皮肤屏障功能是否受到损伤。皮肤屏障越完好，TEWL值越低。

（二）封闭法

测量探头顶端为封闭的圆柱形舱（图4-1，右），测量时垂直罩在皮肤上，用电子湿度探测器记录舱内的相对湿度。水蒸气的浓度变化在一开始时很迅速，然后在湿度接近100%的过程中逐渐降低。封闭法不允许连续记录TEWL，因为一旦封闭室内的空气达到饱和，皮肤内水分的蒸发将会停止。由于测量室在测量过程中是关闭的，因此不会受到周围空气流动的影响，感应器会在测量过程中对测量室内相关湿度的增加进行监控，根据相关湿度的增加换算蒸发值。在测量过程中，测量室会被动通风，并根据蒸发率和相关湿度自动控制通风时间。

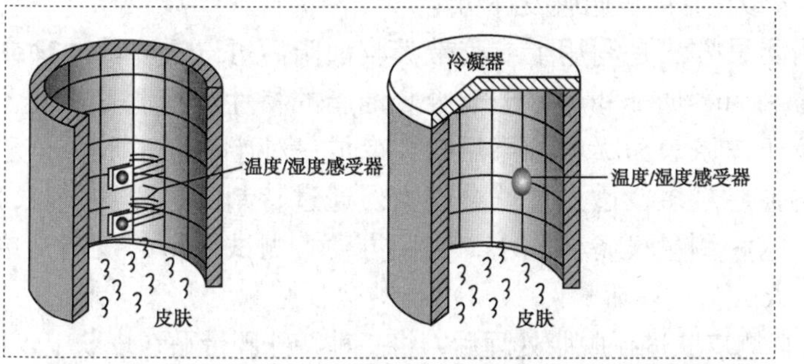

图4-1 经皮失水测量原理（左：开放式；右：封闭式）

三 皮肤表面pH

角质层中的水溶性物质、皮肤排出的汗液、皮肤表面的水脂乳化物质以及皮肤排出的二氧化碳等共同形成了皮肤表面稳定的pH，一般维持在4 ~ 6。随着年龄的增长，皮肤的缓冲能力逐渐下降，皮肤生理屏障作用不断降低，皮肤表面的pH逐渐接近中性。皮肤表面的pH是机体生物学活动在表皮的表达，它可以影响角质形成细胞甚至真皮的生物学功能。角质层pH适宜时，角质层脂质水解酶才能活化，板层小体得以形成，从而构建坚实致密的皮肤屏障。测量皮肤表面pH（skin surface pH）是了解皮肤生物状态的手段；维持皮肤最佳pH是皮肤保健、延缓皮肤老化的有效方法；各种化妆品通过调节皮肤表面pH发挥护肤保健功能。追踪检测洗涤类和护肤类产品引起的皮肤pH改变是化妆品效果评价的一个重要参数。

皮肤表面pH测量是通过一个玻璃电极与潮湿皮肤表面接触，形成皮肤-电极界面来测量。玻璃电极和参比电极常做成合二为一的探头，顶端由玻璃的半透膜构成，该半透膜将内部缓冲液和外部皮肤表面所形成的被测溶液分开，但外部被测溶液中的氢离子（H^+）可以通过此半透膜。根据皮肤表面H^+浓度的变化，即可测出皮肤表面pH。

测定前，先用标准缓冲液对仪器进行调试和校正，每次测定时电极表面的水分应尽量保持一致。在测定开始时，应轻柔地将电极探头垂直放在皮肤表面，过大的压力会影响角质层正常的代谢，挤走电极膜和皮肤间的水分，影响结果的准确性；暂时不测定时，最好将电极探头浸泡在KCl缓冲液或蒸馏水中；下次使用前，电极探头至少应在KCl中重新浸泡12小时；在与皮肤接触前，电极探头必须放入蒸馏水中将表面浸湿。

四 皮脂

皮肤表面的脂质有两部分来源：其一为皮脂腺分泌的脂质，代表物为鲨烯；另一来源为表皮脂质，以胆固醇，尤其是神经酰胺常见。面部，前胸和上背部的皮肤富含皮脂腺脂质，而四肢皮肤则以表皮脂质为主。面部每平方厘米脂质量为数十或数百微克，而四肢的量仅为数个微克。扩散到皮肤表面的脂质，与水分乳化形成皮脂膜，保持皮肤表面平滑、光泽，防止体内水分的蒸发，起到润滑皮肤的作用。但如果皮脂（sebum）过多，不仅会造成皮肤反光、颜色灰暗，而且容易形成粉刺、痤疮，严重影响皮肤的美观。化妆品通过提供外源性脂质或减少皮肤脂质，模拟正常的皮脂膜发挥功能。

常用的皮脂测量方法是利用纸或胶带吸收油脂后可以透光的原理或直接收集油脂进行测量。早期曾利用卷烟纸和磨砂玻璃吸收油脂的特性进行测量。现多使用一种特殊消光胶带，当其置于皮肤表面吸收油脂后，会变成一种半透明的胶带，它的透光量就会发生变化，吸收的油脂越多，透光量就会越大。通过特制的透光测量仪，可间接测量出皮肤油脂的含量。这种测量设备体积小，使用方便，测试所得的皮脂是单位时间内的皮脂总量，表示为μg/cm^2。

也可以先将待测皮肤进行脱脂处理后，将一种特殊胶带贴在皮肤上，这种特殊的吸脂胶带是一种吸油的黏性微孔薄膜。由于油脂对光不散射，当薄膜微孔中的空气被吸取的油脂取代后，该薄膜微孔就会变得透明。贴于皮肤上的胶带逐渐吸收分泌的皮脂，形成与毛囊开口相一致的透光点。收集撕下的胶带，再通过简单的图像分析程序来测量这些透光点和它们的表面积，可以得到以下测量参数：被测区域皮脂排泄率、皮脂点数目、最大皮脂点和最小皮脂点。常规应该在取下胶带24小时内进行评估，如果不能立刻评估需将标本置于-30℃保存。测量时需注意由于皮脂分泌过多导致的皮脂点融合，特别大、融合的皮脂点多见于脂溢性皮炎和痤疮患者。

重量分析法主要是检测皮脂的分泌率。事先用乙醚清洁待测皮肤，将吸油纸粘贴在皮肤上用以收集皮脂。将采集了皮脂的吸油纸溶于乙醚，待乙醚挥发后称量，减去吸油纸的基础重量即为皮脂量。皮脂重量结果表示为μg/（cm^2·min）。重量分析法的称重天平要求精确到0.01mg，并且被放置于特制的桌子上，称重房间应无风、热量稳定、减少相对湿度。在做皮脂定量分析时既要考虑年龄、性别、内分泌的影响，也必须考虑皮脂收集时间、皮肤温度、汗腺功能、收集部位的影响。

五 鳞屑生成率

角质形成细胞从基底层、棘层、颗粒层到角质层，是细胞的增殖、分化、移动、死亡和脱落的动态变化过程。随着细胞间桥粒消失，细胞连接松散，角质层脱落后即成为皮肤鳞屑。死亡细胞的胞膜内面附有不溶性蛋白质，使细胞膜坚固。同时角质层含有保湿因子，有一定的吸水性。细胞间隙充满由板层颗粒所释放的脂类物质，能防止体外物理、化学物质和细菌侵入。收集脱落的鳞屑标本，对其进行生化检测和特殊蛋白质分析，可以了解皮肤生理特性以及与角质层相关的疾病状况，从而研究其发病机制、评价治疗效果。角质层与皮肤屏障功能明显相关，既可以用脱落鳞屑的速度、形状来分析、预测表皮屏障的完整性，也可以通过多次反复粘贴造成屏障受损模型，从而研究化妆品对皮肤的刺激性、耐受性以及化合物透皮吸收率等。清洁类、保湿嫩肤类化妆品的功效研究常将皮肤鳞屑生成率（desquamation rate）作为重要指标。常用的测量技术有以下几种。

（一）直接测量

采用一种特殊的容器，收集一段时间内皮肤表面脱落的所有鳞屑。为了缩短收集鳞屑时间，可对皮肤表面施加轻柔的摩擦、擦洗，或者使用带黏性的胶带或玻片，或通过涡轮装置产生气流来收集自然脱落的皮肤角质层细胞。为了保持收集到的鳞屑处于悬浮状态，容器中需加入含Triton-100磷酸钠缓冲液。带鳞屑的溶液被置于血细胞计数器内计算细胞的数目，结果表示为：细胞数/（$h \cdot cm^2$）。

（二）染色法

用一种染色剂如丹磺酰氯渗透入角质层，标记整个角质层的厚度。当被染色的角质细胞逐渐全部脱落，染色就会消失，其所用的时间就是角质层的更新时间。如果在这段时间内，数次测量其染色强度，可以得到残存染色强度与时间的相关曲线。还可使用Wood灯（365nm UVA）照射，激发受染细胞的荧光性，或用荧光光谱计量仪评估染色情况，以了解角质层更新情况。也可在UV光下，对荧光染色部位进行成像分析。但染色技术对短暂或微小的角质层变化不太敏感。

（三）粘贴法

用涂有黏性材料的胶带、圆盘和玻片粘在皮肤上，使角质层脱落。目前最常用的粘贴材料是由透明聚酯薄膜做成的小圆盘，上面覆盖压力敏感黏合剂，黏附力长期不变。评价黏性胶带上鳞屑的方法包括：

1. 视觉等级评估　将采集了鳞屑的粘贴盘与标准照片卡对比做评价。

2. 重量分析法　粘贴前后分别称量粘贴盘，前后差值即是鳞屑量。要注意排除头发、毳毛和黏附前皮肤水合作用造成的测量误差。

3. 鳞屑图像分析　用紫外光照相技术或扫描技术采集粘贴盘上的鳞屑图像，通过肉眼观察或黑白视频信号输入到专用的皮肤表面评价软件进行分析，可获得鳞屑的大小和分布，角质层厚度等参数。

（四）内聚力法

与以上检测鳞屑的方法不同，内聚力法是测量角质层细胞间的黏附力，因为角质细胞脱落源自细胞间黏附力降低。使用一个活塞式的探头，用氰基丙烯酸酯将其粘在皮肤上，然后施加外力将活塞提起，使被测试部位的角质层随之脱落。测试所需外力的大小，可代表角质层和皮肤的黏附力，间接反映皮肤鳞屑的状况。

六　皮肤颜色

颜色是波长400～700nm的光刺激人的视觉器官，进而在大脑皮层产生的主观感觉描述。皮肤颜色（skin colour）既受表皮、真皮中色基的影响，也与全身生理和病理的状况相关，是皮肤美容学中的重要参数。利用颜色学的技术测量肤色的变化，对化妆品功效评价、美容保健咨询和色素性疾病的研究均有重要的意义。由于皮肤颜色涉及皮肤黑素、血红蛋白、角质层厚度等，皮肤颜色变化不仅可以反映美白祛斑类化妆品的功效，也可用于清洁类、舒缓类和其他改善皮肤微循环产品的功效评价。

测量皮肤颜色的仪器较多，按设计原理分类主要有：三刺激值色度仪、窄谱简易反射分光光度计、扫描式反射光光度计及数字成像系统等。

（一）三刺激值色度仪

使用脉冲氙弧光灯照射皮肤表面，然后逐点测量反射率，获得被测皮肤表面的分光光度曲线，将测得值转换成国际照明委员会（Commission International d'Eclairage，CIE）设定的L*a*b*三维色度体系（见图4-2）。L*值主要受黑素含量影响，黑素含量越高，L*值越小；L*值还与血红蛋白的量有关，受毛细血管充盈度影响，特别是当血氧饱和度较低时这种影响会更明显。a*值主要代表真皮中的血红蛋白，皮肤越红润，a*值越高；此外，a*值也受黑素的影响。b*值主要反映皮肤的黄色程度，受皮肤黑素、胡萝卜素等多种因素的影响。

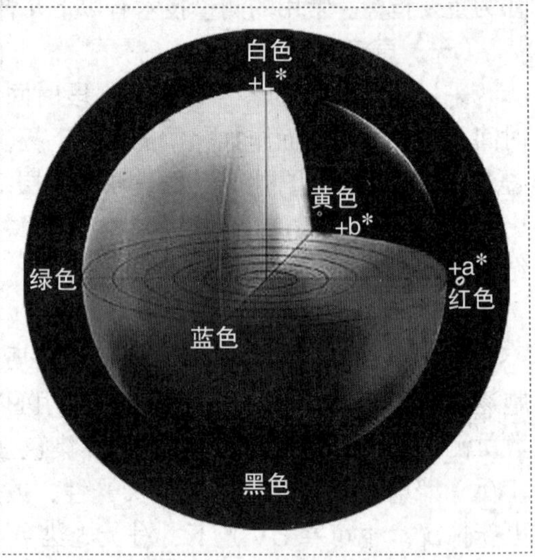

图4-2 CIE-L*a*b*颜色系统L*轴

（二）窄谱简易反射分光光度计

设计原理为选择黑素和血红蛋白特定的吸收光谱照射皮肤，设置一个光电探测器测量皮肤表面的反射光，通过计算皮肤吸收和反射光的量，转换成黑素和血红蛋白的值。发射光源种类有568nm绿光，660nm红光，880nm红外线光等。测量值越大，说明皮肤中黑素和血红蛋白的含量越高。

三刺激值色度仪与窄谱简易反射分光光度计同一时相和不同时相测量时重复性都较好。测量参数M代表皮肤中的黑素量，来自英文melanin的第一个字母。L*与M呈负相关。另一个测量参数E代表红细胞的量，是英文erythrocyte的第一个字母。a*与E呈正相关，有很好的相关性，但a*值更易受血管舒缩和血流变化的影响。窄谱简易反射分光光度计测得值波动范围更大，对皮肤颜色的细微变化敏感性较三刺激值色度仪低。

（三）数字成像系统

数字成像系统由光源、数字摄像头、图像分析软件等组成。系统设置的光源不仅有普通摄影光，还有特别用于分析皮肤色素的紫外光。系统先对皮肤摄像，通过特定的软件分析整个面部的色素量。其优点是可对面部皮肤做整体分析，而不仅仅是测量皮肤的某一个点，这样可避免测量点前后不一致造成的差异。数字成像方法测量皮肤颜色的仪器正越来越多地推向市场，与分光光度计有较好的相关性。

七 皮肤微循环

皮肤微循环（cutaneous microcirculation）是皮肤的重要结构，与皮肤营养、体温调节等功能密切相关。很多化妆品的功效是通过改善皮肤微循环得以实现的，因此，皮肤微循环指标成为改善敏感性皮肤红斑、遮光剂防晒伤性红斑、抗老化产品促进微循环等产品诉求的功效参数。皮肤氧分压的测定可作为多种化妆品改善皮肤代谢功能的临床效果评价指标。

毛细血管在真皮乳头形成弓状血管袢，垂直于皮肤表面，提供皮肤营养。乳头下血管的走向与表面皮肤平行，主要功能为储存血液，位于真皮深层和皮下脂肪的血管网则参与体温调节。皮肤活检得到的静态标本，难以再现活体状态下的微循环结构和血液在血管中的流动情况。目前有多种技术可实现活体实时动态测量皮肤微循环的结构和功能。

（一）激光多普勒血流仪（laser doppler flowmeter，LDF）和激光多普勒成像（laser doppler perfusion imager，LDPI）技术

前者通过氦氖激光发射器发射出波长为632.8nm的λ射线进入皮肤，被皮肤中的固定成分和流动成分反射。固定成分以同样频率散射和反射该波长的射线；红细胞因为以一定的速度流动，所以它以变化频率反射λ射线，这就是多普勒效应。仪器检测的反射光线一部分是频率变动的宽谱光，直接反映红细胞的数量和流动速度；另一部分是皮肤中固定组织反射出来的固定频率光。激光多普勒探头用于测量组织中全部微循环灌注量，其绝对单位值代表被测皮肤总血流量。由于乳头袢状血管占真皮血流量较少，LDF测定值实际代表真皮乳头下血管丛血流量，包括毛细血管、微动脉、微静脉和动静脉吻合支。

为了克服直接皮肤接触测量及空间变化对测量结果的影响，研究人员根据与LDF相同的原理开发出了非接触式、水平扫描激光设备，即LDPI。其优点是不需要与皮肤直接接触，能连续测量某一区域内组织血液灌流量，产生微循环灌流强度的彩色图像。

（二）经皮氧分压（$tcPO_2$）

正常组织中存在氧浓度梯度，造成了氧的被动扩散，从而达到氧运输目的。但是在通常情况下，$tcPO_2$很难在皮肤表面检测到。测量时需要将贴于皮肤的原件加热到40～44℃，使得组织充血，皮肤血流增加。氧分压传感器是根据极谱原理制成的，由一个加热元件将阴极和环形阳极连接起来，其输出电信号的大小与透氧膜外的氧分压成正比。测量时将氧分压传感器贴于皮肤表面（图4-3），与外界气体隔绝，待透过皮肤的氧气达到动态平衡后，此微弱电信号再经特殊放大处理，最后测得该皮肤组织的氧分压及变化趋势。经皮测量值不仅能反映测试部位皮肤血管床最大携氧量，还可反映运送二氧化碳的能力。

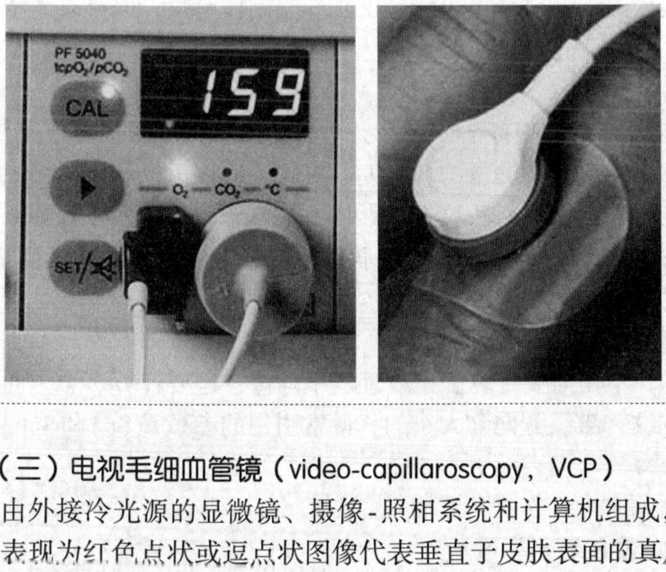

图4-3 经皮氧分压测量单元

（三）电视毛细血管镜（video-capillaroscopy，VCP）

由外接冷光源的显微镜、摄像-照相系统和计算机组成，放大倍数在400倍内可调。屏幕上表现为红色点状或逗点状图像代表垂直于皮肤表面的真皮乳头弓状血管袢；线条状或网

状图像代表来自乳头下血管丛、少数平行走向的毛细血管和动-静脉交通支（图4-4）。不同部位的血管排列有差异，面部皮肤以平行血管为主，手背以袢状血管为主，在前臂则两种形态的血管数目基本相当。手背和前臂皮肤袢状血管数随年龄增加而减少，但平行血管总长度随年龄而增加。应用专业软件可对血管的数目、直径、形状和结构进行分析，如增加荧光素可观察到单个红细胞在毛细血管里的流速、血管形成等图像。

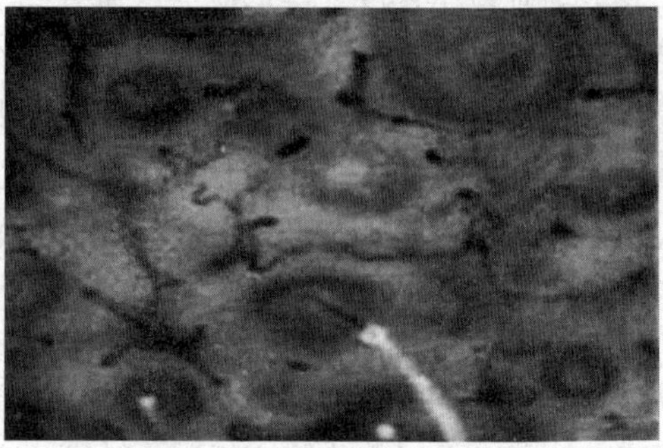

图4-4 电视毛细血管镜下皮肤微血管图

八 皮肤纹理和皱纹

皮肤纹理（micro-relief）由人皮肤表面微小的、呈多角形的皮丘、皮沟构成，是反映皮肤光滑和细腻度的参数。皮脂腺和汗腺分泌物能沿其纹路扩展到整个皮肤表面使皮肤变得柔润、富有弹性。皱纹（wrinkles）是另一种类型的皮肤纹理，它们随着年龄而进展，根据不同部位肌肉运动及其对环境的暴露程度而呈现不同的特征。皮肤粗糙度和皮肤皱纹的测定主要用于嫩肤抗老化产品的功效评价。

测量皮肤纹理或皱纹的技术方法较多，但主要是一类称为皮肤轮廓仪（profilometry）的设备，通过对皮肤表面的印模间接或对活体皮肤表面直接扫描，所得皮肤纹理和皱纹的图像，再根据进行二维或三维图像重建，进行客观细微的数据化处理和统计学分析。

（一）皮肤印模的制备

广泛使用硅树脂聚合物材料制作皮肤印模，如牙科用来做牙齿印模的材料。操作时先将有方向标签的环状或方形黏性垫圈贴于被检皮肤，以固定受试部位和统一检测面积。将树脂硅胶及催化剂混合后立即小心地放到黏性垫圈内的皮肤上成模，数分钟待硅胶凝固成模后揭起，就得到一张柔韧如橡胶的皮肤印模。皮肤硅模在冰箱里至少可以保存6个月。制作皮肤硅模前一天应剔除毳毛，制作硅模时保持皮肤不出汗。皮肤印模制作麻烦，但具有测量准确性和可重复性优势。

（二）皮肤扫描

采用皮肤轮廓仪扫描皮肤硅模或直接扫描活体皮肤。对活体皮肤实施扫描更方便易行，但皮肤的透明度及皮肤微小位移常常会影响测量的精确度。皮肤轮廓仪可以利用机械、普通光学或激光原理、条纹光投影技术研制而成。条纹光投影技术是基于三角测量原理的暂时位相移位逐级解析法重建被测皮肤的三维表面，可以对皮肤印模扫描，也能够测量活体皮肤，具有受检皮肤面积大，扫描速度快等优势。

（三）皮肤表面三维结构的参数

由于皮肤纹理是各向异性的，不仅需要计算多条纹理的平均值，还要计算多个方向的平均值。也有用树枝状图形代表皮纹和皱纹方向和大小的。最常引用的参数是Spa和Sptm，常用参数意义如下：

（1）代表皮肤的粗糙度参数：

Spa（Ra）：基线上下方皮丘轮廓的算术均数。

（2）代表单个皮丘的参数：

Spt：皮丘最高点和皮沟最低点之间的垂直距离；

Spv：基线到皮沟的最低点；

Spp：基线到皮丘的最高点；

Spq：基线上方皮丘表面高度的乘方。

（3）代表所测面积的参数：

Sptm（Rz）：在所测范围内，皮丘最高点和皮沟最低点之间的平均距离；

Sppm：在所测范围内，基线上方平均距离；

Spvm：在所测范围内，基线下方平均距离。

皱纹测量的参数包括皱纹的深度、长度、皱纹体积以及皱纹的横截面积。由于是对皱纹一条线进行图像分析，比对一个面的皮肤纹理分析难度更大，相关文献资料尚不多。随着对设备的改进或新设备的推出，将不断有新的参数被提出，而这些新的参数还有待时间的检验和不断完善。

九 皮肤弹性

饱满充盈富有弹性的皮肤是青春活力的体现。真皮丰富的胶原纤维、弹力纤维和充填于细胞间的蛋白多糖和结合水以一定的方式组合排列形成了皮肤的黏弹性，使皮肤能够保持一定张力以支撑体表，使内脏器官有足够的空间，免受环境外力的破坏，但同时又能保持机体有一定的柔软性，使机体表面能同外界有效接触。皮肤黏弹性是容貌美丽的重要参数之一，皮肤弹性（elasticity）测量对于研究皮肤衰老和抗衰老产品功效有重要意义。

当对皮肤施加一定的外力，皮肤会变形后再回复。记录施加的负荷、皮肤的抵抗和再回复过程，进而可以计算皮肤的黏弹性。根据施加外力的特征和方向以及皮肤对压力的反应，延伸出以下几种测量方法。

（一）扭转法

扭转法是平行于皮肤表面进行的测量方法，皮肤的伸展性和扭转恢复是该方法最常使用的测量参数。这种方法的优点是可以将真皮和皮下组织之间联系的影响最小化。测量仪器通过对黏着在皮肤表面的圆盘（双面胶）施加一定的扭转力偶，小盘运动带动黏着的皮肤扭曲，并在小盘周围被拉长，记录扭转皮肤施加的力、扭转时间和被扭转拉长的皮肤，可得到所测部位皮肤的机械特性。

（二）吸力法

吸力法测试仪基于吸力和拉伸原理设计。探头内有中心吸引头及测试皮肤形变的装置。测试时，吸引头在被测试皮肤表面产生一个负压，将皮肤吸进一个特定的测试探头内，吸力消失后，皮肤形变回复。皮肤随时间和拉力的变化可以由测试形变的装置测得。测试探头内包括光的发射和接收装置，发射光和吸收光的比率同被吸入皮肤的深度成正比，这样得到一条皮肤被拉伸的长度和时间的关系曲线，通过此曲线得到的弹性参数代表皮肤弹性特征，见图4-5。Uf是皮肤的最大拉伸量；Ue是弹性恒定负压加到皮肤上后0.1秒时皮肤的拉伸量，定为弹性部分拉伸量；Ur是回弹量，即取消负压0.1秒后皮肤的恢复值；Uv=Uf–Ue，即黏弹性部分，或塑性部分拉伸量；Ua为从取消负压到下一次连续测试皮肤表面再加负压时皮肤的恢复值。对于皮肤而言，越是年轻、弹性好的皮肤，Ue的数值就越高；对于年老、弹性差的皮肤，弹性部分值Ue比较低，黏弹性部分值Uv就比较高。同样，越是年轻、弹性好的皮肤，Ur的数值就越高；对于年老、弹性差的皮肤，Ur值就越低。

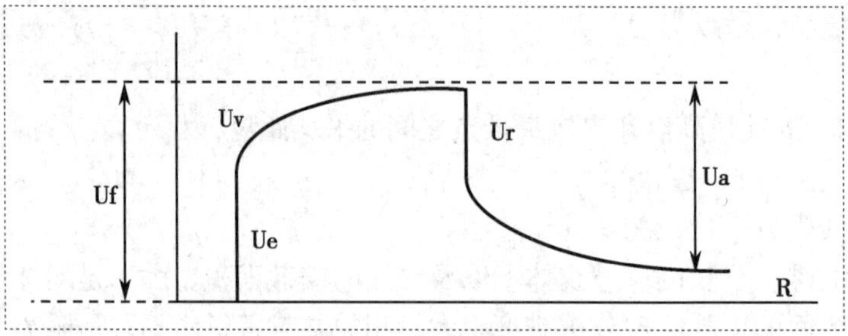

图4-5 拉力和时间曲线示意图

（三）回弹系数

当一个轻的、带有一定动能的小锤从高处落下撞击某个物体表面，小锤会被回弹并产生变形和发热。被撞击的物体表面弹性越好，越多的能量转换成回弹。当带有一定动能的小锤撞击皮肤时，导致皮肤压缩；由于皮肤具有弹性，它会将小锤反弹回去。但是皮肤有一定的黏性，会吸收一部分能量。因此小锤每一次回弹的高度和持续的时间都会比上一次低。基于这个回弹现象设计了皮肤弹性测试仪，可测试皮肤的弹性。皮肤的弹性和黏性对回弹系数的影响相反，皮肤弹性越好，回弹系数越高，而皮肤的黏性则会降低回弹系数。

十 皮肤摩擦力

摩擦力是两个互相接触的物体，当它们发生相对运动或有相对运动趋势时，就会在接触面上产生一种阻碍相对运动的力。摩擦系数（friction coefficient）是指两个物体表面间的摩擦力和作用在其中一个物体表面上的垂直力之比值。它与物体表面的粗糙度有关，而与接触面积的大小无关。皮肤摩擦力（skin friction）可以用于研究皮肤的粗糙度和湿润度，为皮肤美容临床和科研提供客观的依据。

近年来用于皮肤摩擦力的检测仪器可以分为两大类：一类是以旋转式探头同皮肤表面接触，即旋转型摩擦力测量仪；另一类是探头以线性模式在皮肤上移动，即滑行式摩擦力测量仪。后者更多地用于化妆品功效评价。

皮肤摩擦力的检测仪器先用水使皮肤柔软，这样探头与皮肤表面就有一个大的接触区域。水与探头间还可以产生黏合力，增加皮肤和探头间的摩擦阻力，产生较高的摩擦系数。不过水分在数分钟内蒸发，皮肤能很快恢复到原来状态。干性皮肤与其他肤质比，探头与皮肤接触面积相对来说变小，使探头在皮肤表面滑动更容易。因此，若皮肤偏干的健康皮肤含水量减少，皮肤的摩擦系数也就降低。涂抹了润肤剂和保湿霜后，皮肤水分含量增加，摩擦系数也随之升高，膏霜的作用可以持续数小时，而水的直接作用只能持续5～20分钟。但是，涂抹润肤保湿霜后的摩擦系数也随着皮肤油腻程度的增加而降低。与低温度（18℃）相比，许多润肤剂在较高温度（45℃）能更大程度地降低摩擦系数。可见皮肤摩擦力的检测为皮肤生物-物理学现象观察提供了不同的视角。

十一 皮肤影像技术

皮肤成像与其他无创测量方法相比，更加直观、形象。随着光源强度及种类的增加，检测微弱光信号技术、计算机重建图像技术的成熟，光学生物成像技术取得了较大进展。各类皮肤影像技术的原理与光子等在组织中的吸收、反射、散射有关。入射光的强度、相干性以及偏振情况在不同界面发生改变，这些特性的变化程度取决于光的波长、组织的类型和厚度。光的吸收是由于组织内部原子和分子不同能级间的电子跃迁产生的。光的散射是由于组织中微观和宏观结构折射率的改变造成的。因而折射光与入射光相比，具有许多特性的改变，这种特性的改变包含了大量的组织内部结构和成分的信息，也就是说不同生物介质具有独特的光谱特性，提取这部分信息可以获得组织的影像图。使用皮肤影像技术可以利用各种光源，如白色混合光、单色光、偏振光、紫外光等进行表面成像，还可以对皮肤的断面进行成像，对待测目标深度进行测量。接下来将概述目前用于皮肤测量的常见成像方法。

（一）摄影测量法

1. 微距摄影技术和光学立体摄影测量 皮肤表面成像最常采用微距摄影技术和光学立体摄影测量。

（1）微距摄影技术：应用普通的摄影方法，皮肤的微小结构不能达到清晰的效果。微距摄影技术是在合适的相机参数下，利用一定角度的照明光拍照，并行相应倍数放大，可以对皮肤表面进行成像和图像分析。在拍摄前应进行拍摄条件的探索，寻找最适合的摄像参数和模式。

微距摄影技术成像的影响因素较多，若不加以控制则误差较大。Bielfeldt等曾使用微距摄影技术对大腿皮肤进行拍照后，应用软件进行分析，与超声显像技术进行对比后得出的结论是，需要把受试者位置、光源条件、背景以及相机参数标准化，才能够将每次拍摄的误差降到最低。

拍照后的照片经统计分析处理后可建立一套标准照片，用作分级评判。标准照片评价方法早在20世纪30年代就已出现并得到长足发展，已广泛用于评价面部皱纹、色斑、手部皮炎、白癜风等。标准照片制定要求很高，图像须清晰可辨，分级明确，多采用三维立体的光学摄影法进行图像采集，部分实验室开发了专门用于固定人体位置的支架。相对于普通照片评价，采用标准照片评价提高了评判的一致性和重复性，更加直观、方便、分级明确，应用不受专业知识的限制。

（2）光学立体摄影测量：应用光学立体摄影测量仪进行测量，这是一种可以直接、定量地测量皮肤微小结构的方法，可以定量检测皮肤表面的三维立体结构，包括微小结构如毛孔、皱纹等。具体操作是先让受试者在温控室（20 ~ 22℃，相对湿度40% ~ 60%）静坐20 ~ 30分钟，然后用硅多聚体制作测量部位皮肤表面毛孔的模型，将2个带有计算机支持的多组线性电荷耦合器件（charge coupled device，CCD）感应器的相机置于左右两侧，调整镜头找到两幅图像最匹配的位置进行拍摄，两幅照片的位移叫做“差异度”，用标准化交互相关性和动态规划算法计算、分析相关数据。

2. 紫外线增强显像法 此法应用一个模拟紫外线发射器和带有CCD的相机相连，得到局部皮肤的图像，采用256位灰阶度表示，0代表黑色，256代表白色。基于此原理，研究者已经开发了仪器Visioscan VC98（C + K Electronic，Cologne，Germany）用于测量皮肤表面细小结构。部分在可见光下不能成像或成像不清楚的结构，也能在紫外线下显现出来。且部分色素沉着表现与周围组织的色差对比，在紫外线条件下比在普通光下更加强烈，对于不同深度、不同类型色素性改变可呈现不同图像表现。

（二）B超成像技术

将超声波向人体皮肤发射，其在遇到界面时会发生反射及折射，并且在皮肤中由于吸收而衰减，其工作原理与声纳有一定的相似性。由于人体各种组织的形态与结构不同，因此其反射、折射以及吸收超声波的程度也就不同，因此可通过仪器所反映出的波形、曲线，或影像的特征来辨别组织结构。

目前医用超声诊断方法包括A型、B型、M型及D型4类，其中B型超声可将人体界面的反射信号转变为强弱不同的光点，这些光点通过荧光屏显现出来，以平面图形的方式来显示被探查组织的具体情况。这种方法直观性好，重复性强，可供前后对比，所以广泛用于妇产科、泌尿、消化及心血管等系统疾病的诊断。但常规B型超声的成像不够清晰，不可用于皮肤细小结构的成像，因此设计了一种专门用于皮肤成像的高频超声（20MHz），能够分辨皮肤相应各层的厚度。此外，皮肤不同结构成分反射的超声波能够提供关于不同组织特性的信息，如衰老皮肤真皮表皮的超声图像分析，毛孔的深度、宽度以及皮肤肿块和血管的探查等。随着超声技术的不断进步，相信能够很好地应用于皮肤细微结构的定量测定。

（三）光学相干层析成像

光学相干层析成像（optical coherence tomography，OCT）技术是一种新型成像技术，是继X射线、CT和核磁共振成像技术之后，又一新的断层成像技术。OCT系统原理是基于低相干光的干涉特性，在干涉仪中，一束光分为两部分，经过不同的路径后再结合。只有当这两束光相干（即相位差保持恒定）时才能形成干涉条纹。光学相干层析成像技术可获得微米级的空间分辨率，且具有较高的时间分辨性，可以检测活体组织表面2 ~ 3mm深度组织的微观结构，实现三维成像，在生物医学和许多领域被广泛地应用。目前，光学相干层析成像技术在皮肤科、眼科、心血管系统、消化系统及中医学等的应用研究不断进展。常见的OCT仪有2种，一种为采用后向反射光相干的光纤迈克尔干涉仪系统，另一种是采用透射光相干的马赫-泽德干涉仪。

由于皮肤结构的细微，现在各种各样的影像技术都在努力提高显示皮肤结构图像的空间分辨率。目前OCT对皮肤结构成像的分辨率可达15 ~ 20μm，比其他的成像技术要高出一个数量级。普通OCT对皮肤成像的深度为1.5 ~ 2mm，对浅表皮肤结构的成像是足够的。由于其对人体的检测既无机械创伤，也无任何放射等副作用，不仅提供组织结构信息，而且还可以提供组织功能信息，OCT可以用于检测皮肤炎症、坏死等病理反应，特别对角化过度、角化不全和空洞形成等皮肤状态的观察显示出极大的优势。

（四）共聚焦激光扫描显微镜成像技术

基于光学共聚焦原理的三维计算机断层成像技术是近年来最具临床应用价值的无创性皮肤影像学技术，具有皮肤原位、在体、实时、动态三维的特点。点光源可通过对样品进行左右扫描来获得标本同一横断层面的图像，也可沿轴上下移动对皮肤不同深度进行聚焦成像，即对细胞或组织厚片进行类似断层扫描的无损伤性连续光学成像。连续光学切片经计算机三维重建处理，能够从任意角度观察标本的三维剖面或整体结构，因此该技术被称为皮肤CT。

皮肤CT图像是基于细胞器和组织结构自身的折射率不同致使反射系数不同而得以实现的。折射率高的结构对比明亮，低折射率的结构则显灰暗。皮肤组织中黑素和角蛋白具有较高的折射率。

皮肤CT具有无创、无痛苦的优点，同时维持了细胞组织的正常形态和生理功能；可实时动态地进行监测，可对同一区域皮肤进行多次成像，以对其发展变化、治疗后的改善情况进行观察，特别是能观察皮肤血流的动态变化。且成像迅速，数据易于存储和输出。

但是，共聚焦激光扫描显微镜成像技术在化妆品功效评价的应用尚需进一步完善。由于表皮角质层、真皮乳头层的散射，扫描深度尚不够。扫描图像分辨率虽达到或超过常规组织学检查的水平，但其图像质量尚不能与组织切片比较，还有待于技术水平的进一步提高，积累更多的相关影像学资料。

（五）双光子激发荧光成像技术

自从1990年Denk与Webb等人首次展示双光子激发荧光显微成像以来，双光子显微镜（two-photon microscopy，TPM）已经广泛应用于生物医学的研究。双光子激发荧光（two-photon excitation fluorescence，TPEF）成像是由荧光分子通过同时吸收2个光子激发荧光成像，与传统基于一个光子吸收的共聚焦显微成像比较，有更多的优势。

首先，TPEF能提供内在三维高分辨率，并且把光致毒性、光损伤和光漂白局限于焦点内，从而降低焦点以外的损伤和漂白，这使它可以用于活体成像，特别是活细胞，还可以使有效的观察时间更长。其次，TPM激发波长与发射波长相差比较大，可以通过滤光片更有效地把激发光滤掉，从而获得更高的信噪比。再次，大部分荧光光子可在组织体上发生散色，对于TPM系统，由于它不需要外加共焦针孔，大部分散色光子也能被探测到，从而提高了荧光信号的回收效率。

此外，由于许多荧光分子的双光子激发光谱要比单光子激发谱宽，这样就可以利用单一波长激发多种荧光分子，从而获得更多的信息。而且，近红外光的散射效应比紫外光或可见光小，并且组织的光窗（optical window），即能够在吸收谱中反映出不同生物组织特征差异性的谱段，在700 ~ 1000nm波长时，窗口组织的吸收相对较小。因此，TPM具有更深的穿透深度。

基于双光子激发荧光成像技术对组织微结构的高灵敏度和高空间分辨成像、对生物组织的低杀伤性和成像深度深等特点，在生物医学领域得到了广泛的应用。这种技术有望实现在化妆品功效无创评价中，通过无创探测和实时监测等方式对皮肤影像进行分析。

第三节　化妆品人体试验的一般性原则

化妆品人体试验是一种前瞻性试验研究，指在人为条件控制下，以健康志愿者或问题皮肤人群为受试对象，以发现和证实化妆品对皮肤的清洁、护理或对问题皮肤的预防、改善作用的有效性和安全性。由于临床试验涉及的对象是人体，不可避免地会涉及社会、心理、伦理和可行性等复杂问题，只有推行规范化的临床试验，才能保证研究工作的客观、科学和高效。因此，如同其他临床试验一样，需要遵循以下原则：

（一）安全性原则

化妆品配方中的各种原料应经过实验室物理化学、毒理学以及微生物安全性评估，验证产品对人体无害，才能进入临床人体试验。

（二）伦理学原则

尽管已经过安全性评估、相关伦理委员会审核，研究人员仍需将有关试验的目的、背景、方法、预期效果、潜在风险等如实告知志愿者或家属，并征得他们的同意，签订参加试验的知情同意书。志愿者有权在试验的任何阶段不需要任何理由退出研究，研究者应对志愿者的一般资料、具体病情及其他隐私情况保密，不得向他人透露。

（三）科学性原则

为了使研究结果和结论更真实可靠，确保研究结果免受各种已知或者未知的混杂因素干扰，减少偏倚，经得起临床实践的检验，要注意做到以下几点：

1. 设计方案 如同新药临床观察设计一样，单中心或多中心临床随机对照试验（randomized controlled trial，RCT）是首选方案。首先设立入选标准和排除标准，统一选取合格的志愿者，按照随机化的方法将入选人群分为试验组和对照组，2组分别接受包装和外观性状一致，配方成分不同的化妆品，同步观察试验皮肤的反应，对试验结果进行统计学处理，比较2组疗效的差异。但有时会因为难以做到产品外观一致、达不到双盲等，不能采用随机对照设计。非随机同期对照研究（non-randomized concurrent control trial）、自身前后对照研究（before-after study）操作相对容易，但容易导致研究结果的明显偏倚。

2. 随机化 在临床试验中，除了试验设置的干预因素外，还存在着大量的非干预因素，如果非干预因素影响试验结果，而又在试验组和对照组中的分布不均等时，将影响试验结果的准确性。因此，要求以机会均等的原则将纳入的每个个体随机地分配到各组，以保证试验中非干预因素均衡一致，使资料处理和统计推断的结论能反映客观真实情况。

3. 对照组 有时皮肤症状的改善可能是由于休息、环境、季节变化造成的，或是配方基质本身的效果而不是干预措施引起的。另一方面，当非干预因素在试验组和对照组基本相同时，非干预因素的影响得到抵消，干预措施的功效得以显现。对照产品可能是配方基质（空白对照），也可以是目前市场上认可有功效的产品（阳性对照品或称为“竞品”）。由于化妆品使用的特殊性，试验组和对照组可以是2组人群，也可能是左右半脸或左右肢体对照。

4. 盲法试验 实验时受试者和研究者都不知道哪一组是对照组或试验组，直到数据录入和统计分析完成后才揭盲，即为盲法试验。盲法能够有效地避免研究者或受试者的测量性偏倚和主观偏见。

5. 样本量 为了控制随机误差和抽样偏倚，要确定样本量。样本量的确定是由以下因素决定的：

（1）检验水准：也称显著性水平，即α值的大小，通常取0.05或5%，其意义是估计犯第Ⅰ类错误（假阳性错误）的概率，即把无效判为有效的概率，所以可以认为是消费者的风险；

（2）检验效能：又称把握度，即$1-\beta$值的大小，一般定为不小于80%，其中β是犯第Ⅱ类错误（假阴性错误）的概率，也就是把有效判为无效的概率，被认为是生产企业的风险；

（3）个体变异：一般以参数指标的标准差、方差或变异系数来测量；

（4）试验品和对照品参数指标的差值及设定的等效限值：一般来说，差值越大，样本量要求越大；等效范围越窄，样本量要求越大。在使用条件严格控制下，化妆品临床试验样本量可略低，一般设置在20例左右，如防晒剂功效评价。受试者带产品回家使用，每组样本量以不低于30例为宜。

6. 试验周期 药物干预大多数是纠正病理过程，治疗前后机体发生质变；而化妆品仅仅引起皮肤生理过程的量变，如延缓衰老、减淡色素、降低敏感性等。因此，需要较长的时间使用才能出现临床可见的效果。一般而言，抗衰老产品至少应观察3～6个月，甚至1年；美白祛斑产品多数情况需要3个月以上；控油、舒缓、抗过敏等产品一般1个月以上。

7. 统计分析 依据观察值是计量资料、计数资料还是百分率，分别应用*t*检验、秩和检验、卡方检验等进行统计分析，包括意向治疗分析（intention-to-treat，ITT）和完成治疗分析（per protocol，PP）。前者是所有随机纳入的志愿者，无论其是否完成试验，在最后资料分析中都应被包括进去；后者则只有按方案完成试验的志愿者才被包括到最后的分析中去。ITT分析可以防止排除效果较差的受试者，保留随机化的优点；PP分析能反映实际按方案完成治疗的结果，减少因干扰或沾染造成的影响；ITT与PP结果越接近，失访的比例越少，研究的质量越高，结果越可信。

思 考 题

1. 化妆品人体功效评价的意义是什么?
2. 化妆品人体功效定量评价的参数和技术有哪些?
3. 如何确保化妆品人体功效评价的科学性?

（李 利）

参考文献

1. Serup J，Jemec GBE，Grove GL. Handbook of No-Invasive Methods and skin. New York：Taylor & Francis，2005

2. Agache P，Humbert P. Measuring the Skin. Berlin：Springer，2004

3. Li L，Mac-Mary S，Sainthillier JM，et al. Age-related changes in skin topography and microcirculation. Arch Dermatol Res，2006，297（9）：412-416

4. Li L，Sophie Mac-Mary，David Marsaut，et al. Age-related changes of the cutaneous microcirculation in vivo. Gerontology，2006，52（3）：142-153

5. 唐莉，李利. 皮肤弹性无创性评价及在皮肤科的应用. 中国美学，2007，16（5）：710-712

6. 李利. 工程皮肤生物学研究进展. 皮肤性病诊疗新进展，2008，19-23

7. Mac Mary S，李利. 化妆品功效评价现况. 中国化妆品（专业版），2007，2：30-31

8. Lagarde JM，Rouvrais C，Black D，et al. Skin topography measurement by interference fringe projection：a technical validation. Skin Res Technol，2001，7：112-121

9. Zahouani H，Vargiolu R. Skin line morphology：tree and branches. In：Agache P，Humbert P，eds. Measuring the Skin. Berlin：Springer. 2004：40-59

10. Crowther JM，Sieg A，Blenkiron P，et al. Measuring the effects of topical moisturizers on changes in stratum corneum thickness，water gradients and hydration in vivo. Br J Dermatol，2008，159（3）：567-577

11. Marrakchi S，Maibach HI. Biophysical parameters of skin：map of human face，regional，and age-related differences. Contact Dermatitis，2007，57(1)：28-34

12. Gabard B，Clarys P，Barel AO. Comparison of commercial electrical measurement instruments for assessing the hydration state of the stratum corneum. In：Serup J，Jemec GBE，Grove GL，eds. Handbook of No-Invasive Methods and skin. New York：Taylor & Francis. 2005：351-356

13. Schmid-Wendtner MH，Korting HC. The pH of the skin surface and its impact on the barrier function. Skin Pharmacol Physiol，2006，19（6）：296-302

14. Pailler-Mattei C，Bec S，Zahouani H. In vivo measurements of the elastic mechanical properties of human skin by indentation tests. Med Eng Phys，2008，30（5）：599-606

15. Raamat R，Jagomägi K，Talts J. Calibrated photoplethysmographic estimation of digital pulse volume and arterial compliance. Clinical Physiology and Functional Imaging，2007，27（6）：354-362

16. Slotosch CM，Kampf G，Löffler H. Effects of disinfectants and detergents on skin irritation. Contact Dermatitis，2007，57（4）：235-241

17. Park ES，Na JI，Kim SO，et al. Application of a pigment measuring device - Mexameter® - for the differential diagnosis of vitiligo and nevus depigmentosus.Skin Res Technol，2006，12（4）：298-302

第五章 化妆品的安全性评价及管理

由于化妆品不同于药品，其主要的功能是美化人们的生活，而且在日常生活中往往是长期使用的，故其安全性至关重要。除了加强生产企业的自律性外，化妆品的安全性应依靠完善的法律法规和严格的市场管理来实现。我国针对化妆品的管理有较完善的法律法规和相关的行业标准及企业标准。对化妆品安全性的评价，主要依据是由卫生部制定的《化妆品卫生规范》，该规范最早颁布于2002年，最新版本是2007年修订的，于2009年7月1日正式实施。它从化妆品的一般卫生要求、禁限用原料、检验评价方法等方面，对在我国生产和经营的化妆品作了详细的规定。化妆品安全性评价主要包括原料及其产品的毒理学检测、卫生化学检测、微生物检测、人体安全性评价几个方面。《化妆品卫生规范》是我国卫生监督管理部门实行化妆品卫生监督的重要技术依据，也是指导企业进行化妆品生产和销售的技术法规。

第一节 化妆品的毒理学检测

依据化妆品的原料和产品的不同，化妆品安全性评价有不同的毒理学检测项目和要求。国际上，对化妆品原料的毒理学检测通常遵循经济合作与发展组织（Organisation for Economic Co-operation and Development，OECD）的指南。包括我国在内，各国都有化妆品原料的使用清单、限用清单和禁用清单。对卫生规范中已经有规定的原料不需要做毒理学检测，但对新使用的原料，各国都制定了相应的检测规定。我国的《化妆品卫生规范》（2007年版）规定了化妆品安全性评价的毒理学检测项目和要求，适用于化妆品产品及其原料安全性评价的毒理学检测。

一、原料的毒理学检测

化妆品的新原料一般需进行下列毒理学试验：

1. 急性经口和急性经皮毒性试验；
2. 皮肤和急性眼刺激性/腐蚀性试验；
3. 皮肤变态反应试验；
4. 皮肤光毒性和光敏感试验（原料具有紫外线吸收特性需做该项试验）；
5. 致突变试验（至少应包括一项基因突变试验和一项染色体畸变试验）；
6. 亚慢性经口和经皮毒性试验；
7. 致畸试验；
8. 慢性毒性/致癌性结合试验；

9. 毒物代谢及动力学试验；

10. 根据原料的特性和用途，还可考虑其他必要的试验。

如果该新原料与已用于化妆品的原料化学结构及特性相似，则可考虑减少某些试验。

试验方法参照国家标准GB 7919-87的《化妆品安全性评价程序和方法》，OECD化学物质试验指南（OECD guidelines for testing of chemicals）。

二 产品的毒理学检测

（一）检测项目

在一般情况下，新开发的化妆品在投放市场前，应根据产品的用途和类别进行相应的试验，以评价其安全性。试验项目与上述化妆品原料的检测项目相同。

（二）检测项目的选择原则

由于化妆品种类繁多，故在选择试验项目时应根据实际情况确定。原则上，每天使用的化妆品须进行多次皮肤刺激性试验，但进行多次皮肤刺激性试验者不再做急性皮肤刺激性试验。间隔数日使用的和用后冲洗的化妆品则进行急性皮肤刺激性试验。与眼接触可能性小的产品不需进行急性眼刺激性试验。

（三）普通用途化妆品和特殊用途化妆品的毒理学检测

我国从管理的角度将化妆品分为普通用途化妆品和特殊用途化妆品，两者的毒理学检测要求是不同的。

1. 普通用途化妆品的毒理学检测 早几年，我国规定新开发的普通用途化妆品在投放市场前应根据产品的用途和类别进行下列试验（见表5-1），以评价其安全性。从2006年开始，

表5-1 普通化妆品检测项目

检测项目	发用品		护肤品		彩妆品			指/趾甲用品	芳香品
	一般发用产品 发油类、发蜡类、发乳类、发露类、发浆类	易触及眼睛的发用产品 洗发类、润丝类（护发素）、喷发胶类、暂时喷涂发彩（非染型）	一般护肤产品 护肤膏霜类、护肤乳液类、护肤油类、护肤化妆水爽身类[1]、沐浴类[2]	易触及眼睛产品 眼周护肤类、面膜类[2]、洗面类[3]	一般彩妆品 粉底类、粉饼类、胭脂类、涂身彩妆类	眼部彩妆品 描眉类[4]、眼影类、眼睑类、睫毛类、眼部彩妆卸除剂	护唇及唇部彩妆品 护唇膏类、亮唇油类、着色唇膏类、唇线笔[3]	修护类[1]、涂彩类[1]、清洁漂白类	香水类、古龙水类、花露水类
急性经口毒性试验							○		
急性皮肤刺激性试验	○	○						○	○
眼刺激性试验		○		○		○			
多次皮肤刺激性试验			○	○	○	○	○		

注：○需要进行试验；1不需要进行试验；2进行急性皮肤刺激性试验，不需进行多次皮肤刺激性试验；3不需进行急性经口毒性试验；4不需进行眼刺激性试验。

我国对普通用途化妆品实行备案制度，不再要求进行上市前的许可检验。使用了新原料者则要申请对新原料进行审批。

2. 特殊用途化妆品的毒理学检测 我国对特殊用途化妆品实施上市前的行政许可检验制度，特殊用途化妆品上市前应根据种类的不同而进行相应的许可检验。一般情况下，应按表5-2所列项目对各种特殊用途化妆品进行许可检验。

表5-2 特殊用途化妆品检测项目

检验项目	育发类	健美类 美乳类	染发类	烫发类	防晒类	除臭类	祛斑类	脱毛类
急性经口毒性试验	○	○	○	○	○	○	○	○
眼刺激性试验	○		○	○				
急性皮肤刺激性试验			○	○				
多次皮肤刺激性试验	○	○			○	○	○	
皮肤变态反应试验	○	○	○	○	○	○	○	○
皮肤光毒性试验	○				○		○	
鼠伤寒沙门菌回复突变试验**	○	○	○*					
体外哺乳动物细胞染色体畸变试验	○	○	○*					
人体斑贴试验					○	○	○	○
人体试用试验	○	○		○				

注：○需要进行试验；*涂染性、暂时性染发剂不进行该两项试验。**可选用体外哺乳动物细胞基因突变试验。

第二节 化妆品卫生化学检验

化妆品安全性评价中的卫生化学检验，适用于产品中禁、限用成分的检测。我国的《化妆品卫生规范》（2007年版）中明确规定了化妆品禁、限用原料的卫生化学检测方法、内容和要求。

欧美等国化妆品管理的相关法规均规定了化妆品中有关物质的检验方法。我国的《化妆品卫生规范》（2007年版）规定了汞、砷、铅、甲醇、游离氢氧化合物、镉、锶、总氟、总硒、硼酸和硼酸盐、二硫化硒、甲醛、巯基乙酸、氢醌、苯酚、性激素、防晒剂、防腐剂、氧化型染发剂中染料、氮芥、斑蝥素、α-羟基酸、去屑剂、抗生素、甲硝唑、维生素D_2、维生素D_3、可溶性锌盐等30种物质及pH的检测方法，并规定了化妆品抗UVA能力仪器测定法的方法。当然，并不是所有的化妆品均需要完成全部这些检测项目，检测项目是根据化妆品的种类来确定的。表5-3所列即为各种化妆品需要完成的相应的卫生化学检测项目。

表5-3　化妆品卫生化学检测项目

检测项目		一般化妆品	特殊用途化妆品								
			育发类	染发类	烫发类	脱毛类	美乳类	健美类	除臭类	祛斑类	防晒类
卫生化学指标	汞	○	○	○	○	○	○	○	○	○	○
	铅	○	○	○	○	○	○	○	○	○	○
	砷	○	○	○	○	○	○	○	○	○	○
	甲醇	○[1]	○[1]					○[1]	○[1]	○[1]	○[1]
禁用物质、限用物质含量	斑蝥、氮芥		○								
	氧化型染发剂中染料[2]			○							
	巯基乙酸				○	○					
	性激素[3]						○	○			
	甲醛								○		
	苯酚、氢醌									○	
	紫外线吸收剂[4]										
其他	pH				○	○				○	○
	α-羟基酸[5]	○								○	
	SPF										○[6]

注：1. 不含乙醇、异丙醇的化妆品不测甲醇；2. 氧化型染料中间体：对苯二胺、对氨基酚、盐酸间氨基酚、对苯二酚和邻苯二胺；3. 性激素：雌酮、雌二醇、雌三醇、已烯雌酚、睾酮、甲基睾酮和黄体酮；4. 紫外线吸收剂：羟苯甲酮-5-磺酸、2-苯基苯并咪唑-5-磺酸、4-氨基苯甲酸、水杨酸盐、羟苯甲酮、水杨酸苯酯、3-(4′-甲基亚苄基)-d-l-樟脑、4′-甲基氨基苯甲酸-2-7′，乙基己酯、3-氰基-3，3-二苯基丙烯酸-2-乙基己酯、4-叔丁基-4-甲氧基二苯甲酰甲烷、4-甲氧基肉桂酸-2-乙基己酯和水杨酸-2-乙基己酯；5. α-羟基酸：乙醇酸、苹果酸和丙酮酸，只对含有α-羟基酸的产品测定；6. 只在防晒产品标有SPF值时测定。"○"需要进行试验。

第三节　化妆品微生物学检验

化妆品的微生物学检测是评价其安全性的主要手段之一。《化妆品卫生规范》（2007年版）规定了化妆品微生物学检验的基本要求，适用于化妆品样品的采集、保存及供检样品制备。检测的项目包括菌落总数、粪大肠菌群、金黄色葡萄球菌、铜绿假单胞菌、霉菌和酵母菌，同时在总则的基础上，对涉及的检测项目，如菌落总数、粪大肠菌群、金黄色葡萄球菌、铜绿假单胞菌、霉菌和酵母菌等的适用范围、定义、设备要求、培养基及试剂的配制、操作步骤、菌落计数的方法、检验结果报告的格式和方法都做了十分具体和详细的规定。表5-4为化妆品微生物检测项目。

表5-4　化妆品微生物检测项目

检测项目	发用品	护肤品	彩妆品[1]	特殊用途[2]
菌落总数	○	○	○	○
粪大肠菌群	○	○	○	○
金黄色葡萄球菌	○	○	○	○
铜绿假单胞菌	○	○	○	○
霉菌、酵母菌	○	○	○	○

注：1彩妆品：指甲油卸除液除外；2特殊用途：只做健美类、美乳类、祛斑类、防晒类。"○"需要进行试验。

第四节　化妆品人体安全性评价

化妆品的人体安全性评价是产品上市前保障其安全的最后一道防线，各国的化妆品相关法规都对人体安全性评估有专门的规定。

对化妆品的成品，除极少数采用动物替代试验外，其余的项目均要在健康志愿者身上进行。《化妆品卫生规范》(2007年版)中化妆品人体安全性评价的方法包括总则、人体皮肤斑贴试验、人体试用试验、防晒化妆品防晒指数测定、防晒化妆品SPF值防水性能测定和防晒化妆品长波紫外线防护指数测定等6部分内容。

一 总则

总则规定化妆品安全性和功效评价的人体检验项目和要求，并说明该规范仅适用于对化妆品终产品(特殊用途化妆品)的评价。同时对人体检验的基本原则和适用范围也作出了相应的规定。

(一)化妆品人体检验的基本原则

1. 化妆品人体试验应符合国际赫尔辛基宣言的基本原则，要求受试者签署知情同意书并采取必要的医学防护措施，最大限度地保护受试者的利益。

2. 选择适当的受试人群，并具有一定例数。

3. 化妆品人体检验之前应先完成必要的毒理学检验并出具书面证明，毒理学试验不合格的样品不再进行人体检验。

(二)人体安全性评价项目的适用范围

1. 化妆品人体斑贴试验适用于检验防晒类、祛斑类和除臭类化妆品。

2. 化妆品人体安全性检验适用于检验健美类、美乳类、育发类、脱毛类化妆品。

3. 防晒化妆品防晒效果检验适用于防晒指数(sun protection factor，SPF值)测定、SPF值防水试验以及长波紫外线防护指数(protection factor of UVA，PFA值)的测定。

二 人体皮肤斑贴试验

人体皮肤斑贴试验(human skin patch test)的目的是检测受试物引起人体皮肤不良反应的潜在可能性。应使用规范的斑试材料进行人体皮肤斑贴试验。

(一)受试者

选择18～60岁符合试验要求的志愿者作为受试对象。有下列情况者不能作为受试者：

(1)近1周使用抗组胺药或近1个月内使用免疫抑制剂者；

(2)近2个月内受试部位应用任何抗炎药物者；

(3)患有炎症性皮肤病临床未愈者；

(4)胰岛素依赖性糖尿病患者；

(5)正在接受治疗的哮喘或其他慢性呼吸系统疾病患者；

(6)在近6个月内接受抗癌化疗者；

(7)免疫缺陷或自身免疫性疾病患者；

（8）哺乳期或妊娠妇女；

（9）双侧乳房切除及双侧腋下淋巴结切除者；

（10）在皮肤待试部位由于瘢痕、色素、萎缩、鲜红斑痣或其他瑕疵而影响试验结果的判定者；

（11）参加其他的临床试验研究者；

（12）体质高度敏感者；

（13）非志愿参加者或不能按试验要求完成规定内容者。

（二）受试产品

根据化妆品的不同性质，原则上皮肤封闭型斑贴试验时可选用化妆品终产品原物，即皮肤和（或）发用类清洁剂应将其稀释成1%水溶液为受试物；皮肤开放型斑贴试验物可选用化妆品终产品原物，即皮肤和（或）发用类清洁剂应将其稀释成5%水溶液为受试物，脱毛剂为10%稀释物。

（三）试验方法和结果评价

人体皮肤斑贴试验的方法可分为皮肤封闭型斑贴试验和皮肤开放型斑贴试验。前者适用于大部分化妆品原物和少部分需要试验前处理的化妆品种类；后者适用于不可直接用化妆品原物进行试验的产品和验证皮肤封闭型斑贴试验的皮肤反应结果。

1. 皮肤封闭型斑贴试验

（1）按受试者入选标准选择参加试验的人员，至少30名。

（2）选用合格斑试材料。将受试物放入斑试器内，用量约为0.020～0.025g（固体或半固体）或0.020～0.025mL（液体，可滴加在斑试器所附的滤纸片上并置于斑试器内）。受试物为化妆品终产品原物时，对照孔为空白对照（不置任何物质）；受试物为稀释后的化妆品时，对照孔内使用该化妆品的稀释剂。将加有受试物的斑试器用无刺激胶带贴敷于受试者的背部或前臂屈侧，用手掌轻压使之均匀地贴敷于皮肤上，持续24小时。

（3）去除受试物斑试器后30分钟，待压痕消失后观察皮肤反应。如结果为阴性，于斑贴试验后24小时和48小时分别再观察一次。按皮肤不良反应分级标准（表5-5）记录反应结果。

表5-5 皮肤不良反应分级标准

反应程度	评分等级	皮肤反应
－	0	阴性反应
±	1	可疑反应；仅有微弱红斑
+	2	弱阳性反应（红斑反应）；红斑、浸润、水肿、可有丘疹
++	3	强阳性反应（疱疹反应）；红斑、浸润、水肿、丘疹、疱疹；反应可超出受试区
+++	4	极强阳性反应（融合性疱疹反应）；明显红斑、严重浸润、水肿、融合性疱疹；反应超出受试区

（4）结果解释：若30例受试者中出现1级皮肤不良反应的人数多于5例，或2级皮肤不良反应的人数多于2例（除臭产品斑贴试验2级反应的人数多于5例），或出现任何1例3级或3级以上皮肤不良反应时，判定受试物可引起人体皮肤不良反应。

2. 皮肤开放型斑贴试验

（1）按受试者入选标准选择参加试验的人员，至少30名。

（2）以前臂屈侧、乳突部或使用部位作为受试部位，面积5cm × 5cm，受试部位应保持干燥，避免接触其他外用制剂。

（3）将试验物0.3 ~ 0.5g（mL）每天2次均匀地涂于受试部位，连续7天，同时观察皮肤反应，在此过程中如出现皮肤反应，应根据具体情况决定是否继续试验。

（4）皮肤反应按开放型斑贴试验皮肤反应评判标准，参见表5-6。

表5-6　开放型斑贴试验皮肤反应评判标准表

反应程度	评分等级	皮肤反应
-	0	阴性反应
±	1	微弱红斑、皮肤干燥、皱褶
+	2	红斑、水肿、丘疹、风团、脱屑、裂隙
++	3	明显红斑、水肿、水疱
+++	4	重度红斑、水肿、大疱、糜烂、色素沉着或色素减退、痤疮样改变

（5）试验物的浓度应按化妆品实际使用浓度和方法而定，即洗类产品如进行稀释时，应将稀释剂或赋形剂涂于受试部位对侧作为对照。

（6）结果解释：30例受试者中若有1级皮肤不良反应5例（含5例）以上，2级皮肤不良反应2例（含2例）以上，或出现1例（含1例）以上3级或3级以上皮肤不良反应，判定受试物对人体有明显不良反应。

三　人体试用试验安全性评价

须做人体试用试验安全性评价的化妆类产品包括育发类产品、健美类产品、美乳类产品和脱毛类产品。

做育发类产品、健美类产品、美乳类产品的人体评价时，按受试者入选标准分别选脱发患者（育发类产品）、单纯性肥胖者（健美类产品）或正常女性受试者（美乳类产品）30例以上。试验时间不得少于4周。

按照化妆品产品标签注明的使用特点和方法让受试者直接使用受试产品。每周1次观察或电话随访受试者皮肤反应，对健美类产品、美乳类产品受试者还应询问有无全身性不良反应如厌食、腹泻或乏力、月经紊乱及其他不适等，按表5-7的“人体试用试验皮肤不良反应分级标准”记录结果：育发类、健美类、美乳类产品30例受试者中若出现1级皮肤不良反应的人数多于2例（不含2例），或2级皮肤不良反应的人数多于1例（不含1例），或3级或3级以上皮肤不良反应1例时，判定受试物对人体有皮肤不良反应。

表5-7　人体试用试验皮肤不良反应分级标准

皮肤不良反应	分级
无反应	0
微弱红斑	1
红斑、浸润，丘疹	2
红斑、水肿、丘疹、水疱	3
红斑、水肿、大疱	4

脱毛类产品同样按受试者入选标准选择符合要求的志愿受试者30例以上。按照化妆品产品标签注明的使用特点和方法让受试者直接使用受试产品。试用后由负责医师观察局部皮肤反应，也按表5-7的“皮肤不良反应分级标准”记录结果：30例受试者中若出现1级皮肤不良反应3例以上（不含3例）、或2级皮肤不良反应的人数多于2例（不含2例），或3级及3级以上1例皮肤不良反应时，判定受试物对人体有明显不良反应。

四 防晒化妆品防晒效果人体试验

参见防晒化妆品章节相关内容。

第五节　化妆品原料管理

化妆品的原料管理是保障化妆品产品安全性的最重要一环，各国都根据本国的法律法规，对化妆品的原料建立相应的管理规定。

欧盟对化妆品的原料管理十分严格，根据欧盟化妆品规程，将化妆品原料分成3类进行管理。第一类物质是禁用成分，该类物质是指不得作为成分用于化妆品的物质，有专门的禁用成分名录（需要注意的是，禁用成分的含义不是在化妆品终产品中不得检出该类物质，而是不能作为成分添加到产品中去，而生产原料或生产过程中不可避免地带入的微量成分是允许的）；第二类物质是限用成分，是指仅在特定的限制条件下才被允许用于化妆品的物质，有专门的限用成分名录，该名录对限用成分的适用范围、终产品中使用的最大浓度限制、使用的条件等限制性条件和要求、需要标明的警示等内容都做了明确的规定；第三类物质是准许使用的成分，但对该类物质，除色素、防腐剂和紫外线吸收剂外，并没有制定原料成分的清单。同时，欧盟针对规程附录中所列的物质建立了相应的原料标准和分析方法。

美国对化妆品原料的管理主要依据《联邦食品、药品和化妆品法案》（FD&C法案）和《联邦规章法典》（Code of Federal Regulation，CFR）。与欧盟一样，美国FDA也专门规定了化妆品中禁止和限制使用的原料名录。CFR标明了禁止在化妆品中使用的成分，并要求彩妆产品的生产商只能选用FDA许可的色素添加剂清单中规定的成分（某些染发剂中使用的色素除外）。化妆品生产商和分销商要对产品和产品中的每种成分的安全负责。虽然政府不要求这些企业提供安全性的证明，但规定产品标签上必须带有“本产品的安全性还没有得到证实”的警示语。化妆品的成分由美国化妆品、盥洗用品和香料协会（Cosmetic，Toiletry and Fragrance Association，CTFA）属下的美国化妆品原料评价委员会（Cosmetic Ingredient Review，CIR）负责评审，该机构设立的评审组在不受CTFA或化妆品企业影响的情况下负责决定需要评价的化妆品原料清单，并对这些原料的安全性资料进行评审和发布安全性评价报告。

日本的化妆品原料依据厚生劳动省的“日本药事和化妆品法”来管理，与我国的化妆品管理模式较接近。他们也将化妆品的原料分成两类，第一类原料是“化妆品使用的防腐剂、紫外线吸收剂和焦油色素”；第二类原料是“除防腐剂、紫外线吸收剂和焦油色素之外的其他化妆品原料”。厚生劳动省发布“许可原料名单”，企业生产化妆品时只能使用该名单中列出的原料。如果使用名单外的原料，必须经过厚生劳动省的审批。对第二类原料，厚生劳动省发布了“化妆品禁止使用成分和限制使用成分名单”，企业生产化妆品时不得使用禁用名单中的物质，使用限用成分时要符合法规中限定的使用条件，如使用浓度、用途、规格等，在此名单外的原料则可随意使用，但企业要对这些原料的安全性负责。日本对新原料也实行严格的审批制度，企业申报新原料时要提供使用背景、该原料的理化性质、安全性和稳定性等方面的资料。

我国化妆品原料的管理参考了美国FDA、欧盟和日本等国的管理办法，主要是欧洲化妆品规程（the Cosmetics Directive of the Council European communities，Dir，76/768/EEC），并结合我国的实际制定了相应的管理法规，其中《化妆品卫生规范》是化妆品原料管理最主要的法律依据。我国化妆品原料在管理上也分为3大类：第一类原料是禁止使用的化妆品原料（包括毒性和危害性大的化学物质及生物制剂、中草药）；第二类是限制使用的化妆品原料；第三类是化妆品中允许使用的防腐剂、防晒剂、着色剂和染发剂中允许使用的染料等。在我国《化妆品卫生规范》（2007年版）中详细列举了化妆品禁用物质清单（化学物质1208种、植物78种）、限用物质清单（73种）、允许使用的防腐剂清单（56种）、允许使用的防晒剂清单（28种）、允许使用的着色剂清单（156种）、染发剂中暂时允许使用的染料清单（93种）。对新使用的化妆品原料，我国采用严格的审批制度，只有通过国家食品和药品监督管理局相关部门组织专家评审通过后才能使用。在我国，化妆品新原料是指在国内首次用于化妆品生产的天然或人工原料（包括在国外已经使用的化妆品原料）。

第六节　化妆品的标签标识

化妆品的标签标识是用于向消费者提供与产品相关的信息，便于消费者选择和购买，同时向监管部门提供上市后监督所需要的资料。各国对化妆品标签标识的要求不尽相同，但目的是一致的。

一　化妆品标签标识的相关术语

1. **标签**　指粘贴、印刷在销售包装上及置于销售包装内的说明性材料。

2. **销售包装**　指以销售为主要目的与内装物一起到达消费者手中的包装。

3. **内装物**　指包装内所装的产品。

4. **保质期**　指在产品标准规定的条件下，保持产品质量（品质）的期限。在此期限内，产品完全适于销售，并符合产品标准中所规定的质量（品质）。

二　标签的形式

根据产品特点采用以下形式：

1. 直接印刷或粘贴在产品容器上的标签。
2. 小包装上的标签。
3. 小包装内放置的说明性材料。

三 各国对化妆品标签标识的要求

（一）欧盟对化妆品标签标识的要求

欧盟依据“化妆品指引（Cosmetic Directive 76/768/EEC）”，要求产品必须标明原产国家（适用于非欧盟国家生产的产品）、标定量（质量或体积，使用国际统一的单位）、有效期、注意事项和警示（属于强制性的，产品中使用了限制性成分时需要标注，如果无法印制在包装上，则必须印刷在说明书或标识卡等材料上）、使用指导、过敏试验的推荐、批号、功效（除非产品本身已经足以显示其功效，否则必须明示产品的功效）、成分（产品的外包装上应当列出所有的成分，含量超过1%的成分均需要按照含量由高至低的顺序列出，含量不足1%的成分在上述成分之后以任意顺序列出，最后列出着色剂）。

（二）美国对化妆品标签标识的要求

美国FDA要求所有投放到市场的化妆品必须依照法规，即“公平包装及标识法（Fair Packaging and Labeling Act）”的要求进行标注，带有无确实依据的和带有误导性的宣传被认为是错误标识，而错误标注的化妆品不能在美国销售。其标签的内容包括产品属性说明、内容物净含量说明、地址、经销商、成分清单、原产国和警示说明。

（三）日本对化妆品标签标识的要求

日本的药事法、公平竞争规约对化妆品和医药部外品的标签标识做出了十分详细的限定。药事法要求化妆品及医药部外品的包装及说明书中必须标明制造销售业者的姓名及地址，属于医药部外品的产品必须标有“医药部外品”的文字、产品的名称、制造编号或制造记号、产品的重量及容量或个数、产品全部成分的名称、使用期限（制造或进口超过3年，性状及品质稳定者也可不标示使用期限）、取得外国制造许可者的姓名及居住国的名称和国内管理人的姓名及地址、用法、用量及其他使用和操作上的注意事项、日本化妆品工业联合会制定的关于标签标识的自主标准中规定的事项。公平竞争规约还要求儿童用化妆品必须标明是儿童用的产品，要在保护者的监护下使用；香波类产品必须注明“误入眼内时，请立即用流动水冲洗”；塑料袋或类似的物品使用时请避开眼睛周围；染发剂要注明“若沾到树脂做的梳子或眼睛时可能会造成变色，因此请擦干净”；防晒化妆品要标明“本品请每2～3小时重新涂抹”或“用毛巾擦拭过皮肤后，请重新涂抹”的字样；对于喷雾化妆品，只能直立使用者要标注“请勿倒置使用”或“请头部朝上使用”；只能倒立使用的产品要标注“请倒置使用”；如果产品使用时需要摇动者要注明。此外，化妆品的标识还要符合日本的公平交易协议会的规定、消防法、高压气体保全法、日本化妆品工业联合会指南中的有关规定。

（四）我国对化妆品标签标识的要求

我国对化妆品标签标识的要求是引用国家标准中“消费品使用说明化妆品通用标签”（GB 5295.3-1995）。该标准规定了消费品使用说明化妆品通用标签的基本原则、标注内容和标注要求，适用于中华人民共和国境内销售的化妆品销售包装的标签。该标准对化妆品的标签标识有以下要求：

1. 基本原则

（1）化妆品标签的所有内容应简单明了，通俗易懂，科学正确。

（2）化妆品的标签应如实介绍产品，不应有夸大和虚假的宣传内容，不应使用医疗用语，或易与药品混淆的用语。

2. 基本要求

（1）化妆品标签不应在流通环节中变得模糊甚至脱落。

（2）化妆品的标签所用文字应是规范的汉字，可以同时使用汉语拼音或外文，但必须拼写正确。

（3）进口化妆品应同时使用规范的汉字标注各项内容。

（4）标签所用计量单位，应以国家法定计量单位为准。

3. 必须标注的内容

（1）产品名称：①产品名称应符合国家、行业、企业产品标准的名称，或反映化妆品真实属性的、简明、易懂的产品名称。②使用新创名称时，必须同时使用化妆品分类规定的名称，反映产品的真实属性。③产品名称应标注在主视面。

（2）制造者的名称和地址：①应标明产品制造、包装、分装者的经依法登记注册的名称和地址。②进口化妆品应标明原产国名、地区名（指台湾、香港、澳门）、制造者名称、地址或经销商、进口商、在华代理商在国内依法登记注册的名称和地址。

（3）内装物量：应标明容器中产品的净含量或净容量。

（4）日期标注：①必须按下面2种方式中的一种标注：生产日期和保质期；生产批号和期限使用日期。②标注方法：生产日期标注：按年、月或年、月、日顺序标注。保质期标注：保质期×年；保质期×月。生产批号标注：由生产企业自定。限期使用日期：请在××年××月之前使用等语句。③日期标记应标注在产品包装的可视面（除生产批号外）。

（5）应标明生产企业的生产许可证号、卫生许可证号和产品标准号。

（6）进口化妆品应标明进口化妆品卫生许可证批准号。

（7）特殊用途化妆品还须标注特殊用途化妆品卫生批准文号。

（8）必要时应注明安全警告和使用指南。

（9）必要时应注明满足保质期和安全性要求的储存条件。

4. 其他

（1）对体积小又无小包装，不便标注说明性内容的裸体产品（如唇膏、化妆笔类等），应标注产品名称和制造者名称。

（2）应按GB7916的要求，注明某些特定原料所需注明的内容。

2007年8月27日国家质量监督检验检疫总局以第100号令的形式发布了“化妆品标识管理规定（2007年版）”，在上述国家标准的基础上以法规的形式对在我国境内生产（含分装）、销售的化妆品标识标注的管理做了详细的规定。

根据国家质量监督检验检疫总局和国家标准化管理委员会联合发布《消费品使用说明——化妆品通用标签》（GB 5296.3-2008）的有关规定，从2010年6月17日起，所有在我国境内销售（包括国内生产的和进口报检的）的化妆品都需要在产品包装上真实地标注产品配方中所加入的全部成分的名称。全成分标识的成分表中，成分名称应按加入量由多到少排列。排位越靠前，表明这个成分在该护肤品中占的比重越大。成分排名的先后顺序不代表它们的重要性。例如，水是护肤品中最常使用的媒介，常常是含量最多的成分，列于表的第一位。成分加入量小于1%的成分，位于加入量大于1%的成分之后，排列不按先后顺序。香精香料统一以香精标注在全成分表中（即使从天然物质提炼出的香精香料），色素则以着色剂的编号。全成分标注提供更全面的信息，保障消费者的知情权。不仅方便消费者选择需要和喜爱的产品，更有利于消费者避免购买含有过敏原料的产品。

第七节 化妆品上市后的监管

化妆品上市后的监管是保证化妆品安全性最重要的环节。各国对化妆品的市场监管有不同的模式，但目的都是为了保证化妆品的安全性。

虽然化妆品投放市场前有多项的安全措施来保障其安全性，但因为使用条件因人而异，如年龄、皮肤敏感性、暴露史、使用化妆品习惯和个人生活习惯各不相同，不良反应不可能完全避免；同时，市场上也存在某些不法企业生产、销售假冒伪劣产品或擅自改变产品配方、违规夸大宣传等违规和违法的情况，故上市后的市场监督十分重要。

一 化妆品上市后的监管内容

由于各国对化妆品的监管模式不一样，故对化妆品上市后的监管内容也会不同。但是，各国对化妆品监管的内容都包括了保证产品质量的生产环节、流通环节的监管和产品上市后人体不良事件的收集、分析和处理。正如前面章节中提到的，我国对化妆品从生产到销售的各个环节的管理都是比较严格的，既有比较完善的法律法规、国家标准、行业标准和企业标准，也有比较完善的措施和手段，并且有多个部门共同监管（如卫生部、国家食品和药品监督管理局、国家质量监督检验检疫总局、国家工商管理局、消费者协会等），监管内容包括了对化妆品生产企业的卫生监督（如实行化妆品生产企业的卫生许可制度、对生产企业卫生条件的检查、对生产企业的日常监督等）、对经营化妆品的卫生监督（如对假冒伪劣化妆品的查处、对化妆品广告宣传的审查、对化妆品经营单位的要求和对化妆品经营的日常监督等）和化妆品皮肤不良反应的监督等方面。

二 各国对化妆品上市后的管理模式

（一）美国对化妆品上市后的管理模式

在美国，化妆品上市前不需要行政许可检验，也不需要进行事前注册登记，但要求企业必须按照美国相关的法律法规和行业标准生产和销售化妆品，并对其安全性负责，FDA负责对化妆品投放市场后的监管。其监督管理是通过销售商对产品的承诺、生产商或进口商的明确标示及市场内部监督机制来实施的。在流通领域对化妆品进行监管的主要方式，是检查化妆品生产企业的条件、采集样品检验等。美国对具有潜在危害的或缺陷的产品采取召回程序，这是由化妆品企业自动采用的一种召回行动。FDA可以要求相关的公司实施，并监督整个召回程序，还可以采取审阅公司报告、对零售和批发进行审计等措施，核实召回程序的有效性。如果生产或销售商不愿意发布通知，FDA有权在每周一次的政府刊物上发布该公共通知和健康损害分类。联邦贸易委员会（FTC）负责监控产品标签和各种媒体（包括电视、广播、杂志、报纸、互联网等）刊载或播放的产品宣传，并且对做虚假或者无确实依据的宣传公司采取处罚行动。

（二）欧盟对化妆品上市后的管理模式

欧盟对化妆品上市前的管理也不实行行政许可制度，但建立了完善的备案制度，化妆品上市后的监管模式与美国相似，即政府和行业组织（主要是欧洲化妆品盥洗用品及香水协会）

制定法律法规和行业标准，企业严格遵守并对产品的安全性负责。其监督主要有健康危害跟踪调查、按照产品类别的专项调查和现场检查3种形式。欧盟的法规规定生产方要向监管部门提供现有的有关不良反应的资料，任何方式收到的投诉——电话、传真、邮件、电子邮件均及时记录，并采用一致的计算机系统传至公司的一个独立部门。化妆品企业一般都设置专门的部门来负责化妆品上市后不良反应的监控，通常使用官方认可的化妆品试验方法来确定化妆品引起的不良反应。

（三）日本对化妆品上市后的管理模式

日本对化妆品上市后的管理主要依据"药事法"、"药事法实施令"、"药事法实施规则"、"关于化妆品的公平竞争规约"、"药事法及采血和供血中介业取缔法的部分修订法律"等法律和法规，由厚生劳动省负责监管。与欧美不同，日本的化妆品生产和经营的企业都必须经过厚生劳动大臣的许可，生产和销售（包括进口销售）化妆品时需要向政府申报销售名称。对医药部外品和化妆品不良反应的报告，药事法实施规则规定了具体的报告系统，即医药部外品或化妆品的制造销售业者或取得外国特例许可者，关于其制造销售，或已经领到许可的医药部外品或化妆品，当发现研究报告中已经显示有发生有害作用之虞时，必须在30日内向厚生劳动大臣报告。因此，其管理模式是政府主导、企业自律和消费者监督。

三　我国对化妆品上市后的管理模式

我国对化妆品上市后的管理日趋科学、完善和严格，逐渐改变过去重审批、轻监管的模式。与欧美等国家主要靠企业自律和市场反馈为主，政府监管为辅的管理模式不同，我国化妆品上市后的管理仍然以政府相关部门监管为主，企业自律为辅的监管模式，类似于日本的管理模式。卫生主管部门、质量监督部门和工商管理部门对生产和销售化妆品企业的资质、生产条件、卫生条件、上市销售的化妆品的产品质量、标签标识和广告宣传等进行不定期的定向检查或随机抽查，以保证化妆品上市后的安全性。近十多年来，卫生部对化妆品引起的不良反应高度重视，逐步建立起我国的化妆品不良反应监测体系。我国较早就制定了《化妆品皮肤病诊断标准及处理原则》等7项强制性国家标准并在1997年颁布实施，最近又正在进行修订。从1998年开始，卫生部卫生监督司首批考核认定了5家化妆品皮肤病诊断机构，随后于2006年又增加认定了8家，2008年认定了8家，目前新老化妆品皮肤病诊断机构共有21家，分布于全国主要的城市。随着化妆品销售的增加，为了加强不良反应的监测，国家药监局还准备增加监测哨点。这些机构的职责是对化妆品引起的皮肤不良反应进行诊断、处理和仲裁，同时将相关信息定期上报卫生部的化妆品不良反应监测中心，该中心将资料汇总后上报卫生部，卫生部定期向社会公布化妆品不良反应发生的情况、知会相关企业，并同地方监督主管部门对违规的生产或销售企业实行查处。

思考题

1. 化妆品实验室安全性评价的方法和要求有哪些？
2. 化妆品人体安全性评价的方法和要求是什么？
3. 化妆品原料管理的要求有哪些？

4. 化妆品的标签标识规定及方法有哪些？

5. 各国对化妆品市场的监管模式和措施是什么？

（赖　维）

参考文献

1. 卫生部卫生法制与监督司编.《化妆品皮肤病诊断标准及处理原则》实施指南. 北京：中国标准出版社，1999

2. 光井武夫. 新化妆品学. 北京：中国轻工业出版社，1996

3. Robert Baran，Howard I，Maibach. Textbook of Cosmetic Dermatology. 3rd ed. Oxford：Taylor & Francis，2005

4. Leslie Baumann. Cosmetic Dermatology，Principles and Practice. New York：The McGraw-Hill Companies，2002

5. 赖维，刘玮. 美容化妆品学. 北京：科技出版社，2006

6. 秦钰慧. 化妆品管理及安全性和功效性评价. 北京：化学工业出版社，2006

第六章 化妆品的选择与使用

化妆品是保持皮肤健康、增进美容的日常生活用品。面对种类繁多的化妆品，许多人感到无所适从，不知如何选用。本章节将从化妆品的感官特性、使用者的年龄、皮肤类型、选择目的等方面详细介绍如何正确选择和使用化妆品。

第一节 化妆品的选择

一、化妆品的感官特性

对于消费者来讲，在选择化妆品时，并不能像专业机构那样去严格检验化妆品的各项安全指标、有效成分等，只能凭借个人经验和感觉去选择自己所需要的化妆品。而化妆品的感官特性是消费者决定购买商品的重要因素之一，从某种程度上来说，化妆品的感官特性可以部分反映出化妆品质量的优劣。

（一）从感官上进行化妆品选择

即观察化妆品的色泽、香气、结构、外观等感官指标，要一看、二闻、三试、四感觉。

1.“看” 通常，优质的化妆品可从外观上初步识别，即看颜色鲜明、清雅柔和。将化妆品涂抹在手腕上，在光线充足的地方看颜色是否鲜明，同时看是否与自己的肤色相称。化妆品的变质很容易从色泽改变上觉察出来，若有发黄、发褐、发黑或有白色斑点，则表明已腐败。若发现颜色变深或间隔有深色斑点，便是变质的标志。颜色变化一般是由霉菌和细菌引起的，真菌菌落一般都带有色素，有些细菌菌落也呈现颜色。液体化妆品中如有微生物生长繁殖会使化妆品变得混浊不清。混浊说明化妆品中的微生物已达到相当大的数量，有的霉菌生长在液体化妆品中会出现丝状、絮状悬浮物。

2.“闻” 即从气味上识别，优质化妆品的气味淡雅，给人愉悦感觉。有的虽浓烈，但都很纯正。香味过重，常常是由于加入过量的香料所致。有些化妆品的气味很淡，涂抹在皮肤上几乎闻不到香味，把化妆品的盖子打开，靠近鼻子，通常有股芬芳清凉的感觉。化妆品存放时间太久，会由于化学变化而使质地、色泽和香味发生变化。而变质的化妆品因细菌发酵，化妆品中的有机物分解产生酵气，使原来的芳香已或多或少地消失，因此有异味则说明化妆品被污染了。微生物在生长过程中会产生各种气体，此气体可使化妆品膨胀，严重时，会使化妆品瓶盖被冲开并外溢。

3.“试” 用手指蘸少许化妆品，两指头捻一下，若感觉有粗粒或变稀出水现象，则表示化妆品的乳化因微生物污染受到破坏。化妆品中一般都含有淀粉、蛋白质和脂肪，微生物会产生各种各样的酶类，使淀粉、蛋白质和脂肪分解，破坏化妆品的乳化性。

4.“感觉” 产品涂抹于皮肤上后，可利用指尖评估皮肤表面的触感变化和直接对涂抹处的皮肤外表进行观察，取少许护肤品轻轻地涂抹在皮肤上，如果能均匀、紧致地附着于皮肤且有滑润舒适的感觉，就是质地细腻的化妆品。或用手指蘸上少许，均匀地涂一薄层在手腕关节活动处，然后手腕上下活动几下，几秒钟后，如果化妆品会均匀而且紧密地附着在皮肤上，且手腕上有皮纹的部位没有条纹的痕迹，也表明是质地细腻的化妆品。

（二）不同类别化妆品的感官特性

1. 清洁类化妆品 清洁类化妆品主要是利用其有效成分，通过摩擦或溶解方式去除死亡的角质形成细胞以及不溶于水的油脂等物质，从而达到清洁皮肤的目的。此类化妆品具备以下感官特性：

（1）外观悦目，无不良气味，质地细腻，稳定性良好，使用方便；

（2）能软化皮肤，容易涂布均匀，无拖滞感；

（3）能迅速除去皮肤表面和毛孔中的各种污垢；

（4）使用后感觉自然，无紧绷、干燥感或油腻感，最好还能在皮肤上留存很薄的保护膜。

2. 护肤类化妆品 优良的护肤化妆品是乳化体，它的成分最好与皮脂相近，既能防御外界的刺激和细菌的污染，提供必需的营养成分和减少水分损失，又能维持皮肤正常的生理功能。选择护肤类化妆品时应注意以下感官特性：

（1）外观洁白美观，或带有浅浅的天然色调，富有光泽，质地细腻；

（2）手感良好，体质均匀，黏度合适，膏霜易于挑出，乳液易于倾出；

（3）易在皮肤上铺展和分散，肤感润滑；

（4）擦在皮肤上具有亲和性，易于均匀分散；

（5）使用后能保持一段时间持续湿润，无黏腻感；

（6）具有清新宜人的香气。

3. 美容化妆品 美容化妆品主要指用来美化和修饰面部、眼部、唇部及指甲等部位的化妆品，通过掩盖缺陷、赋予色彩的立体感而达到美化容貌的目的，同时又能起到保护皮肤和补充营养的作用。美容化妆品可分为面部化妆品、眼部化妆品、唇用化妆品和指甲用化妆品。

（1）面部美容化妆品应具有的基本感官性能：

1）粉类和粉底的色调应为较浅的肉色，或略带湿润外观的淡珠光色调，胭脂应是各种半透明的红色；

2）气味柔和，无异味及刺激性气味；

3）较容易涂抹在脸部，形成平滑的覆盖层，并具有自然的外观，且容易在脸部均匀分布，不会聚集在皱纹和毛孔内；

4）使用感好，即涂布使用后有柔和感，涂敷后能感到爽滑，无异物感。

（2）眼部用美容化妆品应具有的基本感官性能：

1）眼部美容化妆品施用部位离眼睛很近，对其安全性应特别注意。包括颜料的选择和微生物的污染；有较为纯正的色泽；

2）无特别刺鼻的气味或异味；

3）使用时附着均匀，不会结块和粘连，也不会渗出、流失和沾污；干燥后不会被汗液、泪水和雨水等冲散；涂抹后干燥速度适当，不会干得太快，干后不感到脆硬，有一定耐久性；

4）卸妆较容易。

（3）唇部用美容化妆品应具有的基本感官性能：

1）外观诱人，色泽鲜艳均匀，表面光滑，无气孔和颗粒；

2）具有自然、清新愉快的味道和气味。唇用化妆品成分中一般使用食品类香料，令人有舒适感或清爽感，即使长期使用，也不致有厌恶感；

3）涂抹时平滑流畅，不发生融合，不与水分发生乳化而脱落，有较好的附着力，能保持较长的时间，但又不至于很难卸妆。

（4）指甲用化妆品应具备的基本感官特性：

1）色调鲜艳、均匀，符合潮流，有较好的光泽，不会因光照、日晒变色或失去光泽；

2）涂膜均匀，有较好的光泽，有一定的硬度和韧度，不会成片，对指甲油要求有较好的黏着性，有较快的干燥速度，通常约3～5分钟；

3）涂布时形成湿润、易流平的液膜，涂膜质地滑而不黏，干燥后形成均匀的膜，不产生混浊和“发霜”，无针孔；

4）不会使指甲变色，卸妆时容易除去。

（三）化妆品标识

国家质量监督检验检疫总局2007年8月27日发布了《化妆品标识管理规定》，其中明确规定了化妆品标签上必须注明产品名称、厂名、厂址、净含量、执行标准、卫生许可证编号、生产许可证编号、生产日期、保质期、批号或有效使用期限，必要时应注明安全警告、使用指南以及满足保质期和安全性要求的存储条件。正规化妆品的外包装上应标有如下内容：

1. 卫生许可证　一般化妆品标为“XK”，如卫妆准字29（代表省份）-XK（代表许可）-1679（代表批号）。

2. 生产许可证　如XK16-1083529。

3. 执行标准　由厂方自己编号，如AB-02。

4. 特殊类化妆品　特殊类化妆品标为“QG”，应有特殊类化妆品批号。如QG（97）卫妆准字25（代表省份）-QG（“特殊化妆品”标记）-07（代表类别）-0907（代表序号）。

特殊用途化妆品分类号：01育发、02染发、03烫发、04脱毛、05美乳、06健美、07除臭、08祛斑、09防晒。如果是这9种化妆品，其产品包装上一定要有特殊类化妆品批号，如1999年5月后批号为：卫妆特字（年份）第0000号。如没有这2种中任一种批号，即属于“三无”产品。

5. 进口化妆品　进口化妆品标为“CIQ”。1999年5月前批准的批号如：（91）卫妆准字02（代表类别）-JK（代表进口）-0011号，1999年5月后批准的批号如：卫妆进字（年份）第0000号。进口化妆品分类号：01发用类、02护肤类、03美容修饰类、04香水类。

国家标准管理委员会颁布的《GB 5296.3-2008消费品使用说明化妆品通用标签》要求，化妆品包装上应标注全部成分的名称。同时，成分表中的成分名称应按加入量降序排列，所有的成分都要以简体中文标注。消费者购买前应仔细查看，是否含有曾使自己过敏的原料，避免选购这类产品。

二　根据不同的目的选择化妆品

在选择护肤类化妆品时，除了根据皮肤特点、使用的环境、经济状况等因素选择适合个人使用的产品外，更重要的是考虑使用化妆品的目的：若单纯是为了美容，可选用修饰类美容化妆品；若为了延缓皮肤衰老，可选用营养性或保健性化妆品；若为了防紫外线照射，则应选用防晒类化妆品；若为了辅助治疗一般性皮肤病可选用具有辅助治疗功效的护肤品等。

（一）衰老性皮肤化妆品的选择

抗衰老问题是皮肤护理中的一个普遍受关注的问题。衰老是一个不可抵抗的自然规律，任何一个人，或早或晚终究都会走向衰老。但是，在科学技术十分发达的今天，人们有能力通过各种手段来减缓衰老的过程。通过护肤类化妆品来减缓皮肤衰老的途径可以归纳为3条：保湿、延缓皮肤功能的衰退和补充活性物质。

1. 皮肤的保湿 随着年龄的不断增长，汗腺、皮脂腺等器官组织都会在一定的年龄后逐渐出现功能减退。汗液和皮脂的减少，甚至皮脂的消失，使皮肤出现干燥现象，继之皮肤变薄、变硬、失去光泽及弹性，出现皱纹，色素沉着等现象。因此，防止皮肤干燥，进行日常性保湿护理，就成为减缓皮肤衰老的一个重要环节。

2. 减少自由基 人进入中年以后，皮肤组织中氧自由基的含量会逐年增加。过量的氧自由基除了破坏生物膜、杀伤白细胞、激活病毒外，还损伤表皮、伤害真皮纤维，以及损害皮脂腺和汗腺导管组织细胞，从而造成皮肤正常解剖结构的破坏，影响皮肤对营养物质的摄取。皮肤细胞营养不良，导致其功能逐渐衰退，从而加快皮肤的老化。因此，应注意选用具有减少或消除氧自由基的护肤化妆品，阻断自由基对皮肤的损伤，从而起到抗皮肤衰老的作用。

3. 补充活性物质 人到中年，皮肤组织细胞和其他脏器细胞一样，会由于生理活性物质的减少，导致细胞从功能到结构，均会出现不同程度的衰退。因此，有必要补充这些特殊的生理活性物质，补充必需的氨基酸、具有激素样作用的天然植物萃取物、生物碱、维生素以及作为辅酶的各种微量元素等。应选择含有这些活性物质的营养性化妆品；或选用含有这些活性成分的各种提取液制成的营养性化妆品，如含珍珠水解液、清蛋白或丝肽等成分的化妆品。

（二）色斑皮肤化妆品的选择

皮肤出现色斑，是一个较为普遍的皮肤问题，其形成的原因也很复杂。针对色斑皮肤的防护，在选择护肤类化妆品时，通常应注意两个方面：降低或阻碍黑素细胞分泌黑素和防止紫外线的照射。

1. 黑素细胞代谢抑制剂 阻碍黑素细胞分泌黑素，是祛斑、增白的主要途径之一。早期的祛斑、增白化妆品中所添加的主要成分是氢醌和汞。氢醌会造成黑素细胞失去分泌黑素的功能；而汞有毒，长期使用含汞化妆品，易出现人体中毒现象。因此，当今的化妆品中禁用汞剂和氢醌作为祛斑增白剂。目前多选用副作用低、效果比较好的祛斑增白添加剂有熊果苷、曲酸、维生素C及其衍生物、超氧化物歧化酶（SOD）等。

2. 防晒剂 紫外线照射后，会产生色斑或加重原有色斑，因此，阻止紫外线对皮肤的直接照射，也是祛斑、增白的有效途径之一。可防紫外线照射的化妆品剂型有防晒霜、防晒蜜、防晒油等；近年来还有用于毛发防晒的系列用品。据有关实验表明，有些防晒用品，其对紫外线的遮挡率高达80%以上。但多数防晒用品对皮肤有一定的刺激作用，长期过度使用，会使皮肤出现一定的色素沉着，使皮肤表面变得粗糙。因此在选用防晒系列化妆品的同时，应在皮肤上先涂敷一层营养霜或隔离霜。另外，具有抗氧化作用的营养性化妆品，如蜂乳、鹿茸、芦荟以及含SOD等成分的化妆品，可通过对抗紫外线造成的皮肤氧化损伤减少晒后的色素沉着，也起到一定的美白作用。

（三）痤疮皮肤化妆品的选择

痤疮俗称“青春痘”、“暗疮”、“粉刺”等，是一种极为常见的皮脂腺与毛囊的慢性炎症，其形成原因复杂，发生率与复发率高，青春期多见，其特征是反复多年不愈，且稍有不慎，即容易留下瘢痕和色素沉着。痤疮患者在对皮肤进行日常护理、选用护肤化妆品时，洁肤类化妆品应选择有控油作用的，而护肤类化妆品应选择含油脂量低的乳剂或水剂，因为乳剂和水剂的基质细腻不容易堵塞毛孔，同时这些配方具有一定的抗炎功效，可达到辅助治疗的作用。

（四）敏感性皮肤化妆品的选择

敏感性皮肤往往对很多化妆品都不耐受，尤其对一些含有化学成分的化妆品反应强烈。因此，最好选用纯天然材料制作的护肤品，而且也不宜使用含有动物蛋白的面膜和营养霜等。敏感性皮肤不应一次性大量使用化妆品，也不应频繁更换化妆品。在更换新产品前，最好在自己的前臂内侧皮肤对该化妆品进行少量的涂抹测试，观察3 ~ 7天左右如无过敏反应，方可选用。

当某种化妆品出现过敏反应时，应停止对该化妆品及其他化妆品的使用。可使用凉开水将引起皮肤过敏的化妆品轻轻洗掉，避免使用香皂，更不能用热水烫洗。当皮肤发痒而未出现水疱时，可用生理盐水或凉茶水湿敷患处，茶叶中的鞣酸有收敛作用，可以止痒。如过敏处皮肤出现了水疱，最好到皮肤专科就诊，给予及时的抗过敏治疗。

（五）美容修饰用化妆品的选择

运用化妆品和工具，采取合乎规则的步骤和技巧，对人的面部、五官及其他部位进行渲染、描画、整理，增强立体印象，掩饰缺陷，凸显神采，从而达到美容目的。化妆能表现出女性独有的天然丽质，焕发风韵，增添魅力。成功的化妆能唤起女性心理和生理上的潜在活力，增强自信心，使人精神焕发，还有助于消除疲劳，延缓衰老。美容化妆品的选择除了遵循一般化妆品的特性之外，更要根据个人皮肤及职业的特点，因时因地选择美容化妆品。可参考美容化妆品的相关书籍或在美容化妆专业人员的指导下合理使用美容化妆品。

三　不同年龄段皮肤的特性及化妆品的选择

从出生到老年，人体皮肤发生着巨大的变化，由于皮肤的厚薄、角质层的功能、皮脂腺及汗腺的分泌情况都会随着年龄的变化而不同，从而表现出不同的皮肤生理特性。因此，在选择化妆品时，应考虑到不同年龄段皮肤的生理特点，从而达到健美皮肤、预防皮肤疾病发生的目的。

（一）婴幼儿期化妆品的选择

1. 婴幼儿皮肤的特点　初生婴儿的皮肤需要3年时间才能基本发育成熟，其功能和结构都与成人的皮肤有很大差别。婴幼儿皮肤具有容易吸收外源物质的特性，对于同等量的洗护用品中的化学物质，婴幼儿皮肤的吸收量要比成人多，对过敏物质或毒性物质的反应也要强烈。婴幼儿皮肤特别娇嫩、敏感，很容易受到刺激，引发各种皮肤疾患。所以，对于3岁前的婴幼儿，选择护肤品要格外地谨慎。

2. 婴幼儿期化妆品的选择　要选择专门针对其皮肤特点设计的护肤品，不能选成人用化妆品；为婴幼儿挑选的化妆品应不包含香料、乙醇等刺激性成分；而且应具有保护皮肤水分平衡的功效，即要注意婴幼儿皮肤的保湿作用；不宜经常更换护肤品，以免皮肤过敏，产生不适症状；同时，注意护肤品的用量。

（1）保湿化妆品的选择：不同季节婴幼儿皮肤保湿的方式是不同的，春、秋、冬季气候较干燥，除使用乳剂补充皮肤水分外，还需要选择油脂较多的霜剂，以补充皮肤的脂质含量，减少经皮水分流失。夏季气候较湿润，选择含油脂少的乳剂护肤即可。

（2）防晒化妆品的选择：紫外线对皮肤的损伤是日积月累的结果，因此，防晒应从婴幼儿开始，除了出门戴帽、打伞等一般的防护外，还可选用一些针对婴幼儿皮肤特点而设计的防晒乳剂，这类防晒乳剂应具有高保护性、高安全性、低刺激性等特点。为了减轻防晒乳剂对婴幼儿皮肤的负担，夏季使用的防晒乳剂，其防晒系数（sun protection factor，SPF）值一般情况不要超过15倍，防护长波紫外线（ultraviolet A，UVA）参数（protection anti UVA，PA）值也应在"++"左右，阳光非常强烈时可以适当增加。纯天然的物理性防晒乳剂对婴幼儿皮肤具有更安全的保护作用。

（二）青春期化妆品的选择

1. 青春期皮肤的特点 进入青春期后，皮脂腺分泌旺盛，角质形成细胞增生活跃，真皮胶原纤维也开始增多，并由细弱变为致密，因此，这个时期的皮肤状况最好，皮肤显得坚实、柔韧、顺滑和红润。但是，由于青春期性激素分泌增加，皮脂腺分泌旺盛，开始出现痤疮、粉刺、毛囊炎等皮肤疾患。

2. 青春期化妆品的选择 此年龄段的皮肤护理主要是加强皮肤清洁、控油、保湿和防晒。

（1）清洁类化妆品的选择：选择一些控油洁面产品清洁皮肤，清除皮肤表面的灰尘、皮脂、微生物等污垢，并能去除老化角质，以保持皮肤清洁。

（2）控油保湿化妆品的选择：清洁皮肤后，所选择的护肤品不仅要有保湿的作用，而且可控制油脂分泌，表现为滋润、光滑而不油腻。一般选择凝胶和乳剂。

（3）防晒化妆品的选择：青少年非常喜欢户外运动，因此，应根据活动场所和阳光暴露时间，挑选防晒效能较高的产品，选择的剂型可为乳剂或油剂。

（三）中年时期化妆品的选择

1. 中年时期皮肤的特点 随着年龄的增大，皮肤特征主要是缺乏水分，弹性减弱。皮肤显得干燥，失去光泽和滋润感，皮肤松弛，皱纹显现。

2. 选择化妆品的要点 此年龄段皮肤护理除了选择保湿及防晒产品外，还可选用一些富含营养成分的护肤品及抗老化产品。

（四）老年时期化妆品的选择

1. 老年时期皮肤的特点 人过中年皮肤开始衰老，60岁以后皮肤老化更加明显。老年人的皮肤有以下4个特点：

（1）萎缩：皮肤起皱变薄，干燥松弛，光泽减退，弹性减少，血管脆性增加，易出现紫癜、瘀斑等；

（2）增生：面颈部出现皮赘、脂溢性角化、樱桃样血管瘤、日光性角化病等；

（3）迟钝：皮肤的功能降低，容易受热中暑、受凉感冒。皮肤的反应性减退，易受损伤，对细菌、病毒、真菌等病原微生物的防御能力也削弱；

（4）敏感：对于某些外界刺激因素作用后的反应过于强烈，如易出现皮肤干燥、瘙痒、疼痛等。

2. 老年时期化妆品选择的要点 不要过度使用清洁用产品，以免脆弱的皮肤屏障受到破坏。选择含油脂较多的霜剂或乳剂保湿、滋润皮肤，同时选择防晒剂，避免色斑产生。最后还需要补充一些抗氧化产品，如维生素E、维生素C等，以及外用富含营养成分的化妆品。

四 根据人体不同部位皮肤的特性选择化妆品

人体不同部位的皮肤其生理特点各不相同，要有针对性地选择化妆品进行皮肤护理。

（一）面部

皮脂腺丰富的部位（如前额、鼻部）皮脂含量明显高于皮脂腺分布少的部位（如前臂屈侧等），因此，不同部位的皮肤需要区别对待，尤其对于混合性皮肤而言，油脂分泌旺盛的部位需要使用油脂含量少或能够控油的化妆品。由于光老化的影响，光暴露部位（如面颊部、颈部）的皮肤更应注意防晒、保湿及抗皱。

1. 额头 额头部位的皮肤容易被各种面部表情所牵扯，受到过度挤压或拉伸，可使其产生皱纹，也可导致其干燥、硬化，进而失去弹性。同时额头部位也是皮脂较多的区域，因此，宜选用油脂少的保湿润肤霜进行护肤保养。

2. 鼻翼 鼻翼两侧的皮肤角质层较厚，毛孔相对粗大，皮脂分泌旺盛，是最容易出现粉刺的地方。除了要日常仔细清洁鼻翼两侧皮肤外，还需选用控油化妆品。特别提醒不要使用鼻贴，因为较大力量的牵拉会使鼻翼两侧更容易出现细纹。

3. 嘴部 嘴唇的皮肤很薄，且没有黑素细胞的保护，容易受到紫外线的伤害而产生日光老化，所以无论什么季节都应该选用具有防晒作用的保湿滋润唇膏。

4. 眼部

（1）眼部皮肤特点：眼部皮肤是人体皮肤最薄的部位，其皮下疏松结缔组织中分布着极为丰富的毛细血管和神经末梢，这些毛细血管的管壁很薄，且有一定的渗透性。而且眼部皮肤缺少皮脂腺与汗腺，缺乏天然的自我滋润能力，再加上眼睛每天至少要眨动2.4万～2.8万次，就使得眼眶周围的皮肤很容易产生水肿、皱纹、黑眼圈、眼袋等现象。

（2）选择眼部化妆品：目前市面上销售的眼部化妆品包括眼霜、眼胶、眼部精华液等多种。眼霜的滋润性、营养性较强，适合于眼部有皱纹者；眼胶是一种植物性啫喱状物质，成分温和易吸收且不油腻，适合于具有黑眼圈和眼袋者。应根据眼眶皮肤特点选购含不同成分的精华液。

（二）颈部

颈部正面肤质娇嫩，随岁月增长会最先松弛、衰老，宜选用一些有紧致皮肤功效和滋润作用的护肤品。颈部皮肤也是阳光照射部位，应注意使用防晒化妆品。

（三）胸部

胸部大部分组织是脂肪，包裹在脂肪上的皮肤因为缺少肌腱和肌肉的支撑，容易松弛。宜选用一些有紧致皮肤功效和保湿作用的护肤品以及丰乳类产品。

（四）手部

手经常暴露在外，易被风吹、日晒、污物及化学物质损伤，而且常接触洗涤用品，对手部皮肤的损害较大，易发生粗糙干裂，加速手部皮肤的老化。日常生活中应选用油性护肤霜滋润手部皮肤，尤其对经常洗手和接触碱性洗涤剂行业的从业人员和家庭主妇。夏季还要注意使用防晒品。

（五）膝部

膝盖是全身利用率最高的大关节，此部位的皮肤每时每刻都受到骨与韧带的牵拉，很容易产生细纹，再加上经常与衣物摩擦而使角质层增厚，皮肤易变得粗糙。可选择能去角质的霜剂，并涂抹高效保湿护肤霜。

（六）腿部

腿部皮肤下有强大的肌肉做支撑，比其他部位的皮肤紧绷、致密，但由于缺乏皮脂腺，因此，容易干燥并形成皮屑。应定期选用清洁剂彻底清洁、去角质，沐浴后使用滋润护肤品。

（七）足部

1. 足部皮肤的特点 足部的角质层是身体最粗厚的部位，足部的汗腺丰富而皮脂腺不发达，掌跖部位没有皮脂腺分布。足部支撑整个身体，走路过多或站立过久易使足部感觉疲劳，甚至肿胀或疼痛。

2. 足部化妆品的选择

（1）选择洁肤产品，清洁并去除角质；

（2）冬天注意选择保湿剂滋润脚背和脚缘，以免裂隙发生；

（3）穿鞋前可使用保持足部干爽的喷雾剂，以减少出汗及足部产生异味，可以选择舒缓足浴露、除臭防菌浴盐、除臭防菌喷雾、清凉薄荷爽脚粉、止汗除臭足部喷雾等；

（4）夏季在室外常穿凉鞋或拖鞋也会使足部皮肤受到一定的紫外线伤害，涂抹一些防晒护肤品可对足部皮肤起到保护作用。

五 根据不同季节选择化妆品

季节的改变与皮肤保养关系密切，不同的季节，选择不同的化妆品，采取不同的保养方式，才会使皮肤在四季始终保持最佳状态。换季时要及时调整护肤品以适应人体皮肤所产生的各种变化。

（一）春季

1. 季节特征 春季气温转暖且潮湿，易滋生细菌，春天的柳絮、花粉都有可能是致敏源，导致人体过敏。

2. 皮肤特征

（1）春季气候忽冷忽热，温差较大，皮脂腺和汗腺难以自我调节平衡，此时的皮肤较为敏感。

（2）天气转暖，皮脂分泌过盛，加之细菌滋生，此时的皮肤易发生毛囊炎及痤疮等。

3. 春季化妆品的选择

（1）不宜频繁更换护肤品牌，以免导致皮肤过敏；

（2）选用性质温和的洁肤乳清洁皮肤；

（3）选用具有抑菌、清洁、柔软皮肤功效的化妆水或较清爽湿润的保湿剂；

（4）参加户外活动时，选择中等强度的防晒品护肤。

（二）夏季

1. 季节特征 夏季是一年中气温最高的季节，阳光充足、紫外线强烈。

2. 皮肤特征 新陈代谢加快，皮脂、汗液较多，细菌容易繁殖，痤疮等炎症性皮肤病不断出现，也容易产生日光性皮肤病。

3. **夏季化妆品的选择**

（1）油性皮肤更要注意选用洁肤控油护肤品；

（2）干性皮肤宜选用清爽滋润型保湿剂；

（3）室内、外活动都应注意使用防晒剂，室外活动选用高强度防晒剂；

（4）对受日晒较长的皮肤注意晒后修复，使用具有舒缓、美白、保湿和抗氧化功效的乳液，加强夜间皮肤的保养及修复。

（三）秋季

1. 季节特征 一般会延续夏季的高温，但早晚温差加大，空气较夏季变的干燥，云层少，紫外线照射仍然很强烈。

2. 皮肤特征 随着气温逐渐降低，空气越来越干燥，皮肤的新陈代谢也减弱，皮脂分泌降低，皮肤变得较敏感，需加强皮肤养护。遭受夏日灼伤而缺乏养护的皮肤，在秋季会变得更加干燥、粗糙、易产生皱纹及色素沉着。

3. 秋季化妆品的选择

（1）应尽量选用温和、含有天然成分的洁肤品。

（2）秋季是皮肤美白的重要时机，应选用清洁剂去角质及滋养面膜，保湿、美白功效产品，以恢复皮肤生机。

（3）仍需注意防晒。

（四）冬季

1. 季节特征 随着气温的逐渐下降，天气变得寒冷、多风、干燥。

2. 皮肤特征 皮肤新陈代谢减弱，皮脂腺和汗腺分泌减少，皮肤易干燥、皲裂。天气寒冷，毛孔收缩，易引起污垢阻塞。微循环迟缓，易生冻疮。

3. 冬季化妆品的选择

（1）应选用较温和的洁面乳清洁皮肤，洗脸水温不要过高，以防油脂丢失；

（2）宜选用含有较高油脂、质地较为丰润的营养霜，以加强皮肤屏障；

（3）室外作业者对较长时间暴露在紫外线下的皮肤部位也应注意防晒。同时使用促进微循环的护肤品，避免冻疮发生。

六 不同皮肤类型化妆品的选择

根据皮肤的特点及不同的皮肤类型，科学地选用化妆品。

1. 干性皮肤 缺乏油脂和水分的干性皮肤不宜用肥皂洗脸，并应尽量少用清洁剂，用弱酸性的洗面奶，水温约30℃为宜。洁面后，应先用不含乙醇的化妆水柔软皮肤，再涂抹含油分较多的面霜，如冷霜等。避免暴晒，可选用防晒霜。缺乏水分的干性皮肤，易起皮屑和皱纹，化妆品宜选用天然油脂，如橄榄油，比油脂化妆品更有益。

2. 中性皮肤 是理想的皮肤类型，水分和皮脂分泌适中，皮肤不粗不细，对外界刺激较为耐受，化妆品的选择范围比较大，一般的膏霜类化妆品均可使用。

3. 油性皮肤 根据皮脂分泌情况，每日洁面1～3次，最好用微酸性的洗面奶，不宜涂抹油性化妆品和易阻塞毛孔的化妆品。

4. 混合性皮肤 选择化妆品可酌情参考干性、中性或油性皮肤的选择方法。面部“T”型区按油性皮肤处理，其他区域用中性或干性皮肤使用的化妆品。

七 激光术后化妆品的选择

激光在医学美容界的用途越来越广泛，为一些影响损容性皮肤病的治疗提供了新途径。在当今崇尚美丽、张扬美丽的时代，激光美容术已成为面部年轻化治疗及皮肤护理的重要手段。

激光美容术后，初期局部皮肤可能出现不同程度的红斑、肿胀、出血、渗出等，以后可能出现结痂、色素沉着或色素减退等现象。针对激光术后皮肤的特点，合理选择使用护肤品尤为重要。

1. 护肤类产品的选择 对于激光治疗后有创面者，首先要尽早应用一些促进创面愈合的功效护肤品，如含有表皮生长因子、胶原蛋白等成分的无菌性护肤品，以尽快恢复皮肤的屏障功能。对于无创性治疗，皮肤有可能出现轻微刺痛、红斑、肿胀等不耐受反应，经皮失水率增加、含水量下降引起皮肤干燥，所以应选择温和、安全的皮肤清洁产品以及具有保湿美白功效的产品，避免使用角质剥脱作用的清洁剂，以减少对皮肤的刺激。一般在清洁皮肤之后，可外用舒缓喷雾液及具有修护功效的保湿霜，以改善皮肤干燥的症状，促进皮肤角质层的水合作用，保持皮肤完整性，减轻激光术后感染、疼痛，促进创面愈合。

激光术后，要暂停使用含有果酸、水杨酸、高浓度左旋维生素C及维生素A等成分的产品，因为在接受阳光照射后，会加重原有的皮肤损伤。另外，具有促进皮肤新陈代谢及促进血液循环等功效的护肤品也应暂停使用，以免使皮肤红斑、肿胀更为严重。建议用冷水洗脸。对于磨削术后的皮肤，可暂不洗脸，使用活泉水等喷雾剂或用无菌棉棒蘸少许生理盐水清洁皮肤即可。

2. 防晒化妆品的选择 激光术后，皮肤屏障功能的破坏和新生皮肤对于光的敏感性都使得防晒显得尤为重要，根据皮肤术后特点，要选用安全性高且防晒效果佳的防晒产品。

（1）激光术后初期防晒护理：

1）色素性和血管性皮肤病术后初期：该阶段皮肤处于高敏状态，炎症明显，无法耐受防晒用品，需保持皮损干燥，外涂红霉素眼膏3～7天预防感染。同时，要求患者注意保护治疗部位的皮肤，避免日晒。

2）光老化术后炎症期防晒护理：光子嫩肤术后，皮肤对阳光更加敏感，局部皮肤受到紫外线照射后，皮肤基底层黑素细胞可产生大量的黑素，造成术后皮肤色素沉着。炎症后新生皮肤对紫外线很敏感，更容易发生光老化，因此激光术后应注意保护局部皮肤，避免日晒。同时，可选用温和、安全的医学防晒剂，以增强防晒效果。

（2）激光术后皮肤损伤恢复期的防晒护理：仅用物理方法防晒难以完全阻止紫外线对术后新生皮肤的辐射，尤其对于敏感性皮肤。术后恢复期除继续物理防晒外，可适当选用安全有效的防晒剂。物理防晒剂通过散射或反射紫外线而防晒，皮肤刺激性小，安全性高。化学防晒剂通过吸收紫外线防晒，其质地薄透、无色，不会干扰化妆效果或原来的肤色，但常有刺激性。对化学防晒剂不耐受者可选用物理防晒剂，以减少过敏反应和光毒反应。

第二节 化妆品的使用

使用化妆品不止是往脸上涂涂抹抹这么简单，有人会抹出一张俏脸，也有人花费巨资却未得到理想的美容效果，甚至“美容”不成反倒“毁容”。正确合理地使用化妆品尤为重要。

一 化妆品使用顺序

一般来讲，化妆品的使用顺序是以我们所使用产品分子的大小来选择它的顺序，通俗讲就是依照化妆品的稀薄和干稠程度来使用化妆品，一般越稀薄的可以用在最前面，油性成分越高的就可以放在最后使用。如柔肤水、化妆水、精华素等水型护肤品应该在洁肤后最先使用；而像凝胶这类可迅速地紧肤、缩小毛孔的化妆品则可在精华素之后使用；最后才使用一些乳液或者是膏霜之类的护肤品。油性化妆品通常是在皮肤表面上发挥作用，渗入皮肤深层的营养成分仅为约0.06%，如果首先使用了油脂性含量比较高、又很黏稠的化妆品，就会在皮肤表面形成一个包裹层，这不利于化妆品中的营养成分渗透到皮肤的深层。

二 化妆品的正确使用方法

（一）清洁类化妆品的使用

清洁剂使用频率依个人生活工作环境而异，一般每天一次，皮肤敏感者可适当减少。将清洁剂如洗面奶涂覆于皮肤后，根据皮肤肌肉，纹理走向，运用手指（中指、无名指）打圈1～2分钟，再用清水冲洗，将浅层污垢清洁掉。

磨砂膏、“去死皮膏”、“去死皮啫喱”等能将老化的角质层剥离。将磨砂膏分别置于面部5个位点，均匀抹开，结合洁面方法，使用无名指打圈摩擦去除老化的角质层。若用“去死皮膏”、“去死皮啫喱”，则将产品均匀涂抹于皮肤表面，待产品八成干后，向下，向左、右将去死皮膏或去死皮啫喱搓去。应该注意的是，严重痤疮、过敏性、有炎症、创伤或毛细血管扩张等问题的皮肤不宜使用该方法。详见清洁类化妆品相关章节。

（二）护肤类化妆品的使用

护肤类产品含有丰富的营养物质，使用时如不注意卫生，会引起化妆品污染而变质。因此使用时不宜用手指直接取用化妆品，宜从瓶口中挤出或用小勺挑出来。瓶口切忌与不洁物碰触，使用后要把容器口擦拭干净。

涂抹时，正确的方法是：自下而上、自外向内、均匀地涂抹，同时加以轻柔的按摩，这种逆面部血液循环走向的按摩方法，可促进化妆品中的营养成分向皮肤表层渗透，不仅可达到营养皮肤的作用，还可减少皱纹的产生。详见保湿、美白、抗皱等类化妆品相关章节。

（三）正确使用防晒剂

防晒剂需每隔2～4小时重复使用1次。如在游泳或跑步时，皮肤较长时间暴露在强烈的阳光下，或大量出汗时，需要及时反复涂抹防晒剂，尤其是容易晒伤的部位。补用防晒剂前，最好清洁皮肤并擦干汗水或污垢，以达到最好的防晒效果。防晒品不是基础护肤品，要及时清洗，避免过长时间的使用，以防堵塞毛孔，引起痤疮、过敏等皮肤问题。详见防晒类化妆品相关章节。

（四）精华素的正确使用

精华素通常是萃取的天然动植物或矿物质等成分的浓缩品，可补充皮肤所需要的养分，根据产品成分的不同，还分别有保湿、抗皱、紧肤等专项功效，价格也较为昂贵。

精华素在皮肤清洁后或均匀涂抹爽肤水后使用。取2滴精华素滴至掌心，先由面部的中间开始，向两面颊边“按”边“推”开；再从两颊部由下至上，边“托举”边“按揉”；额头部分单方向由下往上涂抹并按揉。通过这种按摩手法，可促进脸部的轮廓紧致。柔肤水能让皮肤毛孔从清洁后的紧缩状态重新张开，有利于精华素深入到深层营养皮肤。

精华素的营养成分比较高，通常使用一种精华素即可，过多地应用反而会增加皮肤负担。特殊情况下如需使用2种不同的精华素时，一般是根据精华素的质地来决定精华素的使用顺序，先用质地较薄的，后用较浓稠的。

（五）彩妆类化妆品的使用

化妆是一门艺术，要因人因时因地而异，更需要客观的分析每个人的五官，根据每个人的面部结构、皮肤颜色、皮肤性质、年龄气质，不同时间、场合、条件、地区、气候以及社会潮流、社会时尚而定。详细内容参见彩妆类化妆品相关章节。

1. 彩妆类化妆品的使用方法

（1）粉底及粉饼的使用：选择与肤色接近的粉底液，用海绵在全脸、耳朵及脖子上均匀涂抹。

（2）眼部化妆品的使用：

1）眉笔、眉粉的使用：修建眉形后，用眉笔把眉形淡淡勾出，注意色彩均匀，眉头最浅，眉尾稍深，但色泽深浅不要有明显的痕迹，这样眉毛才自然立体。

2）眼影的使用：用双色眼影时，以稍大的眼影刷蘸淡色，从眼尾向内眼角方向涂抹；用稍小的眼影刷蘸深色，从内眼角向眼尾方向涂抹（靠近眼睫毛处），眼影的主色调（即深色）一定要根据当时的服饰、环境、场地而决定。

（3）唇用化妆品的使用：选择与眼影、腮红同一色系的唇线笔及唇膏。用唇线笔勾画唇部轮廓，注意所选用的唇线笔颜色要比唇膏色深一度。在画好的唇部轮廓线内以唇扫蘸取适量唇膏，填满唇部，力求平滑细致。

2. 彩妆类化妆品的使用注意事项

（1）睡眠前应将皮肤上涂抹的化妆品洗去，不要涂着化妆品入睡。

（2）需经常清洁美容化妆工具，并定期更换。粉扑、海绵等使用后，会沾染上皮脂、汗液、粉尘和细菌，受潮后还易生霉斑。因此，化妆工具应保持洁净、干燥，包括化妆用的狼毫笔、牙签、眉笔等，也都应及时清洗干净，并注意定期更换。

（3）忌常用药效化妆品。药效化妆品处于药品与化妆品之间，它是在化妆品中添加了某种药物成分，使之具有一定的治疗作用。人体皮肤表面有多种常驻菌，对人体皮肤起着防止其他细菌和霉菌过度繁殖和侵入的作用，如果过度使用这些药效化妆品，就会破坏皮肤表面的常驻菌，导致其他细菌或霉菌入侵，破坏皮肤健康。有时甚至致使细菌产生抗药性，给治疗增加一定的难度。因此，药效化妆品不可滥用。

（4）过量使用化妆品，会影响皮肤的呼吸、排泄功能，特别是过量擦用粉质、霜类化妆品，易堵塞皮脂腺与毛孔，降低皮肤的代谢与吸收功能，甚至诱发色斑。大多数化妆品都含有防腐剂、香精、色素等人工合成添加剂，过量使用不利于皮肤健康。某些化妆品颜料中还可能含有过量的铅、铬、铜等重金属，长期过量涂用，可通过皮肤吸收而引起慢性中毒。

（5）不同品牌的化妆品不宜交叉使用，以免使皮肤发生不良反应或引发一些皮肤问题。另外，多种功效的化妆品重叠使用也可能会给皮肤带来更多的负担。

第三节 化妆品的保存

妥善保管化妆品是有效使用化妆品的前提。化妆品保存不当，很容易变质。因此，要了解和掌握化妆品的正确保存方法。正确保存化妆品有以下几点要求：

1. 温度适宜 化妆品的保存温度不宜过高，高温会造成油水分离，膏体干缩，引起变质；化妆品可存放在冰箱的保鲜冷藏室，不能放在冷冻室中保存。寒冷季节，不宜将化妆品放在室外或长时间随身携带到室外。因为温度过低会使化妆品发生冻裂现象，而解冻后还会出现油水分离、质地变粗，对皮肤产生刺激作用。

2. 避光保存 阳光或灯光直射处不宜存放化妆品。因为光线照射会造成化妆品水分蒸发，某些成分会失去活力，以致引起变质。阳光中的紫外线还能使化妆品中的一些物质发生化学变化，影响使用效果，甚至发生不良反应。

3. 保持干燥 有些化妆品含有蛋白质，受潮后容易发生霉变。有的化妆品使用铁盖，受潮后容易生锈腐蚀化妆品，使化妆品变质。

4. 避免污染 化妆品使用后一定要及时旋紧瓶盖，以免细菌侵入繁殖。使用时最好避免直接用手取用，可以用干净的特制工具取用。如果一次取用过多，可涂抹在身体其他部位，不可再放回瓶中。

5. 注意保质期 目前化妆品标示的保存期限，指的是未开封时的存放时间，一旦开封使用，新鲜度会因外界的影响逐渐降低。若是买到大瓶装，且声明可以分装的产品，在尚未使用前，可另分装小瓶放到冰箱内冷藏，使用期限可延长一倍，外出携带也很方便。不含防腐剂与香料等无添加产品则有效期更短。

由于不同的化妆品性状各异，所含的成分也各不相同，保存和使用期限也不同。在室温下保存，开封后正确使用的情况下，化妆品的保存期和使用期大致如下：

（1）水状产品：如化妆水、卸妆水等，保质期3年，开封后使用期限6～12个月。

（2）霜状产品：如面霜，保质期3年，开封后使用期限6～12个月。

（3）膏状产品：如洗面奶、磨砂膏、面膜等，保质期3年，开封后使用期限1年。

（4）粉状彩妆品：如粉饼、散粉等，保质期及开封后使用期限为3～5年。

（5）防晒产品：保质期3年，开封后使用期限6个月。

（6）霜状彩妆品：如粉底霜、霜状腮红，保质期3年，开封后使用期限1～2年。

（7）笔类产品：如眉笔、眼线笔等，保质期3～5年，启用后寿命为3年。

（8）睫毛膏、染眉膏、眼线液：保质期3年，启用后只有3～6个月。

（9）唇膏：保质期3年，启用后2年。

（10）香水：保质期3年，启用后1～2年，除外观变化以外，一般不影响使用。

（11）指甲油：保质期3年，启用后寿命1年。变质表现为液体变稠、结块。

第四节 变质化妆品的识别

化妆品成分复杂，有些还含有蛋白质、维生素等营养成分，如果存放过久或保管不当，易滋生微生物造成化妆品的污染与变质。而使用变质化妆品极易导致面容受损或皮肤过敏。本节就变质化妆品的识别，介绍一些简单的常识。

（一）变质化妆品的特征

1. 气味异常 化妆品的香味无论是淡雅还是浓烈，都应十分纯正。变质的化妆品往往香味变得淡弱，或有酸辣气，或甜腻气，或氨味，甚至有难闻的怪味（醛味）或臭味。营养型化妆品，如珍珠霜、人参霜、蜂乳等容易变质，出现异味。

2. 颜色改变 合格化妆品的色泽自然，膏体纯净，美容化妆品则色泽鲜艳。多数为浅淡色，乳白色、淡粉红色、淡黄色、淡绿色等，其光泽清雅、艳丽悦目。变质化妆品的颜色灰暗污浊，深浅不一致，往往有异色或斑点，有时甚至出现絮状细丝或绒毛状蛛网，说明已被微生物污染。一些治疗性化妆品易出现变色，如“粉刺霜”、“防皱霜”等。

3. 膏体变形 含大量糖类、蛋白质、脂肪等营养物质的化妆品，适宜微生物生长繁殖，腐败分解后膏体容易发生液化。膏霜类化妆品内含大量的水分，当发生化学变化或与微生物作用后，乳化相被破坏，水从基质中析出，肉眼可见到膏霜有水溢出。一般化妆品中都含水分，当化妆品打开使用以后，盖封不严或存放过久，水分蒸发，膏体可出现干缩。含脂肪丰富的化妆品，当保存温度较高时，膏体会变得稀薄。

4. 触感改变 合格的化妆品，涂在皮肤上感到不黏不腻，滑润舒适。变质的化妆品，涂于皮肤上有粗糙发黏感，给人以涂抹污物的感觉，有时还会感到皮肤发紧、干涩、灼热或疼痛，常伴有瘙痒，而无护肤作用。

（二）化妆品变质问题及原因

1. 化妆品变色 化妆品原有颜色发生变化，是由于真菌或细菌产生色素造成的，可使化妆品变黄、变褐或发黑。

2. 化妆品发酵 化妆品产生气泡和怪味，是由于细菌发酵，使化妆品中的有机物分解产酸、产气，使化妆品变味而有气泡。

3. 化妆品出斑 化妆品出现绿色、黄色、黑色等霉斑，是由于潮湿使真菌污染化妆品，致使化妆品变质。

4. 化妆品油水分离 化妆品变稀出水，是由于菌体里含有水解蛋白质和脂类的酶，使化妆品的蛋白质和脂类分解，乳化程度受到破坏，化妆品变质。

5. 化妆品霉变与发胀 化妆品出现絮状或发胀现象是由于膏体内的微生物在温度较高的情况下，繁殖产生二氧化碳气体而产生的。

思 考 题

1. 如何根据个人皮肤类型选择化妆品？
2. 美容激光术后如何选用化妆品？需要注意些什么？
3. 如何能更好地保存化妆品？
4. 如何辨别变质化妆品？

（杨蓉娅）

参考文献

吕少仿，丁瑜. 美容与化妆品学. 武汉：华中科技大学出版社，2008

第七章 化妆品在皮肤科的应用

随着社会的发展，社交活动日益频繁，人们对自身形象越发重视，多数患者已经不满足于仅仅治愈皮肤疾病，还希望治疗过程更加舒适，更加人性化，治愈后不遗留影响皮肤容貌的痕迹。而随着化妆品原料的更新和生产技术的发展，具有临床功效的产品正不断面世。临床实践已经表明一些化妆品对临床常见皮肤病有缓解症状、减少药物用量和减少复发等辅助治疗的作用。本章将就皮肤科临床应用化妆品的现状做一概要的介绍。

第一节 医学用护肤品的概念和作用机制

一 医学用护肤品的概念

迄今为止，尽管各个国家在化妆品的定义上有差别，但比较一致的是，化妆品不改变皮肤结构，不宣称具有临床功效。因为只有药品才具有临床作用，宣称有临床功效的产品要求按照药品进行管理。但是，在20世纪70年代初，美国的皮肤科医师Albert Kligman提出了一个新的名词：cosmeceuticals，国内有些学者从字面意义上将其翻译为“药妆”，也有人称其为“功效性化妆品”。这个名词的提出，掀起了对化妆品定义的争论，也促使一些国家对化妆品的管理增加了新的法规。在一些欧美国家，cosmeceuticals是指具有功效性或类似药物活性的化妆品。在法国、日韩，功效性化妆品是指具有美白、除皱、防晒及抗敏等功能的化妆品，该类化妆品按照外用药品进行管理。我国则将具有育发、染发、烫发、脱毛、美乳、健美、除臭、祛斑、防晒等9类产品称为特殊用途化妆品，上市前需经过严格的审批。由此可见，目前如何定义“药妆”或者“功效性化妆品”在全球并没有统一的标准。

尽管在化妆品的定义和如何管理具有一定功效作用的产品方面还有待统一认识，但化妆品进入临床并发挥药品无法替代的作用是不争的事实。因此，国内部分从事化妆品临床研究的医务工作者倡议：将能够应用于临床并发挥积极作用的化妆品归纳为“医学用护肤品”，它是一类介于化妆品和药品之间的产品。

医学用护肤品的本质是化妆品而不是药物，但它兼具了药物和化妆品的优点和特性。同药物一样，它所含的主要活性成分的作用比传统化妆品更具针对性，作用机制更明确；但由于活性成分大都从天然植物或矿物中提取，安全性高，无毒副作用，可以每天使用。同时，质地和外包装等方面又兼具了传统化妆品的特性，使消费者在使用时，能得到最大程度地愉悦和美的享受。但是，化妆品的功效毕竟有限，不可能替代药物。

医学用护肤品更注重配方设计，排除了损害皮肤或容易引起过敏的物质，尽量不用或少用香料、防腐剂、表面活性剂等添加成分；主要活性成分的研究开发和生产过程更接近于药物，产品经过志愿者的皮肤临床验证表明无刺激，极少发生过敏；护肤品中活性成分的作用和剂量在标签中注明。简言之，除具有化妆品的共性外，医学用护肤品还应该具有以下特点：

（1）安全性：配方精简，各种原料经过严格筛选，不含或尽量减少易损伤皮肤或引起皮肤过敏的物质，如色素、香料、致敏防腐剂等，对皮肤无刺激。按类似新药标准进行生产、包装和运输，具有良好的安全性。

（2）功效性：其功效性成分作用机制明确，主要依据不同类型皮肤的生理特点及皮肤病的发病机制进行活性成分的开发研究，对一些皮肤病起到辅助治疗的作用。

（3）临床验证：如同新药一样，上市前经过人体有效性和安全性的临床验证。临床有效性包括对正常皮肤的保护作用，对疾病皮肤则能缓解症状，减少药物用量，减轻治疗副作用以及预防复发。

二 护肤品的作用机制

护肤品的主要作用机制归纳如下：

（一）清洁作用，软化、剥脱角质

与一般清洁剂不同，医学用护肤品中的清洁剂一般无皂基，性质温和，对皮肤刺激小，除含有表面活性剂等清洁成分外，还含有某些抗敏成分，如马齿苋、天然活泉水等，形成抗敏清洁剂，常用剂型为乳剂，可用于干性敏感性皮肤及面部皮炎护理及辅助治疗。如在抗敏清洁剂的基础上，再添加某些控油成分，如锌剂、南瓜子油等，则形成控油抗敏型清洁剂，可用于油性敏感性皮肤，皮脂溢出性皮肤病，如痤疮、酒糟鼻等的护理及辅助治疗。

（二）缓解炎症、舒缓皮肤敏感

医学用护肤品中的保湿剂与一般保湿剂不同，在普通保湿剂的基础上，添加了一些活性成分，如马齿苋、天然活泉水等，形成抗敏保湿剂。如在抗敏保湿剂中又加入具有控油功效的南瓜子油、水杨酸等，则构成控油抗敏型保湿剂，可辅助治疗油性敏感性皮肤、面部皮炎、痤疮等皮肤病。市面上可供选择的产品类型较多，如抗敏保湿水、保湿乳、保湿霜以及控油抗敏保湿水、保湿凝胶、保湿乳。

（三）润肤作用，恢复皮肤屏障

在抗敏保湿剂的基础上，添加某些脂肪酸，使保湿剂中脂质含量增高，可成为抗敏柔润型保湿剂。主要用于躯干、四肢的干性皮肤，干燥性皮肤病的日常皮肤护理及辅助治疗。这类产品在皮肤科临床实践中应用较广。

（四）控油、抗痤疮

与抗敏控油型保湿剂不同，控油、抗痤疮类护肤品含有能充分清洁皮肤表面多余皮脂的表面活性剂；抑制皮脂分泌的南瓜子油、锌剂等；使蛋白变性的水杨酸及具有溶解角质的成分，控油和减缓痤疮皮损功效更强。其剂型主要包括水剂、凝胶剂、乳剂，诸如控油清洁剂、控油清痘水、控油清痘凝胶、控油清痘乳，主要用于皮脂溢出性皮肤病，如痤疮、酒糟鼻、脂溢性皮炎的辅助治疗及皮肤护理。

（五）美白祛斑作用

美白祛斑类护肤品主要含有干扰或抑制黑素合成、转运的活性成分，如β-熊果苷、维生素C及其衍生物、曲酸等，用于色素沉着性皮肤病（如黄褐斑、炎症后色素沉着、黑变病等）

的辅助治疗，以减轻色素沉着。一般用于局部皮损处。

（六）嫩肤抗皱作用

嫩肤抗皱类护肤品由于含有细胞调节剂（如细胞生长因子、神经酰胺、果酸等）、或抗氧化成分（如超氧化物歧化酶、辅酶Q10等），可减少皱纹，延缓皮肤老化。主要用于易出现皱纹的部位，可预防及辅助治疗皱纹。

（七）防晒作用

防晒成分与一般防晒剂相同，但不含香料、色素、致敏防腐剂。可分为物理性防晒剂、化学性防晒剂、生物防晒剂，或配方中同时添加物理性和化学性防晒剂。任何皮肤类型，包括儿童皮肤都可使用防晒剂，其剂型有乳剂、霜剂、喷雾剂等。干性皮肤伴或不伴皮肤敏感，一般选择乳剂或霜剂；油性皮肤伴或不伴皮肤敏感，为防止堵塞毛孔，一般选择喷雾剂或乳剂。在使用时应根据所处环境、季节，选择不同SPF、PA值的防晒剂。

第二节　护肤品在皮肤科的应用

一　干性皮肤与干燥性皮肤病

（一）干性皮肤（dry skin）

皮肤角质层含有一定的脂质（约7%）及水分（15% ~ 25%），能使皮肤保持柔润、有光泽，同时，角质层还含有一定量的天然保湿因子，也可保持角质层的水分。当角质层的脂质、水分或保湿因子缺乏，皮肤角质层含水量低于10%时，可导致角质层正常结构不稳定，影响皮肤屏障功能，从而引起经皮失水（transepidermal water loss，TEWL）增加，皮肤变得干燥、脱屑，成为干性皮肤（图7-1）。

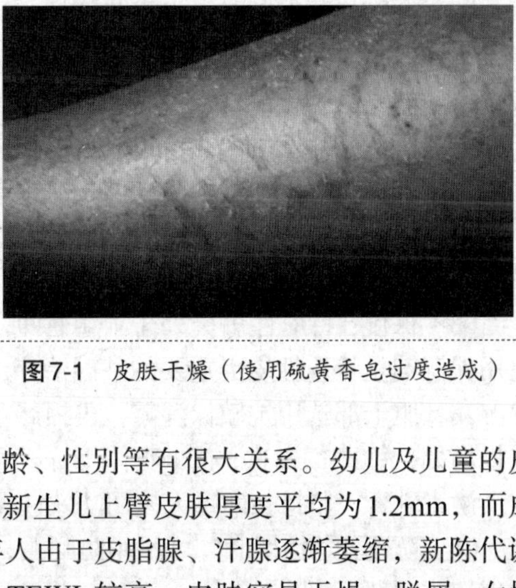

图7-1　皮肤干燥（使用硫黄香皂过度造成）

生理性皮肤干燥除了与遗传有关外，还与年龄、性别等有很大关系。幼儿及儿童的皮肤由于皮脂腺、汗腺发育不完全，皮肤较薄（如新生儿上臂皮肤厚度平均为1.2mm，而成人皮肤厚度平均为2.1mm），脂质含量较少；老年人由于皮脂腺、汗腺逐渐萎缩，新陈代谢减弱，脂质生成减少，角质形成细胞增殖减弱，TEWL较高，皮肤容易干燥、脱屑；女性皮脂分泌量少于男性，皮肤易干燥。外界环境，包括气候变化（如寒冷、紫外线、空气干燥等）、化学因素（碱性洗涤剂、药物、化妆品使用不当）等，都可以破坏皮肤屏障，导致皮肤干燥。

护肤品在干性皮肤中的临床应用：补充皮肤脂质、天然保湿因子及水分，恢复皮肤正常状态，改善干性皮肤肤质。

（1）清洁：选用清洁剂进行皮肤清洁，以清除皮肤表面的污垢，清洁次数不宜频繁，颜面部一般每日1次，四肢及躯干一般每周1 ~ 2次。

（2）保湿：颜面部清洁后，可使用保湿水，每天1 ~ 2次，补充角质层水分，平衡皮肤pH，禁用含控油成分的爽肤水，不用含乙醇的收缩水。四肢等皮脂分泌较少的部位，可每周使用2次保湿霜。

（3）护肤：选用保湿乳及霜，春、秋、冬季每天使用2次。夏季可适当减少使用频率。

（4）防晒：加强防晒，以预防皮肤病，如干燥性皮肤病、色素性皮肤病的发生。可根据地理环境、季节等因素选择防晒剂。

（二）干燥性皮肤病

1. 特应性皮炎（atopic dermatitis） 又名异位性皮炎，是一种与遗传过敏素质有关的慢性炎症性皮肤病（见图7-2），表现为多形性皮损、有渗出倾向并瘙痒，常伴发哮喘、过敏性鼻炎。临床分为3期：婴儿期、儿童期、青年成人期。由于特应性皮炎患者先天缺乏神经酰胺合成酶，神经酰胺含量降低，表皮其他脂质，如磷脂或固醇酯也相对减少，使皮肤屏障功能不健全，TEWL增加，保水功能降低。同时，婴幼儿、儿童皮脂腺、汗腺功能发育不健全。因此，皮肤干燥、脱屑，瘙痒成为本病的主要症状。

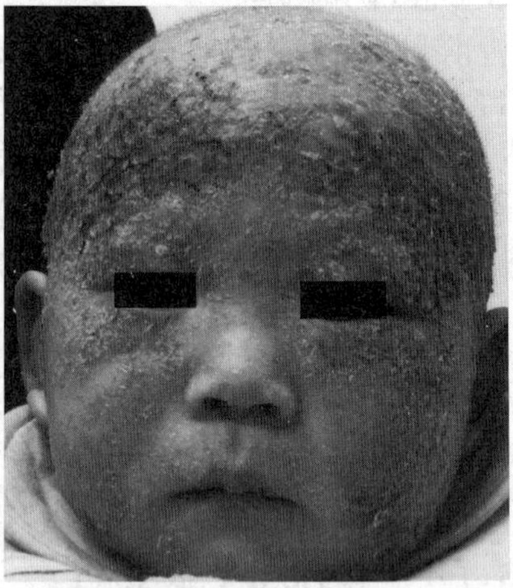

图7-2 特应性皮炎

护肤品在特应性皮炎中的临床应用：缓解皮肤干燥、脱屑及瘙痒是本病的首要治疗方法，在使用抗组胺等药物治疗的同时，为皮肤补充一定的脂质、水分，可以恢复受损皮肤屏障，预防及辅助治疗特应性皮炎的发生。

（1）清洁：特应性皮炎皮肤敏感性较高，急性期时，只需用清水洁肤，亚急性期及慢性期时，可选用抗敏清洁剂清洁皮肤，次数不宜频繁，每周1～2次。

（2）湿敷：皮疹处于急性期伴糜烂、渗出时，清洁皮肤后可行湿敷治疗。选用抗敏湿敷贴膜，每日1～2次，一般使用5～7天后可减轻糜烂、渗出的症状。

（3）保湿：特应性皮炎处于亚急性期、慢性期时，皮肤干燥及瘙痒是首要症状，因此，使用保湿剂是特应性皮炎重要的基础治疗，可加强皮肤屏障功能。颜面部选用抗敏保湿乳及保湿霜，躯干部选用抗敏保湿霜，皮损严重时可加用糖皮质激素乳剂，各一半混合外搽于皮肤损伤处，每日1～2次；整个身体用抗敏保湿霜外搽，每天1～2次。待皮损痊愈后，停用糖皮质激素乳膏，坚持长期每天使用功效性保湿剂能有效预防疾病复发。

（4）防晒：急性期时，可不用防晒霜，待皮损恢复后，颜面可根据季节、生活环境选择物理性防晒剂。

2. 湿疹（eczema） 多种内外因素共同引起的一种具有明显渗出倾向的炎症性皮肤病，皮损呈多形性，瘙痒剧烈，易复发。由于变态反应引起组胺释放，再加上一些炎性细胞因子的作用，使湿疹临床表现多样化。急性期表皮细胞间及细胞内水肿，真皮浅层有炎性细胞浸润，出现红斑、丘疹，有时伴水疱、糜烂、渗出；亚急性期由于基底层细胞开始修复创面，出现角质形成细胞增殖、分化，表现为表皮角化不全，皮肤变得干燥、脱屑；慢性期角质形成细胞增生更明显，出现棘层肥厚，角化过度，皮肤肥厚、苔藓样变，更加干燥、脱屑，这些病变不同程度地破坏了皮肤屏障功能，使皮肤出现干燥、瘙痒。因此，恢复皮肤屏障及使用具有抗敏、抗炎作用的护肤品以缓解皮肤干燥、瘙痒，是湿疹治疗的基础。

护肤品在湿疹中的临床应用：急性期以收敛、减少渗出、控制炎症为主；亚急性期、慢性期以控制炎症、恢复皮肤屏障为主。

（1）清洁：急性期时，避免使用清洁剂，可用清水洁肤；亚急性期及慢性期时，可选用抗敏清洁剂洁肤，洗澡次数不宜过勤，春、夏季2～3天洗一次，秋、冬季每周1～2次。

（2）湿敷：同特应性皮炎。

（3）护肤：亚急性期及慢性期，在口服抗组胺药、外用糖皮质激素的同时，辅助使用抗敏保湿霜，每日1～2次。湿疹慢性期皮损苔藓样变，逐渐增厚，必要时需进行封包，加强皮肤的透皮吸收，如皮损消退、瘙痒缓解可停用外用糖皮质激素，坚持长期每天使用该类功效性保湿剂，可有效预防疾病复发。

3. 银屑病（psoriasis） 又名牛皮癣，是一种常见的慢性复发性炎症性皮肤病，与遗传、免疫、感染、内分泌、神经精神等多种因素有关，典型皮损为鳞屑性红斑（见图7-3），临床上分为4型：寻常型、脓疱型、关节型及红皮型。

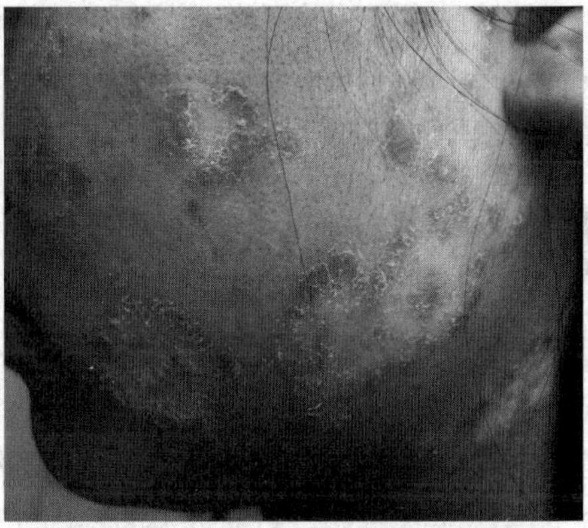

图7-3 银屑病

很多因素对银屑病角质形成细胞增殖与脱落的动态平衡有一定影响，有研究报道，银屑病患者表皮增殖的机制可能是cAMP/cGMP、腺苷酸环化酶/鸟苷酸环化酶、前列腺素E/前列腺素F的比例失调所致。cAMP是表皮抑素（epidermal chalone），可抑制表皮细胞分裂及糖原蓄积，前列腺素E可使表皮中cAMP含量增高；同时，银屑病表皮中的游离花生四烯酸、聚胺类、硫氢基等物质也可促进表皮细胞增殖。这些因素促使银屑病表皮更替时间缩短，出现表皮角化不全，皮肤结构不稳定，皮肤屏障受损，从而导致皮肤干燥、脱屑。

护肤品在银屑病的临床应用：减轻皮肤干燥、脱屑症状及外用药物刺激，恢复皮肤屏障，辅助治疗本病。

（1）清洁：不宜过度清洁皮肤，选用抗敏清洁剂，秋冬季节每周清洁1～2次，夏天可根据情况每天或间天一次。避免搔抓皮肤。

（2）护肤：银屑病的治疗常选用维A酸类药物及糖皮质激素，有时还配合使用光疗，这些有效的药物及物理治疗常易引起并加重皮肤干燥及脱屑，因此，在使用药物治疗特别是进行光疗时，选用抗敏保湿霜仍然是重要的基础治疗，每日使用1～2次可显著缓解皮肤脱屑的症状，同时还可减轻药物及光疗的副作用。值得注意的是，该类皮肤病患者当皮疹消退后，依然需要长期使用功效性保湿剂，才能有效预防疾病复发。

4. 鱼鳞病（ichthyosis） 是一组以皮肤干燥并伴片状鱼鳞样、固着性鳞屑为特征的角化异常性常染色体显性遗传病。皮肤角化过度，角质层堆积、空隙增加，颗粒层变薄或缺失，皮肤正常结构不完整，皮肤屏障受损，易干燥、脱屑。儿童时期皮损较重，到成年后，皮脂腺、汗腺功能活跃时，症状有所减轻。本病易受外界因素影响，夏季或在温热带地区脱屑较轻，气温较低或干燥地区则TEWL增高，干燥、脱屑症状较重。

护肤品在鱼鳞病的临床应用：清洁与银屑病相同，坚持每天外涂1～2次保湿霜是治疗及可预防该病的主要手段。

5. **红皮病（erythroderma）** 又称剥脱性皮炎、剥脱性红斑，为一种严重的炎症性皮肤病，炎症性红斑面积达到体表面积的90%以上，皮肤潮红肿胀、脱屑，可伴发热等全身症状。病因很多，一类为无明显原因的红皮病，另一类为继发于其他皮肤病的红皮病，如皮炎、湿疹、银屑病、药疹等。患者自身皮肤屏障已经受损，加上长期使用激素、刺激性药物，加剧了皮肤屏障功能的破坏，导致皮肤更加干燥、脱屑（见图7-4）。恢复皮肤屏障，缓解皮肤干燥、脱屑，停止使用刺激性外用药物是治疗红皮病的关键。

护肤品在红皮病的临床应用：清洁同银屑病，但要注意需停用所有外用药物，坚持每天外涂1～2次抗敏保湿霜是治疗本病的外用手段。

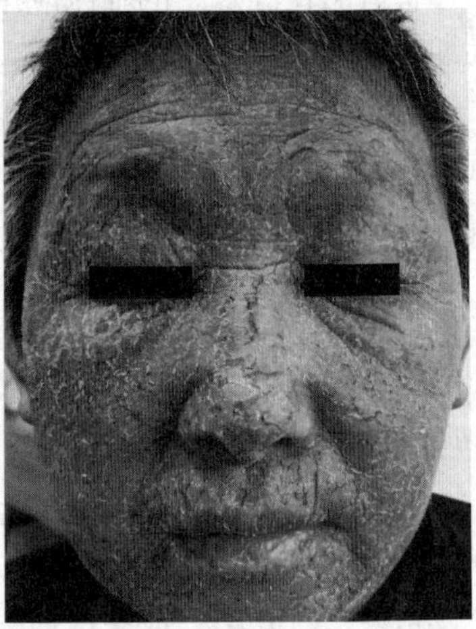

图7-4 红皮病

二 敏感性皮肤

严格来说，敏感性皮肤（sensitive skin）不是一种疾病，而被认为是一种高度敏感的皮肤状态，即皮肤在受到外界冷、热等刺激时，易出现红斑、丘疹、毛细血管扩张，并伴有刺痛、烧灼、紧绷、瘙痒等自觉症状。病程慢性，易反复发作。在临床上，敏感性皮肤可表现为生理性皮肤敏感，各种疾病状态下皮肤的敏感性增加，以及激光、各种药物治疗造成的皮肤敏感。

1. **生理性皮肤敏感** 其发生原因较为复杂，可能是外界因素（气候环境变化、日晒、花粉、污染、饮食等）及内在因素（遗传、年龄等）共同作用后的结果。这些因素导致皮肤屏障功能降低，外用化学物质渗透性增加，感觉神经信号输入增加，从而引起皮肤敏感。是否存在免疫反应性增强的因素尚有待进一步确定。

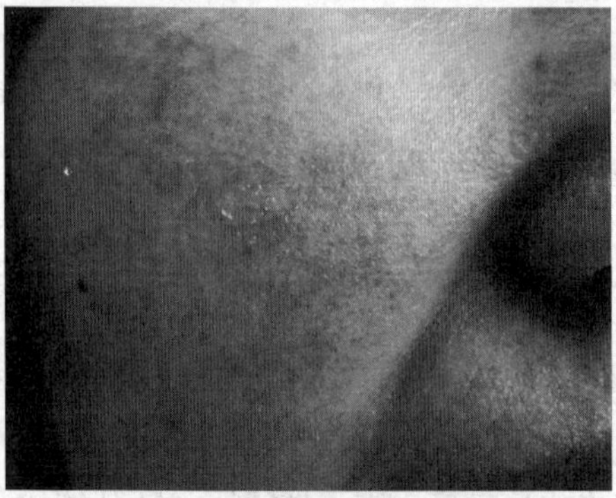

图7-5 激素依赖性皮炎

2. **面部皮炎** 包括以下2种情况：

（1）激素依赖性皮炎（corticosteroid addictive dermatitis）：长期使用糖皮质激素，可致皮肤变薄，毛细血管扩张，经皮失水增加，皮肤干燥、脱屑，无法抵御外界刺激，从而导致皮肤敏感，见图7-5。

（2）化妆品接触性皮炎（contact dermatitis due to cosmetics）：化妆品选用不当，皮肤屏障受损，出现炎症反应，导致刺激性接触性皮炎和变应性接触性皮炎，出现红斑、丘疹、水疱、渗液及结痂，致皮肤敏感性增加。

3. **激光术后皮肤损伤（cutaneous damage after laser treatment）** 激光的热效应及光化效应可影响糖基化神经酰胺合成酶的活性，神经酰胺的合成减少，保湿功能下降；还可使角质层中的角蛋白变性，破坏角质层的正常结构；而激光的热效应还引起酶蛋白变性，影响酶促反应，导致保湿因子、脂质生成代谢障碍，破坏皮肤“砖墙结构”，从而降低皮肤对外界刺激的抵御能力，容易受外界紫外线、微生物的影响。日晒将直接促使黑素细胞产生黑素增多，易形成色素沉着，同时，角质层的吸收、保湿功能亦下降，经皮水分流失增多，皮肤易变得干燥、敏感。

4. 药物刺激引起的医源性皮肤敏感 在治疗皮炎、湿疹、痤疮等皮肤病时，经常会使用糖皮质激素、维甲酸类、过氧化苯甲酰等药物，这些药物都有一定刺激性，使皮肤屏障受损，从而导致皮肤敏感。

护肤品在敏感性皮肤或皮肤过敏性疾病的临床应用：传统观念认为皮肤处于敏感状态，特别是患有面部皮炎，如激素依赖性皮炎、化妆品皮炎时，不能使用任何化妆品。但皮肤处于敏感状态时，由于屏障功能严重受损，皮肤水分丧失，对外界抵抗力降低，易受外环境影响。有研究表明，敏感性皮肤含水量及皮脂含量均低于正常值，此时，患者皮肤更加干燥、脱屑、瘙痒、有紧绷感。因此，敏感性皮肤，特别是由面部皮炎引起者，更需要修复受损皮肤屏障，增强皮肤抵御外界刺激的能力，需要使用具有恢复皮肤屏障功能的护肤品。

对于生理性皮肤敏感，需修复受损皮肤屏障，减轻皮肤敏感，注意防晒，增强皮肤对外界刺激的抵御能力。如伴有面部皮炎，则在治疗原发病的同时，配合使用抗敏保湿剂，增强防晒。同时要注意在需要使用刺激性外用药物时，应配合使用抗敏保湿剂，减轻药物对皮肤的刺激性，避免皮肤屏障受损。

（1）清洁：选用抗敏清洁剂清洁皮肤，每日1～2次。

（2）保湿：皮肤类型为干性的敏感性皮肤，清洁皮肤后，将抗敏保湿水拍打在颜面部；而皮肤类型为油性的敏感性皮肤，则应选用控油保湿水，涂抹保湿水后一定要用保湿乳或保湿霜，以便更好地保持水分。

（3）护肤：干性敏感性皮肤应选用抗敏保湿乳或保湿霜，每天2次，缓解皮肤敏感的同时，为皮肤提供应有的水分和脂质，修复受损皮肤屏障；油性敏感性皮肤则应选用控油保湿乳或控油保湿凝胶，每日2次。

（4）防晒：研究表明，部分敏感性皮肤对紫外线敏感，因此，敏感性皮肤需要加强防晒。夏季、高原地区的敏感性皮肤应选用SPF > 30、PA+++的防晒剂；春、秋、冬季以及平原地区的敏感性皮肤应选用SPF > 20、PA++的防晒剂。干性敏感性皮肤可选用物理、物理化学性防晒乳或防晒霜；油性敏感性皮肤由于皮肤较油腻，物理防晒剂易堵塞毛孔，因此，应选用物理化学防晒乳或防晒喷雾。但要注意，急性期时，炎症反应较重，可暂时不使用防晒剂。

三 油性皮肤及皮脂溢出性皮肤病

（一）油性皮肤（oil skin）

角质层中含有较多的脂质，能使皮肤保持柔润，阻止皮肤水分过度流失，但脂质分泌过多，皮肤则变得油腻，易堵塞毛孔，称为油性皮肤。表现为油脂多，皮肤油腻、毛孔粗大、角质层厚、水油不平衡，水分相对不足。

护肤品在油性皮肤的应用：减少皮脂过度分泌，补充水分，防晒，预防痤疮等皮脂溢出性皮肤病的发生。

（1）清洁：油性皮肤的清洁很重要，选用控油清洁剂清洁皮肤，每日2次，夏季皮肤更油腻时，可多清洗1次。

（2）控油保湿：有人认为油性皮肤是由于皮脂分泌旺盛所致，与皮肤缺水无关。其实，油性皮肤的水油是不平衡的，皮肤屏障受损，经皮失水增加；同时，由于有些人过度清洁皮肤，也造成皮肤缺水。因此，油性皮肤也要保湿，可在清洁皮肤后，外用控油保湿水，做到控油、保湿、调整皮肤水油平衡。

（3）护肤：选用控油保湿乳或保湿凝露进行皮肤护理，每日使用1～2次。

（4）防晒：任何皮肤都需要防晒，油性皮肤也不例外，由于物理性防晒剂较厚重，易堵塞毛孔，因此，油性皮肤人群在皮肤不敏感时，可选用化学防晒剂；当伴有皮肤敏感时，则选用物理化学防晒剂。春、夏季及高原地区选用SPF＞30、PA+++的防晒剂；秋冬季及平原地区可选用SPF＞15、PA++的防晒剂，一般选用的剂型为喷雾剂或乳剂。

（二）皮脂溢出性皮肤病

皮脂溢出性皮肤病主要包括：痤疮、酒渣鼻（图7-6）、脂溢性皮炎，它们都与油性皮肤有密切关系。油性皮肤皮脂腺肥大，容易堵塞毛囊导管，导致毛囊导管口过度角化，形成粉刺；皮脂淤积在导管口内，若毛囊内微生物作用，可出现丘疹、结节、囊肿，易患痤疮；如感染马拉色菌，则易患脂溢性皮炎；如伴有面部血管运动神经失调，血管长期扩张，易患酒渣鼻。

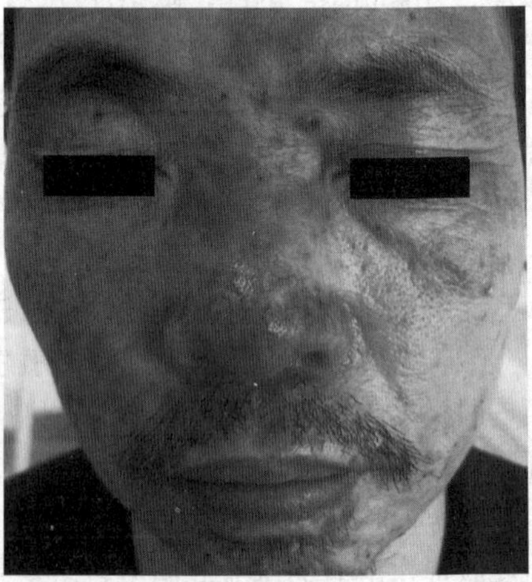

图7-6 酒渣鼻

护肤品在皮脂溢出性皮肤病的临床应用：减少皮脂过度分泌、保湿、减轻皮肤炎症反应、缓解皮损。对痤疮患者，可视有无皮肤敏感两种状态，分别进行护理。

（1）清洁：痤疮皮肤不敏感时，选用控油清洁剂清洁皮肤每天2次，夏季或皮肤过度油腻时，可每天清洁3次。但注意不要过度清洁皮肤，引起角质层脂质成分丧失，皮肤变得干燥、脱屑。痤疮伴皮肤敏感时，选用抗敏清洁剂清洁皮肤，每天1～2次。

（2）保湿：痤疮皮肤不敏感时，清洁皮肤后，可用控油保湿水外搽于面部皮肤，以达到控油、溶解角质、保湿的目的。痤疮伴皮肤敏感时，则选用控油抗敏保湿水外搽，在控油的同时，有抗敏、预防皮肤敏感的作用。

（3）护肤：痤疮皮肤不敏感时主要选用控油清痘剂，每天2次。值得注意的是，由于痤疮患者外用药物后，皮肤易敏感、干燥、脱屑，而清痘剂具有一定的抑制皮脂分泌作用。因此，当出现上述症状时，应停止使用清痘剂，而改用抗敏保湿乳，每天2次，缓解皮肤敏感。痤疮伴皮肤敏感时，先使用控油抗敏保湿乳，局部皮损处使用控油清痘剂。

（4）防晒：痤疮为光线加剧性皮肤病，需要日常防晒。选用SPF＞30、PA+++的物理化学性防晒剂，一般剂型选用防晒喷雾或防晒乳。

四 色素增加性皮肤病——黄褐斑

黄褐斑（melasma），又称“肝斑”，为黄褐色色素沉着斑，对称分布于面颊部，多见于中年女性（图7-7）。目前认为本病可能与妊娠、口服避孕药、内分泌、药物、化妆品、遗传、微量元素、肝脏疾病及紫外线等有关，妊娠或口服避孕药可能是主要的诱发因素。

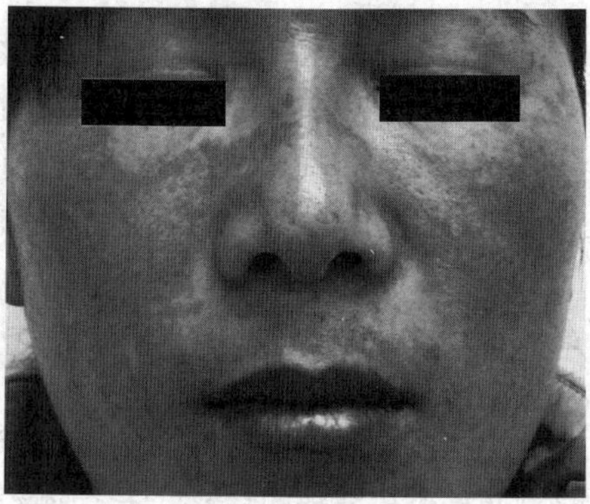

图7-7　黄褐斑

某些化妆品中含有重金属，如铅、汞等，可致巯基减少，酪氨酸酶活性增高，多巴胺生成增多，黑素合成增加。日晒是引起黄褐斑的一个重要因素，紫外线能激活酪氨酸酶活性，使照射部位黑素细胞活跃，使黑素生成增加，提示治疗的同时还需要防晒。

此外，某些慢性病，特别是妇科疾病（如月经失调、痛经、子宫附件炎、不孕症等以及乳房小叶增生）、肝病、慢性乙醇中毒、甲状腺疾病（尤其是甲亢及甲状腺切除综合征）、结核、内脏肿瘤等患者中也常发生本病，可能与卵巢、垂体、甲状腺等内分泌有关。

黄褐斑患者皮肤大多较干燥，皮肤屏障不健全，易受日晒影响，引起色素生成增加，易沉积于角质层。

护肤品在黄褐斑中的应用：保湿、防晒、恢复皮肤正常色泽。皮肤清洁、保湿、护肤与干性皮肤相同，护肤完毕后，可在黄褐斑皮损处使用美白祛斑类护肤品，且在使用美白剂时，白天一定要配合适宜的防晒剂（SPF > 30、PA+++）。

五　光致皮肤损伤

光致皮肤损伤包括：①皮肤光老化；②光线性皮肤病，如多形性日光疹、慢性光化性皮炎等；③光线加剧性皮肤病，如痤疮、红斑狼疮、黄褐斑等；④光线致癌。这里仅就光老化、光敏性皮肤病进行阐述。

（一）皮肤光老化（photoaging）

光老化的皮肤新陈代谢功能衰退，角质形成细胞增殖、分化减慢，皮肤变薄。表皮中脂质含量减少，真皮中黏多糖含量也降低，皮肤TEWL增加，变得干燥、脱屑，皱纹增多。

真皮中胶原蛋白含量与皮肤老化相关，其中以Ⅰ型和Ⅲ型胶原最为重要，随着年龄的变化，其含量也在发生变化，同时胶原变粗、变性。真皮变性弹性蛋白堆积，排列紊乱，皮肤弹性降低，而皮下脂肪层萎缩，皮肤失去支撑，易出现皱纹。

同时，成纤维细胞合成的抗氧化酶——过氧化氢酶含量减少，如70～80岁老年人成纤维细胞合成的过氧化氢酶只有0～10岁儿童的一半；紫外线照射后，过氧化氢酶含量可下降50%～70%，致使皮肤内氧自由基蓄积，造成皮肤氧化性损伤。

护肤品在皮肤光老化的临床应用：保湿、防晒，局部使用抗老化护肤品，减轻皱纹，缓解皮肤老化。

（1）清洁：每天选用清洁剂清洁皮肤1次。

（2）保湿：用保湿水拍在面部皮肤上，达到保湿、平衡皮肤表面pH的作用。

（3）护肤（抗皱）：每日外用保湿剂2次，晚上再在前额、眼周、口周等易产生皱纹的部位使用嫩肤抗皱类护肤品，延缓皮肤衰老。

（4）防晒：外用保湿剂后，需要使用防晒剂。高原地区、春夏季选用SPF > 30、PA+++的物理或化学性防晒剂；平原地区、秋冬季选用SPF > 15、PA++的物理或化学性防晒剂。

（二）光线性皮肤病

光线性皮肤病主要包括多形性日光疹（polymophic light eruption，PLE）、慢性光化性皮炎（chronic actinic dermatitis，CAD）。PLE是一种光敏性皮肤病，多发于春夏季，常在日光照射后几小时或几天后发生，春季和夏初发病，冬季很少发生。CAD是一种慢性、持续出现于曝光和非曝光部位的持久性光过敏性疾病。一般初次发作在夏季，但慢慢地四季均可发病。

该类皮肤病好发于暴露部位，对紫外线敏感，可出现丘疹、丘疱疹、水疱等湿疹样多形性损害，皮肤屏障受损，皮肤出现干燥、脱屑伴瘙痒。

护肤品在光线性皮肤病的临床应用：治疗原发病，保湿、防晒、缓解光敏性皮肤病症状。

皮肤清洁、湿敷、保湿、护肤与湿疹相同。防晒是预防该类皮肤病的首要方法，应选用SPF > 30、PA+++的物理防晒剂。

思 考 题

1. 医学用护肤品的特点及作用是什么？
2. 痤疮如何应用护肤品进行护理？
3. 敏感性皮肤如何使用护肤品？
4. 皮炎、湿疹如何使用护肤品进行护理？

（何 黎 李 利）

第八章 化妆品不良反应

随着化妆品使用的日益广泛，各类产品在带给消费者舒适和美的同时，不良反应也随之增多。如果消费者在正常条件下，用正确方法使用化妆品而引起了皮肤不良反应，可能是产品的质量问题，也可能是消费者局部皮肤屏障功能破坏或自身过敏体质引起。产品说明书不准确导致使用方法不恰当，或消费者未按说明书正确使用也会造成不良反应。此外，化妆品中非法添加违禁成分还可能导致重金属中毒，出现系统损害，甚至致癌等，但最常见的还是局部皮肤不良反应。

化妆品皮肤不良反应的诊断除了依据病史、临床表现以外，皮肤试验也可以提供重要的诊断依据。国家发布的系列法规可以保障化妆品的质量，而化妆品不良反应监察体系则能及时反馈市场信息，维护消费者的安全。

第一节 化妆品皮肤不良反应

化妆品皮肤不良反应（adverse skin reactions induced by cosmetics）是指人们日常生活中正常使用化妆品引起的皮肤黏膜及其附属器的损害。由于化妆品种类繁多，所使用的活性添加剂层出不穷，剂型不断创新，致使化妆品皮肤不良反应发生率增高、发病类型增多、临床特征多样，给化妆品皮肤不良反应的诊断带来一定的困难。由于大多数皮肤不良反应临床表现与一些皮肤病相似，故统称为化妆品皮肤病（skin diseases induced by cosmetics）。完整的化妆品皮肤病的诊断应包括化妆品皮肤病的类型、病因和因果关系的评估。在诊断化妆品皮肤病时应明确可疑致病化妆品，一般是详细询问病史、化妆品接触史，认真进行体格检查，必要时通过皮肤试验找出病因。

一 化妆品接触性皮炎

化妆品接触性皮炎（contact dermatitis due to cosmetics）是指接触化妆品后，在接触部位或其邻近部位发生的皮肤炎症。发病机制包括原发刺激和变态反应两类。刺激性接触性皮炎是指外界物质通过非免疫性机制造成的皮肤局限性表浅性炎症反应，可能同化妆品对皮肤的刺激强度和皮肤的屏障功能是否完整有关。变应性接触性皮炎是指接触变应原后，通过免疫机制引起的皮肤炎症反应。

1. 常见原因 能够引起化妆品变应性接触性皮炎的原料相当多，包括香料、防腐剂、乳化剂、抗氧化剂、防晒剂、植物添加剂等。最常见的是香料和防腐剂。

（1）香料类：肉桂醛、肉桂醇、香叶醇、丁子香酚、异丁子香酚、栎扁枝衣提取物、羟基香茅醛、戊基肉桂醛、秘鲁香脂、羟基异己基3-环己基甲醛、柠檬醛、法呢醇、香茅醇、己基肉桂醛、香豆素、薰衣草提取物、衣兰油、玫瑰油、茉莉提取物、檀香油、茶树油等。

（2）防腐剂类：咪唑烷基脲、双咪唑烷基脲，季铵盐-15、DMDM乙内酰脲、布罗波尔、甲基异噻唑啉酮、对羟基苯甲酸甲酯、对羟基苯甲酸丙酯、对羟基苯甲酸丁酯、对羟基苯甲酸乙酯、对羟基苯甲酸异丁酯、碘丙炔醇丁基氨甲酸酯、三氯生、硫柳汞等。

除香料、防腐剂外，表面活性剂、化学性防晒剂、颜料或染料、抗氧化剂、染发剂、植物提取物、人造指甲及指甲油等也是较为常见的致敏原。

2. 临床表现 化妆品接触性皮炎是化妆品皮肤病中最常见的类型，占62%～93%。其中刺激性接触性皮炎（图8-1）占绝大多数，与皮肤耐受性、刺激物浓度和剂量大小有关。急性期表现为程度不等的干燥、脱屑、红斑、水肿、丘疹、水疱，破溃后可有糜烂、渗出和结痂等；慢性期表现为程度不等的浸润和增厚等。皮肤损害主要发生在化妆品的接触部位，界限清楚。自觉局部皮损灼热或疼痛，瘙痒少见。变应性接触性皮炎（图8-2）的发生同患者是否为过敏体质及对致敏物是否过敏有关。皮损形态多样性，急性期表现为程度不等的红斑、水肿、丘疹、水疱，破溃后可有糜烂、渗出、结痂等；慢性期表现为程度不等的浸润和增厚。皮损主要发生在化妆品的接触部位，严重时可向周围或远隔部位扩散，自觉瘙痒。皮损的严重程度同化妆品的使用量和使用频率有一定关系。

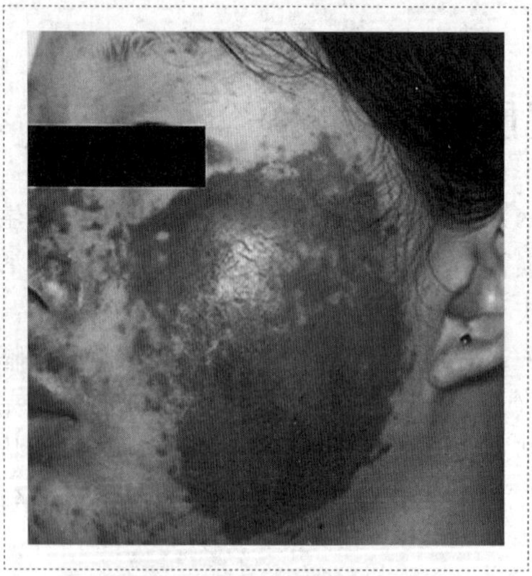

图8-1 化妆品刺激性接触性皮炎

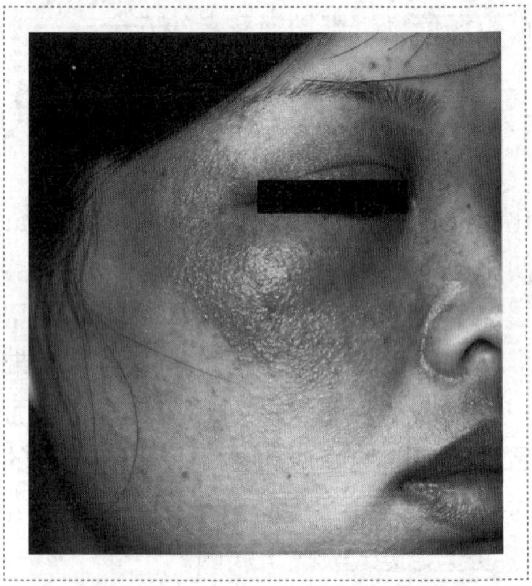

图8-2 化妆品变应性接触性皮炎

3. 诊断和处理

（1）诊断：化妆品接触性皮炎有明确的化妆品接触史，典型的临床表现，有的患者过去使用相同的化妆品有类似的皮损产生。反复开放性涂抹试验对明确诊断极有价值。如果再次使用该产品，刺激性接触性皮炎又可很快出现相同皮损，而变应性接触性皮炎在一定时间后方能出现相同皮疹。封闭型斑贴试验是接触性皮炎经典的诊断试验。对于封闭型斑贴试验阴性者应结合病史、临床表现全面分析，必要时进行反复开放性涂抹试验。对化妆品变应性接触性皮炎的患者，应主动与其沟通，告知除了验证可疑化妆品与皮损的相关性外，更应进一步寻找变应原，以指导日后避免接触含有该变应原的产品。随着国家法规要求化妆品全成分标注的实施，患者在确定自身过敏成分后，可依据产品标识避免购买含有自身过敏原料的化妆品。

（2）鉴别诊断：诊断化妆品接触性皮炎时，应排除其他原因引起的类似病变。应与其他炎症性皮肤病，如湿疹、脂溢性皮炎、颜面再发性皮炎、激素依赖性皮炎、光线性皮炎、多形性日光疹、手部汗疱疹、荨麻疹等疾病相区别。

（3）处理原则：及时彻底地清除皮肤上存留的化妆品，停用引起病变或可疑引起病变的化妆品。治疗可按接触性皮炎的治疗原则进行。由于大部分化妆品接触性皮炎病情较轻，应以温和治疗为主，局部治疗可根据外用药使用原则进行选择。急性期皮肤轻度红肿，有丘疹、水疱时，可用冷开水或生理盐水湿敷；慢性期可选用软膏。全身治疗以止痒脱敏为主，视病情轻重，给予内服抗组胺药物、维生素C、钙剂等治疗；对于少数严重且皮损泛发的患者可短期应用糖皮质激素；有并发感染者则加用抗生素类药物。

二 化妆品光接触性皮炎

化妆品光接触性皮炎（contact photodermatitis due to cosmetics）是指接触化妆品后，由于化妆品中某些成分和紫外线共同作用，在接触部位或其邻近部位引起的光毒性皮炎或光变应性皮炎。

1. 常见原因 化妆品光接触性皮炎常见的光致敏性成分有苯酮、对氨基苯甲酸、对甲氧基肉桂酸-2-乙氧基乙酯、葵子麝香、6-甲基香豆素、柠檬油、檀香油、橡苔提取物、肉桂醛、四氯-N-水杨酰苯胺、甲醛、三溴沙仑、三氯生和吡啶硫酮锌等。

2. 临床表现 化妆品光接触性皮炎患者应有明确的化妆品接触史和光暴露史，皮损通常发生在使用了化妆品的部位同时又受到阳光或紫外线的照射。急性皮损主要为红斑、水肿、丘疹和水疱等；慢性皮损为浸润、增厚和苔藓化等（图8-3）。自觉症状则为不同程度的瘙痒和灼热。皮损的严重程度与化妆品的使用量、使用频率和紫外线暴露量有关。当停止使用该可疑化妆品和紫外线暴露后皮损逐渐减轻甚至消退，如再次使用该化妆品和紫外线暴露后出现相同临床表现。

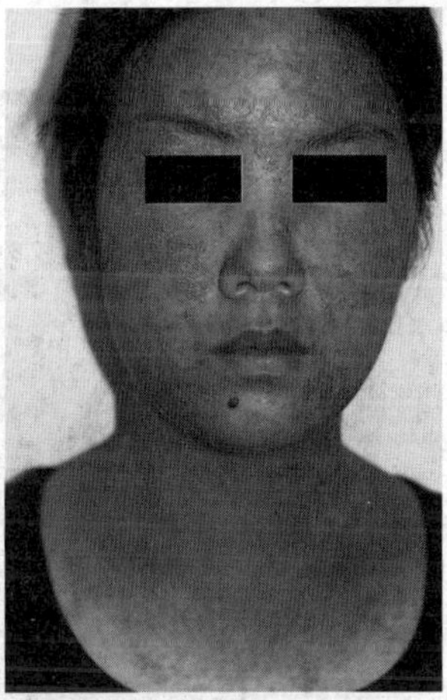

图8-3 化妆品光接触性皮炎

3. 诊断和处理

（1）诊断：化妆品光接触性皮炎患者应有明确的化妆品接触史和光暴露史，典型的临床表现，如再次使用该化妆品和紫外线暴露后出现相同临床表现，在过去相同的情况下有类似的皮损产生。皮肤光斑贴试验是诊断化妆品光接触性皮炎的重要依据之一，试验阳性者可诊断为化妆品光接触性皮炎；试验阴性者应结合病史、临床表现综合判断，必要时进行其他相关的特殊检查。

（2）鉴别诊断：应注意同其他原因引起的接触性皮炎、颜面再发性皮炎、光敏性药疹、食物日光性皮炎、慢性光化性皮炎等疾病相鉴别。

（3）处理原则：及时彻底地清除存留在皮肤上的化妆品，停止使用可疑化妆品，避免阳光和紫外线暴露。根据病情，按照光毒性皮炎或光变应性皮炎的治疗原则对症治疗，局部治疗与化妆品接触性皮炎相似；轻者可给予抗组胺药、维生素C等治疗，重者可口服糖皮质激素。

三 化妆品色素异常性皮肤病

化妆品色素异常性皮肤病（discolor dermatosis due to cosmetics）是指接触化妆品后，其中有的成分直接染色或刺激皮肤色素增生，在接触部位或其邻近部位发生的色素异常，或在化妆品接触性皮炎、化妆品光接触性皮炎的炎症消退后局部遗留的皮肤色素沉着或色素减退性改变。

1. 常见原因 化妆品色素异常性皮肤病主要是由化妆品中所含的不纯石油分馏产品、某些染料及有光感性的香料等引起。常见的致皮肤色素异常的化妆品成分有苏丹1、水杨酸苄酯、依兰油、卡南加油、茉莉精华油、羟基香茅醛、檀香精油、苯甲醇、肉桂醇、薰衣草精油、香叶草醇、天竺葵油等。

2. 临床表现 患者一般有明确的化妆品接触史。皮损主要发生在接触化妆品部位，或暴露于阳光或紫外线的部位，或曾发生化妆品接触性皮炎和光接触性皮炎的部位。皮损以色素沉着性斑更常见（图8-4），也可出现色素减退斑，边界较模糊（图8-5）。皮损的严重程度与化妆品的使用量和使用频率有关，同时还与暴露于阳光或紫外线的剂量有关。

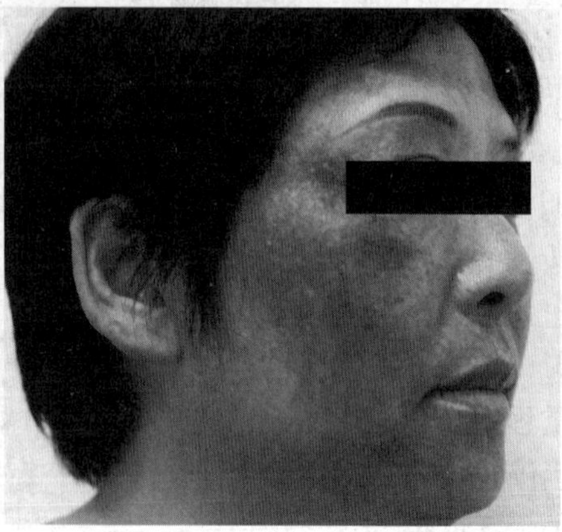

图8-4 化妆品色素异常性皮肤病——色素沉着

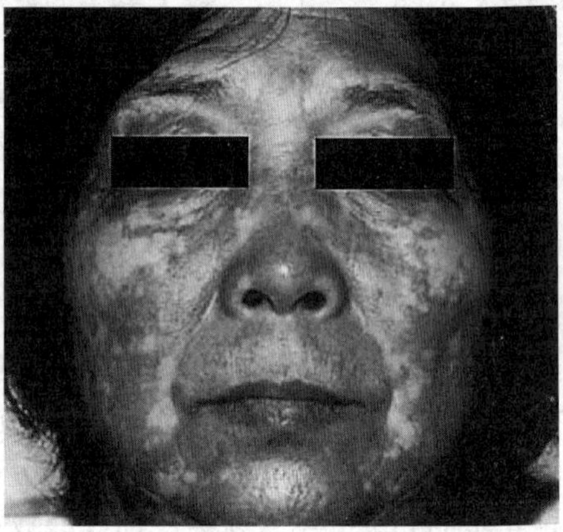

图8-5 化妆品色素异常性皮肤病——色素减退

3. 诊断和处理

（1）诊断：患者有化妆品接触史，典型的临床表现，当停止使用该化妆品后皮损可以慢慢减轻甚至消退。如果再次使用该化妆品或同时暴露于阳光或紫外线下会有相同皮损出现。过去使用相同的化妆品或同时暴露于阳光或紫外线下也会有类似的皮损产生。诊断性封闭型斑贴试验、反复开放使用试验和光斑贴试验有一定的诊断价值。

（2）鉴别诊断：用化妆品后出现的色素沉着应与其他色素增加性疾病，如黄褐斑、色素型扁平苔藓、瑞尔黑变病、艾迪生病等鉴别；用化妆品后出现的色素减退应与白癜风、单纯糠疹等相鉴别。必要时可行组织病理学及内分泌学检查以利鉴别诊断。

（3）处理原则：及时彻底地清除皮肤上存留的化妆品，停用所有可疑的化妆品，尽量避免阳光和紫外线照射。可以按照一般色素沉着性皮肤病或色素脱失性皮肤病进行治疗。色素脱失的治疗效果尚不确定；色素沉着大多为暂时性，经半年或1年，多则2年可以逐渐减轻。抗氧化剂如静脉用大剂量维生素C、口服或静脉输入谷胱甘肽、口服或静脉使用氨甲环酸，外用氢醌可加速色素减退。

四 化妆品甲损害

化妆品甲损害（damaged nail disease due to cosmetics）是指长期应用甲化妆品致使甲部脱水脱脂造成正常结构破坏，从而产生甲剥离、甲软化、甲变脆和甲周皮炎等甲部病变。

1. 常见原因 甲卸妆油中的有机溶剂可引起甲板失去光泽、变脆、变形、纵裂等；纤维型胶可引起勺状甲、甲沟炎等；甲化妆品中的染料或颜料等可引起刺激反应性、变态反应性、光毒性和光变态反应性甲周皮炎等。其病因同化妆品接触性皮炎和化妆品光接触性皮炎的病因相似。

2. 临床表现 化妆品甲损害可产生甲剥离、甲软化、甲变脆和甲周皮炎等甲部病变。甲损害的严重程度同化妆品的使用量和使用频率密切相关。当停止使用该化妆品后，甲损害一般不可能改变,甲周皮炎可以减轻甚至消退。如果再次使用该化妆品会出现相同的甲损害和甲周皮炎。

3. 诊断和处理

（1）诊断：有明确的化妆品接触史，典型的临床表现，当停止使用该化妆品后甲损害一般不可能改变，而甲周皮炎可以减轻甚至消退。如果再次使用该化妆品会出现相同的甲损害和甲周皮炎，既往有类似的病史。诊断性封闭型斑贴试验、反复开放使用试验和光斑贴试验对甲周皮炎的诊断有一定的帮助。对指（趾）甲做显微镜观察有助于确诊，对甲化妆品做化学分析有利于化妆品甲损伤及甲周皮炎的诊断。甲化妆品质量的相关产品信息对诊断有一定提示作用。

（2）鉴别诊断：在诊断化妆品甲损害时应排除其他原因引起的甲病变或甲周病变，如营养缺乏、内脏疾病、高原气候、物理因素、真菌及细菌感染等。

（3）处理原则：化妆品甲损害的处理原则是首先停用任何甲化妆品，彻底清洁甲及甲周残留的甲化妆品。对一般甲损伤和甲周皮炎可行对症治疗。

五 化妆品唇炎

化妆品唇炎（contact chilitis due to cosmetics）是指唇红部位接触化妆品后产生的刺激性、变态反应性、光毒性或光变态反应性唇炎。

1. 常见原因 化妆品唇炎常见的致病成分有蓖麻油酸、苯甲酸、复红石BCA、色素红57-1、微晶蜡、氧苯酮、酸丙酯、碳-18脂族化合物等。

2. 临床表现 接触性唇炎发生于接触化妆品的唇部，光接触性唇炎则位于接触化妆品和更易曝光的唇部，尤其是下唇。急性唇炎以水肿性红斑、疱疹、结痂等为特征；慢性唇炎则以干燥、脱屑、增厚为表现，可伴有皲裂（图8-6）；严重时可超出唇部，在附近皮肤出现接触性皮炎或光接触性皮炎的表现。自觉干绷、灼痛或瘙痒。皮损的严重程度同化妆品的使用量、使用频率或同时暴露于紫外线下有一定关系。当停止使用可疑化妆品后皮损逐渐减轻甚至消退。

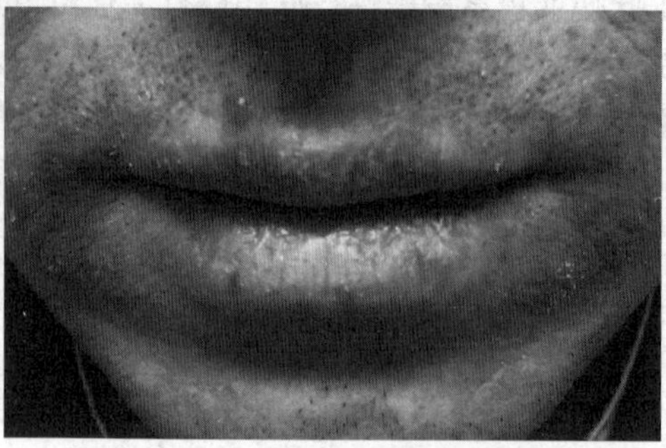

图8-6 化妆品唇炎

3. 诊断和处理

（1）诊断：有明确的唇用化妆品接触史，典型的临床表现，皮损的严重程度同化妆品的使用量、使用频率或同时暴露于阳光和紫外线下有一定关系，当停止使用可疑化妆品后皮损逐渐减轻甚至消退，如再次使用该化妆品或同时暴露于阳光和紫外线下可有相同损害出现。既往有类似病史。诊断性封闭型斑贴试验、反复开放使用试验和光斑贴试验有很高的诊断价值。

（2）鉴别诊断：诊断化妆品唇炎时应排除其他原因引起的类似唇部病变。

（3）处理原则：停用所有引起病变的可疑化妆品，及时彻底清除唇上存留的化妆品。根据不同的发病机制，进行对症治疗。

六 化妆品毛发损害

化妆品毛发损害（hair damaged due to cosmetics）是指接触化妆品后出现的毛发干枯、脱色、变脆、断裂、分叉、变形或脱落等症状，但不包括以脱毛为目的的特殊用途化妆品所产生的效果。

1. 常见原因 化妆品毛发损害是由化妆品中所含的某些成分（如染料、去污剂、表面活性剂、化学烫发剂以及其他添加剂等）引起的，粗暴地使用发用类化妆品也是常见的病因。

2. 临床表现 化妆品毛发损害一般有明确的发用类化妆品接触史，毛发损害主要发生在与发用类化妆品接触的部位（图8-7），毛发损害的严重程度同化妆品的使用量和使用频率明显相关。如果不再接触类似情况，新长出的毛发可以是正常的。

图8-7 化妆品毛发损害

3. 诊断和处理

（1）诊断：有明确的发用类化妆品接触史，典型的临床表现，如果不再接触类似情况，新长出的毛发可以是正常的。患者可能有类似病史。受损毛发的扫描电镜、毛发图像等毛发学检查对明确诊断很有价值，核查和收集该化妆品相关的产品质量信息对诊断有提示意义，必要时做化妆品成分分析有利于确诊。

（2）鉴别诊断：应注意同非化妆品引起的毛发损害，如头癣、发结节纵裂、管状发、斑秃、男性型脱发等相区别。

（3）处理原则：停用原来使用的毛发化妆品，彻底清洁毛发，去除残留的化妆品，必要时，剃去已受影响的毛发。可做一些相应的护发处理和其他对症处理，不需特别治疗。

七 化妆品痤疮

化妆品痤疮（acne cosmetica）是指连续接触化妆品一段时间后，在接触部位发生的痤疮样毛囊皮脂腺炎症。主要表现为闭合性粉刺及脓疱性损害。

1. 常见原因 化妆品痤疮的发生同化妆品质量（如含有不纯的凡士林、卤素等原料）和使用化妆品不当有关。化妆品痤疮是一种外源性痤疮，或者说是一种特殊类型的接触性皮炎。其发生机制仍未完全明了，可能是产品中的某些原料机械阻塞毛孔或刺激毛囊导管过度角化以及产生接触过敏等，诱发或加重了细菌感染。化妆品中常见的致痤疮原料有十六醇、硬脂酸异十六醇酯、蔻酸异丙酯、水杨酸盐、十二烷基硫酸钠、氯化钠、氯化钾、羊毛脂类化合物、棕榈酸酯、可可油、椰子油、油酸异癸酯、棕榈酸异丙酯、月桂酸、十四烷基乳酸盐、棕榈油、油醇、凡士林、三油酸己六酯、硬脂酸、硬脂酸丁酯、异丙基异硬脂酸盐等。

2. 临床表现 化妆品痤疮易发生于有痤疮史的患者，但有痤疮史不是先决条件。皮损主要发生在化妆品的接触部位，往往在使用可疑化妆品后一段时间才出现，可以是较多闭合性粉刺周围有少量的脓疱或以小脓疱为主（图8-8）。也可出现开放性粉刺，但数量较少。严重的炎症性皮损在化妆品痤疮中少见。皮损的严重程度同化妆品的使用量和频率有关，当停止使用后皮损可逐渐减轻甚至消退。如再次使用该化妆品会出现相类似皮损。

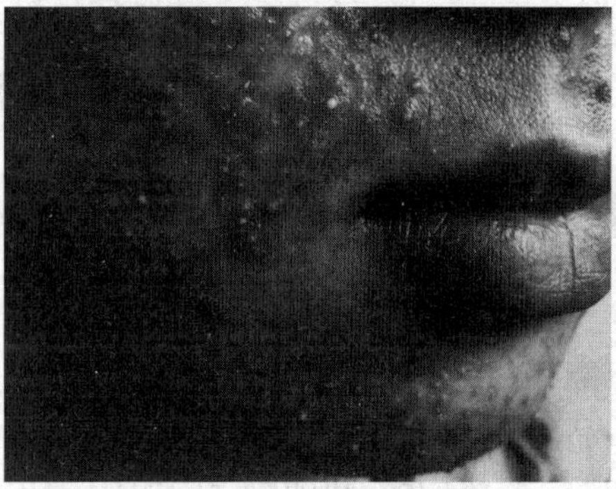

图8-8 化妆品痤疮

3. 诊断和处理

（1）诊断：有明确的化妆品接触史，典型的临床表现，如再次使用该化妆品会出现相类似皮损。过去使用相同的化妆品也有类似皮损产生。可以通过兔耳致痤疮性试验和人体致痤疮性试验进一步证实可疑化妆品与疾病的关系，同时收集该化妆品相关的产品质量信息对诊断和评判有一定的帮助。

（2）鉴别诊断：化妆品痤疮应与寻常痤疮、玫瑰痤疮、其他外因引起的职业性及焦油类痤疮、多囊卵巢综合征引起的痤疮等相区别。化妆品痤疮有时可在寻常痤疮基础上发生和发展，使原有症状加重，要根据病史和症状加以区别。

（3）处理原则：停用并清除面部所残留的一切可疑的化妆品，并保持清洁卫生。在治疗上可按痤疮的治疗方法，如消炎、抗菌和角质溶解等原则对症处理。

八 化妆品接触性荨麻疹

化妆品接触性荨麻疹（contact urticaria due to cosmetics）是指接触化妆品后数分钟至数小时内发生、通常在几小时内消退的皮肤黏膜红斑、水肿和风团改变。化妆品接触性荨麻疹可分为2种亚型，即免疫介导反应型和非免疫介导反应型。

1. 常见原因 易引起化妆品接触性荨麻疹的化妆品成分有苯甲酸、山梨酸、肉桂酸、醋酸、秘鲁香脂、甲醛、苯甲酸钠、苯甲酮、二乙基甲苯酰胺、指甲花、薄荷醇、苯甲酸酯类、聚乙二醇、聚山梨醇酯60、水杨酸、硫化碱、过硫酸铵、对苯二胺等。

2. 临床表现 皮损主要发生在化妆品的接触部位，接触化妆品后数分钟至数小时内发生红斑、水肿和风团，自觉瘙痒，刺痛或烧灼感。由于发病机制的不同，并不是所有患者皮损的严重程度都同化妆品的使用量和使用频率有关。当停止使用该化妆品后皮损不再出现。

3. 诊断和处理

（1）诊断：有明确的化妆品接触史，迅速出现的风团在数小时消退，当停止使用该化妆品后风团不再出现，如果再次使用该化妆品后又出现风团，且既往有类似的发作情况。单次开放性涂抹试验有很高的诊断价值，也可通过体内试验，如挑刺试验、皮内试验等来协助诊断接触性荨麻疹。但要注意体内试验的危险性，如发生意外，需立刻按过敏性休克进行抢救。

（2）鉴别诊断：诊断化妆品接触性荨麻疹时，应排除其他原因引起的类似风团病变。

（3）处理原则：及时停用所有引起病变或可疑的化妆品，彻底清除皮肤上存留的化妆品。应结合发病机制的不同，按接触性荨麻疹的治疗原则对症治疗，轻者可口服抗组胺药物和维生素C，重者可口服或静脉注射糖皮质激素。

九 其他皮肤不良反应

1. 化妆品不耐受（cosmetic intolerance） 临床存在部分人群，面部皮肤对多种化妆品不能耐受，严重时甚至不能耐受一切护肤品。这种不耐受多以主观不耐受为主，自觉应用化妆品后出现或加重皮肤烧灼、瘙痒、刺痛或紧绷感，无皮疹或仅有轻微的红斑、干燥、脱屑和散在丘疹。由于惧怕使用化妆品及皮肤屏障功能进一步损伤，受损的皮肤对产品更加不能耐受，形成恶性循环，皮肤症状更加明显，甚至出现面部严重炎症。

化妆品不耐受的发病机制尚未完全清楚，可能是一种或多种外源性和（或）内源性因素综合引起的临床表现：①有些患者原本是敏感性皮肤，皮肤屏障功能比正常人脆弱，易于对多种产品不耐受。②另一些患者并不是敏感性皮肤，但长期使用劣质产品，如pH过高或过低，美容护肤不当，频繁皮肤按摩、去角质等使本来完整的皮肤屏障功能受到损伤，皮肤长期处于亚临床炎症状态，也造成化妆品不耐受。③还有一些其他皮肤病患者，如脂溢性皮炎、痤疮，在治疗的过程中，过度使用了抑制皮脂分泌的产品，尽管原发病得到了控制，但正常的皮脂膜受到破坏，使外源性物质易于激惹皮肤而产生不适感。

由于化妆品不耐受起病隐匿，大多数体征不明显，易于被忽略，直到出现严重炎症才到医院就诊。因此，对化妆品不耐受的科普知识宣传很有必要。对临床疑诊为化妆品不耐受的患者，可检测皮肤屏障功能相关的参数以辅助诊断。目前常用TEWL反映皮肤屏障状况。在一定的角质层含水量范围内，TEWL增高表明皮肤屏障功能受损。敏感性皮肤TEWL显著高于正常皮肤。检测角质层含水量、皮肤鳞屑等也有助于了解皮肤屏障的状况。乳酸试验可以观察皮肤的耐受性，详细内容参见舒缓类化妆品相关章节。

化妆品不耐受虽然不是一种疾病，客观表现轻微，但患者长期处于面部不适的亚临床状态，受影响的人群较广，值得关注。而且处理不当会演变成严重的面部皮炎，应及时治疗。处理原则是恢复皮肤屏障功能。对严重化妆品不耐受者，可用生理盐水或活泉水冷喷或湿敷，每天数次，也可使用不刺激皮肤的橄榄油。待皮肤屏障略有恢复时，小心使用成分单纯的婴幼儿护肤品或针对敏感性皮肤的产品。在使用任何产品前，一定要先在耳前皮肤小面积试用，无刺激再使用到全面部。一旦出现反应立即停用，再小心选用其他舒缓类产品。对已经产生严重急性炎症的患者按面部皮炎治疗，如使用抗组胺药、他克莫司、他卡西醇等。炎症缓解后要尝试选用能够耐受的舒缓类或保湿类护肤品，维持正常的角质层屏障。需要注意的是停用化妆品会使皮肤屏障得不到修复而加重症状，不能因为皮肤不耐受化妆品就停用一切护肤措施。

2. 换肤综合征（skin peeling syndrome） 采用化妆品或物理、化学方法使表皮角质层强行脱落，以促进新的细胞更替，可使皮肤外观白里透红、光滑细腻并富有光泽。治疗前后皮肤看起来焕然一新，因此称这类美容技术为“换肤术”。但是过度的换肤术或术后护理不当可导致皮肤敏感、色素沉着、痤疮、粟丘疹、瘢痕、毛细血管扩张、皮肤老化等后遗症，被称为换肤综合征。

换肤术，如皮肤磨削、激光、强脉冲光、化学剥脱等治疗对皮肤有创伤，一般在医院实施，要控制治疗的强度、频率，并及时处理可能发生的不良反应。但是，一些化妆品违规添加具有剥脱作用的化学制剂，尤其是少数宣称具有快速祛斑和快速除皱作用的产品；或一些不法美容院，在给顾客美容护理时，施用自制的不合格化妆品，消费者使用后，皮肤外观仅仅得到暂时性的改善，皮肤对日光、风、热等环境的不耐受接踵而至，自觉皮肤灼热、刺痒等，查体可见皮肤变薄、干燥，毛细血管扩张、色素沉着等。这类患者常有持续使用某个产品的病史，在不知不觉中出现皮肤症状。

发生换肤综合征的机制尚不清楚，可能与表皮基底层细胞更新周期节律被打乱、皮肤屏障功能被破坏有关。角质层强行剥脱产生的刺激信号早期可能促进基底细胞的增殖，但频繁的刺激使表皮更新功能失代偿，难以弥补角质层剥脱的损伤，角质层结构受到破坏，皮肤屏障难以为继。健康状态下受阻的环境因素，如灰尘、生物抗原长驱直入，皮肤产生亚临床的炎症，毛细血管充血、新生，发展到一定程度，引起明显的临床体征，患者才到医院就诊。

换肤综合征重在预防。应该加强对消费者的宣传教育，使其了解化妆品基本的科普知识，对不科学的化妆品虚假宣传广告有识别能力，摒弃浮躁、急功近利的化妆品美容心理。换肤综合征治疗较为困难，疗程长，需要患者树立信心。主要以促进表皮修复、保湿抗敏以及减轻色素等各类对症治疗为主。同时注意防晒，禁服光敏物质，避免再受各类物理性或化学性刺激。

3. 激素依赖性皮炎（corticosteroid addictive dermatitis） 化妆品禁止添加激素，使用化妆品不应该出现激素依赖性皮炎。但是少数不法商家，包括生产商和个别美容院，为了牟取利益，在产品中违禁添加糖皮质激素。消费者使用后，短期快速出现皮肤红润光泽，看似有使皮肤白嫩细腻的效果，然而一旦停用，患者即感皮肤刺痒，灼热不适，面部出现红斑、鳞屑，严重时出现丘疹、毛细血管扩张等症状。为缓解症状，患者又继续使用此产品，如此周而复始，恶性循环，使症状越来越重。

对由化妆品引起的激素依赖性皮炎，主要是提高警惕，以预防为主。教育消费者不要盲目追求化妆品的短期作用。一旦发生要及时到皮肤科就诊，按照激素依赖性皮炎的治疗原则，用抗过敏、修复皮肤屏障等方法进行处理。

第二节　化妆品系统不良反应

合格化妆品一般不会导致系统不良反应。但由于化妆品市场庞大，各类产品鱼龙混杂，个别不法商家为了获取产品的短期疗效，非法添加一些违禁的对人体不安全的原料，由此可能引发化妆品系统不良反应。临床以重金属中毒事件常见，但对某些可能出现的致癌致畸等不良反应的原料也要提高警惕。

一　重金属中毒

1. 铅中毒　铅可通过呼吸道、消化道和皮肤进入人体，主要由肾脏代谢，经尿液排出。任何原因造成体内含铅量过高，均可引起铅中毒。

体内过量的铅可干扰骨髓细胞功能，抑制血红蛋白的合成，导致肝功能异常，出现消化系统症状。慢性铅中毒可导致慢性肾功能衰竭，降低神经传导速度，影响生殖功能，影响体液免疫和细胞免疫。化妆品引起的铅中毒多表现为慢性中毒，孕妇和哺乳期更敏感，可引起流产、早产、死胎及婴儿铅中毒。我国禁止在化妆品中添加铅和铅化合物，其含量限量为40mg/kg。但由于铅具有美白功效，故曾加入化妆品中用于美白祛斑。由于其具有良好的上色性，也可能被添加至染发剂中。儿童对铅中毒较成人敏感，部分儿童血铅含量超标与母亲染发相关。

一旦疑诊为铅中毒，应行血铅检查。确诊后需停止使用含铅的化妆品以及避免其他铅污染，并进行驱铅治疗。一般使用络合剂，如依地酸二钠、二巯基丁二酸钠等药，同时对各系统相应症状予以对症处理。如果治疗及时，一般预后良好。

2. 砷中毒　砷广泛分布于自然界。中毒剂量的砷常来源于含砷药物、杀虫剂、工业原料等，也可能来源于被砷污染的环境中。我国1994年将砷中毒列为重点防治的内容。

砷中毒可导致皮肤改变和多脏器损伤。皮肤损伤表现包括角化过度、色素沉着或脱失、感染、坏死、溃疡、癌变等。脏器损害常见肝脏损伤、肝硬化，还可导致周围神经病变，出现肢体麻木、运动障碍或肢体瘫痪。

砷在化妆品中主要与美白、祛斑、染发类产品有关。我国在对化妆品进行抽查中曾发现部分中药面膜、美白类化妆品、染发产品中的砷含量高于规定标准。我国《化妆品卫生标准》中规定砷含量不能超过10mg/kg。高于此浓度，即可能对人体造成伤害。

砷中毒的处理重在预防。消费者需选用正规的、经国家检验的染发剂、祛斑、美白类化妆品。疑诊为慢性砷中毒时，可测定尿液、毛发、指甲中砷的含量。首先需停用可疑含砷的化妆品，并避免其他含砷物质的摄入。驱砷治疗可使用二巯基丙磺酸钠或二巯基丁二酸钠，并联合补硒、维生素C等对症支持治疗。

3. 汞中毒　汞是在常温下呈液态并流动的金属，容易蒸发到空气中造成危害。汞中毒通常分为4级：

（1）汞吸收量增加：无明确的症状体征，但尿中汞含量增加。

（2）轻度汞中毒：有轻度的神经系统症状或肾功能改变、口腔黏膜炎等。

（3）中度汞中毒：有明显的情绪紊乱或性格异常、手指震颤或肾功能改变、口腔黏膜炎等。

（4）重度汞中毒：有明显精神症状、突出的肢端震颤、中毒性脑病或中毒性肾病等表现。

我国《化妆品卫生规范》要求汞含量不得超过1mg/kg。但是，由于其具有优良的美白功效，祛斑类化妆品中可见到汞含量超标现象。染发剂中也可能含有过量的汞。化妆品汞中毒的患者一般接触含汞产品时间长，多长达数月，临床表现为乏力、多梦，并可逐渐出现头晕、失眠、性情烦躁、记忆力减退等症状。

驱汞药物包括二巯基丁二酸钠、二巯基丙磺酸钠等。慢性汞中毒的驱汞治疗须小剂量、间歇性、长期用药。化妆品导致汞中毒的预防关键是谨慎选用染发剂、祛斑美白产品等可能与汞有关的化妆品。

二 致癌致畸

1. 对苯二胺 对苯二胺是染发剂中的主要成分，为氧化染料。对苯二胺是较强的致敏剂，可经皮肤吸收，长期接触有一定的致癌作用。

既往曾有学者认为，由于染发剂中含有对苯二胺，染发可能导致癌症，但全球目前均没有直接证据证明染发会导致癌症。按照卫生部《化妆品卫生规范》的要求，对苯二胺浓度在6%以下属于安全剂量。

2. 石棉 石棉是致癌物，易导致石棉沉着病、间皮瘤、癌症等。目前已有许多国家禁止使用各类含有石棉的产品。化妆品一般不会添加石棉，但我国曾在爽身粉中发现含有石棉，推测其中的石棉可能来源于原料滑石粉。滑石是矿物质中的一种，与含有石棉成分的蛇纹岩共同埋藏在地下。因此，滑石粉中可能含有石棉成分。

与石棉有关的疾病症状，往往会有很长的潜伏期，可能在暴露于石棉大约10 ~ 40年才出现。

3. 三氯生 三氯生是一种防腐剂，其防腐、抗菌作用较强。在皮肤用品中，可用于外用药物及化妆品。化妆品中最大允许使用浓度为0.3%。

美国曾有学者提出三氯生与经氯消毒的水接触后，会产生“三氯甲烷”，如果长期使用，会通过皮肤进入人体，导致抑郁、肝损伤，甚至可以致癌。

但在正常允许使用的浓度下，化妆品中含有的三氯生以及其生成的三氯甲烷均为微量，目前尚无确切证据表明在此浓度下的化妆品有致癌性。

第三节　常用的诊断性皮肤试验

一 封闭型斑贴试验

1. 目的 封闭型斑贴试验（occlusive patch test）是为了明确患者的皮肤病是否与化妆品引起的迟发型变态反应有关，试验物及其成分是否是引起患者皮肤病的原因，适用于疑与化妆品有关的变应性接触性皮炎、化妆品色素异常性皮肤病、化妆品甲病、变应性接触性唇炎等。

2. 试验物浓度和赋形剂 试验物必须是患者所用的化妆品或同一批号的化妆品。试验物的试验浓度和赋形剂应根据实际使用浓度和方法而定。化妆品成品封闭型斑贴试验浓度及赋形剂见表8-1。化妆品变应原封闭型斑贴试验浓度及赋形剂见表8-2。

表8-1 化妆品成品封闭型斑贴试验浓度及赋形剂

种类	推荐浓度/%	赋形剂
护肤类膏霜剂	50或100	白凡士林（W/O型化妆品）或蒸馏水（O/W型化妆品）
免洗类护发素	50或100	蒸馏水
洗面奶	1	蒸馏水
面膜	原物	——
香波	1	蒸馏水
沐浴液（泡沫浴剂、浴油、浴皂）	1	蒸馏水
清洁剂	1	蒸馏水
发胶	原物，自然干	——
发蜡	原物，自然干	——
清洗类护发素	1	蒸馏水
发用漂白剂	1	蒸馏水
染发剂	2	蒸馏水
剃须膏	1	蒸馏水
剃须皂	1	蒸馏水
须后水	原物，自然干	——
睫毛膏	50，自然干	——
眼线	原物，自然干	——
眼部卸妆水	原物，自然干	——
唇膏	原物，自然干	——
甲油类	原物，自然干	——
香水	原物，自然干	——
古龙水	原物，自然干	——
除臭剂	原物，自然干	——

注：烫发水和脱毛剂产品不宜进行封闭型斑贴试验

表8-2 化妆品变应原封闭型斑贴试验浓度及赋形剂

	中文名称	浓度/%	赋形剂
1	季铵盐-15	1	凡士林
2	甲基二溴戊二腈	0.3	凡士林
3	甲酚曲唑	1	凡士林
4	甲苯-2,5-二胺硫酸盐	1	凡士林
5	2,5-二偶氮利定脲（双咪唑烷基脲）（German Ⅱ）	2	凡士林
6	丁基化羟基甲苯	2	凡士林
7	2-溴-2-硝基丙烷-1,3-二醇	0.25	凡士林
8	氯乙酰胺	0.2	凡士林
9	二苯酮-3	10	凡士林
10	2-羟丙基甲基丙烯酸酯	2	凡士林
11	2-硝基-p-苯二胺	1	凡士林
12	苯氧乙醇	1	凡士林
13	3-（二甲基氨基）丙胺	1	蒸馏水

续表

	中文名称	浓度/%	赋形剂
14	m-氨基苯酚	1	凡士林
15	p-氨基苯酚	1	凡士林
16	氯二甲酚	0.5	凡士林
17	p-氯-m-甲酚	1	凡士林
18	p-苯二胺	1	凡士林
19	甲基氯异噻唑啉酮	0.02	蒸馏水
20	氢化枞醇	10	凡士林
21	过硫酸铵	2.5	凡士林
22	巯基乙酸铵	2.5	蒸馏水
23	戊基肉桂醛	2	凡士林
24	妥鲁香脂	10	蒸馏水
25	秘鲁香脂	25	凡士林
26	苯甲醇	1	凡士林
27	水杨酸苄酯	2	凡士林
28	卡南加油	2	凡士林
29	克菌丹	0.5	凡士林
30	鲸蜡醇	5	凡士林
31	肉桂醇	2	凡士林
32	肉桂醛	1	凡士林
33	椰油酰胺丙基甜菜碱	1	蒸馏水
34	松香	20	凡士林
35	泛醇	5	凡士林
36	DMDM 乙内酰脲	2	蒸馏水
37	十二烷醇棓酸酯	0.25	凡士林
38	丙烯酸乙酯	0.1	凡士林
39	甲基丙烯酸乙酯	2	凡士林
40	乙二醇 HEMA 甲基丙烯酸酯	2	凡士林
41	乙烯，三聚氰胺，甲醛混合物	5	凡士林
42	丁子香酚	2	凡士林
43	甲基二溴戊二腈	1.5	凡士林
44	甲醛	1	蒸馏水
45	芳香剂混合物	8	凡士林
46	香叶醇	2	凡士林
47	香叶天竺葵油	2	凡士林
48	戊二醛	0.5	凡士林
49	甘油巯基乙酸酯	1	凡士林
50	硫代硫酸金钠	0.5	凡士林
51	过氧化氢	3	蒸馏水
52	羟基香茅醛	2	凡士林
53	咪唑烷基脲	2	凡士林

续表

	中文名称	浓度/%	赋形剂
54	碘丙炔醛醇丁基氨甲酸酯	0.1	凡士林
55	异丁子香酚	2	凡士林
56	肉豆蔻酸异丙酯	20	凡士林
57	素馨花油	2	凡士林
58	合成素馨花	2	凡士林
59	薰衣草油	2	凡士林
60	蔺花香茅油	2	凡士林
61	羟异己基3-环己烯基甲醛	5	凡士林
62	邻氨基苯甲酸甲酯	5	凡士林
63	酮麝香	1	凡士林
64	甲基丙烯酸丁酯	2	凡士林
65	棓酸乙基己酯	0.25	凡士林
66	对羟基苯甲酸酯类混合物	16	凡士林
67	水杨酸苯酯	1	凡士林
68	醋酸苯汞	0.01	蒸馏水
69	PEG-3失水山梨醇油酸酯	5	凡士林
70	棓酸丙酯	1	凡士林
71	丙二醇	5	凡士林
72	间苯二酚	1	凡士林
73	大马士革玫瑰花油	2	凡士林
74	檀香油（印度）	2	凡士林
75	倍半萜内酯混合物	0.1	凡士林
76	苯甲酸钠	5	凡士林
77	吡硫鎓钠	0.1	蒸馏水
78	山梨酸	2	凡士林
79	山梨糖醇甲酐单油酸酯	5	凡士林
80	失水山梨醇倍半油酸酯	20	凡士林
81	硬脂醇	30	凡士林
82	互生叶白千层（MELALEUCA ALTERNIFOLIA）叶油	5	凡士林
83	叔丁基氢醌	1	凡士林
84	甲基丙烯酸四氢糠醛酯	2	凡士林
85	硫柳汞	0.1	凡士林
86	对甲苯磺酰胺/甲醛树脂	10	凡士林
87	三氯生	2	凡士林
88	三乙醇胺	2	凡士林
89	三甘醇二甲基丙烯酸酯	2	凡士林
90	三羟甲基丙烷三丙烯酸酯	0.1	凡士林
91	羊毛脂醇	30	凡士林
92	香兰素	10	凡士林
93	吡硫鎓锌	1	凡士林

3. 操作程序　选用合格的斑试材料，如受试物为固体，直接称取0.015 ~ 0.030g于斑试器内；如受试物为半固体或液体，直接滴加0.015 ~ 0.030mL于斑试器或滴加在预先置于斑试器内的滤纸片上。受试物为化妆品终产品原物时，对照孔为空白对照（不置任何物质）；受试物为稀释后的化妆品时，对照孔内使用该化妆品的稀释剂，用量和受试物相同。将加有受试物的斑试器贴敷于受试者的上背部，用手掌轻压使之均匀、平整地贴敷于皮肤上。

4. 观察与判定　观察时间：48小时后去除斑试物，间隔30分钟观察皮肤反应。分别于斑贴试验后72小时和96小时再观察2次。如有必要，可以增加随访次数（如第5天、第7天）。阳性受试者的随访应持续到反应程度小于"++"后才能停止。封闭型斑贴试验皮肤反应评判见表8-3及图8-9。

表8-3　封闭型斑贴试验皮肤反应评判

反应程度	皮肤反应
−	阴性反应
±	可疑反应；仅有微弱红斑
+	弱阳性反应（红斑反应）；红斑，浸润（水肿），可有丘疹
++	强阳性反应（疱疹反应）；红斑，浸润（水肿），丘疹，疱疹；反应可超出受试区
+++	极强阳性反应（融合性疱疹反应）；明显红斑，严重浸润（水肿），融合性疱疹；反应超出受试区
IR	刺激反应

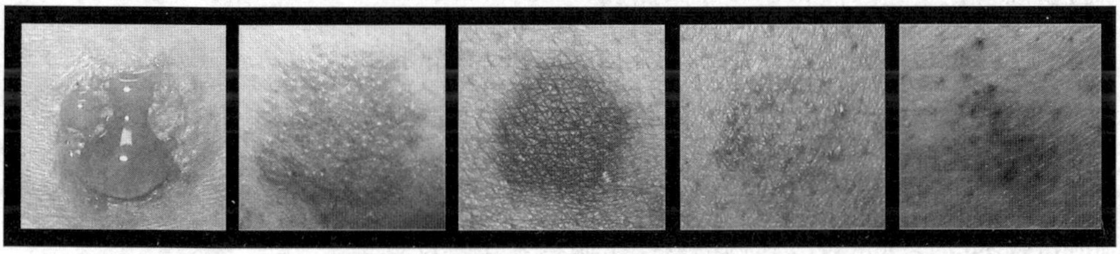

图8-9　封闭型斑贴试验皮肤反应评判

5. 结果解释　"++"以及超过"++"的反应，且在第一、二次或以后数次观察时反应持续存在甚至加剧者，提示为阳性变态反应，说明患者对该试验物过敏，反之则考虑为试验物引起的刺激反应。还应注意与试验物浓度过高引起的刺激反应及其他原因造成的假阳性反应相鉴别。皮肤封闭型斑贴试验是协助诊断化妆品接触性皮炎的常用方法，试验阳性者是诊断化妆品变应性接触性皮炎的重要依据；试验阴性者应结合病史、临床表现进行相关性分析。必要时进行重复开放涂抹试验。

正确判读斑贴试验结果必须鉴别变态反应与刺激性反应（见表8-4）。对于变态反应机制导致的不良反应，应该避免再次接触相同抗原，可选用不容易致敏的替代物，还需注意交叉反应的可能性。变态反应结果的红斑为隆起性，可触及并有丘疹、水疱，边界不清，可扩展至斑试器外，或沿淋巴管扩展呈细红线状。瘙痒明显，皮疹持续4天或更长，去除斑试器后皮疹可能进一步加重。变应原浓度呈梯度变化时，反应程度也呈梯度变化。而刺激性反应的红斑水疱可以表现的与变态反应完全相同，不同的是可出现脓疱、坏死、紫癜及溃疡，还可以见到表皮细小起皱。红斑边界清，不扩展，少有瘙痒，可有疼痛及烧灼感。皮疹在去除斑试器后逐渐减轻，到第4天多消退。反应不呈梯度变化，可以在某个浓度突然消失。

表8-4 封闭性斑贴试验结果鉴别

变态反应	刺激性反应
隆起性红斑、水疱、大疱	可与变态反应相同，表皮细小起皱
边界不清，扩至斑试器外	边界清楚
可沿淋巴管扩散	不沿淋巴管扩散
瘙痒明显	瘙痒少见，可有疼痛及烧灼感
皮疹持续时间长（4天或更长）	皮疹持续时间短（到第4天多消退）
取下斑试器后皮疹可能加重	取下斑试器后皮疹逐渐减退

6. 注意事项 在施行封闭型斑贴试验时应注意：

（1）有明确的影响本试验的急、慢性病史，怀孕期或哺乳期的妇女等均不能接受本试验；

（2）皮肤炎症进展期或急性期不宜做斑贴试验；

（3）试验前1周及试验期间，患者应停用糖皮质激素和抗组胺药物；

（4）试验部位应是不影响结果观察的皮肤区域，如患者背部不适合判断反应结果可选择其他不影响结果的皮肤区域，如前臂屈侧等；

（5）斑试物应与皮肤紧密接触，去除时可见到小室的压迹；

（6）注意“激惹现象”与阳性反应的鉴别；

（7）受试部位应保持干燥，避免清洗；

（8）受试期间应避免剧烈运动，减少出汗；

（9）在整个试验期间及斑试物去除后应避免在斑试区搔抓；

（10）如试验处患者感到烧灼或剧痒难忍，应及时去掉斑试物。

二 重复开放涂抹试验

1. 目的 为了验证可疑的化妆品及其成分是否是引起患者皮肤病的原因。适用于怀疑与化妆品有关的刺激性接触性皮炎、光毒性皮炎、刺激性唇炎，或怀疑与化妆品有关的变应性接触性皮炎、光变应性接触性皮炎、变应性唇炎、化妆品色素异常性皮肤病等，但封闭型斑贴试验结果可疑或阴性反应者。具有刺激性的化妆品（如脱毛、除臭、粉底类产品）建议做重复开放涂抹试验（repeat open application test）。

2. 试验物浓度和赋形剂 试验物的浓度和赋形剂应按化妆品实际使用浓度和方法而定，即皮肤和（或）发用类清洁剂应将其稀释成5%水溶液。即洗类产品如进行稀释时，应将稀释剂或赋形剂涂于受试部位对侧作对照。

3. 操作程序 一般将前臂屈侧、耳后乳突部和使用部位作为受试部位，面积5cm×5cm，将适量受试物涂于受试部位，每天2次。将试验物均匀地涂于试验部位，连续7天，同时观察皮肤反应，在此过程中如出现皮肤反应，应根据具体情况决定是否继续试验。

4. 反应判定 皮肤反应评判标准与封闭型斑贴试验皮肤反应评判有一些差异，具体见表8-5。

表8-5 重复开放涂抹试验皮肤反应评判

序号	反应类型	皮肤反应
1	Ⅰ	脱屑、皱褶、小裂隙
2	Ⅱ	红斑、丘疹、水肿、风团、疱疹
3	Ⅲ	色素改变（色素沉着或色素减退）
4	Ⅳ	痤疮样改变
5	Ⅴ	自觉瘙痒、无皮损
6	Ⅵ	自觉灼痛、刺痛、无皮损

注：Ⅴ～Ⅵ指主观反应，应加以重视，考虑是否进行其他试验

5. 结果解释 结果出现Ⅰ～Ⅳ型皮肤反应者，结合临床资料即可诊断皮肤病是由该试验物引起；Ⅴ～Ⅵ指主观反应，应加以重视，考虑是否进行其他试验。

6. 注意事项 在施行重复开放涂抹试验时应注意：

（1）有明确的影响本试验的急、慢性病史，处于怀孕期或哺乳期的妇女等均不能接受本试验；

（2）皮肤炎症进展期或急性期不宜做重复开放涂抹试验；

（3）试验前1周及试验期间，患者应停用糖皮质激素和抗组胺药物；

（4）试验部位应是不影响结果观察的皮肤区域；

（5）在试验期间，允许受试者进行日常的淋浴，但受试部位不可直接冲洗、揉搓或外用任何制剂，如药物、清洗剂、护肤品等。

三 光斑贴试验

1. 目的 为了明确患者的皮肤病是否与化妆品引起的光变应性接触性皮炎有关，试验物及其成分是否是引起患者皮肤病的原因。适用于疑诊与化妆品有关的光变应性接触性皮炎和光变应性化妆品唇炎。

2. 试验仪器 具有恒定输出UVA（长波紫外线，波长320～400nm）的人工光源均可作为测试光源，如氙弧灯或UVA荧光灯管。

3. 试验物浓度和赋形剂 试验物的浓度和赋形剂，应根据实际使用浓度和方法而定。不能直接用化妆品原物做试验的产品种类及其推荐试验浓度见表8-1。化妆品常见光致敏物斑贴试验及赋形剂见表8-6。

4. 操作程序 将2份待试物质分别加入斑试器小室内，分别贴于上背部中线两侧正常皮肤，其上用不透光的深色致密织物遮盖。24小时后去除两处斑试物，其中一处立即用深色致密织物覆盖，避免任何光线照射，作为对照；第二处用5～8 J/cm^2或50%的MED-UVA照射（应先测定患者的最小红斑量MED-UVA，或计算光照量）。分别观察照射后24、48、72小时结果，必要时作第5、7天延迟观察。

5. 反应判定 化妆品皮肤光斑贴试验皮肤反应评判见表8-7。

表8-6 化妆品常见光致敏物斑贴试验及赋形剂

	中文名	浓度/%	赋形剂
1	地衣酸	0.1	凡士林
2	二甲基PABA辛酯	10	凡士林
3	甲氧基肉桂酸乙基己酯	10	凡士林
4	二苯酮-4	10	凡士林
5	二苯酮-3	10	凡士林
6	4-甲基苄亚基樟脑	10	凡士林
7	三氯卡班	1	凡士林
8	对氨基苯甲酸	10	凡士林
9	丁基甲氧基二苯甲酰基甲烷	10	凡士林
10	6-甲基香豆素	1	凡士林
11	秘鲁香油或香脂	25	凡士林
12	氯已定二醋酸盐	0.5	蒸馏水
13	氯已定二葡糖酸盐	0.5	蒸馏水
14	双氯酚	1	凡士林
15	盐酸苯海拉明	1	凡士林
16	甲酚曲唑三硅氧烷	10	凡士林
17	2,2′-硫代双（4-氯苯酚）	1	凡士林
18	二（羟基三氯苯基）甲烷	1	凡士林
19	胡莫柳酯	5	凡士林
20	p-甲氧基肉桂酸异戊酯	10	凡士林
21	胺基苯甲酸甲酯	5	凡士林
22	奥克立林	10	凡士林
23	水杨酸乙基己酯	5	凡士林
24	乙基己基三嗪酮	10	凡士林
25	芳香混合物	6	凡士林
26	苯基苯并咪唑磺酸	10	凡士林
27	檀香（SANTALUM ALBUM）油	2	凡士林
28	硫脲	0.1	凡士林
29	三氯生	2	凡士林

表8-7 光斑贴试验皮肤反应评判

反应程度	皮肤反应
0	无反应
Ph ±	可疑反应
Ph +	红斑、水肿、浸润、可能有丘疹
Ph ++	红斑、水肿、丘疹、水疱
Ph +++	红斑、水肿、丘疹、大疱和糜烂

注：ph是photo的缩写

6. 结果解释 若未照射区皮肤无反应，而照射区有反应者提示为光斑贴试验阳性；若两处均有反应且程度相同，则考虑为变应性反应；若两处均有反应但照射区反应程度大，则考虑为变应性和光变应性反应共存。在皮肤光斑贴试验结果的判断中，需注意皮肤光斑贴试验物的异常敏感反应、使用不适当光源引起物理性损伤的假阳性反应；低敏感者所引起的假阴性反应；试验部位出现的持续性色素沉着等。皮肤光斑贴试验是协助诊断化妆品光接触性皮炎的重要依据之一，试验阴性者应结合病史、临床表现综合判断，必要时进行其他相关的特殊检查。

7. 注意事项 在施行皮肤光斑贴试验时应注意：

（1）有明确的影响本试验的急、慢性病史，怀孕期或哺乳期的妇女等均不能接受本试验；

（2）皮肤炎症进展期或急性期不宜做光斑贴试验；

（3）试验前1周及试验期间，患者应停用糖皮质激素和抗组胺药物；

（4）斑试物应与皮肤紧密接触，去除时可看到小室的压迹；

（5）受试部位应保持干燥，避免清洗；

（6）受试期间应避免剧烈运动，减少出汗；

（7）在整个试验期间及斑试物去除后应避免在斑试区搔抓；

（8）如试验处感到重度烧灼或剧痒，应及时去掉斑试物。

四 使用试验

1. 目的 为了明确患者的接触性荨麻疹是否与化妆品有关，试验物及其成分是否是引起患者接触性荨麻疹的原因。

2. 试验物浓度和赋形剂 试验物的浓度和赋形剂应按化妆品实际使用浓度和方法而定，即皮肤和（或）发用类清洁剂应将其稀释成5%水溶液。产品如进行稀释，应将稀释剂或赋形剂涂于受试部位对侧作对照试验。

3. 操作程序 一般将前臂屈侧作为受试部位，面积3cm×3cm，受试部位应保持干燥，避免接触其他外用制剂。取0.03～0.04g（mL）受试物涂于受试部位，将试验物轻轻均匀地涂于试验部位，15～30分钟后观察反应。

4. 反应判定 在试验过程中如出现红斑、风团，即为阳性反应。

5. 结果解释 皮肤开放性使用试验是协助诊断化妆品接触性荨麻疹的重要依据，试验阳性是诊断此病的重要依据，结合临床资料即可诊断此皮肤病是由该试验物引起。试验阴性者应结合病史、临床表现及其他临床试验，如挑刺试验、皮内试验等的结果全面分析。但要注意体内试验的危险性，应做好应急、抢救的准备。

6. 注意事项 在施行皮肤使用试验时应注意：

（1）有明确的影响本试验的急、慢性病史，怀孕期或哺乳期的妇女等均不能接受本试验；

（2）对未成年患者应慎用；

（3）病情严重或有系统性反应者不宜接受本试验；

（4）应排除其他因素引起的红斑或风团反应，如皮肤划痕症；

（5）皮肤使用试验首先应在无皮疹的部位进行，推荐在前臂屈侧进行，其次可在曾发生过皮疹的部位进行。

（6）若皮肤使用试验为阴性，可进一步进行皮肤斑贴试验。

五 人体致粉刺性试验（human comedogenicity test）

1. 目的 为了明确试验物是否是患者痤疮的致病因素。

2. 试验浓度和赋形剂 试验物必须是患者所用的化妆品或同一批号的化妆品。试验物的试验浓度和赋形剂应根据实际使用浓度和方法而定。封闭型斑贴试验所用的化妆品试验浓度及赋形剂见表8-1。

3. 操作程序 按人体封闭型斑贴试验方法，将斑贴器置于上背部，封闭24小时后去除斑贴物，再休息24小时。重复上述过程，每周3次（即周一、周三、周五斑贴，周二、周四、周六去除斑贴物，周日休息），连续4周，最后一次斑贴时间为48小时。用空白对照（不置任何物质）或试验物的稀释物为阴性对照物，白凡士林为阳性对照物。最后一次斑贴物去除后，进行毛囊皮脂腺表面活检术。即将1滴氰基丙烯酸黏合剂置于试验部位皮肤表面，然后盖上高聚酯薄片，轻压薄片，使其与皮肤密切接触2分钟后揭下薄片，使薄片与2～3层角质层细胞和毛囊角质物一起取下。将高聚酯薄片置于载玻片上直接在显微镜下观察，如使用HE染色更为明显。

4. 反应评判 皮肤反应评判按照4级评分法，见表8-8。以找到的粉刺个数乘以相应的评分即为该受试物的最后得分。

表8-8 人体致粉刺性试验皮肤反应评判

反应评分	皮肤反应
0分	无致痤疮性，同阴性对照物相同
1分	很小的角栓
2分	中等大小角栓
3分	大球状，粉刺物

5. 结果解释 如果试验结果评分同阳性对照物相等或低于阴性对照物，则该产品无致粉刺性；如果试验结果评分高于阳性对照物白凡士林，则提示该产品具有致粉刺性；如果介于阴性对照物和阳性对照物之间，则结合临床，提示可能有致粉刺性。

六 毛发图（hair graph）

1. 目的 为了明确患者脱发的性质，以明确排除非化妆品引起的毛发脱落。

2. 操作程序 嘱受试者取发前4天洗发，将顶部、枕部、双侧颞部或特定区域作为取发部位，共取50根。用有橡皮套保护的镊子沿着头发生长的方向快速拔取头发。注意，如果速度慢，所取头发会失去发鞘。将所取头发标本从发根开始保留2.5cm发干，其余部分剪去。用透明胶带将头发固定于载玻片上使其在观察时不会移动。将带有头发标本的载玻片置于显微镜下观察每批头发的形态特征，并记录各期头发的数目。

3. 各期头发形态特征

（1）生长期早期：头发带有黑色、金字塔形毛小球，毛鞘可以从毛小球延伸至毛干水平外数毫米，无钩状或异形。

（2）生长期晚期：头发带有黑色、矩形毛小球，毛鞘可以从毛小球延伸至毛干水平外数毫米，无钩状或异形。

（3）退行期：黑色、矩形、气球样、狭窄毛小球，并覆有毛鞘，无钩状或异形。

（4）休止期：白色、带有毛鞘的毛小球，仅限于毛小球水平，无钩状或异形。

（5）生长异常：变窄的毛小球或惊叹号状毛小球，可有色素缺乏，无毛鞘，有时有钩状异形或其他异形。

（6）营养异常：同生长异常相似，但带有惊叹号状毛小球。

4. 结果解释 计算各期头发所占比例，按照生长期及休止期头发男女构成（表8-9）及正常头发各期构成（表8-10）可以判断生长期头发脱落，休止期头发脱落或头发营养异常或生长异常。

表8-9 生长期及休止期头发男女构成（%）

	生长期（女/男）	休止期（女/男）
顶部	88/78	11/19
枕部	88/83	11/15
颞部	89/88	10/11

表8-10 正常头发各期构成（%）

头发生长期	正常比例
生长期	66～96
退行期	0～6
休止期	2～18
生长异常	2～18
营养异常	0～18

第四节 化妆品不良反应监察体系

虽然通常情况下，化妆品皮肤不良反应很少对人体健康产生严重影响，但由于化妆品的消费人群越来越大，患者不断增加，有时还会出现因个别化妆品导致的群体伤害性事件，严重损害了消费者的权益。在处理案例时，必须要按照公正公平的原则，既要有权威性，又要科学规范。所以，在我国化妆品监督管理走向法制化的进程中，非常重视对化妆品皮肤不良反应的管理。早在1989年9月国务院就正式批准了《化妆品卫生监督条例》，并在第二十三条规定，对因使用化妆品引起不良反应的病例，各医疗单位应当向当地卫生行政部门报告。《化妆品卫生监督条例实施细则》的第四十三条规定，各级医疗机构发现化妆品不良反应病例，应及时向当地区、县化妆品卫生监督检验机构报告。各地化妆品卫生监督检验机构应定期报同级卫生行政部门，同时抄送一份送化妆品卫生监督检验机构。卫生行政管理部门也积极从技术法规和诊断标准制定、监测机构的认定和监测体系的建立等许多方面进行了探索，为我国化妆品人体皮肤不良反应监测做了大量工作。

一 技术法规和标准

为加强对化妆品人体皮肤不良反应的监测和管理，提高诊断的科学性、公正性和规范性，在1993～1997年间卫生部组织以皮肤科医师为主的专家标准研制组，根据化妆品皮肤不良反应的具体特点，制定了一整套化妆品皮肤病诊断的强制性国家标准，并于1997年发布，其中包括：

（1）《化妆品皮肤病诊断标准及处理原则总则（GB 17149.1-1997）》；

（2）《化妆品接触性皮炎诊断标准及处理原则（GB 17149.2-1997）》；

（3）《化妆品痤疮诊断标准及处理原则（GB 17149.3-1997）》；

（4）《化妆品毛发损害诊断标准及处理原则（GB 17149.4-1997）》；

（5）《化妆品甲损害诊断标准及处理原则（GB 17149.5-1997）》；

（6）《化妆品光感性皮炎诊断标准及处理原则（GB 17149.6-1997）》；

（7）《化妆品皮肤色素异常诊断标准及处理原则（GB 17149.7-1997）》。

标准发布后，对化妆品人体皮肤不良反应的监测管理和化妆品不良反应有关法律纠纷的仲裁上发挥了积极作用。2006年卫生部化妆品标准委员会又立项修订原7项化妆品皮肤病诊断标准，还增加了2个新的病变类型，即化妆品接触性唇炎和化妆品接触性荨麻疹，使我国化妆品皮肤病诊断标准体系不断完善。目前，中国的化妆品不良反应监测网络已经纳入国家对疾病的控制体系之中，这在国际上处于领先地位。

二 诊断机构认定和监管体系的建设

为了贯彻《化妆品卫生监督条例》，1992年卫生部发布4号文件（卫监发1992第4号），确定解放军空军总医院、上海市皮肤病性病医院和大连医科大学附属第二医院等10家医院为卫生部化妆品皮肤不良反应诊断机构，在全国十大城市中开展了化妆品皮肤不良反应的监测工作。卫生部于1999年再次认定并发布通告（卫生部通告1999第9号），在解放军空军总医院、上海市皮肤病性病医院、中山大学附属第三医院、天津长征医院后又追加重庆市第一医院为卫生部化妆品皮肤不良反应诊断机构，以这5家机构为监测哨点，以化妆品皮肤不良反应诊断标准为判定依据，开始化妆品不良反应的哨点监测工作。2004年又增加认定中国医学科学院皮肤病医院、四川大学华西医院等8家医院，2009年再次认定安徽医科大学第一附属医院等8家医院为卫生部化妆品皮肤不良反应诊断机构。至此，中国化妆品不良反应的监测哨点达到21个，分布在全国18个大中城市（见表8-11），从地理上基本覆盖中国大部分区域，尤其是经济发达、化妆品高消费的沿海地域。为加强化妆品不良反应监测管理，统一、规范化妆品皮肤不良反应监测数据，卫生部于2004年建立中国卫生部化妆品不良反应的监测体系。它不仅关注化妆品不良反应的诊断和监测，还和化妆品的质量监督直接挂钩，建立起“消费者-诊断机构-化妆品卫生安全评价机构-监督机构”的快速反应链，从而迅速有效地加强了化妆品的监管。消费者出现了皮肤不良反应，可以到表8-11所示的这21家中的任一家医院就诊，做出鉴定。

表8-11 化妆品皮肤病诊断机构所在医院

医院名称	所在城市	确认年代
解放军空军总医院	北京	1992
北京大学第一医院	北京	2009
上海市皮肤病性病医院	上海	1992
复旦大学附属华山医院	上海	2009
天津市长征医院	天津	1992
重庆市第一人民医院	重庆	1999
中山大学附属第三医院	广州	1992
中国医学科学院皮肤病医院（中国协和医科大学皮肤病医院）	南京	2004
南京医科大学第一附属医院（江苏省人民医院）	南京	2004
中国医科大学附属第一医院	沈阳	2004
四川大学华西医院	成都	2004
大连医科大学附属第二医院	大连	1992
山东省皮肤病性病防治研究所（山东省皮肤病医院）	济南	2004
福建医科大学附属第一医院、	福州	2004
第四军医大学第一附属医院（西京医院）	西安	2004
武汉市第一医院	武汉	2009
中南大学湘雅二医院	长沙	2009
浙江大学医学院附属第二医院	杭州	2009
安徽医科大学第一附属医院	合肥	2009
昆明医学院第一附属医院	昆明	2009
宁夏医学院附属医院	西宁	2009

三 监管体系的作用

国家化妆品不良反应监管体系的主要运行模式和机制具体是：

（1）将化妆品不良反应的监测范围扩大为化妆品皮肤不良反应确诊病例和化妆品皮肤不良反应疑似病例。

（2）化妆品不良反应监测体系的组成是国家化妆品卫生行政管理部门、化妆品安全性专家委员会、国家化妆品不良反应监测中心、国家化妆品卫生行政管理部门认定的化妆品皮肤不良反应诊断机构。

（3）化妆品不良反应监测体系的运转以21家化妆品皮肤不良反应诊断机构作为全国化妆品不良反应监测哨点，每个监测哨点必须指派专人负责对到本医院就诊的患者中化妆品皮肤不良反应的诊断和不良反应病例的登记，并上报至国家化妆品不良反应监测中心。

国家化妆品不良反应监测中心对各监测点上报数据进行汇总、分析、提出建议，必要时组织对问题化妆品的安全性检测。化妆品安全性专家委员会负责对问题化妆品的仲裁鉴定。卫生部在收到化妆品不良反应监测数据后，一方面负责向社会公布总体情况，另一方面，根据具体情况，分别提请相关企业注意其产品质量或者请各地卫生监督部门对问题化妆品进行查处。

化妆品不良反应监测体系已成为我国化妆品安全性评价体系的一个重要组成部分，为化妆品安全性评价提供了重要依据，正发挥着无可替代的作用。随着化妆品市场的扩大，化妆品不良反应监测哨点还会不断增多，监测的体系还会不断完善。

思 考 题

1. 化妆品皮肤病的定义是什么？常见化妆品皮肤病的类型有哪些？
2. 化妆品接触性皮炎的诊断要素有哪些？
3. 请简述诊断性斑贴试验的操作程序。

（王学民　李　利）

参考文献

1. 秦钰慧. 化妆品管理及安全性和功效性评价. 北京：化学工业出版社，2006
2. PJ Frosch，T Menne，JP Lepoittevin. Contact Dermatitis. 4th ed. Springer，2006
3. Mills OH，Kligman AM. A Human Model for Assessing Comedogenic Substances. Arch Dermatol，1982，118（11）：903-905
4. Draelos ZD，DiNardo JC. A re-evaluation of the comedogenicity concept. J Am Acad Dermatol，2006，54（3）：507-512

各 论

第九章　清洁类化妆品

人体皮肤暴露在外界环境中，随时遭受各种物理性粉尘、化学刺激物、致敏物和微生物的侵袭；皮肤表面常堆积着脱落死亡的细胞、分泌的皮脂及汗液。这些外源沾染、内在产生的物质过度堆积影响皮肤的健康和美观。清洁类化妆品正是用于清洁人体皮肤、口腔、毛发，在日常生活中应用最广泛的一类产品。

第一节　皮肤污垢的概念

皮肤污垢（skin dirt）是指附着在皮肤或黏膜表面的垢着物，影响皮肤和黏膜腺体以及毛孔的通畅，阻碍皮肤和黏膜正常生理功能的发挥。

一　皮肤污垢的组成

人体皮肤表面被覆大量的毛发，以及大量的皮肤附属器，如皮脂腺、顶泌汗腺和小汗腺等。皮肤黏膜表面每天都有大量脱落的角质形成细胞或黏膜上皮细胞、分泌的油脂、堆积的汗液，以及外界的灰尘和各类清洁液、化妆品等残留。皮肤污垢主要由下列物质构成：

（一）脱落的角质形成细胞和黏膜上皮细胞

皮肤的角质形成细胞从基底层逐步往皮肤表面移行，至皮肤表面已经演变成角质层，大量的角质细胞逐步脱离皮肤成为鳞屑，构成了皮肤污垢的主要成分。黏膜上皮细胞同样也逐步脱落，堆积在如口腔、生殖道黏膜表面形成特定的附着物。

（二）油脂

皮脂腺每天产生大量的油脂，通过导管分泌到皮肤表面，参与形成皮脂膜，对皮肤起保护作用，但同时又对外界的灰尘起到黏附作用，促进皮肤污垢的形成。

（三）汗液

汗腺分泌汗液受外界环境温度和体温的影响，精神紧张亦引起出汗。汗液的成分主要是水、尿素、乳酸、脂肪酸和少量的无机盐。汗液为皮肤污垢的主要成分之一。

（四）皮肤表面的微生物

皮肤和黏膜表面附着大量的微生物，如细菌、病毒和真菌等。皮肤黏膜表面的常驻菌及暂住菌均参与皮肤污垢的组成，对皮肤和黏膜的生理功能也产生一定的影响。

（五）灰尘和各类化妆品的残留物

皮肤黏膜直接暴露在外界环境中，环境中的空气烟尘微粒以及各类化妆品中的油脂、粉末、颜料等都可以在皮肤表面驻留，与上述物质一道构成皮肤污垢，进而在一定程度上影响皮肤黏膜功能。

二 皮肤污垢的分类

污垢内含液体和固体两类成分。液体成分主要是植物油脂、脂肪酸、脂肪醇、烃类矿物油以及化妆品的液体残留物、人体排泄的皮脂等。固体成分包括烟尘微粒与有机物、铁锈类的金属氧化物、各类化妆品固体残留物以及人体排泄的上皮细胞碎片及盐类等。日常生活中常见的污垢往往是上述两类成分的混合物。

（一）根据污垢存在的形状分类

1. 颗粒状污垢，如固体颗粒、微生物颗粒等以分散颗粒状态存在的污垢。

2. 覆盖膜状污垢，如油脂和高分子化合物在皮肤表面形成的膜状物质，这种膜可以是固态的，也可能为半固态或流动态。

3. 无定形污垢，如块状或各种不规则形状的污垢，它们既不是分散的细小颗粒，又不是以连续成膜状态存在。

4. 溶解状态的污垢，如以分子形式分散于水或其他溶剂中的污垢。

以不同形状存在的污垢去除过程有很大差别，如固体颗粒状态的污垢与液体膜状污垢在皮肤表面解离分散去除的机制大不相同。

（二）根据污垢的化学组成分类

按这种分类方法可把污垢分为无机物和有机物两大类。

1. 无机污垢，如泥垢等，它们多属于金属或非金属的氧化物及水化物或无机盐类。

2. 有机污垢，食物残渣中的淀粉、糖、奶渍、肉汁、动植物油迹、矿物等，它们分别属于糖类、脂肪、蛋白质或其他类型的有机化合物。

人体皮肤表面常见的油垢主要是油脂，包括动物脂肪和植物油，属于有机酯类。一般情况下，无机污垢常采用酸碱等使其溶解而去除，而有机污垢则经常利用氧化分解或乳化分散的方法从皮肤表面去除。

（三）根据污垢的亲水性和亲油性分类

1. 亲水性污垢，如可溶于水的食盐等无机物和蔗糖等有机物。

2. 亲油性污垢，如油脂、矿物油、树脂等有机物。

亲水性强的污垢通常用水做溶剂加以去除，亲油性污垢则利用有机溶剂溶解，或用表面活性剂乳化分散加以去除。

（四）根据在皮肤表面存在状态分类

污垢与皮肤表面结合状态是多种多样的，由于结合作用力种类的不同，使结合牢固程度不同，因此从皮肤表面去除污垢的难易也不同。

1. 靠重力作用在皮肤表面沉降堆积的污垢 这种形态存在的外来污垢，在皮肤表面上的附着力很弱，较容易从表面上去除。

2. 靠吸附作用结合于皮肤表面的污垢 在这种情况下污垢分子与皮肤表面的分子间存在着吸附作用力，这种吸附力既可能是分子间的范德华作用力，也可能是分子间的氢键作用或分子间形成共价键的结合。当污垢分子靠吸附作用结合于皮肤表面时，特别是污垢以薄膜状态紧密结合于表面时，这种结合力是很强的。与表面直接接触的污垢分子层由于存在这种强烈的吸附作用，用通常的清洗方法常很难去除。而且以这种状态存在的污垢颗粒越小，与皮肤表面的吸附力也越强。

3. 靠静电吸引力附着在皮肤表面的污垢 当污垢粒子遇到皮肤表面带有相反电荷时，就会被静电吸引力吸附到皮肤表面。由于水有很大的介电常数会使污垢与皮肤表面之间的静电引力大为减弱，此时这类污垢容易从表面解离。

通常把上述3种污垢称为“附着污垢”，这些污垢来自环境并且与皮肤表面存在明确分界面，这种污垢的清除一般不会造成皮肤表面的损伤。

4. 口腔内污垢 人体口腔内存在大量的细菌和牙渍等污垢。口腔内部有各种不同的细菌，有些是益生菌有助于抑制危害更大的细菌繁殖。转糖链球菌、放线菌、牙龈卟啉单胞菌、中间普雷沃菌和福氏拟杆菌等容易黏附在牙齿上，产生酸性物质可引起蛀牙产生；而乳酸杆菌只能黏附在牙渍上而不黏附在牙齿本身，其危害性较小。牙渍是口腔问题的罪魁祸首，牙渍又称牙垢，为附着在牙齿表面的污渍，是由细菌、酵母菌、病毒的副产物、食物残渣和坏死的人体组织等聚集在一起，形成凝胶样柔软黏稠的有机物质。牙渍随着微生物种类增多而增厚，而牙渍变厚可导致牙龈发炎。

三 皮肤污垢中的汗液和皮脂

皮肤的分泌和排泄功能主要通过汗腺分泌汗液和皮脂腺分泌皮脂完成，汗液和皮脂在污垢的形成中占有重要的地位。

（一）汗液（sweat）

汗液是由汗腺分泌的液体，具有散热和调节体温及排泄废物作用。汗腺分为小汗腺和顶泌汗腺，小汗腺除唇红部、包皮内侧及龟头部外，全身均有分布，以掌跖、额部、背部、腋窝等处最多。顶泌汗腺主要分布在腋窝、脐窝、肛门四周及生殖器等处。小汗腺分泌有助于调节体温，同时通过汗液排泄机体代谢废物；顶泌汗腺分泌物为较黏稠的乳状液，含蛋白质、碳水化合物和脂类等，分泌物被细菌分解后产生特别的气味。分泌过盛而致气味过浓时，则发生狐臭。小汗腺的分泌活动主要受交感神经支配，主要是乙酰胆碱能纤维，全身各部位皮肤均可分泌汗液，正常人24小时内大概蒸发600 ~ 700mL。外界气温升高，或体内产热增加所致的热刺激引起的发汗称知觉发汗。

汗液成分包括无机成分和有机成分两类，都是体内的代谢产物。其中水占95% ~ 99%。汗液比重介于1.002 ~ 1.003，pH为4.2 ~ 7.5。汗液中1% ~ 2%为尿素、乳酸、脂肪酸等有机成分。无机成分主要是氯化钠、碳酸钙等盐类，其中氯化钠约为300mg/100mL，可呈酸性或碱性，这些酸碱成分过多堆积会直接腐蚀皮肤，破坏皮肤的组织细胞，导致皮肤老化。

正常分泌量的汗液和皮脂，在皮肤上混合后形成皮脂膜，对皮肤有保护作用。当出汗过多时，汗液与皮脂的比例失调，皮脂膜受到破坏，降低皮肤的抵抗力。汗液中的有机成分过多堆积在体表，当气温增高时，微生物将在体表大量繁殖。微生物分解汗液中的有机成分，产生各种有毒物质，释放出有异味的气体，甚至引起皮肤疾病，如毛囊炎、湿疹、疖肿、夏季皮炎等。

（二）皮脂（sebum）

皮脂由属于全浆分泌腺体的皮质细胞所分泌，在人体皮肤表面和水分乳化而成皮脂膜，其脂质部分可以使皮肤更加柔韧，滑润，富有光泽。皮脂膜能阻止外界有害物质侵入，抑制细菌和真菌滋生；还能防止皮肤水分过度蒸发，以保证皮肤正常的含水量，保持一定的湿度，防止干裂。一旦皮脂膜遭到破坏，保水功能降低，皮肤就会变得干燥、瘙痒甚至脱屑，呈现干性皮肤的特点，对气候等因素的反应力也随之减弱。

皮脂膜pH维持在4.5～6.5，呈弱酸性状态，其中的一些游离脂肪酸还能够抑制某些致病性微生物的生长，对皮肤有很强的自我净化作用，以保持皮肤的健康。过度的清洁，特别是使用碱性清洁类化妆品，不但会破坏皮肤的酸碱平衡，而且导致细菌进入及水分流失；过度清洗皮肤使皮脂被破坏，反而会刺激皮脂腺的分泌，呈现油性皮肤的特点，甚至可以导致脂溢性皮炎、痤疮等疾病发生。因此清洁皮肤首先要注意保护皮脂膜。

四 清洁皮肤、口腔黏膜的目的

保持皮肤、口腔的清洁是皮肤美容护理的基础。皮肤污垢不及时清除，会影响皮肤黏膜正常生理功能的发挥，同时化学污染物会刺激皮肤；生物活性物质可能作为抗原引起皮肤变态反应；污垢会阻碍皮肤腺体的继续分泌，或分泌的物质堵塞腺体，引起皮肤粗糙，与微生物一起作用引起皮肤感染，发生痤疮、毛囊炎等皮肤病。及时清除皮肤表面的污垢，保持汗腺、皮脂腺分泌物排出畅通，有利于防止细菌感染；清洁使皮肤得到放松、休息，以便充分发挥皮肤的生理功能，呈现青春活力；清洁的同时能调节皮肤的pH，使其恢复正常的酸碱度，保护皮肤，为下一步皮肤护理作准备。及时清洁口腔，清除牙齿表面的食物残渣、牙垢，保持口腔清洁、湿润，能使人感觉舒适，预防口腔感染、牙龈炎等并发症；防止口臭、牙垢，促进食欲，保持口腔正常功能。

第二节 清洁类化妆品的原料及作用机制

清洁类化妆品中的原料成分包括表面活性剂、保湿剂、活性添加剂、防腐剂、香料、着色剂等，部分产品还包括一定的抗菌剂。其中表面活性剂是清洁类化妆品的主要原料，一些清洁剂中甚至无水分。根据不同消费者的需求、配方设计的要求和成本，清洁类化妆品在市场上可以有不同的类型，消费者可以根据自身皮肤情况做不同的选择。

一 表面活性剂

表面活性剂（surfactant）是指具有固定的亲水亲油基团，在溶液的表面能定向排列，并能使表面张力显著下降的物质。表面活性剂分子的化学结构主要有非极性（疏水性）基和极性（亲水性）基两个基团组成，这两个基团分别处于分子的两端，形成不对称的结构，又称亲油亲水的双亲分子。表面活性剂在清洁类产品中所起的作用是多方面的，如润湿作用、吸附作用、增溶作用、乳化作用、发泡作用等。

当表面活性剂达到一定的浓度时，在溶液中缔合成胶团，即表面活性剂可将不溶于水的动植物油脂或其他有机物裹在其中，形成胶束，产生增溶作用。溶液中的表面活性剂分子通过润湿作用，渗透到固体污粒的间隙里，使液-固之间的界面能低于固-固之间的界面能，破坏了固体粒子的内聚力，使粒子破裂成微小质点。由于表面活性剂分子在其上的吸附，使其界面自由能降低，在运动的条件下，分散到水溶液中。根据吸附表面活性剂分子的带电性，粒子也可带上相同的电荷，再加上表面活性剂保护胶体的作用，显示出稳定的分散能力而不至于再凝聚。

含有表面活性剂的水溶液将碳氢化合物（指油污）溶解在水中的本领称为增溶作用。对球状胶团，表面活性剂分子的极性基向外；非极性基向内，油污被溶解在球状胶团内；对层状胶团，表面活性剂分子的极性基与极性基相邻，非极性基与非极性基相邻，油污被溶解到两极性基相邻的层状胶团内。

由于表面活性剂具有润湿或抗黏、乳化或破乳、起泡或消泡、增溶、分散、洗涤、防腐、抗静电等一系列物理、化学特性，成为一类灵活多样、用途广泛的精细化工原料。本节就清洁类化妆品中的表面活性剂作一介绍。

（一）阴离子表面活性剂

1. 十二烷基硫酸钠（sodium lauryl sulfate，SLS） 为去脂力极强的表面活性剂，为油性皮肤或男性专用洗面乳的常用成分。与其他表面活性剂相比，属于刺激性较大的原料之一，浓度过高时对皮肤有潜在的刺激性。因具有较强的去脂能力,可以破坏皮脂膜,不宜长期使用，以免造成皮肤自身屏障功能的破坏。这类产品不能用于敏感性皮肤和干性皮肤。

2. 聚氯乙烯烷基碳酸钠（sodium lauryl ether sulfate，SLES） 也属于去脂力佳的表面活性剂，其对皮肤和黏膜（如眼睑）的刺激性较SLS小。这类清洁剂应用广泛，除用于面部清洁剂外，还大量用于沐浴乳和洗发精的配方中。

3. 酰基磺酸钠（sodium acyl sulfonic acid） 酰基磺酸钠具有优良的洗净力，且对皮肤的刺激性低，并且有极佳的亲肤性，清洗时或洗后皮肤的感觉较佳，皮肤不会过于干涩，且柔嫩感明显。以此为配方的洁面乳，pH通常控制在5～7，适合正常皮肤使用。

4. 磺基琥珀酸酯类（disodium laureth sulfosucciunate） 属于中度去脂力的表面活性剂，较少作为主要清洁成分，常与其他洗净成分搭配使用，具有强力发泡作用，除洗面乳外，还常用于泡沫沐浴露及儿童沐浴露，或在发泡较差的清洁剂中作为增泡剂使用。其本身对皮肤和眼结膜的刺激性较小，是温和的洗净原料。

5. 烷基磷酸酯类（mono alkyl phosphate，MAP） 属于温和、中度去脂力的表面活性剂，这一类制品必须在中性或偏酸性的环境，才能有效发挥洗净作用，与皮肤的亲和力好，洗时和洗后触感均佳。

6. 酰基肌氨酸及其盐类（sarcosinate） 对皮肤和头发十分温和,泡沫丰富,调理性能好,并有抗静电效应，且对多种表面活性剂有很好的相容性，故该类表面活性剂在化妆品工业中有广泛的应用前景。由于其良好的温和性和调理性能使其成为泡沐浴、泡沫浴油和身体用清洁剂理想的原料。如月桂酰基肌氨酸三乙醇胺盐对人体皮肤极温和，是粉刺皮肤清洁剂的最佳原料。

（二）两性表面活性剂

常见的两性表面活性剂有甜菜碱、氧化铵、氨基酸型和咪唑啉。这类清洁剂的刺激性均低，且起泡性能好，去脂力属中等，适用于干性皮肤和婴儿清洁剂配方。如氨基酸系表面活性剂，采用天然氨基酸成分为原料制造，其本身可以调整为弱酸性，因此对皮肤的刺激性较小，亲肤性特别好，是目前高级洗面乳清洁成分的主流，但成本高。

（三）阳离子表面活性剂

清洁类产品使用阳离子表面活性剂的目的主要有：在洗发、护发过程中作调理剂；用于消毒，如十二烷基二甲基苄基氧化铵，商品名洁尔灭。该类产品均有良好的抗静电、杀菌、灭菌等消毒性能，在化妆品中主要用于消毒灭菌和调理剂。

（四）非离子表面活性剂

1. 烷基醇酰胺（alkyl alcohol amide） 由脂肪酸与单乙醇胺或二乙醇胺缩合制得，是一类多功能的非离子表面活性剂，其性能取决于组成的脂肪酸和烷醇胺的种类、两者之间的比例和制备方法。常用的烷基醇酰胺有烷基醇单乙醇酰胺。

2. 烷基聚葡萄糖苷（alkyl polyglucoside，AGPS） 此表面活性剂是以天然植物为原料制备获得，对皮肤和环境没有任何的刺激和毒性。清洁力适中，为新流行的低敏性清洁剂，但在洗面乳中以AGPS为主要成分的仍不多见。

（五）天然表面活性剂

天然表面活性剂是以植物或动物组织（如植物种子、根、茎、植物分泌物或动物分泌物等），通过物理过程或物理化学的方法得到的、具有表面活性的物质，常见的有茶皂素和绞股蓝等。

二 保湿剂（humectant）

清洁剂在去除污垢的同时，也会不同程度地损伤皮脂膜，使皮肤屏障功能减弱，皮肤容易变得干燥、粗糙。为了减少皮肤表面的损伤，在清洁剂中常常加入具有保湿和修复皮脂膜功能的原料。这类物质有特殊的分子结构，可以吸附并保留水分，在维持皮肤水合作用的同时维护皮肤屏障功能。包括润肤剂、吸湿剂等。润肤剂通过在皮肤表面形成保湿薄膜而阻止水分丢失，使皮肤柔软、光滑，如十六烷基硬脂酸盐、二辛酰基马来酸盐、C12 ~ 15烷基安息香酸盐等。吸湿剂指能吸收水分的物质，可以将皮肤深层水分吸引到角质层，从而增加皮肤表面水分，如甘油、丙二醇、尿素等。

在清洁类化妆品中常用的保湿剂原料有：传统产品中广泛使用的甘油、尿素、乳酸；皮肤中固有的成分如透明质酸、吡咯烷酮羧酸钠、神经酰胺、胶原蛋白等，是近年来开发出的最新一代保湿剂，可在皮肤中形成一种网状结构，锁住水分；从动植物中提取的成分如海藻提取物、甲壳素衍生物，是生理上十分安全的保湿剂。硫酸软骨素（chondroitin sulfate）也是从动物组织中提取制备的酸性黏多糖类物质，分子中带有大量的负电荷，具有调脂、抗炎及弱的抗凝血、抗血栓生物活性，对维持细胞环境的相对稳定性和正常功能具有重要作用。

三 活性添加剂

活性添加剂是具有一定舒缓、美白、抗皱等护肤功效的添加剂。多为植物和中药提取物，如芦荟、海藻及薄荷等，也包括维生素及矿物质。清洁剂在皮肤上存留的时间短，发挥的功效作用有限，详见相关章节。

四 防腐剂（preservative）

为杀灭、抑制或阻止微生物生长的制剂。在清洁类化妆品中，为延长清洁剂的存放时间，和加强清洁剂的抗菌作用，常添加防腐剂（如对羟基苯甲酸酯类、苯甲醇、咪唑烷基脲等）、抑菌成分[包括季铵盐、阳离子消毒剂、多价阳离子、提供阳离子的质子给予剂（proton provider）及乙醇等]，可杀灭金黄色葡萄球菌、大肠埃希菌等。如添加质子给予剂的皮肤清洁剂可抑制皮肤表面短小棒状杆菌，用于痤疮的辅助治疗。防止痤疮患者局部皮肤的二重感染。然而这类清洁剂易导致皮肤干燥及刺激反应，特异体质的人还会诱发过敏反应。实际应用中往往同时添加多种防腐剂以拓宽抗菌谱，增加抗菌效果；同时减少每种防腐剂的含量，减少刺激反应。

第三节　清洁类化妆品特点及分类

具有清洁作用的化妆品种类繁多，主要有洗面奶、清洁霜、磨面膏、清洁啫喱、清洁面膜、沐浴液、卸妆用的油、水、膏霜、乳液、漱口液等。琳琅满目的产品为人们提供了选择的多样性，但由于其品质良莠不齐，不正确选择、使用则可能会导致多种皮肤问题。同时，每种产品具有不同的功效，因此必须对该类产品进行充分的认识。

一　清洁类化妆品性能特点

水仅能去除皮肤表面一部分水溶性污垢，对油脂成分则毫无作用。清洁类产品因含有表面活性剂，能将各种污渍清除掉。清洁皮肤、黏膜与洗涤衣物不同，既要有效除去污垢，又要不损伤维持皮肤光泽、润滑的皮脂膜，因此清洁类化妆品脱脂力不能太大。

清洁类化妆品除具备普通化妆品的特点外，还要具备以下性能：

1. 外观悦目，无不良气味，结构细致，稳定性好，使用方便。
2. 使用时能软化皮肤、容易涂布均匀，无拖滞感。
3. 能迅速除去皮肤、黏膜表面和毛孔污垢。
4. 用后皮肤和黏膜不感觉紧绷、干燥或油腻，并最好能在皮肤上留有很薄的保护膜。
5. 对皮肤黏膜无损害，能保持皮肤光泽润滑。

二　清洁类化妆品分类

（一）按其组成成分及作用特点不同分类

1. 皂类清洁剂　皂类清洁剂是最古老、最常见的表面活性剂，是由脂肪、油脂及盐组成的pH为9.5～10的碱盐，同时也是最简单的阴离子表面活性剂，通过形成皂盐乳化皮肤表面物质而去污。其中皂盐成分有刺激性，易破坏皮肤角质层及使天然保湿因子（natural moisturizing factors，NMF）丢失，使皮肤水分减少，皮肤屏障功能破坏，增加皮肤pH及敏感性。而皮肤屏障修复和再生速度在pH为7.2时较正常生理pH 5.5时明显减小，碱性环境对皮肤不利。

改良后的浓缩皂（包括多脂皂、美容皂）由于添加了羊毛脂、甜杏仁油及甘油等，可减轻皮肤干燥症状。

2. 合成型清洁剂　合成型清洁化妆品，是由阴离子、阳离子、两性离子、非离子及硅酮类型的表面活性剂以及保湿剂、黏合剂、防腐剂等人工合成的清洁剂，性质温和，刺激性较肥皂明显减小。包括洗面奶、沐浴露及沐浴凝胶等。合成型清洁剂通过表面活性剂的乳化和包裹作用清洁皮肤，同时可维持皮肤表面pH至生理状态，防御细菌的侵袭；同时含有的保湿剂及润肤剂具有保湿、润肤、降低皮肤敏感性及维护皮肤屏障功能的作用，减轻由表面活性剂导致的皮肤屏障破坏。

合成型清洁化妆品对于敏感性及免疫功能低下的皮肤有益，如非离子型表面活性剂聚山梨酯等具有低刺激性；硅酮在使清洁剂渗入到皮肤深层的同时，软化滋润皮肤及减轻经表皮水分的丢失；二甲基硅油具有低刺激性、低变应原性及不诱导形成粉刺等特性。

3. 抗菌型清洁剂 抗菌型清洁类化妆品为主要含有抑菌成分的皮肤或黏膜清洁剂，清洁皮肤或黏膜的同时还可治疗皮肤或黏膜感染。

（二）按其功能和作用部位不同分类

1. 洁面类 包括各种洗面奶（同类产品：洁面乳、洁面露、洁面皂、洁面啫喱、洁面凝胶、洁面摩丝）、清洁霜、清洁面膜、磨面膏、去死皮膏（液）等。

2. 口腔清洁类 牙膏、漱口液等。

3. 沐浴类 包括各种浴精、沐浴露、浴盐、香皂和沐浴啫喱、身体磨砂膏等。

4. 卸妆类 包括各种卸妆油、卸妆液、卸妆乳和卸妆霜等。

5. 发用类 包括洗发香波、洗发液、洗发啫喱等，详见第22章相关内容。

第四节 各类清洁产品简介

一 洁面类清洁剂

（一）洗面奶（washing face milk）

洗面奶是以清洁皮肤为目的的面部专用产品，为弱酸性或中性白色乳液，具有良好的流动性、延展性和渗透性。其同类产品有洁面乳、洁面露、洁面皂、洁面啫喱（凝胶）、洁面摩丝等。具有优良的洗净力、泡沫性、温和滋润、保护皮肤的功能。能去除面部的汗渍、油垢、粉底、鳞屑碎片等。有一些特殊性质的洗面奶还可以在无水条件下使用，不仅能清洁面部皮肤，同时还兼有护肤、保湿、营养皮肤等功能，用后能使面部皮肤柔嫩光洁。由于洗面奶性质温和，在清洁的同时还具有保健功效，具有用香皂洁肤无可比拟之优点，深受消费者的青睐。

1. 洗面奶分类

（1）根据剂型分为3类：

1）泡沫型洗面奶：日常最常用，即表面活性剂型，通过表面活性剂对油脂的乳化能力而达到清洁效果。这类产品对水溶型污垢清洁能力比较强。皂剂洗面奶也是其中一类，但是由于其明显偏碱性，一般和普通表面活性剂洗面奶区别对待。

2）溶剂型洗面奶：通过油与油的溶解能力来去除油性污垢，它主要针对油性污垢，如清洁霜等。

3）无泡型洗面奶：这类产品结合了以上两种类型洗面奶的特点，既使用了适量油分也含有部分表面活性剂。

（2）按皮肤性质分为两类：

1）柔和洗面奶：含有温和配方，适合中性、干性、敏感性皮肤。

2）油性皮肤洗面奶：配方中含油脂较少，洗完之后会觉得面部皮肤较干爽，适合油性皮肤。对中性或干性皮肤最好不选用，否则会导致皮肤更加干燥缺水。

（3）根据使用目的不同，洗面奶分为普通型、磨砂型、疗效型3类。其中普通型洗面奶根据乳化方式不同，分为皂基洗面奶、混合式洗面奶和非反应式洗面奶。皂基洗面奶特点是具有丰富的泡沫，优良的洗涤能力，在配方中加入适量的软化剂和保湿剂后，使用起来没有肥皂的紧绷感，而具有良好的润湿性。配方中常含有肥皂（高级脂肪酸与碱发生反应制得）、表面活性剂和软化剂。其中肥皂有丰富的泡沫和很强的去污性；表面活性剂起进一步去污和乳化作用；软化剂可以使皮肤和毛孔中的污垢乳化和溶解，并可营养皮肤。

（4）根据洗面奶的物理性状不同又分为洁面乳、洁面露、洁面啫喱、洁面摩丝等。如洁面啫喱又称凝胶型洗面奶，主要含有胶黏质或类胶黏质，呈透明或半透明，与其他产品相比，活性成分较易被皮肤吸收。

2. 洗面奶主要成分 洗面奶主要含有油相组分、水相组分、表面活性剂和营养成分4种原料，其实只有油相、水相之分，表面活性剂和营养成分也可归在水相油相里面。油相组分作为溶剂和润肤剂（如动植物油脂主要用作润肤剂，矿物油脂主要用作溶剂），清除油溶性污物。水相组分能去除汗腺的分泌物和水溶性污物。表面活性剂有润湿、渗透、发泡、乳化和去污作用，可以清除面部污垢。由于添加了起到润湿作用的油分、保湿剂和营养成分，洗面奶不仅可以清除面部灰尘、油脂、汗渍和微生物等污物，起到清洁皮肤的作用，还能防止皮肤过度脱脂，具有滋润皮肤、护肤保湿和营养皮肤等功效。

3. 洗面奶作用机制 洗面奶是由油相物、水相物、表面活性剂、保湿剂、营养剂等成分构成的液状产品。其中奶油状洗面奶含有油相成分，适用于干性皮肤使用；水晶状透明产品不含油相成分，如配方调理适当，可满足绝大多数消费者使用。洗面奶中表面活性剂具有润湿、分散、发泡、去污、乳化五大作用，是洁面化妆品的主要活性物。此外，根据相似相溶原理，在洗面过程中可借油相物溶解面部油溶性的脂垢，水相物溶解脸面上水溶性的汗渍污垢。

由于添加了具有湿润作用的油分和保湿剂，在去除皮肤污垢的同时能防止皮肤过度脱脂，能于清洁后在皮肤表面形成保护膜，兼有对皮肤的护肤、保湿、营养功能，用后使面部皮肤柔嫩光洁、爽滑，明显优于香皂。由于洗面奶色泽纯正、香气淡雅、质地细腻，洗面奶一经问世，便受到广大消费者的欢迎。

4. 洗面奶配方实例 见表9-1、表9-2。

表9-1 O/W型洗面奶配方举例

组分	质量分数/%	组分	质量分数/%
白油	25.0	三乙醇胺	1.0
硬脂酸	7.5	香精、防腐剂	适量
蜂蜡	2.0	水	加至100
聚丙烯酸树脂	0.1		

配方分析：配方中含有的白油和较多去离子水，其中硬脂酸和三乙醇胺反应形成的三乙醇胺皂是很流行的O/W型乳化剂，聚丙烯酸酯树脂可以调节黏度和触变性，蜂蜡与乳化剂配合，可降低油腻感，增加稳定性。配方既能较好地除去水溶性污垢，也能有效地除去油溶性污垢；未反应完全的硬脂酸还有润肤作用。

表9-2　凝胶型（啫喱型）洗面奶配方举例

组分	质量分数/%	组分	质量分数/%
月桂酰基肌氨基酸钠盐	5.0	三乙醇胺（pH调至7.2）	适量
AES-NH_4（28%）	7.3	防腐剂、香精	适量
Capigel 98	3.0	水	加至100

配方分析：配方中Capigel 98为丙烯酸聚合物水溶液，经三乙醇胺中和后与聚合物羧基团离子化，减少聚合物之间的相互作用，吸水膨胀后呈透明凝胶状。Capigel 98同时具有增稠作用，且可以和表面活性剂月桂酰基肌氨基酸钠盐起协同作用。

（二）清洁霜（clean cream）

清洁霜又称洁肤霜，是一种半固体膏状的洁肤化妆品，兼有护肤作用。清洁霜主要作用是清除皮肤表面积聚的异物，如皮屑、油污、化妆品等，特别是皮肤上的化妆品油性成分及油性污垢。

清洁霜是由油相和水相经乳化制成的乳化体。其去污作用与肥皂不同，肥皂的洗净力是利用表面活性剂使表面张力下降的效能，而清洁霜的去污能力是利用原料中的油相和水相的溶剂作用，把面部的污垢溶于清洁霜中，可以在无水条件下清洁面部皮肤，水相溶解水溶性污垢，油相溶解油溶性污垢。同时都分散于清洁霜内，不仅能够清除皮肤上的一般性污垢，而且可以有效地清除皮肤毛孔内聚积的油脂、皮屑以及浓厚化妆油彩等，还能在皮肤上留下一层薄膜，起保护、滋润皮肤作用，对于燥型皮肤有很好的保护作用。清洁霜的pH比肥皂低，呈中性或弱酸性，在皮脂的pH范围内进行去污洗涤，对皮肤柔和无刺激。同类产品如清洁乳液、清洁面膜因剂型不同而命名，均具有很好的清除面部污垢和护肤功效。

理想的清洁霜应该具备的主要性能是：安全、无刺激；外观细腻、光泽感强；易于涂展，并能依赖皮肤体温迅速软化；渗透作用强，能够彻底清洁毛孔内部污垢；易于擦除和洗去，使用时感觉舒适；使用清爽柔软，无油腻感。

清洁霜分为无水型清洁霜、乳化型清洁霜等。乳化型清洁霜又分为油包水型（W/O）和水包油型（O/W）2种，可根据需要选择不同乳化型清洁霜，如戏剧妆或浓妆，多为油性化妆品，卸妆时多选用W/O型清洁霜，其主要目的是为了使油性化妆品成分从皮肤表面清除。一般淡妆则选用O/W型清洁霜，使用后有滑爽和舒适感。

1. 无水型清洁霜　无水型清洁霜是一种全油性组分混合而制成的产品，使用时将其涂抹在皮肤上，它能随皮肤温度而液化流动，将皮肤上的油性污垢和化妆品残留油渍等溶解，再用软纸擦去使皮肤清洁，达到卸妆目的。配方中常添加中等至高含量的酯类或温和的油溶性表面活性剂，减少油腻感，增强舒适的肤感，易于清洗。有些配方制成凝胶状，易于分散，可用纸巾擦除。配方举例见表9-3。

表9-3　无水型清洁油配方举例

组分	质量分数/%
癸酸、辛酸三甘油酸酯	12.0
PEG-400二月桂酸酯	6.0
白油	82.0

配方分析：白油作为基质原料，癸酸、辛酸三甘油酸酯为清爽性酯，能减少白油的油腻感，PEG-400二月桂酸酯为油溶性表面活性剂，能达到很好的去除面部油性污垢或彩妆类化妆品残留油渍作用。

2. W/O型清洁霜 根据乳化方式不同，分为蜂蜡-硼砂乳化体系（反应式乳化和混用式乳化）和非反应式乳化体系。传统的反应式乳化体系膏霜微粒粗大，稳定性差，在多种表面活性剂作为乳化体系应用之后，常加入一些表面活性剂作为辅助的乳化剂，即形成混用式乳化。非反应式乳化体系，其膏霜乳化体形成过程中不发生化学反应，乳化是通过直接加入表面活性剂实现。非反应式乳化体系是目前主要的乳化方式，有时加入少量的蜂蜡作为稠度调节剂。配方举例见表9-4。

表9-4 W/O型清洁霜（混用式乳化体系）配方举例

组分	质量分数/%	组分	质量分数/%
蜂蜡	10.0	硼砂	0.7
白油	57.6	丙二醇	3.0
鲸蜡醇	2.4	水	加至100.0
防腐剂、香精	适量		

配方分析：蜂蜡-硼砂生成皂基乳化剂，构成完整的乳化体系。蜂蜡很少使皮肤过敏，而能使皮肤柔软和富有弹性。丙二醇为保湿剂，具有使W/O型清洁霜保持湿润、防止干缩的作用。

3. O/W型清洁霜 是一类含油量中等轻型的洁肤产品，油腻感小，目前较为流行，适合于油性皮肤应用。按照乳化体系的不同分为蜂蜡-硼砂乳化体系和非反应式乳化体系。配方举例见表9-5。

表9-5 O/W型清洁霜配方举例

组分	质量分数/%	组分	质量分数/%
硬脂酸	15.0	甘油	5.0
羊毛脂	4.0	香精、防腐剂	适量
矿物油	25.0	水	加至100.0
三乙醇胺	1.9		

配方分析：水相成分含量多，作为外相；硬脂酸-三乙醇胺乳化体系的乳化方式是由硬脂酸与三乙醇胺发生反应，生成的皂作为乳化剂进行乳化而制得的。其中的羊毛脂和矿物油具有去除油污、润肤、保湿作用。

（三）磨面膏（polishing paste）

磨面膏是一类含有微小颗粒的磨面清洁膏霜，一般为O/W型的乳液或温和的浆状物。在清洁霜的基础上，结合按摩营养霜的要求，除含有保护皮肤的营养成分外，还添加了直径为0.1～1.0mm的固体微粒，是一种颗粒型分散体的膏体。磨砂膏中的颗粒成分在高倍显微镜下呈圆形或椭圆形，不可以有棱角，以免在摩擦面部时损害皮肤。摩擦剂有天然植物粒子（杏壳、橄榄仁壳的精细颗粒等）、合成矿物颗粒（石英精细颗粒）和合成树脂粉末（聚乙烯等）。新型磨面膏也有不加入磨面剂的，如去死皮膏、无砂型磨面膏等。

磨面膏不但能清除皮肤表面和堵塞毛孔的污垢，且能将未脱落的陈腐角质细胞有效地去除，使皮肤变得柔软、光滑、白嫩。使用时将膏体在皮肤上适当按摩，在发挥制剂中油分、水分及表面活性剂清洁作用的同时，通过杏壳粉、聚乙烯粉等颗粒的摩擦作用，在洗涤过程中“磨砂”带动表面活性物质在皮肤上滚动，还能促进皮肤表面血液循环与新陈代谢，达到消除皱纹和预防粉刺的目的。如含有营养成分等能滋润皮肤，有洁肤养容功效。去污效果明显，手感清爽，皮肤柔润，不伤害皮肤，但不宜长期使用，干性皮肤慎用，且按摩时轻重要适度，以免造成皮肤损伤。配方举例见表9-6。

表9-6 磨面膏配方举例

组分	质量分数/%	组分	质量分数/%
白油	9.0	Span-60	1.5
硅油	4.0	三乙醇胺	1.0
乙酰化羊毛脂	2.5	甘油	4.0
硬脂酸	5.0	防腐剂、香精	适量
十六醇	2.5	微孔磨砂剂	3.0
单硬脂酸甘油酯	1.0	去离子水	加至100.0

配方分析：微孔磨砂剂为弹性微球状多孔高分子聚合物，可将维生素、氨基酸等营养物质或药物吸附其中，洗面时通过与皮肤的摩擦接触，在将皮肤污垢及代谢产物吸附去除的同时，释放其孔穴中的物质使皮肤吸收。白油有很好的润湿、稀释作用；非离子表面活性剂单硬脂酸甘油酯、Span-60形成非反应式乳化体系；甘油为保湿剂，有防止干缩的作用；乙酰化羊毛脂增加产品的透皮性和吸收性。

（四）去死皮膏（液）（dead skin remove cream /liquid）

所谓“死皮”是指皮肤表面衰老死亡的角质细胞积存的残骸。使用去死皮膏（液），可以快速去除皮肤表面的角质细胞，有利于汗腺、皮脂腺的分泌，增加皮肤的光泽和弹性；可预防角质层增厚，使新生的细胞更快到达表层，加速皮肤的新陈代谢，有利于吸收养分，令皮肤柔软、光滑；还可清除过剩的油脂、预防粉刺滋生。

起去死皮作用的原料有聚乙烯醇（PVA）、尼龙粉、植物果核微粒、天然矿物粉粒（高岭土、硅藻土、滑石粉等）、果酸、水杨酸等，其作用是携带死亡的角质细胞脱离皮肤表面。

去死皮膏（液）与磨面膏有着几乎相同的作用和功效，但磨面膏完全是机械性的磨面洁肤作用，而去死皮膏（液）作用机制还包括化学性和生物性作用，针对不同性质的皮肤所设计。磨面膏能抑制油脂分泌，主要针对油性皮肤；去死皮膏（液）针对于中性、混合性或干性皮肤，对皮肤的刺激小于磨面膏。去死皮膏由合成的聚乙烯组成，有较轻微摩擦作用；去死皮液以微酸液除去皮脂膜，其主要成分为微酸性海藻胶、润滑油脂和胶合剂等，主要作用是对角质层中的蛋白质成分有软化溶解的作用。去死皮膏（液）附于皮肤后，其中的酸性物质使角化细胞溶解，当搓掉或除去这些膏液时，可以把溶解的角质细胞一起洗脱，起到净化皮肤的作用。配方举例见表9-7。

表9-7 去死皮膏配方举例

组分	质量分数/%	组分	质量分数/%
硬脂酸	8.0	PVA	8.0
白油	2.0	丙二醇	2.0
十六醇	1.5	Carbopol 940	1.5
石蜡	1.0	KOH	0.7
环甲基硅油	3.5	滑石粉	1.1
单硬脂酸甘油酯	4.0	香精、防腐剂	适量
溶胶蛋白酶	3.5	去离子水	加至100

配方分析：硬脂酸、白油、十六醇、石蜡为基质原料；聚乙烯醇（PVA）、溶胶蛋白酶、KOH起去死皮作用；单硬脂酸甘油酯为W/O型乳化剂；Carbopol 940为增稠剂，使表面活性剂更充分的发挥润湿、分散、黏附等作用，稳定乳化体系。滑石粉起增稠和润滑作用；丙二醇为润湿剂作用；环甲基硅油使其配方易涂抹，润滑并具有独特的挥发性。

（五）洁面类清洁化妆品使用方法

1. 洁面时，首先用清水润湿面部，取少量产品置于掌心，并均匀地由里向外，由下到上涂抹于面部并轻轻地按摩，适度地洗面后，用清水洗净或用纸巾轻轻地抹净。注意双手不要过度用力，否则时间一长，容易使皮肤松弛。

2. 使用磨砂类洁面化妆品取拇指大小，均匀涂在面部，注意避开眼眶周围皮肤，双手以由内向外画小圈的动作轻揉按摩，鼻窝处改为由外向内画圈，持续数分钟。

3. 可根据所处环境、季节、皮肤代谢情况每天使用洁面产品1到2次。洁面时一定不要用力搓洗。因为面部皮肤表面具有天然屏障作用的成分，它可阻挡来自外界的刺激物。当过度清洗时，重要的脂质物细胞组成物就会丢失，减弱皮肤自身的屏障作用，危害极大。强力搓洗过的皮肤不但留不住水分，而且对涂在脸上的任何膏霜都可能不耐受。

（六）使用洁面类产品注意事项

1. 不要同时使用多种洁面产品，因为不当的混用容易导致皮肤缺水、干燥、失去光泽，造成不应有的伤害。

2. 过敏性皮肤建议选用抗过敏洗面奶。泡沫过多的洗面奶往往含阴离子表面活性剂成分较多，碱性较大，pH也较高，刺激性较大，不宜选用。

3. 如果对正在使用的洗面奶感觉良好则不需要经常更换，因为不同肤质的pH是不同的，同一品牌的洁面产品常常使用相同的油脂、增稠剂、固化剂、表面活性剂等，因此它的pH比较恒定。皮肤对每种洁面产品都需要经过一个适应的过程，如果频繁更换洁面产品容易导致皮肤短暂的刺痛、脱皮或缺水。不过间隔一段时间尝试一些新产品也是可取的。

4. 处于青春期的人群，应该使用控油兼具保湿功效的洗面奶。30岁以后，皮肤水油状态会比较平衡，适合选用保湿类洁面化妆品。

5. 适宜的磨砂膏使用次数为油性皮肤每2周使用1次；干性皮肤每月使用1次；中性或混合性皮肤每2周到3周使用1次，可以只在较油或者较粗糙的“T”字部位使用。

6. 去死皮液应用，一般油性皮肤是每周使用1次，干性皮肤一般是每2周使用1次，同时要避开眼周，一般只用于额头、鼻子和下巴，去死皮液使用时间不能过长，一般不超过10分钟。

二 口腔清洁类化妆品

在不同国家或不同时期对化妆品的定义中，口腔类产品并不总是包含在内。由于这类产品是直接用于人体口腔黏膜和牙齿，在此也一并介绍。

（一）牙膏（toothpaste）

牙膏是口腔卫生用品，它的前身是牙粉。早在2000年前，古罗马就有人用滑石粉刷牙。最早的牙膏是古埃及人发明的。中国从19世纪末开始生产牙粉，1926年上海生产第一支牙膏（三星牌）。中国牙膏工业协会对牙膏定义为：牙膏是和牙刷一起用于清洁牙齿，保护口腔卫生，对人体安全的一种日用必需品。

用牙膏刷牙可使牙齿表面洁白光亮、保护牙龈，防止龋蛀和口臭。牙膏应具有良好清洁作用，无毒性、有香味、能防龋齿和使用方便。根据牙膏的定义，牙膏应该符合以下各项要求：

（1）能够去除牙齿表面的薄膜和菌斑而不损伤牙釉质和牙本质；

（2）具有良好的口腔清洁作用；

（3）无毒性，对口腔黏膜无刺激；

（4）有舒适的香味和口味，使用后有凉爽清新的感觉；

（5）易于使用，挤出时呈均匀、光亮、柔软的条状物；

（6）易于在口腔和牙齿中利用牙刷清洗；

（7）具有良好的化学和物理稳定性；

（8）具有合理的性价比。

牙膏是复杂的混合物，是由粉状摩擦剂、表面活性剂、湿润剂、黏合剂、香料、甜味剂及其他特殊成分构成的。

1. 摩擦剂　牙膏中常用的摩擦剂有：

（1）碳酸钙（$CaCO_3$）：分为重质和轻质2种，重质碳酸钙是将岩石中的石灰岩和方解石粉碎、研磨、精制而成。轻质碳酸钙是将钙盐溶于盐酸中，再通入二氧化碳，得到碳酸钙沉淀。轻质碳酸钙颗粒细，比重轻，可用于牙膏。

（2）磷酸氢钙[磷酸氢钙二水盐（$CaHPO_4 \cdot 2H_2O$）和磷酸氢钙无水盐（$CaHPO_4$）]：磷酸氢钙分为2分子水的二水盐和无水盐2种。二水盐和其他成分有良好的混合性，但由于无水盐硬度高，摩擦力强，因此在特制除烟渍的牙膏中，可在二水盐中混入5%～10%无水盐。

（3）焦磷酸钙（$Ca_2P_2O_7$）：是将磷酸氢钙经高温处理而得到的。由于它不和含氟化合物发生反应，故可用作含氟牙膏的基料。

（4）水合硅酸（$SiO_2 \cdot nH_2O$）：是非常细的白色微粒，可用于透明牙膏中。还由于其比容大，可作牙膏的增量剂和增黏剂使用。

（5）氢氧化铝[$Al(OH)_3$]：颗粒较粗，但不会损伤牙釉质，且能增加牙膏的亮度，并具有优良的洁齿力。

2. 湿润剂　湿润剂可防止牙膏在软管中固化变硬，并使膏体具有光泽。用于牙膏中的湿润剂有甘油、丙二醇、山梨醇等多种。

3. 表面活性剂　可清洗口腔中的污垢，目前广泛采用的是中性洗涤剂——月桂醇磺酸钠，能快速发泡，又能清洗口腔中的污垢。牙膏用的表面活性剂纯度要求很高，不能有异味，一般用量为2%。

4. 黏合剂　为使牙膏中配料分散均匀，可使用黏合剂，如羧甲基纤维素钠及其衍生物、角叉菜、海藻酸钠等多种物质。

5. 香精和染料　牙膏用香精主要是薄荷，它是赋予牙膏凉爽感的一种不可缺少的成分。薄荷类香精又分为薄荷醇（薄荷脑）、薄荷油、薄荷等多种物质，以及由其派生出来的香精。此外，还可使用水果类香精，如柑橘类香精等，但添加到牙膏中的香精是有严格限制的。药物牙膏中加入适量的香精和染料，能遮盖一部分药物的气味和颜色。

6. 甜味剂和防腐剂　为改善牙膏的口感，牙膏中加了少量糖精。由于用作湿润剂的甘油等也具有甜味，故糖精的配用量一般为0.01%～0.1%；也可用木糖醇做甜味剂。防腐剂可以防止牙膏中其他成分在储存过程中发生霉变。

7. 其他特殊成分（特种活性添加剂等）　为了防治口腔疾病，有的牙膏中还加入了一些特殊成分：

（1）为除去口臭常在牙膏中加入双氧代苯基二胍基己烷和柏醇等杀菌剂，铜叶绿酸对防止口臭亦有一定功效。

（2）防治龋齿可加入氟化合物，既能抑制口腔中残留物发酵，又使牙齿表面的牙釉质强化。从安全性来考虑，牙膏中氟含量规定低于1 000μg。在常用含氟天然水的人群中，龋齿的发病率相对较低，但饮用含氟量高的水，牙齿表面会形成白浊状（斑状齿），反而使齿质变脆。

牙膏中的主要成分为摩擦剂，摩擦剂粉末越细，牙膏的质量越好，能保持牙齿清洁，除去污渍，减少口腔炎症，能抑制菌斑酸的产生，防止蛀牙。牙膏中还含有香料等，使牙膏气味清香。含氟牙膏能抑制口腔细菌产酸，预防龋齿形成。因为氟离子比起较大的氢氧根离子在磷灰石晶体结构里更匹配。在牙膏里添加锌盐也能防治牙垢，它们可以置换磷酸钙中的钙离子从而抑制牙垢晶体的生长。

牙膏可改善牙齿外观，除去牙渍。牙渍有2种类型：外表型和内质型。前者由食物等引起，后者则由四环素类的药物造成。最常用的消除牙质斑渍的药物是过氧化氢，但是它能破坏牙齿的结构，使之容易受刺激或过敏。为此开发了具有广谱效能的牙膏，其添加的表面活性剂能使过氧化氢穿透牙体，溶解内质型斑渍；磨蚀剂以机械方式清除牙齿表面的斑渍；焦磷酸盐之类的螯合剂能防止过氧化氢分解，从而有持续的清除作用。配方举例见表9-8、表9-9。

表9-8　普通牙膏配方举例

组分	质量分数/%	组分	质量分数/%
碳酸钙	48.0	羧甲基纤维素钠	1.0
月桂醇硫酸酯钠	3.2	甘油	30.0
糖精	0.3	水	16.3
香精	1.2		

配方分析：配方中碳酸钙为摩擦剂，具有洁齿作用；表面活性剂月桂醇硫酸酯钠主要起发泡作用，协助摩擦剂更好的发挥洁齿作用；羧甲基纤维素钠为黏合剂，能黏合牙膏中的所有原料，形成稳定膏体；甘油为保湿剂，防止膏体水分蒸发，避免干燥变硬，并能赋予膏体光泽。

表9-9　药物牙膏配方举例

组分	质量分数/%	组分	质量分数/%
甘油	10.0	羧乙基纤维素钠	0.6
α-焦磷酸钙	42.0	焦磷酸亚锡	1.2
氟化亚锡	0.4	香精	1.0
山梨醇	20.0	糖精	0.2
硅酸镁铝	0.6	水	24.05

配方分析：该配方为加氟牙膏，配方中选用α-焦磷酸钙为摩擦剂，因碳酸钙、焦磷酸钙等摩擦剂都可以与氟离子反应生成氟化钙，从而降低了氟离子的含量，减弱了防龋效果，采用α-焦磷酸钙作加氟牙膏摩擦剂，不影响氟离子含量；氟化亚锡起防龋齿作用，焦磷酸亚锡

为缓蚀剂，甘油为保湿剂，羧乙基纤维素钠为黏合剂，山梨醇为发泡剂。

（二）漱口液（gargle）

漱口液是新一代口腔卫生用品，使用后使口腔有清爽的感觉，并有消除或减轻口臭以及口腔异味的功效。且使用、携带方便，深受消费者欢迎。漱口液分为普通型和疗效型。用于清洁口腔卫生，消除口臭的称为普通型漱口液；疗效型漱口液不但具有清洁口腔、消除口臭作用，而且还具有防治牙斑、牙龈炎、龋齿、口腔糜烂等功效。漱口液主要成分如下。

（1）乙醇：乙醇具有促进香料增香的作用，并能掩盖制品中其他原料产生的异味和不良气味，它与保湿剂结合，起到防止微生物滋生以及对细菌的抑制与杀灭作用。其在普通型漱口液中的含量为10%～20%。

（2）保湿剂：具有提高产品黏稠度的作用，并能缓解乙醇、表面活性剂等成分对口腔皮肤黏膜的刺激，使产品具有良好的口感。保湿剂能与甜味剂结合促进成品的甜度。常用的保湿剂是甘油、山梨醇，但山梨醇成本较高。保湿剂在漱口液中的用量为5%～20%。

（3）表面活性剂：借用表面活性剂的增溶、去污等特性，除去牙齿表面、齿缝间的残留食物及发酵污垢，并具有一定的起泡作用及杀菌功能。表面活性剂在制品中的含量在0.5%以下，常用的表面活性剂是十二烷基苯硫酸钠等阴离子表面活性剂。

（4）赋香剂：其主要作用是赋予漱口液一定的香味，掩盖制品中其他原料产生的不良味道。赋香剂主要由香料油、糖精钠、山梨糖醇等组成。香精主要由薄荷油、肉桂油、薄荷醇等成分组成。赋香剂在漱口液中的用量低于0.5%。

（三）口腔清洁类化妆品使用方法

牙膏使用时应配合牙刷，才能很好的清洁口腔卫生，每天早晚彻底刷牙2次，选择有圆滑刷头的牙刷，并且每天使用牙线。具体的刷牙方法是先清洁牙齿前侧，使刷毛与牙面成45°角，顺着牙龈线上下轻刷每个牙齿；接着清洁后牙内侧，将牙刷放在牙龈处，从下往上，或从上往下刷；再清洁前门牙内侧，用牙刷前端的刷毛上下轻刷，最后清洁咬合面，来回轻刷每一个牙齿。

漱口水有浓淡两种，浓的以水稀释后用，淡的可直接漱口，随时随处都可以清洁口腔，拒绝残渣对牙齿的侵蚀；在一些特殊场合进食含有葱、蒜等味重食物，旅行途中，牙齿脱落的老人，不会刷牙的孩子以及不能忍受刷牙的牙病患者均可使用漱口水保障口腔卫生。

（四）口腔清洁产品使用注意事项

1. 适当使用含有氟化物的口腔护理产品，包括牙膏和漱口水等，但儿童不适宜用含氟牙膏。

2. 牙膏最好换着用。目前牙膏大致可分为普通牙膏、药物牙膏与含氟牙膏三大类。在普通牙膏的基础上，加入一些有口腔保健作用的药物或防龋功效的氟化物，就变成药物牙膏和含氟牙膏。每个人要根据自己口腔特点和需要来选择，应该尽量换着使用不同的牙膏，这样就能发挥不同牙膏多方面的功效，从而维护口腔健康。

3. 口腔健康并不仅仅依赖牙膏，也离不开牙刷。牙刷选择不好，牙齿便刷不干净，从而导致龋齿和牙周病，有时还会损伤牙龈及牙周组织。

4. 一管牙膏不要用太久。因为牙膏使用时间越久，暴露在空气中的机会就越多，与牙刷接触频率越高，接触细菌的机会就越多。

5. 一家人不要合用一管牙膏。因为每个人的口腔都是一个有多种细菌存在的环境，越多人使用同一管牙膏，牙膏管口的细菌存积就越多，细菌传播的概率就越高。

6. 避免乱用漱口水，造成口腔内正常菌群失调。

7. 应警惕使用一些漱口水尤其药用型可能引起过敏反应。

三 沐浴类清洁化妆品

（一）沐浴液（body shampoo）

沐浴液为沐浴时用的洗涤剂，俗称浴液，也称浴剂、体用香波等，以清洁剂和表面活性剂为主，辅以其他辅助剂和添加剂制成，具有去除污垢、改善人体气味、滋润皮肤等作用，是目前最为常用的替代香皂的体用清洁产品。浴液的品种很多，根据配料不同分碱性沐浴露和酸性沐浴露；按状态分透明浴液、乳状浴液、泡沫浴、固体浴、凝胶浴；按功能分清凉浴液、止痒浴液、营养浴液、保健浴液、儿童浴液。

1. 沐浴液的主要成分

（1）表面活性剂：作为沐浴剂的主要成分，产生泡沫、乳化清除污垢和油脂。

（2）泡沫稳定剂：优良的浴液产品经水流冲击后会产生丰富的泡沫，不管是软水还是硬水，不论温度高低，泡沫可保持相对稳定。

（3）润肤剂：为防止在清洁皮肤的同时引起脱脂问题，沐浴剂配方中一般都添加能够赋予皮肤脂质，使皮肤滋润、光泽的润肤剂。常用润肤剂有植物油、羊毛脂衍生物、聚硅氧烷类及脂肪酸酯类。可以有效地减低表面活性剂引起的皮肤脱脂问题，同时改善表面活性剂与皮肤的相容性，降低对皮肤的刺激，并且具有一定的增稠和增溶作用。

（4）保湿剂和调理剂：保湿剂一般有甘油、丙二醇、山梨醇等。调理剂多为阳离子聚合物，可以在皮肤上产生丝绸般的滑爽感，如聚季铵盐-7等。

（5）功效成分：活性添加剂如中草药提取物、水解蛋白、维生素和羊毛脂衍生物，使浴液不仅有清洁作用，还能促进血液循环，润湿保护皮肤，以及具有杀菌、消毒的作用。

（6）香料、色素、防腐剂等。

2. 沐浴液作用机制 沐浴液中的表面活性剂有很好的发泡性，对皮肤表面的污垢有洁净去污作用。由于沐浴液配方的独特性，同时有很好的防止皮肤脱脂，润湿皮肤作用，使用后不会产生皮肤干燥和紧绷感。同时一部分沐浴液由于添加了特殊功效的活性成分，可以起到美白、杀菌、促进血液循环等作用。与香皂相比，沐浴液具有对皮肤更加温和、刺激性小的特点。选购浴液时应考虑自身皮肤的特点，如干性皮肤、油性皮肤或过敏性皮肤适用不同的沐浴液。婴儿适宜选用无泪配方型，儿童选用儿童专用型。配方举例见表9-10。

表9-10 沐浴液配方举例

组分	质量分数/%	组分	质量分数/%
甘油	5.0	脂肪醇聚氧乙烯醚硫酸钠（AES）	7.0
氯化钠	2.0	月桂基二乙醇酰胺（Ninol）	4.0
乙二胺四乙酸二钠（EDTA）	0.1	椰子油酸钾	15.0
防腐剂、枸橼酸	适量	色素、香精	适量
水	加至100		

配方分析：脂肪醇聚氧乙烯醚硫酸钠为阴离子表面活性剂，易溶于水，具有优良的去污、乳化、发泡性能和抗硬水性能，温和的洗涤性质且不伤害皮肤；乙二胺四乙酸二钠为螯合剂及抗氧剂，具有杀菌作用；月桂基二乙醇酰胺为阳离子表面活性剂；具有防腐杀菌作用。

（二）沐浴凝胶（shower gel）

一种呈现透明外观的凝胶状沐浴产品。与沐浴液相比，具有更加温和的洗净力，易于冲洗，泡沫丰富，肤感良好。因本产品具有外观诱人、质地细腻、包装精美等特点深受广大消费者的喜爱。其主要的成分和作用机制与沐浴液基本相同。

（三）浴盐（bath salt）

浴盐是一种沐浴时用的粉状或颗粒状沐浴产品，其主要成分为无机矿物盐类。具有软化硬水、软化角质、促进血液循环和帮助清洁皮肤的作用。浴盐一般有两类：一种是从海里提取的无机矿物盐类，另一选择为天然卤水和岩盐矿床中的井盐。

产品中大多采用未经过处理的粗盐，因为这种盐颗粒大，使用时不至于快速溶化，而且对皮肤有一定的按摩作用。因为未经过精加工，含有丰富的天然矿物成分，对皮肤具有消炎、抑菌、促进血液循环、消除疲劳等功效。因富含人体所需的铁、钙、硒、镁等多种微量元素，长期使用浴盐可以减少黑素，让皮肤逐渐恢复细白、嫩滑、弹性，对去除面部粉刺、炎性痤疮、色斑也有一定功效。配方举例见表9-11。

表9-11　浴盐配方举例

组分	质量分数/%	组分	质量分数/%
硫酸钠	10.0	六偏磷酸钠	6.5
磷酸氢钠	30.0	月桂醇硫酸酯钠	5.0
碳酸钠	约15.0	矿物凝胶	5.0
酒石酸	25.0	香精、色素	适量

配方分析：硫酸钠为无机盐具有保持温度、促进血液循环的作用；碳酸钠具有清洁作用；磷酸氢钠、六偏磷酸钠具有软化硬水降低水的表面张力和增强清洁作用；酒石酸是一种抗氧化剂，具有杀菌作用；香精、色素增加芳香气味和悦目的色泽增强沐浴美感。

（四）浴油（bathing oil）

一种油状的沐浴产品，浴油的主要成分为液态的动植物油脂、碳氢化合物、高级醇以及作为乳化分散剂的表面活性剂等。浴油可以分散或溶解于浴水中，洗浴后在皮肤的表面残留一层类似皮脂的油性薄膜，可以封闭皮肤角质层内的水分，防止皮肤干燥，赋予皮肤柔软、光滑、亮泽的外观，同时赋予皮肤清香的气味。

依据油分在浴水中的状态，浴油可分为乳化型和漂浮型。乳化型浴油又分为可溶浴油、可分散浴油和泡沫性浴油，其中以分散性浴油较为流行。

浴油中油分不能太多，否则会产生油腻感，配制分散性浴油时，需加入可分散油分的分散剂，如聚氧乙烯油醇醚。

1. 漂浮浴油　漂浮浴油是疏水性的，比水密度小，漂浮在浴水表面，能沉积在露出水面的皮肤上，形成油膜。浴油中需加入表面张力小于浴水的油性表面活性剂，以便在皮肤表面形成连续的油膜。在浴油中可以含有较多的香精，以增加舒适感。常用的油有轻矿物油和肉豆蔻酸异丙酯。

2. 乳化浴油　乳化浴油能均匀的分散于浴水中，而不是浮在浴水表面，比漂浮浴油在身体上留下的油分少。

（1）可溶浴油：呈透明状液体，借助表面活性剂增溶作用获得，成分为表面活性剂、香精、醇或水。

（2）可分散浴油：由润肤剂、表面活性剂和香精组成，使用时将适量可分散浴油倒入浴水中，搅拌分散形成乳化体系。

（3）泡沫浴油：与可溶性浴油相似，含有泡沫型表面活性剂和泡沫稳定剂。

（五）香皂（soap）

香皂是一种不可缺少的日用洗涤品，其使用历史可以追溯到公元前。从20世纪80年代开始，我国开始广泛使用香皂。与肥皂比，香皂碱性低，脂肪酸的含量高，因而对皮肤的刺激小于肥皂，且某些香皂中加入了一定量的药物成分，使其具有杀菌、消毒和治疗某些皮肤病的功效。香皂是以脂肪酸钠和其他表面活性剂为主要原料，添加品质改良剂和外观改良剂，经过加工成形后制成的产品。香皂从其性质上可以分为弱酸性、弱碱性和中性。香皂质地细腻、去污力强，是肥皂的改良品，由于加入了香料和着色剂，在色泽和香味上都令人愉悦。香皂的主要成分包括：

（1）高级脂肪酸：常用的有硬脂酸、月桂酸、肉豆蔻酸、棕榈酸、油酸等，是香皂的基质成分，对人体无毒副作用，容易被环境降解。

（2）碱剂：常用的碱剂有氢氧化钠、氢氧化钾及其他有机碱等，起中和、增稠作用。

（3）表面活性剂：有月桂基硫酸钠、烷基糖苷、烷基甜菜碱、氨基酸系表面活性剂等。

（4）香料、防腐剂等。

香皂利用表面活性剂使污渍表面张力降低，达到一定的洗净力。同时脂肪酸钠含量高于普通肥皂，并添加了保湿、润肤剂等保护皮肤成分的原料，因而对皮肤的刺激小于肥皂。药皂、祛臭皂添加了杀菌剂，可以抑制细菌的生长，对皮肤有杀菌、消毒作用。

由于脂肪酸钠具有一定的碱性（pH约10左右），而皮肤表面为弱酸性，因此使用香皂洗涤后，皮肤表面的pH有较大上升，皮脂膜的破坏容易导致皮肤过敏现象发生，同时还会洗去皮肤表面的脂质层，使皮肤发干。洗浴时，一般都应将香皂冲洗干净，由于皮肤本身的恢复能力，皮肤表面在洗后15～30分钟内可恢复原有的pH。

沐浴清洁产品的使用方法：

（1）香皂、沐浴液、沐浴啫喱等：洗澡时将其涂抹在浴花或者毛巾上，揉搓至泡沫丰富，再涂于全身，或直接涂抹全身，最后用水冲净即可。

（2）浴盐：先在手臂柔软部位做皮肤测试。依部位不同而选用不同大小的盐粒，在皮肤较粗糙的部位宜使用如砂糖般大的颗粒，在较柔软的部位则使用如细沙般小的颗粒，注意使用时力度不可过大，以免损伤皮肤。在肘、膝、脚后跟画圆涂抹，其他部位采用来回反复涂抹法。身体充分温热再抹盐才有效。涂抹盐以后，使其停留在皮肤上几分钟，等盐充分溶解直到出汗为止，才能产生效果，然后冲净。

使用沐浴清洁产品的注意事项：

（1）香皂有偏碱、偏酸和中性之分。碱性皂去污力强，适用于油性皮肤；中性皂对皮肤刺激性小，适用于中性和干性皮肤；酸性皂去污力较差，但具有一定的护肤作用，适合于儿童使用。

（2）为了最大限度减少刺激，最好将揉搓出的泡沫涂于皮肤上，而不要直接把香皂用于皮肤。另外泡沫停留在皮肤上的时间最好控制在1～3分钟内，随后用水冲洗干净。

（3）洗澡较频繁，或者长期使用碱性过强的洗浴用品，则会伤害皮肤角质层，加速细胞内水分的蒸发，除了使皮肤干燥、瘙痒外，严重的还会使毛囊过度角化。因此，如皮肤不是很油腻，最好选择中性的浴液和香皂，碱性过强的洗浴用品对皮肤有刺激，会引起皮肤病。使用过程中，应尽量减少浴液和皂类在身体上停留的时间，尽快将泡沫冲洗干净。

（4）洗浴用品最好选用含香料或色素较少的产品，避免皮肤长期受香料或色素刺激而发生过敏反应或光敏反应。

（5）香皂中的不饱和脂肪酸很容易被氧化、酸败，不宜存放太久。

（6）婴幼儿最好选用专用沐浴清洁剂，且不宜经常使用，否则会损伤婴儿幼嫩的皮肤。

（7）使用药物香皂必须选用具备长期祛臭、广谱杀菌，对皮肤刺激性低的产品，且不可长期使用，如硫黄皂、硼砂皂等。

（8）浴盐如果每天使用对皮肤会产生刺激，建议每周使用1 ~ 2次。

四 卸妆类清洁化妆品

卸妆类清洁产品主要用于彩妆类化妆品的清洗，包括各种卸妆油、卸妆液、卸妆乳和卸妆霜。

（一）卸妆类产品简介

1. 卸妆油（cleansing oil） 主要用于面部彩妆类化妆品的清洗，卸妆油是一种加了乳化剂的油脂，可以轻易与脸上的彩妆油污融合，再通过乳化的方式，冲洗时可将脸上的污垢全部洗净。卸妆油所使用的油脂及乳化剂是决定产品质量的因素。用卸妆油卸妆比“用卸妆用面纸擦拭后，再用普通洁面产品将残留的油脂洗净”的卸妆方法要方便许多。

卸妆油的基本成分包括矿物油、合成酯或植物油，适用于任何肤质。

卸妆油作用机制是“油溶油”的原理，卸妆油和脸上的彩妆油互溶后起到洁肤作用。粉底、彩妆里含有油脂、粉剂、色素等成分，有相当程度的附着性。卸妆油对于彩妆具有很好的亲和力，可借助手按摩脸部的动作，彻底溶解彩妆，将污垢带出皮肤表面。对于厚重的浓妆，如使用遮瑕力高、油脂含量高的粉条、粉底霜、油性的眼影、腮红等，或使用了有抗水、抗汗功效的彩妆时，需要用大量卸妆油才能彻底溶解清除。卸妆油类产品除了可将化妆品溶解，还能清洁毛孔，适合卸浓妆。现在市面上多见可以乳化的卸妆油，产品遇水即乳化成泡沫，使用后感觉滋润不油腻。配方举例见表9-12。

表9-12 卸妆油配方举例

组分	质量分数/%	组分	质量分数/%
石蜡	10.0	肉豆蔻酸异丙酯	0.3
凡士林	20.0	防腐剂	适量
鲸蜡醇	6.0	香精	1.0
白油	约58.0		

配方分析：配方由全油性组分混合而制成，其中肉豆蔻酸异丙酯对皮肤有极好的渗透、滋润和软化作用，起乳化剂和润湿剂作用；配方中的油分随皮肤温度而触变流动，使皮肤上的油性污垢溶解，再用温水乳化卸妆油，提高使用后的洁净感和清透感。

2. 其他卸妆清洁类化妆品

（1）卸妆液（cleansing liquid）：不含油分，根据不同的配方分为弱清洁和强力清洁两大类。主要用来卸淡妆，使用后感觉十分清爽，但容易使皮肤干燥，问题皮肤不宜长期使用。

（2）卸妆乳（cleansing milk）：乳状质地，是容易涂抹的卸妆品。使用后很容易用纸巾或水清理干净，适合中度化妆或者特殊情况临时使用。

（3）卸眼妆产品：眼周皮肤比较特殊，非常脆弱，需要用专门的卸妆产品，还要配合最温柔的卸妆方法，才不会对眼周皮肤造成伤害，既可彻底清洁皮肤，又不刺激皮肤。双唇的皮肤也格外娇嫩，容易引起刺激或过敏，一般眼部卸妆品也可用于唇部。

3. 卸妆油、卸妆乳和卸妆液的区别 现在市面上卸妆产品按质地多分为乳、液、油3种。其区别主要在于，油性卸妆产品溶油性更强，适合卸除浓妆，也适合油性皮肤。卸妆乳和卸妆液水油平衡适中，其油性成分可以洗去污垢，而水性成分又可留住皮肤的滋润，适合日常生活妆用。不同的肤质在选择卸妆及清洁产品时应考虑功效、安全性等。如偏油的皮肤清洁格外重要，宜选能彻底清洁、又具控油效果的卸妆及清洁产品；而如果皮肤偏干，则应选用有润泽效果的卸妆及清洁产品。

（二）卸妆类化妆品使用方法

1. 卸妆油使用方法 在涂抹卸妆油前，双手及面部需保持干燥。将约1元硬币大小的卸妆油涂抹在面部，用指腹以画圆的动作由下而上的方向轻轻按摩全脸皮肤，溶解彩妆及污垢，时间以1分钟为限。用手蘸取少量的水，同样重复在脸上画圆动作，将卸妆油乳化变白，接着再轻轻按摩约20秒，使用大量的清水（以微温的水为佳）冲洗干净。睫毛膏部分，则可将卸妆油倒在化妆棉上，于眼部轻轻按摩再冲洗。最后再以洁面乳清洗脸部即可。使用时注意以下事项：

（1）避免卸妆时直接用干的面纸将卸妆油擦拭掉，不加水乳化；

（2）避免先用潮湿的双手直接蘸取卸妆油，还没使用卸妆油就先行乳化；

（3）眼睛部分的皮肤组织较为脆弱，因此不宜使用一般的清洁用品，应该选择眼部专用卸妆品、并配合温柔的卸妆技巧，才能预防皱纹的产生；

（4）唇部卸妆时特别是不脱落的口红，更要仔细卸妆，若不使用唇部专用的卸妆品，会导致唇部干燥；

（5）彩妆越浓越厚重，越需要油脂比例高的卸妆品来卸除。卸妆工作最好在1～3分钟内结束，然后立刻用大量水冲洗干净，卸妆品在脸上不宜久留。如果卸完妆后，不马上洗脸，会增加刺激性成分对皮肤的伤害。

（6）卸妆油适合于中至干性皮肤和用蜜粉、粉底液、持久型粉底液、持久型粉底霜的妆面。

2. 卸妆乳（膏/霜）使用方法 先保持手、脸干燥，否则潮湿的环境会减弱卸妆乳的清洁效力；其次用双手预热卸妆乳，若卸妆乳的温度比皮肤低，会令毛孔收缩而达不到好的清洁效果；接着再用手指指腹轻轻揉开，由内而外轻轻按摩，能够帮卸妆乳更好的溶解毛孔内的彩妆；再用化妆棉轻轻擦拭掉面部妆容，最后用大量的水冲洗干净。卸妆乳在使用时应注意：

（1）液状卸妆品适合油性皮肤和淡妆妆面；

（2）凝胶状卸妆品适合中至油性皮肤和只用蜜粉、粉底液的妆面；

（3）乳液状卸妆品适合中性皮肤和只用蜜粉、粉底液的妆面；

（4）霜状卸妆品适合中至干性皮肤和用蜜粉、粉底液、持久型粉底液、持久型粉底霜的妆面；

（5）卸妆乳（霜）不能当按摩霜使用。

3. 卸妆水使用方法 首先取化妆棉一片，用卸妆水完全浸湿，然后在脸上轻轻按摩，从上至下按摩，力量不要太大，否则容易把溶解的残妆按到毛孔里堵塞毛孔，按摩2分钟左右，时间不要太长，此时应该可以看到彩妆浮在皮肤表面了，再用温水洗掉，最后用洁面产品再洗一遍。使用卸妆水时应注意：

（1）避开眼、唇四周，若不慎流入眼睛，立即以大量清水冲洗干净。

（2）若使用时有红、肿、刺激感或其他不适症状，即停止使用。

（3）避免使用于伤口、红肿及湿疹等皮肤异常部位。

第五节　清洁类化妆品临床评价

现代清洁类化妆品早已不是局限于简单的清洁去污作用，还同时具有保湿及滋润皮肤的多种效用。理想的清洁类化妆品在具备清洁功能的同时应无刺激性、不破坏皮肤的保湿功能。清洁类产品安全性和功效评价包括对皮肤的刺激性、去污垢能力评价；清洁对皮肤生物学状况的影响，包括皮肤pH、角质层水合度、皮脂、经皮失水等。

一　皮肤刺激性

采用经典的斑贴试验可以评价产品对皮肤的刺激性和致敏性。为了更灵敏地观察到产品的刺激性或致敏性，可以采用多次重复刺激斑贴试验、最大化斑贴试验，甚至将完整皮肤用针刺破或用黏胶带多次粘贴皮肤，破坏皮肤屏障后再做斑贴试验。由于清洁类产品多为暂时停留在皮肤上，做斑贴试验时，要按一定的比例稀释。皮肤受到刺激时，毛细血管会扩张，皮肤出现红斑。可用仪器测量皮肤颜色，判断皮肤受刺激的程度，如窄谱简易反射分光光度计。

二　去污垢能力

清洁产品的去污垢能力可以肉眼判断，也可以测量清洗前后皮肤污渍的颜色变化，了解产品的去污能力。可以通过数字化摄影技术，分析照片灰阶变化，了解污垢是否已经不同程度地被清除。

皮肤污垢中伴有各种微生物，可通过去微生物效果测试，观察清洁产品的去污、抑菌杀菌作用。清洁皮肤前后，分别用已灭菌的取样器刮取同一皮肤表面样品少许，置于盛有5mL液体培养基的试管中，37℃、100 r/min振荡培养12小时。观察试管中菌液的混浊度，比较清洁皮肤前后盛有培养液试管混浊程度。同时将上述试管中菌液分别稀释至10^{-5}、10^{-6}、10^{-7}、10^{-8}倍，取100μL菌液涂布于固体培养基上，37℃恒温培养12～16小时。观察平板上菌落的生长密度、形态，判断该清洁类化妆品的去微生物效果。

三　皮肤生物学状况

优质的清洁类化妆品除了去除皮肤污垢外，应该不破坏皮肤表面的结构如皮脂膜，维持正常的皮肤组织结构和生理功能。

1. 皮脂测量 清洁产品的重要功能之一就是能清除皮肤表面的油污。但过多清洗又会破坏皮肤表面固有的皮脂膜，降低皮肤屏障的功能。可以用测定皮脂分泌的方法进行评价。利用纸或胶带吸收油脂后可以透光的原理或直接收集油脂进行测量。在额头、鼻两侧、面颊、下巴4个部位分别画一个大小为$2cm^2$的固定区域作为测试区域。测量时间为清洁前、清洗后分别于30、60、90、120分钟时在上述4处相同区域测定油脂含量，评价此种清洁类化妆品的去油脂效果。

2. 角质层含水量测试 皮肤水分的含量会影响皮脂膜的形成，这层保护膜对防止皮肤衰老非常重要。另外，保持正常的角质层含水量，对维持皮肤弹性、柔润、光泽都很重要。优良的清洁剂，在清洁的同时，应该保持正常的角质层含水量。同一部位，洁面前后皮肤的水分含量有一定的变化，不同受试者的变化幅度不同，一般1～2小时内能恢复表皮原始水分含量。

3. 皮肤酸碱度（pH）测试 皮肤表面通常是处于一种弱酸性状态。pH范围基本维持在4.5～6.5。保持皮肤正常的弱酸性状态可以保护皮肤免受细菌的侵害。对于同一部位，优良的产品在清洁前后皮肤的pH变化不大，仍保持皮肤弱酸性状态。

4. 经皮失水（TEWL）测量 使用清洁产品后，如果TEWL值异常升高，意味着皮肤屏障功能遭到损坏。测量TEWL值，可以了解皮肤屏障功能状况，在一定程度上反映所用化妆品的安全性。

思 考 题

1. 皮肤污垢由哪几类物质组成？
2. 汗液和皮脂在皮肤污垢中各有什么作用？
3. 清洁类化妆品有哪些性能？如何分类？
4. 卸妆水使用时的注意事项有哪些？
5. 简述清洁类产品临床评价项目。

（刘盛秀）

参考文献

1. Baumann L. Cosmetic Dermatology：Principles and Practice. McGraw-Hill Medical Publishing Division，2008

2. 黄桂宽，李雪华. 实用美容化学. 北京：科学出版社，2002

3. Klotz A，Veeger M，Röcher W. Skin cleansers for occupational use：testing the skin compatibility of different formulations. Int Arch Occup Environ Health，2003，76（5）：367-373

4. Thomas T，Thomas K，Sadrieh N，et al. Research Strategies for Safety Evaluation of Nanomaterials，Part VII：Evaluating Consumer Exposure to Nanoscale Materials. Toxicol Sci，2006，91（1）：14-19

第十章 保湿类化妆品

皮肤直接暴露于大气环境中，时刻受到外界气温、风寒的侵袭。而皮肤要维持正常的生理功能，需稳定的内环境，保持一定的湿润度是最基本的条件。保湿类化妆品通过模拟皮肤天然保湿系统，保持皮肤水分含量，是最常用的护肤产品。

第一节 皮肤保湿的生理学基础

最外面的表皮、富含结缔组织的真皮以及皮下脂肪组织均参与了维持正常皮肤水分的机制。其中表皮角质形成细胞、天然保湿因子以及皮肤表面的脂质共同构建了皮肤屏障的“砖墙结构”，在抵御环境危害中，发挥了重要的作用。

一 表皮

（一）角质形成细胞的完整性

完整的角质形成细胞是“砖墙结构”中坚实的砖块。从基底层移行到颗粒层的角质形成细胞含有大量的透明角质颗粒，可防止水分的渗透。透明层细胞含有丰富的角蛋白和磷脂类物质，有阻止水和电解质透过的能力。移行到角质层的细胞相互重叠排列成砖墙状，细胞内充满了由张力细丝与均质状物质结合形成的角蛋白。角蛋白是一种非水溶性的硬蛋白，能抵抗酸碱、有机溶剂等化学物质和机械的摩擦、牵拉，阻止皮肤体液的外渗和外界物质的内透。

（二）脂质

皮肤表面的脂质来源于2个途径：一部分是充填于角质层细胞间的脂质，即所谓“砖墙结构”中的“灰浆”，由颗粒层的板层颗粒合成，并以胞吐作用释放到角质层，称为结构脂质；另一部分，主要来源于皮脂腺，由毛囊导管输送到皮肤表面与汗液乳化形成皮脂膜。

1. 结构脂质 又称为表皮脂质或外源性脂质。主要是由表皮中的有核细胞和大量的自发循环的脂质合成，标志性成分是神经酰胺（50%），还包括游离脂肪酸（10%～20%）、胆固醇（25%）等。双极天然油脂排列构成细胞间网格，使亲水的“头部”和疏水的“尾部”形成交互油脂层——复层板层膜。这种有规律的排列，控制水分在表皮细胞间的渗透和运动，封锁了角质层中的天然保湿因子（NMF），这样就保持了细胞间的水分。神经酰胺、游离脂肪酸与胆固醇在角质层脂质分布的最佳摩尔比为3∶1∶1。复层板层膜是物质进出表皮时所必经的通透性和机械性屏障，不仅可防止体内水分和电解质的流失，还能阻止有害物质的入侵，有助于机体内稳态的维持。

在有活性的表皮中磷脂含量丰富，由基底层向角质层分化的过程中，神经酰胺、胆固醇、脂肪酸的含量逐渐增高，脂质分布也发生了变化。颗粒层中脂质聚集于板层颗粒中，颗粒层细胞转化为角质层细胞时，这些脂质被排出并填充于细胞间隙，形成了防止水分丢失的屏障。表皮来源的脂质也与角质层剥脱到组织间隙中时释放出的水解蛋白酶有关，其生化作用就是将新合成的脂质转化成屏障功能所必需的有机膜结构，增加皮肤可塑性。脂质的异常不仅能降低皮肤的储水保湿功能，也直接影响角质形成细胞的生长与分化调节，影响健康角质层的形成。

2. 皮脂腺脂质 标志性成分是角鲨烯。青春期后皮脂膜的脂质主要来源于皮脂腺，起润滑皮肤、减少皮肤表面的水分蒸发、维持皮肤pH的作用。但过度清洗会导致脂质丢失，经皮失水增多，皮肤干燥。此外，老年人由于皮脂腺萎缩，皮脂分泌减少，皮肤容易干燥。

（三）天然保湿因子

角质层内能与水结合的一些低分子量物质被称为天然保湿因子（natural moisturizing factor，NMF），是一类具有极性基团的亲水性物质，可以与水形成不同的化学键，通过渗透压吸引水分子，使角质形成细胞中的水分得以保持。NMF主要来源于角质形成细胞内多种氨基酸及其降解产物，一些残余的糖类物质和由糖降解产生的乳酸盐等，包括氨基酸、吡咯烷酮羧酸、乳酸盐、尿素、氨、尿酸、葡萄糖胺、钠、钾、钙、镁、磷酸盐、氯化物、糖、有机酸、肽类及其他未知的物质（见表10-1），占角质层细胞基质的10%。由于NMF水溶性极强，很容易随着水分移出细胞外，而正常角质层细胞膜是一种脂质双层结构的分子膜，具有类似封包膜的作用，可有效防止NMF的胞外丢失，维持皮肤屏障的正常功能。

表10-1 角质层天然保湿因子

成分	含量（%）	成分	含量（%）
氨基酸	40.0	钾	4.0
吡咯烷酮羧酸	12.0	镁	1.5
乳酸盐	12.0	磷酸盐	0.5
尿素	7.0	氯化物	6.0
氨、尿酸、葡萄糖胺、肌酸	1.5	柠檬酸	0.5
钠	5.0	糖、有机酸、肽类及其他未知物	> 8.5
钙	1.5		

（四）水通道蛋白（aquaporins，AQPs）

水通道蛋白是一类存在于细胞膜上的水通透性蛋白，在哺乳动物各种组织细胞中广泛分布，在多种器官的生理和病理过程中发挥重要作用。由于AQPs的存在，细胞才可以快速调节自身体积和内部渗透压。一个AQPs分子每秒钟可以允许约30亿个水分子通过。在哺乳动物的细胞膜上共有13种水通道蛋白，在不同的组织，其分布也不同。目前仅发现AQP3分布于表皮基底层和棘细胞层，是一个完整的跨膜蛋白通道。AQP3不仅能转运水，也能转运尿素和甘油等物质进出皮肤，是维持皮肤水合作用的一个关键因素。在AQP3缺失的动物角质层中，仅甘油含量减少，其他保湿因子（如钠、钾、尿素、氨基酸等）含量正常。因此，由

AQP3缺失所致的皮肤干燥主要与角质层的甘油含量减少有关。外用甘油可改善AQP3缺失导致的动物角质层含水量减少。研究表明，紫外线可导致AQP3表达下调，从而损伤皮肤的屏障功能，引起皮肤水分散失、干燥及光老化的发生。

（五）角质层含水量的动态平衡

角质层内正常水分含量的自我平衡信号是经皮失水（TEWL），一旦表皮屏障功能受损，TEWL就会增加。TEWL仅增加1%，皮肤就会启动屏障修复。表皮重新湿润包括4个步骤：①开始屏障修复；②改变表皮水分分布；③真皮水分开始渗透到表皮；④合成细胞间脂质。TEWL增加会导致颗粒层钙离子等被动地转移到角质层或经角质层丢失，从而表皮内的电解质梯度发生变化，刺激颗粒层上部细胞合成板层颗粒，迅速补充角质层细胞间脂质；颗粒层下部细胞开始产生大量新的板层颗粒。颗粒层中的前丝聚蛋白转换为丝聚蛋白，在适宜湿度条件下转化为NMF。在30分钟内，板层颗粒在颗粒层上部沉积，在随后的4小时内合成脂肪酸和胆固醇，接下来的6～9小时内产生神经酰胺。当细胞外脂质通过损伤部位的角质形成细胞进入角质层间隙，并被结合进入板层膜结构时，屏障功能得到恢复。通过表皮屏障功能的修复，可使皮肤保湿系统又恢复正常，保持皮肤所含的水分。

二 真皮

皮肤是人体的储水库之一，皮肤含水量为人体水分的18%～20%。皮肤内75%的水在细胞外，主要贮存于真皮内，是细胞生理活动的基础。真皮中含水量明显下降时，可影响弹力纤维的弹性，并使胶原纤维易于断裂。真皮基质中的氨基聚糖和蛋白质复合体，可以结合大量的水分，是保持水分的重要物质基础。氨基聚糖虽然占皮肤干重不足1%，却可结合1 000倍相当于自身重量的水。氨基聚糖包括透明质酸、硫酸软骨素、肝素等，透明质酸分子中含多个羟基、羧基，其形成的空间螺旋柱构型可与水形成氢键而结合大量的水分。

三 皮下组织

皮下组织位于真皮下方，由疏松结缔组织及脂肪小叶组成，含有血管、淋巴管、神经、小汗腺和顶泌汗腺等。全身大部分皮肤分布有小汗腺，主要受乙酰胆碱能作用的影响。汗腺可吸收水溶性的物质，汗腺分泌的汗液除调节体温、软化角质外，还可作为水相参与形成皮脂膜。小汗腺不断分泌的汗液对皮肤保湿、防止干燥有重要作用。

四 影响皮肤含水量的因素

（一）年龄及性别因素

婴儿角质层的含水量高于成人，从婴幼儿到老年，皮肤老化的过程伴随着皮肤水分减少、丢失。老化的皮肤由于天然保湿因子和透明质酸等成分合成减少，皮肤的保水能力下降，同时在角质层损伤后其自行修复的速度也变慢。尽管多数研究显示男女之间角质层含水量无明显差异，但系统或局部使用雌激素可明显增加绝经后女性角质层水分的含量。

（二）季节及环境因素

生活环境的干湿度对角质层含水量也具有重要影响。当人体暴露在相对湿度为10%～30%的环境中30分钟后，角质层含水量就明显减少。干燥环境可以通过降低表皮角质层含水量，影响桥粒降解；同时空气湿度过低会抑制角质层中丝聚蛋白合成NMF，影响神经酰胺的结构和生物化学功能。动物在干燥的环境下，角质层含水量减少，表皮白介素Ⅰ增多，真皮的肥大细胞释放组胺增多。故冬季皮肤干燥在临床上极为常见，而同样的人群在夏季往往角质层含水量恢复到正常状态。

（三）生活习惯和精神压力

经常进行热水浴、使用强效的去污剂或肥皂容易破坏皮肤表面正常的脂质，同时可以洗掉水溶性的天然保湿因子，影响皮肤的屏障功能，加重皮肤干燥。正确的饮水习惯，也是保持皮肤水分的重要因素。此外，已有研究表明精神压力过大会延缓角质层脂质的合成，导致皮肤经皮失水增加，加重皮肤干燥程度。

（四）物理及化学性损伤

反复摩擦或粘剥，可以破坏角质层的完整性。如果将角质层完全粘去，经皮失水将增加30倍，同时也会加速外界物质的渗入。清洁产品和有机溶剂有时会去除角质细胞间脂质，破坏皮肤屏障功能，加重皮肤干燥。

（五）疾病和药物因素

维生素缺乏（包括烟酰胺、维生素A、维生素D等）、蛋白质缺乏或代谢异常（中间丝相关蛋白）及一些皮肤病（特应性皮炎、湿疹、银屑病、鱼鳞病）、内科疾病（如糖尿病）等，会因皮肤屏障功能的缺陷而导致患者皮肤干燥。局部使用糖皮质激素可以抑制角质层脂质合成，同样会影响皮肤的屏障功能。

第二节 保湿类化妆品原料及作用机制

保湿类化妆品能够增加表皮含水量，帮助皮肤屏障功能恢复，减轻皮肤干燥、脱屑，让粗糙的皮肤变得光滑、柔软；对慢性干燥性皮肤病，如特应性皮炎、鱼鳞病、银屑病等也有辅助治疗的作用；保湿类化妆品还可以减少外用糖皮质激素或光疗的部分副作用，参与修复受损的皮肤屏障功能。化妆品保湿剂原料来源丰富，新的原料还在不断被开发上市。

一 保湿化妆品作用机制

不同的保湿原料，在皮肤内的保湿机制是不一样的。在配方研制中，需要了解每一种原料的作用途径，以开发出更好的保湿产品。在一个化妆品配方中，常常是不同作用机制的保湿成分复配在一起，共同发挥作用。在临床使用时，需要根据皮肤生理和病理机制，选择不同原料组合的产品，才能有针对性地更好地发挥化妆品的保湿效果。

（一）吸湿剂（humectants）

这类物质能从皮肤深层和外界环境中吸收水分并保存于角质层中，使角质层由上而下形成水蒸气梯度。这类保湿原料中最多见的是甘油、山梨醇、蜂蜜、乳酸钠、尿素、丙二醇、聚乙二醇等。吸湿剂在相对湿度高的条件下对皮肤的保湿效果更好，在皮肤周围相对湿度至少达到70%时，吸湿剂才容易从外界环境中吸收水分。而在现实环境中，相对湿度难以达到这一水平，吸湿剂主要从真皮吸收水分。在相对湿度很低，寒冷干燥、多风的气候，从皮肤深层吸取来的水分，还会通过表皮蒸发，使皮肤更干燥。故单独使用吸湿剂在干燥环境下会增高TEWL，应与润肤剂和封闭剂复配使用。

（二）封闭剂（occlusion）

在皮肤表面形成疏水性的薄层油膜，阻止或延迟水分的蒸发和流失，促进皮肤深层扩散而来的水分与角质层进一步水合。封闭剂通常比较油，涂抹在皮肤上有轻微的湿润感。这类保湿剂的代表是凡士林，许多医用药膏和极干性皮肤用的保湿滋润霜，都含有这一成分。封闭剂还包括高黏度白蜡油、各种三酸甘油酯、各种酯类油脂。矿物油是最常用的，它能改善皮肤的主观质感，但降低TEWL值的能力有限；羊毛脂因为价格较贵、气味特殊以及有潜在变态反应性而应用较少；硅树脂衍生物是较新的封闭剂，不油腻、基本无味、较少引发过敏及痤疮，故市售保湿剂中应用较多。

（三）润肤剂（emollient）

通常是油性物质，包括从酯到长链醇的一大类化合物。涂抹后能填充在干燥皮肤角质细胞间的裂隙中，虽然对TEWL没有太多影响，但添加了润肤剂的保湿产品，可使皮肤表面纹理更光滑，产品的感官性状更完美。根据化合物的内在特性及其在皮肤上的效果，润肤剂还可进一步分为保护性润肤剂（如二异丙基二油酸）、去脂性润肤剂（如蓖麻油、霍霍巴油）、收敛性润肤剂（如聚二甲基硅氧烷）和干性润肤剂（如异丙基棕榈酸盐）。

（四）与水结合的生物大分子

皮肤中的水分以两种形式存在，即结合水和游离水。在角质层内，水与离子、氨基酸、蛋白等结合形成“结合水”，是组织中的固定成分。当结合水超过饱和状态时，剩余的水在角质层细小的间隙中积聚成微小的水滴，被称为“游离水”，这部分水会随着水蒸气梯度、外界的干湿度而变化。

有一大类天然生物大分子具有亲水特性，能将自由水结合在它形成的三维网状结构中，使自由水变成结合水而不易蒸发散失。结合水不能溶解其他物质，不参与代谢作用，结合水赋予各种组织、器官一定的形状、硬度和弹性。这类生物大分子物质，从微环境中吸取大量水分并与之结合，无论在低湿度还是在高湿度条件下，都具有相同的高吸湿性，属于比较高级的保湿成分，适合各类肤质、各种气候，白天、晚上都可以使用。这类原料包括透明质酸、硫酸软骨素、胶原、弹力蛋白及DNA等，来源于动物体。近来已有来自微生物和植物的类似原料，其效果相似。

二 保湿类化妆品原料

人体自身结构中含有众多具有保湿成分的物质。化妆品保湿原料中部分是通过化学合成人体原有的保湿成分，也开发合成新保湿原料，同时也搜寻筛查天然的皮肤保湿原料。天然来源的保湿原料包括角鲨烷、霍霍巴油、蜂蜜、灵芝提取液、芦荟提取物、透明质酸、丝蛋白类、胶原蛋白等天然物质。化学合成保湿剂包括多元醇类、乳酸钠、吡咯烷酮羧酸钠、葡萄糖衍生物、聚丙烯酸树脂、神经酰胺、甲壳素壳聚糖及其衍生物等化合物。有时同一种物质，最先来自天然发现，为了减低成本增加产量，也由化学合成。

（一）天然保湿原料

1. 角鲨烷（squalane） 角鲨烷为无色无味、无毒、化学惰性、光亮透明液体，使用安全，主要成分为异三十烷。角鲨烷过去是从鲨鱼肝油中提取经化学处理而得，现在可直接从橄榄油得到。角鲨烷是少有的化学稳定性高、使用感极佳的动物油脂，对皮肤有较好的亲和性，用后感非常厚实，滋润而不油腻。其有高度的滋润性和保湿性，不易引起过敏和刺激，并能加速配方中其他活性成分向皮肤中渗透；具有较低的极性和中等的铺展性，还可抑制霉菌的生长。

2. 霍霍巴油（jojoba oil） 霍霍巴油为透明液体，几乎无臭无味，霍霍巴油取自西蒙得木果实，其主要成分是不饱和高级醇和脂肪酸，其化学结构十分复杂。能赋予皮肤光滑、柔软及不油腻的感觉，极适用于干性皮肤。霍霍巴油有良好的稳定性，极易与皮肤融合，具有超凡的抗氧化性。另外，霍霍巴油还含有丰富的维生素，具有滋养软化皮肤的功效。霍霍巴油的成分和海洋中抹香鲸蜡油的成分相似。

3. 蜂蜜（honey） 蜂蜜是一种良好的保湿剂，其组成主要为转化糖（即葡萄糖和果糖的混合物）70%～80%、水分14%～20%，少量的蔗糖、挥发油、有机酸，此外，还含有微量泛酸、乙酰胆素及维生素A、D、E。它不仅具有保湿和营养作用，而且渗透力强，能有效地软化角质层，促进皮肤大量吸收营养。它能供给皮肤养分让皮肤具有弹性，能杀灭或抑制附着在皮肤表面的细菌，还能消除皮肤的色素沉着，促进上皮组织再生。

4. 芦荟（aloe） 芦荟提取物是植物性的保湿剂，芦荟汁含有大量黏多糖（类似于透明质酸），有很好的润滑和保湿作用，此外还有防晒和消炎的作用。其化学组成极其复杂，主要成分是芦荟素，具有营养皮肤的功能，能很好地与多种化妆品原料配合，消除多种表面活性剂对皮肤的刺激，是理想的天然保湿剂。

5. 透明质酸（hyaluronic acid，HA） 透明质酸是一种直链高分子多糖，广泛地存在于生物体的结缔组织中，是组成细胞外基质的几种糖胺聚糖之一，在人皮肤真皮层和关节滑液中含量最多。在溶液中，HA分子呈无规则卷曲状态。如果强行伸长，其分子长度可达20μm。HA整个分子全部由葡萄糖醛酸及乙酰氨基葡萄糖二糖单位重复排列构成，分子量20万～100万不等。由于HA分子表面有大量带负电荷的亲水性基团，可结合大量水分子，因而即使浓度很低也能形成黏稠的胶体，占据很大的空间，产生膨压。研究发现HA分子可以保留比自身重500～1 000倍的水。浓度和分子量是影响HA吸水性的重要因素。在小分子量或低浓度的HA溶液中，黏度低；在大分子量或高浓度的HA溶液中，HA分子间相互缠绕，因此黏度高。HA由于其大分子链的柔顺性而具有较强的成膜能力，可以形成一层保水薄膜。在保湿的同时，HA又是良好的透皮吸收促进剂，与其他营养成分配合使用，可以起到促进营养吸收的理想效果。

HA由Meyer和Palmer于1934年首次从牛眼玻璃体内分离出以来，就以其独特的保水、润滑等高分子多糖的性质，天然性、无过敏性和与人体组织良好的生物相容性，在化妆品、保健食品、美容手术和医药领域得到了广泛的应用。药物制品HA是白色无定形固体，其保持水分的能力比其他任何天然或合成聚合物强，是目前自然界中发现的化妆品用保湿性能最好的物质。由于其良好的组织相容性，HA还作为皮肤软组织填充剂，单独或与胶原蛋白等联合用于皱纹或皮肤凹陷填充治疗。

6. 丝肽（silk peptide） 丝肽是蚕丝蛋白的水解产物，为可溶性天然纯丝肽蛋白，可被人体吸收。本品为淡黄色溶液，能使皮肤角质层保持一定的水分，透过角质层与上皮细胞吸收、结合，参与和改善细胞的代谢，使皮肤光滑润泽，富有弹性和保湿的功效。

7. 胶原蛋白（collagen） 胶原蛋白是人体组织结构的主要成分之一，也是人体内含量最多的一种蛋白质，皮肤真皮层75%由胶原蛋白组成。纤维状的胶原蛋白形成网状结构，提供皮肤的张力和弹性。胶原蛋白可溶于水，不溶于乙醇、甲醇等有机溶剂，对热稳定，对皮肤有良好的亲和力。胶原蛋白具有低免疫原性和良好的生物相容性，可直接填充到组织中，治疗皮肤凹陷和萎缩性瘢痕。由于胶原分子链上含有大量的亲水基因，所以与水结合的能力很强，有显著的保湿性能，起到天然保湿因子作用，也可降低其他制剂的刺激性。活性胶原蛋白参与和改善皮肤细胞的代谢，改善皮肤细胞生存环境和促进皮肤组织的新陈代谢，增强血液循环，达到滋润皮肤的目的。

8. 尿囊素（allantoin） 尿囊素是尿素的衍生物，最早因在牛的尿囊液中发现而得名。尿囊素广泛存在于自然界中，不仅可以增强皮肤、毛发最外层的吸水能力，还可改善皮肤、毛发和口唇组织中的含水量，赋予皮肤、毛发及嘴唇以柔软、弹性、光泽，使非病理状态的皮肤干燥状况得到改善。尿囊素添加到化妆品基质中性能稳定。

9. 凡士林（petroleum jelly） 保湿剂一般用白凡士林，白凡士林是从矿物油中提炼并纯化的氢化衍生物，是一种长链脂肪碳氢化合物的混合物。凡士林不会被皮肤吸收，可长久附着在皮肤上，不易被冲洗或擦掉，具有较好的保湿功效。由于过于油腻，只适合极干的皮肤或干燥的冬天使用。凡士林不仅可作为封闭剂通过减少皮肤表面的TEWL而发挥保湿效果，同时可作为润肤剂扩散到细胞间隙脂质中使皮肤重获光泽。

（二）化学合成保湿原料

1. 多元醇类保湿剂 多元醇类化合物由于具有多个羟基，与水有较好的亲和性，故适合用作化妆品的保湿剂。

（1）甘油（glycerin）：甘油又名丙三醇，结构式为$HOCH_2CH(OH)CH_2OH$，本品为无色、略有甜味的透明黏性液体，是化妆品中使用较早的保湿剂，属于吸湿剂类，能够使皮肤保持柔软，富有弹性，不受尘埃、气候等损害而干燥，起到防止皮肤冻伤的作用。

（2）双丙甘醇（propylene glycol）：为无色无臭的黏性液体，易溶于水，结构式为$CH_3CH(OH)CH_2OH$。作为甘油的代用品，属于吸湿剂类，其黏性比甘油低，手感好，在化妆品中可与甘油、山梨醇配合使用。双丙甘醇的黏性和吸湿性好，并且无毒，因而在食品、医药和化妆品工业中广泛用作吸湿剂、抗冻剂、润滑剂和溶剂。双丙甘醇在医药工业中常用作各类软膏、油膏的溶剂、软化剂和赋形剂等，由于双丙甘醇与各类香料具有较好互溶性，因而也用作化妆品的溶剂和软化剂等。

（3）1,3-丁二醇（1,3-butylene glycol）：是无色无臭略有甜味的透明黏性液体，结构式为$CH_3CH(OH)CH_2CH_2OH$，溶于水和乙醇，是应用较晚的保湿剂。1,3-丁二醇属于吸湿剂类，也可作为化妆品的保湿剂，而且还有良好的抑菌作用，可添加在各种化妆水和膏霜中。但由于纯度不够（常掺杂有丁四醇）而较少用，如果能把杂质除去，将有良好的应用前景。

（4）木糖醇（xylitol）：是白色晶体或结晶性粉末，无气味，有甜味，热稳定和水溶性好，结构式为$HOCH_2CH(OH)CH(OH)CH(OH)CH_2OH$，用作保湿剂可替代甘油。

（5）山梨醇（sorbitol）：为白色结晶性粉末，无臭，味略甜，易溶于水，溶于乙醇。山梨醇是具有六羟基的己糖醇，其吸湿性和保湿性均较甘油好，完全可替代甘油成为膏霜、奶液、香波类化妆品的理想保湿剂，可使化妆品中单项保湿剂的成本降低。因其气味好，可起到矫味作用，也可与其他保湿剂配合使用，起到协同效果。使用山梨醇的面霜和清洁剂等膏状化妆品能有效的保持水分，且不会有油腻和粘连的感觉。

（6）双甘油（diglycerol，diglycerine）：为白色或淡黄色无臭无味的透明黏性液体，结构式为$HOCH_2CH(OH)CH_2OCH_2CH(OH)CH_2OH$，溶于水和乙醇，可作为甘油的代用品。可从制取甘油时的副产物聚甘油中提取。因其凝固点低，可作较好的防冻剂。

（7）聚乙二醇（polyethylene glycol，PEG）：几乎是无色的透明黏性液体，稍有气味。由环氧乙烷聚合而成，分子式为$HOCH_2(CH_2OCH_2)_nCH_2OH$，分子量从200～2 000不等。分子量越小保湿性能越好，化妆品保湿剂常用平均相对分子量在600以下的聚乙二醇，常温下呈液体状。它可以替代甘油和丙二醇。

（8）羊毛脂醇（lanolin alcohol）及氢化羊毛脂醇（hydrogenated lanolin alcohol）：羊毛脂醇是由羊毛脂皂化后得到的高级脂肪醇、脂环族醇和胆固醇的混合物。其胆固醇的含量在30%以上，淡黄色或黄褐色软膏状或蜡状物质，有特异气味。氢化羊毛脂醇是羊毛脂醇加氢后的产物，其胆固醇的含量在30%以上，稍有特异气味。

2. 脂肪酸及其盐类

（1）乳酸钠（sodium lactate，SL）：可由乳酸和碳酸钠反应得到，为无色或微黄色透明黏性液体，有很强的吸水能力，无臭或略有特殊气味，略有咸苦味，结构式为$CH_3CH(OH)COONa$。乳酸钠本身是皮肤中存在的NMF之一，也是很有效的保湿剂，其保湿性比甘油强。乳酸钠溶于水、乙醇和甘油，对皮肤作用温和，可用于护肤膏霜、乳液、香波、护发素中，产品透气性、延展性和铺展性能均好，还具有使O/W型膏霜细腻的特点。

（2）吡咯烷酮羧酸钠（sodium pyrrolidonecarboxylate）：是NMF中的主要成分，为无色、无臭、略带咸味的液体，其吸湿性远较甘油、丙二醇、山梨醇强，且具有长期保湿性。吡咯烷酮羧酸钠是白色结晶粉末，其水溶液呈无色无味透明的液体，只有以盐的形式存在才有良好的吸湿和保湿效果。角质层中吡咯烷酮羧酸钠含量减少，皮肤会变得干燥和粗糙，是真正生理作用的角质层柔润剂。由于是皮肤新陈代谢过程中的产物，对皮肤无刺激，被广泛应用于护肤类化妆品中，也用在牙膏和香波中。吡咯烷酮羧酸钠属于氨基酸盐，容易遭受微生物侵袭发生腐败，在化妆品中须同时添加防腐剂。

3. 葡萄糖衍生物（glucose derivatives） 烷氧基葡萄糖是一类新型非离子型表面活性剂，常温下呈白色固体粉末或淡黄色油状，是一种多功能的化妆品原料，兼具有吸湿剂、保湿剂、润湿剂作用机制，可添加到护发剂中。

4. 聚丙烯酸树脂（polyacrylic resin） 具有强吸水性的高分子树脂，吸收水分后可达本身重量的400～800倍。因其良好的吸湿性和保湿性以及成膜透气性，能给皮肤以光滑感和舒适感。

5. 神经酰胺（ceramides） 是一种类磷脂，占角质层脂质40%～50%的比重，因其是角质层脂质的主要成分，加入化妆品中有改善和调节皮肤角质层细胞间质的组成和功能的作用。神经酰胺分子结构具有2条长链烷基，1个酰胺基团和2个羟基基团，这些基团对其在表皮角质层中起到保湿等作用具有重要意义，神经酰胺通过在角质层中形成网状结构维持皮肤水分。近年研究表明，当皮肤出现干燥、脱屑、开裂现象，其屏障功能明显降低时，皮肤补充神经酰胺便可迅速恢复保湿和屏障功能。神经酰胺与细胞表面蛋白质通过酯键连接起到黏合细胞作用，这种相互之间的联系被称为“脂质-细胞-蛋白质”包裹物。

表皮角质层中神经酰胺含量减少可使角化细胞间的黏着力下降，导致皮肤干燥、脱屑、呈鳞片状。此外，神经酰胺能激活衰老细胞，促进表皮细胞分裂和基底层细胞再生。神经酰胺是高效保湿剂，非常容易被皮肤吸收，并能促进其他营养物质渗透。由于从天然皮肤中提取神经酰胺非常困难，所以现采用人工合成。合成的神经酰胺是近白色的细粉，带有特征气味，不溶于水，但可在80℃搅拌下乳化，形成均匀的乳液。合成的神经酰胺可组合到真皮的生理结构中去，具有调节皮肤屏障功能和防止皮肤水分丢失，以及增强细胞黏合和皮肤对外界的适应能力，主要用于高档产品中。

6. 甲壳质（chitin）或脱乙酰壳多糖（chitosan） 甲壳质是从甲壳纲动物外壳中提取的天然原料，效果和透明质酸接近，是十分安全的保湿剂。脱乙酰壳多糖是一种生物活性物质，由甲壳素经碱处理脱去乙酰基而得。脱乙酰壳多糖大分子上有许多结合水分子的氨基，具有优良的吸水性和保水性，经化学改性的脱乙酰壳多糖（如引入羧甲基后）能进一步改善其保水性。甲壳质或脱乙酰壳多糖在护肤化妆品中能形成洁净的保护膜，与皮肤的亲和性很好，与配方中其他活性成分相容性好。

三 保湿类化妆品原料开发趋势

一般吸湿剂在干燥寒冷的天气条件下反而会从皮肤的深层吸收水分，使得皮肤更加干燥。而非水溶性的封闭剂形成的封闭性润滑膜不透气使皮肤油腻不适，对皮肤的生理和代谢功能有一定的阻碍作用。尽管如此，这两类原料是保湿产品的基本成分，仍是未来关注的主要原料。与水结合的生物大分子通过调节角质细胞的吸水性能及细胞间的脂质屏障结构来维护角质层的含水量，这种作用能否发挥出来，除了与生物大分子本身有关外，还与使用者的个体差异有关。因为这种调节功能需要生物反应的参与，而不同的人其生物系统有所差别，所产生的保湿效果可能会因人而异。对此，发掘更多的与水结合的生物大分子，完善其保湿体系，对开发更理想的保湿产品将有重要的意义。许多天然植物或生物分子具有良好的保湿性能，同时这类天然提取物中还含有其他的对皮肤有营养作用的物质。从天然物质中提取的具有营养和保湿双重性能的保湿原料取代化学合成的保湿原料，符合人们回归大自然的要求，也是未来保湿剂发展的趋势。

第三节 产品类型与使用

一 产品类型

保湿剂用以模拟人体皮肤中油、水、天然保湿因子（NMF）组成的天然保湿系统，直接补充角质层水分、脂质，增加真皮-表皮水分渗透及延缓水分丢失等。保湿剂按剂型可以分为以下几种：

（一）保湿洗面奶

保湿洗面奶中常常通过添加甘油、丁二醇、乳酸、透明质酸钠等成分来达到清洁时温和不刺激，清洁后保湿不干燥的功效。因为洗面奶无法长久停留在皮肤上，很难完全达到保湿的要求，需要在后续步骤中配合使用其他产品以发挥保湿功效。保湿洗面奶配方举例见表10-2。

配方分析：此洗面奶配方通过添加保湿剂甘油、PEG-26甘油醚来达到温和有效清除皮肤表面污垢的作用，同时留下一层保湿膜，防止皮肤过多的水分流失。

表10-2　清爽保湿洗面奶配方举例

组分	质量分数/%	组分	质量分数/%
十二烷基醚硫酸铵（28%）	10	PEG-26甘油醚	4.0
二甲苯磺酸钠（40%）	0.2	香精	适量
椰油酰胺丙基甜菜碱	16.0	防腐剂	适量
聚季铵盐-10	0.15	柠檬酸	调节pH
聚乙二醇120甲基葡萄糖酯	3.0	水	加至100
甘油	5.0		

（二）保湿化妆水

保湿性的化妆水成分以水为主，通常还含有植物精华、甘油、透明质酸、氨基酸等（见表10-3），可以将水自皮肤、环境中吸附，补充角质层的水分，但是会慢慢蒸发，维持在皮肤上的时间很短。虽有直接补充角质层含水量的功效，但使用后会造成TEWL升高，故需要加入其他保湿产品配合。适用于所有皮肤类型。

表10-3　柔肤水配方举例

组分	质量分数/%	组分	质量分数/%
甘油	5.0	水溶性霍霍巴油	2.0
透明质酸	0.05	防腐剂	适量
泛醇	0.3	水	加至100
海洋生物糖胶	3.0		

配方分析：主要保湿成分为甘油、透明质酸，同时海洋生物糖胶和水溶性霍霍巴油对皮肤有滋润、协同保湿作用，泛醇能够修复皮肤的屏障功能。

（三）保湿精华素

精华素是含浓缩高营养物质的产品，分水剂、油剂两种，含有各种微量元素、植物萃取物、细胞因子和胶原蛋白等。精华素所含的保湿剂浓度高，易被皮肤吸收，且触感清爽。虽然精华素补水效率最高，但依然需要再加一层锁水产品，水才不会流失，其适用于所有皮肤类型。精华素通常用于化妆水之后，护肤霜之前，维持在皮肤上的时间仍然有限。保湿精华素配方举例见表10-4。

表10-4　芦荟精华素配方举例

组分	质量分数/%	组分	质量分数/%
芦荟提取液（10∶1）	5.0	水解胶原蛋白	1.0
仙人掌提取液	5.0	泛醇	0.4
羟乙基纤维素	0.2	防腐剂	适量
甘油	6.0	水	加至100

配方分析：主要成分为芦荟提取液、仙人掌提取液、水解胶原蛋白、泛醇，易于渗透被皮肤吸收，起到保湿、修复皮肤屏障功能，有恢复皮肤弹性的作用。

（四）保湿凝露、凝胶、啫喱

产品含水量仍然较高，维持在皮肤上的时间中等。其油性保湿成分很少，大多以水性保湿成分来制造水感，皮肤主观感觉清爽。适合油脂分泌正常的年轻皮肤或油性皮肤。保湿凝胶配方举例见10-5。

表10-5 清爽保湿凝胶配方举例

组分	质量分数/%	组分	质量分数/%
聚丙烯酸钠	0.5	芦芭油	5.0
NaOH	调节pH	防腐剂	适量
海藻提取液	2.0	水	加至100
多聚谷氨酸	0.05		

配方分析：聚丙烯酸钠为赋形剂，形成凝胶状的外观；海藻提取液为小分子的保湿剂，易于皮肤吸收；多聚谷氨酸为肤感调节和高分子保湿剂，可形成均匀的保湿膜；芦芭油为膜型结构，锁水保湿。

（五）保湿面膜

通过面膜在皮肤上的密封作用，促进角质层的水合，延长水分停留在皮肤上的时间。使用之前先清洁皮肤，使用后用纸巾把过多的精华素或残留物轻轻擦去即可。偏油性皮肤可以不再涂抹其他滋润品，而偏干性皮肤则需要再涂抹一层霜剂来封闭角质层水分。适用于所有皮肤类型。保湿面膜配方举例见表10-6。

表10-6 清新黄瓜面膜配方举例

组分	质量分数/%	组分	质量分数/%
聚丙烯酸	0.5	黄瓜提取物	5.0
NaOH	调节pH	水溶性神经酰胺	1.0
小分子透明质酸	0.3	防腐剂	适量
甜菜碱	1.5	水	加至100

配方分析：聚丙烯酸为赋形剂；小分子透明质酸、甜菜碱、黄瓜提取物、水溶性神经酰胺为小分子的高效能保湿剂，极易被皮肤吸收，同时能促进胶原蛋白的合成，恢复皮肤屏障功能。

（六）保湿乳液

乳液是水包油型的乳化剂，含水量在10%～80%，具有一定的流动性，含有适量油分和水分，既能为皮肤补充水分，又能滋润皮肤，使皮肤柔软。乳液型产品除了含有和保湿霜一样的成分之外，最大的特点是含水量高，乳液的含水量会比同样的保湿霜的含水量多一两倍，涂在皮肤上除了能迅速地为皮肤补充水分之外，还能为皮肤构建一层人工皮脂膜防止水分流失，故乳液产品适合干性皮肤或干燥环境下的中性皮肤使用。适用于除重度油性外的其他皮肤类型。保湿乳液配方举例见10-7。

配方分析：主要成分中油脂为滋润、修复的目的；1,3-丁二醇、透明质酸钠为保湿的目的；泛醇能够刺激上皮细胞的生长。产品为流动性好、肤感清爽的乳液，能达到保湿嫩肤的目的。

（七）保湿霜

乳霜比乳液含有更多的油分，因此具有更好的保湿力。另外，由于添加了更多的油溶性成分，在皮肤表层形成人工皮脂膜，保湿效果好，在改变皮肤主观质地方面更为突出。适合皮脂分泌不足或极干性皮肤。保湿霜配方举例见表10-8。

表10-7　保湿嫩肤乳液配方举例

组分	质量分数/%	组分	质量分数/%
辛酸癸酸三甘油酯	5.0	泛醇	0.4
霍霍巴油	1.0	透明质酸钠	0.05
维生素E	0.25	香精	适量
黄原胶	0.25	防腐剂	适量
烷基葡萄糖苷	1.0	烷基葡萄糖苷醚	1.0
1.3-丁二醇	4.0	水	加至100

表10-8　滋润保湿霜配方举例

组分	质量分数/%	组分	质量分数/%
鲸蜡硬脂基葡糖苷/鲸蜡硬脂醇	1.5	二甲基硅油	1.5
椰油基葡糖苷/鲸蜡硬脂醇	1.5	甘油	6.0
单硬脂酸甘油酯	0.6	汉生胶	0.15
合成角鲨烷	8.0	透明质酸	0.05
乳木果油	1.5	香精	适量
霍霍巴油	2.0	防腐剂	适量
辛酸癸酸三甘油酯	5.0	水	加至100

配方分析：主要成分中油脂为滋润、保湿、修复的目的；甘油、透明质酸为保湿的目的。产品为外观光泽、肤感滋润的膏霜。

二　产品使用

保湿产品中，化妆水、精华液、凝露、凝胶、啫喱及面膜更注重补充水分，保湿乳液及乳霜同时注重补充皮肤脂质和水分。其中保湿化妆水、精华液及面膜适于所有类型皮肤，夏天或中性/油性皮肤适合使用凝露、凝胶、啫喱；冬天或中性偏干、干性皮肤适合含脂质更高的膏霜剂。在使用水分高的产品如化妆水时，15～20秒后，应用纸巾吸干剩余的水分，否则，残留过多的水分会增加TEWL，反而使皮肤变得更干燥。

对于油性皮肤，避免使用含封闭作用的油性原料，以减少使用产品后皮肤的油腻感。对于干性皮肤，由于油性成分保湿效果好，涂抹后也不会产生油光感，可以选择含较高油性原料的产品。研究发现，特应性皮炎缺乏表皮脂质，应选择富含神经酰胺的保湿产品。保湿类化妆品在皮肤科中应用广泛，详细内容参考本书第七章相关内容。

第四节　保湿类产品功效评价

保湿功效评价方法比较成熟。体外评价常使用保湿活性成分的检测分析及称重法。对于体内评价方法，肉眼评价简单易行，常作为基本的评价方法，但常受研究人员主观因素的影响。

仪器能直接或间接测量角质层含水量和经皮失水，主要了解角质层的水合度。在方案设计时还要注意环境温度、湿度和季节因素，个体差异和解剖部位的差异，前后测量环境和条件应保持一致，最好在温控室中进行。

一 体外评价方法

（一）保湿活性成分的检测和分析

可以通过化学分析检测等方法对保湿化妆品中活性物质的种类与含量进行测定，以此推断保湿效果。如通过高效液相色谱、气相色谱、液质联用、气质联用等仪器方法分析检测，根据不同物质吸收峰的特点及高度，对保湿化妆品中有效成分的种类和含量进行测定，以推测其保湿效果。这种对保湿活性成分的检测和分析方法能够间接地说明化妆品可能具有保湿效果，但化妆品的组成成分复杂，对工艺过程也有一定的要求，单独一种或几种保湿成分并不能代表终产品的保湿效果。

（二）称重法

化妆品的保湿性测定通常是采用称重法，不同的保湿剂分子对水分子的作用力不同，吸收水分和保持水分的能力也不同。在仿角质层、表皮等生物材料上模拟人皮肤涂抹化妆品的过程，根据化妆品中成分吸湿、保湿性能的差异，在体外测量样品失重或吸湿的量，即可评价化妆品的保湿效果。此方法简单可行，观察了相对湿度对吸湿和保湿效果的影响，但其受温度、日光等环境条件的影响，结果不稳定，也不能完全反映活体皮肤使用状况。

二 体内评价方法

（一）直接测量角质层含水量

使用红外线、核磁共振光谱仪或其他的成像技术，以无创的方法直接定量测定皮肤中水分子及其他分子的浓度。如根据水的红外光谱吸光度测定的方法，对皮肤角质层保湿性进行活体测试。在人体皮肤使用化妆品前后的一定时间内，由于皮肤含水量的变化，某些红外特征吸收峰的强度和比例会发生改变，通过红外光谱吸光度的测定，并通过计算和数据转换，能够反映皮肤角质层含水量的变化情况，从而对化妆品的保湿功效进行评价。由光谱变化能够直观地显示出皮肤水分含量的变化，但光谱数据的采集以及数据转换的处理，需要专门的仪器和培训。虽然直接测量方法比间接方法更准确，但因其价格昂贵，且对于许多解剖位置与临床情况都不适用，应用有限。

（二）间接测量角质层水分

角质层含有一定量的水，借助于水的导电特性，通过测量皮肤的电导、电容阻抗、瞬时热传导等物理参数，可以间接反映角质层的水含量。注意每次测量前要保持探头干净无产品沾染，以免误判皮肤导电性大小。

（三）TEWL

经皮失水反映水从皮肤表面的蒸发量，是皮肤屏障功能的重要标志。在一定范围内，角质层水含量与TEWL有一定的相关性。干燥性皮肤的病理特点是皮肤屏障受到破坏，TEWL值增加。在使用保湿剂后，皮肤屏障得到修复，TEWL值降低。因此TEWL值是评价保湿剂功效一个重要的参数。

（四）其他

还有许多技术可用于评价化妆品对皮肤的保湿功效。例如通过特殊设备观察单个水滴与皮肤表面形成的夹角，检验皮肤的湿润度。干燥性皮肤是疏水性的，与水滴的夹角大；而具有充足水分的角质层可保持良好的润泽度，与水滴的夹角缩小，由此提供角质层水合度的信息。润泽的皮肤弹性好，测量人体表面皮肤弹性大小也可间接说明皮肤的水合状态。还可以通过一种特制的胶带粘取角质表层细胞，分析这些细胞的形态和生化成分，通过计算机图像分析法计算鳞屑参数，从而分析皮肤的干燥性，对干燥性皮肤的评估有一定价值。

三 保湿功效评价方案

理想的功效评价方案必须考虑到仪器的不稳定性以及测试解剖部位、外界环境、季节、性别和年龄等影响因素。应尽可能做到设计方案标准统一，使各研究者和研究机构之间的数据有更好的可比性。

检测保湿剂可以使用2种不同的评价方案：单次使用和重复使用（3～4周）。短期研究受环境因素的影响更少，但只能评估保湿剂的短期保湿效果，而长期研究能够提供更多关于产品持续作用的信息。

Gabard将对单次用于正常皮肤保湿剂功效评价的研究做了如下分类：

（1）在一段时间内多次使用保湿剂于正常皮肤；

（2）将保湿剂用于实验性的一次性重大刺激的皮肤；

（3）将保湿剂用于实验性的在一段时间内反复轻微刺激的皮肤；

（4）临床将保湿剂用于不同的干燥性皮肤病患者。

对于单次使用研究，Barel和Clarys在考虑到各种混杂因素后设计出一种研究方法来评估保湿剂的短期效果，详见下表10-9。

表10-9　保湿剂功效研究的推荐方案

项目		描述
方法设计		随机、双盲、处理和未处理区对照设计
方法	部位	前臂屈侧或下肢胫前
	范围大小	4cm×4cm
	使用量	1～2mg/cm^2
	使用方法	轻轻将保湿剂擦在受试部位
测量	基线	在应用产品之前读数10～30分钟
	使用后	每10～15分钟记录使用和未使用区测量值
	持续时间	60～180分钟

对于重复使用研究，常用的有Kligman设计的回归试验：将试验产品应用于小腿，每日使用1～2次，连续3周；停用之后随访观察，直到小腿恢复到原来的干燥水平。该试验不仅可用于干性皮肤中产品的评估，也可用于产品组分的效果评估。

思 考 题

1. 皮肤的保湿机制是什么？
2. 化妆品的保湿原理是什么？
3. 保湿产品可以分为几类？

（李 利）

参考文献

1. Hara Chikuma M，Verkman AS. Physiological roles of glyceroltransporting aquaporins：the aquaglyceroporins. Cell Mol Life Sci，2006，63（12）：1386-1392

2. HaraChikuma M，Verkman AS. Aquaporin-3 functions as a glycerol transporter in mammalian skin. Biol Cell，2005，97（7）：479-486

3. Vickery BP. Skin barrier function in atopic dermatitis. Curr Op in Pediatr，2007，19（1）：89-93

4. Elias PM，Hatano Y，Williams ML. Basis for the barrier abnormality in atopic dermatitis：outside-inside-outside pathogenic mechanisms. Allergy Clin Immunol，2008，121（6）：1337-1343

5. Hudson TJ. Skin barrier function and allergic risk. Nat Genet，2006，38（4）：399-400

6. Sunwoo Y，Chou C，Takeshita J，et a1. Physiological and subjective responses to low relative humidity. J Physiol Anthropol，2006，25（1）：7-14

7. Guinot C，Malvy D，Ambroisine L，et a1. Effect of hormonal replacement therapy on skin biophysical properties of menopausal women. Skin Res Technol，2005，11（3）：201-204

8. Mac. Mary S，李利，卞彩云．保湿类化妆品的功效与评价．中国化妆品（专业版），2007，4：48-49

9. 吴艳，马圣清．保湿护肤品．临床皮肤科杂志，2007，36（3）：181-183

10. 辛淑君，刘之力，史月君等．我国正常人皮肤表面皮脂和水分含量的研究．临床皮肤科杂志，2007，36（3）：131-133

11. 何黎．皮肤屏障与保湿．实用医院临床杂志，2009，6（2）：25-27

第十一章　防晒产品及其防护效果评价

地球表面的日光光谱由波长200nm以上的紫外区到波长1 800nm以内的红外区组成，覆盖了波长400～780nm的可见光，其中紫外线约占3%，可见光占37%，红外线占60%左右。此外，尚有少量的X射线及其他电离辐射。虽然紫外线只占阳光中的一小部分，但却有着不容忽视的生物学作用。近年来随着太阳黑子的周期性爆发，地球人类的活动性增加，诸如现代工业和航空航天技术开发等对大气臭氧层的破坏和污染，阳光中到达地球表面的紫外线越来越多，直接威胁到人类的健康。如何通过使用防晒产品尽可能减少紫外线给人类健康带来的不利影响，是近年来化妆品行业最热门的话题之一。本章就紫外辐射及其对皮肤的光生物损害、防晒化妆品的基础知识以及对紫外线的防护效果评价等内容论述如下。

第一节　紫外辐射及其对人类皮肤的基本损害

一、紫外辐射的基本特征

（一）紫外辐射的来源

太阳以每秒30万公里的速度辐照地球，是地球表面紫外线最主要的来源。虽然人造光源如太阳灯、黑光灯、灭菌灯、电焊弧光以及某些激光仪器也能发射出一定强度的紫外辐射，但其影响仅限于极少数职业接触者或某些特定人群。就辐射总量和对人类的整体影响而言，人造光源所产生的紫外辐射与太阳相比是微不足道的。

（二）紫外线的分类

紫外线的波长范围一般为100～400nm。物理学上将紫外线分为近紫外区（300～400nm）、远紫外区（200～300nm）和极远紫外区（100～200nm）。极远紫外辐射在空气中几乎被完全吸收，只能在真空中传播，所以又称之为真空紫外区。根据不同的生物学效应，紫外线又可分为3个波段：长波紫外线（ultraviolet A，UVA），波长320～400nm；中波紫外线（ultraviolet B，UVB），波长280～320nm；短波紫外线（ultraviolet C，UVC），波长100～280nm。UVA可进一步分为UVA Ⅰ区（波长340～400nm）和UVA Ⅱ区（波长320～340nm），UVA、UVB和UVC的波长划分在不同论著中有微细差别。在光谱中UVA位于可见光蓝紫色以外，又称“黑光区”，UVB照射人的皮肤可导致红肿等晒伤反应，又称“红斑区”，UVC具有较强的生物破坏作用，可由人造光源发射用于环境消毒，又称“杀菌区”。大气层外光谱中紫外线以及其他电磁辐射的波长和辐照度见表11-1。

表11-1 地表外各光谱段太阳辐照度分布状况

光谱段	波长范围	辐照度（W/m^2）	占总量的百分比/%
宇宙射线		6.978×10^{-5}	
X射线	至1.0nm	6.978×10^{-7}	
超紫外线	至0.2μm	6.978×10^{-4}	
紫外线			
UVC	0.20～0.28μm	7.864×10^{0}	0.57
UVB	0.28～0.32μm	2.122×10^{1}	1.55
UVA	0.32～0.40μm	8.073×10^{1}	5.90
可见光			
可见-A	0.40～0.52μm	2.240×10^{2}	16.39
可见-B	0.52～0.62μm	1.877×10^{2}	13.36
可见-C	0.62～0.78μm	2.280×10^{2}	16.68
红外线			
红外-A	0.78～1.40μm	4.125×10^{2}	30.18
红外-B	1.40～3.00μm	1.836×10^{2}	13.43
红外-C	3.00～100.00μm	2.637×10^{1}	1.93
无线电波			
厘米波段	0.10～10.00cm	6.978×10^{-9}	
分米波段	10.00～100.00cm	6.978×10^{-10}	
米波段	1.00～20.00m	6.978×10^{-9}	

表11-1可以看出紫外线在电磁辐射谱中介于电离辐射和可见光之间。从辐射引起的物质效应来看，紫外辐射属于非电离辐射。非电离辐射一般不引起物质分子的电离，而只能产生分子的振动、转动或电子能级状态的改变。紫外线和能量低于紫外线的所有电磁辐射都属于非电离辐射。

紫外辐射使物质选择性吸收紫外光谱的能量，从而激发分子中电子从低能态向高能态跃迁，被激发的分子可以再经多种方式将能量转换而回到基态，如：①以荧光或磷光的光辐射方式；②以内转换及碰撞的非辐射衰变方式；③以化学反应的方式，如消去反应、分解反应、加成反应或形成二聚体，也可以是抽提反应、取代反应、氧化反应或聚合反应等；④以将能量传递给其他分子的敏化反应方式。

（三）影响地球表面紫外辐照的因素

影响地球表面紫外辐照的因素很多，如大气中空气分子、尘埃颗粒、云层和烟雾的散射和吸收；地理因素，如海拔高度和纬度；时间因素，如不同季节以及每天的不同时段等等。但最为重要的是地球大气臭氧层对日光中紫外线强有力的吸收，如果没有臭氧层的保护，地球上的大多数生物将会由于紫外辐射而无法生存。最新研究还发现，城市的幕墙玻璃、高层建筑的墙面、汽车窗玻璃以及地面道路都会反射紫外线，从而增加地球表面的紫外线辐照量。

二 紫外辐射对人类皮肤的基本损害

（一）皮肤日晒红斑

皮肤日晒红斑，即日晒伤，又称皮肤日光灼伤、紫外线红斑等。皮肤日晒红斑是紫外线照射后在局部引起的一种急性光毒性反应（phototoxic reaction）。临床上表现为肉眼可见、边界清晰的斑疹，颜色可为淡红色、鲜红色或深红色，可有轻重不一的水肿，重者出现水疱。依照射面积大小不同患者可有不同症状，如灼热、刺痛或出现乏力、不适等轻度全身症状。红斑数日内逐渐消退，可出现脱屑以及继发性色素沉着。

经紫外线照射皮肤或黏膜出现红斑，是机体对紫外辐射的重要反应之一。从组织学的角度来看，紫外线红斑的本质是一种非特异的急性炎症反应，其中真皮内血管反应是产生红斑的基础。动物和正常人体皮肤接受紫外线照射的实验表明，在照射后出现红斑的早期，真皮乳头层毛细血管扩张，数量增多，血液内细胞成分增加，内皮间隙增宽，导致血管通透性增强，白细胞游出，液体渗出。进一步发展可出现毛细血管内皮损伤，血管周围出现淋巴细胞及多形核白细胞浸润等炎症反应；同时，表皮基底层可出现液化变性，棘细胞层部分细胞可表现为胞浆均匀一致，嗜酸性染色，核皱缩，深染，即所谓“晒斑细胞”。这种变性细胞周围可有海绵样水肿，空泡形成，并伴有炎性细胞浸润。炎性渗出吸收消退后，可出现表皮基底层增生活跃，棘细胞层黑素颗粒增多，表皮增厚，角化过度等现象。有人将上述过程分为炎性渗出期和增生期两个阶段。不同波段紫外线照射引起的皮肤组织学变化有所不同，UVB和UVC主要引起表皮层的病变，如出现晒斑细胞、海绵样水肿、基底细胞液化变性等；而UVA则主要引起真皮层的改变，如血管损伤及其周围炎性细胞浸润。

紫外线照射后皮肤红斑的形成是体液因素和复杂的神经血管反射调节的结果。这种反射弧的起始点是紫外线照射部位皮肤黏膜的神经末梢，在接受光量子的刺激后通过传入神经进入脊髓，逐级到达大脑皮质。神经反射弧是多层次的，如周围神经的轴索反射、通过脊髓的体节反射以及在脑干、皮质下中枢和大脑皮层的高级控制。高级反射对低级反射起到调节和抑制作用。控制血管舒缩的神经冲动通过上述复杂的神经网络到达皮肤的血管壁上，最终引起血管扩张，出现红斑。在上述神经传递的每一个环节，体液因素中的一系列炎症介质都在局部发挥着重要作用。

影响皮肤红斑反应的因素很多，如照射剂量、波长、人体皮肤对紫外线照射的反应性，即皮肤类型、不同部位的皮肤及肤色以及被照射者生理及病理状态的影响等。

（二）皮肤晒黑

皮肤晒黑，即日晒黑，指日光或紫外线照射后引起的皮肤黑化作用。通常限于光照部位，临床上表现为边界清晰的弥漫性灰黑色色素沉着，无自觉症状。皮肤晒黑是光线对黑素细胞直接的生物学影响。皮肤炎症后色素沉着也可以引起肤色加深，但一般限于炎症部位的皮肤，色素分布不均，从发生机制上看主要是一系列炎症介质如白三烯C_4、D_4等和黑素细胞的相互作用所致。

经紫外线照射皮肤或黏膜直接出现黑化或色素沉着，是人类皮肤对紫外辐射的另一种肉眼可见的反应。其反应类型可分为：

1. 即时性黑化（instant pigmentation） 照射后立即发生或照射过程中即可发生的一种色素沉着。通常表现为灰黑色，限于照射部位，色素沉着消退很快，一般可持续数分钟至数小时不等。

2. 持续性黑化（persistent pigmentation） 随着紫外线照射剂量的增加，色素沉着可持续数小时至数天不消退，可与延迟性红斑反应重叠发生，一般表现为暂时性灰黑色或深棕色。

3. 延迟性黑化（delayed pigmentation） 照射后数天内发生，色素可持续数天至数月不等。延迟性黑化常伴发于皮肤经紫外辐射后出现的延迟性红斑，并涉及炎症后色素沉着的机制。

关于皮肤晒黑的发生有多种机制参与。就即时性黑化而言，目前认为是由于紫外辐照引起黑素前体氧化的结果。黑素前体在黑素细胞内合成后处于颜色较浅的还原状态，在紫外线照射下，还原型黑素前体吸收光辐射能而发生氧化反应，产生一种不稳定、颜色较深的半醌样氧化型结构。这一反应是可逆的，但随着辐照剂量的增加或辐照时间的延长，这种半醌样氧化型结构经多次氧化、聚合反应而转变为成熟的黑素，皮肤黑化持续的时间也相应延长，直至进入持续性黑化反应或延迟性黑化反应过程。而后者则涉及黑素细胞增殖、合成黑素体功能变化以及黑素体在角质形成细胞内的重新分布等一系列复杂的光生物学过程。

同紫外线红斑一样，由日晒所引起的皮肤黑化反应也存在着类似的影响因素，如照射剂量、紫外线波长、人体皮肤对紫外线照射的反应性以及机体生理及病理状态的影响等。

（三）皮肤光老化

皮肤光老化（photoaging）是指由于长期的日光照射导致皮肤衰老或加速衰老的现象。衰老是生物界最基本的自然规律，皮肤衰老作为机体整体衰老的一部分，具有突出的心理学和社会学意义，因为机体衰老在皮肤上表现得最清楚、最直观，而皮肤的特征性变化也常被作为估计一个人年龄的重要标志。人们通常把由于遗传及不可抗拒的因素（如地心引力、机体重要器官的生理功能减退等）引起的皮肤内在性衰老（intrinsic aging）称为自然老化；由于环境因素，如紫外辐射、吸烟、风吹及接触有害化学物质引起的皮肤衰老称为外源性老化。而由于日光中紫外辐射是环境因素中导致皮肤老化的主要因素，所以通常所说的外源性皮肤老化即指皮肤光老化。

关于皮肤光老化的组织学变化、真皮基质和纤维的特征性改变以及发生机制和调节过程参见本书抗皱类化妆品相关内容，这里不再重复赘述。

（四）皮肤光敏感和光敏性皮肤病

上述皮肤晒伤、晒黑以及光老化等均是皮肤对紫外线照射的正常反应，一定条件下几乎所有个体均可发生。而皮肤光敏感则属于皮肤对紫外辐照的异常反应，它只发生在一小部分人群，其特点是在光感性物质的介导下，皮肤对紫外线的耐受性降低或感受性增高，从而引发皮肤光毒反应或光变态反应，并导致一系列相关的疾病，这部分内容参见相关皮肤科专著。

本节主要介绍紫外辐射对人类皮肤的一系列生物损害。此外，紫外辐射还可以对机体其他器官或系统造成损伤，如眼睛是机体唯一的感光器官，也是紫外线直接导致生物损害的靶组织之一；紫外辐射对机体免疫系统也有着复杂的生物学影响；紫外辐射还可引起DNA损伤，导致基因突变甚至引发癌肿等，这部分内容参见相关皮肤科专著。

第二节　防晒化妆品的历史形成和发展

应用防晒护肤品防御日光中的紫外线损伤是近年来化妆品美容行业的重要发展趋势之一。最近几年来，防晒化妆品市场迅速崛起，国内外品牌竞相涌入市场，产品形式多种多样。本节将对防晒品的历史、现状和发展趋势作一简要介绍。

一　古代人的防晒用品

从饰物、绘画艺术上可以看出，人类使用防晒品的历史可以回溯到很久以前。大约公元前5 000年，织物开始出现，埃及人、印第安人用棉花、羊毛和亚麻纤维等织成衣物，当然，这些物质的出现在很大程度上是为了遮蔽风寒和文明装饰，但毋庸置疑也有防晒护肤的作用。如在许多热带国家流行的宽边帽、各种各样的头巾，穆斯林的白色软帽、面纱、宽松的长袍、裙子等等也起到了防晒作用。

各种伞的使用也和防晒有关。在中国、埃及等古国，硕大的遮阳伞用于保护王公贵族，这种伞称做华盖，是一种显贵、权威的象征。18世纪以后，小型现代伞流行起来，这种伞既可防雨又可防晒，逐渐成为女性必不可少的随身物品。时至今日，用防晒涂料处理过的织物做成的遮阳伞已经妇孺皆知，在炎炎夏日里成为现代人的防晒专用品。

化妆品的起源也和防晒有关。古代人尤其中国、古希腊、古埃及等地的妇女崇尚白皙的皮肤，直至今天东方人仍以白为美。为了达到皮肤美白的目的，人们使用各种各样的粉底类化妆品粉饰皮肤。古代人所用的粉底常为含砷的毒性物质，这也是最早的化妆品原料。粉底类化妆品通过其物理遮盖作用可起到防晒效果。利用类似的物理遮盖作用的防晒品还可举出很多例子，如缅甸姑娘把当地一种树的树浆涂在脸上，用于防止面部日晒斑的发生；西藏人把煤焦油和各种植物混合在一起用作防晒品；凯尔撒人用一种植物油抹在头面部并按摩皮肤可起到防晒作用；圭那亚印第安人用各种植物提取物装饰皮肤，除了美容装饰之外，也有防晒目的。

二　人类对紫外辐射的认识和防护研究

据文献记载，1801年Ritter用低于可见光光谱的波段照射氯化银物质，首次发现并描述了紫外线的存在。但当时并没有引起医学界的重视。在此之前文献上已有一些关于紫外辐射有害影响的记载，如“雪盲”，现在知道雪盲其实是一种由于雪反射性紫外线引起的急性角膜炎。1798年Willan描述了一种皮肤光敏感性疾病，并称之为“日光性湿疹”（eczema solare）。1820年英国医师Home对紫外辐射（ultraviolet radiation, UVR）的生物学影响进行了试验研究，他把自己的双手在日光下暴晒，其中一只手用黑布覆盖，另一只手裸露。结果发现裸露的手出现了皮肤灼伤，而被黑布覆盖的手安然无恙，尽管这只手在黑布下的温度要高许多。Home还让一名黑人受试者把手背置于日光下进行有关日光引起色素沉着的试验，结果没有任何发现。

有关紫外线有害影响的报道在19世纪中后期逐渐引起了人们的重视。1858年Charcot注意到电弧光可以导致皮肤和眼睛发炎，他把这种光线性红斑归因于“化学性光线”。Willan

（1808）、Raiyer（1835）和Veiel（1887）等分别对皮肤光敏感问题进行了研究，Veiel认为是日光中的“化学性光线”引起了所谓的“光线性湿疹”，这种疾病可以通过用密集的织物如红丝面纱覆盖皮肤来防止发作。

Widmark首次用实验方法证实造成皮肤晒伤的是日光中的UVR。有趣的是他在实验中使用了硫酸奎宁溶液用于阻断紫外线。现在知道硫酸奎宁可吸收UVR而发绿色荧光，这可能是最早关于紫外线吸收剂的实验。1891年Hammer就光对皮肤的影响问题进行了文献综述，他积累了大量文献资料证明皮肤的日光性红斑主要是UVR引起的。他也重复了Widmark用硫酸奎宁吸收紫外线的实验，并首次提出了使用化学防晒品预防皮肤发生晒伤的概念。到19世纪末期时，许多其他光敏感性疾病逐渐被人们所认识，如Bazin于1860年报道了痘疮样水疱病，Hutchinson于1878年报道了光线性痒疹或Hutchinson夏季痒疹，Anderson于1898年提出了卟啉病，Rasch于1926年描述了多形性日光疹等等。

三 早期防晒制品的探索

Paul-Unna于1911年就开始进行防晒品的研究,他首先试验了Hammer使用过的硫酸奎宁,但后来转移到七叶苷(aesculin)上来。这是一种栗子的提取物,在当地医药中已经使用了多年。七叶苷是一种6,7-二羟香豆素糖苷（6,7-dihydroxycoumarin glucoside），Paul-Unna研究了其二甲基、单氧基和二氧基衍生物。当时市场上出售的防晒品Zeozon就是3%的七叶苷混合物，Ultrozeozon是7%的七叶苷混合物，两者都是当时有效的皮肤防晒剂。同年Freund提出波长短于325nm的紫外线是引起皮肤晒斑的主要原因，他分别试验了硫酸奎宁、黄瓜染色的甘油柠檬、黄凡士林等，最后发现Paul-Unna所用的七叶苷衍生物防晒效果最好。

在以后的几十年里，又发现了许多新的防晒物质，如Eder和Freund在1922年配制了含2%～4%的2-萘酚基-6,8二磺酸钠盐的油膏（antilux），Meyer和Amster配制了10%的鞣酸乙醇溶液，他们认为这种溶液可改变皮肤表面的胶体化学结构；1926年Rothman观察到局部注射普鲁卡因可以防止紫外辐射引起的红斑和色素沉着，猜测可能因为普鲁卡因可吸收波长300nm的紫外线；1928年Bohagel等研究了物质的化学结构和选择性吸收紫外线之间的关系，发现对氨基苯甲酸（PABA）及其衍生物可吸收波长260～313nm的紫外线，吸收峰值为278.5nm，而原位（ortho）和甲基化合物则无效；Raabe对比了各种油膏剂的防晒效果，发现Ultrozeozon最有效，黄凡士林、羊毛脂、白凡士林等防晒效果中等。

1935年Schueller将苄基水杨酸溶解在油性基质中，制成了一种新的防晒品，可有效吸收紫外线。第二次世界大战之后，日光浴流行开来，晒成棕色的皮肤成为健康的代名词。Schueller曾把穿着比基尼泳装、皮肤晒黑的女郎首次搬上广告牌。日光浴时也需要防晒品，理想的防晒品可阻断UVB对皮肤的有害影响，保留或加强UVA的晒黑效果。20世纪40年代，防晒品在美国风靡一时，当时应用最多的是10%～15%的PABA霜剂或酊剂。20世纪60年代苯酮类防晒剂问世，含这种防晒剂的制品对UVA有很好的吸收阻断作用。在小鼠试验中，含苯酮类防晒剂的制品对紫外线致癌和补骨脂素诱发的光敏感均有明显的保护效果。20世纪70年代以后，人们对紫外线吸收剂和防晒化妆品有了广泛的认识，对防晒化妆品的效果评价也建立了客观的方法，如日光防护系数（sun protection factor，SPF）测定法。美国FDA，欧洲化妆品、洗涤用品和香水工业贸易协会（COLIPA）等也分别发布了可用做防晒剂的化学物质清单并做出了相应规定。

四 现代防晒化妆品的发展

现代防晒化妆品的发展和大气环境中紫外辐射的增加以及人们对紫外辐射有害影响的深入认识密切相关。如本章第一节所述，太阳辐射中穿过大气层到达地球表面的UVB日益增强。紫外辐射引起的多种光生物学效应也被人类逐渐认识，如皮肤晒伤、晒黑、皮肤光老化、光敏感性皮肤病甚至皮肤癌肿发生率增加等等。在这种背景下，为了满足人们对防晒用品的迫切需求，防晒化妆品市场迅速发展，各种各样的剂型和品种应运而生。在国际市场上如美国、日本和西欧等国，化妆品销售额逐年扩大，其中防晒化妆品所占的份额也逐渐增加。

就产品的防晒效果来看，防晒化妆品的性能也逐渐提高。以SPF值为例，早期防晒产品的SPF值处于低水平，一般为4 ~ 12，SPF值不超过15即可宣称日光阻断（sun blocks）。这种状况一直持续到20世纪80年代，90年代以后有了明显变化。如在德国，1989年SPF值2 ~ 6的产品占防晒制品销售额的73%（其中SPF值2 ~ 4的产品占50%），1994年这类产品的市场占有率下降至19%，而SPF值12以上的防晒制品占有率上升至30%。近十年来，防晒化妆品的SPF值一路攀升。在西欧国家的防晒化妆品市场，SPF值超过30的产品屡见不鲜，甚至出现了SPF值60、80、100以上的防晒化妆品。日本化妆品企业为了提高产品的市场竞争力，竞相开发超高SPF值产品，在防晒化妆品领域掀起了“高SPF值战争”。英、美国家也有类似情况，致使许多国家不得不采取措施，对防晒化妆品SPF值的上限作出规定。

上述情形在中国化妆品市场更是如此。由于国内化妆品行业起步较晚，真正全面发展只不过20年的时间，防晒化妆品市场仅仅在近几年才迅速崛起。徐良氏对国内的防晒化妆品市场现状和发展进行了调查研究，报道1998年以前88%的防晒化妆品是以乳液形式出售的，这主要是因为这种剂型易于配制，方便涂抹，可赋予抗水抗汗功能，且有W/O和O/W 2种剂型以供选择；但到2000年统计，防晒化妆品的剂型就变得多种多样，如防晒油、防晒凝胶、防晒棒、防晒粉底、防晒口红唇膏等。

综合看来，国内防晒化妆品市场有许多特点：①品种不断增加，剂型多种多样，在化妆品市场中占有份额不断扩大，有调查表明在销售旺季可达30%以上；②产品质量不断提高，这主要体现在产品的防晒性能方面，如SPF值不断升高，其中也有夸大和不实宣传的因素，这和国际潮流有密切关系；③抗水性能产品增加，约50%的产品标识抗水抗汗功能，其中多数产品对其抗水性进行过人体生物测试或仪器模拟实验验证；④强调对UVA的防护。逐渐认识到UVA对皮肤的长期累积效应，在产品标识上既标SPF值又标PA+ ~ +++，或宣传宽谱防晒、全波段防晒、既防UVB又防UVA等等。

纵观国内外防晒化妆品领域，其发展势头正旺，可谓方兴未艾。在新世纪的发展表现出以下趋势：

1. 防晒性能普遍增加

（1）产品的SPF值普遍提高：SPF10以下的防晒化妆品已经少见，SPF值20、30的产品逐渐成为主流，一部分具有超强防护效果的产品标识为SPF30+。SPF值超过30的产品有商业竞争意义，但缺乏实际使用根据和价值。

（2）产品的安全性要求增强：如选用物理性防晒剂为主的产品即所谓物理防晒，以减少对化学性紫外线吸收剂的依赖。

（3）产品增强防水防汗性能：通过改进配方、改进剂型和生产工艺达到这一目的。

2. 天然植物提取物应用增多 许多植物提取物虽然对紫外线没有直接的吸收或屏蔽作用，但加入产品后可通过抗氧化或抗自由基作用减轻紫外线对皮肤造成的辐射损伤，从而间接加强产品的防晒性能。如芦荟、葡萄籽提取物、燕麦提取物、富含维生素E、维生素C的植物萃取液等等，这样的物质现在已经在化妆品中开始应用。随着人们回归自然、排斥化学合成物质的心理需求增加，这种应用趋势必然更加流行。

3. 加强产品的抗老化功能 应用防晒化妆品延缓皮肤老化有2种机制，一是加强产品对UVA的防护作用或使产品具有广谱防晒性能，可减缓皮肤光老化的发生。在皮肤病学研究领域，对紫外线引起的皮肤光老化已经有很深的认识，而化妆品美容行业目前对UVA的关注主要是其晒黑作用，影响皮肤美白，而对长期UVA照射引起的慢性皮肤光老化还缺乏足够的了解。应用防晒化妆品抗皮肤老化的另一种途径是添加皮肤营养物质，除了前述的维生素E等抗氧化剂外，还有增强皮肤弹性和张力的生物添加剂、保湿剂、改善皮肤微循环的植物提取物等。

4. 开发儿童防晒化妆品 据估计，一个人20岁以前接受紫外线照射的累积量为整个人生的75%。有证据表明，光线性损害大多起始于儿童到18岁这一未成年阶段，而从接受日光照射起，皮肤光老化就开始发生了，这和皮肤自然老化截然不同。所以防晒应从儿童做起，这一观点正在逐渐被人们接受。目前已有多家化妆品公司致力于开发适合儿童皮肤特点的防晒化妆品，预计会有一个良好的市场前景。

第三节　防晒化妆品功效成分

防晒化妆品的防晒机制基于产品配方中所含的防晒功效成分，即防晒剂。防晒化妆品的形成和发展就是防晒剂的研究开发史。作为防晒制品的核心原料，防晒功效成分多种多样，从作用机制上看来，可大致分为紫外线吸收剂、紫外线屏蔽剂和各种抗氧化或抗自由基的活性物质，现分别简述如下。

一　化学性紫外线吸收剂

化学性紫外线吸收剂，又称有机防晒剂，这类物质可选择性吸收紫外线从而起到防晒作用。有机防晒剂吸收紫外线是一种光物理现象，即紫外辐射的光子被吸收剂转化成其分子的振动能或热能，由于分子结构内部电子基态和激发态间的能级转移，还可产生荧光或磷光。到目前为止，国际上已经研究开发的有机防晒剂有60多种，但出于安全性考虑，各国对紫外线吸收剂的使用有严格限制。如美国FDA 1993年批准使用的防晒剂有16种（14种有机防晒剂、2种无机防晒剂），欧盟现行的化妆品规程中允许使用的防晒剂清单有26种，日本2001年修改化妆品管理体制后允许使用的防晒剂有27种，中国2007版化妆品卫生规范中采用了欧盟规定使用的防晒剂清单，即26种化学性防晒剂。上述不同国家和地区规定使用防晒剂和限用条件也不一致。紫外线吸收剂在不同国家和地区的使用情况及限量见表11-2。

表11-2 紫外线吸收剂在不同国家和地区的使用情况及限量

中文名称	INCI名称	中国	美国	加拿大	欧盟	日本
1-(3,4-二甲氧苯基)4,4-二甲基-1,3-戊烷二酮	1-(3,4- dimethoxypheny)4,4-dimethyl -1,3-pentanedione					7%
2,2′-双-(1,4-亚苯基)1H-苯并咪唑-4,6-二磺酸单钠盐	(2,2′-[1,4-phenylene]bis)-1H-benzimidazole-4,6-disulfonic acid, monosodium salt *	10%(5)			10%	
2,4-双{[4-(2-乙基-己氧基)2-羟基]-苯基}-6-4(4-甲氧苯基)-1,3,5-三嗪	2,4-bis{[4-(2-ethyl-hexyloxy)-2-hydroxy]-phenyl}-6-4(4-methoxyphenyl)-1,3,5)-triazine*	10%(2)			10%	
2-乙基己基二甲氧基苯亚甲基二氧代咪唑丙酸酯	2-ethylhexyl dimethoxybenzylidene dioxoimidazoline propionate*					3%
3-苯亚甲基樟脑	3-benzalidene camphor	2%(12)			2%	
4-甲基苯亚甲基樟脑	4-methylbenzalidene camphor	4%(10)		6%	4%	
二苯酮-1	Benzophenone-1					10%
二苯酮-2	Benzophenone-2					10%
二苯酮-3	Benzophenone-3	10%(22)	6%	6%	10%	5%
二苯酮-4	Benzophenone-4	5%(8)	10%	10%	5%	10%
二苯酮-5	Benzophenone-5	5%(8)			5%	10%
二苯酮-6	Benzophenone-6					10%
二苯酮 8	Benzophenone 8		3%	3%		
二苯酮-9	Benzophenone-9					10%
苯亚甲基樟脑磺酸	Benzalidene camphor sulfonic acid	6%(1)			6%	
苯亚甲基丙二酸酯聚硅氧烷或二甲基硅氧烷-共-二乙基亚苄甲基丙二酸酯又称聚硅酮-15	Benzalidene malonate polysiloxane or Dimethicodiethyl benzalmalonate (Parsol SLX)▲				10%	
丁基甲氧基二苯酰甲烷	Butyl methoxydibenzoylmethane (Parsol 1789)	5%(3)	3%	5%	5%	10%
樟脑苯扎甲基硫酸盐	Camphor benzalkonium methosulfate	6%(17)			6%	
西诺沙酯	Cinoxate		3%	3%		5%
甲氧基肉桂酸二乙醇胺酯	Diethanolamine methoxycinnamate			10%		
二乙基己基丁酰胺基三嗪酮	Diethyhexyl butamido triazone	10%(20)			10%	
甲基肉桂酸二异丙酯	Diisopropyl methyl cinnamate					10%
甲酚三唑三硅氧烷	Drometrizole trisiloxone	15%(19)			15%	
二羟丙基氨基苯甲酸乙酯	Ethyl dihydroxypropyl PABA			5%		
二甲基氨基苯甲酸辛酯	Ethylhexyl dimethyl PABA	8%(14)	8%	8%	8%	10%
甲氧基肉桂酸辛酯	Ethylhexyl methoxycinnamate	10%(15)	7.5%	8.5%	10%	10%
水杨酸辛酯	Ethylhexyl salicylate	5%(23)	5%	6%	5%	10%
辛三嗪脲	Ethylhexyl triazone	5%(4)			5%	3%
二甲氧基肉桂酸甘油乙基己酸酯	Glyceryl ethylhexanoate dimethoxycinnamate					10%

续表

中文名称	INCI名称	中国	美国	加拿大	欧盟	日本
对氨基苯甲酸甘油酯	Glyceryl PABA			3%		
胡莫柳酯	Homosalate	10%(21)	15%	15%	10%	10%
甲氧基肉桂酸异戊酯	Isoamyl p-methoxycinnamate	10%(16)			10%	
三甲氧基肉桂酸异戊酯三硅氧烷	Isopentyl reimethoxycinnamate trisiloxane					7.5%
甲氧基肉桂酸异丙酯	Isopropyl methoxycinnamate					10%
水杨酸异丙苄酯	Isopropylbenzyl salicylate				4%	
邻氨基苯甲酸孟酯	Menthyl anthranilate		5%	5%		
亚甲基双苯并三唑基四甲基丁基苯酚	Methylene bis-benzotriazolyl tetramethylbutylphenol	10%(6)			10%	
奥克立林	Octocrylene	10%(9)	10%	12%	10%	
对氨基苯甲酸	PABA	5%(13)	15%	15%	5%	4%
聚乙二醇-25对氨基苯甲酸	PGE-25 PABA	10%(24)			10%	
二甲基氨基苯甲酸戊酯	Pentyl dimethyl PABA					10%
苯基苯并咪唑磺酸	Phenylbenzimidazole sulfonic acid	8%(7)	4%	8%	8%	
聚丙烯酰胺甲基苄基樟脑	Polyacrylamidomethyl benzylidene camphor	6%(18)			6%	
水杨酸三乙醇胺酯	TEA-salicylate		12%	12%		
对苯二亚甲基二樟脑磺酸	Terephthalylidene dicamphor sulfonic acid	10%(11)		10%	10%	

附注：表中部分资料引自David Steinberg: C&C, 2000,115(3):69; 2001, 36(1):30; 2001, 36(7):22. 中国资料及中文译名由作者补充。* 为非INCI名称；▲为欧盟2002年新收入Annex Ⅶ，26th中的防晒剂；中国项下小括号内数字为2002版《化妆品卫生规范》紫外线吸收剂清单（汉语拼音）序号。

虞苏幸等根据化学结构和紫外线吸收性能对防晒剂进行了分类，大致如下：

1. 对氨基苯甲酸（PABA）及其酯类以及同系物 UVB吸收剂。PABA上市最早，但对皮肤刺激性较大。为了改进这一点，以后又合成了吸收性能较好的同系物，如二甲基氨基苯甲酸酯类。

2. 邻氨基苯甲酸酯类 UVA吸收剂。与PABA一样吸收效率低且对皮肤刺激性大。优点是价格低廉，国内产品较为常用。

3. 水杨酸酯类 UVB吸收剂。吸收率较低但价格低廉。该剂能提高二苯酮类防晒剂的溶解度，故可复配使用。

4. 甲氧基肉桂酸酯类 UVB吸收剂。吸收性能良好，各国广泛使用。试验表明，当该防晒剂在醇溶液中含量为0.5%、1.0%、2.0%，厚度为0.01mm时，可吸收波长308nm的紫外线，吸收率分别为62.4%、85.9%、98%。

5. 二苯酮及其衍生物 UVA、UVB兼能吸收，但吸收率较差。此类化合物对光和热较稳定，耐氧性一般，需要加抗氧化剂。其中以羟苯甲酮最为常用，考虑到光毒性问题，一般含有羟苯甲酮的产品需要在外包装上标注警示用语。由于吸收紫外线光谱宽，这类防晒剂在国内外均较为常用。

6. 甲烷衍生物 高效UVA吸收剂，适用于配制高SPF值产品。如Parsol 11789可充分吸收UVA，但光稳定性差，紫外线照射后会大幅度降解，防护能力很快下降。另外此类防晒剂合成较困难，对皮肤刺激性较大，致敏性强，微量铁能使产品着色，和甲醛类防腐剂、硬脂酸碱以及重金属盐类共用时可形成不溶物，因此使用受到限制。

7. 樟脑系列 UVB吸收剂。其中3-（4-甲基苯亚甲基）樟脑在欧美常用于助晒黑产品。此类防晒剂稳定性和化学惰性比较好，皮肤吸收少，因此刺激性小，无光致敏和致突变性。性能比二甲基氨基苯甲酸酯类稍差，与水溶性防晒剂如2-苯基苯并咪唑5-磺酸性能接近。

表中所列出的40余种防晒剂中常用的不过10种。具有关统计，使用频率较高的防晒剂有：甲氧基肉桂酸辛酯、二苯甲酮-4、羟苯甲酮、二甲基氨基苯甲酸辛酯、水杨酸辛酯。

二 物理性紫外线屏蔽剂

物理性紫外线屏蔽剂也称无机防晒剂，这类物质不吸收紫外线，但能反射、散射紫外线，用于皮肤上可起到物理屏蔽作用，如二氧化钛、氧化锌、高岭土、滑石粉、氧化铁等。其中二氧化钛和氧化锌已经被美国和中国列为批准使用的防晒剂清单之中，最高配方中用量均为25%。其他国家虽然未将上述物质列入防晒剂清单中，但均认可其物理屏蔽作用并广泛用在防晒产品中。徐良氏曾对国内防晒化妆品市场进行过调查，发现70%的产品中加有上述无机性防晒剂。

无机防晒剂通常是一些不溶性粒子或粉体，粒子的直径大小直接影响其紫外线屏蔽作用。日本一家化妆品企业对比了超微粒子和普通粒子的二氧化钛、氧化锌对紫外线的阻隔作用，如图11-1和图11-2所示。

通常所谓的纳米级材料粒子径应在数十纳米（nm）以下，这种规格的二氧化钛或氧化锌对UVB有良好的屏蔽功能，对UVA Ⅱ区也有一定的阻隔作用，超细氧化锌可滤除波长370nm以下的紫外线。但单独使用无机性防晒剂对UVA的防护效果较差，且影响产品的外观。

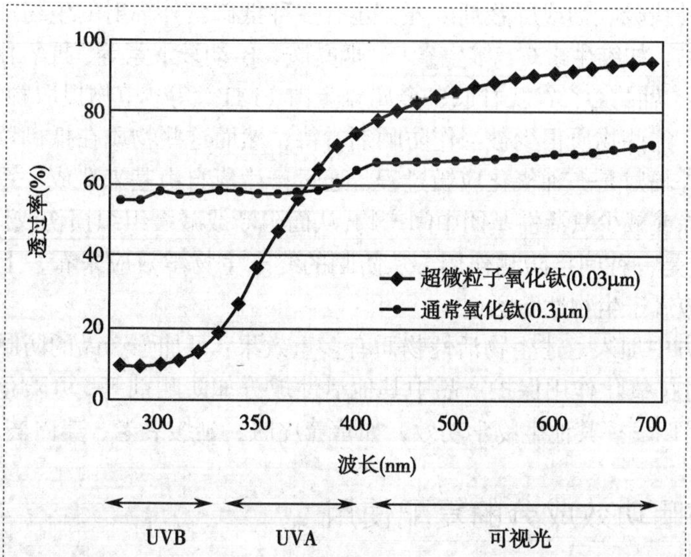

图11-1 粒子径对二氧化钛防御紫外线能力的影响

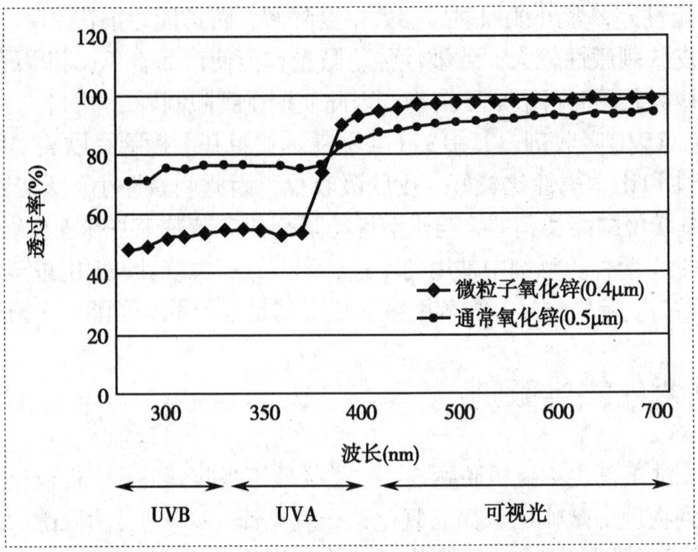

图11-2 粒子径对氧化锌防御紫外线能力的影响

与化学性紫外线吸收剂相比，物理性屏蔽剂具有安全性高、稳定性好等优点，不易发生光毒反应或光变态反应。某化妆品公司曾以此为切入点，专门推出仅含无机性防晒剂的防晒产品，称之为"物理性防晒霜"，当然，物理性防晒剂也可以发生光催化活性而刺激皮肤。用各种材料如硅酮、氧化铝、硬脂酸及表面活性剂等对超细无机粉体进行表面处理，一方面可降低无机粉体的光催化活性，另一方面可防止无机不溶性粒子的析出或沉淀，改善产品的理化性状和使用者的肤感。

三 抵御紫外辐射的生物活性物质

除了上述紫外线吸收剂或屏蔽剂以外，还有多种抵御紫外辐射的生物活性物质，包括维生素类及其衍生物，如维生素C、维生素E、烟酰胺、β-胡萝卜素等；抗氧化酶类，如超氧化物歧化酶（SOD）、辅酶Q、谷胱甘肽、金属硫蛋白（MT）等；植物提取物，如芦荟、燕麦、葡萄籽萃取物等。这些物质很少被当作防晒剂看待，然而这些物质在抵御紫外辐射中具有重要作用。因为紫外辐射是一种氧化应激过程，通过产生氧自由基来造成一系列组织损伤，上述物质可通过清除或减少氧活性基团中间产物,从而阻断或减缓组织损伤或促进晒后修复（见本章第四节），这是一种间接防晒作用。从防晒的终末生物学效应来看，上述各种抵御紫外辐射的活性物质应属于生物性防晒剂。

防晒产品配方中加入上述生物活性物质有多重效果：可加强产品的防晒效果而提高体系的SPF值；可通过抗氧化作用保护产品中其他活性成分如防晒剂等；可防止产品接触空气后的氧化变色；还可以发挥其他生物学功效，如营养皮肤、延缓衰老、美白祛斑等等。

四 各种防晒功效成分的复配使用

上述种种防晒功效成分在实际使用中各有利弊，为了提高产品整体的防晒效果，且兼顾安全和使用方便等特点，必须将上述各种防晒剂复配应用。这包括UVB吸收剂和UVA吸收剂的复配，有机防晒剂和无机防晒剂的复配，以及各种生物性防晒活性成分的复配使用。

据1999年一项国内防晒化妆品市场的调查结果显示，随机抽样的60种防晒化妆品中，95%的产品加了有机防晒剂，70%的产品加了无机防晒剂，85%的产品中同时添加了两种或两种以上的有机吸收剂，配方中最多使用了5种之多。有公司曾对超细氧化锌和有机防晒剂的复配使用问题进行了研究，当在W/O型乳液中单独使用氧化锌时，5%、10%及15%浓度的加入量可使配方的SPF值达到6、9及12；当将6%氧化锌与7%奥克立林（octocrylene）复配使用时，SPF值则达到17；如将7%氧化锌、10%奥克立林及2.5% 2-苯基苯并咪唑磺酸（parsol HS）三者复配，产品的SPF值可超过30，且抗水性能极佳。

第四节　产品的种类与使用

防晒化妆品是一种功效性化妆品，在美国属“非处方药品”，在日本、韩国等属于“医药部外品”，而在我国则属于“特殊用途化妆品”。防晒化妆品的种类繁多，在使用上也有其特殊性。

一　产品类型

1. 乳化型　是最常见的类型，包括O/W型和W/O型膏霜类产品。在乳化型产品中，紫外线吸收剂的分散与基本剂型的稳定性比较容易实现，使用感良好，防晒效果可靠，可以制备成从低SPF值到高SPF值产品，其中W/O型产品的耐水性能优于O/W型和油型。

2. 化妆水型　如防晒露，属于醇、水型液体，其中添加水溶性紫外线吸收剂和其他润肤成分，使用比较方便，感觉清爽，但防晒效果不如膏霜类稳定，且耐水性差。

3. 油剂　如各种防晒油，作为油状液体，其中添加油溶性紫外线吸收剂，对皮肤的黏着性好，防水效果突出。但使用起来比较黏腻，防晒效果较低，多用于低SPF值的晒黑用产品。

4. 凝胶型　一种透明胶冻状防晒制品，为水（油）性凝胶，虽黏度较高但易于涂抹，使用感觉良好，近年来逐渐受消费者欢迎。

5. 气溶胶型　如防晒摩丝，由于泡沫量高而产品密度小，与其他防晒品比较气溶胶型的防晒品涂抹面积较大，使用方便，也无油腻感。使用时摩丝中抛射剂蒸发所带来的凉爽感觉更适合消费者在炎热的夏季使用，因此很受欢迎。缺点是在夏季高温中有高压气体泄漏的担心。

6. 固体型　主要见于彩妆类产品，如粉饼、粉底、口红等。这类产品常加入物理性防晒剂，如二氧化钛、氧化锌等。此外，粉质类原料如滑石粉、云母等也有物理遮挡作用，所以固体型产品也有较好的防晒效果，可以制备各种SPF值的产品。

此外，根据使用目的还可以把防晒化妆品分为光谱防晒产品、晒黑产品和晒后修复产品。其中晒黑产品主要添加UVB吸收剂，使用后可以防护皮肤晒伤，但不影响UVA的穿透，因此皮肤可以被晒黑。晒后修复产品与一般护肤品类似，通常不作为防晒品对待。

近年来新开发的防晒化妆品还有一个引人注目的特点，即防晒不再作为产品的唯一功能，而是和其他功效，如保湿、营养、抗老化等结合在一起使产品具有多重效果。换言之，许多其他类型的化妆品也可以通过加入防晒剂而赋予产品一种新的功能，即防晒功能。除彩妆类产品宣传防晒效果或标识SPF值、PA值外，市场上也可以见到标识紫外线阻挡效果的化妆水、爽肤水，甚至宣称具有防晒作用的洗发香波、洗面奶等等。从发展的眼光来看，防晒化妆品作为一种独立的产品或许正在消失，而逐渐变成将防晒功能融合在不同类型的化妆品中。

二　产品的选择与使用

作为一种特殊用途化妆品，防晒化妆品的选择及使用有一些独特之处。具体建议如下：

1. 正确理解防晒化妆品的功效标识　SPF值反映产品对UVB晒伤的防护效果，PA等级反映对UVA晒黑的防护效果。SPF值和PA等级越高，防护效果越强。在购买产品时，应仔细阅读产品说明书，根据使用防晒品的场合，选择不同防护强度的防晒品。理论上看防晒化妆品可能也有防护皮肤光老化甚至防护皮肤癌的作用，但其中涉及的环节过于复杂，时间也十分漫长，因此国际上多数化妆品法规不建议进行标识或宣传。

2. 明确防晒化妆品的使用场合　一般防晒品可以保护皮肤免于日光晒伤，在需要紫外线防护的情形下使用。在户外活动时，无论是有太阳照射的晴天还是没有阳光的阴天，都应该使用，尽管阴天时太阳被云层遮盖，但仍有部分紫外线散射到大地。游泳、河边、海岸、雪地环境，大地反射紫外线强，更应该使用。室内或车内尽管有窗玻璃的阻挡，但仍有一部分紫外线透过，都应该使用防晒品。孕妇和儿童要注意选择安全系数高，配方成分不要太复杂的防晒霜。需要提醒的是，切忌把防晒品当做日常护肤品不分场合使用，尤其晚上不应使用含有防晒成分的日霜。紫外线吸收剂作为化学物质也有引起皮肤刺激或过敏的可能，因此对防晒剂过敏的个体建议不用防晒化妆品而采取其他防晒措施。

3. 选择防晒品的防护强度　应根据所处的环境和日光辐射的强度选择产品防护强度。如不同季节，日光中紫外线强度有很大差异，夏天室外活动选用产品的防护强度应高于秋冬季。冬天室外或夏天室内工作为主的人选择中等防护效果的产品即可，如SPF为8～15，PA+；夏天室外可选用SPF > 20、PA++的产品，长时间停留在阳光下如郊游、海岸或雪山环境应使用高防护效果产品，选择SPF > 30、PA+++的防晒剂；对日光敏感的人或患有光敏感性皮肤病的患者则推荐使用高防护效果产品。但是，产品防护效果越强，其中防晒剂的种类或用量也会相应增加，只有这样才能达到高强度吸收或阻挡紫外线辐射的作用。配方原料的种类越多或用量越高，对皮肤危害的风险也增加。因此，不能一味追求高强度防晒效果，应该根据暴露阳光的情况，选择恰当的SPF值或PA防护等级。

4. 防晒品的抗水性　夏天户外活动常常出汗，进行水下工作或在游泳时，皮肤长时间受水浸泡，涂抹于皮肤表面的产品极易被稀释或冲洗掉。皮肤自身屏蔽紫外线的功能下降，角质层过度水合的状态，比干燥皮肤UVA紫外线透射率增加。为了保证在出汗或游泳时维持防晒品的功效，配方中通常会加入成膜剂、硅油等增添产品的抗水性。因此，在水下活动或易于出汗的环境中，应选择标识有抗水抗汗的防晒品。

5. 足量多次使用　防晒化妆品产品标注的SPF值及PA等级是在标准实验室环境中测定的，产品用量为$2mg/cm^2$，而消费者在实际使用化妆品时一般用量为$0.5 \sim 1mg/cm^2$。研究发现，防晒品的SPF值在用量不足的情况下直线下降。换言之，如果消费者使用防晒品的剂量不足$2mg/cm^2$时，就得不到产品标注的防护效果。因此，正确使用防晒化妆品的方法是足量、多次使用，每隔2小时可以重复使用一次。

6. 防晒品涂抹方法　与大多数产品涂抹时建议按摩以促进活性成分被皮肤吸收不同，防晒品应避免化学性防晒剂被皮肤吸收。一旦皮肤吸收了化学性防晒剂，不仅可能增加过敏反应，还可能产生其他副作用。因此，添加了化学性防晒剂的产品同时会增加防渗透原料，以阻止化学性防晒剂被吸收。涂抹时应轻拍，不要来回揉搓，更不要用力按摩，以防产品中的粉末成分被深压入皮肤沟纹或毛孔中，造成清洗困难，堵塞毛孔。涂抹部位不仅仅限于面部，凡是可能受到阳光照射的部位都应涂抹，尽可能保护皮肤免受晒伤。

7. 产品停留时间 由于防晒品涂布后在皮肤上与自身的皮脂膜有一个适应的过程，且产品中的水分蒸发后防晒剂能更紧密地附着于皮肤，建议出门前15分钟左右涂抹。防晒品不是皮肤营养品，在脱离紫外线辐射环境后，应立刻清洗，含有二氧化钛等粉末的产品更应彻底清洁干净。由于化妆品难以完全阻挡紫外线，清洗掉防晒剂后，可以涂上保湿霜或其他晒后修复产品，进一步保护皮肤。

8. 不要过于依赖防晒化妆品 作为一层皮肤上涂抹的制剂，其防晒效果受多种因素影响，如用量、汗液稀释、衣物刮蹭以及日晒后防晒品本身的变化。所以要采用多种防晒措施，如衣帽、眼镜、遮阳设备等。不要以为自己使用了高效防晒化妆品就可随意延长日光暴露时间。

9. 隔离霜与防晒剂 现在市场上推出一类称为“隔离霜”的产品。这些产品宣称可以隔离环境中的有害物质甚至有防护紫外线的作用。且不评判是否有隔离环境的作用，如果产品未标明SPF值或PA等级又宣称有防晒作用，实际上是规避了作为特殊类化妆品应该做的防护紫外线强度的检测，防护效价难以判别，在选择时要特别注意。

第五节 防晒化妆品功效性评价

防晒化妆品，顾名思义其主要功效就是防晒，或防止紫外辐射对人类皮肤的不良影响。由于UVC被大气臭氧层完全吸收,来自太阳辐射的紫外线只有UVB和UVA才能到达地球表面，因此防晒化妆品的主要功效体现在对UVB和UVA的防护效果上。评价防晒化妆品的防晒效果有许多客观指标，现简要叙述如下。

一 防晒化妆品SPF值测定

SPF值是日光防护系数（sun protection factor）的缩写，它是防晒化妆品保护皮肤避免发生日晒红斑的一种性能指标。所谓日晒红斑也称作紫外线红斑，主要是日光中UVB诱发的一种皮肤红斑反应，因此防晒化妆品SPF值也经常代表对UVB的防护效果指标。紫外线照射24小时，引起肉眼刚能察觉到的皮肤红斑的最小剂量或最短辐照时间称为亚红斑量或最小红斑量（minimal erythema dose，MED）。由于SPF值的定义是建立在皮肤红斑反应的基础之上，因此只有利用人体皮肤的红斑反应才能准确、客观地测定SPF值。目前，人体法测定防晒品的SPF值是国际统一的技术模式。SPF值由下式表示：

$$SPF=\frac{MEDp}{MEDu}$$

MEDp：测试产品所保护皮肤的MED

MEDu：未保护皮肤的MED

据资料记载，历史上关于防晒品SPF值或保护指数（index of protection，IP）的测定方法是由Blum等人于20世纪30年代建立，40年代发表的。随后多年来这种方法逐渐成熟，2006年多个国际组织形成了SPF测定国际统一方法。测定方法简述如下：

1. 受试者选择 按照Fitzpatrick皮肤分型方法，参加SPF试验的所有受试者的皮肤类型或皮肤光型应属于Ⅰ、Ⅱ、Ⅲ型。或根据肤色测量结果，所有受试者肤色的个体类型角（individual topology angle，ITA°）应小于28°。试验前应由经过培训的科研人员或技术员对每个受试者进行检查筛选，应保证受试者健康安全，受试者对紫外线照射无异常反应史，受试者的皮肤条件不影响结果观察等。

2. 试验部位 限于后背腰部和肩线之间，需在试验部位皮肤上用紫外线照射出一系列递增的迟发性皮肤点状红斑反应。

3. 试验区域及紫外线剂量 受试者背部实验部位不小于5cm×6cm。皮肤至少应分3区：第一区直接用紫外线照射，第二区涂抹测试样品后进行照射，第三区涂抹SPF标准对照品后进行照射。标准防晒品由固定的标准配方配制而成，在SPF测定中起到方法学对照作用。照射时紫外线的剂量依次递增，被照射皮肤由于表浅血管扩张而产生不同程度的迟发性红斑反应。照射后16～24小时由经过培训的评价人员判断。

4. 光源要求 所使用的人工光源必须是氙弧灯如日光模拟器并配有过滤系统。

5. 受试者正常皮肤的MED、测试样品所保护皮肤的MED必须在同一受试者并在同一天判断。在一次试验中，同一受试者皮肤上可进行多个产品的测试。

6. SPF值计算 单个受试者的SPF值就是上述2个MED的比值（MEDp/MEDu）。所有受试者的个体SPF值保留一位小数，求其算术均数即为该测试产品的SPF值。每次试验中至少保证10个以上的受试者出现有效结果，受试者人数不得超过20人。

7. 统计要求 上述SPF均值的95%可信区间（95%CI）应位于SPF均值的17%范围之内。根据测试产品配方所估计的SPF值大小，每次试验应选用适当的高SPF值或低SPF值标准品。标准品SPF值的测试结果也应位于估计范围之内。

中国自1999年着手建立关于测定SPF的技术方法，2002年由卫生部以化妆品技术法规的形式颁布实施；2006年参照上述SPF国际测定方法的内容又进行了修改并发布在2007版化妆品卫生规范中，其内容已经基本上与国际方法一致。此外，还有利用仪器测定的方法进行体外试验，评估产品的吸光度值，可以粗略估计防晒产品的防晒效果，目前主要用于产品的研发阶段。

二 防晒化妆品SPF值的抗水性能测定法

目前以美国FDA发布的试验方法被公认为是客观合理的标准方法。现简述如下。

设备要求：预备一室内水池，具有水旋转功能，水质应新鲜，符合美国FDA 40 CFR部分规定的饮用水标准。记录水温、室温以及相对湿度。

（一）对防晒品抗水性的一般测试

如产品SPF值宣称具有抗水性，则所标识的SPF值应当是该产品经过下列40分钟的抗水性试验后测定的SPF值：

1. 在皮肤受试部位涂抹防晒品，并按产品标签所示等待样品干燥；

2. 受试者在水池中做中等量活动20分钟；

3. 出水休息20分钟（勿用毛巾擦试验部位）；

4. 入水池再做中等量活动20分钟；

5. 结束水中活动，等待皮肤干燥（勿用毛巾擦试验部位）；

6. 按美国FDA规定的SPF测定方法进行紫外照射和测定。

（二）对防晒品强抗水性的测试

如产品SPF值宣称具有强抗水性，则所标识的SPF值应当是该产品经过下列80分钟的抗水性试验后测定的SPF值：

1. 在皮肤受试部位涂抹防晒品，并按产品标签所示等待样品干燥；

2. 受试者在水中做中等量活动20分钟；

3. 出水休息20分钟（勿用毛巾擦试验部位）；

4. 入水再做中等量活动20分钟；

5. 出水休息20分钟（勿用毛巾擦试验部位）；

6. 入水再做中等量活动20分钟；

7. 出水休息20分钟（勿用毛巾擦试验部位）；

8. 入水再做中等量活动20分钟；

9. 结束水中活动，等待皮肤干燥（勿用毛巾擦试验部位）；

10. 按美国FDA规定的SPF测定方法进行紫外照射和测定。

三 防晒化妆品UVA防护效果测定及表示法

标识和宣传UVA防护效果或广谱防晒是防晒化妆品近年来重要的发展趋势之一。UVA照射的近期生物学效应是皮肤晒黑，远期累积效应则为皮肤光老化，两种不良后果均为近年来化妆品美容领域内关注的焦点。关于防晒化妆品UVA防护效果的评价问题，目前国际上尚未形成统一的标准方法，因此防晒产品UVA防护效果的标识宣传也多种多样。UVA防晒系数（protection factor of UVA，PFA），是表示防护UVA的参数。如以人体法测定的PFA值或PA+～+++表示法、以仪器法或关键波长法测定的广谱防晒表示法或广谱防晒等级0～4表示法、UVA防护星级评价系统等等。其中以人体测定法较为常用并得到国际上多数国家的认可，本方法由日本化妆品工业联合会于1995年建立并作为标准发布，1996年1月实施。现介绍如下：

1. 选择受试者及试验部位 18～60岁健康人，男女均可，按照Fitzpatrick皮肤分型属于皮肤类型Ⅲ、Ⅳ型。

2. 受试者人数 每次试验受试者的例数应在10例以上，10例PFA值有效结果的标准差应小于PFA均值的10%。否则应增加受试者的例数直至符合上述统计学要求。

3. 标准品制备 按固定统一配方制备。

4. 使用样品剂量 约$2mg/cm^2$或$2\mu L/cm^2$。以实际使用的方式将样品准确、均匀地涂抹于受试部位皮肤。

5. 样品涂抹面积 约$20cm^2$以上。为了减少样品称量的误差，应尽可能扩大样品涂布面积或样品总量。

6. 等待时间 涂抹样品后应等待15分钟，以便样品滋润皮肤或在皮肤上干燥。

7. 紫外线光源 应使用人工光源并满足下列条件：

（1）可发射接近日光的UVA区连续光谱。光源输出应保持稳定，在光束辐照平面上应保持相对均一。

（2）UVA Ⅰ区（340～400nm）和UVA Ⅱ区的比例应接近日光中的比例（UVA Ⅱ/UVA Ⅰ=8%～20%）。

（3）为避免紫外灼伤，应使用适当的滤光片将波长短于320nm的紫外线滤掉。波长大于400nm的可见光和红外线也应过滤掉，以避免其黑化效应和致热效应。

8. 最小辐照面积 单个光斑的最小辐照面积不应小于0.5cm^2（直径8mm）。未加保护皮肤和样品保护皮肤的辐照面积应一致。

9. 紫外辐照剂量递增 进行多点递增紫外辐照时，增幅最大不超过25%。增幅越小，所测的PFA值越准确。

10. 读取最小持续色素黑化量（minimal persistent pigment darkening dose，MPPD） MPPD的定义为：辐照2～4小时后，在整个照射部位皮肤上产生轻微黑化所需要的最小紫外线辐照剂量或最短辐照时间。观察MPPD应选择曝光后2～4小时一个固定的时间点进行，室内光线应充足，至少应由2名受过培训的观察者同时完成。

11. PFA值计算方法 用下式计算：

$$PFA=\frac{MPPDp}{MPPDu}$$

MPPDp：测试产品所保护皮肤的MPPD

MPPDu：未保护皮肤的MPPD

测定样品的PFA值是所有受试者个体PFA值的算术均值，所有个体PFA值有效结果的标准差应小于PFA均值的10%，否则应增加受试者的例数直至符合上述统计学要求。

12. UVA防护效果的标识方法 UVA防护产品的标识是根据所测PFA值的大小在产品标签上标识UVA防护等级（protection of UVA，PA）。PA等级应和产品的SPF值一起标识。PFA值只取整数部分，按下式换算成PA等级：

PFA值小于2	无UVA防护效果
PFA值2～3	PA+
PFA值4～7	PA++
PFA值8或8以上	PA+++

思 考 题

1. 紫外线对皮肤的损害有哪些？
2. 防晒化妆品的功效标识有哪些？
3. 如何正确使用防晒化妆品？

（刘 玮）

参考文献

1. 丁振华，范建中. 紫外辐射生物学与医学. 北京：人民军医出版社，2001

2. 王炳忠. 太阳辐射能的测量与标准. 北京：科学出版社，1988

3. 夏寿萱. 放射生物学. 北京：军事医学科学出版社，1998

4. 刘玮. 皮肤晒黑的光生物学基础. 中华皮肤科杂志，2004，37（12）：744-746

5. 刘玮. 皮肤光老化. 临床皮肤科杂志，2003，32（7）：424-426

6. 阎春林. 皮肤光老化. 见：张学军，刘维达，何春涤. 现代皮肤病学基础. 北京：人民卫生出版社，2001. 734

7. Frederick Urback. The historical aspects of sunscreens. J Photochemistry and Photobiology B：Biology，2001，64：99-104

8. 裘炳毅. 世界个人护理品发展趋势. 日用化学工业，1998，5：23

9. 徐良. 防晒化妆品配方技术与市场发展. 日用化学品科学，1999，增刊：111-116

10. David Steinberg：C&C，2000，115（3）：69

11. David Steinberg：C&C，2001，36（1）：30

12. David Steinberg：C&C，2001，36（7）：22

13. 虞苏幸，陈瑶，杨胜红. 浅谈防晒剂及防晒护肤化妆品. 见：中国化妆品学术研讨会论文汇编. 上海：中国香料香精化妆品工业协会，2000：185-189

14. 刘超. 防晒产品抗紫外效能的研究. 日用化学工业，1998，5：23

15. 徐良. 防晒化妆品配方设计. 见：中国化妆品学术研讨会论文汇编. 上海：中国香料香精化妆品工业协会，2000：181-185

16. 资生堂研究所. 关于多色号产品的紫外线防御指数（SPF 表示，PFA 表示）本公司的看法. 北京：第二届全国化妆品标准委员会第一次全体会议，2003

17. COLIPA，JCIA and CTFA of SA：International sun protection factor（SPF）test method. Final draft，2006，17：4

18. 秦钰慧，蔡瑞康. 防晒化妆品防晒指数（SPF 值）人体测定方法. 见：化妆品卫生规范. 北京：卫生部法制与法规监督司，2002：240

19. 刘树葆. 二氧化钛和氧化锌的光催化活性. 日用化学品科学，1999，105：15-16

20. 武小玲. 安全性高、刺激性低的防晒产品. 日用化学品科学，1999，105：17-19

21. 徐良. 防晒化妆品配方技术与市场发展. 日用化学品科学，1999，增刊：111-116

22. Department of Health，Education and Welfare，USA，FDA. Sunscreens drug products for Over-The-Counter human use；Tentative final monograph；proposed rule. Federal register，1999，64（98）：27692-27693

23. Carrascosa A. Variations in SPF and waterproofing effect in relation to emulsifier and emollient type. Cie ne. Pharm，1997，7（2）：73-78

24. Anon. Method for in vitro determination of moisture resistance of sunscreen formulations. Res Discl，1999，426：1317-1318

25. 何学民. 防晒产品抗水性的测定. 日用化学工业，2000，5：52-54

26. Markovic B. A laboratory method for measuring the water resistance of sunscreens. C&T，2001，116（9）：61-68

27. 日本化妆品工业联合会. Measurement standards for UVA protection efficacy. JCIA，1995

第十二章　嫩肤抗皱类化妆品

衰老虽然是生命的必然过程，但人们探索延缓衰老、永葆青春奥秘的努力从来没有停止过。随着对皮肤衰老本质的不断深入研究，大量嫩肤抗皱类化妆品被开发上市。尽管许多这样的化妆品功效并不十分确切，但仍然受到了人们的追捧和喜爱。

第一节　皮肤老化及皱纹形成的原因和机制

皮肤老化是一种持续渐进的生理过程，直接影响皮肤的外观与功能，皱纹则是皮肤老化的“年龄”标志。探讨皮肤老化的机制，对开发抗皱化妆品有重要的意义。

一　皮肤衰老的原因和机制

（一）皮肤衰老的概念

衰老（aging）是指生物随着时间的推移，自发的必然过程，它是复杂的自然现象。其表现为结构和功能衰退，适应性和抵抗力降低。作为被覆于人体表面的皮肤，不仅发生内在的退行性变化，还时刻受到外界环境的侵袭。因此，皮肤衰老的过程与其他器官有所区别，可分为内在性老化和外源性老化。

1. 内在性老化（intrinsic aging） 又称为自然老化、时程老化（chronological aging），是随着年龄的增长，由机体内在的不可抗拒的生理因素（如遗传、内分泌及免疫等）引起的老化。

2. 外源性老化（extrinsic aging） 主要是指由环境因素引起的皮肤老化，如紫外线辐射、高温、寒冷、环境污染以及疾病、生活饮食习惯不规律、吸烟、酗酒、生活压力、睡眠障碍等，其中紫外线辐射是最主要的因素，因此又称之为光老化（photoaging）。理论上，这种老化是可以预防和减缓的。

（二）皮肤衰老的临床表现和组织学改变

1. 临床表现（图12-1）

（1）内在性老化：表现为细小皱纹、皮肤松弛、变薄、干燥以及皮肤良性增生，如脂溢性角化、皮肤色素小斑点状脱失或沉着、老年血管瘤、软纤维瘤等。

（2）外源性老化：主要是光损害的累积与自然老化相叠加的结果。光老化主要发生于面、颈、前臂等光暴露部位皮肤，表现为皮肤粗糙、皱纹加深加粗、皮革样外观，常伴有色素沉着（老年斑）、毛细血管扩张。早期皮肤呈增生性改变，后期合并自然老化可出现萎缩。

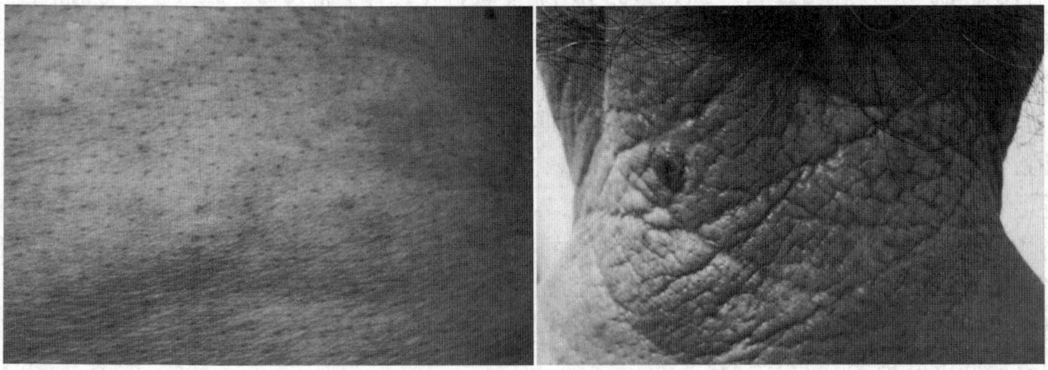

图12-1 皮肤衰老的临床表现

（女，78岁，农民。左：腹部皮肤示自然老化　右：项背菱形皮肤示光老化）

2. 组织病理学改变

（1）表皮：在自然老化过程中，随着年龄的增长，表皮细胞数量减少、角质形成细胞增大且部分角化不全、角质层结构松散。表皮细胞层厚度与角质层厚度均呈减少趋势，表皮萎缩。在光老化部位，随着角质层细胞脱落减慢，角质层增厚，表皮细胞层厚度随曝光量而递增，皮肤变得粗糙晦暗。在皱纹底部，由于棘细胞层变薄、颗粒层减少，使得整个表皮变薄、细胞层数减少，但由于皱纹两侧角质形成细胞的折叠排布构成角栓样结构，故皱纹处皮肤外观仍增厚。此外，与皱纹两侧相比，皱纹底部颗粒层细胞的胞浆内透明角质颗粒明显减少，提示分化异常。颗粒层细胞的免疫荧光分化标记物，如丝聚合蛋白、谷氨酰胺转移酶-Ⅰ及硫酸软骨素等也明显减少，故皱纹皮肤保水功能下降，皮肤出现干燥和脱屑。皮肤干燥是衰老的首先症状。

基底层的黑素细胞在30岁以后开始降低，大约每10年降低10%～20%，所以在老年期色素痣变淡，甚至与邻近皮肤颜色相近。30岁以后很少有新生的色素痣，原来正常的皮肤出现小斑点状的色素脱失。衰老皮肤中残余的黑素细胞发生功能代偿性肥大或细胞活力增强，可见细胞体积增大，树状突起增多，导致皮肤深浅不一的色素沉着。这就是衰老皮肤上同时混杂出现色素脱失和色素沉着小斑点的原因。

皮肤基底膜是连接表皮与真皮，保持皮肤表面平整与屏障功能的结构基础，Ⅳ型胶原和Ⅶ型胶原是基底膜的重要成分。其中，Ⅳ型胶原聚合成网，维持皮肤表面的机械稳定，并作为其他分子附着的框架。UVB照射可使皮肤中明胶酶的活性增强，特别在皱纹部位其活性显著增强，加速明胶酶对Ⅳ型胶原的降解，基底膜结构破坏，故皮肤机械稳定性中断，容易形成皱纹。

（2）真皮：成纤维细胞是真皮中的主体细胞，与其自身分泌的胶原纤维、弹性纤维及基质成分一同构成了真皮的主体。衰老皮肤中，成纤维细胞数量减少、密度降低并且功能减退。真皮基质成分也因此而减少，真皮变薄。

胶原占皮肤干重的70%～80%，是真皮中主要的结构蛋白，其基本结构单位是胶原纤维束。Ⅰ型与Ⅲ型胶原主要分布在真皮基质，Ⅳ型与Ⅶ型胶原则分布在基底膜。机体在生命过程中，皮肤胶原蛋白的含量会发生明显改变，年轻时胶原蛋白含量较丰富，婴儿及青年人皮肤Ⅰ型胶原的含量约占70%，Ⅲ型胶原占30%；当皮肤衰老时，胶原含量逐渐降低且两者比例逐渐倒置，胶原变粗，出现异常交联，导致结缔组织物理化学性质的改变。自然老化皮肤的胶原降低是由于细胞合成胶原减少；而光老化皮肤的胶原减少主要是基质金属蛋白酶增加，胶原降解增加，胶原合成下降不明显。

真皮基质中的弹性蛋白，具有很强的伸缩性和弹性，是维系皮肤弹性的重要结构，弹性蛋白酶是弹性纤维的主要降解酶。皮肤衰老时，弹性纤维减少、弹性蛋白变性，纤维增粗、卷曲、聚集成团，使皮肤弹性下降、松弛。而光老化的皮肤与之不同，表现为弹性纤维进行性变性、增生、变粗、卷曲、形成浓染的团块状聚集物，锚纤维几乎消失，皮肤弹性和顺应性亦随之丧失。在皱纹部位，大量弹性变性物质填充于皱纹壁两侧，随着弹性变性物质的积聚增多，皮肤皱纹逐渐加深。而在皱纹底部，弹性物质的连接中断、真皮乳头层的锚纤维几乎消失。

（3）皮肤血管和附属器：皮肤浅层血管丛细分为2个部分：①真皮乳头层血管，动脉毛细血管在真皮乳头形成弓状血管襻，垂直于皮肤表面，是皮肤的主要营养血管；②乳头下血管，血管的走向与皮肤平行，主要功能为储存血液。年轻人皮肤血管排列整齐，年龄较大者，血管扩张增粗、扭曲，排列不规则。皮肤襻状血管数随年龄增加而减少，但平行血管总长度随年龄而增加。可能由于随年龄增加表皮逐渐萎缩，表皮突变扁平，部分弓状血管消退或随表皮突变扁平逐渐被拉长而与皮肤表面平行。襻状血管减少直接减少氧供应和新陈代谢，降低抗原清除能力。可能是老化皮肤生理功能减退和皮肤附属器萎缩的主要原因之一。由于表皮变薄，皮肤透光性增加，乳头下血管丛更容易被观测。还由于血管扩张增粗，一些在年轻皮肤不易被观察的小血管或更深层的血管也能被观察到，平行血管随皮肤老化反而增加。

衰老皮肤汗腺数目减少、排列紊乱。分泌细胞萎缩，影响汗腺分泌。皮脂腺数目变化不大，但大部分功能减弱，分泌合成减低，部分皮脂腺代偿性肥大。老年人由于汗液和皮脂腺分泌低下，皮脂膜质和量难以维持正常，出现皮肤干燥，缺乏光泽。

（三）皮肤衰老的机制

衰老的机制至今仍未完全明确。关于衰老的学说有很多，如遗传衰老学说、自由基学说、线粒体损伤学说、端粒衰老学说、交联学说、蛋白质合成差误成灾学说、体细胞突变学说、免疫衰退学说、神经内分泌损伤学说等。这些学说并非相互独立或相互排斥，而是从不同的角度阐述衰老的本质，也反映了人体衰老机制的复杂性。

1. 遗传衰老学说 Hayflick在1961年提出了遗传衰老学说。该学说认为生物体成年以后，基因组内特定的遗传衰老程序启动，按时激活蜕变过程，逐渐展开，最终导致衰老死亡。每种生物都有其相对稳定的寿命，这种差别完全是取决于各种生物各自的遗传特征，是生物进化的结果。

2. 线粒体损伤学说 由Linnane等于1989年提出。线粒体是机体有氧呼吸的主要细胞器，也是机体内活性氧的主要来源，所以线粒体膜上的脂质、膜内的各种酶和基质中的线粒体DNA（mitochondrial DNA，mtDNA）极易受到活性氧的攻击而变性，造成膜流动性、弹性降低，导致细胞破裂。mtDNA损伤后，氧化磷酸化会被抑制，导致电子传递方向改变而进入活性氧的生成途径，氧化压力升高，形成自由基聚集及线粒体损伤的恶性循环。

3. 自由基学说 由Harman于1956年首次提出，并逐渐成为衰老学说中的核心理论之一。随着年龄的增加，体内抗氧化系统功能衰退，抗氧化酶的活性不断降低，自由基过量积聚，发生清除障碍，引发体内氧化性不可逆损伤的积累。活性氧可损伤核酸，产生遗传突变；

活性氧与氨基酸或直接与蛋白质反应使多肽链断裂，促使皮肤中胶原、弹性蛋白和表皮生长因子受体蛋白受到自由基攻击产生交联变性，使皮肤变薄、起皱，弹性降低，细胞生长变缓慢；活性氧还可将皮肤中的糖类解聚氧化为糖醛类产物，进而与DNA、RNA、蛋白质发生进一步交联变性；另外活性氧攻击生物膜上的不饱和脂肪酸，使细胞膜中不饱和脂肪酸减少，饱和脂肪酸相对增加，导致细胞功能异常。活性氧与不饱和脂肪酸反应的最终产物是丙二醛，进一步与蛋白质、核酸或磷脂等反应，生成荧光性物质脂褐素（lipofuscin），积聚在皮肤结缔组织，累积达到一定量时，表现为肉眼可见的老年斑。

4. 端粒衰老学说 端粒是位于真核生物染色体DNA3′末端，由组蛋白与2～20kb的核苷酸高度重复片段（TTAGGG）$_n$构成，其功能是保证DNA结构在复制过程中的完整性和稳定性，防止核酸外切酶对DNA的降解，进而防止染色体丢失、融合和重组。1991年Harley提出端粒衰老假说认为生物的遗传基因通过端粒程序决定细胞分裂的次数，端粒主要控制与老化有关的基因表达和细胞增殖能力。随着细胞分裂，端粒逐渐缩短，短至一定程度则启动停止分裂信号，正常的体细胞即开始衰老死亡。新生儿、年轻人和老年人的成纤维细胞在体外的倍增次数依次减少，间接证明了端粒衰老的存在。

5. 交联学说 生物体内的交联反应主要有两大类：一类是发生在细胞核DNA双链结构的交联；另一类是发生在细胞外胶原蛋白之间的交联。胶原蛋白交联导致的皮肤老化，是交联反应的重要生物学特征之一。在体内存在着一类重要的物质——交联剂。交联剂主要为甲醛、重金属离子和自由基，在正常情况下，交联剂在体内的生成和消除是平衡的。随着内外因素的改变，交联剂的生成超过了消除，导致了交联剂的累积，进一步导致了交联反应的增多。胶原的交联有2种形式：一种是氨基酸间的交联（衰老时主要是组胺-丙氨酸交联）；另一种是通过非酶糖化作用形成（又称Millard反应）的交联。交联后的胶原增加了对胶原酶的抵抗能力，不易降解，从而使结构变得坚固，但缺乏弹性，同时形成皱纹。

6. 干细胞学说 在健康皮肤中，表皮干细胞的自我更新和分化维持着皮肤的完整性。虽然老化皮肤中表皮干细胞数目和自我更新能力可能终身维持，但是其分化为祖细胞和功能细胞的能力随年龄增加而下降。对成体干细胞特性的细胞调节机制不是很清楚，p53家族成员TAp63对于维持表皮和祖细胞特性是重要的。去除基底层表皮干细胞（K14阳性细胞）中的TAp63基因，小鼠表现为过早衰老、水疱、皮肤溃疡、毛囊相关真皮和表皮细胞衰老，毛发生成减少。这些数据表明TAp63可通过调节细胞衰老和基因稳定性维持表皮干细胞的特性，因而阻止了细胞的过早衰老。由于表皮干细胞和真皮多潜能细胞具有自我更新和多向分化能力，使其成为研究衰老过程、再生医学、组织修复、基因治疗和细胞治疗的热点。

7. 光老化学说 研究表明紫外线（主要为UVA和UVB）作用于人体皮肤后，可对皮肤结构及皮肤中的所有细胞造成影响。

（1）氧自由基在光老化中的作用：紫外线被皮肤细胞中的色基吸收后，通过一系列光化学级联反应，导致活性氧（reactive oxygen species，ROS）形成，这些高度活性分子能对皮肤各层细胞（包括角质形成细胞、成纤维细胞、黑素细胞）造成损伤，引起胶原蛋白交联、巯基氧化生成二硫化物、酶氧化失活，从而产生功能性细胞损害，并释放各种蛋白酶。紫外线辐射产生的ROS作用于双链DNA可产生胸腺嘧啶二聚体等异常光产物。如果DNA修复机制不能完全修复这种损伤，那么DNA突变将被传至子代细胞，子代细胞将发生细胞功能异常或增殖导致皮肤癌的产生。

（2）基质金属蛋白酶（matrix metalloproteinases，MMPs）：目前认为真皮成纤维细胞合成的MMPs及其组织抑制剂（tissue inhibitor of MMP-1，TIMP-1）表达失衡导致细胞外基质合成与降解失调是胶原减少的最重要原因。金属蛋白酶可以降解含或不含胶原成分的皮肤真皮细胞外基质，其中以MMP-1、MMP-3的作用最为重要。TIMP-1是MMPs 的天然组织抑制因子。研究表明紫外线可以引起MMP-1 mRNA和MMP-3 mRNA持续表达，而TIMP-1蛋白仅在照射期间一过性轻度表达。紫外线照射4天后照射侧皮肤即有MMP-1、MMP-3、MMP-9增加，特别是MMP-1活性增加4.4倍，MMP-3活性增加2.3倍，而TIMP-1活性降低，同时Ⅰ型胶原含量也明显降低。

在胶原的产生和降解过程中，还涉及两种重要的调节因子：转化生长因子（transforming growth factor，TGF）和激活蛋白（activator protein-1，AP-1），前者是一种促进胶原生成的细胞因子，后者是抑制胶原生成并通过上调MMPs促进胶原降解的转录因子，两者达到一种动态平衡。紫外线辐射到皮肤组织产生的大量ROS，能激活大量细胞因子和生长因子，通过一系列级联反应激活转录因子活化蛋白AP-1和转录因子NF-κB。这两种转录因子能够促进多种MMPs表达上调，从而使胶原的降解增加。另外，紫外线辐射还可导致TGF的表达减少，使胶原的生成不足。因此，光老化皮肤中真皮萎缩，胶原纤维含量减少。

（3）生长因子和细胞因子：紫外线辐射激活了角质形成细胞和成纤维细胞表面的生长因子和细胞因子受体如表皮生长因子受体（epidermal growth factor receptor，EGF-R）和白介素1受体（interleukin-1R，IL-1R），两者发生交联（cross-talk），通过信号传导级联反应诱导AP-1的上调,后者促进MMPs的转录,同时在成纤维细胞中还可以抑制前胶原纤维基因的表达。

（4）端粒与光老化：如前所述，端粒的长度与衰老有关。端粒通常是由富含鸟嘌呤核苷酸的短串联重复序列组成，细胞代谢或者紫外线引起的DNA氧化损伤，大部分发生在鸟嘌呤残基。因此，紫外线能够导致端粒的损伤和缩短，促使衰老的过早发生。

二　皱纹的分类及其影响因素

皱纹是皮肤衰老最主要的表现，因此是美容工作者需要解决的重要问题。生理性变化、外在环境作用、局部肌肉的运动、地心引力等均可引发皱纹的形成。按皱纹形成的原因和表现形式，分别进行如下分类。

（一）根据皱纹发生的原因分为4个基本类型

1. 固有性皱纹（orthostatic wrinkle） 自然老化引起的皱纹，主要表现为细小、几乎相互平行的皱纹，当受到横向拉力时，皱纹可消失。这些浅皱纹可以因体位的不同而轻易改变其形状与方向。这类皱纹被覆全身皮肤，它们源于真皮网状层及真皮下部结缔组织中胶原纤维和弹性纤维的萎缩。

2. 光化性皱纹（actinic wrinkle） 日光导致的皱纹，主要表现为日益增多且持久存在的线条，发生在某些皮肤日晒区，如面颊、唇上方及颈部。此区域内的日光性弹性组织变性增多、致密，并存在由于萎缩而过度代偿的胶原。垂直于皱纹轴的拉力不会使这些皱纹消失。

3. 动力性皱纹（hyperdynamic wrinkle） 因表情动作所产生的皱纹，此类皱纹最先仅仅在肌肉运动时才出现，随皱纹的加深变粗，在肌肉静止时也持久存在。皱纹的长轴常与面部表情肌力的方向一致（图12-2）。由于眼睑部位皮肤很薄，皮脂分泌少，滋润不够，眼睛每天眨动成千上万次，因此，眼角鱼尾纹是最先出现的皱纹。皱眉和皱额导致眉间纹和额纹。哭、笑、咀嚼可导致鼻沟纹（法令纹）、笑纹和口周纹。上面部的皱纹经注射肉毒素，可立即缓解肌紧张，有助于这些皱纹消失。但下面部消除肌肉紧张后会影响咀嚼活动，一般不用肉毒素治疗。

4. 重力性皱纹（gravitational wrinkle） 因地心引力作用产生的皱纹，由于重力导致皮肤褶皱或下垂（图12-3），如双下颌、颈部皱纹。提拉皮肤可以使重力性皱纹消失。

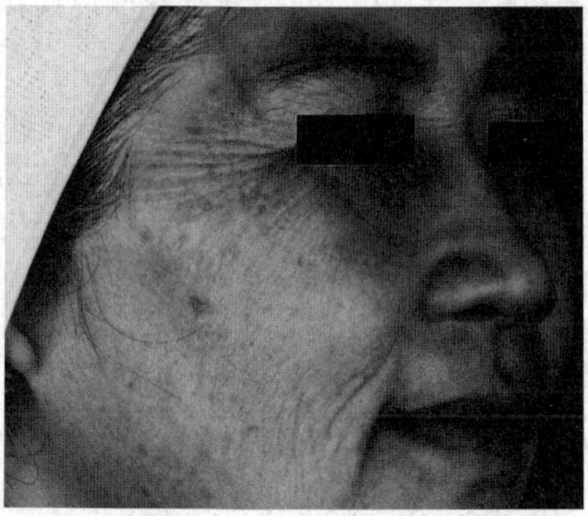

图12-2 动力性皱纹

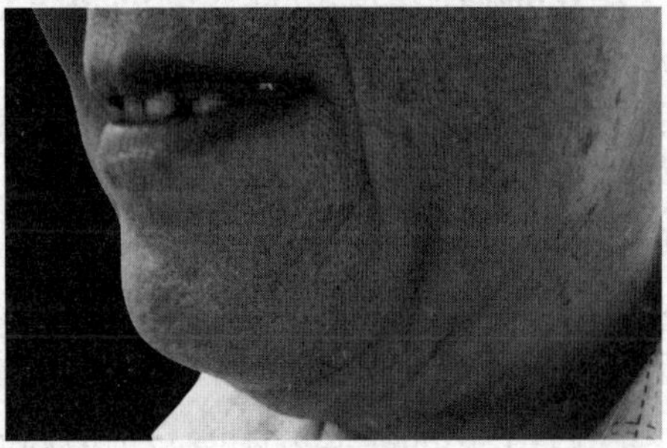

图12-3 重力性皱纹

（二）根据皱纹的性质分类

1. 细皱纹 皮肤表面细而浅的皱纹，主要位于腹部、臀部等非曝光部位，紧绷皮肤可使之消失，真皮乳头弹力纤维减少，但与周围皮肤相比无明显差异，是生理性老化的结果。

2. 粗皱纹 位于面、颈等曝光部位，经历了从无到有，由浅变深逐渐发展的过程。早期在肌肉运动时出现浅细皱纹，静止时消失，皮肤病理仅仅表现为真皮乳头层网状弹力纤维减少，真皮乳突平坦，表皮松弛、干燥；到衰老皮肤中度损坏，肌肉静止时皱纹依然存在，牵拉、伸展或紧绷皱纹两侧的皮肤能使之消失；当真皮胶原纤维、弹力纤维断裂，皮肤出现深大的皱纹，牵拉也不能使皱纹消失。

面颈暴露部位的皱纹受人关注。一份研究显示女性在20～25岁时，开始出现鱼尾纹；在26～30岁时，出现眉间皱纹；在31～35岁时，出现口周皱纹；颈部皱纹最后出现。

皱纹的形成固然是内在生理性衰老和紫外线作用造成的，但不同人种、生活习惯差异等也或多或少地影响皱纹的严重程度。

（1）遗传：不同遗传背景的个体出现皱纹的年龄不同，同样年龄的人，有的显得更为年轻或更加老态。不同种族的人出现皱纹的年龄也有所区别。欧洲成年女性眼角皱纹程度比亚洲女性严重5～10年。但绝经期后，逐渐趋向一致。

（2）激素：绝经与女性面部皱纹的增长相关，而激素替代疗法可减少绝经妇女面部皱纹的进展。雌激素可能因参与皮肤胶原代谢减缓皱纹的进展速度。一旦停经，缺乏雌激素保护，使皱纹迅速加重。

（3）吸烟：国外一些研究显示，吸烟是面部皱纹过早发生的独立危险因素。吸烟可引起维生素A水平及面部角质层水分减少，真皮中部及网状层弹性组织变性以及使外周血管收缩而致真皮局部缺血等，可能是香烟中的毒性成分参与了皮肤老化，加速了皱纹发展的进程。

其他影响因素还包括酗酒、睡眠姿势、长期睡眠不足、精神压力、系统性疾病以及外在因素如高热高寒环境、空气污染等。

第二节　抗皱、抗衰老类化妆品原料及作用机制

一　嫩肤抗皱类化妆品的作用机制

目前市场上抗皱、抗衰老类产品主要是针对衰老的原因及相关的病理变化而设计和研制的，其设计思路主要有以下几点：

（一）增强细胞的增殖和代谢能力

皮肤衰老反映在细胞水平即为细胞衰老。细胞衰老表现为增殖分化能力减弱、新陈代谢减缓。目前，市场上许多抗衰老药物和化妆品的作用是促进细胞分裂和增殖、加快表皮角质细胞脱落速度、刺激基底细胞分裂，达到快速改善皮肤外观的目的，如含有α-羟酸、维A酸衍生来源的化合物、异黄酮类等。另外一些含有生物活性物质如角质细胞生长因子、成纤维细胞生长因子的化妆品也是通过促进细胞增殖和代谢作用来获得抗衰老效果的。利用生物技术把活性DNA导入衰老细胞中，弥补衰老细胞遗传基因的不足，或是用反义RNA封闭抑制DNA合成的基因，恢复细胞原有的代谢活性，是探索修复或减缓皮肤遗传衰老的新方向。

（二）重建皮肤细胞外基质

真皮细胞外基质（extracellular matrix，ECM）中，糖胺聚糖（glycosamino glycans）和蛋白聚糖（proteoglycan）能够形成水性的胶状物。在这种胶状物中包埋有许多其他的基质成分：结构蛋白，如胶原蛋白和弹性蛋白；黏着蛋白（adhesive），如纤粘连蛋白和层粘连蛋白。这些物质构成复杂的网架结构，支持并连接组织结构、调节组织的发生和细胞的生理活动。随着年龄的递增，皮肤中ECM的含量和质量不断变化，是皮肤衰老的重要特征之一。因此，许多化妆品或药品抗衰老作用建立在这个基础之上，试图重建细胞外基质，使其在质和量上达到年轻皮肤的水平。

重建细胞外基质可大体分为主动和被动两种方式。主动方式是通过一些具有生物活性作用的物质，增强各类细胞合成ECM或抑制ECM降解的能力，如中草药红景天具有很强的抗衰老作用，其主要成分红景天素能够促进成纤维细胞分裂并能促使其合成和分泌胶原蛋白，因此添加了红景天素的化妆品具有抗衰老防皱作用。被动方式是指人为地补充由于皮肤老化而失去的部分细胞外基质，例如在很多抗衰老防皱化妆品中添加了胶原肽、弹性蛋白肽、透明质酸等细胞外基质成分。

（三）抗紫外线辐射

紫外线辐射如前述通过多种途径造成细胞氧化损伤，通过嘧啶二聚体的形成破坏DNA结构等，是皮肤外源性老化最主要的因素。因此抗紫外线辐射是皮肤抗衰老防皱的重要措施。目前许多企业已经在抗衰老化妆品中添加防晒成分，以期延缓皮肤老化。

（四）清除过量自由基

无论是自然老化还是光老化，过量的自由基损伤均是造成衰老的关键环节。因此，清除过量的自由基成为抵抗衰老的重要手段。目前，清除过量自由基往往是通过抗氧化剂来实现的。抗氧化剂大致可分为两类：一类是酶类抗氧化剂，如超氧化物歧化酶（superoxide dismutase，SOD）、谷胱甘肽过氧化物酶（GSH-PX）、过氧化氢酶等；另一类是非酶类抗氧化剂，如维生素E、维生素C、硒及其化合物等。其中SOD是最重要的酶，可以使体内超氧化物自由基经过歧化作用而被清除，保护机体免受损伤。拥有清除过量自由基功能的活性原料主要以维生素C、

维生素E、辅酶Q为代表。目前，从天然植物中提取的一些抗氧化剂受到了人们的关注，如绿茶、葡萄汁和石榴等植物的提取物，这些成分往往具有复合的抗氧化作用。

（五）保湿和修复皮肤的屏障功能

衰老皮肤的另一个重要特征就是干燥，角质层水合能力下降，天然保湿因子的含量仅为年轻皮肤的75%。大量实验证明保持皮肤中的水分可以大大缓解皮肤衰老问题。因此修复皮肤的屏障功能，锁住皮肤中的水分就成为一条重要的抗衰老途径。目前几乎所有的抗衰老化妆品都添加了具有保湿功效的成分。

二 嫩肤抗皱类化妆品原料

具有抗皮肤衰老作用的原料种类繁多，且还在不断推出新的原料，按其主要作用机制有以下几大类：

（一）促进细胞增殖和代谢能力的化妆品原料

1. 细胞生长因子 细胞生长因子是生物活性多肽，能与靶细胞膜上的特异性受体结合而发挥作用，具有高效性和专一性等特点。近年来随着生物工程技术的发展，重组（人）细胞生长因子作为化妆品原料已经逐渐成为现实。

（1）表皮生长因子（epidermal growth factor，EGF）：由Cohen于1986年发现并因此而获得了诺贝尔生理医学奖。EGF是一种有丝分裂原，能够促进细胞分裂分化、促进表皮创伤愈合，还可促进K^+、脱氧葡萄糖、α-羟基异丁酸等小分子物质的转运，增加细胞外基质的合成和分泌，促进RNA、DNA和蛋白质的合成。EGF可以有效地刺激表皮的生长。

（2）成纤维细胞生长因子（fibroblast growth factor，FGF）：包括酸性成纤维细胞生长因子（aFGF）和碱性成纤维细胞生长因子（bFGF），是作用极强的有丝分裂原，能够促进血管内皮细胞、成纤维细胞、肌原细胞、成骨细胞等分裂增殖，并通过其趋化作用和促细胞迁移作用使巨噬细胞、间充质细胞、内皮细胞、成纤维细胞等向创伤部位聚集，启动创伤愈合过程；促进新生血管形成，促进细胞释放胶原酶、血纤溶酶激活物。

动物来源的EGF与人体自身的EGF有差异，使用人体后可能产生抗体。基因重组（人）表皮生长因子（rh-EGF）、基因重组（人）酸性成纤维细胞生长因子（rh-aFGF）、基因重组（人）碱性成纤维细胞生长因子（rh-bFGF）均采用基因工程发酵法提取，避免抗体产生的问题。

（3）角质形成细胞生长因子（keratinocyte growth factor，KGF）：是成纤维细胞产生的细胞生长因子，能够促进角质细胞的生长分化和毛囊形成，并能促进正常角质细胞的生长和迁移，对外源致伤因子造成的细胞损伤具有防护作用。因此，KGF在调节表皮角质细胞增殖和创伤愈合过程中具有重要作用。

2. 动植物提取物

（1）羊胎素：羊胎素是从怀孕3个月的母羊胎盘中直接抽取并提炼的一类活性成分，含有EGF、DNA、SOD和被命名为维生素I的活性因子及黏多糖、脂蛋白、酵素、维生素、荷尔蒙、卵磷脂、胸腺肽及矿物质等多种营养成分，这些活性物质能够刺激皮肤组织细胞的分裂和活化，促进老化细胞的分解排出，从而延缓皮肤老化。

（2）海洋肽：海洋肽是从栉孔扇贝中提取的多肽，分子量800～1 000Da。海洋肽对真皮成纤维细胞有刺激作用，能促进成纤维细胞分裂及其合成和分泌胶原蛋白与弹性蛋白的能力。海洋肽能明显增加衰老皮肤的表皮平均厚度，因此海洋肽能够抗皮肤衰老和减少皱纹。

（3）红景天素：红景天是一种景天科景天属的野生植物，被称为“高原人参”。生长于海拔3 500～5 600米的山地水川，河滩草丛，冰川边缘。红景天蕴含大量抗衰老活性超氧化物歧化酶以及红景天素、红景天苷、苷元酪醇、红景天内酯、35种微量元素、18种氨基酸、维生素A、D、E等一百种左右的化学成分。主要活性成分红景天素能促进成纤维细胞的分裂并促使其合成和分泌胶原蛋白，但同时也刺激细胞分泌胶原酶使胶原降解，但合成和分泌的效应大于降解，因此，红景天可以使胶原纤维的含量增加。

还有很多动物和植物来源的成分具有抗皮肤衰老的作用，如人参、黄芪等，由于大都耳熟能详，不再一一赘述。

3. 果酸类物质

（1）α-羟基酸（alpha hydroxy acids，AHAs）：俗称果酸，是一类从柠檬、甘蔗、苹果、越橘等水果中提取的羟基酸，包括羟基乙酸、L-乳酸、枸橼酸、苹果酸、甘醇酸、酒石酸等几十种物质。以羟基乙酸和L-乳酸最为常见。果酸是一类小分子物质，可迅速被吸收，具有较强的保湿作用。作为剥离剂使用时通过渗透至皮肤角质层，使皮肤老化角质层中细胞间的键合力减弱，加速老化细胞剥离，并促进细胞分化、增殖，加速细胞更新速度，从而改善皮肤状态，达到除皱、抗衰老的作用。果酸抗皱作用与果酸的种类、浓度有关，通常分子量越小，pH越低，浓度越高，除皱效果越好，但刺激性也越大。一般化妆品中的浓度为2%～8%。羟基乙酸是分子量最小的果酸，对皮肤的渗透能力最强，效果最明显，但刺激性也最强。L-乳酸作为天然保湿因子存在于皮肤中，刺激性较小，常用于性质温和的产品如眼霜等。

（2）β-羟基酸（beta hydroxy acid，BHA）：是从天然生长植物如柳树皮、冬青叶和桦树皮中提取出来的新一代果酸。因为它是亲脂性的，所以相比水溶性的果酸更容易与富含脂质成分的皮肤表层相结合，对皮肤可进行缓释作用，保证皮肤表层细胞的自然脱落和新细胞的再生，比水溶性的果酸效果更好，还可以渗透入含油脂丰富的毛孔内部彻底清除老化角质，使毛孔缩小，皮肤变得更为光滑。BHA在化妆品中的浓度只有水溶性果酸的1/5，具有温和高效的特点。

4. 维A酸类（retinoids） 有维生素A的核心结构及其氧化代谢物的一类化合物被称为维A酸类。由于维A酸刺激性强，动物实验发现有致畸作用，我国卫生法规禁止在化妆品中使用维A酸及其盐类。维A醛或维A酯是由维A酸经结构修饰而得到的新型化合物，有维A酸样作用，可促进表皮的代谢，使表皮和结缔组织增生、消除皱纹，增加皮肤弹性，但其刺激远低于维A酸，因而添加在抗衰老类化妆品中。但是要注意，这些维A酸的衍生物在体内仍然是转化成维A酸发挥作用，故使用后需避孕两年。

5. 核酸类原料 如脱氧核糖核酸具有活化细胞的效果。小分子DNA可以被皮肤吸收，作为合成新细胞的遗传构件，使细胞处于生命力旺盛状态，细胞更新速度快，从而起到抗皱和抗衰老作用。

6. β-葡聚糖 酵母细胞提取物，其作用机制是与巨噬细胞、中性粒细胞和其他细胞携带的β-葡聚糖受体结合而激活这些细胞，从而产生多种细胞因子如表皮生长因子、血管生长因子等。由此可刺激皮肤细胞活性，增强皮肤自身的免疫保护功能，高效修护皮肤，减少皮肤皱纹产生，延缓皮肤衰老。

7. 胶原蛋白肽 胶原蛋白是皮肤结缔组织中的主要成分，在皮肤中构成了一张细密的弹力网，在锁住水分的同时支撑皮肤。衰老的皮肤胶原蛋白含量下降导致支撑皮肤的弹力网断裂，皮肤组织萎缩、塌陷，出现衰老现象。胶原蛋白是大分子蛋白质，其分子量在30万以上，并不能被人体直接吸收。胶原蛋白肽是胶原或明胶经蛋白酶降解处理后制成的，能促进表皮细胞活力、增加营养、有效消除皮肤细小皱纹。

8. 卡巴弹性蛋白（kappa-elastin） 卡巴弹性蛋白的结构如同皮肤中弹性蛋白，像弹簧，可以拉长。卡巴弹性蛋白与真皮弹性蛋白不同之处在于其甘氨酸、丙氨酸、缬氨酸、羟丙氨酸的含量要高于后者，而这些氨基酸是构成皮肤弹性和维持张力的主要因素。研究证明，卡巴弹性蛋白是迄今为止唯一能穿透表皮的外源性弹性蛋白。卡巴弹性蛋白安全无毒，化妆品中添加卡巴弹性蛋白可直接改善皮肤弹性蛋白的性质，并在成纤维细胞作用下刺激皮肤合成弹性蛋白。另外，卡巴弹性蛋白可在皮肤表面形成一种半透明膜，对皮肤具有保护和滋养作用。

（二）抗氧化类原料

1. 维生素类

（1）维生素E和维生素E酯：维生素E又称为α-生育酚（α-tocopherol），是一种脂溶性维生素，是生物学上最重要的抗氧化剂。人体自身不能合成维生素E，必须从新鲜蔬菜、植物油、谷类和坚果中获取，通过皮脂腺分泌到皮肤表面。维生素E是早期公认的抗氧化剂之一。由于维生素E易被氧化，故能保护其他物质如不饱和脂肪酸，维生素A和ATP等不被氧化，降低可溶性胶原蛋白向不可溶性胶原蛋白的转化速度。维生素E是皮肤屏障中主要的生理性抗氧化剂，能保护皮肤角质层屏障减少阳光的损伤。维生素E能明显减少急性光反应，如红斑、水肿、晒伤细胞形成、脂质过氧化反应、DNA加合物形成、免疫抑制等。因而具有防晒作用。但在口服维生素E后两周这些作用才显现。单独外用维生素E不足以支持真皮中的抗氧化需求，常需要联合其他的抗氧化剂如维生素C。在化妆品中使用时，常常将其包裹在微囊或其他载体内，以防过早氧化。维生素E酯是维生素E的衍生物，经皮吸收后需要被水解才能发挥生物效应，因此其作用层次更深、更持久。

（2）维生素C：又名抗坏血酸（ascorbic acid），和维生素E一样具有抗氧化作用，且能够促进胶原的合成，抑制黑素生成。有研究显示即使正确使用遮光剂，也只能阻挡UVA暴露所产生的55%自由基，因此抗氧化剂与防晒剂联合复配能优化紫外线防护策略。由于人体缺乏合成维生素C的特殊酶（L-葡萄糖-γ-内酯氧化酶），因此，维生素C必须从柑橘类水果和绿叶蔬菜中摄取。即使口服大剂量的维生素C，由于肠道中吸收有限，皮肤中维生素C的浓度也难有大幅度的提高，作为化妆品添加剂使用到皮肤上更为合理。由于活性左旋维生素C极易被氧化，目前大多数产品中用维生素C磷酸镁和维生素C-6-棕榈酸盐，后者在配方中更为稳定，有效期可达两年。但仍有厂家坚持在配方中添加左旋维生素C，因为其皮肤吸收度更好。同维生素E一样，用载体或微囊包裹，以减少提前氧化。水溶性维生素C能帮助更新脂溶性维生素E的氧化形式，这两种维生素具有协同抗氧化作用。

（3）维生素B类：维生素B_3（烟酰胺）外用极易被皮肤吸收，不产生刺激。可以通过增加真皮胶原合成和减低真皮中的黏多糖改善皮肤纹理。

2. 生物酶类

（1）超氧化物歧化酶（SOD）：SOD是一种生物抗氧化酶，广泛分布于从细菌到人类的各种高等动物体内，能够通过歧化作用有效地清除人体内生成过多的衰老因子——超氧阴离子自由基（O_2^-），生成O_2和H_2O_2，因而具有调节体内的氧化代谢和延缓衰老、抗皱等生物学作用和效果。另外SOD还具有一定的抗炎和减缓色素沉着的作用。

（2）谷胱甘肽过氧化酶（glutathion peroxides，GTP）：是以谷氨酸、甘氨酸和半胱氨酸为主的过氧化氢酶，主要存在于含线粒体的细胞中。GTP可在H_2O_2生成的同时将其催化为O_2和H_2O，从而保护皮肤的不饱和脂质膜。另外GTP也可以治疗脂质过氧化物引起的炎症，减轻色素沉着。

（3）木瓜巯基酶（papain）：来源于天然鲜嫩木瓜中，其特点是分子链上存在大量的活性巯基（-SH），是一种具有高生物活性的抗氧化因子。它能有效地清除体内的超氧自由基和羟自由基，有效降低皮肤中过氧化脂质的含量，从而防止机体细胞老化，使皮肤衰老过程得以延缓。

（4）辅酶Q10（coenzyme Q10）：亦称泛醌（ubiquinone）Q10和泛醌-50，是组成细胞线粒体呼吸链的成分之一。其本身是细胞自身产生的天然抗氧化剂，类似于维生素E，能抑制线粒体的过氧化。广泛的研究认为，辅酶 Q10可抑制脂质过氧化反应，减少自由基的生成，保护SOD活性中心及其结构免受自由基氧化损伤，提高体内SOD等酶活性，抑制氧化应激反应诱导的细胞凋亡，具有显著的抗氧化、延缓衰老的作用。

3. 金属硫蛋白（metallothioneie，MT） 1957年，美国科学家Margoshoes在研究金属生物学作用时，从动物器官中分离出的金属蛋白质。由于它是一种低分子量、高巯基含量，能大量结合重金属离子的物质，因此被称为金属硫蛋白（简称MT）。MT是体内清除自由基能力最强的一种蛋白质，其清除羟自由基的能力约为SOD的10 000倍，而清除氧自由基的能力约是谷胱甘肽（CSH）的25倍，具有很强的抗氧化活性，能防止机体细胞的衰老。

4. 硫醇类抗氧化剂 包括谷胱甘肽、N-乙酰半胱氨酸、硫辛酸及其衍生物，是一类重要的强效自由基清除剂，能够有效地保护紫外线辐射引起的表皮脂质过氧化、细胞毒性和细胞凋亡。

5. 植物性抗氧化剂

（1）芦丁（rutin）：从芸香、槐角、荞麦等天然植物中提取的成分，芦丁不但能显著地清除细胞产生的活性氧自由基，还具有防紫外线辐射和祛红血丝的作用。

（2）表没食子儿茶素没食子酸酯（EGCG）：来源于中国绿茶，是绿茶主要的活性和水溶性成分，具有非常强的抗氧化活性。EGCG 作为化妆品的天然生化原料与其他生化原料比较具有以下特点：分子量小，极易被人体皮肤吸收，活性稳定、安全可靠。

（3）植物激动素（kinetin）：是一种植物生长激素，核酸腺嘌呤碱基的衍生物，研究证实，激动素可以在体外延迟与人体皮肤细胞老化相关的细胞变化，并具有抗氧化的能力。

（4）水飞蓟素（silymarin）：是指从菊科草本植物水飞蓟果实及种子中提取所得的一类二氢黄酮醇与苯丙素衍生物缩合而成的黄酮木脂素类成分，能直接清除活性氧、对抗脂质过氧化、维持细胞膜的流动性。

（5）黄芩苷（baicalin）：是从黄芩根中提取分离出来的一种黄酮类化合物，具有显著的生物活性，既能吸收紫外线、清除氧自由基，又能抑制黑素的生成，是一种很好的功能性美容化妆品原料。

（三）保湿和修复皮肤屏障功能的原料

皮肤衰老的最早症状是皮肤干燥，具有保湿功能的活性成分通过多种途径起到滋润皮肤、修复皮肤屏障的作用，可以减轻早期皮肤细小皱纹。参见保湿类化妆品相关章节。

（四）抗紫外线辐射的原料

抗紫外线辐射的原料包括紫外线屏蔽剂和吸收剂。前者大多为无机粉体，又称为物理防晒剂，如氧化锌、二氧化钛、滑石粉、高岭土等；后者又称为化学防晒剂，常用的有对氨基苯甲酸（PABA）及其酯类、水杨酸酯类、甲氧基肉桂酸酯类等。两类防晒剂各有优缺点，物理防晒剂对皮肤刺激性小，但使用起来较为黏腻、透明感较差；化学防晒剂的优点是制成的产品透明感好，缺点是对皮肤有一定的刺激性。目前，从植物中提取天然防晒剂的研究已取得了一些进展，燕麦等的萃取物可明显减轻防晒产品的刺激性及紫外线引起的皮肤损伤，当其与二氧化钛合用时，可使体系的SPF值增加近1倍；由橘子皮中提取的成分，如没食子酸和川皮苷等具有吸收UVA紫外线并清除其引起的活性氧的生物活性。在化妆品市场上已经有添加植物防晒成分的防晒产品出售，但还没有可以作为防晒剂而单独使用的产品研制成功。参见防晒类化妆品相关章节。

（五）其他抗氧化化妆品原料

二甲基氨基乙醇（dimethylaminoethanol，DMAE）：DMAE是一种新的抗皮肤老化的护肤成分，其结构为简单的氨基[（CH_3）$_2NCH_2CH_2OH$]与合成的维生素B、胆碱类似物的复合体，这类化合物在配方中的基本作用一般是用来作为调节剂使用的。但大量随机双盲对照实验研究表明，局部外用DMAE制剂对皮肤紧实性、改善皮肤下垂、改善皮肤细纹和皱纹，以及改善老化皮肤整体的质地和色泽均有直接的功效。其可能的作用机制是刺激表皮角质细胞的收缩，从而产生皮肤紧实的视觉效果。

第三节　抗皱、抗衰老类产品类型与使用

一　产品类型

根据抗皱、抗衰老化妆品的用途，可将化妆品分为以下几类：

（一）洁面类

这类产品包括霜、乳、膏类洁面产品，具有以下共同的特点：①抗衰老洁面产品大多性质温和；②通常含有抗氧化成分如维生素E等；③一些产品含有去角质成分如β-羟基酸；④含有保湿成分。洁面类配方举例见表12-1。

表12-1　抗皱活力洗面奶配方举例

组　分	质量分数/%	组　分	质量分数/%
		甲基丙烯酸酯共聚物	
十二烷基磷酸酯钾（30%）	28.0	防腐剂	适量
椰油酰胺丙基甜菜碱（30%）	5.0	EDTA-2Na	2.0
十二烷基葡萄糖苷	5.5	硬脂酸乙二醇双酯	1.5
乳酸钠	3.0	泛醇	0.3
柠檬酸	调节pH（6.5～7.5）	香精	适量
丙烯酸（酯）类/硬脂醇聚醚-20	3.0	甘油	3.0
		水	加至100

配方分析：温和去角质的同时帮助泛醇的快速吸收，促进细胞的生长和抗刺激，并长效保湿。

（二）爽肤水类

爽肤水能促进皮肤新陈代谢正常化，具有调整皮肤酸碱值平衡以及修护的效果，供给皮肤养分让皮肤充满弹性，依添加功效成分不同，可兼具保养及抗细胞脂氧化作用，镇定因日晒与冻伤所引起的皮肤红、热，并能防止皮肤过敏，预防日晒所引起的皮肤暗沉、斑点与皱纹，改善皮肤粗糙现象。爽肤水类配方举例见表12-2。

表12-2　祛皱亮肤水配方举例

组　分	质量分数/%	组分	质量分数/%
芦荟提取液（10∶1）	5.0	甘油	5.0
尿囊素	0.1	防腐剂	适量
乙酰化六肽	0.2	水	加至100
透明质酸	0.1		

配方分析：主要通过芦荟、透明质酸、尿囊素对皮肤的保湿，达到修复皮肤屏障功能，通过阻断肌肉神经传递速度，从而抑制表情纹及细小皱纹的产生，全面调节人体生理功能，有效延缓衰老。

（三）面霜或乳液

抗皱、抗衰老类产品的配方含有抗氧化、促进细胞增殖和代谢、深层保湿等抗衰老成分。抗皱、抗衰老类面霜或乳液配方举例见表12-3。

表12-3　滋润养颜霜配方举例

组　分	质量分数/%	组　分	质量分数/%
鲸蜡硬脂基葡糖苷/鲸蜡硬脂醇	1.5	合成角鲨烷	4.0
椰油基葡糖苷/鲸蜡硬脂醇	1.5	霍霍巴油	2.0
十六/十八醇	1.0	二甲基硅油	1.5
辛酸癸酸三甘油酯	6.0	维生素E	0.5
甘油	6.0	透明质酸钠	0.05
尿囊素	0.1	辅酶Q10脂质体	1.0
香精	适量	防腐剂	适量
水	加至100		

配方分析：主要成分中油脂为滋润、保湿和修复的功效，尿囊素为修复皮肤屏障功能，维生素E具有抗自由基的功效，辅酶Q10具有抗自由基、提供细胞能量的作用。

（四）眼霜类

由于眼睛表情丰富，肌肉运动频繁，是最容易出现皱纹的部位。眼周皮肤薄嫩，对化妆品原料刺激敏感。因此，特别开发针对眼周皮肤的产品。这些产品原料要求严格，既含丰富的抗衰老功效成分，又要保证无刺激，万一不小心进入眼睛，也不会导致眼睛受到刺激或过敏。眼霜类配方举例见表12-4。

表12-4 明眸眼霜配方举例

组 分	质量分数/%	组 分	质量分数/%
鲸蜡硬脂基葡糖苷/鲸蜡硬脂醇	1.5	二甲基硅油	2.0
椰油基葡糖苷/鲸蜡硬脂醇	1.0	甘油	6.0
单硬脂酸甘油酯	0.6	豌豆提取物	1.5
碳酸二辛酯	14.0	喷射剂	30
二棕榈酰羟脯氨酸	1.0	透明质酸	0.05
丙烯酸钠/二甲丙烯酰牛磺酸钠、异十六碳烷、聚山梨酸酯80	0.5	香精	适量
		水	加至100
防腐剂	适量		

（五）精华素

在抗皮肤衰老的产品中，常常从动植物中萃取精华成分，或以合成的生物制剂为原料制成。精华素不是一种特定的产品，是为了强调其中的活性成分含量高，更有针对性效果而给以“精华”二字命名。常常配制成液体状态，局部使用。精华素配方举例见表12-5。

表12-5 岁月无痕精华液配方举例

组 分	质量分数/%	组 分	质量分数/%
聚丙烯酸	0.35	泛醇	0.3
NaOH	1.0	二胜肽	1.0
透明质酸钠	0.05	防腐剂	适量
水溶性神经酰胺	0.2	香精	适量
水	加至100		

配方分析：神经酰胺是高效保湿剂，具有促进细胞的新陈代谢、促使角蛋白水合；二胜肽能促进胶原蛋白，弹力纤维和透明质酸合成，增加皮肤厚度以及减少细纹。

（六）面膜类

通过面膜的封闭作用，促进角质层的水合程度，增加营养物质的透皮吸收。能有效去除堆积于皮肤表面的老化角质，促进皮肤细胞更新，改善纹理，减少皱纹，令皮肤细致、柔滑。配方举例见表12-6。

表12-6 营养抗衰面膜

组 分	质量分数/%	组 分	质量分数/%
羟乙基纤维素	1.0	五胜肽	1.5
聚季铵盐-51	0.5	防腐剂	适量
海藻寡糖	0.3	香精	适量
甘油	5.0	水	加至100

配方分析：其中海藻寡糖分子量较低，皮肤渗透性好，增强细胞免疫力，降低皮肤由于外界不良环境造成的损伤，刺激表皮细胞分化、增殖，具修复创伤作用。五胜肽具有刺激胶原蛋白、弹力纤维和透明质酸增生，提高皮肤的含水量和锁水度，增加皮肤厚度以及减少细纹的功效，配合使用达到抗衰老的作用。

二 产品使用

1. 除常规的面部清洁产品外，还可交替使用磨砂膏或去死皮膏，每10～14天一次，此两种产品不宜同时使用。以帮助衰老死亡的角质层细胞脱落，促进皮肤的自我更新和新陈代谢。

2. 精华素和眼霜含丰富的营养成分，对预防衰老和减轻皮肤细小皱纹有较好的作用。精华素可以直接涂抹在面部，轻轻拍打以促进吸收，还可配合超声波或电离子导入皮肤，促进营养物质的渗透。用以按摩的精华素，按摩后应用水冲洗。眼霜选择要慎重，不仅要注重营养成分，还要选择不易导致眼睛和眼周围薄嫩的皮肤受到刺激。

3. 由于衰老是渐进性发展的生理过程，涂抹抗衰老的产品也需要长期持之以恒地使用。一些不法商家为了迎合消费者急于求成的浮躁心理，常常在产品中添加违禁原料或添加超过规定浓度的原料，很容易导致皮肤刺激，出现不良反应。

4. 小心过敏。营养丰富的化妆品，由于添加成分可能是多肽或蛋白质成分，可以作为抗原或半抗原刺激皮肤过敏，有过敏史的人在换用新产品时需要更加小心，详细阅读产品配方成分，不要选择含有曾导致过敏原料的产品。

5. 对于儿童和青少年，不建议使用抗衰老产品，因为他们的皮肤本身就含水量丰富，皮肤弹性好，过多的营养反而会加重皮肤的负担。

第四节　抗皱、抗衰老类产品功效评价

抗衰老产品的功效评价可以分为体外细胞增殖、代谢活性、酶反应能力等直接检测原料或产品的作用。也可通过面部皮肤质地、纹理和皱纹临床改善状况进行体内评价。需要注意的是，使用化妆品抗衰老需要持之以恒，通常需要使用3～6个月才能出现可检测到的效果，而对于皱纹粗大等情况，还需结合手术、软组织填充、激光等方法才能达到目的。

一 体外评价

1. **抗氧化能力评价**　化妆品活性成分的抗氧化能力通常通过生化检测的方法进行评价。氧化自由基吸收能力（oxygen radical absorption capacity，ORAC）分析是常用的测试方法，根据自由基破坏荧光探针，使荧光强度产生变化的原理，以维生素E水溶性类似物为定量标准，使用荧光微孔板分析仪进行分析。荧光强度的变化大小反映自由基破坏的程度。在抗氧化剂存在时，它可以抑制由自由基引起的荧光变化，抑制程度反映抗氧化能力。

2. **细胞培养体系**　建立角质形成细胞或成纤维细胞培养体系，将待测的功效原料添加到细胞培养体系中，观察细胞的形态、增长曲线、酶活性以及细胞新陈代谢产物，从而判断添加原料的抗衰老作用。

3. **真皮基质成分的测定**　采用酶联免疫吸附实验（ELISA）测定使用化妆品前后模拟人工皮肤中胶原蛋白、弹性蛋白的量，以及胶原蛋白调节酶、弹性蛋白调节酶的活性、基质成分，如透明质酸的量的变化反映原料或产品的抗衰老能力。

二 体内评价

主要针对皮肤老化的临床表现设计出多种无创性活体检测方法检测皮肤生物学状况。

1. 测量皮肤角质层含水量、经皮失水率，反映皮肤湿润度和皮肤屏障功能。

2. 测定皮肤的机械特性，如皮肤弹性、黏弹性指标测定，用以判断皮肤顺应性。

3. 高频超声波测量皮肤各层厚度。衰老皮肤，在超声波下显示表皮与真皮间有一透明带，其宽度与衰老程度正相关。

4. 皮肤粗糙度和皱纹的测定包括半定量评价和客观定量评价。

（1）半定量评价系统：研究人员直接对受试者面部皱纹进行等级评分或者对受试者面部标准照片评分，或用显微镜技术对皮肤硅胶膜进行肉眼的评价。这类评价方便易行，经济快捷，但易受研究人员主观因素的影响。主要用于观察粗大皱纹，难以分辨皮肤细腻度的变化。

（2）数码成像技术：采用普通光或偏振光摄像或拍照，直观显示皮肤质地、皱纹及老化皮肤中色素的分布及沉着程度，再用特殊图像处理软件进行分析，判断皮肤光老化的程度以及对比抗衰老产品使用前后的改善状况。

（3）皮肤轮廓仪（profilometry）：研究人员对皮肤的表面结构进行了深入的研究，并对其平面结构和立体三维结构进行定义，同时采用机械、光学等原理开发出一系列能对皮肤表面的细小纹理和粗大皱纹进行扫描的设备，能对活体皮肤或皮肤硅模进行扫描。计算机图像数据分析系统对扫描图像进行数据化处理，不仅能对皮肤皱纹，而且能对肉眼不能分辨的皮肤纹理进行三维立体评价，使抗皱产品的功效研究有了客观量化的手段。随着设备的不断改进，对皮肤扫描面积可以按需要调整；扫描速度加快，一幅图可以在数十秒到数分钟内完成；还可以参照前次扫描部位，选择同一部位的皱纹进行扫描，基本做到了皮肤观察点前后定位一致。

思 考 题

1. 皮肤衰老的机制有哪些？
2. 皱纹可以分为哪几类？
3. 抗皱类化妆品的作用机制有哪些？
4. 如何评价嫩肤防皱类产品？

（李 利）

第十三章 美白祛斑类化妆品

白皙洁净的皮肤是东方女性美的重要标准之一。国内外的化妆品企业都在探索、研发具有美白祛斑作用的原料，美白祛斑类化妆品一直是亚洲市场最畅销的产品。

第一节 皮肤色素

人类皮肤的颜色涉及皮肤内的各种色素含量及分布情况，包括内源性黑素与外源性胡萝卜素、皮肤血液中的氧合血红蛋白与还原血红蛋白的含量以及皮肤厚度及光线在皮肤表面的散射现象。

一 黑素细胞与黑素

皮肤色素的产生主要由黑素（melanin）沉积所造成。黑素由黑素细胞（melanocyte）产生，是决定皮肤颜色的主要因素。成熟的黑素细胞位于表皮基底层，是一种树枝状细胞。每一个黑素细胞连接大约36个角质形成细胞，构成一个表皮黑素单元（epidermal melanin unit）。黑素细胞分布广泛，最常见于表皮、毛囊、真皮、眼、血管周围、外周神经嵴、交感神经干等。在人体不同的部位，黑素细胞存在分布差异：如面部、生殖器部位的黑素细胞分布密度比躯干皮肤高，但无论人种、性别、肤色如何，表皮中黑素细胞的数量是相同的。不同的是黑素细胞所合成的黑素小体（melanosome）的数量、大小、分布、转运及降解方式，正是它们决定了肤色的差别。目前认为，在多种外界环境因素和生理因素，如紫外线辐射、炎症反应、皮肤老化的影响下，表皮细胞会产生自分泌和旁分泌激素或细胞因子，在局部形成自分泌、旁分泌网络而起到重要的调节皮肤色素沉着的作用。不同个体黑素小体生成、转运、再分布和降解的能力各不相同，因此临床上就形成了个体间肤色的差异。

二 胡萝卜素与血红蛋白

胡萝卜素呈黄色，大部分存在于真皮和皮下组织内，同样影响皮肤的颜色。在人体中，胡萝卜素在面部的分布较少，而胸腹部和臀部较多。血红蛋白呈粉红色，而氧合血红蛋白呈鲜红色、还原血红蛋白呈暗红色，因此各种血红蛋白含量及比例的变化也将影响皮肤的颜色。

三 皮肤厚度及光线

皮肤不同部位的厚度会影响肤色。若角质层厚，则皮肤偏黄色；若颗粒层和透明层厚，则皮肤偏白色。光线在皮肤表面的散射现象也会影响皮肤的颜色。皮肤较薄处的光线透过率大可以看出下面组织的颜色；而在皮肤较厚处光线透过率小只能看出角质层内的胡萝卜素，因此皮肤呈黄色。老年人的皮肤由于真皮的弹力纤维变形断裂，弹性下降，加之血运较差而呈黄色。

四 黑素代谢过程

黑素小体在黑素细胞内装配完成，从核周向树突远端转移至邻近角质形成细胞。黑素小体在角质形成细胞内再分布、降解，完成色素代谢的全过程。

1. 黑素小体的装配及黑素的合成

（1）黑素小体：黑素小体是黑素细胞进行黑素合成的场所，根据其分化过程电镜下可分为4期：Ⅰ期黑素小体是一种来源于高尔基体的球形小泡，含有无定形的蛋白及一些微泡。Ⅱ期黑素小体变圆，含有许多黑素细丝和板层状物质。Ⅰ、Ⅱ期的黑素小体均无酪氨酸酶活性，即无黑素合成能力，称为前黑素小体；Ⅲ期以上的黑素小体则有黑素合成能力，称为成熟黑素小体。Ⅲ期黑素小体可在板层上开始黑素合成，由于黑素的沉积，Ⅲ期黑素小体的结构已模糊不清。到Ⅳ期，黑素小体中已充满黑素，电子密度较高。黑素小体起源于核周的高尔基体囊泡，随着囊泡的不断分化，多种黑素合成相关酶相继装配入囊泡内并被有步骤的活化，从而使得黑素小体逐渐具有了黑素合成能力，合成黑素是黑素细胞最重要的功能及分化特征。

（2）黑素：人体中有2种不同颜色的黑素，即黄红色的褐黑素（pheomelanin）以及棕褐色的优黑素（eumelanin）。褐黑素又名脱黑素，溶于碱性溶液，含有氮、硫，由半胱氨酰-5-多巴经过若干中间反应而合成，在皮肤中的功能还不清楚；优黑素又名真黑素，不溶于水，通过5,6-二羟吲哚氧化聚合而成，是决定皮肤颜色的主要黑素。不同人种有不同的肤色，也是因为其黑素种类及黑素的大小、数量不同所致。例如黑色人种会制造优黑素的黑素小体较多，它们凝聚在一起形成成熟的黑素，并呈细椭圆形囤积于角质形成细胞的胞质中，所以黑人的肤色较深；相反，白色人种会制造优黑素的黑素小体较少，但有较多的褐黑素，能形成黄红色的黑素小体，它们从始至终呈小球状，被胞膜包裹在角质形成细胞中，可以以小碎块的形态四散，所以白人的肤色较浅；而我们黄种人同时兼备两者的性质特点。

（3）黑素的合成：黑素的合成过程相当复杂，是一个多步骤的酶促生化反应。褐黑素和优黑素起始步骤相同，都是皮肤中的黑素细胞摄取酪氨酸后，在含铜离子的酪氨酸酶的作用下，氧化为多巴（3,4-二羟苯丙氨酸），进而氧化为多巴醌。从多巴醌开始，褐黑素与优黑素的合成途径就分开进行。多巴醌很快经过分子内环合变成多巴色素（dopachrome），多巴色素经过分子内重排，形成5,6-二羟吲哚和5,6-二羟吲哚-2-羧酸2个中间体，最后分别形成5,6-吲哚醌和5,6-二羟吲哚酸，两者共同组成了优黑素。多巴醌可以通过另一条途径反应生成褐黑素。它是由谷胱甘肽或半胱氨酸催化而成的，呈黄红色。

这一过程有着复杂而精细的调控。酪氨酸酶（tyrosinase，TYR）是黑素合成的关键酶，酪氨酸酶是催化黑素合成的早期限速步骤，即底物酪氨酸羟化和多巴氧化。黑素合成的速率与酪氨酸酶的量和活性直接相关。酪氨酸酶相关蛋白-1（tyrosinase-related protein-1，TRP1）和TYR有着共同的催化活性，TRP1的合成速率与黑素合成呈正相关。酪氨酸酶相关蛋白-2（tyrosinase-related protein-2，TRP2）催化多巴色素转化为5,6-二羟吲哚乙酸，催化黑素合成的后续步骤。翻译后的TYR、TRP1、TRP2糖基化过程都可以影响黑素合成。总之，黑素的合成主要受黑素细胞内酪氨酸酶基因家族蛋白：TYR、TRP1、TRP2的调控，上述任一蛋白的活性异常均会影响黑素合成。

黑素的合成除受到黑素细胞内酪氨酸酶基因家族蛋白TYR、TRP1、TRP2的调控外，还受到其他因素的影响。皮肤内黑素细胞、角质形成细胞、朗格汉斯细胞、成纤维细胞、血管内皮细胞、神经细胞等组成的胞质网络也控制黑素细胞产生黑素的活性。在这一网络中，许多细胞因子对黑素细胞的增殖分化、树突形成和黑素合成都有影响。如碱性成纤维细胞生长因子、内皮素、神经细胞生长因子等可以促进黑素细胞生长存活；而白细胞介素-1α、白细胞介素-6、肿瘤坏死因子等可抑制黑素细胞增殖及降低酪氨酸酶活性；此外，干细胞生长因子能促进黑素细胞分化及黑素合成；干扰素在一定条件下，能使黑素细胞形态改变，生长抑制；炎症介质白三烯C4是人黑素细胞的促分裂原，能促使黑素细胞快速增生，并对黑素细胞有趋化作用。

2. 黑素小体向树突远端转移 黑素细胞内成熟的黑素小体沿着细胞树突伸展方向向树突远端转移并传递至周围的角质形成细胞内，从而发挥调节皮肤颜色和防护紫外线辐射的作用。细胞骨架成分在促进黑素小体的转移中发挥了重要作用。研究发现，黑素颗粒在向树突边缘转移时为双向运动模式，这种双向的运动模式以微管为基础。微管蛋白依赖的这种长距离的快速运动是驱动蛋白和动力蛋白综合作用的结果。驱动蛋白促使黑素小体向微管的正方向运动，而动力蛋白则推动黑素小体向相反的方向运动。这两种动力相互协调使黑素小体到达微管阳性头端，一旦黑素小体与树突远端富集的肌球蛋白Ⅴa结合，双向长距离运动就立刻终止。黑素小体被限定于树突远端区域并做短距离的局部运动。

3. 黑素小体向角质形成细胞内传递 黑素小体由核周转移到树突远端后会脱离黑素细胞并进入周围的角质形成细胞内。参与此过程的具体机制还不清楚，目前有四种假说：①黑素细胞直接将黑素小体植入角质形成细胞内；②黑素细胞和角质形成细胞胞膜融合，形成连续的孔道使得黑素小体得以通过；③黑素细胞以胞吐的方式释放黑素小体，继而被周围的角质形成细胞吞入胞内；④角质形成细胞通过活跃的吞噬作用吞噬黑素细胞的远端树突，并进而将吞噬的树突融合入胞体。

4. 黑素小体在角质形成细胞内的再分布和降解 黑素小体一旦传递进入角质形成细胞内，就会有选择性地向角质形成细胞的表皮侧移位，这样有利于角质形成细胞吸收透入皮肤中的紫外线，保护其下的细胞核不发生突变损伤。研究发现细胞骨架成分和微管相关动力蛋白参与了黑素小体的该种移位。随着角质形成细胞不断向表皮角质层上移完成最终分化过程，其胞质内的黑素小体可被酸性的水解酶不断降解。最终，当角质形成细胞达到角质层，黑素小体结构也消失，随角质层脱落排出体外，而角质层下的黑素小体中的氨基酸、脂类及糖类可被重新吸收，参与表皮的代谢过程。

五 黑素细胞调控的信号传导途径

与黑素细胞增殖和黑素生成有关的4条信号传导途径分述如下：

1. 二脂酰甘油/蛋白激酶C途径 蛋白激酶C主要是通过对酪氨酸酶磷酸化或改变酪氨酸酶和酪氨酸酶相关蛋白-1的表达来影响黑素生成。在生理状态下蛋白激酶C活化是短暂的，这是因为二脂酰甘油自细胞膜产生后数秒或数分钟内即消失。随着蛋白激酶C活性丧失的同时酪氨酸酶活性也随之下降。

2. 一氧化氮/环磷酸鸟苷/蛋白激酶G途径 一氧化氮合成酶在催化L-精氨酸转变成L-瓜氨酸的过程中释放产生一氧化氮，它通过活化可溶性鸟苷酸环化酶，导致胞内环磷酸鸟苷水平升高，使蛋白激酶G活化，蛋白激酶G通过磷酸化来改变酪氨酸酶活性而发挥不同调节功能。

3. 丝裂原激活的蛋白激酶级联途径 大多数能刺激受体型酪氨酸激酶的丝裂原肽均能促进体外正常人黑素细胞增殖。丝裂原激活的蛋白激酶2和转录因子Ca^{2+}/cAMP应答元件结合蛋白在不同时相和不同水平活化丝裂原激活的蛋白激酶，并通过系列丝裂原激活的蛋白激酶级联反应使停滞在G1期的黑素细胞进入S期，促进黑素细胞合成黑素。

4. 环磷酸腺苷/蛋白激酶A途径 能提高胞内环磷酸腺苷水平的物质如霍乱毒素、双丁基环磷酸腺苷、8-溴-环磷酸鸟苷、异丁基甲基黄嘌呤和毛喉素（forskolin）添加到培养基中能促使黑素细胞分裂，诱导黑素生成。毛喉素为腺苷酸环化酶的激动剂，另外4种则为蛋白激酶A激动剂，它们都通过不同方式激活了环磷酸腺苷/蛋白激酶A信号途径，诱导黑素生成。

六 影响黑素代谢的因素

在黑素代谢过程中，受到紫外线、内分泌、精神因素、维生素等多因素的影响（图13-1）。

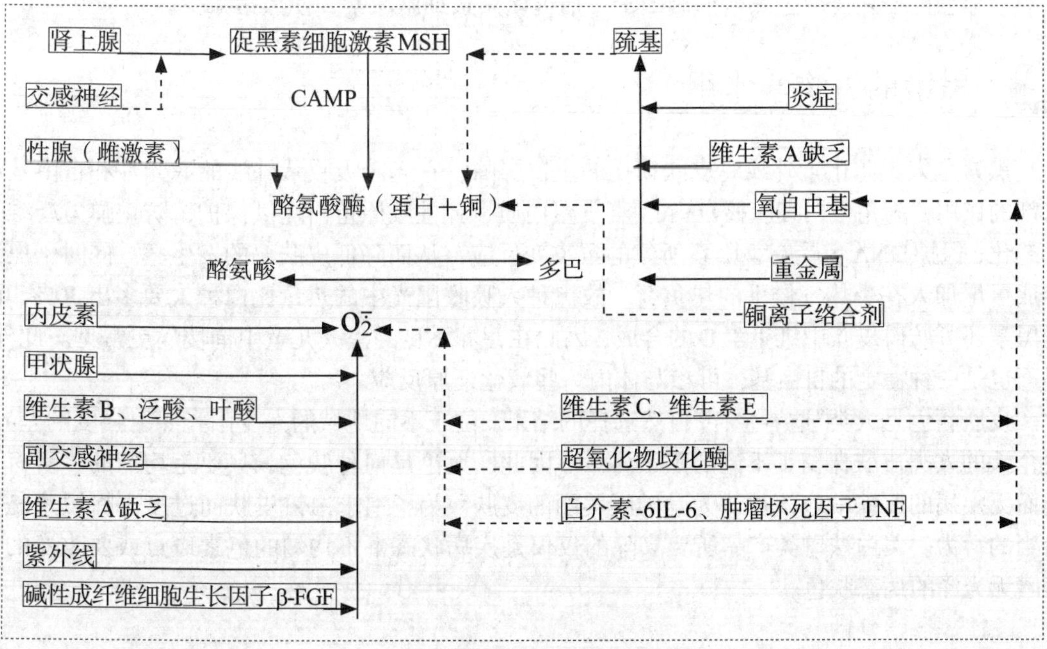

（实线为促进，虚线为抑制）

图13-1 影响黑素代谢的因素

1. 紫外线 促使黑素细胞产生黑素增多的主要因素是紫外线，以长波紫外线（UVA）和中波紫外线（UVB）影响最大。紫外线照射可以激活酪氨酸酶，增多氧自由基，导致巯基氧化而减少巯基含量，从而使黑素生成增加。同时紫外线还会减少谷胱甘肽含量，产生自由基、激活酪氨酸酶，使黑素生成增加。

2. 微量元素和重金属 微量元素在黑素代谢中主要起着促酶的作用，其中铜离子和锌离子较为重要，特别是铜离子，其含量越高，酪氨酸酶的活性就越强，合成的黑素也就越多。某些重金属如砷、铋、银以及铅、汞等可与皮肤巯基结合，减少巯基含量，激活酪氨酸酶，使黑素生成增加。

3. 维生素及氨基酸 维生素A缺乏可导致毛囊过度角化而使巯基减少，从而解除巯基对酪氨酸酶的抑制作用，产生色素沉着。维生素C缺乏减弱其对黑素代谢中间产物还原作用，使黑素增加。烟酸缺乏可增加对光敏感而出现色素沉着。

4. 激素 促黑素细胞激素（melanocyte-stimulating hormone，MSH），主要由垂体分泌，皮肤中的角质形成细胞也能产生，是调节黑素合成的主要激素。受下丘脑促黑素细胞激素释放因子（melanocyte-stimulating hormone releasing factor，MRF）的调控。MSH与黑素细胞膜受体结合后，经级联反应，促进黑素细胞增殖、黑素生物合成；MSH能增加细胞内环化苷酸含量，增强酪氨酸酶活性，促进黑素颗粒的合成；还能增加血清铜含量或减少皮肤内巯基的含量，从多个途径影响黑素的合成代谢。

肾上腺皮质激素可抑制垂体MSH的分泌，但如果含量较高，又会反过来负反馈刺激垂体MSH的分泌，使黑素增多。性激素能解除谷胱甘肽对酪氨酸酶的抑制作用，尤其是雌激素可使皮肤酪氨酸增加，还能刺激黑素细胞分泌黑素体。孕激素促使黑素体转运扩散，雌、孕激素的联合作用更加明显。从更年期开始，女性黄褐斑患者皮损颜色逐渐变淡，直至消失，女性激素减少是其主要原因。甲状腺素可促进酪氨酸及黑素的氧化过程。

5. 精神因素 副交感神经兴奋可通过激活垂体促黑素细胞激素的分泌，使黑素增多；相反的，交感神经兴奋产生黑素抑制因子，拮抗促黑素细胞激素，使黑素减少。

七 黑素的生物学作用

黑素是人类防止紫外线对皮肤损伤的主要屏障。它起着吸收紫外线的滤光片和自由基清除剂的作用，为角蛋白细胞核DNA、真皮蛋白质、弹性胶原蛋白提供保护，防止弹力纤维变性老化；保护DNA免受有害因素所致的致突变反应，从而降低皮肤癌的发生率。同时，黑素合成可增加人在炎热气候下的热负荷，故黑种人吸收阳光中的热量比白种人要多出30%，而且黑素还可妨碍皮肤中维生素D的合成，因此在营养不良的黑人儿童中佝偻病更常见。此外，黑素也是一种稳定的自由基，可参与体内一些氧化还原反应。

皮肤颜色是人类“适者生存”自然选择的结果。位于不同地域的人受阳光照射强度的差异，使今天的人类皮肤保留了不同的黑素含量。因此，无论是何种肤色，只要是均匀的、富有光泽而无疾病的皮肤就应该被认为是健康美丽的皮肤。为了追求白皙皮肤而过度去除黑素是不恰当的行为。美白祛斑类产品所要去除的仅仅是疾病状态下不均匀的色素斑点或要改变的是晦暗无光泽的病态肤色。

第二节　美白祛斑类化妆品作用机制及原料种类

一　美白祛斑类化妆品作用机制

由于黑素合成过程中的酪氨酸酶活性和黑素输送等环节容易受到外界的影响，从而为美白化妆品的研究开发提供了可能。要达到美白、祛斑的目的,美白祛斑产品可作用于酪氨酸酶、黑素细胞和黑素的转运代谢。美白祛斑化妆品的作用机制可分为以下几类：

1. 酪氨酸酶活性抑制剂　如氢醌、熊果苷、曲酸、壬二酸、葡萄糖胺、甲基龙胆酸盐、衣霉素等。由于在黑素形成过程中酪氨酸酶是一主要限速酶，因此当前化妆品市场上的美白产品几乎绝大多数以酪氨酸酶抑制剂为主，并且每年以较快的速度发现新的该类化合物。

依据抑制机制的不同，又可分为两类，即酪氨酸酶的破坏型抑制剂（破坏酪氨酸酶的活性部位）和酪氨酸酶的非破坏型抑制剂。前者即直接对酪氨酸酶进行修饰、改性，使之失去对黑素前体-酪氨酸的作用，从而达到抑制黑素形成的目的。目前该抑制剂的研究、开发主要限于对Cu^{2+}等酪氨酸酶活性部位的破坏，因此寻找安全、高效的Cu^{2+}络合剂是该领域的一个研究热点，目前已知的Cu^{2+}络合剂有曲酸等。所谓酪氨酸酶的非破坏型抑制剂，即不对酪氨酸酶本身进行修饰、改性，而通过抑制酪氨酸酶的合成或取代酪氨酸酶的作用底物，从而达到抑制黑素形成的目的。

2. 抑制多巴色素互变酶　如甘草提取物等。多巴色素互变酶是一种与酪氨酸酶有关的蛋白质，作用原理是可以促使所作用的底物发生重排，生成底物的某一同分异构体，最终生成另一种黑色素。

3. 影响黑素代谢剂（黑素运输阻断剂）　如维A酸、亚油酸等。

4. 黑素细胞毒性剂　如四异棕榈酸酯、油溶性甘草提取物、氢醌等。

5. 化学剥脱剂　如果酸、亚油酸、亚麻酸、感光素401号等。酸性化学损伤使衰老死亡的浅表角质层剥脱，其中的黑素也随之脱失，可立即出现皮肤颜色变浅，富有光泽感，适宜的酸刺激还可促进细胞的新陈代谢。但是过度的刺激会引发皮肤炎症，促使黑素合成增加，反而会加重皮肤色素斑。

6. 还原剂　黑素由细胞分泌后呈氧化态，具有明显的黑色，如使用还原剂将黑素加以还原,则变为无色的还原型黑素,但这种对黑素的还原作用是可逆的。常用的还原剂,如维生素C、维生素E及其衍生物等。

7. 内皮素拮抗剂　对抗内皮素的致黑素作用，如绿茶提取物、内皮素拮抗剂等。

8. 遮光剂（防晒剂）　如对氨基苯甲酸酯类等，保护皮肤免受紫外线照射，阻断紫外线引起的皮肤晒黑作用。

二　美白祛斑类化妆品原料

（一）氢醌衍生物

氢醌是一种传统且有效的美白祛斑成分，它具有凝结蛋白质的作用，能凝结酪氨酸酶中的氨基酸，使酶冻结而失去催化活性。另外，氢醌在一定浓度下可致黑素细胞变性、死亡。我国《化妆品卫生规范》2007年版明确禁止氢醌作为化妆品的美白剂。在开发新的美白原料时，常以氢醌作为参比对照。

作为氢醌衍生物重要来源的熊果苷（arbutin），是很流行的美白剂。熊果苷有两种差相异构体，即α及β型，化学名称分别为4-羟基苯-α-D-吡喃葡萄糖苷、4-羟基苯-β-D-吡喃葡萄糖苷，分子式为$C_{12}H_{16}O_7$（结构式见图13-2），是一种易溶于水的白色粉末。从其分子结构看，它实际上是对苯二酚的糖类衍生物，其水解产物为对苯二酚和葡萄糖。作用机制是在不具备黑素细胞毒性的浓度范围内抑制酪氨酸酶的活性、阻断多巴及多巴醌的合成，从而遏制黑素的生成。此外，熊果苷在渗入皮肤后，能破坏黑素细胞，造成细胞结构的改变，从而能有效的抑制细胞内酪氨酸酶的活性。因熊果苷安全性高、美白效果明显，其应用与研究已相当广泛。

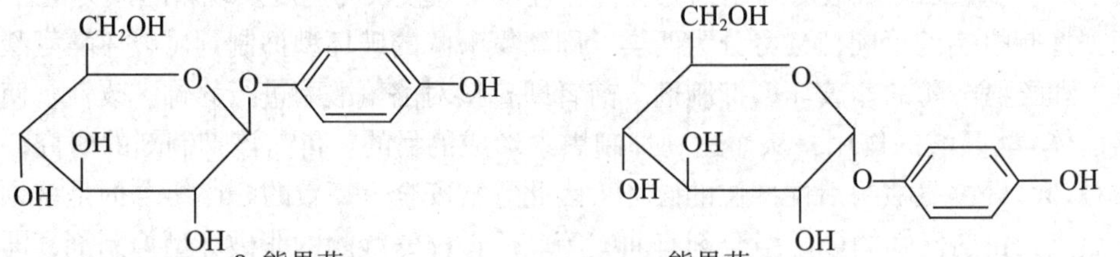

图13-2　熊果苷的结构式

熊果苷的来源包括植物提取、植物组织培养、酶催化法及有机合成。其中合成品由于其纯度高，色泽浅，活性也很高，在市场上占主导地位。采用人工合成的方法，以葡萄糖为起始原料，也可得到纯度较高的熊果苷产品。市场上合成产品要比天然产品的价格高几倍。20世纪90年代后，人们又开始研究酶催化法制取熊果苷，即采用对苯二酚和葡萄糖在β-糖苷酶催化下获得熊果苷，该方法前景很被看好。

熊果苷对紫外线照射引起的色素沉着作用的影响尤为明显。随着对其研究的深入，一些熊果苷衍生物也陆续开发成功，例如熊果苷的酚羟基酯化物以及维生素C-熊果苷磷酸酯等等。后者有很好的储存稳定性、极佳的皮肤吸收性，在体内被酶水解为维生素C和熊果苷，表现出维生素C的还原活性和熊果苷的酪氨酸酶抑制活性，成为稳定性更高、美白效果更好、更安全的美白成分。

（二）曲酸及其衍生物

曲酸（kojic acid）又称为曲菌酸，化学名称为5-羟基-2-羟甲基-4-吡喃酮（结构式见图13-3），外观为无色棱柱形结晶，易溶于水。曲酸除有美白作用外，还具有抗菌和保鲜作用。曲酸及其衍生物的美白机制为抢先与酪氨酸酶中的铜离子螯合，使铜离子失去作用，进而使缺少铜离子的酪氨酸酶失去催化活性，以最终达到美白的效果。另有研究发现，曲酸同时具有抑制5,6-二羟基吲哚聚合及抑制5,6-二羟吲哚-2-羧酸氧化酶活性的作用。这是很少的一种能同时抑制多种酶的单一美白剂，因此是非常值得研究的一类美白剂。

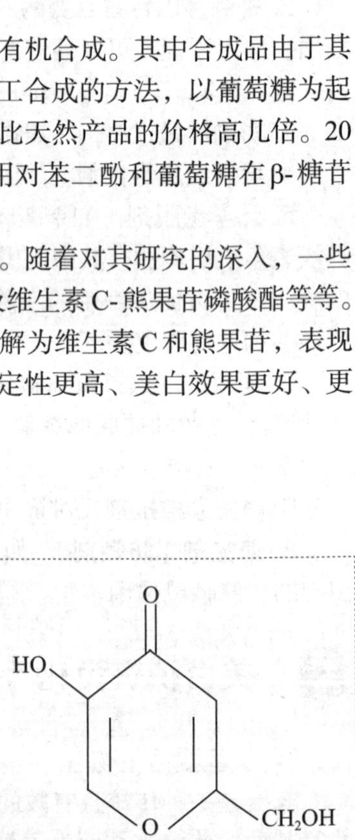

图13-3　曲酸的结构式

由于曲酸的稳定性较差，对光、热较敏感，易与金属离子（如Fe^{3+}）螯合，容易氧化、变色，而且皮肤吸收性较差。因此开发出了不少曲酸的衍生物以克服曲酸的缺点，其中不少品种显示出较强的美白效果。曲酸衍生物是从曲酸上的2个羟基入手，一般进行酯化和烷基化。酯化可以形成曲酸单酯，也可以形成双酯。目前商品化产品中的双酯是曲酸双棕榈酸酯（kojic dipalmitate，KAD-15），是最流行的曲酸美白剂（图13-4）。KAD-15与氨基葡萄糖衍生物复配后，其美白效果会成倍增长。曲酸双酯中曲酸的异棕榈酸酯，由于其为液体而易于被添加于配方中，因此也有一定市场。曲酸单酯中，曲酸单亚麻酸酯结合了曲酸与亚麻酸的双重美白作用，美白效果很好，并且能有效吸收紫外线，但稳定性不如KAD-15。

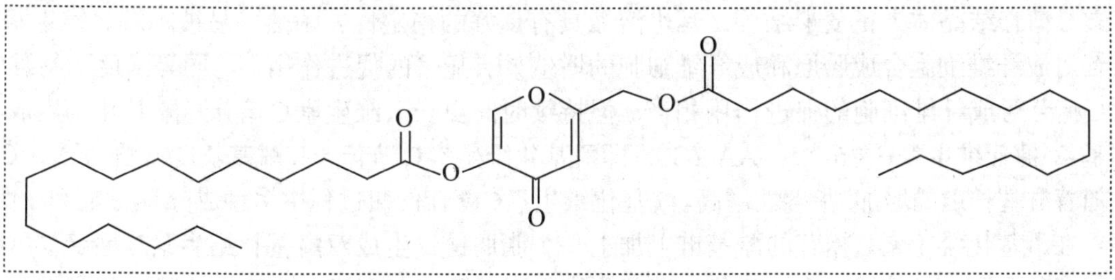

图13-4 曲酸双棕榈酸酯的结构式

20世纪90年代以来，科研人员开发了许多新的曲酸衍生物，如曲酸苯丙氨酸酶，维生素C曲酸酯。N-曲酸-L-苯丙氨酸，显示出极强的美白活性，但它的半数抑制浓度（50% inhibiting concentration，IC_{50}）值只有曲酸的1/80；N-曲酸-L-苯丙氨酸曲酸酯，显示出更强的美白活性，其IC_{50}值只有曲酸的1/380，更是值得研究的对象之一。维生素C曲酸酯是L-维生素C与曲酸在2位上结合的产物，不仅有很好的热稳定性和酪氨酸酶抑制活性，而且同时具有更强的自由基清除功能。

（三）壬二酸

壬二酸（azelaic acid）又名杜鹃花酸，是一种无色或淡黄色结晶，易溶解在沸水和乙醇中。壬二酸通过阻断黑素在黑素细胞内的正常运输，阻止黑素与蛋白质的自由结合，从而减少黑素颗粒的形成。壬二酸还具有选择性，对于高活性的黑素细胞有抑制作用，对正常色素细胞的作用非常有限。Hetmanns研究指出，壬二酸通过与角质形成细胞的蛋白酶活化受体2（protease-activated receptors 2，PAR-2）相互作用而减少色素形成。角质形成细胞上PAR-2表达的活化会影响黑素向角质形成细胞转移，从而导致色素合成和沉积发生变化。抑制PAR-2的活性，可祛除色素，并改变决定黑素生成的特定基因的表达。

（四）维A酸衍生物

维A酸通过调节表皮细胞的有丝分裂和表皮细胞的更新、促进角质层脱落，从而使色素颗粒随之脱落。维A酸对酪氨酸酶、多巴氧化酶及二羟基吲哚氧化酶都有抑制作用，从而减少黑素形成。我国化妆品禁止使用维A酸，在化妆品中常用的是各种维A酸衍生物。

（五）维生素C及其衍生物

维生素C（ascorbic acid）又称抗坏血酸，是一种水溶性抗氧化剂，分子式为$C_6H_8O_6$，分子中C_2和C_3位羟基上的2个氢原子容易脱去，生成脱氢抗坏血酸。维生素C主要是阻碍酪氨酸的氧化反应，不仅能还原已经形成的黑素，还是胶原脯氨酸羟化酶和胶原赖氨酸羟化酶维持活性所必需的辅助因子。临床上维生素C对祛除后天性色素沉着有着明显效果。

口服小剂量维生素C几乎无临床可见的美白作用，大剂量容易产生恶心、呕吐，诱发胃溃疡；静脉注射又存在依从性低等问题；局部应用维生素C极易氧化，且因水溶性而经皮吸收少（左旋维生素C优于右旋维生素C）。因此，近年来维生素C衍生物应运而生，常用的有维生素C磷酸酯盐、维生素C棕榈酸酯等。维生素C磷酸酯盐包括维生素C磷酸酯镁和维生素C磷酸酯钠，前者较后者美白效果好、价格低，应用广泛。维生素C棕榈酸酯是应用广泛的维生素C脂肪酸酯，它是油溶性的，用于化妆品中易于与其他美白原料复配，可获得稳定高效的美白效果。

外用制剂主要采用维生素C糖苷和酰基化维生素C糖苷。维生素C和麦芽糖在葡萄糖苷酶的催化反应下，使维生素C的2位氢原子由糖苷基取代，生成维生素C糖苷（AA-2G）。维生素C糖苷结晶体为正菱形结构，其水溶液具有良好的稳定性，耐热不易被降解。维生素C糖苷对成纤维细胞合成胶原和成纤维细胞的增殖具有显著的促进作用。与同等浓度下的维生素C糖苷对成纤维细胞的促进作用相当，但持续时间更长。维生素C糖苷经酰基化，生成6-酰基-2-糖苷维生素C（6-Acyl-AA-2G），即酰基化维生素C糖苷。其酰基长度一般为$C_4 \sim C_6$，且随着酰基长度的增加，脂溶性增高。酰基化维生素C糖苷代谢过程中多种成分具有生物活性。

在酰基化维生素C糖苷的酰基链上加上一个脂肪链，生成双酰基化维生素C糖苷，可以溶于多种介质，且较维生素C糖苷和酰基化维生素C糖苷有更好的溶解度。双酰基化维生素C糖苷具有良好的脂溶性和皮肤穿透性。酰基化维生素C糖苷的热稳定性、溶解度较维生素C糖苷弱，但自由基清除能力则较强。而双酰基化维生素C糖苷弥补了酰基化维生素C糖苷的缺点，成为目前维生素C类外用剂的首选。

（六）化学剥脱剂

1. 果酸 天然果酸中有乳酸（glycolic acid）、苹果酸（malic acid）、水杨酸（salicylic acid）及其衍生物。果酸分子结构简单、分子量小、无毒无臭、渗透性强、作用安全、不破坏表皮屏障功能。果酸有很强的软化角质层作用，可使过度堆积的死皮细胞分离脱落，使角质层更致密，皮肤细腻、有光泽。果酸的美白作用机制可能是干扰细胞表面的结合力而减弱角质细胞间的粘连性，促进含有黑素的角质形成细胞脱落，而新生成的角质形成细胞可能含有更少的黑素。同时能刺激真皮胶原合成，增强保湿功能。所以大多数美容产品中都声称含有果酸，它的使用往往与其他美白剂复配。α型果酸都具有较强的皮肤刺激性，而β型果酸则刺激性小，因此低刺激β型果酸是主要开发的方向。高浓度的果酸可不同程度地剥脱表皮层，达到换肤的作用。果酸可刺激皮肤，产生发红、灼热、不适感等，所以高浓度的果酸需在专业人员的指导下使用。

2. 羟基乙酸（glycolic acid） 羟基乙酸可深入皮肤、软化表皮角质层，使皮肤角质形成细胞粘连性降低、分裂加快，使老化、堆积的角质形成细胞脱落。还可以使真皮层的透明质酸含量增加、提高皮肤的含水量。这些功能可以很好地改善皮肤质地、消除皮肤的细小皱纹，还可使皮肤红润、细腻、富有光泽和弹性。

3. 亚油酸（linolic acid） 为不饱和酸，无色油状物，其酯类较稳定，可溶于醚、无水乙醇、石油醚，不溶于甘油和水。它不仅可抑制酪氨酸酶活性，减少黑素生成，具有美白作用，还具有维生素E的作用，可增加保湿、抗刺激过敏、调理作用，常用作化妆品的营养性辅助剂。

（七）内皮素拮抗剂

内皮素拮抗剂（endothelin antagonist）是20世纪90年代发现的重要的皮肤美白剂。日本的Imokawa等发现，在紫外线照射下，角质形成细胞可释放出一种细胞分裂素，当其被黑素细胞受体接受后，会刺激黑素细胞增殖，并激发酪氨酸酶活性，从而使黑素量增加，这种细胞分裂素即为内皮素（endothelin，ET）。内皮素拮抗剂是一种对抗内皮素，间接抑制酪氨酸酶活性和黑素细胞分化的物质。它可以从洋甘菊、绿茶等草本植物中分离、酶解、纯化获取，还可以通过生物发酵获取。内皮素拮抗剂还可减少紫外线引起的不均匀色素分布。

（八）动物胎盘提取物

在市场上不少标有美白、祛斑作用的产品中，会有胎盘素这一成分。实际上胎盘素是一种混合物，成分复杂，有氨基酸、酵素及激素等等。以往对胎盘素的研究大多集中在改善机体及抗皮肤老化方面。胎盘素在促进皮肤新陈代谢的同时可能对黑素的代谢也会有一些促进作用，但其美白机制还不确定，可能是活化细胞、加速色素的清除，或者抑制酪氨酸在核糖体的合成。为增加其效果，市场上许多含胎盘素的美白产品大都辅以其他活性成分，如维生素E、维生素C及其衍生物等。胎盘素不仅可吸收紫外线，防止黑素沉淀，同时还具有保湿功能，故动物胎盘提取物在美白化妆品应用中极为广泛。不过胎盘提取液营养十分丰富，非常容易腐败变质。

（九）植物提取物

植物提取物的应用，迎合了人们回归自然的意识，有很强的市场号召力，天然美白剂的用量在未来的市场上将有所增加。许多植物提取物有其独特的效果，其对酪氨酸酶的抑制率甚至优于传统的美白剂。

1. 甘草提取物 目前市场应用最广的一类植物美白剂，如甘草黄酮。其美白作用主要是通过抑制酪氨酸酶、多巴色素互变异构酶（TRP-2）和阻碍5,6-二羟基吲哚的聚合实现的。甘草提取物还有干扰细胞增殖周期，使细胞生长受到抑制的作用。甘草作为补益中药含有蛋白质和多种氨基酸、脂类、多糖类、果酸、维生素类、微量元素等，这些物质协同对皮肤、毛发发挥营养保湿作用。可以帮助抗紫外线的同时抑制酪氨酸酶的活性而消除黑斑，而且还能改善粗糙、缺水及发炎的皮肤，并对损伤的皮肤、毛发有修复的作用，是功能较全的一种植物美白成分。

2. 桑树提取物 桑树提取物可抑制酪氨酸酶活性，减少黑素的生成，清除氧自由基和羟自由基，减轻色素沉着，具有营养、保湿、修复等作用，自然美白，作用温和，有望成为一些美白及美容化妆品的重要原料之一。

3. 芦荟提取物 芦荟苦素是从芦荟中提取的一种羟基色原酮（苯并γ-吡喃酮）衍生物，Jones K等报道，芦荟苦素是酪氨酸酶的混合性抑制剂，并可抑制多巴醌的形成，对细胞形态无影响，可防止或减少黑素的生成及沉着，所以具有一定的美白效果。

4. 绿茶提取物 绿茶提取物茶多酚是一种理想的天然抗氧化剂。绿茶是很强的酪氨酸酶抑制剂，最具活性的成分有表儿茶素3-0没食子酸盐、倍儿茶酸3-0没食子酸盐、表焙儿茶素3-0没食子酸盐，它们都是含有活性部位五倍子酸基团的儿茶酚。动力学研究表明，倍儿茶酸3-0没食子酸盐是酪氨酸酶的竞争性抑制剂，会与酪氨酸竞争作用在酪氨酸酶的活性部位。此外，还可有效地抑制黑素颗粒从黑素细胞到角质形成细胞的传递，从而达到抑制黑素的目的。

5. 原花青素（proanthocyanidins） 是一种有着特殊分子结构的生物类黄酮，是目前国际上公认的清除人体内自由基最有效的天然抗氧化剂。

原花青素由不同数目的黄烷-3-醇或黄烷-3,4-二醇聚合而成。其中将二到四聚体称为低聚原花青素，五到十聚体称为高聚体。低聚原花青素是纯天然、水溶性的，在波长280nm处有较强的紫外线吸收性。它抑制酪氨酸酶活性的机制可能为原花青素具有金属络合特征。因酪氨酸酶中有铜离子，铜离子对酶的活性具有重要作用，可将黑素的邻苯二醌结构还原成酚型结构，使色素褪色。原花青素可抑制蛋白质氨基和核苷酸发生美拉德反应，抑制脂褐素、老年斑的产生，可与维生素C、维生素E产生协同效应。欧洲人称原花青素为青春营养品、皮肤维生素、口服化妆品，在国外防晒美白化妆品中占有重要地位。

但是植物提取物也有着自身的缺点，如不稳定，在空气、光照及重金属作用下易失活、变色。有些办法可减少这植物提取物的这些缺点，如加入维生素C和维生素E等抗氧剂，以及采用包覆技术等等。植物提取物颜色常常很深，不易做进配方中，因此，需要加强植物提取工艺的研究，以尽量得到色泽浅的产品。

（十）其他

1. 海洋生物提取物 从海洋软体动物中提取出来的糖类物质，是一种小分子的水解产物,可通过多种途径起到美白的功效：①抑制酪氨酸酶的活性；②可能阻碍黑素细胞的生长；③可能刺激细胞产生溶酶体吞噬黑素。这是目前使用的美白剂中不曾有的美白途径。事实上人体内真皮中的黑素就是被溶酶体吞噬，最终由溶酶体的某些酶来降解的。

2. 氨甲环酸（tranexamic acid） 化学名称为反式-4-（氨甲基）环己烷甲酸，是一种纤维蛋白溶解酶原激活物的抑制剂，临床上主要用于止血。因其化学结构为对氨甲基环己烷羧酸，与酪氨酸的化学结构相似，可能产生竞争性抑制，替代酪氨酸与酶结合，使酶失去活性，从而减少酪氨酸代谢终产物黑素的合成，因而有美白作用。另外，氨甲环酸对黑素细胞生成黑素还有抑制作用。因此，近十年来氨甲环酸作为美白祛斑的药物，有口服和注射剂型，也作为化妆品原料，添加到美白祛斑的产品中。

第三节　美白祛斑类化妆品类型与使用

一　产品类型

1. 美白洗面奶 美白洗面奶中除了清洁剂、保湿剂外，还有美白剂等成分。美白剂以维生素C糖苷、积雪草苷、水杨酸、熊果苷、曲酸等为主。因为洗面奶在脸上停留的时间十分有限，它只可以洗掉皮肤表面的油脂、污垢、灰尘，而对于深藏不露的黑素鞭长莫及。如果想达到美白效果就需要在后续步骤中配合使用美白精华乳液、乳霜等其他产品以发挥美白功效。美白洗面奶配方举例见表13-1。

配方分析：通过天然来源的温和表面活性剂——椰油基葡萄糖苷，协同油脂的相溶作用来达到去除皮肤多余油脂和深层清洁毛孔的目的，并配合芦荟提取液达到美白的功效。

表13-1　美白洁面乳配方举例

组　分	质量分数/%	组　分	质量分数/%
芦荟提取液（10：1）	2.0	辛酸癸酸三甘油酯	11.0
椰油基葡萄糖苷	15.0	白矿油	8.0
甘油	5.0	十六醇/十八醇	3.0
单硬脂酸甘油酯	2.0	香精	适量
防腐剂	适量	水	加至100

2. 美白化妆水 美白性的化妆水成分通常有甘油、丁二醇等溶剂，还有维生素C糖苷、烟酰胺、维生素B衍生物等美白剂，不仅可以去除洁面后皮肤残留的皮脂、补充角质层的水分，还可以发挥美白功效。美白化妆水配方举例见表13-2。

表13-2 美白嫩肤水配方举例

组分	质量分数/%	组分	质量分数/%
丁二醇	6.0	乳酸/乳酸钠	4.0
泛醇	0.3	桑树根提取物	1.5
防腐剂	适量	水	加至100

配方分析：通过乳酸/乳酸钠缓冲液使配方体系pH在4.5左右，温和的去角质，配合桑树根提取物的美白作用达到美白功效。

3. 美白精华液 精华液通常用于化妆水之后，护肤霜之前。精华素分水剂、油剂2种，含有维生素C衍生物、曲酸衍生物、柑橘萃取物等浓缩的高营养物质。精华液所含的保湿剂浓度相当高，分子却很细微，易被皮肤吸收，且触感清爽。美白精华液配方举例见表13-3。

表13-3 美白精华液配方举例

组分	质量分数/%	组分	质量分数/%
维生素C葡萄糖苷	2.0	羟乙基纤维素	0.6
酵母提取液	2.5	泛醇	0.4
甘油	6.0	柠檬酸/柠檬酸钠	pH缓冲（6.5 ~ 6.7）
防腐剂	适量	水	加至100

配方分析：通过新型维生素C衍生物的稳定性、美白功效，配合酵母提取液的增殖保湿作用协同美白。

4. 美白面膜 经由密封作用，延长水分作用在皮肤上的时间，使各种美白剂更加深入地进入皮肤，发挥美白功效。美白面膜配方举例见表13-4。

表13-4 美白面膜配方举例

组分	质量分数/%	组分	质量分数/%
聚丙烯酸	0.4	泛醇	0.4
NaOH	调节pH	烟酰胺	3.0
甘油	5.0	蘑菇葡聚糖	3.5
防腐剂	适量	水	加至100

配方分析：聚丙烯酸为赋形剂，烟酰胺和蘑菇葡聚糖发挥协同美白的作用。

5. 美白乳液 乳液是水包油型的乳化剂，具有一定的流动性。乳液含水量较大，能为皮肤补充水分。乳液还含有少量的油分，又可以滋润皮肤。美白乳液配方举例见表13-5。

表13-5　美白嫩肤乳液配方举例

组分	质量分数/%	组分	质量分数/%
山梨醇橄榄油酯/鲸蜡硬脂基葡糖苷	2.8	防腐剂	适量
		辛酸癸酸三甘油酯	5.0
角鲨烷	3.5	霍霍巴油	1.0
维生素E	0.25	黄原胶	0.25
姜黄提取物	0.4	PEG-400	6.0
胡椒素	0.01	泛醇	0.4
香精	适量	水	加至100

配方分析：姜黄提取物抑制黑素的生成，通过胡椒素的促渗作用达到美白亮肤的作用。

6. 美白霜　霜剂是油与水混合振荡再加入乳化剂、药物制成的半固体剂型，能够使一种液体较稳定地分散于另一种液体中，所以兼具亲脂性和亲水性，具有润滑不油腻、软化痂皮、保护等作用，但皮肤渗透性较差。霜剂可分为水包油和油包水两种剂型。美白霜配方举例见表13-6。

表13-6　滋润美白霜配方举例

组　分	质量分数/%	组　分	质量分数/%
十六烷基醇和椰子基葡糖苷	3.0	棕榈酸异丙酯	6.0
硬脂酸硬脂酯	0.8	霍霍巴油	1.5
乳木果油	1.0	聚丙烯酸13/聚异丁烯/聚山梨酸酯	0.6
维生素E	0.4		
光甘草定	0.5	泛醇	0.3
PEG-400	6.0	防腐剂	适量
香精	适量	水	加至100
辛酸癸酸三甘油酯	6.0		

配方分析：通过光甘草定的显著抑制酪氨酸酶的作用和维生素E的抗氧化作用达到美白功效。

二　产品使用

取适量膏体在皮肤上均匀涂抹，有色素沉着部位可适当按摩，以促进血液循环，从而使祛斑有效物质更好的渗透吸收。祛斑面膜最好在做了面部护理的按摩步骤后使用，敷脸后的皮肤最适合吸收营养，同时要依据情况配合使用防晒品。

维生素C衍生物不具有光敏性，同时由于具有抗氧化功效，可以增加皮肤抗紫外线效果，所以更适合白天使用。为防光氧化，含熊果酸成分的产品晚上使用为宜。

黑素由基底层至角质层的运输时间需要28天，所以美白产品至少要使用1个月才开始出现效果，连续数月可有明显效果。美白产品的功效不是一劳永逸的，如含有还原剂的美白成分只是还原了黑素，但如果停止使用产品，黑素依然会回到原来的氧化状态，肤色也会回到从前。因此抗氧化美白祛斑产品需要较长时间使用。

化学剥脱剂的效果较快，可能会立即出现美白效果。因为包括果酸在内的各种酸性美白成分能去除皮肤表层的角质形成细胞，使皮肤光洁白嫩，但若长期用此方法对皮肤进行刺激，会引起皮肤慢性炎症，反而促进黑素增生。皮肤屏障功能受损，皮肤抵御外界侵害的功能降低，即出现临床所谓的“换肤综合征”，皮肤对光热敏感，对各种化妆品均不耐受，还可出现皮肤发红、脱屑、紧绷感，同时也令皮肤水分过度丧失，极易出现老化。美白产品中只允许使用3%以下低浓度的果酸，中等浓度的果酸可用以祛斑，20%以上高浓度的果酸只能在专业人员的指导下使用。果酸仅仅是通过角质层剥脱产生美白效果，对位于表皮基底层或真皮层的色素则无能为力。

第四节　美白祛斑类化妆品的功效评价

美白祛斑化妆品的功效评价可以包括两个方面，即安全性评价和有效性评价。评价的方法主要有美白活性成分分析及美白效果评价。

一　美白活性成分分析

可通过高效液相色谱等方法对美白化妆品中的美白活性物质进行种类和含量的测定，以推测其美白效果。分离出来的成分可以根据其性质不同，采用红外吸收光谱法、核磁共振光谱法、气相色谱分析法、质谱分析法、X衍射分析法或原子发射光谱法进行定性、定量分析。

二　美白效果评价

（一）体外实验

1. 酪氨酸酶活性测定　酪氨酸酶是黑素生成的关键酶，它控制着黑素的形成过程，其活性程度对色素的沉积起主要作用。目前市场上销售的许多美白、祛斑产品都是以抑制酪氨酸酶达到美白作用，故对酪氨酸酶抑制作用的强弱是评价美白化妆品的主要指标。黑素细胞的黑素合成机制是复杂的，人们对黑素合成调控的认识经历了酪氨酸酶单酶学说到多酶学说，今后有可能开发出其他酶活性测试的方法。目前又发现酪氨酸酶呈现多态性，至今没有定论。

酪氨酸酶活性检测方法有放射性同位素法、免疫学法和酶学法，其中以酶学法较为简单成熟，无需动物实验或细胞实验的复杂步骤，结果快速易得。但该方法仍需要结合其他各种实验方法，才能正确评价化妆品的美白功能。测定美白活性物质对酪氨酸酶的抑制作用时，采用半数抑制量ID_{50}（50% inhibitory dose）或IC_{50}（50% inhibitory concentration）来表示其抑制效果，ID_{50}或IC_{50}值越小，则活性物质的抑制作用越大。

2. 黑素含量测定　美白化妆品功效评价的最重要检测指标，就是细胞中黑素含量测定，无论通过何种途径作用，其美白效果的判断要以黑素细胞中黑素含量降低为标准。该方法以B-16黑素瘤细胞作为研究对象，通过测定细胞中黑素总量，以判断样品对黑素的影响。

（1）显微镜下观察培养的B-16黑素瘤细胞中的黑素颗粒的色调，判断美白原料抑制黑素合成的效果。还可以将细胞经离心等步骤，释放出细胞颗粒，并在波长420nm测定吸光度，计算黑素总量。

（2）采用生物化学-分光光度法测定黑素细胞中的黑素含量，此方法经典稳定，但需要将被测细胞破碎，专门提取黑素进行比色分析，从而导致操作步骤比较烦琐，实验要求高，使其应用受到一定的限制。

（3）细胞图像分析技术是近年来迅速发展的组织中物质定量检测手段，细胞图像分析系统包括显微镜、摄像系统、计算机和图像分析软件，研制初期主要用于正常组织中物质含量测定，它通过定区、定放大倍数来测定特殊染色物质像素量的多少，以对被测物质定量。该方法简便、快速、准确，因此逐渐被引用于正常组织中物质含量测定。

早期采用黑素瘤细胞进行培养，由于黑素瘤细胞具有能够多次传代、生长快和培养条件相对较低等优点，成为筛选美白剂时的首选细胞。20世纪70年代以来采用人体正常黑素细胞的体外培养技术越来越多。

3. 细胞培养观察其他参数 利用细胞培养还可以从多个途径分析美白原料对黑素形成的影响：

（1）通过光镜、电镜观察黑素细胞的存活状况、外部形态、结构及黑素合成量。

（2）通过四唑盐比色法（methylthiazol tetrazolium，MMT），测定观察组和对照组吸光度值，根据吸光度值计算细胞增殖指数，观察美白原料对黑素细胞生长情况的抑制作用。

（3）通过分子生物学方法对黑素合成过程中相关酶（酪氨酸酶、二羟基吲哚羧酸氧化酶和多巴色素互变酶）的mRNA、DNA的表达水平及酪氨酸酶合成量进行测定，以评价美白活性剂对这些酶的影响。

（4）通过化学分析法或免疫学方法对酪氨酸酶活性或含量进行测定，观察美白剂对酪氨酸酶的抑制作用。

（二）体内评价

1. 动物试验 该方法通过紫外线照射动物皮肤，使皮肤形成色素斑，然后连续涂敷美白试验物质。28天后取皮肤活组织，固定、包埋、切片，进行组织学观察，记录基底细胞中含黑素颗粒细胞计数及多巴阳性细胞计数。该方法使用黄棕色豚鼠，其皮肤黑素细胞和黑素小体的分布近似于人类，试验结果重复性好，较小鼠模型更宜用于研究化妆品的美白功能。

2. 人体皮肤试验

（1）正常皮肤试验：受试部位一般选择前臂皮肤，以避免光照对皮肤色度的影响。一侧为试验区，另一侧为对照区。将美白剂涂于皮肤，观察涂敷美白剂前后肤色的变化，根据皮肤色度减退程度评价美白剂的功效。

（2）紫外线照射黑化试验：用UVA或日光模拟器照射前臂内侧或背部皮肤，造成人为的黑斑，观察使用美白祛斑化妆品的褪色效果。

（3）选择面部肤色正常的志愿者或面部有色素沉着的患者，比较使用美白祛斑化妆品前后或试验品与对照品的面部色素改变，评价产品效果。

3. 皮肤颜色的评价方法

（1）视觉等级评分：早期对人体皮肤颜色变化的判定曾采用视觉等级评分，又称形容词比较法，其特点是用形容词把皮肤颜色分为若干等级。但是该方法受观察者的光感差异、观测时的照明光源影响，是一种主观性很强的评估手段，缺乏精确的颜色信息。后来采用照相的方法，拍摄皮肤色斑，在照片上分析皮肤色斑沉着的变化以评价产品的效果。但此法受照相时光线及冲印条件的影响很大，而且反映的皮肤颜色黑白变化单一。目前常用的FotoFinder dermoscope仪器，是照相法的改进，主要由摄像机和显微镜头组成，可以对色素沉着区进行拍照、放大，并进行图像处理，计算各种参数，如皮损大小、边缘情况、结构参数，同时作出安全评价，是一种常用的色斑评价法。不过，在对皮肤色斑颜色进行评价时仍然受拍照条件的影响较大，需要与其他皮肤颜色测定仪配合使用来进行准确的评价。

（2）三色分析法：根据国际照明委员会规定的三色分析法建立的一种皮肤颜色测量方法（见总论相关章节）。该法定义了颜色空间的位置，反映皮肤颜色空间多维的变化，使色度变化可以数值的形式表达，量化较准确，因而在以肤色变化为观察终点的人体肤色评价中得到了普遍应用。但此方法中所用的参数不能完全从生理学上解释测量到的皮肤颜色的成因。

（3）皮肤荧光色素检测法：正常皮肤的特征荧光光谱与皮肤的组织学和形态学特征有关。不同皮肤内的发色团，如黑素、血红蛋白等分布不同，在特定波长的激发下，使得皮肤呈现出不同的特征荧光光谱。分析不同的荧光光谱能够对皮肤中不同发色团的相对含量进行定量，从而能对皮肤的色素沉着进行检测和分析。

（4）反射光谱测量法：针对皮肤颜色的特征发色团，如黑素、血红蛋白等，选择紫外和可见波长范围内的特定波长，或者在全波长范围内扫描，测量皮肤表面的紫外可见反射光谱。根据皮肤中不同发色团含量的多少以及对不同特征波长的吸收特性不同，得到不同的反射光谱，从而可以对皮肤中的特征发色团，如血红蛋白和黑素等进行定量，可以用来评价皮肤色斑颜色的改变。

（5）漫反射光谱法：在以上方法的基础上改进形成了漫反射光谱法。当在紫外和可见光谱范围内扫描皮肤表面时，一部分光能量被反射，而穿过皮肤的一部分光能量被散射，还有部分光能量被皮肤吸收转换成热能或其他形式能量。当穿过皮肤的那部分光能再次碰到皮肤时仍然会在皮肤的不同表层上发生散射，这部分散射光能量被收集测定为漫反射光谱，根据光谱性质的变化可以计算得出各种发色团的含量，从而能够综合评价皮肤色斑颜色的变化。

（6）数字化成像技术：将显微镜照相技术和计算机处理系统结合，能够对色素沉着、红斑和皮肤瘢痕等有色皮肤进行扫描并进行色度定量，综合检测皮肤颜色的变化。利用显微镜照相得到每个波段红、绿、蓝的色度信息，经计算机处理系统进行数据信息的转换，得到可进行统计分析比较的参数信息，计算得出各种发色团的含量，以此来综合评价皮肤色度的变化，从而可对化妆品的祛斑效果进行准确的定量评价。数字化成像测量技术同时从光吸收和光散射两维空间上获得大量的肤色及生理状态的信息，能反映皮肤色斑形成和变化的内在生理原因。它能更准确地得到各种发色团的含量，进行一系列的定量计算与评价，而且能够真正做到与皮肤无接触测量，能对身体各个部位的皮肤色斑颜色进行准确定量，是目前其他颜色测量仪器所无法比拟的。但此种方法使用的仪器过于昂贵，目前应用较少。

思考题

1. 影响黑素合成的因素有哪些？
2. 化妆品美白原料的作用机制是什么？
3. 美白祛斑类化妆品的评价方法有哪些？

（李　利）

参考文献

1. Mokawa G. Autocrine and paracrine regulation of melanocytes in human skin and in pigmentary disorders. Pigment Cell Res，2004，17：96-110

2. Kushimoto T，Valencia JC，Costin GE，et al. The Seiji memorial lecture：the melanosome：an ideal model to study cellular differentiation. Pigment Cell Res，2003，16：237-244

3. Wu X，Bowers B，Rao K，et al. Visualization of melanosome dynamics within wild-type and dilute melanocytes suggests a paradigm for myosin V function in vivo. J Cell Biol，1998，143：1899-1918

4. Hara M，Yaar M，Byers HR，et al. Kinesin participates in melanosomal movement along melanocyte dendrites. J Invest Dermatol，2000，114：438-443

5. Seiberg M. Keratinocyte-melanocyte interactions during melanosome transfer. Pigment Cell Res，2001，14：236-242

6. Nordlund J，Boissy RE，Hearing VJ，et al. The pigmentary system. Oxford：Oxford University Press，1998：531

7. Gilchrest BA，Park HY，Eller MS，et al. The photobiology of the tanning response. In：Nordlund JJ，Boissy R E，HearingV J，et al. The pigmentary system. Physiology and pathophysiology. New York：Oxford University Press，1998

8. Campbell，Arthur L. Kojic acid ether-ester derivatives. US：4812474，1989

9. Nagai，Sumiyoshi. Cosmetic composition containing kojic acid ester. US：4278 656，1981.

10. Whittemore，Jerry，Neis，et al. Kojic acid dipalmitate skin whitening cosmetics composition. US：5824，327，1998

11. 依凡林. 皮肤美白剂的比较. 日用化学品科学，1999，6：13-14

12. Higa Yoshitata，Nkashiima Kazuo. Kojjc acid derivative. EP：0347892，1989

13. Yoshikane Kobayashi，Hiroshi Koyahara，Kji Tadasa，et al. Synthesis of amino acid derivatives of acid and their tyrosinase inhibitory activity. Biosci Biotechnol Biochem，1995，59(9)：1745-1746

14. Hetmanns JF，Petit L，Martalo O. Unraveling the patterns of subclinical pheomelanin-enriched facial hyperpigmentation：effect of depigmenting agents. Dermatology. 2000，201：118-122

15. Yamamoto I. Collagen synthesis in human skin fibroblasts in stimulated by a stable form of ascorbate. J Nutrition，1992，122（4）：871-877

16. Genji ImokawaS，Yukihiro Yada，Makoto Miyagishi. Endothelins secreted from human keratinocytes are intrinsic mitogens for human melanocytes. J Biol Chem，1992，267：24675-24680

17. Jones K，Hughes J，HongM，et al. Modulation of melanogenesis by Aloesin：a competitive inhibitor of tyrosinase. Pigment Cell Res，2002，15(5)：335.

18. Phillips J，Grwkrodger DJ，Caddy CM，et al. Keratinocytes suppress TRP-1 expression and reduce cell number of co-cultured melanocytes-implications for grafting of patients with vitiligo. Pigment Cell Res，2001，14（2）：116

19. Kazuhisa Maeda，Minoru Fukuda. Arbutin：Mechanism of its depigmenting action in human melanocyte culture. J Pharmacol and Exper Therap，1996，276（2）：765-769

20. Nischal KC，Khopkar U. Dermoscope. Indian J Dermatol Venereol Leprol，2005，71（4）：300-303

21. Na R，Stender IM，Henriksen M，et al. Autofluorescence of human skin is age - related after correction for skin pigmentation and redness. J Invest Dermatol，2001，116（4）：536-540

22. Wassenaar EB，Vanden Brand JG. Reliability of near – infrared spectroscopy in people with dark skin pigmentation. J Clin Monit Comput，2005，19（3）：195-199

23. Shriver MD，Parra EJ. Comparison of narrow - band reflectance spectroscopy and tristimulus colorimetry for measurements of skin and hair color in persons of different biological ancestry. AmJ Phys Anthropol，2000，112（1）：17-27

24. Stamatas GN，Zmudzka BZ，Kollias N，et al. Non - invasive measurements of skin pigmentation in situ. Pigment Cell Res，2004，17（6）：618-626

25. Miyamoto K，Takiwaki H，Hillebrand GG，et al. Development of a digital imaging system for objective measurement of hyperpigmented spots on the face. Skin Res Technol，2002，8（4）：227-235

第十四章 控油抗痤疮类化妆品

皮脂过量不仅使皮肤外貌污秽油光、皮肤质地粗糙、毛孔粗大，还容易发生痤疮等皮肤病。痤疮俗称“青春痘”，主要发生在皮脂分泌旺盛的部位。部分青年人深受痤疮困扰，在成年人中的发生率有逐渐增加的趋势，严重影响了人们的身心健康。目前市场上控油抗痤疮产品种类繁多，人们有很多选择机会，但是痤疮作为一种皮肤病，应该由皮肤科医师治疗，化妆品仅仅起到辅助治疗作用。

第一节 皮脂分泌及痤疮

皮肤表面的脂质少量来源于表皮代谢产物，多数来源于毛囊皮脂腺，而面部、前胸和上背部的皮脂腺数量多，代谢旺盛。皮脂腺分泌过度，可以导致毛囊皮脂腺导管角化，皮脂排出不畅，微生物繁殖，引起炎症和免疫反应而发生痤疮。因此，皮脂腺在痤疮的发生过程中起了重要的作用。

一、皮脂腺与皮脂分泌

（一）毛囊皮脂腺单位

在解剖学上，毛囊皮脂腺单位大致分为3个部分：毛囊漏斗部、皮脂腺导管和皮脂腺，见图14-1。皮脂腺是皮肤表面的重要附属器，由腺泡和导管组成，多数皮脂腺开口于毛囊，分泌的皮脂经过毛囊导管排出，由于两者的密切关系，被统称为毛囊皮脂腺单位（hair follicle sebaceous glands unit）。皮脂腺的主要功能为分泌皮脂，并在外用药物、化妆品等透皮吸收中起重要作用。青春期雄性激素增多，皮脂腺分泌增多，同时使毛囊、皮脂腺导管异常角化过度，角质层脱落的细胞积聚在毛囊漏斗部，与皮脂结合，形成混合物。如果这些混合物不能自由排出，则淤积于毛囊内形成角栓。皮脂被毛囊中存在的细菌分解，产生脂肪酸，后者刺激毛囊引起炎症，致使毛囊壁损伤破裂，毛囊内容物进入真皮，从而引起毛囊周围的炎症反应。

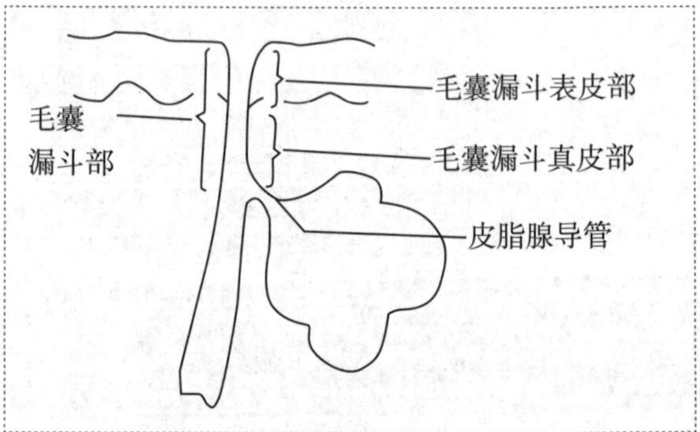

图14-1 毛囊皮脂腺单位示意图

（二）皮脂与皮脂分泌

皮肤表面的脂质是由皮脂腺分泌的皮脂和表皮角质形成细胞崩解产生的皮脂以及环境中的脂质共同构成的。皮脂腺分泌的脂类称为内源性皮脂（endogenous sebum），主要包括脂肪和类脂质，如三酰甘油、蜡酯、类固醇酯、角鲨烯、烃类等。在不同的部位及分泌阶段，皮脂腺分泌的皮脂成分不同。皮脂产生后向上到达毛囊皮脂腺导管中，导管中的痤疮丙酸杆菌分泌脂肪酶，将三酰甘油分解为游离脂肪酸和其他脂类；表皮葡萄球菌酯化胆固醇；角鲨烯在到达皮肤表面后即被氧化。因此，皮脂分泌到皮肤表面后，成分较初分泌时有所改变，三酰甘油减少，游离脂肪酸、各种单酯增多。

不同年龄阶段、不同环境皮肤表面的皮脂成分也不同。青春期前，皮肤的皮脂主要由表皮角质层细胞崩解产生，以胆固醇及其脂类为主，皮脂腺功能低下，因此皮脂中角鲨烯和蜡酯较少；青春期后，在性激素的作用下，皮脂腺开始分泌旺盛，在皮脂腺分布比较密集的解剖部位，如面部“T”型区、前胸、后上背部，皮脂腺分泌的皮脂占绝对优势。控油化妆品主要是针对皮脂腺分泌的皮脂发挥功效作用。

（三）皮脂膜（sebum membrane）

皮脂腺分泌的内源性皮脂和表皮细胞崩解产生的外源性皮脂以及表皮水分、汗液经过乳化作用在皮肤表面形成一层脂质膜，称为皮脂膜。皮脂膜是美容化妆品学中的一个重要概念，它的主要成分是角鲨烯（17%）、蜡酯（16%）、不饱和脂肪酸（65%）等。皮脂膜在保持皮肤表面水分、调节皮肤pH、保持表皮完整、促进局部外用药物和化妆品吸收等方面起重要作用。很多损容性皮肤病都伴有皮脂膜的缺失或破坏，如面部皮炎、痤疮、湿疹等。重建与修复皮脂膜，是重新建立皮肤屏障功能的第一步。

（四）影响皮脂腺分泌的因素

1. 性别 男性普遍较女性皮脂腺分泌旺盛，油性皮肤比率高，毛孔粗大发生率高，更易患痤疮、脂溢性皮炎等与皮脂腺分泌相关的疾病。

2. 年龄 幼年期皮脂腺尚未发育成熟，油脂和水分较平衡，多属于中性皮肤；青春期后，皮脂腺分泌日益旺盛；16至20岁达到高峰，部分皮肤类型转为油性皮肤，开始发生痤疮；随着年龄增长，大部分人在40岁后，皮脂腺分泌呈下降趋势；至老年期，皮脂腺萎缩，油性皮肤的人转为干性皮肤，干性皮肤的人更加干燥。

3. 部位 身体不同部位，皮脂腺密度、大小不同，分泌强度也不同。头皮、面部皮脂腺数量多，是痤疮、脂溢性皮炎的好发部位；其次为胸部、背部；掌跖皮肤、眼睑无皮脂腺分布，不发生脂溢性皮炎。

4. 遗传 遗传因素决定了皮脂腺分布的特点，同样，痤疮、脂溢性皮炎等皮脂相关疾病也存在遗传易感性。

5. 激素水平 皮脂腺是雄激素的靶器官。睾酮在青春期前起主要作用，使皮脂腺导管增长、加粗，分泌增多。局部睾酮在毛囊和皮脂腺存在的5α-还原酶、3β、17β-羟甾醇脱氢酶作用下，转化为二羟睾酮，二羟睾酮与皮脂腺细胞内的受体结合，刺激其增生和分泌皮脂。成年后，脱氢表雄酮分泌增加，主要影响皮脂腺分泌。皮脂腺导管处存在雄激素受体，局部雄激素水平增高与受体结合，引起皮脂腺导管角化异常，使皮脂淤积，加重痤疮的发生。

6. 月经周期 随着女性月经周期的变化，雄激素水平增高，引起局部痤疮加重。部分女性经期前后，尤其月经前期，易患痤疮或原有痤疮加重，临床需配合激素水平调节治疗。

7. 季节和环境 在不同季节，皮脂腺分泌保持相对稳定。但高温天气，机体代谢活动增强，汗液分泌增加，使皮脂更容易排出皮肤表面，皮脂溢出，使皮肤看起来更油腻。而污染严重、粉尘多的环境，易堵塞皮脂腺导管，使皮脂排泄不畅，导致痤疮的发生。

8. 紫外线　紫外线照射使皮脂腺分泌加速，还会使导管异常角化，加重痤疮皮损。

9. 清洁力度　皮肤表面的皮脂膜是一个微态平衡系统，过度清洁使皮脂膜脱失，皮肤干燥，皮肤自身的反馈调节使皮脂腺过度分泌，导致越洗越油，形成恶性循环。

10. 饮食　低热量的食物如蔬菜、水果可降低皮脂分泌率，并使皮脂构成发生改变，角鲨烯水平增高，其他成分降低。

二　痤疮

痤疮（acne）是一种累及皮脂腺的慢性炎症性皮肤病，主要表现为粉刺、丘疹、脓疱、结节、囊肿等，部分痊愈后遗留血管扩张及瘢痕形成。痤疮好发于青春期人群，与青少年皮脂分泌旺盛、皮肤多呈油性等密切相关。近年来，成年人痤疮发病率增加，且病情严重。通常将25岁以后出现的痤疮称为晚发型痤疮，病情常迁延反复。由于痤疮在人群中的发病率高，病情多迁延反复，严重影响人们的容貌，不仅受到皮肤病学家的重视，而且也越来越受到化妆品行业的关注，抗痤疮产品成为市场热销的化妆品。

（一）病因

前述引起皮脂分泌过多的因素都直接或间接与痤疮的发生相关。此外，以下情况也影响痤疮的发生，加重临床症状。

1. 皮脂腺导管过度角化导致脱落的角质细胞、毛囊皮脂腺原有的细菌、皮脂混合物堆积在毛囊口，形成痤疮。

2. 痤疮丙酸杆菌、糠秕孢子菌、表皮葡萄球菌等过度增殖分解三酰甘油，产生游离脂肪酸刺激毛囊及周围发生炎症反应。

3. 免疫反应也参与了痤疮的发生，包括细胞免疫和体液免疫。抗原可能来自痤疮丙酸杆菌的多糖和磷壁酸，通过经典及替代途径激活补体，导致毛囊皮脂腺炎症。淋巴细胞引起的迟发型超敏反应可能参与痤疮炎症反应，SIL-2R是活化的Th淋巴细胞释放的一条多肽链，痤疮患者SIL-2R水平升高。

4. 研究提示，痤疮具有家族聚集性，并且同卵双生子之间皮脂分泌率无明显差异，而异卵双生子之间有差别。目前认为，多态上皮黏液素（PEM）基因与严重痤疮发生有关，细胞色素P450-1A1基因的m1位点在痤疮患者中过度表达，影响皮脂腺的分化和毛囊皮脂腺的过度角化。

5. 睡眠不足、饮食辛辣会加重痤疮，高蛋白低糖饮食有利于痤疮皮损恢复。

（二）痤疮的分类

1. 寻常性痤疮（acne vulgaris）　最常见、最典型的痤疮，皮损以粉刺、丘疹为主（图14-2）。

2. 聚合性痤疮（acne conglobata）　是一种重症痤疮，主要累及男青年，皮损表现多样化，包括严重的结节、囊肿、窦道及瘢痕，发病较晚。好发于面部、背部、前胸、臀部等，病程长，治疗困难。

3. 暴发性痤疮（acne fulminans）　是一种重症痤疮，多见于年轻男性，患轻度痤疮一段时间以后，皮损突然加重，在油腻皮肤上出现严重的丘疹、脓疱、结节和囊肿，同时可能出现发热、关节痛、贫血等全身症状，较少见。

4. **化妆品痤疮（acne cosmetica）** 由化妆品引起毛囊皮脂腺导管堵塞和炎症反应而导致的痤疮，原因可能为化妆品质量低劣、微生物超标、有毒物质超标、化工原料的原发性刺激等。

5. **药物性痤疮（drug-induced acne）** 由于使用某些药物引起的痤疮，多发生在前胸和后背，常见药物有口服和外用皮质类固醇，卤素制剂如氟、氯、溴、碘，各种焦油制剂等。

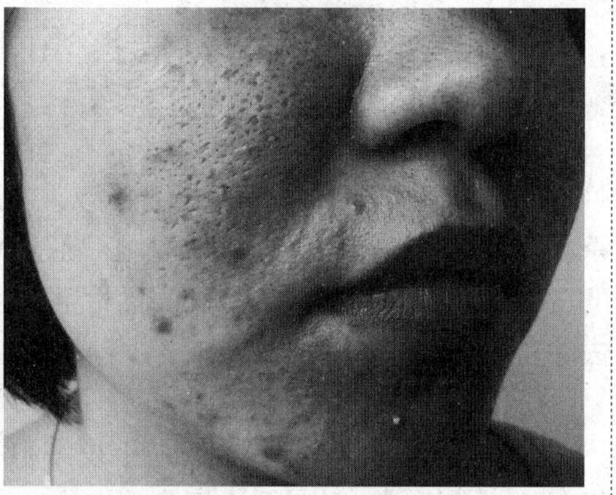

图14-2 寻常型痤疮

（三）严重程度分级

1. 根据痤疮发生的皮损特点、数量多少、发生部位，应用pillsbury分类法将痤疮分为Ⅰ～Ⅳ度

Ⅰ度（轻度）：表现为少数或多数黑头粉刺和散在性炎症性丘疹；

Ⅱ度（中度）：表现为Ⅰ度加浅在性脓疱，炎症性皮疹数目增多，皮损局限于颜面；

Ⅲ度（重度）：表现为Ⅱ度加深在性炎症性丘疹，皮损发生于颜面、颈部、胸部、背部；

Ⅳ度（重度-集簇性）：表现为Ⅲ度加囊肿、结节，皮损发生于颜面、颈部、胸部、背部；形成瘢痕。

2. 实际应用中，pillsbury分类法比较笼统，不同评价者之间差异较大，一致性和重复性较差，有学者提出了一种改良的pillsbury分级法：

0级：非常小的粉刺或小丘疹；

Ⅰ级（轻度）：散在性丘疹、粉刺，有小脓疱，病损在10～25个；

Ⅱ级（中度）：成堆的丘疹、粉刺，有小脓疱，病损在25～50个；

Ⅲ级（重度）：丘疹、粉刺，有小脓疱，病损数大于50个，结节小于5个；

Ⅳ级（极重度）：严重成堆的丘疹、粉刺，有小脓疱、结节、囊肿和瘢痕。

3. Cunliffe 12分级法 考虑了皮损的活跃程度及分布部位，在抗痤疮化妆品功效评价中较常使用（见表14-1）。

表14-1 Cunliffe 12分级法

评分	临床表现
0.1	少数炎性和非炎性皮损
0.5	面颊和额少数活跃的丘疹
0.75	面颊极多不活跃的丘疹
1.0	广泛的活跃与不活跃的丘疹分布于面部
1.5	面部有较多比较活跃的丘疹
2.0	很多活跃的炎性皮损，无深在的皮损
2.5	广泛分布的活跃与不活跃的皮损，并开始累及颈部
3.0	活跃与不活跃皮损较少，但有较多深在的皮损，需要触诊
3.5	较多活跃的皮损，同时有深在性皮损
4.0	以活跃的丘疹为主，几乎累及整个面部，触诊可以摸到2个结节
5.0	以活跃的丘疹为主，几乎累及整个面部，触诊可以摸到较多结节
7.0	有很多结节和囊肿，若治疗不及时将会发生瘢痕

第二节　控油抗痤疮类化妆品原料

（一）表面活性剂

表面活性剂具有乳化、分散、渗透、润湿、抗沉淀、发泡、消泡、增稠、降黏、降凝、杀菌等一系列独特的物理化学性能，在去掉皮肤表面的油脂中起非常重要的作用，几乎所有的皮肤表面清洁剂都会添加表面活性剂。控油和抗痤疮的化妆品中添加表面活性剂，以帮助去除皮肤表面多余的油脂。

（二）皮脂抑制剂

1. 锌（zinc） 锌元素能维持上皮细胞的正常生理功能，调节上皮细胞的增生，维持上皮组织的正常修复，对成纤维细胞的增生、上皮形成、胶原合成都很重要。锌元素还可通过杀菌作用从而减少皮脂被分解为脂肪酸，尚有抑制表皮有丝分裂作用，可以延缓表皮细胞角化；同时具有抗糠秕孢子菌活性，可用于控油去头屑产品。也有人认为，锌缺乏使肝脏内释放维生素A能力降低，同时摄入能力下降，组织可利用的维生素A不足，从而影响表皮的正常分化，补锌是通过维生素A途径起作用的。目前常用的锌剂有硫酸锌、葡萄糖酸锌、甘草酸锌、吡啶硫酮锌。

2. 硫黄（sulphur） 在皮肤科的应用历史悠久，硫黄与皮肤及组织分泌物接触后，生成硫化氢、五硫磺酸等多硫化合物，具有杀灭螨虫、细菌、真菌的作用，并能去除皮肤表面多余的油脂，溶解角栓，同时具有抗炎作用。硫黄常被制成洗剂、霜剂、软膏等，外用于痤疮皮损。某些化妆品也加入少量硫黄成分，以增强抗痤疮、抗粉刺的作用。

3. 维生素B 维生素B_6是多种酶和辅酶的构成成分，具有抗粉刺、减少油脂分泌的作用，口服可用于痤疮、脂溢性皮炎等疾病。维生素B_6改性成吡多素三棕榈酸酯可用于化妆品，减少皮肤的油脂。维生素H又名生物素，能改善皮肤新陈代谢，防止皮肤粗糙，预防脂溢性皮炎和痤疮，用于抗痤疮化妆品很有前景。

维生素B_3又称为维生素PP，或称为烟酸、尼克酸，在体内转化为具有生理活性的烟酰胺（尼克酰胺），为体内多种酶的辅基，广泛参与体内能量代谢，一直用于扩张血管和降血脂，目前也用于痤疮的治疗。烟酰胺通过烟酰胺腺嘌呤二核苷酸磷酸途径增强角质剥脱作用而不降低皮肤pH，同样可应用于敏感皮肤，尚可制成4%烟酰胺凝胶外用于痤疮皮损，此外还可以降低光敏性。使用烟酸常常会引起皮肤发红和瘙痒，为了防止这种现象，常用烟酸胺，皮肤发红的现象仅持续20分钟左右即消失。

4. 大豆异黄酮（soybean isoflavone） 从大豆分离出的具有多酚结构的混合物的总称，种类很多，目前已知的有十余种。已发现的大豆异黄酮类化合物主要有3类，即大豆苷类、染料木苷类和黄豆苷类。纯的大豆异黄酮为无色晶体物质，豆类的苦涩味和收敛功效与之密切相关，作用极其广泛，具有抗癌、调节血脂、降血压、抗氧化、抑制金黄色葡萄球菌等作用。原因在于它的结构和功能与动物体内雌激素类似，称为植物雌激素。大豆异黄酮上的7、4位2个羟基间的距离几乎等于17，13-雌二醇中的13、17位羟基间的距离（图14-3），因此大豆异黄酮具有类雌性激素活性作用和抗雌激素作用，是一类天然的选择性雌激素受体调节剂，能与雌激素受体结合。当体内雌激素缺乏时，其可成为雌激素增效剂，而当体内雌激素过多时，则可成为雌激素拮抗剂，因而具有雌激素和抗雌激素双重活性。研究证明，大豆异黄酮可用于青春期后女性痤疮的治疗。

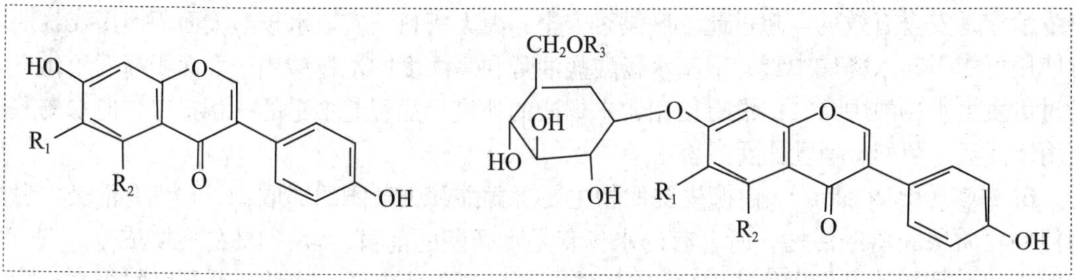

A游离型苷元　　　　　　　　　　　　　　B结合型糖苷

图14-3　大豆异黄酮结构

5. 丹参酮（tanshinone） 为丹参提取物。丹参酮中的2种主要单体成分为隐丹参酮和丹参酮ⅡA，可能通过直接抑制皮脂腺细胞的增殖、脂质合成或间接下调皮脂腺细胞雄激素受体mRNA的表达而具有抗皮脂腺活性的作用，可以抑制皮脂分泌。

（三）角质溶解成分

1. 过氧化苯甲酰（benzoyl peroxide） 一种强力的氧化剂，同时具有杀菌、消炎、角质溶解和轻微的抑制皮脂分泌的作用，可用于中度痤疮，夜晚使用可降低刺激性及光敏风险。过氧化苯甲酰主要作外用药物。

2. 维A酸衍生物 维A酸属强效的角质溶解剂，能够促进角质细胞正常角化、抑制过度角化，但无杀菌及抑制皮脂分泌作用，对白头和黑头粉刺有效。具有刺激性，可导致红斑、干燥、脱屑等。它本身是一种光敏剂，宜夜晚使用。由于其有刺激性和动物实验致畸作用，我国化妆品中禁用维A酸及其盐类。

视黄醛（retinaldehyde）和视黄醇（retinol）是维A酸的前体，视黄醇的—CH_2OH被羧基取代即成为维A酸。视黄醇是所有天然维A酸的原形，视黄醇被吸收后，在视黄醇脱氢酶的作用下形成视黄醛，再进一步形成视黄酸。视黄醇、视黄醛可直接结合相应受体发挥作用，也可以转化为维A酸而发挥生物活性，两者较维A酸的耐受性好。视黄醛对于痤疮丙酸杆菌具有直接的抑制作用，还可以溶解粉刺、减少皮脂分泌，对多种表现的痤疮皮损有良好的效果。此外，用于光老化皮肤，可改善细纹、色斑、色泽等，已广泛应用于抗衰老化妆品中。有生育意愿的妇女应停用后2年才能怀孕。

3. 间苯二酚（resorcinol） 又称为雷琐辛，是酚的衍生物，具有角质溶解和抗炎作用，能够使蛋白变性，很多配方中都会加入间苯二酚配伍使用，可作为痤疮的外用治疗药物。

4. 羟酸（hydroxy acids） α-羟酸（AHAs）包括甘醇酸、乳果酸、乳酸、柠檬酸等。AHAs除了有剥脱作用外还有保湿作用。已经证实，AHAs要在规律使用一段时间之后才有效。低浓度AHAs使表皮松解，可用来改善光老化、治疗表皮增生和角化异常的皮肤病。高浓度AHAs可配成表皮剥脱剂，涂布于皮肤后能较大程度改变皮肤外观以达到“再年轻化”（rejuvenation）的目的。

5. 水杨酸（salicylic acid） 水杨酸是β-羟酸的一种，在皮肤科应用已有几十年的历史。通过抑制花生四烯酸途径发挥抗炎作用，更适合敏感皮肤使用，多与AHAs或其他添加剂复配。它具有弱的溶解粉刺、角质剥脱和抗炎作用，常作清洁剂和收敛剂使用。它的轻度溶解粉刺、角质剥脱作用，可用于减少粉刺和去角质；弱的抗炎作用加强了角质剥脱后的耐受性，可能是水杨酸应用广泛的真正原因。水杨酸属于油溶性物质，能够渗透到富含脂质的毛孔内。在毛孔内，可以使粉刺栓变松溶解，发挥控油、抗粉刺的作用。0.5%～2%浓度的水杨酸用于痤疮治疗是安全有效的，超过此浓度是否安全，尚无资料证实。水杨酸大面积使用或长期持续使用可能引起水杨酸中毒，甲基水杨酸盐油膏和高浓度的水杨酸用于大面积高度角化皮肤病时可发生水杨酸中毒，但没有使用含水杨酸的痤疮产品引起中毒的病例报道。但水杨酸应慎用于儿童、孕妇、哺乳妇女。

6. 白柳（salix alba） 白柳皮提取物主要含鞣酸和类黄酮的提取物，它具有消炎、退热和促使角质层脱落的活性。所含有的水杨苷是水杨酸的前身，含有1%的白柳成分。含10%柳树皮的产品的消炎作用优于1%的水杨酸，而且刺激性更低。这种药草是民间用来治疗痤疮和银屑病的药物。

7. 壬二酸（azelaic acid，AZA） 一种天然存在的饱和直链二羧酸，作用机制不完全清楚，认为具有角质溶解作用。体外实验证实，壬二酸对痤疮丙酸杆菌和表皮葡萄球菌等痤疮患者皮肤的常见菌具有抗菌活性，对皮肤粉刺内各种需氧菌和厌氧菌有抑制和杀菌活性，并能抑制毛囊上皮增生与角化，减少粉刺形成等。长期使用可达到与过氧化苯甲酰相似的效果，耐受性优于前者。局部用20%壬二酸霜可使皮脂腺内痤疮丙酸杆菌的密度明显减少，并使皮肤表面的游离脂肪酸含量减少，达到溶解粉刺的作用。

8. 木瓜蛋白酶（papain） 是一类巯基蛋白酶，广泛存在于番木瓜的根、茎、叶和果实内，在食品、医药、日化、皮革等行业得到广泛应用。木瓜蛋白酶与羟酸、水杨酸等相互作用，通过对角蛋白的水解作用，促进皮肤新陈代谢，具有溶解粉刺、嫩肤、除皱、消除色斑的作用。

（四）抗菌、抗炎成分

1. 辣椒素（capsaicin） 又名辣素，为8-甲基-N-[（4-羟基-3-甲氧基苯基）-甲基]-（反）-6-壬烯基酰胺，是从辣椒等叶子和果实中提取的天然活性物质。它主要具有软化表皮硬度、促进局部微循环、拮抗组胺或P物质引起的炎症反应和抗细菌真菌作用。有研究提示，辣椒素可能通过抗炎、抗菌、抗角化、促进脂质分解代谢等途径用于痤疮的辅助治疗。

2. 蜂胶（propolis） 蜂胶是蜜蜂从胶原植物幼芽、树皮上采集的树脂类物质，混以蜜蜂上颚腺、蜡腺分泌物，通过复杂的生物化学反应，经蜜蜂咀嚼加工而成的芳香性不透明胶状物质，含有丰富的对人体健康有益的生物活性物质。因其具有多种功效，是一种十分珍稀的天然资源，是一种天然活性物质，具有十分广泛的作用，被誉为紫色黄金。它含有大量的黄酮类和萜烯类物质，其中5,7-二羟基-3,4-二甲黄酮和5-羟基4,7-二甲氧基双氢黄酮是蜂胶主要的活性成分，可以作为抗真菌剂、抗细菌剂、抗病毒剂广泛应用于皮肤病的治疗中。

3. 青蒿挥发油（artemisia nathpa） 青蒿的主要提取物为青蒿素，具有很强的杀灭疟原虫的作用，是目前治疗疟疾的首选。副产品青蒿挥发油具有浓烈的芳香味，原油为微酸性，不溶于水及乙醇，而溶于乙醚或油类（如吐温等）。青蒿挥发油是抗疟药青蒿素生产过程中残余物质经萃取提纯而得到的棕黄色油质液，具有抗病毒和抑制皮肤真菌的作用。青蒿油对导致痤疮的3种主要病原菌（痤疮丙酸杆菌、金黄色葡萄球菌、糠秕孢子菌）均有不同程度的抑制作用，尤其是对金黄色葡萄球菌和糠秕孢子菌的抑制作用较为显著。

4. 丁香（clove） 丁香为桃金娘科植物丁香的花蕾，广泛分布于非洲，我国广东、广西等地有栽培。其所含挥发油对多种致病性真菌、杆菌具有抑制作用，并具有驱虫、健胃、抗惊厥、降低血压、抑制呼吸等功效。

5. 迷迭香（rosemary） 为唇形科常绿小灌木，迷迭香全草含精油0.48%～0.52%，成分为桉叶油素、樟脑、龙脑、α-蒎烯、莰烯、马鞭草烯酮、α-松油醇，β-石竹烯，α-石竹烯等。

它对金黄色葡萄球菌、大肠埃希菌、霍乱弧菌等有中度的抗菌作用。作为香辛料，迷迭香广泛地应用于食品工业，而且经研究表明迷迭香还是一种高效理想的抗氧化剂。

丁香精油的主要成分为丁香酚和β-石竹烯，其相对含量分别为68.52%和19.00%，迷迭香精油的主要成分为1,8-桉叶素、α-蒎烯、樟脑和莰烯，其相对含量分别为27.23%、19.43%、14.26%和11.52%。丁香精油通过抑制18kDa和33kDa这2种特异蛋白而起作用，而迷迭香精油则可能是通过抑制56kDa和67kDa这2种蛋白而起作用。丁香精油和迷迭香精油具有广谱抗菌活性。丁香精油对黑曲霉的抗菌活性最好，对铜绿假单胞菌的抗菌活性最弱。迷迭香精油除对铜绿假单胞菌和黑曲霉的抗菌活性较弱之外，对其他菌表现出了很好的抗菌活性。两种精油以不同比例混合，有协同作用。

6. 金缕梅提取物（hamamelis mollis extraction） 是由金缕梅休眠的小枝进行蒸馏所得的无色液体，可用于油性皮肤者起收敛作用。这种植物最早是由美国新英格兰地区的印第安人发现的，可将此矮树植物的嫩枝和叶子煮沸来提取，也可以直接将植物叶子碾碎成糊状涂到皮肤上。金缕梅的收敛作用可能是因为这种植物中含有大量的鞣酸，其中所含的主要活性成分为单宁、没食子丹宁、丹宁酸、原花青素类五倍子酸、皂角素等等，可有效抑制前列腺素2、白介素-1的活性，从而具有有效的抗皮肤炎症和抗刺激的能力，以及修复和增强皮肤的天然屏障功能。可作为收敛和抗炎成分用于抗痤疮类化妆品中。

7. 茶树油（tea tree oil） 又名白千层油，是用互叶白千层的叶子和小枝条进行蒸馏而得到的精油，主要成分是萜品-4-醇、1,8-桉叶油素、α-松油烯、γ-松油烯和α-松油醇等。药理研究表明，茶树油具有抗菌、抗炎、除螨、镇咳、抗氧化、抗肿瘤等活性，常用于治疗口腔黏膜溃疡、牙龈炎、牙根管炎、手足癣、皮肤感染等疾病，也是护肤品的原料，用于减少痤疮引起的红肿。茶树油在不影响抗炎因子分泌的同时可减少炎症细胞增殖，但对中性粒细胞无影响，其主要有效成分为松油烯-4-醇。有研究对患有不同程度粉刺的患者随机用5%的茶树油溶液或5%的苯甲基过氧化物作对比治疗，两者的治疗效果基本相同，但茶树油副作用（如干燥、瘙痒和发红）更少。

8. 飞燕草素（delphinidin） 是花青素的一种，可用做食品色素添加剂，安全性高。它具有很强的抗氧化和抗炎作用，可抑制皮脂分泌后引起的细菌感染，发用产品中加入可减少头屑的产生。

第三节　控油抗痤疮类产品类型与使用

一　产品类型

（一）清洁剂

油性及痤疮易患性皮肤的清洁目的是为有效去除皮肤表面多余的皮脂和皮屑，而不引起刺痛、红斑、瘙痒等。因此，应选用温和的清洁剂，过度清洁可能加重皮肤出油及痤疮。理想的清洁剂应该不引起粉刺、无刺激性和无致敏性。

1. 皂类 目前主要分为肥皂、香皂、洁面皂。肥皂主要以动物油脂为主，添加各种表面活性剂而成；香皂则是以植物油脂为主，如橄榄油、椰子油。它们均溶于水后，与皮肤表面的皮脂、细菌、灰尘、角质细胞发生乳化作用，经水冲洗后完全去除。肥皂溶液去污力强，但呈强碱性，可引起皮肤干燥，仅推荐偶尔使用于皮肤较厚且非常油腻者。目前有皮肤科专用的洁面皂，以植物提取物为主，不含皂基，添加各种表面活性剂以及功效成分，更温和，较少刺激，清洁力更强，添加了控油和抗粉刺成分，适合油性和痤疮皮肤使用。

2. 乳剂 洗面奶是一种较好的清洁乳剂，属于水包油型，能够温和清洁，润湿、渗透作用强。按照生产工艺不同，可以分为表面活性剂型和皂基型。表面活性剂型较温和，皂基型脱脂能力强，容易引起皮肤干燥和刺激。乳剂型抗痤疮类化妆品配方举例见表14-2。

表14-2 橄榄油抗痤疮洁面乳配方举例

组 分	质量分数/%	组 分	质量分数/%
汉生胶	0.2	橄榄油羧酸钠	10.0
椰油基羟乙基磺酸钠	15.0	皮敖宁	0.003
甘油	5.0	硬脂酸	2.0
单硬脂酸甘油酯	1.0	十六醇/十八醇	3.0
防腐剂	适量	香精	适量
水	加至100		

配方分析：选用温和的表面活性剂，除去多余油脂，不伤皮肤；皮敖宁能够有效杀菌，起到抗粉刺的功效。

3. 泡沫剂 部分表面活性剂本身具有产生泡沫的能力。若在清洁产品中再加入发泡剂，就形成丰富的泡沫，去污力更强。皮肤比较干燥或敏感的肤质，不建议使用泡沫剂，因为其中添加有发泡剂、泡沫稳定剂等多种成分，可能引起皮肤刺激。

4. 凝胶 凝胶的外观呈透明或半透明的半固态胶冻状物，其性质介于固体与液体之间，是高分子物质的一种特有的结构状态。水性凝胶含有较多的水分，具有保湿及清爽的效果，适合夏季和轻、中度油性皮肤使用。

（二）爽肤水、收缩水

爽肤水可以去除洁面后皮肤残留的皮脂，而收缩水可能加入2%水杨酸、金缕梅、间苯二酚等溶解角质的成分，可以减少皮脂分泌，同时收缩毛囊皮脂腺导管开口，减少皮脂排泄。控油爽肤水配方举例见表14-3。

表14-3 控油爽肤水配方举例

组 分	质量分数/%	组 分	质量分数/%
甜菜碱	1.0	1,3-丁二醇	5.0
水杨酸酯硅烷醇C	4.0	防腐剂	适量
贯叶连翘提取物	0.5	水	加至100

配方分析：水杨酸酯硅烷醇C具有消炎安抚作用，贯叶连翘提取物降低皮肤红细胞黏滞性、改善微循环、疏通微血管，加速局部渗出液的吸收，配合使用达到减轻粉刺的目的。

（三）保湿产品

油脂含量高的皮肤不一定水分也高，也就是说，虽然表皮保持水分，一定量的脂质是必需的，但是，油多并不一定水分多。油性皮肤和痤疮易患肤质，由于过多的控油和去角质，皮肤往往变得非常敏感，容易出现脱屑、瘙痒、干燥等，因此，必须使用保湿产品。应根据表皮的缺水程度，选择中至重度的保湿乳液或霜剂。控油保湿产品配方举例见表14-4。

表14-4 控油保湿乳配方举例

组 分	质量分数/%	组 分	质量分数/%
丙烯酸（酯）类/丙烯酰胺共聚物、矿油、聚山梨醇酯-85	0.8	壬二酸衍生物	1.0
		1,3-丁二醇	8.0
马齿苋提取物	4.0	防腐剂	适量
水	加至100		

配方分析：壬二酸衍生物具有温和、抗菌效果好的特点，配合丁二醇的抗菌和保湿效果使用，同时添加抗过敏剂马齿苋提取物舒缓皮肤，降低刺激。

（四）磨砂膏

常用的磨砂产品含有氯化铝、果壳、聚乙烯颗粒、水合硼酸钠等，通过摩擦、挤压等作用去除部分脱落的角质层细胞以及皮肤表面多余的皮脂。

（五）防晒产品

由于紫外线可引起表皮增厚，使毛囊皮脂腺导管过度角化，加重痤疮病情，故痤疮患者应尽量避免强烈的日晒。可以根据日光强度选择不同SPF值的防晒产品，油性、易患痤疮的皮肤首选化学防晒剂，但不宜选择含有二氧化钛、氧化锌等颗粒较大成分的防晒霜，容易堵塞毛孔，加重病情。

（六）面膜

控油面膜根据所加入的功效成分不同，可能具有减少皮肤表面皮脂、补水保湿、收敛、抑菌等作用。油性皮肤可以使用控油面膜，可促进皮肤表面脂质均衡分布、去除多余皮脂，加入的保湿成分，可防止去除油脂后皮肤干燥。面膜中加入抗粉刺成分及抗菌成分，有助于溶解角栓和粉刺，并具有抗炎作用。

（七）彩妆

长期使用油脂丰富的化妆品引起面部痤疮，称之为化妆品痤疮。目前，市场上出现了宣称“不引起痤疮”的彩妆，但是，其真实性值得怀疑。例如，粉底、粉底液、腮红、遮瑕霜等，都有高含量的粉剂成分，粉剂颗粒较大，容易堵塞毛孔，且不易清洗，使皮脂排出不畅，很容易加重痤疮。因此，痤疮患者皮损炎症期、多发期不宜使用彩妆，如需使用，则必须使用卸妆油彻底卸妆。

二 产品使用

化妆品在问题皮肤中的辅助治疗作用越来越得到人们的认可，合理使用化妆品，可以减轻症状、缓解不适、降低药物副作用的发生率。青春期人群多为油性皮肤，同时是痤疮的高发人群，这与皮肤油脂分泌旺盛、皮脂排出不畅关系密切，合理使用控油、抗痤疮类化妆品，对减少皮肤油脂、降低痤疮易感性具有重要作用。

1. 清洁 油性皮肤清洁应选用不含或含少量脂质或其他脂肪成分的表面活性剂。清洁次数可根据油脂分泌情况而定，一般每日1～2次即可，若洁面后感皮肤干燥，也可两日或数日一次。含油较多者可选用洗面奶或者泡沫洁面乳，中等偏油者可选用洁面啫喱。清洁手法宜轻柔，切忌揉搓，否则易破坏皮肤屏障，清洁以去除多余皮脂为目的，过度清洁反而可能导致皮脂过度分泌。

2. 保湿 大部分油性皮肤同时存在皮肤干燥的问题，尤其在使用控油产品或者磨砂膏后；使用维A酸类药物治疗痤疮的同时，皮肤干燥现象也会出现。因此，合理选用保湿剂将提高痤疮治疗的依从性，降低不适感。单纯油性皮肤可选用轻、中度保湿的水剂或乳液，每日2～3次，冬季或应用控油产品后可选用霜剂，每日至少1次；油性皮肤伴敏感或干燥的皮肤宜选用高度保湿霜剂，但不宜选择含油脂丰富的产品。混合性皮肤，T区较油的部分，可选用水剂和乳剂，切忌使用油脂丰富的保湿霜，易产生油腻厚重感。

3. 收敛 油性皮肤由于皮脂分泌旺盛，大多毛孔粗大，影响美观，应用收敛剂可以缩小毛孔，使皮肤紧致，同时可减少皮脂排泄，均衡皮肤表面脂质，调节pH。洁面后，可适当选用具有收敛作用的爽肤水或收缩水。毛孔特别粗大者，可选用收缩水，每日3次；毛孔粗大且皮肤干燥者，可选用保湿爽肤水或柔肤水，每日2～3次为宜。

4. 防晒 由于紫外线可能诱发痤疮，使皮脂分泌增多，因此，油性皮肤应用防晒剂十分必要。防晒剂分为物理防晒剂和化学防晒剂。市面上很少有单纯的物理或化学成分的产品，多为两者的混合。油性皮肤不宜选择以物理防晒剂为主的防晒霜，因其比较厚重，多通过物理反射、折射紫外线发挥作用，需要涂搽较大量达到一定的厚度才能起效，不易清洗，长期使用会堵塞毛孔，形成角栓，易引起痤疮。应选择以化学防晒剂为主、比较轻薄的防晒乳液。用后切记严格卸妆，以免残留物堵塞毛孔，导致痤疮发生。

5. 彩妆 彩妆的使用在油性皮肤者也比较广泛，但由此引发的皮肤问题也时有发生。油性皮肤可以使用彩妆，但是要经过严格筛选，合理使用。油性皮肤应选用质量可靠、质地轻薄的彩妆品，比如粉底液、粉底、遮瑕霜等。应选择颗粒较小、通透性好、研磨充分的产品。同时，要严格彻底卸妆，以避免化妆品痤疮的发生。

根据国家相关部门对于化妆品的规定，抗痤疮化妆品的成分是受到严格限制的，它们的功效性仅限于对于痤疮的辅助治疗作用，宣称具有抗痤疮功效的化妆品难以单独治愈中、重度痤疮。相反，很多具有角质溶解或者剥脱作用的成分具有刺激性，使用不当将会引起接触性皮炎等化妆品皮肤不良反应。痤疮患者应到正规医院的皮肤科接受综合治疗，同时在医师的指导下选择控油抗痤疮化妆品。

第四节　控油抗痤疮类产品功效评价

控油化妆品的功效评价，侧重于减少皮脂分泌，主要是分析控油成分抑制皮脂腺分泌的功能，可通过测量使用控油化妆品前后及使用一段时间后皮肤表面的皮脂含量及皮脂分泌速率来评价；而抗痤疮化妆品除控油作用外，还要考察抗痤疮丙酸杆菌的能力、溶解粉刺和角栓的能力，多通过痤疮丙酸杆菌抑制实验和使用抗痤疮化妆品前后痤疮患者面部皮损消退的程度来反映。

一　控油化妆品评价

（一）测量指标

1. 皮脂腺分泌量 对于个体而言，皮肤表面皮脂的含量大致保持稳定，可以通过测量皮肤表面的皮脂反映皮脂腺的分泌水平。应用比较普遍的方法有脂带法、皮脂仪等。

2. 皮脂分泌速率（sebum excretion rate，SER） 是指在可控制条件下，去除皮肤表面皮脂后，单位时间内皮脂腺的分泌水平。SER受外界环境影响很大，温度每上升10℃，SER大约增加10%。测量仪器与皮脂分泌量相似，可以应用脂带法或皮脂仪，只需要提前去除皮肤表面的油脂即可，将测得的相对油脂量除以时间即得到SER。

（二）测量方法

1. 仪器测量法　基本原理为通过测量蘸取皮脂薄膜的透光性间接反映皮脂水平。应用脂带法和分光光度计可通过测量透明斑的大小反映皮脂腺分泌的水平。目前已开发出多种皮脂仪可供选择，应用简便。

2. 直接称量法　有2种方法：一种是用乙醇等溶剂将皮脂洗脱下来，使溶剂充分挥发，用电子天平称量残留的皮脂的重量；另一种是先称量吸油纸，将吸油纸置于面部3小时后再称重，计算皮脂的重量。

二　抗痤疮化妆品评价

1. 痤疮丙酸杆菌抑制实验　试验方法参照中华人民共和国国家标准GB 15797-2002“一次性使用卫生用品卫生标准”中“溶出性抗（抑）菌产品抑菌性能试验方法”，主要考察抗痤疮成分对引起痤疮的痤疮丙酸杆菌的抑菌和杀菌能力。

2. 皮损严重程度评价　主要通过评价使用抗痤疮化妆品前后，志愿者面部痤疮皮损减轻的程度来判断化妆品的功效性。可以通过痤疮严重程度分级的标准照片进行评分，还可以根据上述的痤疮严重程度分级方法来评分。普遍都是按照“卫生部皮肤病药物临床研究指导原则（征求意见稿）”来进行分级判定的：①痊愈：皮损完全消退；②显效：皮损消退 > 60%；③有效：皮损消退 > 20%～60%；④无效：< 20%或加重。

三　面部毛孔评价

由于皮脂分泌旺盛的皮肤毛孔相应变得粗大，可视毛孔的数目增多，可以通过观察毛孔的密度、大小、毛囊角栓多少来反映控油产品的功效。

直接按毛孔标准照片对受试者进行评价，简单、快捷、方便易行。使用受试者照片或面部扫描图像结合特殊毛孔数据软件进行分析，操作难度大，费用相应增加，但可以进行回顾性研究，观察参数更加细化，也较少受研究者的主观因素干扰。利用痤疮丙酸杆菌代谢产物在紫外线下的荧光照片，还可评价细菌感染程度。

思　考　题

1. 影响皮脂腺分泌的因素有哪些？
2. 减少皮脂分泌的成分有哪些？
3. 怎样为痤疮患者选择化妆品？

（李　利）

参考文献

1. 石乃玉，董华明，黄海金，等. 丹参酮的药理及临床应用. 中国医师杂志，2001，3（2）：150

2. 宋彦，董银卯，王友升. 北京工商大学学报：自然科学版，2008，26（6）：13-15

3. 陈丽艳. 丁香和迷迭香精油抗痤疮丙酸杆菌的活性、作用机制及涂膜剂的制备. 中国优秀硕士论文，2008

4. 杨智，何黎. 痤疮与遗传. 国外医学皮肤性病学分册，2005，31（1）：33-34

5. 李青仁，王月梅，丁雪飞. 维生素的护肤功效与应用. 日用化学品科学，2007，30（1）：16-18

6. 许爱娥，周先成，余土根，等. 壬二酸乳膏治疗寻常型痤疮临床观察. 浙江预防学，2004，16（6）：73

7. 虞瑞尧. 阿尔法羟酸在美容皮肤科中的应用. 中国美容医学，2005，14（2）：252-253

8. 黄荣，高峰华，叶丽萍. 大豆异黄酮对青春期后痤疮的疗效观察. 中国中西医结合皮肤性病学杂志，2007，6（3）：177

9. 杨擎宇，汪樊，冯爱平. 寻常性痤疮严重度的影响因素分析. 中国皮肤性病学杂志，2009，23（7）：425-428

10. 张学军. 皮肤性病学. 全国高等医药教材建设研究会规划教材. 第6版. 北京：人民卫生出版社，2008

11. 吴鹏昌，张伟. 茶树油的研究进展. 中国药业，2009，18（3）：61-62

12. 吴显荣. 番木瓜的酶类及其在化妆品中的作用. 热带作物科技，1999，（4）：69-70

13. Smith JC. The vitamin A-zinc connection：a review. Annals of the New York Academy of Sciences，1980，355：62-75

14. Laurent A，Driss O，Anick B. Patterns and utilization of isotretinoin for acne from 1984 to 2003：is there need for concern? European journal of clinical Pharmacol，2006，62（8）：667-674

15. Nouveau-Richard S，Zhu W，Li YH，et al. Oily skin：specific features in Chinese women. Skin Research and Technology，2007，13（1）：43-48

第十五章 敏感性皮肤用化妆品

随着工业化程度提高，环境污染加重和生活方式的变化，敏感性皮肤和过敏性皮肤病日益增加。舒缓类产品正是针对敏感性皮肤开发出来的一类产品，对过敏性皮肤病也有一定的护理作用。可以预测，此类产品将出现在更多化妆品生产企业的名录中，成为越来越热销的品种。

第一节 敏感性皮肤的概述

一 定义

敏感性皮肤（sensitive skin）的确切定义尚未达成一致，有学者认为，敏感性皮肤是皮肤暴露于药品或化妆品后出现亚临床的异常感觉反应（包括瘙痒、刺痛感、烧灼感、紧绷感和干燥感等），但临床体征缺如；也有学者认为，敏感性皮肤是缺乏临床体征和组织学证据的皮肤不适；还有学者认为，敏感性皮肤为对外界刺激物耐受性降低的一种皮肤类型（与正常人群相比），换句话说，该类人群不能耐受一般正常人所能耐受的产品或环境因素，对外界刺激比正常皮肤反应性更高、反应程度更强的皮肤类型，因此，敏感性皮肤也可以定义为高反应性皮肤；而Chew和Maibach则将敏感性皮肤归纳为一种异质综合征而并非单一的实体。

敏感性皮肤与“皮肤过敏”是两个不同的概念，皮肤过敏是一种变态反应，由变应原进入机体后，促使机体产生相应的抗体，引发抗原抗体反应，表现为红斑、丘疹、风团等临床客观体征，常伴瘙痒。而敏感性皮肤通常是对刺激的耐受性降低，出现一系列异常感觉反应，大多缺乏客观体征，其发生机制虽然不是很清楚，但普遍认为其不伴有免疫或过敏机制。值得注意的是，在特异质人群中敏感性皮肤发生率高于普通人群。因此，敏感性皮肤是否有免疫反应的参与有待进一步研究。

综上，我们把敏感性皮肤定义为一种高度敏感的皮肤状态，易受到各种因素的激惹而产生刺痛、烧灼、紧绷、瘙痒等主观症状的多因子综合征，不仅可出现在某些疾病的临床前期或临床期，也可出现在外观完全正常的皮肤。

二 原因

目前，敏感性皮肤的原因尚不完全明确，是多因素共同作用的结果，可分为内源性易感因素如种族、年龄、性别、遗传、内分泌因素、某些疾病等以及外源性因素如环境、化学物质刺激、不良的生活方式及心理因素等。

（一）易感因素

1. 种族 不同人种的角质层数目及细胞间黏附力不同，以及黑素的量和体积不一样，导致皮肤敏感性有差异。有文献报道，白种人及亚洲人比例较高，在亚洲人中，日本人比例较高。不同种族对特定物质有不同的敏感性，如欧洲裔美国人对风敏感而对化妆品较少过敏；非洲裔美国人较少因环境因素发生反应；亚洲人常对辛辣食物、温度变化以及风发生高反应；而拉美人较少对乙醇过敏。但此观点尚有争议，有调查显示皮肤敏感性与种族无关。

2. 年龄 年轻人比老年人更容易出现皮肤敏感，原因可能是老年人的皮肤不仅存在感觉神经功能减退，而且神经分布也减少。

3. 性别 一般女性对于皮肤刺激较男性敏感，这可能是因为女性皮肤pH较高，对于刺激缓冲力较差所致。但也有研究显示，皮肤对于刺激的敏感性与个体差异有关，与性别无关。

4. 皮肤类型 按皮肤光反应分类法，Ⅰ/Ⅱ型皮肤，肤色为白色，为高反应皮肤，受刺激后恢复慢，日晒后即出现晒伤反应，不会晒黑；而Ⅴ/Ⅵ型皮肤为深褐色皮肤，不易晒伤，极易晒黑，不出现晒伤反应；Ⅲ/Ⅳ型皮肤居于两者之间。

5. 遗传 有研究者通过对敏感性皮肤个体进行调查，发现大部分人都有敏感性皮肤家族史。

6. 内分泌因素 月经周期会影响皮肤的敏感性。49%敏感性皮肤的女性认为皮肤反应与月经周期有关。

7. 疾病 某些自身的皮肤疾病可以使皮肤敏感性增高，例如异位性皮炎、脂溢性皮炎、鱼鳞病、玫瑰痤疮等。在女性异位性皮炎患者中，66%为敏感性皮肤。在疾病状态下，皮肤屏障功能可能受到破坏，神经末梢易于受到激惹。

（二）刺激因素

1. 化学因素 包括化妆品、肥皂和清洁剂等。

2. 环境因素 包括紫外线、温度的迅速改变、季节的变化、空气的污染、日光照射等。

3. 生活方式 辛辣刺激的饮食、乙醇均可加重皮肤反应。

4. 心理因素 压力的增加、情绪的激动等常激发或加剧皮肤的反应。

三 产生机制

敏感性皮肤的产生机制尚不明确，但有学者根据一些临床现象或实验数据推测可能与以下机制有一定关系。

1. 神经传导功能增强 敏感性皮肤的神经调节机制可能与内皮素受体、温度感受器、神经营养因子有关。有学者推测敏感性皮肤的人可能有着变异的神经末梢，释放更多的神经介质，有独特的中枢信息处理过程，慢性的神经末梢损伤，或者神经介质清除缓慢等作用共同产生这种反应。

2. 皮肤屏障功能下降 研究表明，敏感性皮肤个体的经皮失水率升高。提示其皮肤屏障的可透过性升高，是敏感性皮肤产生的主要原因。皮肤屏障功能不良，不仅使外用化学物质渗透增加；还会使神经末梢受到的保护减少，导致感觉神经的信号输入明显增加。

敏感性皮肤的产生机制应与“皮肤过敏”产生相区别，皮肤过敏是由变态反应介导的，仅对那些致过敏的物质产生反应；而敏感性皮肤更多是一种原发刺激反应，刺激物质缺乏特异性，强调其异常的神经调节机制。变态反应是否参与其发病机制有待进一步研究。敏感性皮肤由于屏障功能脆弱，很容易发生皮肤过敏。另外，敏感性皮肤还与血管扩张及某些炎症介质释放有关。

四 临床表现及分型

（一）临床表现

敏感性皮肤的临床表现多样，主观刺激症状，如瘙痒、刺痛感、烧灼感、紧绷感和干燥感常见，但个体差异大，临床上很难确定其症状的强度，通常在运用化妆品后会加重这些不适症状，大多在几分钟内突然发作，但也可发生在使用化妆品数小时之后。

客观体征较少，有时可见皮肤干燥、面部红斑、细小鳞屑等。这种高反应的皮肤通常出现在浅肤色的女性，但男性也可发生。临床上注意与皮肤过敏鉴别，从化妆品的耐受性方面讲，皮肤过敏是一般人群在使用某些产品后出现的致敏现象，临床客观体征明确，而许多敏感性皮肤患者表现为对所有化妆品均不能耐受。但当两者均有临床体征时，则难以区分。

（二）分型

关于敏感性皮肤的分型尚未达成一致，有以下几种分类方法：

1. Mills和Berger根据疾病伴发状态分为4种类型。

（1）Ⅰ型：有慢性皮肤疾病的存在如异位性皮炎、脂溢性皮炎、酒糟鼻、鱼鳞病及其他类型疾病；

（2）Ⅱ型：处于皮肤疾病的亚临床期（轻的）或不典型的临床表现；因为皮肤大致正常，而没有意识到自己患有皮肤疾病，如异位性皮炎在未受累的皮肤仅出现干燥及轻微的鳞屑。另外，此类还包括易发生阵发性脸红的年轻人（他们有患酒糟鼻的可能）；

（3）Ⅲ型：皮肤有过强烈的创伤史，如晒伤、接触性皮炎等，许多年后，创伤部位看似正常，但易被外源性刺激因素激惹；

（4）Ⅳ型：除上述3种类型以外，皮肤外表正常，但容易对外用产品反应而出现不适感觉。

按此种分类方法，则所有皮肤疾病的患者都可被打上“敏感性皮肤”的标签，所以临床意义不大。

2. 根据其生理参数可分为3种类型：

（1）Ⅰ型：被界定为低屏障功能组；

（2）Ⅱ型：被定义为炎症组（正常的屏障功能，有炎性改变）；

（3）Ⅲ型：已指定作为伪健康组（正常的屏障功能，但无炎症变化）。

另外，Morizot等根据其影响因素，分为内源性、生活方式、环境性及化妆品性四类敏感性皮肤，此种分类方法似乎与临床结合更紧密。

第二节 功效原料及作用机制

近十多年来，有大量针对敏感性皮肤的皮肤舒缓剂报道，但这个概念仍然很模糊。皮肤舒缓剂大多宣称其可以修复皮肤屏障，有抗炎或抗过敏作用，但其真正的效果有待进一步考证。目前，尚未有公认的试验方法和流程验证该类产品的安全性和功效性。

一 天然成分原料

1. 积雪草提取物 积雪草（*Herba Centellae*）为伞形科积雪草属植物，其化学成分包括三萜类成分、挥发油、多种微量元素、多糖、氨基酸等，可抑制NO、TNF-α和IL-6等炎症介质，减轻炎症反应，并能促进胶原蛋白Ⅰ和Ⅲ的合成，同时也能促进黏多糖的分泌（如透明质酸的合成），增加皮肤的水合度。而且，羟基积雪草苷能抑制脂多糖（lipopolysaccharide，LPS）诱导的痛觉增敏，减轻小鼠对痛觉刺激的敏感性。基于以上特性，可将其应用于舒缓类化妆品中。

2. 洋甘菊提取物 洋甘菊（*Matricaria recutita*）又名母菊、欧洲野菊、德国母菊、匈牙利母菊等，为菊科母菊属的一年生或二年生草本，已经检测出其含有一百二十余种成分，其头状花序中氨基酸、多糖、脂肪酸的含量接近10%，挥发油也为花序中最主要的有效成分之一，占0.4% ~ 2.0%，包括蓝香油薁（chamazulene）。蓝香油薁及其合成衍生物愈创薁均有消炎、抗氧化作用，以及改善血管破裂现象，修复血管，恢复与增强血管弹性，改善皮肤对冷热刺激的敏感度。

3. 芦荟提取物 芦荟（*Aloe*）为百合科多年生常绿草本植物，原产于非洲南部干旱地区。目前，已确定芦荟中含有丰富的蒽醌类物质、黏多糖、多肽、氨基酸（二十多种）、有机酸、维生素、生物活性酶、矿物质及蛋白质等多种具有特定功能的活性成分。芦荟除具有良好的防晒、保湿功能外，还具有减轻炎症、抑菌及加快伤口愈合等作用，是广泛作为皮肤舒缓剂应用的植物性添加剂。

4. 马齿苋提取物 马齿苋（*Herba Portulacae*）又名马齿草、蚂蚁草，是马齿苋科马齿苋属的一种肉质野生草本，含有L-去甲肾上腺素、多巴明及少量多巴、挥发油、氨基酸、维生素、黄酮和多糖等。维生素C、维生素E及微量元素等含量也很丰富。实验证实，其提取物具有良好的抗过敏作用，被广泛应用于过敏性皮肤疾病中，而且，对痢疾杆菌、大肠埃希菌、金黄色葡萄球菌等多种细菌都有强力抑制作用，有“天然抗生素”的美称。还具有防止皮肤干燥、老化，增加皮肤的舒适度以及清除自由基等性能。

二 化学合成原料

来自酵母细胞壁的β-葡聚糖，是一种不溶于水的粒子聚合物，不适合在化妆品中使用，将其改性成为羧甲基β-葡聚糖（carboxymethyl glucan，CMG）后，溶于水而且不破坏它原来的螺旋形结构，可使朗格汉斯细胞活化，诱发其局部或系统的免疫和修复功能，同时，具有保湿、抗氧化、降低皮肤对清洁剂和紫外线过敏程度以及提高角质层再生速率。

三 维生素B类

维生素B_5（泛酸）是一种水溶性小分子成分，稳定性好，易于渗透进入角质层。泛醇有吸湿作用，是一种有效地角质层保湿剂，与甘油联合应用时效果更好。由于泛醇能增加皮肤水合作用，故可改善皮肤干燥、脱屑症状，可止痒及减轻皮肤红斑。由于泛醇是泛酸的前体，而泛酸是屏障层脂质生物合成的辅助因子，因此泛醇能改善和修复皮肤屏障功能。加入泛醇还能减少配方中其他成分对皮肤的刺激。可能涉及泛醇的镇静和抗炎作用。维生素B_3（烟酰胺）可减少经皮失水，修复皮肤屏障。

其他保湿润肤原料，或防止表皮水分散发，或具有吸收环境中的水分子促进表皮水合作用，增进表皮细胞凝聚力，修复皮肤屏障，如神经酰胺、尿囊素也常作为舒缓类保湿原料。市场上还有许多宣称具有舒缓作用的"活性"成分，包括维生素类、矿物质类、抗氧化剂、抗炎剂等。

舒缓类原料的选用遵循以下几点：①不能包含常见的变应原和刺激物，若要添加，也需要降低其浓度；②应选择高质量的、纯净的、不含杂质的原料，如果无法避免强变应原的物质，则应配对使用其他物品以降低其致敏性；③运用抗氧化产物如维生素E、丁基羟基茴香醚、丁基羟甲苯以避免产品的自氧化；④避免使用产生薄荷脑的挥发性载体或物质；⑤因乙醇、丙二醇等溶剂能增加皮肤通透性，应避免使用。

第三节 产品类型与使用

一 产品类型

一个系列产品的分类方法有很多，舒缓类产品针对敏感性皮肤设计，按其功能分为五大类。其中面膜类详见第十六章。

（一）洁肤类

洁肤类化妆品本身含有表面活性剂、乳化剂等。首先，表面活性剂的选用应谨慎，阴离子表面活性剂（如十二烷基硫酸钠）较易穿透角质层，具有强烈的刺激性，不适合敏感性皮肤。阳离子表面活性剂的穿透性次之，而非离子表面活性剂的穿透性最小，但其影响表皮磷脂的生物合成率及其组分。两性表面活性剂清洁性及刺激性均低，且起泡性好，适宜用于舒缓类清洁产品中。虽然选用温和的表面活性剂并不能完全避免由反复冲洗引起的屏障相关参数受损，但可将其影响降低；其次，应该选择性质温和、不含皂基成分及去角质成分的洁肤类产品，以及使用微酸性洁面乳产品，对皮肤pH影响也控制到最低；此外，液体洁肤产品比固体产品对皮肤刺激小。舒缓洁肤类化妆品配方举例见表15-1。

表15-1 洋甘菊安敏洁面乳配方举例

组分	质量分数/%	组分	质量分数/%
单硬脂酸甘油酯	2.0	甘油	5.0
十六/十八醇	3.0	尿囊素	0.1
白矿油	8.0	洋甘菊提取液	2.0
辛酸癸酸三甘油酯	4.0	水	加至100
十二烷基葡萄糖苷	11.0		

配方分析：主要通过天然来源的温和表面活性剂十二烷基葡萄糖苷协同油脂的相溶作用来达到去除皮肤多余油脂和清洁毛孔的作用，并配合洋甘菊的抗炎和尿囊素的修复作用，达到安敏舒缓的功效。

（二）活泉水

舒缓类补水剂通常选用天然的活泉水，在剂型上也多是喷雾剂，将外界给予的水分输送到皮肤细胞中，起到镇静、补水、舒缓的功效。舒缓类活泉水配方举例见表15-2。

表15-2 马齿苋安敏舒缓露配方举例

组分	质量分数/%	组分	质量分数/%
马齿苋提取物	5.0	防腐剂	适量
β-葡聚糖	1.5	水	加至100
1. 3-丁二醇	5.0		

配方分析：主要通过马齿苋提取物、β-葡聚糖来达到镇静、补水、舒缓的功效。

（三）保湿类

保湿剂与补水不同，它是在角质层外形成保湿膜，防止皮肤表面水分流失，其功效成分主要以尿囊素、红没药醇和泛酰醇为基础，泛酰醇是非黏性的保湿物，可以增强角质层的水合作用，预防或最小化皮肤屏障损伤；从剂型上看霜剂比乳液或者其他剂型的保湿作用更强。舒缓类保湿剂配方举例见表15-3。

表15-3 洋甘菊保湿舒缓水配方举例

组分	质量分数/%	组分	质量分数/%
洋甘菊提取物	5.0	透明质酸	0.1
尿囊素	0.2	防腐剂	适量
泛醇	0.3	水	加至100

配方分析：洋甘菊提取物起抗炎作用，尿囊素、泛醇修复保湿屏障，透明质酸起到保湿的功效。

（四）防晒类

常选用氧化锌或二氧化钛等物理防晒剂，因为物理性防晒剂主要是反射紫外线，对皮肤刺激小，化学类防晒剂吸收紫外线，通过共轭体系将光能转化成热能，这样就激发面部潮红和血管扩张；剂型上选择黏稠的乳液或霜类的防晒剂。防晒类配方举例见表15-4。

表15-4 防晒舒敏乳配方举例

组分	质量分数/%	组分	质量分数/%
山梨醇橄榄油酯/鲸蜡硬脂基葡糖苷	2.0	纳米级水分散二氧化钛	5.0
角鲨烷	1.8	汉生胶	0.2
辛酸癸酸三甘油酯	5.0	丁二醇	6.0
霍霍巴油	1.0	香精	适量
维生素E	0.25	防腐剂	适量
尿囊素	0.1	水	加至100
红没药醇	0.2		

配方分析：配方中油脂为滋润、修复的目的，尿囊素、红没药醇为抗刺激、舒缓的目的，二氧化钛为物理防晒剂。

二 产品使用

应用化妆品过程中，根据前面所述选择合适的剂型及功效成分，选用专为敏感性皮肤而设计的产品。采用性质温和的舒缓类化妆品，尽量减少蒸脸、按摩、去角质等美容措施。同时，掌握恰当的使用方法也必不可少，每天早晚洁面后，先使用喷雾水剂持续喷面并轻拍吸收，再依次将保湿霜、防晒霜涂于面部并抹匀。具体使用方法及步骤如下。

（一）洁面乳及其他清洁类化妆品的使用方法

清洁皮肤是美容的第一步，适度地清洁是敏感性皮肤的保养重点。首先，由于敏感性皮肤不能耐受冷热的刺激，在洁面及淋浴时，水温需接近皮温；其次，不要过于频繁地使用清洁类化妆品，以免破坏本来脆弱的皮脂膜，一般只需每天或间隔数天使用一次洁面乳即可。用于全身的沐浴产品，建议每周1～2次，可根据所处环境、季节变化、个体情况适当增减，但谨防清洁过度。

（二）水剂的使用方法

针对敏感性皮肤，水剂的使用方法有：①先用干净毛巾擦干，将适当的水直接涂抹或喷至皮肤，并用指尖轻轻拍打，促其吸收；②把水倒在或喷至化妆棉或医用纱布上，贴在面部，待15～30分钟后揭开，但一定要保持化妆棉或医用纱布湿润；③使用补水面膜，但其特殊的敏感状态，面膜成分往往并不单一，所以不宜过度使用，1周1～2次即可；④在空调等干燥的环境，可直接将水剂喷在面部，数秒钟后用纸巾吸干剩余的水分。

（三）保湿剂的使用方法

敏感性皮肤浅薄的角质层常常不能保持住足够的水分，面对温度的升高、湿度的降低，具有这种肤质的人，会比一般人更敏锐地感觉到皮肤干燥，因而日常保养中加强保湿非常重要。保湿是敏感性皮肤的关键步骤，需要每天早晚使用，其使用方法并无特殊，最重要的是选择保湿度比较高、性质温和、无香精及乙醇等刺激成分的保湿产品。

（四）防晒剂的使用方法

由于敏感性皮肤的表皮层较薄，缺乏对紫外线的防御能力，容易出现光老化，因此，应该重视防晒产品的使用。要注意四季均需防晒，并在出门前提前15～30分钟涂抹，而且需要每4小时补涂1次。无论室内室外都应涂防晒产品，已有研究显示室内的日光灯可引起光老化。

（五）面膜的使用方法

除做好补水、保湿、防晒外，还应定期做面膜，增加皮肤水分。最好1周使用1～2次来增加皮肤的水分，也可舒缓热灼、瘙痒等不适现象。值得一提的是，敏感性皮肤一般不用磨砂膏、去角质霜、撕拉性面膜等，以免加重皮肤敏感。

敏感性皮肤人群在选择或更换化妆品时应非常慎重，事先进行试验，试验方法：以前臂屈侧、乳突部或使用部位作为受试部位，受试部位应保持干燥，避免接触其他外用制剂。将试验物每天2次均匀地涂于受试部位，连续7天，同时观察皮肤反应。在此过程中，如出现皮肤反应，应根据具体情况决定是否继续试验；若无反应，方可使用。切忌滥用或频繁更换化妆品，避免选用含香料过多及pH过高或过低的化妆品。

第四节　产品功效评价

产品在上市前后，需要进行一系列体内体外试验，对其有效性进行评估，舒缓类产品的体内试验可通过临床主观症状的缓解与客观体征的改善，以及皮肤生物学指标的恢复情况来评价功效性。目前，对于舒缓化妆品功效的体外评价尚无可靠的生物学评价方法，有待进一步研究。

一　主观评价

主观评价是在使用产品后的一定时间内，针对受试者的皮肤瘙痒感、紧绷感、刺激感、针刺感、发红、总的敏感性，总体干燥度，光滑度，柔软度和整体外观以调查问卷的形式进行自我评价。

二　半主观试验

半主观评价使用的方法是皮肤化学探测试验，包括乳酸试验、十二烷基硫酸钠（sodium lauryl sulfate，SLS）试验、氯仿-甲醇混合液试验、二甲基亚砜试验、乙酰胺试验以及水洗激发试验。下面介绍两种广泛的试验方法，现通常作为敏感性皮肤的评判依据，但也可根据产品使用前后的分值变化来进行产品功效性评价：

1. 乳酸试验（lactic acid test） 是代表性的试验方法，运用广泛，试验方法多样。下面介绍其中两种方法：①涂抹法：10%乳酸水溶液在室温下用棉签抹在鼻唇沟和面颊部；②桑拿法：让受试者在42℃、相对湿度80%的小室内，充分出汗，接着涂5%乳酸水溶液在鼻唇沟和面颊部。在2.5分钟和5.0分钟时用4分法评判刺痛程度（0分为无刺痛，1分为轻度刺痛，2分为中度刺痛，3分为重度刺痛），取其平均值进行评估。

2. 十二烷基硫酸钠试验（test of sodium lauryl sulphate） 是运用非常广泛的一种方法。SLS可以调节皮肤表面的张力，增加皮肤血流量，增加皮肤表面通透性。测试方法很多，常用的是将1.0% SLS置于直径为12mm的Finn小室于前臂屈侧进行封闭斑贴试验，24小时后去除斑试物，分别于24、48、96小时观察结果，按斑贴试验的方法评分。

此外，诊断敏感性皮肤的一种新方法——辣椒素试验，也可以尝试用于舒缓类产品的功效评价。

三　客观评价

客观评价是借助于工程皮肤生物学技术，用非创伤性技术测量生物物理参数评价皮肤的改变，以增加试验的客观性。常用的检测指标如下：

1. 经皮失水率的测定（transepidermal water loss，TEWL） 主要反映皮肤角质层水分散失的情况，从某种意义上讲，反映了角质层的屏障功能。敏感性皮肤常有皮肤屏障功能障碍，TEWL值增高，皮肤更加容易受到刺激，使用产品后TEWL值降低，差值越大，说明屏障功能恢复越好。

2. 皮肤角质层水分含量测定 敏感性皮肤面部基础表皮含水量较正常皮肤低，产品若能保持皮肤表面的水分，使皮肤表面得到滋润，测量值越高，表明皮肤角质层水含量越高，皮肤表层的水合程度越高。

3. 皮肤血流量 皮肤表面红斑的产生本质上是皮肤血流量增加。皮肤色度检测仪通过检测皮肤表面红斑程度,从而判断血流情况。还可以用检测皮肤微循环的仪器,如多普勒血流仪、毛细血管显微镜等监测皮肤血供变化。

4. 热感受试验（test of heat perception） 敏感性皮肤是高反应皮肤，易受到温度变化的影响，出现刺痛、瘙痒等症状，热感受试验是心理-生理的感受器定量试验系统，评价传递温度、痛觉、瘙痒、烧灼感受的细小神经纤维功能，测定温觉和冷觉的阈值以及引起热痛觉和冷痛觉的阈值。测量方法：①限定法，试验对象暴露于强度不断改变的刺激下，直到受试者觉察到该刺激。然后由受试者控制按钮来终止刺激强度的增加。连续施予多个刺激，其平均值即为阈值。②连续刺激，刺激逐步地增加，受试者回答“是”或“否”来表达是否感受到刺激。

还可以测定皮肤pH以及评价皮肤二维或三维表面结构，检查表皮、真皮和皮下组织的厚度改变。除以上指标外，还应根据产品宣称的功效选择不同的无创性皮肤生物学检测技术。

思　考　题

1. 敏感性皮肤与皮肤过敏有哪些区别?
2. 敏感性皮肤选择化妆品应注意什么?
3. 评价敏感性皮肤用化妆品的方法有哪些?

（李　利）

参考文献

1. Kligman AM，Sadiq I，Zhen Y，et al. Experimental studies on the nature of sensitive skin. Skin research and technology，2006，12（4）：217-222

2. Bornkessel A，Flach M，Arens-Corell M，et al. Functional assessment of a washing emulsion for sensitive skin：mild impairment of stratum corneum hydration，pH，barrier function，lipid content，integrity and cohesion in a controlled washing test. Skin research and technology，2005，11（1）：53-60

3. Draelos ZD. Sensitive skin：perceptions，evaluation，and treatment. American journal of contact dermatitis：official journal of the American Contact Dermatitis Society，1997，8（2）：67-78

4. Chew A，Maibach HI. Sensitive skin. In：Lodén M，Maibach HI. Dry skin and moisturizers. Boca Raton：CRC Press，2000：429-440

5. Mills OH Jr，Berger RS. Defining the susceptibility of acne-prone and sensitive skin populations to extrinsic factors. Dermatologic clinics，1991，9（1）：93-98

6. Robinson MK. Population differences in acute skin irritation responses. Race，sex，age，sensitive skin and repeat subject comparisons. Contact dermatitis，2002，46（2）：86-93

7. Jourdain R，Lacharriere Od O，Bastien P，Maibach HI. Ethnic variations in self-perceived sensitive skin：epidemiological survey. Contact Dermatitis，2002，46（3）：162-169

8. Willis CM，Shaw S，De-Lacharriere O，et al. Sensitive skin：an epidemiological study. British Journal of Dermatology，2001，145（2）：258-263

9. Reed JT，Ghadially R，Melias P. Skin type，but neither race nor gender，influence epidermal permeability barrier function. Archives of Dermatology，1995，131：1134-1138

10. Farage MA. Self-reported immunological and familial links in individuals who perceive they have sensitive skin. The British journal of dermatology，2008，159（1）：237-238

11. Primavera G，Berardesca E. Sensitive skin：mechanisms and diagnosis. International journal of cosmetic science，2005，27（1）：1-10

12. Farage MA，Katsarou A，Maibach HI. Sensory，clinical and physiological factors in sensitive skin：a review. Contact dermatitis，2006，55（1）：1-14

13. Mitsuya K，Iseki H，Masaki T，et al. Comprehensive analysis of 28 patients with latex allergy and prevalence of latex sensitization among hospital personnel. The Journal of dermatology，2001，28（8）：405-412

14. Stander S，Schneider SW，Weishaupt C，et al. Putative neuronal mechanisms of sensitive skin. Experimental dermatology，2009，18（5）：417-423

15. 侯伟，孙建方. 敏感性皮肤. 国际皮肤病学杂志，2007，33（1）：62-64

16. Morizot F，Guinot C，Lopez J，et al. Sensitive skin：analysis of symptoms，perceived causes and possible mechanisms. Cosmetics and Toiletries，2000，115：83-89

17. Draelos ZD. Cosmetic selection in the sensitive-skin Patient. Dermatologic Therapy，2001，14：194-199

18. 严明强，任娟. 积雪草提取物在个人护理品中的应用. 香料香精化妆品，2009，6：44-46

19. Guo JS，Cheng CL，Koo MW. Inhibitory Effects of Centella asiatica Water Extract and Asiaticoside on Inducible Nitric Oxide Synthase During Gastric Ulcer Healing in Rats. Planta Medica，2004，70（12）：1150-1154

20. 唐大春，章卓，李万平，等. 羟基积雪草苷对LPS致小鼠痛觉增敏影响研究. 泸州医学院学报，2008，31（1）：25-28

21. Zulli F，Suter F. Carboxymethylated β-（1-3）-glucan：A beta glucan from baker's yeast helps protect skin. Cosmetics and Toiletries，1996，111（12）：91-98

22. 董银卯，王瑶，焦玉英. 稳定化芦荟的生产技术研究. 中国科技产业（芦荟产业专刊），1998，（9）：49

23. 傅冠民. 羧甲基β-1, 3-葡聚糖在护肤品中的功能. 日用化学品科学，2000，5：4-6

24. Safayhi H，Sabieraj J，Sailer ER，et al. Chamazulene：an antioxidant-type inhibitor of leukotriene B4 formation. Planta medica，1994，60（5）：410-413

25. Alemdar S，Agaoglu S. Investigation of In vitro Antimicrobial Activity of Aloe vera Juice. Journal of Animal and veterinary advances，2009，8（1）：99-102

26. Dal'Belo SE，Gaspar LR，Campos PMBGM. Moisturizing effect of cosmetic formulations containing Aloe vera extract in different concentrations assessed by skin bioengineering techniques. Skin Research and Technology，2006，12（4）：241-246

27. Eshun K，He Q. Aloe vera：a valuable ingredient for the food，pharmaceutical and cosmetic industries-a review. Critical reviews in food science and nutrition，2004，44（2）：91-96

28. Salim N，Abdelwaheb C，Rabah C. Chemical composition of Opuntia ficus-indica（L.）fruit. African Journal of Biotechnology，2009，8（8）：1623-1624

29. Feng PC，Haynes LJ，Magnus KE. High concentration of（-）-noradrenaline in Portulace oleraces L. Nature，1961，191（9）：1108

30. 刘存芳，王晓，田光辉，等. 马齿苋多糖的提取与其单糖组成研究. 陕西理工学院学报，2006，22（3）：29-31

31. 李湘力，黄鸣清，李万瑶. 马齿苋治疗蜂毒过敏反应的实验研究. 海峡药学，2007，19（6）：39-41

32. 马慕英. 马齿苋抑菌作用的探讨. 食品科学，1992，1：36

33. 王学民. 敏感性皮肤的认识与评判. 临床皮肤科杂志，2003，32：685-687

34. Agner T，Serup J. Skin reactions to irritants assessed by non-invasive bioengineering methods. Contact dermatitis，1989，20（5）：322-329

35. Seidenari S，Francomano M，Mantovani L. Baseline biophysical Parameters in subjects with sensitive

skin. Contact Dermatitis，1998，38（6）：311-315

36. Pons-Guiraud A.Sensitive skin：a complex and multifactorial syndrome. Journal of cosmetic dermatology，2004，3（3）：145-148

第十六章 面膜类化妆品

面膜类化妆品不仅是美容院或医疗美容机构用于面部皮肤美容护理术中的主要材料，也是日常居家皮肤护理使用的化妆品。近几年来，面膜类产品从数量、品种、功效、应用范围等方面都取得了较大的发展。

第一节 美容面膜的发展史

面膜（face pack，facial mask）是涂敷于面部皮肤的一种化妆品。早期的面膜多是粉末状，需加水调制后涂敷于面部，形成紧绷在脸上的一层薄膜，称其为面膜。另有一些产品涂敷面部，水分蒸发后不能成膜，无法整块地揭起，只能用水将其冲洗掉，因为操作方法和效果与做面膜基本一致，也统称面膜。

面膜的使用有悠久的历史。古人发现一些黏土、泥土可使皮肤柔软、滑润，温泉的矿物质对人体皮肤健康亦有极大作用。考古学家发现，早期的古希伯来人是最早使用面膜修饰面部的，他们将面膜的制造工艺从埃及带到巴勒斯坦，其间，面膜的生产配方有了较大的发展，后来又传到了希腊。古罗马人继承了希腊人的许多习惯，大约在公元前454年，古罗马女人就用牛乳、面包渣和美酒制成面膜以美容。在伊丽莎白女王一世（公元1558～1603年）时期，面膜非常流行。

我国面膜的使用也有几千年的历史。《新唐书》记载武则天常用美容秘方“益母草泽面方”，而“虽春秋高，善自涂泽，不悟世衰”。此方收录于《新修本草》和《本草纲目》，其制作考究，制作方法为于每年农历五月五日采集根苗俱全的益母草，晒干，粉碎后过细罗，加入面粉和水调和成药团，晒干，用黄泥土制成的炉子烧制，最后炼出的上等洁白细腻药丸，用玉锤或鹿角锤研粉，将鹿角粉掺入药内，瓷瓶密闭待用。《史记》中有关“宫廷养颜秘方”有多项记载，如杨贵妃的美容秘方“红玉美”，即由杏红、滑石、龙脑、麝香等药物组成，敷于面部可使面部皮肤红润光泽。明代李时珍所著《本草纲目》集历代美容药剂之大全，为后人研究和开发药物化妆品提供了可靠的依据。新中国成立后，特别是20世纪80年代以来，我国化妆品的生产、使用有了飞速发展，面膜类化妆品尤其得到了人们的重视，特别是具有营养及疗效型的美容面膜类化妆品，更是受到了消费者的青睐。

第二节 美容面膜的作用机制

美容面膜的作用机制是将面部皮肤与外界空气隔绝，皮肤温度逐渐上升，加速血液循环，增加营养物质的有效渗透，除去面膜的同时清洁皮肤表面污垢，起到保养清洁皮肤的作用。

（一）密封作用

面膜覆盖在皮肤之上，将面部皮肤与外界空气隔绝，抑制皮肤中的水分挥发，增加了角质层内源性水化作用，使皮肤柔软光滑。

（二）温热作用

当涂敷的面膜使皮肤与外界空气隔绝时，皮肤温度难以散发，密封作用促进皮肤温度升高，毛孔扩张，使毛孔内的污垢及皮脂易于排除，为彻底清洁皮肤创造了良好的条件。同时，温暖的环境使毛细血管扩张，加速皮肤的血液循环和细胞的新陈代谢，令皮肤光泽红润。

（三）渗透作用

密封增加了角质层内源性水化作用，不仅使细胞间的水量增加，而且使细胞间隙变大，能够促进面膜中有效物质的渗透吸收。温热作用提高了皮肤温度也可加大营养物质的渗透。

（四）清洁作用

在密封和温热作用的基础上，皮肤角质软化，毛孔扩张，面膜能更好地吸附皮肤分泌物和污垢，揭下面膜时，附在皮肤毛孔里的污垢被一同除去，使皮肤得到深层清洁。

另外，面膜干燥时的收缩作用，对皮肤施以张力，使其紧绷，能缓解皮肤细小皱纹，具有紧致皮肤的作用。

第三节　面膜类化妆品的分类

一、按基本功能分类

面膜按照基本功能分为两大类：一类是以清洁为目的的面膜，另一类是以保养为目的的面膜。

（一）清洁类面膜

清洁类面膜通过去除老化角质，增强角质层更生的能力，吸附皮肤分泌物，达到清洁目的。

粉刺专用面膜也属于清洁类面膜，这类面膜针对粉刺设计，多为撕剥型，具有很强的吸附力，撕剥的瞬间可将黏附在面膜上的皮屑、粉刺一并拉出，一般只适合于T区和鼻部粉刺皮损。由于此类面膜的撕剥力强，过敏性皮肤、干性皮肤及有炎症的皮肤均不宜使用，且油性及混合性皮肤也不宜经常使用。

清洁类面膜的使用注意事项：①面膜涂敷的厚度要足够厚，使皮肤维持在密闭的状态，才能使表皮温度升高，毛孔扩张，老化角质层软化松动，通过面膜内的黏性和吸附成分，彻底清洁皮肤。②敷面膜时，可在T区等油脂分泌旺盛部位适当厚一些，面颊两侧敷薄一些，避免面膜过厚、皮肤干燥。③敷面膜之前可以用热毛巾或热蒸气熏蒸，使毛孔扩张，有利于清洁皮脂和污垢。④具有良好洁肤功效的面膜多以膏状或撕拉式面膜为主，主要针对面部过多的油脂以及过厚的老化角质，建议油性皮肤每周1次，过度油腻的皮肤每周1～2次，干性和敏感皮肤可每月1～2次。

（二）保养类面膜

保养类面膜是通过面膜的使用形式，将功效成分，如保湿、美白、抗皱等，有效地渗入到皮肤的深层，达到加强护理和保养目的。面膜内含的功效成分对皮肤的渗透量及渗透深度与功效成分的分子结构、皮肤水合度等因素有关，参见本书相关章节。

二 按面膜剂型分类

（一）粉状面膜

粉状面膜是比较老式的面膜，因其生产、运输、使用十分方便，在美容院、美容医院广泛使用，居家使用也很容易，是目前市场应用广泛的面膜产品。它可以与许多功能性原料、天然提取物等有效成分配伍，同时达到清洁、保养、治疗的目的。

1. 主要成分 可以高岭土（kaolin）、米糠粉、淀粉、滑石粉、钛白粉（titanium dioxide）、氧化锌（zinc oxide）、碳酸钙（calcium carbonate）等粉末成分作为基质，添加其他功效成分构成，见表16-1。

表16-1 粉状面膜配方举例

组分	质量分数/%	组分	质量分数/%
高岭土	35.0	淀粉	10.0
滑石粉	15.0	碳酸镁	5.0
氧化锌	10.0	有效成分	25.0

2. 产品特点 调和后涂敷在皮肤上形成质地细软的薄膜，性质温和，对皮肤没有压迫感，吸附污垢的同时，给表皮补充营养和水分，使皮肤舒展、细碎皱纹变浅，达到美容治疗的目的。

3. 使用方法 用水、化妆水、果汁等将面膜粉调成糊状，用刷子或压舌板将面膜糊涂敷于面部。注意避开眼周及口唇周围的皮肤，待20 ~ 30分钟面膜干后，自下而上取下。

4. 注意事项 ①粉状面膜调和至糊状为宜，不宜太稀；②涂于面部时面膜厚度应适宜，0.5cm左右，太薄达不到营养、治疗的预期效果，太厚造成不必要的浪费；③根据不同肤质选择不同的粉状面膜，一般情况可以1 ~ 2周1次。

5. 配方分析 滑石粉、高岭土、淀粉是粉状面膜中基本粉体成分。滑石粉具有良好的伸展性和润滑性。高岭土可抑制滑石粉的过量光泽。淀粉安全性和稳定性较高，溶于水后呈糊状，是一种凝胶剂，吸附力较强，有利于其他粉体一起黏附于皮肤上。碳酸镁和碳酸钙为吸收剂，可吸收多余皮脂和水分。氧化锌主要起遮盖、防晒、收敛和抗菌作用。

（二）膏状面膜

膏状面膜（非成膜型）是较常见的面膜种类，多以瓶罐方式包装。由于乳膏体系结构与人体细胞膜双层脂质结构相似，膏状面膜中的有效成分比粉剂更易被皮肤吸收。

1. 主要成分 基质成分主要含有较多的黏土成分，如淀粉、高岭土、陶土、硅藻土等，油相成分有润肤作用。添加其他功效性成分，如中草药、海洋生物、天然植物等，有护肤营养作用，膏状面膜配方举例见表16-2。

2. 产品特点 膏状面膜作为皮肤护理倒模前的底膜使用。一般涂敷膏状面膜比能成型剥离的面膜稍厚一些，使面膜的封闭作用能得以实现，营养成分更易被皮肤吸收。不便之处是不能将膜整体揭下，需用清水擦洗掉面部已干涸的面膜膏。如膏状面膜配方中加入适当的凝胶剂、成膜剂和黏合剂，则较易于揭下。

3. 使用方法 洁面后，将膏状面膜涂敷于皮肤上，待10 ~ 15分钟后用清水洗净，再涂

表16-2 膏状面膜配方举例

组 分	质量分数/%	组 分	质量分数/%
Ⅰ相：硅酸铝镁	0.4	Ⅲ相：珍珠粉	30.0
汉生胶	1.0	防腐剂	适量
甘油	5.0	香精	适量
Natramerge TME3	1.0	水	加至100.0
Ⅱ相：白油	1.6		
凡士林	2.0		
十六醇	2.0		
氢化聚癸烯	8.0		
羟乙基尿素	10.0		

护肤化妆品。一般各种皮肤类型、各个季节都可以使用。敏感皮肤使用时注意，最好先在皮肤较薄的部位，如耳后等试用，以了解是否有刺激或过敏反应。

4. 注意事项 对于含较多黏土成分或添加有吸油成分的面膜，因其能够发挥吸附油脂的作用主要用于油性皮肤。不含特殊吸油成分的膏状面膜对中、干、油性皮肤都适用。另外，使用不宜过度频繁，油性皮肤约每周1～2次，中干性皮肤每2～3周1次即可。

5. 配方分析 硅酸铝镁为吸附剂，起吸收面部油脂和污垢的作用；汉生胶是一种生物合成胶，是高效的乳化稳定剂，并具有突出的高黏性；白油、凡士林起滋养面部皮肤的作用；羟乙基尿素有良好的保湿性能；珍珠粉具有美白、淡斑、抗衰老的作用。

（三）撕拉式面膜

使用前，撕拉式面膜（剥离型面膜）为流动液态，涂敷后粘贴皮肤并成膜。其清洁原理与膏状面膜类似，通过增加表皮温度，促进血液循环，利用撕拉式面膜强有力的黏附作用，吸附皮肤及毛孔内的污垢，在面膜揭下时一并撕除，达到清洁皮肤的目的。

1. 主要成分 聚乙烯醇、聚乙烯吡咯烷酮、羧甲基纤维素、羧乙基纤维素、海藻酸钠、果胶及其他一些胶质物质。其中聚乙烯醇效果最佳，用量控制在10%左右，因其黏着力强，迅速成膜，难以除去，在其中可加入保湿剂如甘油等，避免产品在贮藏中干缩。撕拉式面膜配方举例见表16-3。

表16-3 撕拉式面膜配方举例

组 分	质量分数/%	组 分	质量分数/%
聚乙烯醇	10.0	三乙醇胺	2.0
海藻酸钠	2.0	乙醇	12.0
羧甲基纤维素	3.0	甘油	3.0
山梨醇	1.0	水	加至100
防腐剂、香精	适量		

2. 产品特点 面膜揭起的撕拉方式，使其清洁作用比其他类型面膜更为突出。由于揭下面膜时的撕剥动作可能使干性皮肤或敏感性皮肤受刺激，长期使用可能引起面部皮肤的松弛，故现在已不被大多数人接受，市场所占份额较小。

3. 使用方法 洁面后，将撕拉式面膜涂于皮肤上，尤其要注意避开眼眶、眉部、发际及嘴唇周围的皮肤，待15～20分钟面膜干后，自下而上撕除，防止撕剥时动作粗糙，损伤皮肤。

4. 注意事项 油性皮肤及皮肤油脂分泌旺盛的部位可以使用，根据油脂的分泌量选择使用间隔期，如油脂分泌特别旺盛的可以1周1次，一般情况可以2～3周1次。其他类型的皮肤不建议使用。

5. 配方分析 聚乙烯醇、海藻酸钠、羧甲基纤维素为成膜剂；山梨醇、甘油为保湿剂；乙醇为溶剂；三乙醇胺为良好溶剂、中和剂，有增稠和保湿的作用。

（四）湿布状面膜

使用面膜载体吸附技术，将调配好的精华液吸附在棉布（纸）上，敷于面部达到护肤美容目的。

1. 主要成分 以湿布作为载体，油相成分如橄榄油、霍霍巴油、蓖麻油等，水相成分如水、乙醇等共同作为基质成分，添加氨基酸、微量元素、维生素、各种生物活性物质、天然植物萃取物等作为营养成分。湿布状面膜配方见表16-4。

表16-4 湿布状面膜配方举例

组 分	质量分数/%	组 分	质量分数/%
橄榄油	25.0	液状石蜡	10.0
霍霍巴油	25.0	角鲨烷	2.0
蓖麻油	20.0	水	加至100.0
防腐剂、香精	适量		

2. 产品特点 在湿布状面膜中，可添加多种营养成分，剂量也易于控制，能提高有效护肤成分对皮肤的渗透量，并能迅速改变皮肤角质层含水量；可以将湿布裁成各种形状，以适应不同部位，使用方便、卫生。其市场份额愈来愈大，但此类湿布状面膜没有清洁效果，不适合油性皮肤或毛孔粗大、需要加强洁肤的人群。

3. 使用方法 洁面后，将面膜展开敷于脸上，露出眼睛、鼻子、嘴，见图16-1。15～20分钟后，将面膜自下而上揭起，用温水清洗，使用后的湿布不可重复再使用。一般情况可以每周1～2次。

图16-1 面膜贴

4. 注意事项 湿布状面膜不要用热水或微波炉加热，可能会破坏其营养成分。可以在敷面膜后，盖上干毛巾增加密闭性，增强吸收效果；敷面膜时间不宜过长；面膜剪裁尽量与脸的轮廓相符，能贴合面部曲线，通常无纺布面贴膜按照脸部曲线裁剪8～12刀，伏贴感更好；面膜的质地影响着面膜的舒适度和使用效果，一般来说蚕丝面膜、纯生物制膜最好，天然纯棉膜布其次，合成纤维次之。

5. 配方分析 橄榄油、霍霍巴油、蓖麻油、液状石蜡、角鲨烷均为油脂成分，起到滋润营养皮肤作用。

三 按理化性质分类

（一）倒模（hard mask）

倒模又称为硬膜。倒模粉的主要原料是石膏（gypsum，$CaSO_4$）。石膏存在多种结晶形态，如天然出产的半水石膏（hemihydrate gypsum）及无水石膏（calcium sulfate）。美容石膏倒模使用的石膏为半水石膏（见图16-2），为一种不可逆性的无弹性膜材料，用适量的水调和成糊状之后，具有良好的流动性和可塑性，可涂敷于皮肤，5～8分钟后自行凝固成坚硬的膜体，在面部皮肤上形成厚厚的成型“模”，倒模即由此而得名。

图16-2 石膏粉

1. 倒模的分类 由于添加剂的构成成分不同，倒模又分为热膜和冷膜。倒模对问题性皮肤的辅助治疗和皮肤日常保养有一定的效果，在医疗美容机构和美容院中都使用广泛，但操作较烦琐，不常在家庭中使用。

（1）热膜：热膜主要通过热渗透的原理，促进面部皮肤血液循环加快，毛孔扩张，皮脂腺及汗腺分泌增加，促进皮肤的吸收，达到护肤美容或治疗的目的。热膜主要用于中性、衰老性皮肤，色斑及有瘢痕的皮肤。油性皮肤者可在冬天应用，也可用于健胸、减肥。热膜会加重过敏反应症状，因此，敏感性皮肤慎用。

（2）冷膜：倒模中添加少量清凉剂（冰片、薄荷等），通过对皮肤的冷渗透作用，而达到收敛、抑制皮脂分泌、镇静皮肤的功效，受施者皮肤有凉爽感觉。主要用于混合性皮肤、油性皮肤、痤疮皮肤及敏感皮肤。

2. 选择美容倒模材料的原则

（1）对皮肤安全，无刺激性，无致敏性。

（2）具有良好的流动性和可塑性，倒模凝固后，其理化性质要稳定，体积和形态均不能改变。

（3）凝固时间要适宜，一般初凝＞8分钟，终凝＜10分钟。

（4）倒模材料发热温度到37℃左右。

（5）倒模材料为半水石膏，色泽纯白。

3. 倒模组方 半水石膏9份，其他添加成分1份。将石膏倒模粉与有效成分混匀用水调和后使用。

4. 倒模操作方法

（1）主要用品用具：毛巾或纸巾、营养底霜、调膜碗、调膜棒、脱脂棉或纱布。

（2）准备工作：彻底清洁倒模部位皮肤；用毛巾将头发尽量包入毛巾内；用纸巾或另一条毛巾保护颈部和上衣；询问受术者是否患感冒、咳嗽等呼吸道不适，是否有心脏病、胸闷、恐黑等病症，以确定倒模时是否可以将受术者的口、眼盖住。

（3）倒模：根据受术者皮肤特点，选择合适的营养底霜，均匀地涂于整个面部，眼部可用营养眼霜，对于汗毛过密、偏长者，应将底霜适当涂厚，或覆盖一张与脸大小相等的无纺布。用潮湿的薄棉片或两层纱布将眼睛、眉毛及鬓角裸露的所有毛发盖住。受术者不适时，应适当留出口或眼睛不遮盖。将250～300g的倒模粉加水调成糊状，用调膜棒将其迅速、均匀地涂于面部，自鼻根部开始向口、两颊、下颏依次推开倒模，厚度约0.5～1.0cm，仅留鼻孔，鼻通气不畅者可留出口部。倒冷膜时，可露出眼睛和鼻孔；倒热膜时，仅留鼻不敷盖。倒模结束后，立刻将调膜碗和调膜棒清洗干净。

（4）启模：倒模约5～10分钟即塑形变硬，25～30分钟后启模，先将硬膜轻拍松动，或请受术者稍微活动面部肌肉（微笑或鼓腮），然后从下颏两侧开始，逐渐松动面部周边面膜。双手轻轻向上托起（勿从一侧掀开），使膜与脸颊皮肤完全分开，双手托住面膜，稍离受术者面部停留3～5秒，使受术者眼睛适应光线后，将膜取下即可，最后彻底清洗面部。

5. 倒模的注意事项

（1）不适合做倒模的情况：不能平卧的心肺疾病患者；患感冒、咳嗽等呼吸道不适者；患有恐黑病症者；面部感染、皮肤过敏性疾病患者。

（2）影响倒模凝固时间的因素及操作方法：

1）水粉比：通常水粉比越大，初凝固时间越长。这是由于单位体积中半水石膏结晶的数量变小，结晶彼此络合的程度减少，延缓了初凝的强度。石膏倒模操作时应注意正确的粉水比，半水石膏的粉水比是100g石膏粉末配60mL水，有经验的操作者可先在橡皮碗内盛适量的水，然后徐徐加入石膏，使其均匀沉入到水里，以表面看不到浮水并有适量的石膏粉末为度。

2）调和条件：调和时间长，调和速度快，能够加速凝固。这是由于在凝固过程中有半水石膏的溶解阶段，即调和使半水石膏溶解度变大，加速凝固。但如果调和时间过长，一旦将已形成的半水石膏结晶破坏，会延长凝固时间。一般在1～1.5分钟内搅拌均匀，涂于面部。

3）温度：半水石膏凝固的主要原因是半水石膏的水化反应，若反应温度高，反应速度快，就能促进石膏倒模的凝固。

4）凝固调节剂：碱性物质促进凝固，酸性物质延缓凝固。

（3）若不慎将毛发粘入石膏膜中，切忌强行揭下，可先将膜敲成小碎块，然后一点点揭下，动作要轻柔。

（4）干性皮肤建议尽量不用石膏倒模。

（二）软膜（soft mask）

软膜目前应用比较广泛，已逐渐从医疗机构和美容院走入家庭。与硬膜不同的是，膜体在面部成形后，不形成坚硬的壳，而是形成一层柔软的膜，对皮肤没有拉紧感，取膜时轻轻揭掉即可，见图16-3。

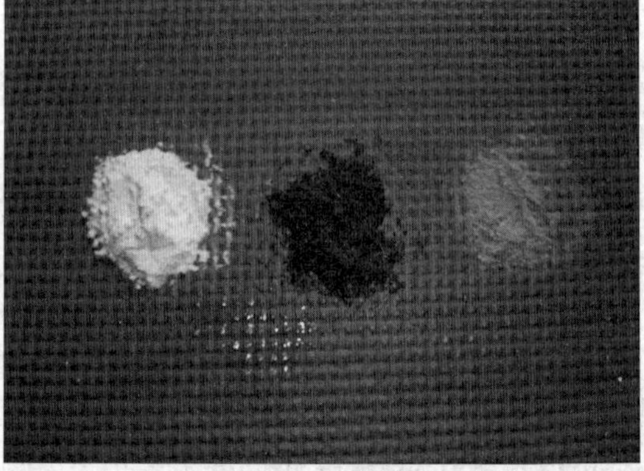

图16-3　软膜粉

1. 主要成分　基质成分主要为淀粉等，含量在50%～60%，其次是添加的其他活性成分。

2. 产品特点　软膜质地柔软细腻、性质温和无刺激、使用方便，其中含有多种营养物质，可以达到消炎、淡斑、增白、防皱、延缓衰老的目的。

3. 软膜的使用方法、注意事项等参见前述粉状面膜相关内容。

第四节 功效性面膜简介

一 保湿类美容面膜

保湿类面膜是能够达到保湿目的的面膜，是面膜中较常见的一类。皮肤缺水可导致细小皱纹的出现，如果得到充足的水分供给，细小皱纹会减退或消失。常用的保湿类原料有甘油、天然保湿因子（natural moisturizing factor，NMF），透明质酸（hyaluronic acid，HA）等。另外，皮肤表面形成的皮脂膜，也有防止水分散失，增加角质层水合作用，预防皮肤干燥和皱纹产生的功效，故在保湿面膜内可加入油性滋养成分达到保湿的效果，常用的有霍霍巴油、角鲨烷、乳木果油、蓖麻油等。保湿面膜配方举例见表16-5，保湿湿布状面膜配方举例见表16-6。

表16-5 保湿面膜配方举例

组 分	质量分数/%	组 分	质量分数/%
聚乙烯醇	7.5	透明质酸	0.1
海藻酸钠	4.0	乙醇	4.0
甘油	2.0	有机调节剂	2.0
防腐剂、香精	适量	水	加至100

配方分析：聚乙烯醇、海藻酸钠为成膜剂；乙醇为溶剂；甘油、透明质酸为保湿剂。该配方膜强度高，延展性好，亲和性强，无刺激过敏现象。

表16-6 保湿湿布状面膜配方举例

组 分	质量分数/%	组 分	质量分数/%
橄榄油	10.0	透明质酸	0.2
蓖麻油	10.0	丙二醇	2.0
乳木果油	10.0	甘油	5.0
烷基糖苷	2.5	单硬脂酸甘油酯	1.0
防腐剂、抗氧剂、香精	适量	水	加至100

配方分析：橄榄油、蓖麻油、乳木果油为油脂类原料，滋润营养皮肤；丙二醇为溶剂；甘油、透明质酸为保湿剂。

使用方法：洁肤后，取保湿面膜敷脸15 ~ 20分钟，取下面膜，用清水洗净面部，每周1 ~ 2次。

二 抗衰老类美容面膜

皮肤衰老是一种生理性的退化。抗衰老类美容面膜是通过面膜的方式，给皮肤提供各种营养成分，通过抗氧化达到减缓衰老的目的。

（一）滋养成分为主的面膜

以滋养成分为主的面膜通过及时补充皮肤所需营养物质延缓衰老。常用的功效性原料有磷脂（phospholipid）、花粉、蜂制品、胎盘提取液等。滋养型抗衰老美容面膜配方举例见表16-7、表16-8。

表16-7　滋养型抗衰老面膜配方Ⅰ

组　分	质量分数/%	组　分	质量分数/%
玉米淀粉	50.0	膨润土	10.0
高岭土	20.0	氧化锌	5.0
花粉	15.0	防腐剂、香精	适量

表16-8　滋养抗衰老面膜配方Ⅱ

组分	质量分数/%	组分	质量分数/%
聚乙烯醇	13.0	氧化锌	2.0
橄榄油	3.0	乙醇	3.0
海藻胶	5.0	甘油	5.0
胎盘提取液	2.0	高岭土	10.0
防腐剂、香精	适量	水	加至100

磷脂是生物膜的重要组成部分，在维护皮肤正常功能、细胞代谢和细胞渗透调整中起着重要作用，与皮肤相容性好，渗透性强，易被皮肤吸收，广泛用于美容面膜中。

花粉富含蛋白质、碳水化合物、脂类、核酸、矿物质、维生素和其他活性物质等，是一种理想的滋补品，有促进生长发育，提高机体抵抗力，调节机体生理活动功能。花粉易于穿过皮肤屏障，使皮肤柔软、白嫩、富有弹性。花粉是理想的皮肤抗衰老原料。

蜂制品是人类天然的滋补佳品，除了含有葡萄糖、果糖之外，还含有各种维生素、矿物质和氨基酸等极丰富的营养物质。新鲜蜂蜜涂抹于皮肤上，能起到滋润和营养作用，使皮肤细腻、光滑、富有弹性，还有抗菌消炎、促进组织再生，提高免疫力等作用。

胎盘提取液有较显著的促进细胞新陈代谢和赋活功能，可增进血液循环和皮脂腺功能，有显著润肤皮肤防止干燥，抑制皮肤黑素形成的作用等。

配方分析：聚乙烯醇为合成胶粘剂，海藻胶为植物性胶粘剂，使面膜易于成型；氧化锌、高岭土为粉质原料，吸附皮肤表面的污垢；橄榄油滋养皮肤、抗氧化作用。

（二）抗氧化成分为主的面膜

在众多的衰老学说中，衰老自由基理论得到了广泛的认同。自由基是一类具有极强氧化能力的化学物质。机体代谢过程中产生的不稳定自由基在细胞内堆积，引起不饱和脂肪酸氧化成过氧化物，形成脂褐素（lipofuscin，LF），并使细胞及其重要成分如DNA、蛋白质和酶类等改变或破坏，导致机体衰老，表现为皮肤皱纹、色斑等。目前，在添加常见抗氧化作用原料，如茶多酚、超氧化物歧化酶（SOD）、金属硫蛋白（MT）等的基础上，倾向于添加有抗氧化作用的中药提取物，如沙棘、绞股蓝等。与人工合成的自由基清除剂相比，中药抗氧化剂具有经济、毒副作用小的优点。大量研究证实，很多具有抗衰老作用的中药能提高机体抗氧化酶的活性，减少自由基对机体的损伤，发挥其抗衰老功能。沙棘包含人体所必需的多种营养成分，其活性成分之一生育酚，能消除自由基，抵抗氧化作用，保护细胞膜中的不饱和脂肪酸在外界刺激如光、热、辐射条件下不被氧化。沙棘还能明显促进表皮组织的再生，改善血液循环。抗氧化型美容面膜配方举例见表16-9、表16-10。

表16-9　抗氧化型美容面膜配方Ⅰ

组分	质量分数/%	组分	质量分数/%
SOD	2.0	乙醇	10.0
海藻酸钠	1.0	甘油	5.0
羧甲基纤维素	2.0	水	加至100
防腐剂、香精	适量		

配方分析：羧甲基纤维素为半合成胶粘剂、海藻酸钠为植物性胶粘剂；乙醇为溶剂；甘油为保湿剂。

表16-10　抗氧化湿布状面膜配方Ⅱ

组分	质量分数/%	组分	质量分数/%
沙棘提取液——沙棘油	2.0	丙二醇	2.0
橄榄油	10.0	乳木果油	10.0
蓖麻油	10.0	水	加至100
防腐剂、抗氧剂、香精	适量		

配方分析：橄榄油、蓖麻油、乳木果油是油脂类原料，起滋润营养皮肤作用。沙棘油含有维生素E、维生素C、胡萝卜素、不饱和脂肪酸等成分，具有良好的清除自由基和抗氧化作用。

（三）天然中草药成分为主的面膜

天然中草药目前广泛应用在面膜类化妆品中，主要以两种形式添加，即中药提取物和中药粉剂。受生产工艺条件限制，多为单方使用。中草药提取物主要用于膏霜状面膜、湿布状面膜中，中药粉剂主要用于粉状面膜中。具有滋补功效的中药，如人参、各种花粉、三七、黄芪、丹参、当归、灵芝等，其提取物广泛应用在滋养抗衰老方面，如人参提取液、当归提取液、灵芝提取液等。天然中草药美容面膜配方举例见表16-11。

表16-11　天然中草药人参面膜配方Ⅰ

组 分	质量分数/%	组 分	质量分数/%
聚乙烯醇	14.0	人参提取液	2.0
海藻酸钠	5.0	乙醇	5.0
羧甲基纤维素	3.0	甘油	8.0
防腐剂、香精	适量	水	加至100

配方分析：人参提取液具有抗氧化，清除自由基，抗炎，减少色素沉着，延缓衰老的作用。

（四）维生素和微量元素成分为主的面膜

维生素是人体活动不能缺少的物质，一旦缺乏，人体生理功能、新陈代谢都会受到一定影响，因此外源性的维生素是预防衰老的措施之一，如在防晒抗老化的面膜中可加入维生素C、维生素E抗氧化。

在组成人体的各种元素中，有些在体内仅含有微量或超微量，在营养学上称为微量元素，如铁、锌、碘、硒、铜、锰、钴、钼、铬、镍、锡、钒、硅、氟14种。它们在生物体内参与生命物质的代谢过程，在美容护肤方面也起着重要作用。

1. 铁 促进生长的重要物质，也是造血的主要原料。此外可增强机体免疫功能，增强人体内T淋巴细胞、嗜中性白细胞等的杀菌能力，提高皮肤的防御功能。

2. 铜 成人体内含量为100 ~ 200mg。对皮肤的主要作用是维持正常造血功能及铁的代谢，促使无机铁变为有机铁；参与生物酶的合成；维护皮肤和毛发的正常颜色与结构。

3. 锌 被誉为“生命之花”，其对皮肤的主要功能有参与多种酶的合成，如DNA聚合酶、胸腺嘧啶核苷激酶、碱性磷酸酶、乳酸脱氢酶、超氧化物歧化酶等八十多种酶的生物合成；促进生长发育；增强创伤组织的再生能力，保护皮肤健康。

4. 硒 是人体内重要的微量元素之一，在动物及人体发育及成年时期均有重要作用。其主要功能有抗氧化作用；增强免疫功能，刺激免疫球蛋白及抗体的产生，增强机体对疾病的抵抗力。实验证明，口服或注射硒，均可使注射羊红细胞的小鼠体内抗体形成和抗体滴度增加。

5. 锰 体内仅含12 ~ 20mg，是多种活性酶的组成部分。现已证明，哺乳动物的衰老与Mn-SOD减少引起的抗氧化活性降低有关；DNA、RNA聚合酶需经锰离子激活。

6. 碘 是构成甲状腺素的重要物质，调节机体能量代谢，促进生长发育，维持正常的神经活动和生殖功能；维护人体皮肤及头发的光泽和弹性；能调节维生素A、维生素C、维生素E代谢、增强人体的抵抗力；保护视器官功能的健全，改善和提高视力。

7. 锗 为有效的抗衰老元素，从植物中提取的锗化合物易被皮肤吸收，对改善组织细胞缺氧及表皮新陈代谢有积极作用。

三 美白祛斑类美容面膜

祛斑类面膜是指能减轻或除去面部色素沉着的美容面膜。皮肤的颜色是由基因决定的，黑素是决定皮肤颜色的主要因素。不论何种肤色，产生色素的黑素细胞数量是大致相同的，肤色不同是由于不同人种黑素的大小、种类、数量和分布不同。黑素的多少则主要取决于黑素形成过程中各种酶活性的强弱，活性越强，合成的黑素量就越多。

（一）减少黑素生成的面膜

黑素合成发生于黑素细胞中，皮肤内黑素量的多少主要取决于黑素形成过程中的酶。在酪氨酸酶、多巴色素互变酶（TRP-2）及其他酶的作用下，酪氨酸经多巴、多巴醌、多巴色素、二羟基吲哚等转化为黑素。故减少黑素生成的面膜主要通过2个途径。

1. 直接控制、抑制黑素生成过程中所需的各种酶。主要是抑制酪氨酸酶和多巴色素互变酶（TRP-2），这类物质主要有：

（1）茶多酚：是酪氨酸酶活性强抑制剂。

（2）曲酸（kojic acid）：酪氨酸酶活性抑制剂，抑制酪氨酸酶形成黑素。本品很安全、无不良反应、耐受性好，在化妆品膏霜中的浓度为1%～2%。曲酸除美白作用外，还可起到保湿、增加皮肤弹性、防晒的作用。

（3）壬二酸（azelaic acid）：为酪氨酸酶的竞争抑制剂，直接干扰黑素的生物合成。美白速度不快，但是安全性很高。主要用于黄褐斑，可作为痤疮的辅助用药。

（4）熊果苷（arbutin）：为酪氨酸酶的竞争抑制剂，直接干扰黑素的生物合成，外用无毒副作用、安全性好。熊果苷在保养品中的浓度必须在7%以下。

生物化学家发现野葛植物根的细胞里含有异黄酮类物质，可有效抑制皮肤酪氨酸酶活性，从而干扰阻断酪氨酸的羟化、氧化、脱羟、聚合，能预防和去除皮肤的色素沉着。配方见表16-12，表16-13。

表16-12　葛根素膏状面膜配方Ⅰ

组　分	质量分数/%	组　分	质量分数/%
液状石蜡	8.0	三乙醇胺	2.0
硅油	3.0	丙二醇	4.0
橄榄油	5.0	氧化锌	5.0
高岭土	35.0	葛根素提取物	3.0
硬脂酸	6.0	水	加至100
防腐剂、香精	适量		

配方分析：液状石蜡、硅油、橄榄油为油脂和蜡类，可滋润、保护、润滑，形成防水性薄膜；粉质原料吸附皮肤表面的污垢；三乙醇胺为阴离子表面活性剂、稳定剂。

表16-13　美白湿布状面膜配方Ⅱ

组　分	质量分数/%	组　分	质量分数/%
橄榄油	10.0	熊果苷	3.0
蓖麻油	10.0	茶多酚	4.0
霍霍巴油	10.0	甘油	5.0
烷基糖苷	2.5	单硬脂酸甘油酯	1.0
防腐剂、抗氧剂、香精	适量	水	加至100

配方分析：主要以油脂成分和酪氨酸酶活性抑制剂为主，滋养皮肤的同时通过抑制酪氨酸酶活性，达到美白目的。

2. 影响黑素细胞的存活和生长，选择性破坏黑素细胞，抑制黑素形成，这类物质主要有：

（1）氢醌（hydroquinone）：白色针状结晶，易溶于乙醇、乙醚、水，遇光和空气易氧化，化学性质不稳定，是一种传统且有效的美白祛斑成分。研究表明，氢醌在低浓度时以抑制酪氨酸酶活性为主，高浓度为细胞毒作用，浓度越高，效果越好，但刺激也越大。氢醌浓度不应大于5%，在4%～5%效果较好，但可引起中重度刺激。2%无刺激，但效果一般。氢醌外用可出现红斑，瘙痒，脱屑等反应，多数反应是刺激性的，轻度不需停药。长期广泛使用含氢醌浓度高于3%的面膜，会出现严重炎症后色素沉着。由于安全问题，我国《化妆品卫生规范》（2007年版）中明确规定氢醌禁用于美白祛斑产品。目前，市场上有些不规范的美白产品中仍然添加有氢醌，须提高注意。

（2）甘草黄酮：除了抑制酪氨酸酶及多巴色素互变酶活性外，随着剂量的增加，黑素细胞数量可明显减少。

（二）促进黑素排出的美容面膜

皮肤色素排出体外的方式为黑素、脂褐素和血红素，在一定条件下自行向角质层转移，最终随老化的角质细胞脱落。因此，用剥脱角质层细胞的方法来减少黑素，可使皮肤白皙、润泽，这种分解、剥脱、清除角质层的方法也称为“嫩肤术”，常用的有果酸。

果酸的使用可源自古埃及与罗马时代。由于果酸优异的功效，1993年美国《时代》杂志甚至将果酸列为十大风云产品。时至今日，果酸已是全球皮肤科医师用于皮肤辅助治疗及消费者居家保养的常用产品，其功能见表16-14。

表16-14　天然来源的果酸功能

果酸种类	学名	来源	功能特点
甘醇酸	glgcolic acid	甘蔗	去角质、促进皮肤再生
乳酸	latic acid	酸奶、枫糖	滋养保湿、修复舒缓、去角质
苹果酸	malic acid	苹果、葡萄	去角质保湿、抗自由基、美白
酒石酸	tartaric acid	葡萄酒、覆盆子	去角质保湿、抗自由基
柠檬酸	citric acid	柠檬、柑橘	较温和的去角质及细胞更新效果
杏仁酸	mandelic acid	杏仁子	较温和的去角质及细胞更新效果

其中甘醇酸，又称为甘蔗酸、乙二醇酸，最早从甘蔗中萃取而得，是果酸产品中应用最广的一种。甘醇酸在果酸中分子量最小，因此最容易渗透皮肤的表层，吸收的效果也最明显，是最常使用的果酸。乳酸在果酸中分子量小，因为其保湿度强且是天然成分不会刺激人体皮肤，所以被广泛用来改善皮肤干燥及角化现象。

果酸的作用：

（1）果酸是一种良好的保湿剂，外用果酸制剂可使真皮浅层透明质酸的含量增高，从而提高皮肤角质层及真皮层的含水量。

（2）果酸可以纠正光老化，外用果酸制剂可使经紫外线照射后受损的角质形成细胞恢复正常，增加新陈代谢，使真皮层黏多糖、胶原纤维和弹力纤维数量增加，从而纠正光老化。

（3）果酸是一种较为理想的赋形剂，由于果酸不仅可使角质形成细胞的粘连性减弱，而且可渗透入真皮浅层，因此可促进局部外用药物的吸收，是一种较好的赋形剂。

（4）果酸可使皮肤红润有光泽，低浓度（$<8\%$）的果酸作为化妆品添加剂使用，可使角质形成细胞粘连性减弱，使堆积的角质层易于脱落，作用于真皮浅层使肥大细胞发生脱颗粒作用，释放肥大细胞颗粒，使皮肤浅层的毛细血管扩张，皮肤变得亮丽有光泽，细小皱纹可以消退。中等浓度（20%左右）的果酸，可以改善皮肤粗糙、干燥、皲裂现象，促进毛细血管扩张，消除面部色素沉着。高浓度（$>70\%$）的果酸是一种化学剥脱剂，可使表皮层从真皮上完全剥脱下来，起到化学剥脱的作用，可以用以除皱、祛老年疣和各种色素斑，起到化学剥脱术（chemical pealing）的效果。果酸面膜配方举例见表16-15、表16-16。

表16-15　果酸面膜配方Ⅰ

组分	质量分数/%	组分	质量分数/%
聚乙烯醇	5.0	甘醇酸	5.0
羧甲基纤维素	5.0	乙醇	5.0
失水山梨醇单月桂酸酯	2.0	甘油	5.0
防腐剂、香精	适量	水	加至100

配方分析：羧甲基纤维素为半合成胶粘剂，失水山梨醇单月桂酸酯为非离子表面活性剂。

表16-16　果酸湿布状面膜配方Ⅱ

组　分	质量分数/%	组　分	质量分数/%
橄榄油	10.0	丙二醇	4.0
蓖麻油	15.0	甘醇酸	7.0
乳木果油	10.0	甘油	5.0
单甘酯及PEG 100硬脂酸酯	2.5	硬脂酸单甘酯	3.5
防腐剂、香精	适量	水	加至100

果酸面膜使用的注意事项：果酸的副作用主要是因为其pH为酸性，刺激皮肤，可出现发红、烧灼等不适感觉，严重时可以发生皮炎、皮肤潮红、水肿、渗出、鳞屑等症状。应该立刻停用果酸，可用冷水敷脸10～20分钟加以镇静，并使用修复乳霜增加滋润保养，再次使用时，从低浓度用起，再慢慢增加浓度及使用次数，通过一段时间后会因为耐受性增加而逐渐适应。使用果酸化妆品时应该避开黏膜及眼睛周围，口唇附近皮肤薄弱部位；果酸本身具有去除角质作用，不需要再使用去角质的产品，还要避免同时使用维A酸，水杨酸等酸性成分的化妆品。不要过度按摩，洗脸动作应尽量轻柔，避免刺激到皮肤；白天用含果酸的化妆品时要注意防晒，尽量不要让皮肤受到紫外线刺激；建议敏感性皮肤不要用果酸。

（三）中药美白祛斑面膜

中药提取物和中药粉剂在美白祛斑面膜中都发挥着较好的功效。中草药粉状原料主要用于粉状面膜中，约占粉状面膜的20%～30%，单味或复方药均可。

1. 传统的美白中草药的单味药记载如下

（1）白及：多年生草本植物白及的地下地茎，味苦、甘，性平，涩而黏滑。外用润滑皮肤，除面上疱，《本草纲目》曰：“洗面黑、祛斑”。

（2）白蒺藜：又名刺蒺藜，为蒺藜科一年或多年生草本植物蒺藜的果实。味苦、辛，性温。含有多种生物碱和苷类，以及含有多种丰富的过氧化物分解酶，有明显抗衰老作用。

（3）白茯苓：味甘、淡，性平。《本草品汇精要》曰：“白茯苓为末，合蜜和，敷面上疗面疮及产妇黑疱如雀卵”。既能去黑白面，又牢牙乌发，延年益寿。

（4）白僵蚕：为蚕蛾科昆虫家蚕的幼虫在未吐丝前，因感染白僵菌而发病致死的僵化虫体。外用其药味咸、辛，性平，可治面上黑及碍容性疾病，《本草纲目》称：“蜜和擦面，灭黑黯好颜色，或加白牵牛，白僵蚕末，水和掺之”。

2. 传统的美白中草药的复方记载如下

（1）《高林广记》中记载的玉女桃花粉，主要作用润肤、美白、祛斑，其组成为益母草、石膏、滑石、蚌粉等。

（2）广泛被医疗机构应用的中药为白术、白茯苓、白及、白僵蚕。

（3）现代药理研究显示，甘草提取物、银杏叶提取物、桑叶提取物、川芎提取物、六月雪提取物等中草药提取物能很好的抑制酪氨酸酶活性，能显著地减少黑素生成，有较高的安全性，具有对人体皮肤无毒无刺激的特点。传统的美白中草药的复方见表16-17、表16-18。

表16-17　桑叶美白膏状面膜配方Ⅰ

组分	质量分数/%	组分	质量分数/%
液状石蜡	8.0	山梨醇	4.0
蓖麻油	5.0	三乙醇胺	2.0
硅油	3.0	高岭土	35.0
桑叶提取物	3.0	氧化锌	5.0
硬脂酸	6.0	水	加至100
防腐剂、香精	适量		

配方分析：液状石蜡、硅油、蓖麻油为油脂类成分，具有保湿滋养皮肤作用；山梨醇有保湿作用；三乙醇胺为中和剂，有增稠、保湿作用；高岭土、氧化锌为粉质原料，高岭土可抑制皮脂、吸收汗液、有黏附作用，氧化锌主要起收敛、抗菌作用；桑叶提取物具有抗炎、保湿作用，并且通过抑制酪氨酸酶活性达到美白目的。

表16-18　中药美白祛斑粉状面膜配方Ⅱ

组分	质量分数/%	组分	质量分数/%
高岭土	20.0	淀粉	加至100
滑石粉	10.0	白及	2.0
氧化锌	5.0	黄芪	3.0
白术	3.0	红花	3.0

四　控油抗痤疮类美容面膜

痤疮（acne）是一种常见的毛囊皮脂腺的慢性炎症性疾病，其初发期称为粉刺，多发生在青春发育期，此时体内的激素水平变化促进皮脂腺分泌更多油脂，堵塞皮脂腺导管和毛孔，使皮脂排出不畅所致。以面部多见，也可发生在前胸和后背皮脂腺分泌较多的部位。

利用控油抗痤疮类美容面膜作为痤疮的辅助性治疗，临床证明效果较佳，常用的成分有抗雄激素作用的药物，抗炎、抗氧化、溶解角质作用的药物，中药粉剂、中药提取物等。

（一）以中草药成分为主的控油抗痤疮类美容面膜

中草药提取物和粉剂在临床及实验研究当中证实具有较好的效果。中药提取物，如丁香挥发油丁香酚、艾叶油、金银花、蒲公英、连翘、赤芍、丹皮、大黄、黄芩等提取物均对痤疮的治疗有非常好的效果。丹参酮是中药丹参根的乙醚提取物，目前证明丹参酮有抗雄激素作用，因此可用于拮抗皮脂腺活性，减少皮脂产生，而且丹参酮还能抗菌消炎，对痤疮杆菌有明显地抑制作用。以中草药成分为主的控油抗痤疮类美容面膜组方见表16-19、表16-20和表16-21。

表16-19　丹参酮祛痘膏状面膜配方 Ⅰ

组分	质量分数/%	组分	质量分数/%
棕榈酸异丙酯	8.0	高岭土	30.0
丙二醇	6.0	氧化锌	5.0
霍霍巴油	7.0	滑石粉	5.0
丹参酮提取液	5.0	碳酸镁	1.0
防腐剂、香精	适量	水	加至100

配方分析：棕榈酸异丙酯为合成油脂，主要用作化妆品的润滑剂，可赋予化妆品良好的涂敷性，与皮肤有较好的亲和性，易被皮肤组织所吸收。霍霍巴油主要成分是不饱和高级醇和脂肪酸，有良好的稳定性，极易与皮肤融合，具有抗氧化性和可分解油脂的特性，对出油、粉刺皮肤效果极佳。可单独使用，也可作为硬膜的底霜使用。

表16-20　中药祛痘湿布状面膜配方 Ⅱ

组分	质量分数/%	组分	质量分数/%
橄榄油	6.0	连翘提取物	4.0
黄芩提取物	4.0	丙二醇	4.0
霍霍巴油	8.0	甘油	5.0
防腐剂、香精	适量	水	至100.0

表16-21　中药祛痘粉状面膜配方 Ⅲ

组分	质量分数/%	组分	质量分数/%
玉米淀粉	25.0	高岭土	10.0
膨润土	10.0	蒲公英粉	15.0
氧化锌	5.0	大黄粉	10.0
连翘粉	15.0	金银花粉	10.0

使用方法：可单独作软膜使用，也可作为倒模的底膜使用。

（二）抗炎成分和中草药成分结合使用

抗炎成分和中草药成分结合使用的控油抗痤疮面膜配方举例见表16-22。

表16-22　控油抗痤疮倒模粉配方举例

组分	质量分数/%	组分	质量分数/%
石膏粉	75.0	丹参酮粉	10.0
连翘粉	10.0	甲硝唑	5.0

五 舒缓类美容面膜

舒缓类美容面膜一般是指针对敏感性皮肤应用的一类面膜。敏感性皮肤的表现是比正常人群更易发生接触性刺激或变态性反应。接触性刺激是因外界季节交替、环境变化等，出现面部发红、灼热、紧绷、刺痛、痒感等症状，干性皮肤，混合性或油性皮肤都可出现。是否发生Ⅳ型迟发性变态反应，致敏原侵入皮肤，作为半抗原与表皮细胞蛋白结合而具有抗原性，使体内免疫系统发生变化出现皮肤病变，还有待试验证实。

敏感性皮肤用美容面膜做皮肤护理时，多添加防敏剂，如洋甘菊、甘草提取物等。如选用膏状面膜多选用油包水型，可有效防护水中的刺激原，水包油型面膜不适合敏感皮肤的护理。舒缓类美容面膜配方举例见表16-23。

表16-23　防敏膏状面膜配方举例

组分	质量分数/%	组分	质量分数/%
液状石蜡	20.0	三乙醇胺	5.0
高岭土	20.0	十八醇	5.0
氧化锌	5.0	甘油	5.0
防敏剂	3.0	水	加至100

配方分析：十八醇为乳化稳定剂，香气纯正，可减少香精用量。

第五节　常用面膜简介

一 植物面膜

芦荟（aloe）主要含有芦荟大黄素苷、异芦荟大黄素苷、芦荟苷和多种葡萄糖、蛋白质等护肤美容的有效成分。

从芦荟中提取出来的胶状物质用于化妆品中，具有护肤和治疗皮肤病的作用。有学者报道，芦荟多糖对人体皮肤有良好的保湿、营养作用。其天然蒽醌苷或蒽醌的衍生物能吸收紫外线，具有防晒作用。从芦荟中提取出来的胶状物质可防止细胞老化、治疗慢性过敏性皮肤病。芦荟汁液含有的酶、维生素等成分，具有杀菌消炎等作用。芦荟面膜配方见表16-24。

表16-24　芦荟面膜配方

组分	质量分数/%	组分	质量分数/%
聚乙烯醇	12.0	乙醇	4.0
海藻酸钠	3.0	壳聚糖	2.0
高岭土	10.0	甘油	5.0
氧化锌	5.0	芦荟胶	35.0
防腐剂、香精	适量	水	加至100

配方分析：壳聚糖具有优良的生物相容性和成膜性，具有抑菌、美白、保湿、刺激细胞再生功能等。

二 矿物质面膜

我国古代医书，如葛洪《肘后备急方》、孙思邈《千金要方》等都有泥疗的记载。取黄土粒，在太阳下晒干，然后轧碎过细罗筛，用温水调和成糊状，再加少许蜂蜜，涂在脸部，半小时后用温水洗净。泥糊能够使皮肤和外界空气隔绝，防止皮肤水分蒸发，软化角质，吸附皮肤的污垢，使皮肤光滑白嫩。现代医学研究证明，矿物泥中高浓度的矿物质成分能有效治疗各种皮肤疾病，如湿疹、皮炎、痤疮等。

矿物泥不仅富含人体必需的锶、铜、锌、镍、钴、锡、钼、锰、铬、钾、钒、钙、钠、镁、铁等微量元素，还含有多种有生物活性效应的稀土元素，如钇、铈等。矿物泥孔隙率大、吸附性好，酸碱度与人体皮肤相近，具有优异的清洁功效，能强效吸收油脂、污垢等，软化除去老化角质，加快皮肤新陈代谢。矿物泥导热性低，散热慢，保温性好，可调节体液平衡、促进皮肤功能和神经功能；调节细胞膜的渗透性、提高免疫力；促进细胞色素的新陈代谢；促进供氧及胶原蛋白的生成。矿物泥可塑性和黏滞性较大，更易收紧皮肤，具有紧肤作用；全天然，无污染，不含任何化学添加剂，安全性高。长期使用可以有效地防止皮肤产生皱纹和松弛，保持面部美白、红润、细腻的理想状态。其超细微粒无论是涂敷于皮肤上还是从皮肤上清除掉，都十分方便，故作为美容面膜使用，取得了较好的效果。

三 海洋生物面膜

海洋是一个有着巨大时空尺度的开放性复杂系统，它以其广阔的空间、丰富的资源以及对全球环境的巨大调节作用维系着地球生态系统和人类生存的大环境。人类利用和开发海洋资源有着悠久的历史，很早就发现了海洋生物，如海带、贝类，不但可以食用、药用，还可作为美容护肤原料。

现代科学研究表明海洋生物具有以下特点：①富含人体必需的蛋白质、氨基酸、维生素和多种矿物质；②富含除了酶和抗体以外的第三类具有识别作用的蛋白质选择素；③含能有效络合重金属的物质；④降低胆固醇；⑤吸收多种紫外线，抗辐射，抗衰老；⑥海洋生物中提取的多糖及含有的磷脂质物质，有利于营养成分的吸收，具有极好的保湿、润肤作用等。

海洋是一个流动的世界，海洋生物有着明显的季节性，因为潮起潮落、海水回流等可造成不同海域的同种生物所含有的活性物质含量不同，且海洋生物所含的活性物质普遍偏低。故直接提取分离活性物质较为困难，代价高。目前主要通过人工养殖海洋生物原料和对量大的低活性物质进行人工修饰使之变为高活性物质两条技术途径解决。

海藻是生长在海滩浅水水域的一种海洋植物，像陆地植物一样，它是海洋中有机物的原始生产者。由于海藻生长在海水这一特殊环境里，与陆地植物比，具有很多特殊的成分，如多卤化合物、多卤萜类化合物、甾醇类化合物、多糖类化合物、丰富的蛋白质、维生素，以及陆地植物根本无法比拟的多种无机盐分和微量元素。

海藻分4类：褐藻、红藻、绿藻、蓝藻，美容面膜主要利用营养成分高的褐藻类作为面膜材料。如海藻酸钠（sodium alginate）、海藻胶（seaweed glue）等海藻提取物。尤其是海藻胶的黏性作用，其增稠性、凝胶性和成膜性能代替目前在化妆品面膜中使用的化学原料，如去甲基纤维素等，并且这种海洋生物原料的优点远远超过化学成膜材料。

褐藻中含有多种营养物质，其中蛋白质含量为8%，对皮肤有天然的亲和力，使皮肤易于吸收。人体可通过直接或间接的方式摄取褐藻中的多种抗氧化剂（antioxidant），如SOD、维生素C和维生素E等，及时补充体内天然抗氧化剂的含量，有效清除体内的活性氧自由基，保护人体细胞的正常功能，延缓衰老的进程，且SOD是一种性能优良的美白剂和紫外线吸收剂。褐藻中的丙烯酸、萜烯酸、溴酚类和硫化物等海藻普遍存在的抗菌物质，适合油性、痤疮、炎症皮肤使用，有平衡油脂分泌，消炎杀菌之功效。褐藻中的多种维生素，如维生素A、B_1、B_2、B_3（烟酸）、B_5（泛酸）、B_{12}、C、D、E、K和叶酸等，可维护上皮组织健康生长，减少色素斑点，具有抗皮肤衰老和促进角质细胞生长的作用。此外，褐藻中还含有各种无机物，如碘、钙、磷、铁、钠、镁、硫、氯、铜、锌、锰、钡、硼、锂等；大量的氨基酸和糖类，如丝氨酸、丙氨酸、精氨酸、甘氨酸、赖氨酸、天冬氨酸、亮氨酸、色氨酸及岩藻糖、甘露醇、木糖、葡萄糖等。这些营养物质使得褐藻对皮肤具有良好的护肤、抗菌消炎作用。海藻美容面膜配方举例见表16-25。

表16-25　海藻美容面膜配方举例

组分	质量分数/%	组分	质量分数/%
褐藻胶	20.0	氧化锌	5.0
海藻酸钠	10.0	滑石粉	15.0
乙醇	5.0	海藻提取物	5.0
防腐剂、香精	适量	水	加至100

配方分析：褐藻胶、海藻酸钠为植物性胶粘剂；滑石粉具有良好的伸展性和润滑性；氧化锌主要起收敛和抗菌作用。

四　动物原料面膜

动物原料面膜主要取自动物机体的某一部分，这些物质含有大量的蛋白质、激素、酶类、糖类、不饱和脂肪酸及人类防止皮肤衰老所需的物质，经过加工可使其达到润肤养肤的目的。动物提取物的生物活性较大，但较敏感，容易失活，可能会使人体产生过敏现象。

（一）胶原水解蛋白面膜

胶原水解蛋白（hydrolyzed collagen protein）是采用动物的皮肤、软骨、筋膜等为原料，采用先进的生物技术经特殊工艺水解而成。胶原（collagen）是构成皮肤蛋白质的主要成分，对皮肤具有重要的生理活性。由于胶原水解蛋白的多肽链中含有氨基、羧基和羟基等亲水基，故对皮肤具有保湿作用。与毛发角蛋白有良好的亲和性，可被毛发吸收，补充毛发的蛋白质成分，防止毛发的损伤，对受损伤毛发有修补作用。胶原水解蛋白与表面活性剂具有良好的配伍性，并可缓和化妆品配方（cosmetic recipe）中表面活性剂对皮肤和毛发的刺激作用，对人体皮肤安全。

生产工艺不复杂，资源丰富。需要注意的是胶原水解蛋白营养价值较高，所以在面膜制造工艺和保存中容易受微生物作用而变质，必须采取有效地防腐措施。含有胶原蛋白的美白湿布状面膜配方见表16-26。

表16-26　美白湿布状面膜配方

组分	质量分数/%	组分	质量分数/%
聚乙烯醇	10.0	羧甲基纤维素	5.0
海藻酸钠	5.0	三乙醇胺	3.0
胶原蛋白液	5.0	乙醇	5.0
防腐剂、香精	适量	水	加至100

（二）丝素蛋白面膜

丝素蛋白是从蚕丝中提取的天然高分子纤维蛋白，含量占蚕丝的70%～80%，含有多种氨基酸，其中甘氨酸、丙氨酸和丝氨酸约占总组成的80%以上。甘氨酸含量最高，可以抗辐射，具有防晒作用；亮氨酸可加速细胞的新陈代谢；丝氨酸、苏氨酸可延缓皮肤老化等，故丝素蛋白可以增加皮肤光泽、使皮肤紧致并富有弹性，对皮肤晦暗、松弛的问题也能有改善作用。

天然蚕丝经脱胶工艺处理后得到丝素蛋白干燥粉末，简称丝粉。丝粉经不同水解工艺处理后可得到丝肽粉、丝肽液。目前应用于化妆品的丝素蛋白有丝粉、丝肽粉、丝肽液和丝精。由于丝素蛋白与人体皮肤蛋白结构有很多相似之处，所以，丝素蛋白及其水解物与人体皮肤的亲和性是其他天然蛋白所不能比拟的。丝素蛋白既可以阻挡阳光中的紫外线，防止对皮肤的灼烧，还可以通过丝粉的作用，利用其独特的截留油分的能力，加强皮肤与油性成分的亲和力，是良好的保养防晒用品。丝素蛋白面膜配方举例见表16-27。

表16-27　丝素蛋白面膜配方举例

组分	质量分数/%	组分	质量分数/%
聚乙烯醇	5.0	羧甲基纤维素	2.0
海藻酸钠	1.0	三乙醇胺	1.0
丝素蛋白水解液	2.0	乙醇	5.0
甘油	5.0	水	加至100
防腐剂、香精	适量		

五　类激素面膜

近年来国内化妆品领域已使用具有雄激素或雌激素样作用的原料，如鱼精蛋白、前列腺素、安体舒通、丹参酮、乙底酚等，以改善痤疮和皮肤衰老等问题。

牛初乳是母牛产犊后3天内的乳汁，混浊、色黄且黏度较大，味苦并略带腥味，经规范采集后用冷藏方法保存，24小时内送到工厂加工。按照国际常用的巴氏消毒法，杀灭初乳中的微生物。通过低温加工技术提取乳汁中的有效成分，保留生物活性，无任何成分的添加剂。用此种方法获取的乳黄色结晶状固体称为牛初乳素。经分析表明，牛初乳中蛋白质含量是人初乳中的4.7倍，其中清蛋白含量为人初乳的50倍；球蛋白含量为常乳的35倍，特别是其含有常乳中几乎不存在的营养因子，如表皮生长因子（EGF）、胰岛素生长因子（IGF-Ⅰ和IGF-Ⅱ）、转化生长因子（TGFA和TGF B）、类胰岛素生长因子（IGF-Ⅰ和IGF-Ⅱ）、血小板诱导生长因子（PDGF）、分泌型免疫球蛋白（sIgA）和大量的激素类物质。

实验证明，牛初乳能促进人体细胞的增殖；增强皮肤透明质酸的合成、吸收和利用；增加毛细血管营养，促进真皮内弹性蛋白和胶原蛋白的合成，增加皮肤弹性。含有的雌激素样物质可拮抗皮肤的雄激素水平，能修复皮肤的异常。初乳面膜配方举例见表16-28。

表16-28　初乳面膜配方举例

组分	质量分数/%	组分	质量分数/%
聚乙烯醇	20.0	高岭土	10.0
海藻酸钠	1.0	氧化锌	3.0
羧甲基纤维素	2.0	乙醇	5.0
牛初乳因子	2.0	甘油	5.0
防腐剂、香精	适量	水	加至100

六　其他面膜

（一）电子面膜

常规洁面后，根据不同的皮肤涂上不同的底霜，再敷上电热按摩仪，主要通过电热原理，通电之后慢慢预热，将电压调到适量，温度调到42℃左右，以受术者感到舒适为宜。电子面膜通过电能使面膜达到一定的温度，深入皮肤毛孔，将其积存的污垢（包括化妆品残余物）随汗液彻底排出，促进血液循环，提高组织细胞活力；防止衰老，增强新陈代谢，加速营养物质的吸收，柔软皮肤，增加皮肤弹性，从而达到美容效果。电子面膜每次敷面持续30分钟左右，每周1～2次，但要注意切忌直接放在脸上，应先涂底霜，并放纱布，再盖上湿毛巾，最后放上电子面膜。敏感性皮肤者禁用。

（二）石蜡面膜（wax mask）

石蜡为无色或白色半透明的块状物，无臭，无味，触摸时有滑腻感。不溶于水或乙醇，易溶于多数有机溶媒和脂肪油或挥发油，遇碱不能皂化，熔点为50～65℃。石蜡属于烃类化合物，不酸败，对皮肤无刺激性，为良好的保护性软膏基质，能增加软膏的硬度，用于硬化软膏基质。又因有较大的热容量，也用于蜡疗。

石蜡面膜所用石蜡一般在48～50℃时可熔化成液体，先将蜡块放入特制的蜡容器里加热熔化，根据患者能耐受的温度直接将石蜡均匀涂于皮肤上，除眼、口、鼻外，皆涂上热蜡，逐渐加厚，一般厚度在0.5～1cm，保留15～20分钟后，用膜板分离膜的边缘，将蜡膜整个取下除去。借石蜡的温热作用扩张毛细血管，改善血液循环，促进汗腺活动，增加皮肤对营养的吸收，加强滋润性和保湿性，达到嫩肤除皱的目的。石蜡面膜见图16-4。

石蜡面膜适用于干性皮肤及衰老性皮肤，也可用于手脚及颈部的保养，需要注意的是由于石蜡面膜的温热作用，要防止皮肤烫伤，在天冷季节较为适用，粉刺、皮肤感染者禁用。

石蜡美容是集物理、化学、生物技术于一体的护肤美容方法，市面销售的高质量的美容蜡有稳定的物理、化学性质，是以特制的石蜡和含多种动物成分的蜂蜡（bees wax）为主体，

图16-4 石蜡（面膜用）

融入多种维生素（A、D、E）、与皮肤结构相似的小分子磷脂、脂肪酸、甘油酯、羊毛脂衍生物、能柔软滋润皮肤的水杨酸甲酯等。除了丰富的营养成分外，石蜡的热容量大，可使皮肤角质层软化，通过温热作用，增加了对营养物质的吸收，促进血液循环，加强新陈代谢。蜡膜降温时体积逐渐缩小，其凝固力具有较强的紧肤作用，可使浅表细小皱纹消失，增加皮肤弹性。

（三）纯金面膜

我国将金箔医用由来已久，明代李时珍《本草纲目》记载："食金，镇精神、坚骨髓、通利五脏邪气，服之神仙。尤以箔入丸散服，破冷气，除风"。清代黄宫甫《本草求真》记载："金箔可以除邪杀毒、解热驱烦、安魂定魄、养心和血"。

有学者指出，金属中以金的延展性最好，大约1g金可加工成面积为4 900cm^2，厚度为0.1nm的金箔。经纳米化处理，50nm以下的金可被透皮吸收。和其他金属相比，金比较稳定，不易引起人体排斥反应。黄金本身并没有改善肤质的作用，但其传导力较强，可将产品中添加的营养成分导入皮肤，明显提高皮肤对营养成分和水分的吸收和保留。护肤品中添加金箔，可使护肤品中的有效成分更快、更深入地被吸收。

近代医学专家指出，金接触到皮肤会释放出负离子，和人体内正离子互相呼应，促进血液、组织中的离子流动，产生新能量，进而改善血液循环，加快新陈代谢，这个现象被称为"黄金赋活"。利用金元素的特性，出现了纯金护肤疗法，过程如下：先测试皮肤类型，以确定护理的时间。一般来说，干性皮肤需要的时间最短，而油性皮肤需要的时间最长。常规洁面后，把纯金制成的勺状美容器用冰冷却，用冷却后的金勺进行脸部按摩以刺激血液循环。把精华液敷在面部皮肤上，将金勺通电加热，在手腕部试过温度后用热金勺进行面部按摩，时间以5分钟为宜，结束后敷金箔面膜。

七 自配面膜

家庭自制面膜是现代流行的美容护肤方法之一，可选用天然材料，如新鲜的水果、蔬菜、鸡蛋、蜂蜜等，因其副作用少，不受环境和经济条件限制的特点愈来愈受到人们的青睐。

（一）清洁面膜

1. 蛋清面膜 将蛋清打入碗内（去蛋黄）搅拌至起白色泡沫后，加入新鲜柠檬汁6～8滴，搅匀直接涂在脸上，具有去除污垢、收敛皮肤作用。

2. 苹果燕麦去角质面膜 燕麦有较好的去角质、深层清洁、淡化色斑的功效。

（1）材料：苹果半个，燕麦片2汤匙，蜂蜜1茶匙，蛋清1个，奶酪1小片，水适量。

（2）制作方法：燕麦片大火煮至糊状，苹果榨汁，将苹果汁、蛋清、奶酪、蜂蜜加入燕麦糊中调匀。

（3）使用方法：洁面后将面膜均匀地涂在脸上，避开眼部及唇部。15分钟后用清水洗净。

（4）适用肤质：比较粗糙的油性皮肤和混合型皮肤。

3. 菠萝木瓜深层清洁面膜 菠萝中含有菠萝蛋白酶，具有较好的去角质、防止毛孔堵塞的功效。木瓜中含有木瓜蛋白酶，具有去除老化角质的功效。将两种水果榨汁调制成面膜，清除老化角质功效明显。

（1）材料：面粉2汤匙，菠萝1小块，木瓜1小块，蛋清1个。

（2）制作方法：菠萝和木瓜在碗中捣成果泥，再与面粉和蛋清搅拌均匀。

（3）使用方法：面膜敷脸约15分钟，清水冲洗干净。

（4）适用肤质：任何需要去除老化角质的皮肤。

（二）保湿营养面膜

1. 香蕉面膜 香蕉去皮捣烂成糊状后敷面，15～20分钟后洗去，长期坚持可使脸部皮肤细嫩、清爽，特别适用于干性或敏感性皮肤。

2. 黄瓜面膜 将黄瓜洗净切薄片直接贴于脸部，具有润肤、增白、除皱的作用，适用于各种皮肤。

3. 蜂蜜橄榄油保湿面膜 蜂蜜中的葡萄糖、果糖、蛋白质、氨基酸、维生素、矿物质等物质可直接作用于皮肤，为细胞提供养分，可防止皮肤衰老、滋润干燥皮肤。

（1）材料：蜂蜜2汤匙，橄榄油1茶匙。

（2）制作方法：将两种材料加热至40 ℃，并充分搅拌均匀。

（3）使用方法：冷至室温，面膜敷脸20分钟左右，清水洗净。

（4）适合肤质：特别适合干性皮肤。

4. 芦荟绿茶面膜 芦荟是天然的美容植物，所含的氨基酸、复合多糖等物质，具有补充水分、恢复胶原蛋白功能，保持皮肤柔润、光滑、增强弹性的作用。芦荟中还含有黏蛋白成分，这种成分可调节皮肤的水分与油分，使它们保持在平衡状态。绿茶对于皮肤有抗氧化、美白、杀菌等功效。

（1）材料：绿茶粉1茶匙、芦荟1小块、面粉1汤匙。

（2）制作方法：芦荟榨汁，再加入绿茶粉、面粉混合。

（3）使用方法：面膜敷脸15分钟左右，温水洗净。

（4）适用皮肤：特别适合中性、油性皮肤。

（三）控油收敛面膜

1. 柠檬面膜 鲜柠檬切片，将5mm厚的2片浸泡在350mL纯净水内，用面膜巾浸泡于柠檬纯净水内，取出贴于面部15～20分钟取下，洗净脸部。每天1次，7天为1个疗程。此面膜具有收敛作用，可使皮肤清爽、润滑、细嫩。适用于油性皮肤。

2. 绿豆茶叶消炎面膜 绿豆粉和茶叶具有消炎、缓解面部炎症的功效。

（1）材料：绿豆粉1大匙，茶叶包2个，开水适量。

（2）制作方法：将茶叶包放在杯中冲开并放置冷却。将绿豆粉加到茶水中充分搅拌成泥状。

（3）使用方法：泥状面膜涂在脸上，5～10分钟后冲洗干净。

（4）适用肤质：角质比较粗的油性皮肤和混合型皮肤。

（四）美白营养面膜

1. 苹果面膜 将苹果去皮切块或捣泥，涂于脸部，如干性、敏感性皮肤，可加适量鲜牛奶或植物油，油性皮肤可加些蛋清。15～20分钟后用清水洗净即可。隔天1次，有使皮肤细滑、滋润、白腻的作用。

2. 红酒蜂蜜祛斑面膜 红酒中的酒酸可促进角质新陈代谢、淡化色素，使皮肤更白皙、光滑。蜂蜜具有保湿和滋养的功能。

（1）材料：3茶匙蜂蜜，1小杯红酒。

（2）制作方法：将蜂蜜加入红酒中，搅动至浓稠的状态。

（3）使用方法：均匀地敷在脸上，10分钟后，用温水冲洗干净，1周1次。

（4）适合肤质：任何皮肤，但对乙醇过敏的人避免使用。

3. 杏仁祛黄美白面膜 杏仁含有丰富的脂肪油、蛋白质、维生素A、维生素E及矿物质，可帮助脆弱的皮肤抵抗氧化，使皮肤光滑细致。蛋清具有收紧皮肤的功效。

（1）材料：生杏仁粉2汤匙，蛋清1个，少量矿泉水。

（2）制作方法：把杏仁粉末及蛋清调匀滴入少许矿泉水，使之成为奶糊状。

（3）使用方法：均匀涂抹在脸上，保持30分钟后清水洗净。

（4）适合肤质：中性至油性皮肤。

（五）抗衰老滋润面膜

1. 豆腐香蕉美白面膜 豆腐中含有丰富的大豆异黄酮，具有抗氧化的作用；豆腐中还含有天然的植物乳化剂——卵磷脂，能强化皮肤的保湿效果；香蕉可改善皮肤暗沉，嫩白柔细皮肤，并可加强皮肤抗氧化能力。适合所有肤质，特别是干性肤质。

2. 橄榄油牛奶面膜 牛奶中含有丰富的营养成分，每100g牛奶含蛋白质3.5g、脂肪3.8g、乳糖4.6g，及多种维生素和矿物质。牛奶中的维生素A可以防止皮肤干燥和老化，使皮肤、毛发具有光泽；维生素B_2则可以促进皮肤的新陈代谢，保护皮肤和黏膜的完整性等。

（1）材料：鲜牛奶1汤匙，加4～5滴橄榄油，面粉适量。

（2）制作方法：将上述原料混合搅拌，调匀。

（3）使用方法：将面膜敷在脸上，15～20分钟后温水洗脸，每周1～2次。

（4）适合肤质：干性、衰老性皮肤。

某些食品抹在脸上确实有增白、祛斑的作用，但有些物品如白醋、芦荟、柠檬等物质，抹脸时浓度不易控制，易对皮肤造成刺激。且不同季节，面部皮肤对外界环境的抵御能力有所不同，不要随意乱用自制面膜。

思 考 题

1. 美容面膜的作用机制是什么？
2. 美容面膜如何分类，各分类的组成及特点是什么？
3. 分别举出各种功效性面膜的2～3种活性成分？

（杨 帆）

参考文献

1. 肖子英，萧明. 化妆品. 北京：中国物资出版社，1998
2. 侯在恩，涂彩霞. 药物美容学. 北京：科学出版社，2002
3. 董银卯. 化妆品配方工艺手册. 北京：化学工业出版社，2005
4. 吴可克. 功能性化妆品. 北京：化学工业出版社，2006

5. 童银洪，陈敬中，黄海立. 纳米珍珠膏状面膜的研制. 纳米科技，2006,（6）: 29-32

6. 曾晓君，潘淑颐，何庭玉. 重要免洗面膜的研制. 广东化工，2009,（3）: 108-112

7. 李晶，吴燕芬，刘常坤. 以芦荟-壳聚糖为原料制备面膜. 河南化工，2004,（8）: 19-20

8. 郭丽梅，白明，姚培正等. 油松花粉黄酮和小肽润肤霜的制备及性能评价. 香料香精化妆品，2008,（6）: 23-25

9. 梁虹，王春波，贺孟泉. 绿茶面膜抗豚鼠皮肤光老化实验研究. 中国麻风皮肤病杂志，2002,（1）: 11-13

10. 陈明，李孝栋，游曦闽等. 剥离祛斑面膜的研制及临床观察. 福建中医药，2006（1）: 53

第十七章　彩妆类化妆品

彩妆类化妆品（make-up cosmetics）是指涂敷、喷洒于颜面、皮肤表面、指（趾）甲等部位，通过其遮盖力及色彩、光影达到修饰矫形、增添魅力的化妆品。此类产品是真正“化妆”用的产品，具有美容的功效，占有很大的市场份额。

第一节　彩妆类化妆品的分类和活性成分

一、彩妆类化妆品的分类

彩妆类化妆品一般可分为粉底类、彩色类、赋香类等。根据使用部位，彩妆类化妆品也可分为面颊部彩妆品（粉底、香粉、胭脂）、眼部彩妆品（眼影、睫毛膏、眉笔、眼线）、唇部彩妆品（唇膏、唇线）和美甲制品（指甲油、指甲油清除剂）等。彩妆类化妆品对皮肤及其附属器主要起局部修饰和美化的作用，因此通常只需停留在皮肤表面，不进入毛孔及皮肤组织深部。使用后应及时卸妆，彻底清除残留彩妆品，不留痕迹，防止不良反应的发生。

合格的彩妆类化妆品应符合下列要求：①质量符合国家标准和行业标准；②色泽均匀纯正，稳定持久；③有良好使用感，易于涂抹，附着性强；④稳定性好，使用期限内无变质、变形、变味；⑤对皮肤无刺激和毒性。

二、彩妆类化妆品的原料及活性成分

彩妆类化妆品的原料分为制作基质原料和主要原料。制作基质的原料有油、脂、蜡等油性原料，乙醇、多元醇、水溶性高分子等水性原料及表面活性剂等。主要原料有颜料、染料、金属皂等粉体原料及其分散剂。

（一）油、脂、蜡

油、脂、蜡是彩妆类化妆品的基质原料，特别是唇膏等，含量一般占90%左右。各种油、脂、蜡用于彩妆类化妆品中，使彩妆类化妆品具有不同的特性，以达到彩妆类化妆品的质量要求，如黏着性、润滑性、对染料的溶解性、触变性、成膜性以及硬度、熔点等。

化妆品中应用的油、脂、蜡，只要是精制优质的，几乎都可应用于彩妆类化妆品，甚至高级脂肪酸、醇、酯类及亲油的表面活性剂都可应用于彩妆类化妆品。通常，在常温下呈液态的称为油，呈半固态或软性固态的称为脂，呈固态的称为蜡。油脂和蜡类根据其来源和化学成分不同，可分为动植物油脂和蜡、矿物油脂和蜡、合成油脂和蜡，前两大类也称为天然

油脂和蜡。

近年来，随着合成化学的发展，不断出现了许多性能好、品质优良的合成油脂和蜡，使油脂和蜡的品种更加繁多，为制备特殊要求或性能的化妆品提供了广阔的原料来源。

1. 动植物油脂和蜡 动植物油脂（animal and vegetable fats）是由动植物组织中得到的油脂。从化学组成来说，动植物油脂主要是由甘油脂肪酸酯构成的，所以它们的理化性质有很多相似之处，在此一起介绍。

（1）动植物油脂品种很多，但适合用作彩妆类化妆品原料的并不多，下面列出的是可用于彩妆类化妆品生产的代表性油脂。

1）动物油脂：牛脂、猪脂、羊脂、貂油、海龟油等。

2）植物油脂：橄榄油、椰子油、棕榈油、蓖麻油、杏仁油、豆油、花生油、棉籽油、可可油、红花油、鳄梨油、芝麻油、扁桃油、麦胚芽油等。

为了满足彩妆类化妆品的需要，提高动植物油脂凝固点、黏稠度及不易发生氧化变质等性质，常将上述动植物油脂进行加氢，得到硬化油。彩妆类化妆品较常用的硬化油有硬化大豆油、硬化椰子油、硬化蓖麻油、硬化牛脂等。

（2）动植物蜡的分类根据蜡类物质的来源不同，可分为动物蜡和植物蜡。其代表性物质如下：

1）动物蜡：蜂蜡、鲸蜡、虫蜡、羊毛脂、卵磷脂等。

2）植物蜡：巴西棕榈蜡、小烛树蜡、棉蜡、霍霍巴蜡等。

动植物蜡，它们的熔点比油脂高，常温下呈固体。动植物蜡在彩妆类化妆品中除起到油蜡物质作用外，还可起到增强彩妆类化妆品的稳定性、调节黏稠度、提高液体油脂的熔点、改善使用感觉和滋润、柔软皮肤的作用。另外，因蜡分子含有憎水性烃基，使憎水性表面膜的形成功能增强，并提高彩妆类化妆品的光泽性。

2. 矿物油脂和蜡 矿物油脂和蜡是主要来源于石油、煤为原料的加工产物，再经进一步精制而得到的油蜡性物质。虽然它们的化学组成与动植物油脂和蜡不同，但它们的物理性质却有很多相似处，所以在彩妆类化妆品原料选择上，常将两类物质配合使用，以求达到更佳的效果。

矿物油脂和蜡的化学组成是只含有碳、氢两种元素的高级烃类，包括烷烃和烯烃两大类。在彩妆类化妆品中，它们是作为油脂和蜡性基质原料，常与动植物油脂和蜡调配使用，起到提高稳定性的作用。还可在皮肤表面上形成憎水性油膜，抑制皮肤表面水分的蒸发，从而提高彩妆类化妆品的效果。

3. 彩妆类化妆品常用的矿物油和蜡类

（1）蓖麻油（castor oil）：常用的是精制药用蓖麻油，它是从蓖麻籽中提取的高精度植物油，主要作用是赋予彩妆类化妆品一定的黏度，以增加其附着力。它还是溴酸红染料的较好溶剂，其用量一般为12%～50%，用量不宜超过50%，不然在使用时会形成黏厚油腻的膜。蓖麻油与白油、地蜡的互溶性能不良。

（2）可可脂（cocoa butter）：因为它的熔点接近体温，用在彩妆类化妆品中可降低凝固点，并增加彩妆类化妆品涂抹时的速熔性，一般用量为1%～5%，过量时易起粉膜面影响唇膏的光泽性。

（3）无水羊毛脂（lanolin）：是从羊毛洗涤液中提取的浅棕黄色膏状物，它具有良好的相容性，熔点低、黏度高，可使彩妆类化妆品中的各种油、蜡黏合均匀。羊毛脂对防止油相中的油分析出及对温度和压力的突然变化有抵抗作用，可防止唇膏发汗、干裂等现象。羊毛脂还是一种优良的滋润性物质，它与蓖麻油同为彩妆类化妆品不可缺少之原料，用量一般约为10%～30%。羊毛脂的气味不好，故用量不宜过多，现多用羊毛脂衍生物。

（4）鲸蜡（spermaceti wax）、鲸蜡醇：鲸蜡熔点低，在彩妆类化妆品中可增加触变性，但不增强彩妆类化妆品的硬度，因鲸蜡有易脆裂的特性。鲸蜡醇在彩妆类化妆品中具有缓和作用，可溶解溴酸红染料。

（5）液状石蜡（liquid paraffin）：彩妆类化妆品配方中常称为矿物油或白油，呈无色、无臭、无味透明液体。其主要成分为16个碳以上的直链饱和烃、支链饱和烃及环状饱和烃的混合物。其性能与角鲨烷相似，为彩妆类化妆品的润滑剂，但它常会影响彩妆类化妆品的黏着性及附着力，如遇热还会软化而析油，故已逐渐为肉豆蔻酸异丙酯类所代替。

（6）单硬脂酸甘油酯（glyceryl monooleate）：它对溴酸红染料有很好的溶解力，本身也具有良好的滋润性，在彩妆类化妆品中有多种作用。

（7）肉豆蔻酸异丙酯（isopropyl myristate）：在彩妆类化妆品中为油、蜡的互溶剂及润滑剂，可增加涂抹时的延展性，用量约为3%～8%。

（8）地蜡（ozocerite）：精制地蜡用作彩妆类化妆品的硬化剂，有较好吸收矿物油的性能，它可使唇膏在浇模时收缩而与模型分开，但用量多时，会影响唇膏表面光泽。

（9）巴西棕榈蜡（carnauba wax）：为高熔点、质硬而脆之黄色固体，不溶于水，是彩妆类化妆品原料中硬度最高的一种。与蓖麻油等油脂类原料的相容性良好，广泛用于唇膏和膏霜类化妆品中，在唇膏中作硬化剂，用以提高产品的熔点，并赋予光泽和耐热稳定性，故对保持唇膏形体和表面光亮起着重要作用。在唇膏中用量为1%～3%，不要超过5%，过多会引起脆化。

（10）蜂蜡（bees wax）：是一种非结晶性蜡，其黏附性好，有很好的相容性，可使各组分融合均一。它能提高彩妆类化妆品的熔点而不严重影响硬度，可缓和高熔点蜡含量过高所引起的脆化性。

（11）小烛树蜡（candelilla）：小烛树蜡又名坎地里拉蜡，为淡黄色有光泽蜡状固体，有芳香气味，质脆而硬，不溶于水，在熔融的混合物中，凝固得很慢。它主要用于膏霜类和唇膏类化妆品中，既可作蜂蜡和巴西棕榈蜡的代用品以提高耐热稳定性，也可作为软蜡的硬化剂。

另外，还有其他各种系列的天然蜡产品，如德国赫司特公司的LP蜡、E蜡、OP蜡等产品，都具有巴西棕榈蜡的优点，其色泽浅、杂质少、硬度适中，易乳化及润滑性好，可用于化妆品的膏状上光制品中。

（12）凡士林（vaseline）：凡士林也可用在彩妆类化妆品中，用量不能过高（不超过20%），否则彩妆类化妆品在涂抹时会产生阻曳现象。

（二）胶粘剂等水性原料

胶粘剂（adhesive）又称胶合剂、黏合剂等，它们大多都是胶质类物质，是各种化妆品中常用的原料之一。它们在化妆品中起着如下作用：对乳状液和悬浮液等分散体系起稳定作用或称胶体保护作用；对乳状液、蜜类半流体起增稠作用；对膏霜和半固体起增黏或凝胶化作用；另外，还具有胶黏、成膜、泡沫稳定及保湿作用等。这些作用往往是几种作用的综合结果，并非只表现出一种作用。

胶粘剂大多是水溶性高分子聚合物，分子结构中大多含有羟基（—OH）、羧基（—COOH）、氨基（—NH_2）等亲水性基团。当这些水溶性高分子聚合物与水发生水合作用时，则呈水溶液或凝胶状态，表现出不同的黏稠度等性质，而具有上述的作用。

胶粘剂按其来源可分为天然胶粘剂和合成胶粘剂两大类，其中天然胶粘剂分为动物性、植物性和矿物性胶粘剂，合成胶粘剂分为半合成、合成胶粘剂。

1. 动物性胶粘剂

（1）明胶（gelatin）：是以哺乳动物牛、驴等的骨、皮、筋等为原料，经酸或碱处理所得到的粗胶原，再用水加热抽提制得的产品。它是胶原蛋白经水解后得到的胶性高分子聚合物，其相对分子质量在1.75万～45万。明胶是白色或淡黄色、透明或半透明的粉末或片状物，在水中浸泡吸水而膨胀，可吸水增重5～10倍，充分吸水的明胶加热可溶解成胶体溶液，冷却后成凝胶状。明胶可溶于热的甘油中，但不溶于乙醇、乙醚等有机溶剂。

明胶具有胶体保护及黏合作用，其黏度随温度变化而改变，因而会影响产品的稳定性，故现在已很少作为增黏剂使用。但明胶水解液含有丰富的蛋白质和各种氨基酸，所以目前常用作营养成分添加于化妆品中。

（2）酪蛋白（casein）：即酪朊，又称酪素或干酪素。它是一种含磷蛋白质，在牛奶、大豆中含量较高。一般制法是由脱脂牛奶在40～50℃时，用稀酸调节pH为4.1～4.6时搅拌处理，可得到沉淀的酸性低分子酪蛋白，也称为酸酪蛋白。因用的酸不同，而有乳酸酪蛋白、盐酸酪蛋白、硫酸酪蛋白之分，但其性能基本相同。

酪蛋白呈白色或淡黄色粉末或颗粒状，略有乳臭或酸味，在水中溶解膨胀，加入稀碱或盐即可分散溶解于水。在膏霜乳液类化妆品中，酪蛋白主要用作乳化剂或乳化稳定剂、增黏剂等。因它含有丰富的蛋白质和氨基酸，也可作为营养成分添加于化妆品中。

2. 植物性胶粘剂

（1）阿拉伯胶（arabic gum）：又称金合欢胶，是阿拉伯树的分泌物，为阿拉伯胶酸的多聚糖类物质的钙、镁、钾盐。在稀酸中水解生成多种五碳糖和六碳糖酸类物质，如D-半乳糖、L-阿拉伯糖、L-鼠李糖、D-葡萄糖醛酸等单糖分子。其相对分子质量为1 000～1 200，具有高分子电解质的特性。阿拉伯胶呈白色粉末或颗粒状、淡黄色块状物，不溶于乙醇，溶于水，水溶液是酸性黏稠状液体，其黏度随时间延长而降低。在化妆品中，可用作增黏剂、乳化稳定剂、润肤剂等，常与其他水溶性高分子聚合物配合使用。

（2）黄蓍树胶（tragacanth gum）：又称黄蓍树皮粉，或白胶粉、龙胶，是由黄蓍树皮分泌物经加工而制得的胶性物质。其结构部分与阿拉伯胶相似，水解后得到L-阿拉伯糖、D-木糖和L-岩藻糖等。黄蓍胶呈白色或淡黄色半透明粉状物，不溶于乙醇，吸水性强，在水中膨胀成凝胶。在化妆品中可作为黏合剂、增黏剂及胶体保护剂等。

（3）果胶（pectin）：是一种凝胶状多聚糖类物质，广泛存在于植物组织中。主要成分是D-半乳糖醛酸的缩聚物，其相对分子质量因原料和制得方法不同而有较大差异，一般在5万～20万。果胶多以稀酸溶液浸取果类、橙类植物组织，再经脱色浓缩或在乙醇、丙酮等有机溶剂中沉淀出而制得。

果胶呈白色或深黄色粉末，不溶于乙醇、丙酮等，溶于甘油，在水中呈凝胶状黏稠液体。果胶无毒，对皮肤无刺激性和过敏性，适用于微酸性乳液化妆品中，用作胶体保护剂和乳化剂等。

（4）木瓜子胶（papain gum）：是由一种名为榅桲植物中提取而得到的天然水溶性高分子化合物，是用热水从其种子提取而得的黏液物质，具有比其他天然、合成水溶性高聚物更为优异的感觉性能，即涂抹在皮肤上可有爽快而润滑的感觉。常用于乳液护肤化妆品。

（5）海藻酸钠（sodium alginate）：又称藻朊酸钠或褐藻酸钠，是由海带、褐带菜等褐藻类经稀碱溶液浸取，再经过滤除去纤维素等，并经漂白后精制得到的白色或淡黄色粉末，无臭、无味，不溶于有机溶剂，易溶于水成黏稠状胶体溶液。在化妆品中主要用作胶体保护剂、黏合剂、增稠剂等，因分子内含有羟基，它还具有保湿剂作用。

（6）鹿角菜胶（carrageenin）：又称叉菜胶或爱尔兰苔粉，是由鹿角菜或爱尔兰苔等红海藻以热水抽提，经过滤、浓缩，然后以乙醇沉淀而制得的无臭、无味白色或淡黄褐色粉末。鹿角菜胶易溶于水，在60℃以上完全溶解，降至室温时则呈透明黏稠液或凝胶状，热稳定性好，但在强碱中不稳定。

对皮肤有滑爽感和滋润效果，常与甘油、丙二醇、山梨醇等应用于膏霜类化妆品中，用作胶粘剂、增稠剂等。

（7）淀粉（starch）：是以D-葡萄糖为结构单位的多糖类天然高分子聚合物。淀粉是由小麦、玉米、大米等谷物中得到的白色、无臭、无味的非晶形粉状或不规则块状物，不溶于冷水、乙醇和乙醚等，由可溶于热水的直链淀粉（也称糖淀粉）和不溶于热水、在热水中糊化的支链淀粉（又称胶淀粉）两部分组成。大多数淀粉中，前者的含量约为20%，后者的含量约为80%。淀粉糊化后成为具有黏性的半透明凝胶或胶体溶液，其特点是在低浓度水溶液中仍有较高的黏性。

淀粉主要用于香粉类化妆品中，作为粉剂的一部分，在胭脂内可用作黏合剂。但因其抗微生物性能差，现多用变性淀粉。各种变性淀粉可分别经酸、碱、盐、氧化剂和淀粉酶进一步反应而得到，如流动性淀粉、氧化淀粉、各种糊精等，扩展了淀粉的性能和用途。

3. 矿物性胶粘剂（mineral adhesives） 主要来源于天然矿物成分，是经一系列化学反应或加工处理得到的具有胶粘剂作用的胶性物质。

（1）胶态二氧化硅（colloid silicon dioxide）：即胶性硅胶，是由天然矿物、砂石、石英等经加工制得的白色无臭、无味的细粉末。具有化学纯度高、微粒极细、比表面积特大和成链等特性。其吸水性极强，在吸水率达自身40%时仍保持粉末状。胶态二氧化硅只有与其他的胶粘剂配合使用时才具有较好的黏度和膏体成型性，化妆品中用作胶粘剂。

（2）硅酸钠（sodium silicate）：又称水玻璃，组成主要为Na_2SiO_3，并含有少量的$Na_6Si_2O_7$和$Na_2Si_3O_7$，当与水混合后形成$Na_2SiO_3 \cdot 5H_2O$，是无色、无味的强黏性液体，不易溶于冷水，溶于热水，实际上它是以水合形式分散在水中，呈碱性。用于化妆品时，注意其pH的影响。

（3）硅酮油（silicone oil）：又称硅油、硅树脂。硅酮油是化学惰性物质或非极性物质，主要包括二甲基聚硅氧烷和甲基苯基聚硅氧烷。前者为无色、无味的透明黏稠液体，不挥发，无毒；后者为无色或微黄色透明黏稠液体，不挥发。

硅酮油主要用作胶粘剂、非极性润肤物质，所以可用于润肤化妆品，起到一般油脂所起不到的作用，在皮肤表面上形成一层保护层，既能抗水又能让水汽通过，用于起到柔和、滋润、避免出汗作用的化妆品中。

4. 半合成胶粘剂（semi-synthetic adhesive） 是指以自然界存在的天然物质为原料经化学反应而合成的各种衍生物，其中应用较广泛的是变性淀粉，即环糊精和纤维素衍生物等。

（1）环糊精（cyclic dextrin）：是以淀粉为原料经结构改造得到的性能特殊的变性淀粉，环糊精是由环糊精糖基转移酶作用于淀粉、直链糊精或其他葡萄糖聚合物而生成的。

（2）纤维素衍生物（cellulose derivatives）：是以天然的纤维素为原料经化学反应而合成的具有胶性的各种衍生物，其中纤维素醚类在化妆品中应用最多，例如甲基纤维素、乙基纤维素、羟乙基纤维素、羧甲基纤维素等。

1）甲基纤维素（methyl cellulose，MC）：是纤维素的甲醚，为无臭、无味、白色纤维状粉末，不溶于水及一般有机溶剂，对光、热稳定，在水中膨胀成透明、黏稠的胶体溶液，在化妆品中起胶粘剂、胶体保护剂、乳化和泡沫稳定剂、成膜剂等作用。

2）乙基纤维素（ethyl cellulose，EC）：其性能和作用与甲基纤维素相似。

3）羟乙基纤维素（hydroxyethyl cellulose，HEC）：是纤维素的羟乙基醚，是无臭、无味的白色或淡黄色粉末。易分散于水中成凝胶状，2%水溶液黏度最高可达100Pa · S。对酸稳定，在香波、膏霜、乳状液、发胶中用作胶粘剂、乳化稳定剂、成膜剂和胶体保护剂。

4）羧甲基纤维素钠（sodium carboxy methyl cellulose，CMC-Na）：是纤维素羧甲基醚的钠盐，为无臭无味、白色粉末或颗粒状物，易溶于水及碱性溶液形成透明黏胶体。其水溶液的黏度随pH、取代度、温度不同而异。CMC-Na在水中不是溶解而是解聚，即聚合分子的解聚。在水中先以悬浮状态存在，然后在水中膨胀达到最高黏度，最后完成解聚而黏度稍有下降。在化妆品中，主要用作膏霜、乳液的增黏剂、乳化稳定剂、泡沫稳定剂等。

5）硝酸纤维素（cellulose nitrate）：又称硝化纤维素。它是利用纤维素分子中葡萄糖结构单位中的3个醇羟基与硝酸反应生成硝酸纤维素酯。含氮量在11%左右的硝酸纤维素称为胶棉，易溶于酮类、酯类溶剂，是用于成膜性化妆品如指甲油中很好的成膜剂，其成膜的硬度、附着力、耐磨性等方面均优良。

6）醋酸纤维素（cellulose acetate）：是纤维素与醋酸酐和少量硫酸作用时，其三个醇羟基发生乙酰化反应而生成的纤维素醋酸酯。醋酸纤维素对酸、碱敏感，易与其他纤维素配合使用。

5. 合成胶粘剂（synthetic adhesive） 是指利用有机单体通过聚合反应生成高分子聚合物，其高分子聚合物具有一定的胶黏性。但也因其聚合度或平均相对分子质量不同而性质有所不同。下面仅介绍常用于化妆品的合成胶粘剂。

（1）聚乙烯醇（polyvinyl alcohol，PVA）：由醋酸乙烯酯经过聚合后，再水解脱去醋酸基而制得的，由于其聚合度和脱去醋酸基的程度不同，其性能也各异。通常聚乙烯醇呈白色或淡黄色粉末状，无臭、无味，易溶于水。聚乙烯醇稀溶液呈胶状，浓度高时呈凝胶状。性质稳定，水溶液遇热不变质，还具有保湿性和成膜性。化妆品中主要用于润肤剂、成膜剂、胶体保护剂和乳化稳定剂等。

（2）聚氧乙烯（polyethylene oxide，PEO）：由环氧乙烷经聚合反应制得。其聚合度范围很大，相对分子质量可由几十直至几百万，用途也趋于多样化。它是一种白色、无臭、无味的粉末，水溶液是稳定的水溶性化合物，可用作胶粘剂、增稠剂和成膜剂等。

（3）聚乙二醇（polyethylene glycol，PEG）：由环氧乙烷在微量水存在下的聚合产物。所有的聚乙二醇都溶于水，PEG 600以下的在常温下为无色透明黏性液体，可与水任意混合。聚乙二醇可溶于乙醇、氯仿中，不溶于醚和脂肪烃。在化妆品中可用作保湿剂、增稠剂和乳化稳定剂。

（4）聚乙烯吡咯烷酮（polyvinyl pyrrolidone，PVP）：由N-乙烯基吡咯烷酮聚合而制得的直链形聚合物。它是白色或淡黄色粉末，相对分子质量为2.4万～4.0万，易溶于水，可溶于醇、氯仿、胺类、酮类及低分子脂肪酸。PVP的相对分子质量不同，其性能和使用范围随之亦不同。

它具有较好的保湿性和成膜性，并与纤维素衍生物有良好的相容性。

（5）聚丙烯酸钠（sodium polyacrylate，PA-Na）：丙烯酸聚合物的钠盐，既可由丙烯酸钠直接聚合，也可由丙烯酸聚合后中和制得。聚丙烯酸钠是无臭、无味、白色粉末，溶解于水时，要先用水溶胀后，再加水使之完全溶解。随pH不同，可改变其溶解度。水溶液的黏度很高，但对铁离子不稳定。在化妆品中主要用作胶粘剂、乳化体稳定剂等。

（三）色素

色素（pigment）也称着色剂或色料，可以用来改变其他物质或制品颜色的物质的总称。在彩妆类化妆品中添加各种色素的作用是使化妆品起到美化、修饰的作用，以增加彩妆类化妆品产品的颜色美感。

根据彩妆类化妆品的性能和作用，对彩妆类化妆品色素的要求主要有：①颜料鲜艳、美观、色感好；②着色力强，透明性好或遮盖力强；③与其他组分相容性好，分散性好；④耐光性、耐热性、耐酸性、耐碱性和耐有机溶剂性强；⑤安全性高，在我国《化妆品卫生规范》允许使用范围及限制条件下，无毒、无刺激性、无过敏性等。

彩妆类化妆品用色素按其来源分类可分为4大类：无机色素、动植物天然色素、合成色素及珠光颜料等。

1. 无机色素（inorganic pigment） 也称为矿物性色素，它是以天然矿物为原料而制得的。无机色素应该属于无机颜料。不易溶于水或有机溶剂，而是借助于油性溶剂分散，将其涂于物体表面，可使之产生颜色。无机色素具有遮盖力强、耐光、耐热、耐溶剂性等特点。下面介绍按规定允许在化妆品中使用的无机色素。

（1）白色颜料：彩妆类化妆品中使用白色颜料的目的是利用它的强遮盖能力，并使化妆品具有润滑感或稀释有色染料的作用。

1）钛白粉（titanium dioxide，TiO_2）：即二氧化钛，由钛铁矿用硫酸分解制成硫酸钛，再进一步处理制得二氧化钛。钛白粉是白色、无臭、无味的细粉末，其遮盖力是白色颜料中最强的，是锌白的4倍，主要用于香粉等化妆品中。它的化学稳定性好，因含铅的氧化物等禁用于化妆品，所以它得到了广泛的应用。近年来已制得了具有极细粒度（纳米级）的钛白粉，其分散性和耐光性都非常好，防紫外线能力尤强，所以多用于防晒化妆品。

2）锌白（zinc oxide，ZnO）：即氧化锌，由铁锌矿经酸处理再精制而得，是白色、无臭、无味的非晶形粉末。其特点是着色力强，并有收敛和杀菌作用，也有较强的遮盖力。主要用于香粉、痱子粉等粉质化妆品。

3）滑石粉（talc）：是一种含水硅酸镁盐，化学式为$Mg_3SiO_{10}(OH)_2$或$3MgO·4SiO_2·2H_2O$。滑石粉性质柔软、极易粉碎成粉状，具有良好的伸展性和润滑性。色白、有润滑性的滑石粉是质量高的产品。它主要用于香粉类化妆品，用作粉质性原料。

4）高岭土（kaolin）：是天然的硅酸铝盐，化学式为$Al_2Si_2O_5(OH)_4$或$Al_2O·2SiO·2H_2O$。高岭土是经黏土煅烧、淘洗，对水油具有较好吸收性的白色、质地细腻的粉末，是配制化妆品的常用成分。对皮肤的黏着力好，具有缓和或消除滑石粉光泽等特点，用于香粉类化妆品。

5）碳酸钙（calcium carbonate，$CaCO_3$）：是将天然石灰石煅烧成氧化钙，将其制成石灰乳，然后通入二氧化碳而得到的白色细粉状沉淀碳酸钙。用于化妆品的沉淀碳酸钙分为轻质和重质碳酸钙。利用其吸附、摩擦等性能应用于香粉等化妆品中。

6）碳酸镁（magnesium carbonate，$MgCO_3$）：是白色、无臭、无味轻质粉末，常以碱式碳酸镁形式存在$(MgCO_3)_4·Mg(OH)_2·5H_2O$，由天然磷镁矿与碳酸钠反应，然后经煮沸、过滤、洗涤和干燥等工序制得。它具有色泽极白、吸收性强的特点，用于香粉等化妆品。

（2）有色颜料：

1）氧化铁（iron oxide）：用于化妆品色素的氧化铁是以不同形式而制得的各种颜色的氧化铁，需要在严格控制的条件下制备。例如：①黄色氧化铁（$Fe_2O_3 \cdot H_2O$），由硫酸亚铁与碱反应生成沉淀后，再经氧化而制得。根据沉淀和氧化时条件的不同，可以得到浅黄到橙色的各种不同色度的色素，其中含Fe_2O_3约85%和H_2O约15%。②棕色氧化铁（$Fe_2O_3 \cdot H_2O$、Fe_2O_3和Fe_3O_4的混合物），可以由黄色、红色和黑色氧化铁混合而成；也可由硫酸亚铁与碱反应生成沉淀后，再使沉淀局部氧化而制得。③红色氧化铁（Fe_2O_3），通常是将上述所得黄色氧化铁沉淀，经煅烧而制得。形成的颜色色谱变化是由浅红到深红，具体颜色由原来的黄色氧化铁及煅烧条件所决定。④黑色氧化铁（Fe_3O_4），其制备反应同黄色氧化铁，但要求严格控制反应条件才可以得到。

2）炭黑（carbon black）：是很稳定、不溶解的颜料，主要用于眉笔、睫毛膏等化妆品，化妆品用炭黑多是以木材炭化或煤烟沉积制得。

3）氧化铬绿（chromium oxide green，Cr_2O_3）：是纯的无水氧化铬（Cr_2O_3），经由重铬酸钾、碱、还原剂按一定比例混合后煅烧，再经酸性水洗去可溶性铬酸盐类，并使铅含量低于20×10^{-6}，砷的含量低于2×10^{-6}（以As_2O_3计算），以达到化妆品的要求。氧化铬绿色度较暗，对光、热、酸、碱和有机溶剂的稳定性好。

4）氢氧化铬绿（chromium hydroxide green，$Cr(OH)_3$）：是具有像有机颜料那样鲜艳、呈绿色的颜料，各种性能与氧化铬绿相同。与氧化铬绿制法相似。

5）群青（ultramarine blue）：由硫黄、纯碱、高岭土、还原剂（木炭或松香等），将各种原料按比例配制混合后，在700～800℃煅烧24小时，缓慢冷却后，经洗涤精制而得到的颜料，根据所用原料配比以及煅烧温度不同等，可以制得从绿色到紫色等各种色调的群青颜料。群青的化学结构尚不完全清楚。

群青对光、热、碱及有机溶剂稳定性好，但对酸敏感，易褪色和产生硫化氢气体，其着色力和遮盖力较差，主要用于眼影膏、睫毛膏和眉笔等化妆品。

2. 动植物天然色素（animal and plant pigments） 主要来源于自然界存在的动植物，因为其来源少、提取分离工艺过程复杂、价格昂贵等原因，现已大部分被合成色素所代替，但是某些性能优良而稳定的天然色素仍被用于食品、药品和化妆品。近年来，因合成色素的安全性问题，又使天然色素广泛兴起，由于提取、分离、提纯技术的发展并应用于天然色素的制备，又有许多新的天然色素出现。据报道，现有一百多种天然色素进入市场，但能否用于化妆品，必须经国家有关部门的审批。

下面仅就已批准使用的天然色素做一介绍。

（1）β-叶红素（β-carotene）：即β-胡萝卜素，因最先由胡萝卜中得到而得名，广泛存在于动植物中，是一种黄色或橙黄色色素。易被氧化而褪色，也易受金属离子的影响，这是因其分子结构中含有多个碳碳双键而使其易发生反应所致。需要与抗氧剂和螯合剂一起使用。

（2）胭脂红（carmine）：也称胭脂红酸，是由寄生在仙人掌上的胭脂虫干燥粉中提取的红色色素，颜色因pH不同而异，在酸性中呈现橙色至红色，而在碱性中则呈现紫红色，对酸、光和热较稳定。胭脂红酸是蒽醌型的结构。

（3）叶绿酸钾钠铜（potassium sodium copper chlorophyllin）：也称天然绿（natural green），它是从绿色植物中先提取出叶绿素A，再经一系列化学反应和处理而制得的水溶性叶绿酸钾钠铜绿色色素。一般多用叶绿酸钠铜，除具有色素作用外，还有抑菌、除臭作用，用于牙膏、漱口水等卫生用品。

（4）其他动植物色素：

1）类胡萝卜素色素（carotenoid pigment）：①红木素（mahogany element），以红木种子为原料制得的油溶性黄色至橙黄色的色素。②辣椒黄素（pepper flavin），以辣椒粉为原料制得的橙黄色至橙红色的色素。③菌脂色素（bacterial lipid pigment），以番茄为原料制得的红色至红橙色的色素。④蓍红花苷（achillea safflower glucoside），以茜草科栀子的果实为原料制得的橙黄色的色素。

2）蒽醌色素（anthraquinone pigment）：即虫漆酸，是将虫胶介壳虫分泌的汁液经干燥而制得的红色色素。

3）黄酮类色素（pigment）：①紫苏红（red perilla），以红紫苏的叶茎为原料提取的红色（酸性溶液）色素。②红南瓜色素（pigment red pumpkin），从红色南瓜中提取而得到的红色至紫红色色素。

4）二酮类色素、姜黄素（diketones pigment，curcumin）：从姜科郁金的根茎提取得到的黄色色素。

3. 合成色素（synthetic pigment） 也称有机合成或焦油色素，它是以石油焦油、煤焦油中得到的各种芳香烃类为基本原料，根据发色基团和助色基团的结构进行一系列化学反应而制得的。

合成色素按照它们的化学结构可分为以下几类：

（1）偶氮系色素（department of azo pigments）：偶氮系色素适用于化妆品的较多，它们的结构特征是分子结构中都具有生色基团偶氮键（—N＝N—）。其制备方法是先以芳香伯胺与亚硝酸发生重氮反应生成芳香重氮盐，再以芳香重氮盐与相应的酚、芳香胺等进行耦合反应生成具有偶氮基的化合物。

偶氮系色素又可分为4类：①未磺化偶氮型颜料，不易溶于水或乙醇等有机溶剂及矿物油等，代表性颜料有颜料橙、颜料红；②未磺化偶氮型染料，不溶于水，但能溶于乙醇、乙醚等有机溶剂及矿物油等，代表性染料有溶剂红；③磺化偶氮型颜料，不溶于水、乙醇、乙醚等有机溶剂及矿物油等，代表性颜料有颜料红、立索玉红BK；④磺化偶氮型染料，溶于水，不溶于乙醇、乙醚等有机溶剂及矿物油等，代表性染料有酸性橙、食品红、食品黄。

（2）三苯基甲烷系色素（department of pigment triphenyl methane）：三苯基甲烷系色素可分为盐基性染料和磺酸盐染料，仅后者适用于化妆品。一般含有多个磺酸盐基，易溶于水，不易溶于非极性有机溶剂或矿物油等，代表性染料有食品绿、食品蓝、酸性蓝。

（3）呫吨系色素（xanthene pigment system）：呫吨系色素的分子结构中都有呫吨基或称为夹氧杂蒽基。这类色素均是以荧光素染料的衍生物为代表，它们在酸、碱中可以两种互变异构的状态存在，即酚型和醌型。酚型微溶于水；而醌型易溶于水，色彩鲜艳强烈。应用于化妆品的呫吨系色素主要有以下几种：溶剂黄、酸性黄、溶剂红、酸性红、食品红。

（4）喹啉系色素（department of pigment quinoline）：喹啉系色素只有2种可适用于化妆品，即水溶性喹啉黄和醇溶性喹啉黄，前者是喹啉黄的二磺酸钠盐。

（5）蒽醌系色素（anthraquinone pigment）：蒽醌系色素可分为未磺化蒽醌型、磺化蒽醌型两类。前者是油溶性的，后者是酸性水溶性的。

1）未磺化蒽醌型染料（not sulfonated anthraquinone dye）：不易溶于水，而易溶于乙醇、

乙醚及矿物油等溶剂。主要是由1,4-二羟基蒽醌与1分子或2分子对甲苯胺缩合生成的。代表性染料有溶剂紫、溶剂绿。

2）磺化蒽醌型染料（sulfonated anthraquinone dye）：易溶于水、乙醇，不易溶于其他有机溶剂和矿物油，是由上述未磺化蒽醌型染料经磺化后得到的。代表性染料有酸性紫、酸性绿。

（6）硝基系色素（nitro department of pigment）：该类色素适用于化妆品的仅有2，4-二硝基-1-萘酚-7-磺酸二钠盐，溶于水和乙醇中。可与氯化铝沉淀于矾土吸收基，而得到不溶性色淀。代表性染料有酸性黄。

（7）靛蓝系色素（department of pigment indigo）：该类色素适用于化妆品的仅有靛蓝染料，是一种磺酸盐，溶于水和乙醇中。代表性染料有食品蓝。

4. 珠光颜料（pearlescent pigment） 是一类能使化妆品产生珍珠般色泽效果的物质。产生珠光的原理是由于同时发生光干扰和光散射的多重反射的结果。珠光颜料因能加强色泽效果，现广泛应用于膏霜、奶液、乳化香波、唇膏和指甲油等化妆品中，受到人们喜欢，所以越来越重要。

（1）天然鱼鳞片（natural fish scale film）：是由带鱼或鲱鱼的鳞片（主要成分是鸟嘌呤，guanlne）通过有机溶剂精制而成。由于鱼的种类和大小不同，粒径和晶型也不同，难以得到质量稳定的产品，价格较高。但其珍珠光泽比较凝重，所以适用于唇膏、指甲油等化妆品中。

（2）氯氧化铋（bismuth oxychloride，BiOCl）：由硝酸铋的稀硝酸溶液与氯化钠反应而制得，溶于酸，不溶于水。其颗粒大小各不相同，结晶是不规则的，但具有较好的不透光性和柔和的珍珠光泽，光照时间过长，色泽会变深。也可在云母粉表面覆盖上氯氧化铋制成珠光颜料，使其在溶剂中分散性更好，扩大其应用范围。

（3）二氧化钛-云母（titanium dioxide-mica）：是一种白色、质地轻、略有珠光的片状粉末，具有一定的黏附性和遮盖性，易于着色。利用其特点，将片状云母粉的表面用化学方法涂上二氧化钛薄膜，得到二氧化钛-云母珠光颜料。该颜料是一种夹心结构的物质，具有银白色光泽和润滑感觉。现还研制出在云母粉表面涂上二氧化钛薄层后，再覆上Fe、Cr、Ni、Co、Al、Sn、Bi等金属氧化物薄膜，而使之成为具有不同颜色的珠光颜料。

（4）乙二醇单硬脂酸酯（glycol monostearate）：是利用有机合成反应制得的合成珠光颜料。其质量稳定，珍珠光泽比较凝重，所以适用于唇膏、指甲油和化妆品等。

第二节　面颊部彩妆品

面颊部彩妆品（cosmetics cheek）是指应用于面部（包括颈部）的彩妆类化妆品，可在皮肤表面形成平滑的覆盖，用来遮盖面部瑕疵，调整皮肤质地、颜色和光泽，主要包括粉底类、干粉类和胭脂类产品。面颊部彩妆品应易于涂抹，分布均匀，具有自然的外观。粉底类和干粉类产品通常为深浅不同肤色的系列色调，可带有珠光粒子；胭脂类产品的基础色调为各种半透明的红色系，根据特殊需要亦可有其他色系选择。

面颊部彩妆品主要由着色颜料、白色颜料、珠光颜料和体质颜料（即填充剂）等粉体部分和分散粉体原料的基质组成。常用的基质成分有凡士林、液状石蜡、蜡类、合成酯类、羊毛脂及其衍生物、植物油、二甲基硅氧烷及其衍生物等油溶性成分，还有甘油、丙二醇等保湿剂、表面活性剂、防腐剂、抗氧化剂和香料等。其中，粉体原料的种类和特性及其在基剂中的分散、形成均匀稳定体系是彩妆类化妆品制造技术的关键。粉体原料应具备良好的安全性、稳定性、混合性和分散性，使用感佳。粉体原料的选择应参考如下特性，在实际应用中，单一粉体往往不能满足要求，需要复配使用，发挥各自所长，使产品达到最佳性能。

1. 遮盖力（hiding） 良好的遮盖力是调节和修饰皮肤的色调、质感和瑕疵的关键，如肤色不佳、毛孔粗大、瘢痕、局部色素沉着等。二氧化钛、氧化锌等白色颜料通常可有效调整制品的色调和遮盖力。遮盖力通常以单位重量的物质所能遮盖的黑色表面积来表示，如每1kg氧化锌可遮盖约8m^{2}的黑色表面。二氧化钛的遮盖力最强，为惰性粉体，使用安全，但不易与其他粉料混合，与氧化锌复配可解决此问题。

粉体的不透明度越大，其遮盖力越强。常用粉体的不透明度由小到大依次排列为：滑石粉、大米淀粉、硬脂酸镁、白垩、硬脂酸锌、高岭土、氧化锌、二氧化钛。粉体的遮盖力可因吸收皮肤的水分和皮脂而下降，如二氧化钛用水润湿后遮盖率只能保持原来的51%，用凡士林润湿后遮盖率只有原来的37%。

2. 吸收性（absorbent） 粉体可吸收汗液和皮脂，减少面部油光，使妆面持久，不易脱妆。具有良好吸收性的粉体包括胶态高岭土、改性淀粉、碳酸镁、多孔性的二氧化硅微粒和纤维素微粉等。胶态高岭土是天然高岭土经胶溶过程精制而成的，颗粒均匀细小，与滑石粉复配使用，可有效抑制面部油光，但质感略粗糙，通常用量不超过30%。一般说来，粉体颗粒越细，其吸收性越强。

3. 铺展性（spreadability） 指易于涂敷延展，光滑柔软，无颗粒凝集现象。使上妆容易，妆面均匀，皮肤光滑有光泽。常用原料有滑石粉、云母、球状粉体等。

4. 附着性（adhesion） 附着性包括在皮肤表面均匀铺展和在皮肤上附着的持续性，使妆面贴合自然，不易脱妆。常使用硬脂酸镁、硬脂酸锌和硬脂酸铝等金属皂类，为白色轻质细粉，可包覆在其他粉粒外，使水分不易透过，用量通常为5%～15%。

5. 绒膜性（cashmere membrane） 指粉体在皮肤表面形成有微细粒子的天鹅绒般的质感，使妆面更完美。可使用微细沉淀碳酸钙、改性淀粉、丝素粉等获得绒膜质感外观。

一 粉底类化妆品

（一）定义及分类

粉底类化妆品（foundations cosmetics）是用于遮盖、弥补面部雀斑、痤疮、瘢痕等瑕疵，调整肤色，使皮肤色泽自然、质感滑嫩的美容化妆品。粉底制品的深浅程度和色调应该与皮肤色调协调匹配，以达到最自然和谐的修饰效果。通常可用白色、黄色、深棕色和黑色的氧化铁颜料配制出不同深浅色调的粉底。皮肤色调除深浅外，也有冷色和暖色之分。冷色需要在粉底基质中添加蓝色，冷色调主要有2种——蓝和蓝-红；暖色需要添加黄色颜料，也有2种暖色——黄-棕和黄-红。

按照基质体系的性质可分为水性粉底、油性粉底、乳化型粉底、气雾剂型粉底、凝胶型粉底和粉饼型粉底等，应根据不同的妆面要求和皮肤性质加以选择。

（二）主要成分及作用

1. 水性粉底（water foundation） 水性粉底也称水粉，是将粉体原料悬浮分散于甘油水溶液、亲水性胶体溶液或低浓度乙醇溶液而制成的流动性浆状粉底。常用的粉体原料包括滑石粉、钛白粉、氧化锌、碳酸钙、高岭土等，含量为15%～25%；甘油一般为5%～8%，也可高达30%；亲水性胶质可使较重的组分易于悬浮，一般可添加0.05%～0.1%；此外，还可添加少量表面活性剂以助于粉体的分散，加入润肤剂及其他功效性成分以提升粉底功能。因其水分含量较高，使用时略有清凉感，遮盖力较弱，妆感自然。水性粉底适合没有明显瑕疵的皮肤，可用于淡妆、日常妆打底。

2. 油性粉底（oil foundation） 可分为油基型液态粉底和油性粉底霜，适合干性皮肤或干燥季节使用。

（1）油基型液态粉底（oil-based liquid foundation type）：流动性浆状粉底，是将粉体原料悬浮于轻质油脂（脂肪酸酯类、挥发性硅油等）中的液态粉底，可添加悬浮剂防止粉体沉降。其亲油性成分含量高，与皮肤亲和性好，易于涂抹。适合干性皮肤或干燥季节使用。

（2）油性粉底霜（oily foundation cream）：是将颜料粉体分散在油脂和蜡的油性基质中制成，亦可添加少量亲油性乳化剂，有助于颜料粉体的分散，使卸妆容易，如硬脂酸单甘酯、Span-60、失水山梨醇倍半油酸酯等。蜡用于调节制品的硬度，而油脂则可调整粉底的附着性和延展性。

条状粉底含蜡量高，实际上是颜料和基质粉体分散于蜡基的体系。条状粉底中各组分添加比例约为：粉料：液体油：软蜡：固体蜡=1.8：1.2：1.0：1.0。根据成分比例不同，条状粉底的软化点在38～45℃。按其使用时的熔化速度可分为粉脂型、软脂型和速熔型3种。粉脂型粉条熔点略高于体温，为40～42℃，涂抹在皮肤表面完全无油腻及黏稠感，仅呈粉膜状覆盖。软脂型熔点接近体温，为35～38℃，其遮盖力和附着力最强，滋润度较高，适合干性皮肤。速熔型的熔点略低于体温，为34～36℃，涂抹之后立即熔化，滋润不黏腻，铺展性极佳。

油性粉底霜在皮肤上有良好的铺展性和附着性，上妆容易，遮盖力强，可有效遮盖面部瑕疵和改善肤色，使妆面完美，适合浓妆如舞台妆、摄影妆、新娘妆等使用。油性基底可预防皮肤干燥，适合干性皮肤和干燥季节，可在皮肤表面形成耐水性涂膜，妆面持久，不易脱妆。

（3）乳化型粉底（emulsified foundation）：乳化型粉底是将粉体均匀分散、悬浮于乳化体中而得到的制品。形态上可分为硬膏状、软膏状和乳液状等，即粉底膏、粉底霜和粉底液。理想的乳化型粉底应具备的基本特点：①干燥速度适度，可均匀铺展于皮肤表面；②稳定性好，有较长的货架寿命，长久放置和运输过程不会发生沉淀和分层；③有合适的稠度和触变性；④有良好的肤感，不油腻，有爽滑感，易于上妆；⑤色调与肤色匹配，达到较好的修饰皮肤效果。

乳化型粉底体系是由粉体、油脂和水三相经乳化剂乳化而成。按乳化体的性质可分为O/W型和W/O型。O/W型粉底外相为水分，质地较清爽，适合油性、混合性皮肤使用，但妆面持久性不强，容易脱妆。W/O型粉底外相为油分，质地较滋润油腻，适合干性皮肤及干燥季节使用。以硅油为外相的新型W/O型粉底也可做到质地清爽不油腻，妆面持久，适合油性皮肤。和油性粉底相比，乳化型粉底有良好的触变性，质地均匀，黏度较低，很容易在皮肤上分散铺展，妆效自然，适合日常妆使用。

乳化型粉底常用的基质粉体和颜料主要有二氧化钛、滑石粉、高岭土和氧化铁类颜料。氧化锌可与乳化体系中的硬脂酸及其酯类反应而破坏其稳定性。所用粉料直径一般在10μm以下，粉体表面可用表面活性剂处理防止气泡吸附，以增强体系稳定性。为防止粉体的沉降，还可添加少量悬浮剂，如纤维素衍生物、聚丙烯酸类聚合物、硅酸镁钠等，也同时可起到增稠剂和分散剂的作用。乳化体的稳定性和粉体（颜料）组分的均匀分散悬浮是制造乳化型粉底的关键，乳化不良会出现分离、析油等现象。粉体原料含量越高，其稳定性越差。和普通乳化体的乳化相比，乳化型粉底的配制难度较高，原料和工艺过程的变化对产品的外观和稳定性均有较大影响。

（4）粉饼型粉底（powder-type foundation）：粉饼型粉底是用油和表面活性剂处理粉质原料的表面后压缩成固体的制品，其中油和表面活性剂起黏合剂的作用。粉饼上妆时使用粉扑或海绵等蘸取粉体，粉体较容易附着在工具上。粉饼中通常添加大量的胶态高岭土、氧化锌和金属硬脂酸盐等，以改善其压制加工性能，再通过添加黏合剂形成较牢固的粉饼。常用的黏合剂有水溶性黏合剂、油溶性黏合剂和乳化体系黏合剂。水溶性黏合剂有天然和合成聚合物两大类，常用低黏度的羧甲基纤维素，同时加入少量保湿剂，如丙二醇、山梨醇等。粉饼中水溶性黏合剂添加量为0.1% ~ 3.0%，先配制成溶液，再与粉体混合。油溶性黏合剂有硬脂酸单甘酯、十六醇、十八醇、羊毛脂及其衍生物、地蜡、白蜡和微晶蜡等。为提高粉体的铺展性和疏水性，可使用硅油或硅油处理的粉体及其他疏水处理的粉体。粉饼具有良好的遮盖力、吸收性、延展性和附着性，组成均匀，同时还具有适度的机械强度，使用时不会碎裂，易于携带，妆面清爽自然，持久性强。适合油性皮肤和夏季使用。

（5）掩饰用粉底（cover up with foundation）：掩饰用粉底是用来掩饰皮肤局部严重色素沉着缺陷和先天性外形缺陷的化妆品，属于浓妆用化妆品。掩饰用粉底的配方与上述各类粉底产品近似，但粉体比例更高，遮盖力更好，与皮肤附着力更强。掩饰用粉底所接触的皮肤基本属于非正常皮肤，因此其安全性方面要求更高。此类产品要求尽量不引起粉刺、痤疮和皮肤过敏，刺激性小，安全温和。掩饰用粉底一般不含香精，不含羊毛脂及其衍生物。尽量避免使用刺激性和致敏可能性高的防腐剂，如可能引起接触性荨麻疹的山梨酸，皮肤刺激性较大的凯松CG，有致敏作用的甲醛和释放甲醛的防腐剂等。刺激性小的对羟基苯甲酸酯类通常是比较适合的选择。一些可能引起皮肤灼痛的物质也应尽量少用或低浓度使用，如丙二醇添加量不可过高。

（6）凝胶型粉底（gel foundation）：属于新型粉底，起源于面部古铜色（晒黑肤色）修饰化妆品，是粉体分散于凝胶状基质而制成的粉底制品。凝胶粉底外观透明，容易分散铺展在皮肤表面。根据基质特性的不同，又可分为水溶性和油溶性凝胶粉底两类。水溶性凝胶粉底主要成分有水溶性聚合物、水溶性染料、粉料和乳化剂等。水溶性凝胶粉底遮盖力较低，妆感透明，适合没有明显瑕疵的皮肤，可有效调节肤色。油溶性凝胶粉底为油性基底，其遮盖力和附着性均较好。

（7）气雾剂型粉底（aerosol-type foundation）：主要成分有乳液基质、着色剂、粉料和抛射剂等。主要为摩丝型粉底，为泡沫状外观，充装在铝制的压力容器内，包装成本较高。气雾剂型粉底易于铺展，携带方便，妆感清透自然。

（三）配方举例

各种类型的粉底配方举例见表17-1、表17-2、表17-3。

表17-1　粉底霜配方举例

组分	质量分数/%	组分	质量分数/%
Ⅰ相：PEG-10羊毛醇醚乙酸酯	3.0	Ⅱ相：丙二醇	5.0
羊毛酸异丙酯	5.5	三乙醇胺	3.0
乙酰化羊毛醇	5.3	水	62.0
硬脂酸单甘酯	3.5	Ⅲ相：二氧化钛覆盖云母	10.0
硬脂酸	2.7		

配方分析：PEG-10羊毛醇醚乙酸酯、羊毛酸异丙酯、乙酰化羊毛醇等羊毛脂衍生物为油相成分，作赋形剂、保护剂和润滑剂，可在皮肤表面形成均匀的防水、透气的保护膜。硬脂酸单甘酯为乳化剂。丙二醇为溶剂、保湿剂、渗透剂、润滑剂、抗冻剂。三乙醇胺为良好溶剂、中和剂，有增稠和保湿的作用。二氧化钛覆盖云母为珠光颜料。

表17-2　油性粉底膏配方举例

组分	质量分数/%	组分	质量分数/%
高岭土	25.0	失水山梨醇倍半油酸酯	1.0
钛白粉	15.0	硅油	2.0
氧化铁	3.0	香精	适量
微晶蜡	4.0	环聚二甲基硅氧烷	45.0
液状石蜡	5.0		

配方分析：高岭土、钛白粉、氧化铁为着色剂；微晶蜡为赋形剂、硬度剂；液状石蜡、硅油为润滑剂；失水山梨醇倍半油酸酯为非离子型表面活性剂；环聚二甲基硅氧烷为溶剂、稳定剂。

表17-3　粉底乳液配方举例

组分	质量分数/%	组分	质量分数/%
高岭土	3.0	失水山梨醇三油酸酯	1.0
钛白粉	6.0	丙二醇	5.0
滑石粉	6.0	聚乙二醇4000	5.0
硬脂酸	2.0	三乙醇胺	1.0
十六醇	0.3	硅酸铝镁	0.5
液状石蜡	20.0	水	加至100
聚氧乙烯油酸酯	1.0	色素、香精、防腐剂	适量

配方分析：钛白粉、高岭土、滑石粉为着色颜料；硬脂酸、三乙醇胺反应生成的皂为阴离子表面活性剂；聚氧乙烯油酸酯为乳化稳定剂；失水山梨醇三油酸酯、聚乙二醇4000为非离子型表面活性剂；十六醇、液状石蜡为乳剂油相；丙二醇为保湿剂；硅酸铝镁为稳定剂、乳化调节剂。

（四）使用方法

1. 于日常护肤步骤之后使用，为彩妆的第一步。粉底类化妆品使用时可借助手指、海绵或专用粉底刷，在面部由内向外、由上往下，配合涂抹或拍打的手法，获得均匀自然妆面。

干湿两用粉底上妆，干用时先从“T”字部位开始，由内往外推抹均匀，也适合补妆用；湿用时遮盖力较强，可用湿水海绵拧干至不滴水状态，先用海绵一角蘸取少量粉涂于面部，再用海绵干净部分将粉均匀推开。

2. 皮肤异常色素沉着可应用浅色调掩饰粉底或补色粉底加以掩饰。如牛皮癣、酒糟鼻、炎症型痤疮引起的局部肤色偏红，可用绿色掩饰用粉底来掩饰；青紫色黑眼圈可用黄色掩饰用粉底修饰提亮；黄褐斑、日晒斑等可用浅肤色或白色掩饰用粉底；白癜风等局部色素脱失可用棕色掩饰用粉底等。皮肤表面凹凸不平可利用不同色调加以掩饰，浅色调有凸显作用，深色调有收敛掩饰作用。如皮肤局部凹陷性瘢痕，可在瘢痕凹陷处施用浅色粉底，在凸处施用深色粉底，减少不同平面间的光反射差别，以达到掩饰瘢痕的目的。这种方法也可用于调整面型缺陷，使面部轮廓清晰，更有立体感。

3. 油脂和蜡类含量高的油性粉底、部分乳化型粉底长时间涂敷可能堵塞毛孔，影响皮肤正常的生理功能，在选择和使用上要特别注意；化妆工具应及时清洗，保持清洁，防止微生物的生长；尽量避免长时间带妆，应及时彻底卸妆，防止其在皮肤上残留。

4. 水性粉底静置时粉料均匀沉淀分层，使用前振荡混匀。油基型液状粉底静置时油层析出，使用前摇匀。

二 香粉类化妆品

（一）定义及分类

香粉类化妆品（face powder cosmetics）是以调整肤色、遮盖皮肤缺陷为目的，或用于固定粉底和定妆的化妆品。香粉类化妆品包括散粉和粉饼两类，散粉和粉饼基本功能相同，组成相近。按其遮盖力可分为淡型、中型和深型。

（二）香粉类彩妆品的主要成分及作用

香粉类化妆品几乎不含水分和油分，是全部为粉体原料配制而成的粉状制品。主要用于粉底类产品之后，尤其是含油分较多的粉底产品。因粉体对水分和油分有吸收性，香粉类化妆品可吸收皮肤表面多余的油脂和分泌物，在一定程度上能抑制汗液和皮脂的分泌，可用于固定底妆妆面，产生柔软绒毛的肤感，美化肤质和肤色，并具有一定防晒效果。

1. 散粉（loose powder） 散粉的主要原料有体质粉体、着色原料、白色颜料、防腐剂和香精等，有时添加珠光颜料和金属皂。

（1）滑石粉粉体铺展均匀，润滑性好，具有一定光泽，是配制香粉最常用的基本原料。

（2）高岭土具有良好的吸收性和附着性，并能抑制滑石粉的过分光泽，也是配制香粉的常用粉体。选用的高岭土应洁白细腻，不含水溶性的酸性或碱性物质。

（3）碳酸钙可吸收多余的皮脂和汗液，也能抑制滑石粉的光泽，但在水中呈碱性，遇酸分解，滑爽性较差，吸收汗液后可能在皮肤表面形成条纹，因此用量不宜过多。

（4）碳酸镁是香粉中主要的吸收剂，但用量过多会引起皮肤干燥，一般不超过15%。

（5）氧化锌和钛白粉在香粉中主要起遮盖作用，同时可反射紫外线，起到防晒作用。氧化锌还有收敛和抗菌作用，用量一般为15%～20%；钛白粉遮盖力较强，是氧化锌的3倍，用量应低于10%。

（6）金属皂主要是硬脂酸锌和硬脂酸镁，可增加香粉的黏附性，能均匀分布在皮肤表面形成薄膜，用量一般在5%～15%。

（7）香粉中还可添加香精、色素、淀粉、云母粉和珠光颜料等。香粉的pH通常为8～9。

2. 粉饼（powder） 粉饼的组成基本与散粉相同，为了易于结块，通常滑石粉、高岭土添加较多，还必须加入足量胶合剂，包括水溶性和油溶性胶合剂。常用的水溶性胶合剂有阿拉伯树胶等天然胶合剂及羧甲基纤维素等合成胶合剂，添加量为0.1%～3.0%，通常先配制成5%～10%的溶液，然后与粉体混合；常用的油溶性胶合剂有硬脂酸单甘酯、十六醇、十八醇、羊毛脂及其衍生物、地蜡、微晶蜡等，直接利用油分来达到黏结目的。还可加入山梨醇、甘油、葡萄糖等或其他滋润剂使粉饼保持一定水分而不致干裂；液状石蜡、单硬脂酸甘油酯等脂肪物的加入可赋予一定光泽，增加黏合性能，改善使用效果。

（三）配方举例

香粉类化妆品配方举例见表17-4、表17-5。

表17-4　散粉配方举例

组分	质量分数/%	组分	质量分数/%
滑石粉	45.5	氧化锌	18.0
高岭土	8.0	硬脂酸锌	8.0
碳酸镁	12.0	香料和颜料	0.5
碳酸钙	8.0		

配方分析：滑石粉和高岭土为散粉中基本粉体成分，高岭土可抑制滑石粉的过量光泽。碳酸镁和碳酸钙为吸收剂，可吸收多余皮脂和水分。氧化锌主要起遮盖、防晒、收敛和抗菌作用，可有效反射UVA和UVB，减少紫外线对皮肤的损伤。硬脂酸锌可增强散粉的黏附性，在皮肤表面形成均匀薄膜。

表17-5　粉饼配方举例

组分	质量分数/%	组分	质量分数/%
Ⅰ相：滑石粉	61.25	羊毛脂	1.00
月桂醇硫酸酯钠盐	0.75	甘油	7.50
二氧化钛	7.50	Ⅲ相：六氯酚	0.25
硬脂酸锌	11.25	烷基二甲基苄基氯化铵	0.20
无机颜料	1.00	对羟基苯甲酸甲酯	0.09
Ⅱ相：白矿油	4.50	对羟基苯甲酸丙酯	0.09
鲸蜡	3.00	Ⅳ相：香精	0.12
十六醇	1.50		

配方分析：滑石粉为基本粉体成分，二氧化钛主要起遮盖、防晒作用，硬脂酸锌可增强散粉的黏附性，在皮肤表面形成均匀薄膜。十六醇、羊毛脂、鲸蜡、白矿油为油溶性黏合剂，甘油为保湿剂。六氯酚、对羟基苯甲酸甲酯、对羟基苯甲酸丙酯为防腐剂，烷基二甲基苄基氯化铵为表面活性剂。

（四）使用方法

1. 散粉和粉饼用于粉底之后，作定妆用，可用粉扑或粉刷上粉。蘸取适量粉后将粉扑轻轻按压在皮肤表面，可有效固定妆面。粉刷的取粉量小于粉扑，可用粉刷蘸取粉后均匀涂刷在面部，获得清透自然的妆面。

2. 香粉基本不具备遮盖能力，皮肤有明显瑕疵时需在用香粉之前打好粉底和遮瑕。

3. 香粉可吸收面部多余的水分和油脂，干性皮肤定妆香粉用量宜少，皱纹皮肤用量宜少，以免使皱纹更明显。

4. 珠光散粉不适用于光亮油腻的油性皮肤。

三 胭脂类化妆品

（一）定义及分类

胭脂（rouge），又称腮红，是指涂敷于面颊颧骨部位，以呈现健康红润气色及突出面部立体感的化妆品。通常使用红色系颜料，也有适应修容使用需求的褐色、蓝色、古铜色和米色等。根据剂型的不同，胭脂可分为液体、半固体、固体剂型和气雾剂等。

胭脂在诸多方面几乎与粉底完全相同，但其遮盖力比粉底弱，色调较粉底深。胭脂的着色剂含量与同形态的粉底制品比较，一般高1～3倍，用量为1%～6%。胭脂所用的色调基本与唇膏相同，有粉红、大红、紫红、橘红等，胭脂所用的着色剂大都是有机色淀颜料，一般不使用染料。胭脂通常在粉底之后使用，因此必须容易与粉底制品融合，色调均匀，显色度高，且颜色不易受汗水和皮脂分泌的影响而变化，有黏附性，卸妆后不会有颜色残留而使皮肤染色。

（二）主要成分及作用

胭脂的基质与同剂型粉底类制品的原料接近，如滑石粉、高岭土、碳酸钙、氧化锌、淀粉及胶合剂、防腐剂等。作为胭脂类制品的重要成分，所用的着色剂主要是无机颜料和色淀，其含量随剂型而变化。

1. 液态胭脂（liquid rouge） 液态胭脂是流动性的液体制品，包括悬浮体和乳化体两种，其基质体系分别是分散液和乳液。

（1）悬浮体液态胭脂是将着色剂颜料悬浮在含有抗沉降剂的溶液中，如水、乙醇、甘油或其他液体，使用前摇匀。常用的悬浮剂有羧甲基纤维素、聚乙烯吡咯烷酮、聚乙烯醇等；或者可在液相中加入适量的易悬浮物质以阻止颜料沉淀，如在较高温度下加入单硬脂酸甘油酯、丙二醇酯，或加入研磨后的硬脂酸锌等。悬浮体液态胭脂价格便宜，但久置后悬浮体可能发生沉降。

（2）乳化体液态胭脂是将颜料悬浮于流动性的乳化体中，质地均匀，外表美观。可通过调整脂肪酸皂的含量或添加羧甲基纤维素、胶性黏土或其他增稠剂来调节溶液的稠度；采用无机颜料以及色淀调节色彩。

2. 膏状胭脂（cream blush） 又称胭脂膏，是一种色调明亮、疏水性强，类似于戏剧化妆油彩，为浓妆或演员化妆之用的彩色化妆品。它使用方便、涂展性好，适合干性皮肤使用。胭脂膏的主要原料是油脂、粉料和颜料，油、脂、蜡含量占70%～80%，粉料占10%～30%，颜料一般为3%～7%。膏状胭脂可分为无水体系的油膏型、乳化体系的膏霜型以及蜡基体系的棒状胭脂。

（1）油膏型胭脂是将着色剂分散于无水膏体，基质以棕榈酸异丙酯及类似酯类为主要原料，基本是低黏度的油状液体，在碳酸钙、高岭土、滑石粉和颜料的存在下，用高黏度的蜡类来增加稠度和赋予产品适合的硬度。油膏型胭脂有渗小油珠的倾向，尤其是温度变化时，可在配方中加入适量地蜡、蜂蜡、羊毛脂及植物油等抑制渗油现象。

（2）膏霜型胭脂是将着色剂颜料分散于乳化膏体，分为O/W型和W/O型。其组分有油相、水相和乳化剂，并含有适量保湿剂防止膏体干缩。

（3）棒状胭脂是膏状胭脂中硬度最大的制品，是将着色剂颜料分散于与粉条或唇膏相同的基剂中制成的。

3. 固体胭脂（solid rouge） 固体胭脂是最常见的胭脂类型，包括将粉体和胶合剂等压缩固实而成的块状制品，即粉饼状胭脂（胭脂块）以及散粉状胭脂两种。固体胭脂的原料和香粉大致相同，但色料用量相对较多，而香精用量较少。粉饼状胭脂（胭脂块）是由粉体、颜料、胶合剂和香精等混合压制而成的饼状粉块，载入金属底盘，以容器装盛即得。胶合剂可增强胭脂粉块的强度和使用时的润滑性，有助于胭脂压制成型。其分型包括水溶性胶合剂、脂肪性胶合剂、乳化型胶合剂和粉类胶合剂等。散粉状胭脂类似散粉，添加适量颜料而成。

固体胭脂使用最为方便，妆面均匀持久，操作简便，容易掌握，适合初学者使用。但固体粉吸附能力较强，会吸取皮肤的水分和油分，不适合干性皮肤使用。可借助专用的腮红刷具涂刷，均匀上妆。

4. 凝胶型胭脂（gel rouge） 包括无水凝胶和水凝胶两种类型。无水凝胶以油基凝胶为基质，水凝胶以水基凝胶为基质。外观为胶冻状，透明而带有震颤弹性，涂抹在皮肤上可形成一层弹性薄膜。凝胶型胭脂做出的妆面自然透明而富有光泽，适合自然淡妆。可用手指或海绵均匀涂抹上妆。

5. 气雾剂型胭脂（aerosol-type rouge） 主要组分有表面活性剂、保湿剂、溶剂、防腐剂、珠光颜料、推进剂等。常用的有摩丝型胭脂，是将着色剂颜料分散于乳液和抛射剂中，盛装于带有喷嘴阀门的金属耐压罐内。涂抹在皮肤表面可形成有光泽的薄膜，质地清爽，可做出自然清爽妆面。但气雾剂型胭脂生产过程复杂，成本较高。

（三）配方举例

胭脂类化妆品配方举例见表17-6至表17-12。

表17-6 胭脂粉饼配方举例

组分	质量分数/%	组分	质量分数/%
滑石粉	56.0	白油	1.7
高岭土	10.5	凡士林	2.2
碳酸镁	6.0	羊毛脂	1.1
硬脂酸锌	8.0	防腐剂	适量
颜料	14.5	香精	适量

配方分析：滑石粉和高岭土为散粉中基本粉体成分，高岭土可抑制滑石粉的过量光泽。碳酸镁为吸收剂，可吸收多余皮脂和水分。硬脂酸锌可增强散粉的黏附性，在皮肤表面形成均匀薄膜。白油、凡士林和羊毛脂为滋润剂和黏合剂。

表17-7 膏状胭脂配方举例

组分	质量分数/%	组分	质量分数/%
巴西蜡	4.0	棕榈酸异丙酯	30.0
蜂蜡	2.0	滑石粉	10.0
地蜡	2.0	钛白粉（油分散性）	20.0
微晶蜡	4.0	色淀颜料	4.0
无水羊毛脂	4.0	防腐剂	适量
白油	20.0	香精	适量

配方分析：巴西蜡、蜂蜡、无水羊毛脂、棕榈酸异丙酯等为膏状胭脂的主要基质成分。滑石粉、钛白粉（油分散性）为色淀颜料调节成分。

表17-8 胭脂霜配方举例（O/W型）

组分	质量分数/%	组分	质量分数/%
硬脂酸	18.0	丙二醇	5.0
鲸蜡醇	2.0	三乙醇胺	2.0
白油	3.0	着色剂	7.0
橄榄油	2.0	水	51.0
单硬脂酸甘油酯	2.0	防腐剂	适量
甘油	8.0	香精	适量

配方分析：硬脂酸、白油、橄榄油为赋形剂、润滑剂。甘油、丙二醇为溶剂、保湿剂、助悬剂。三乙醇胺、单硬脂酸甘油酯为非离子表面活性剂、稳定剂。鲸蜡醇为赋形剂、稳定剂。

表17-9 胭脂霜配方举例（W/O型）

组分	质量分数/%	组分	质量分数/%
蜂蜡	16.0	甘油	5.0
凡士林	20.0	着色剂	6.0
白油	20.0	水	24.0
微晶蜡	4.0	防腐剂	适量
地蜡	4.0	香精	适量
硼砂	1.0		

配方分析：蜂蜡、微晶蜡、地蜡为赋形剂、增稠剂、润滑剂。甘油为溶剂、保湿剂、助悬剂、稳定剂。凡士林、白油为溶剂、赋形剂。硼砂为阴离子表面活性剂、稳定剂。

表17-10 胭脂乳配方举例

组分	质量分数/%	组分	质量分数/%
蜂蜡	16.0	硼砂	0.6
白油	12.0	色淀颜料	6.0
肉豆蔻酸异丙酯	5.0	水	27.0
羊毛脂	9.0	防腐剂	适量
凡士林	10.4	香精	适量
聚乙二醇（30）单硬脂酸酯	9.0	甘油	5.0

配方分析：蜂蜡、羊毛脂、凡士林为赋形剂、增稠剂、润滑剂。甘油为溶剂、保湿剂、助悬剂、稳定剂。白油、肉豆蔻酸异丙酯为溶剂、赋形剂。硼砂为阴离子表面活性剂、稳定剂。聚乙二醇（30）单硬脂酸酯为非离子型表面活性剂。

表17-11　胭脂凝胶配方举例

组分	质量分数/%	组分	质量分数/%
Carbopol 934（10%溶液）	40.0	防腐剂	适量
甘油	16.0	着色剂	适量
聚乙二醇 1 600	4.0	香精	适量
三乙醇胺	1.0	水	加至100
EDTA-Na_2	适量		

配方分析：Carbopol 934（10%溶液）、聚乙二醇1600为凝胶剂，甘油为保湿剂、助悬剂，三乙醇胺为稳定剂，EDTA-Na_2为增稠剂、稳定剂。

表17-12　胭脂水配方举例

组分	质量分数/%	组分	质量分数/%
羟乙基纤维素（10%溶液）$_2$	30.0	着色剂	适量
聚氧乙烯（n）硬化蓖麻油	2.0	香精	适量
丙二醇	5.0	水	加至100
防腐剂$_2$	适量		

配方分析：羟乙基纤维素（10%溶液）为凝胶剂、增稠剂，聚氧乙烯（n）硬化蓖麻油为增稠剂、助悬剂，丙二醇为保湿剂、润滑剂。

（四）使用方法

1. 液态胭脂、膏状胭脂、凝胶型胭脂和气雾剂型胭脂用于散粉和粉饼定妆之前，轻点于双颊,用手指或海绵拍打或涂抹均匀。气雾剂型胭脂使用前轻摇,按下阀门即可喷出细腻泡沫。固体胭脂用于定妆粉之后，用专用刷具均匀涂刷。以最常用的粉状胭脂为例，标准的胭脂画法是由颧骨向太阳穴方向斜向外上方刷。胭脂除赋予皮肤红润健康色泽之外，还可利用不同刷法调整修饰脸形缺陷。
2. 应根据肤色、肤质、服饰、气质及妆面要求选择不同类型、不同颜色的胭脂制品。
3. 用量不宜过大，以免妆感过重，生硬不自然。
4. 选择合适的辅助工具如海绵和腮红刷，可使上妆更容易，妆效更完美。
5. 及时彻底卸妆，尽量减少对皮肤的损伤。

第三节　眼部彩妆品

眼部彩妆品（eye cosmetics）是指应用于眼周部位（眼皮、睫毛、眉毛等），通过色彩渲染、对比及明暗光影，调节眉眼比例，增强立体感，达到修饰和美化眼睛，突出眼神，增加魅力的彩妆类化妆品。常用的眼部彩妆品包括眼影、睫毛膏、眉笔、眼线笔等。

眼部彩妆品色彩丰富，施用部位贴近眼睛，尤其应该注意其制品的安全性，主要包括颜料的选择和微生物污染问题。眼部彩妆品通常采用不同颜色（如黑、红和黄）的氧化铁、群青、炭黑等无机颜料和一些稳定性较高的天然色素，以及滑石粉、高岭土等。在眼部彩妆品允许使用的颜料方面，各国规定有所差别。美国不允许眼周化妆品使用有机合成色素，欧共体对眼睛周围使用化妆品的色素也有严格规定。我国也规定了化妆品组分中暂用的着色剂（GB 7916-87），其Ⅰ和Ⅱ类着色剂可应用于眼部彩妆品。

眼部彩妆品的污染率较高，尤其是含天然或合成聚合物成膜剂、增稠剂等的眼线液、睫毛液等。因此，眼部彩妆品在生产、保存和使用过程中均应严加注意其卫生安全。在生产环节，从原料的选择、制造的工艺过程及包装容器的设计等方面都应进行严格的卫生管理和监督。在原料选择方面，粉体的消毒杀菌极为重要，一般采用简便的辐射灭菌或允许在眼部彩妆品中使用的杀菌力强的防腐剂，如硫柳汞、苯基汞盐等。

一 眼影

（一）定义及分类

眼影（eye shadow）：是指涂敷于上睑及外眼角以形成阴影，通过色彩、光泽、层次和明暗对比，视觉上增大眼睛轮廓，修饰眼形，使眼睛周围显示立体美感，眼神深邃明亮的眼部彩妆品。

眼影色彩丰富，质地多变，可适应不同的妆面要求，与个人肤色、服饰、气质、场合等相适应，符合流行趋势变化。较常用的基础色系包括棕褐色系、灰黑色系，还有绿色、紫色、橙色及红色等鲜艳色系，及珠光色调等。根据眼影的质地和剂型，可分为眼影粉、眼影膏、眼影条、眼影笔等。

（二）主要剂型及作用

1. 眼影粉（powder eye shadow） 眼影粉包括压缩粉饼状和散粉状制品。眼影粉的配方组成与皮肤用粉饼、散粉和粉状腮红相近，主要有滑石粉、硬脂酸锌、碳酸钙、高岭土、无机颜料、珠光颜料、防腐剂、胶合剂等，但其着色颜料含量较高。滑石粉应选择半透明状滑爽粉质，不能含有重金属和石棉。珠光眼影含氧氯化铋珠光剂，其选用的滑石粉颗粒不可过细，否则会减少粉质透明度，影响珠光效果，最好采用透明片状滑石粉。无珠光效果的眼影可选用碳酸钙等不透明粉体。颜料可选用氧化铁棕、氧化铁黄、氧化铁红、群青、炭黑等。如蓝色可采用群青75%、钛白粉25%；绿色可用铬绿40%、钛白粉60%；棕色可用氧化铁85%、钛白粉15%；紫色可在蓝色颜料里加入适量洋红。色彩深浅可通过增减钛白粉比例来调节。眼影粉显色度高，妆效持久，操作简便，易于掌握，尤其适合注重色彩渐层和晕染的眼部烟熏妆效果。可借助手指或专用眼影刷上妆。

2. 眼影膏（eye shadow） 眼影膏主要包括油性眼影膏和乳化型眼影膏两种。油性眼影膏是将颜料粉体均匀分散于油脂和蜡混合物中，不含水分，膏体质地滋润，与皮肤融合度高，适合干性皮肤使用。乳化型眼影膏则是分散于乳化体系之中。乳化型眼影膏较为清爽，滋润度适中，适合油性皮肤。眼影膏的颜料选择应加以注意，如铬绿中所含盐类能使蓖麻油氧化聚合而影响其质地，使膏体硬化，影响使用效果。因此通常选用液状石蜡或棕榈酸异丙酯代替蓖麻油。眼影膏具备一定的防水防油性能，化妆的持久性优于眼影粉，但晕染层次效果弱于眼影粉。

3. 其他 眼影条（article eye shadow）是由颜料粉体和油脂及蜡基组成的分散体系，蜡质比例较高，硬度大，质地黏腻，成分与唇膏相似，妆效明显，适合浓妆及干性皮肤使用。眼影液是以水为介质，将颜料分散于水中制成的液体眼影制品，价格低廉，使用方便。为使颜料均匀稳定地悬浮于水中，避免固体颜料沉淀，通常可添加硅酸铝镁、聚乙烯吡咯烷酮等增稠稳定剂,聚乙烯吡咯烷酮同时还能在皮肤表面形成薄膜,对颜料有黏附作用。其不含油脂,质地清爽，但润滑性较差，不适合干性皮肤。眼影笔的笔芯是由油脂和蜡及颜料经研磨压条而制成的。其硬度较高，携带方便，易于操作，可做出较细线条，适合细微部使用，亦可做大面积色彩晕染。

（三）配方举例

眼部彩妆品配方举例见表17-13、表17-14和表17-15。

表17-13　眼影粉饼配方举例

组分	质量分数/%	组分	质量分数/%
滑石粉	60.0	棕榈酸异丙酯	2.0
钛白粉	5.0	聚乙二醇双硬脂酸酯	6.0
碳酸钙	5.0	防腐剂	适量
颜料	15.0	抗氧剂	适量
硅油	2.0	香精	适量
珠光颜料	5.0		

配方分析：滑石粉、钛白粉、碳酸钙为主要的粉体成分，可调节颜料色调和珠光颜料的光泽度。聚乙二醇双硬脂酸酯、棕榈酸异丙酯为黏合剂。硅油为润滑剂。

表17-14　眼影膏配方举例

组分	质量分数/%	组分	质量分数/%
凡士林	72.0	PEG-6壬基酚醚	6.0
白矿油	2.0	着色剂	8.0
羊毛脂	3.0	滑石粉	5.0
巴西棕榈蜡	4.0	香料、防腐剂	适量

配方分析：凡士林、白矿油、羊毛脂、巴西棕榈蜡为主要基质成分，有保湿、润滑作用，巴西棕榈蜡可赋予膏体一定的硬度，形成防水保护膜。滑石粉为粉体成分，有遮盖作用。PEG-6壬基酚醚为非离子表面活性剂、保护剂。

表17-15　眼影条配方举例

组分	质量分数/%	组分	质量分数/%
蓖麻油	45.0	蜂蜡	4.0
羊毛脂	20.0	着色剂	6.0
凡士林	10.0	珠光粉	7.0
巴西蜡	6.0	防腐剂	适量
小烛树蜡	2.0	香精	适量

配方分析：蓖麻油、凡士林、羊毛脂、巴西蜡、小烛树蜡、蜂蜡为主要基质成分，有保湿、润滑作用，巴西蜡、小烛树蜡、蜂蜡可赋予膏体一定的硬度，形成防水保护膜。

（四）使用方法

1. 眼影上妆可用手指、眼影棒或眼影刷均匀涂抹。

2. 眼影可分为影色、亮色、强调色3类。影色是收敛色，用于制造阴影和凹陷，一般包括暗灰色、暗褐色等；亮色，也是突出色，用于需要膨胀凸起处，包括米色、灰白色、白色和带珠光的淡粉色等；强调色的选择没有特别限制，只需和唇色和服装色彩相协调，是眼妆色彩的主要表达，最吸引注意力。

3. 眼部周围的皮肤薄而脆弱，对外界刺激敏感，在使用眼影过程中极易发生不良反应，主要表现为眼睑部的皮炎，包括刺激性接触性皮炎和变态反应性接触性皮炎，致敏源可能是眼影制品中的防腐剂、抗氧化剂、乳化剂、珠光剂、颜料、香料等。一旦出现不良反应，立即停止使用。

4. 眼影制品使用后应及时彻底卸妆。

5. 眼部彩妆品的污染率较高，尤其是带有反复使用工具的产品使用后重新插回容器中，极易造成污染。污染产品可直接或随泪液、汗液进入眼睛，造成局部感染。因此，眼部彩妆品在保存和使用过程中均应严加注意其卫生安全。可使用卫生棉签或辅助工具，或采用计量泵式阀门等，以减少污染机会。

二 睫毛彩妆品

（一）定义及分类

睫毛彩妆品（eyelash cosmetics）是使睫毛着色，并使之增长变粗、增加密度和光泽，以达到修饰、美化睫毛的目的，增强眼睛魅力的彩妆类化妆品。包括睫毛膏、睫毛液、睫毛饼等，产品附有特制睫毛刷。颜色以黑色、棕色等基础色系为主，一般采用炭黑和氧化铁棕等颜料；也有绿色、蓝色、紫色等鲜艳色系。

睫毛化妆品的质量要求是涂刷时附着均匀，不会结块、粘连和干裂；有适当的干燥速度；有适度的光泽、硬度和弹性；无毒、无刺激、无微生物污染；持久性好，卸妆容易；稳定性好，有较长的货架寿命，使用期限内不会沉淀分离和酸败。

（二）主要成分及作用

1. 睫毛膏（mascara cream） 睫毛膏是用于修饰眼睫毛的美容化妆品，是睫毛彩妆品中最常用的类型，是在膏霜基质中加入颜料制成的。主要原料有硬脂酸、蜂蜡、巴西棕榈蜡、羊毛脂、单硬脂酸甘油酯、皂类及无机颜料等。为了达到增长和浓密睫毛的效果，通常可添加少量的天然或合成纤维，添加量一般为3%～4%。通常置于管状容器中，附有特制毛刷。

2. 睫毛油（mascara oil） 睫毛油是将颜料悬浮于油类（如蓖麻油）或胶质溶液中，属于液体剂型，也叫做睫毛液。主要原料有着色剂、增溶剂、胶合剂、乙醇和水等溶剂。睫毛油中可添加适量烃类合成树脂，使睫毛增长浓密。包装同睫毛膏。

睫毛液中所应用的胶粘剂有水溶性与非水溶性（或醇溶性）的，由水溶性胶粘剂制得的睫毛液，快干性差、易流失，使用操作不易控制，故现多为非水溶性的，这种睫毛液快干，且具有持久性，但不易卸妆。睫毛液的黏度不可过高（不易涂抹），但亦不可过低（易流淌）。由于它呈液体状，其优点是使用方便。

3. 睫毛饼（cake mascara） 睫毛饼是固体块状睫毛彩妆品，是将颜料与硬脂酸三乙醇胺皂和油脂、蜡等混合而成的，现已较少使用。这是一种流行较早的眼睫毛化妆品，外观为硬度适宜的黑色小粉饼块，使用时需用水缓缓将其溶开，进行调湿调色，再用浸湿的小刷子蘸上使用。一般睫毛粉饼都与胭脂粉饼、眼影粉饼等包装于同一化妆盒中，很少单独包装出现于市场。睫毛粉饼的配方主要原料有油、脂、蜡、硬脂酸及颜料（乌烟粉）等。

（三）配方举例

睫毛彩妆品配方举例表17-16、表17-17和表17-18。

表17-16　睫毛膏配方举例

组分	质量分数/%	组分	质量分数/%
蜂蜡	8.0	白油	5.0
微晶蜡	1.0	羊毛酸	4.0
巴西棕榈蜡	4.0	单硬脂酸甘油酯	1.5
羟甲基纤维素钠	1.0	防腐剂	适量
三乙醇胺	3.0	香精	适量
着色剂	8.0	水	64.5

表17-17　防水睫毛膏配方举例

组分	质量分数/%	组分	质量分数/%
小蜡树脂	4.5	三乙醇胺（99%）	3.1
蜂蜡	5.5	丙烯酸/辛基丙酰胺共聚物	5.0
巴西棕榈蜡	5.5	着色剂（颜料）	10.0
地蜡	2.0	丝素粉	1.0
十六醇	3.0	防腐剂	适量
硬脂酸	5.0	香精	适量
环状硅油（SFl 318）	5.0	水	41.9
丙二醇	3.0		

表17-18　睫毛膏配方举例

组分	质量分数/%	组分	质量分数/%
石蜡	8.0	着色剂	10.0
无水羊毛脂	8.0	防腐剂	适量
异构石蜡油	30.0	香精	适量
聚丙烯酸乳液	30.0	水	10.0
失水山梨醇倍半油酸酯	4.0	香精	适量

配方分析：表17-16、表17-17配方是O/W型乳化体，表17-17配方是一种具有优良防水性能的睫毛膏，配方中加入的硅油SFl 318（二异硬脂基三甲氧基丙烷硅氧基硅酸酯）具有很好的疏水性与成膜性、优良的耐久性，可与色素、油、蜡类相容并可保留活性成分及色素在睫毛上，它也是优质的滋润剂。配方中的丙烯酸/辛基丙酰胺共聚物是优质的成膜剂，因此使配方具有良好的防水性能。表17-18配方是W/O型乳化体，其油性成分多，故使用感觉似睫毛油。

（四）使用方法

1. 睫毛膏和睫毛油可用管中附带的螺旋刷从睫毛根部向尖部均匀涂刷，为增加浓密效果，可用Z字形手法。睫毛饼使用时用水润湿涂刷在睫毛上。

2. 睫毛化妆品中的某些原料可对眼睛产生刺激，使用时尽量避免入眼。此外，使用过程中可能由于睫毛制品中微生物生长而引起炎症反应，如睑缘炎、麦粒肿等，应立即停止使用，及时就诊治疗。

三 眼线彩妆品

（一）定义及分类

眼线彩妆品（eye liner cosmetics）是涂在眼睑边缘，紧贴睫毛根部，可勾勒眼部轮廓，修饰和改变眼睛形状和大小，衬托睫毛，强化眼部层次和立体感，突出和强化眼睛魅力的化妆品。眼线彩妆品有固态、半固态和液态等剂型，主要包括眼线笔、眼线饼、眼线液和眼线胶等。颜色以黑色、棕色等基础色为主，也有蓝色、紫色、金色、银色等鲜艳颜色。

眼线彩妆品使用时靠近眼睛黏膜，甚至有时要在黏膜上画线条，因此对其质量要求很高。理想的眼线制品应具备无毒、无刺激、无致病微生物，用后无异物感的基本特点；软硬适中，描画容易；可迅速干燥，干后成膜柔软，光泽度适当，色彩鲜艳饱和；持久性好，质地稳定，有较长的货架寿命。

（二）主要成分及作用

1. 眼线笔（eyeliner） 笔芯主要原料为蜡类，如石蜡、地蜡、蜂蜡、巴西棕榈蜡等，熔化后与适量油脂和颜料混合压条而成。常用的眼线笔有铅笔式眼线笔和旋转推管式眼线笔两种。铅笔式眼线笔的形状和铅笔完全相同，使用时将笔尖削尖，露出笔芯即可描画线条。旋转推管式眼线笔的笔芯置于可任意推动的笔管状容器中，将笔芯旋转推出即可使用。眼线笔的笔芯要有一定柔软性，以免刺激眼周皮肤。

2. 眼线液 眼线液主要包括O/W乳剂型眼线液、抗水性的乳剂型眼线液和非乳剂型眼线液3种类型。

（1）O/W乳剂型眼线液（O/W emulsion-type liner）：是在流动性好且易于干燥成膜的乳液中加入色素和少量滑石粉而成。色素通常选择具有良好分散性的黑色素，可使制成的眼线液保持良好的流动性。同时加入增稠剂如硅酸铝镁或水溶性胶质避免固体颜料沉淀。制作时先将胶质溶于水中，既可防止色素沉淀，也可在使用后形成薄膜。O/W乳剂型眼线液不具备防水抗水性能。

（2）抗水性乳剂型眼线液（anti-water emulsion-type liner）：是把含颜料的醋酸乙烯、丙烯酸树脂等在水中乳化而成。可加入适合的乳剂稳定剂保持制品稳定，所选树脂不可含有未聚合的单体化合物，以免刺激皮肤。抗水性的乳剂型眼线液描画后水分蒸发，乳化树脂即可形成耐水性很强的薄膜，颜料不会渗出。卸妆时只需借助水或卸妆用品将薄膜剥落即可，不会溶解污染眼周皮肤。

（3）非乳剂型眼线液（non-emulsion type eyeliner）：不含油脂和蜡，以水为介质，以虫胶为成膜剂，用三乙醇胺或吗啉溶解虫胶。非乳剂型眼线液也可形成薄膜，具备一定的抗水性能。

3. 眼线饼为外观细密质硬柔软的黑色粉块，无毒无刺激，遇水能够溶解，描涂在睫毛的上下边缘眼睑时，需用细湿刷在粉块上蘸取后使用，具有易描、快干、描出线条清晰的优点。

（三）配方举例

眼线彩妆品配方举例见表17-19、表17-20和表17-21。

表17-19 眼线笔配方举例

组分	质量分数/%	组分	质量分数/%
Ⅰ相：微晶蜡	15.0	Ⅱ相：二氧化钛	25.0
PEG-3蜂蜡	10.0	红色颜料	12.50
辛酸三甘油酯	10.0	纯海军蓝	12.50
乙二醇二硬脂酸酯	10.0		
氢化蓖麻油	5.0		

配方分析：微晶蜡、PEG-3蜂蜡为蜡质，有滋润、防水作用，并可赋予产品一定硬度。辛酸三甘油酯和乙二醇二硬脂酸酯为油脂成分，有滋润、润滑作用。

表17-20 眼线（液）Ⅰ

组分	质量分数/%	组分	质量分数/%
PVA	6.0	着色剂	7.0
肉豆蔻酸异丙酯	1.0	防腐剂	适量
Tween-60	0.4	香精	适量
羊毛脂	0.6	水	80.0
丙二醇	5.0		

表17-21 眼线（液）Ⅱ

组分	质量分数/%	组分	质量分数/%
黄原胶	1.0	二氧化钛	2.0
1,3-丁二醇	2.0	防腐剂	适量
丙烯酸/辛基丙酰胺共聚物	2.0	香精	适量
三乙醇胺（99%）	0.75	水	82.25
颜料（氧化铁）	10.0		

配方分析：表17-20、表17-21配方均是薄膜型眼线液，表17-20配方中的PVA为成膜剂。表17-21配方中的丙烯酸/辛基丙酰胺共聚物是一种新的聚丙烯衍生物，它具有优良的成膜性、防水性，还具有保湿性和抗擦性，故使表17-21配方成为具有防水、防污效果的眼线液；配方中的黄原胶是一种合成生物树胶，是一种优良的胶粘剂；配方中的三乙醇胺是聚丙烯酸衍生物的中和剂。

（四）使用方法

1. 眼线笔容易控制力度，适合初学者使用。可直接用笔芯沿睫毛根部描画精细线条，之后用手指或棉棒晕开，创造自然的阴影感觉。眼线液色彩华丽，饱和度高，线条清晰利落，能创造出强烈的眼部印象。可用笔刷蘸取适量眼线液描画线条，不可晕开，等待其自然干燥。

2. 眼线制品中的着色剂、防腐剂、颜料等均可能刺激眼睛，使用时尽量避免其进入眼中。一旦不慎入眼，应立即彻底清洗。

3. 硬度过大的笔芯可对睫毛根部造成物理性刺激而引起睫毛脱落或折断，因此应选择软性笔芯。

四 眉用彩妆品

（一）定义及分类

眉用彩妆品（eyebrows with cosmetics）可用于修饰调整眉形和眉色，美化眉毛，使之与眼睛、面型和气质相协调。以黑色、灰色、棕色等基础色系为主。常用的眉用彩妆品有眉笔、眉粉、染眉膏等。

（二）主要成分及作用

1. 眉笔（eyebrow pencil） 是用来修饰、美化眉毛的化妆品，这类化妆品一般做成笔形，故称为眉笔。眉笔所采用的原料为油、脂、蜡和颜料，眉笔的色彩除黑色外，尚有棕褐、茶色、暗灰等，其笔芯是将颜料分散于低熔点的油脂和蜡基中压制而成的。眉笔是最常用的眉毛彩妆品，易于掌握，可描画精细线条，尤其适合调整修补天然眉形的缺损。眉笔应是笔芯质地软硬适中，易于描画，色泽自然、均匀，稳定性好，不出汗、不裂、不碎，对皮肤柔软、无刺激性，安全性好。

眉笔类似眼线笔，主要有铅笔型眉笔和旋转推管型眉笔两种。铅笔型眉笔外观似铅笔，这种眉笔的笔芯黏合在两块半圆形木条中间，其形状和铅笔完全相同，化妆时，将笔尖削尖，露出笔芯就可使用。旋转推管型眉笔的笔芯是裸露的，直径约3mm，装在可以任意推动的容器中。化妆时，将笔芯推出使用，类似活动铅笔。

2. 眉粉（eyebrow） 成分类似眼影粉。外观为粉饼状，使用时用专用眉刷涂抹，使眉粉附着在眉毛上，加深眉色，尤其适合浅淡稀疏的眉毛。通常设计成深浅两色组合，可做出立体感的眉形。

3. 染眉膏（eyebrow dyeing cream） 成分和外观类似睫毛膏，使用时用所附特制毛刷均匀涂刷在眉毛上，可改变眉色，尤其适合染浅眉色；膏体干燥后可固定眉形。

（三）配方举例

眉用彩妆品配方举例见表17-22、表17-23。

表17-22　铅笔式眉笔（眉笔配方1）

组分	质量分数/%	组分	质量分数/%
巴西棕榈蜡	5.0	白油	5.0
蜂蜡	10.0	色素（炭黑）	20.0
PE 520（改性聚乙烯蜡）	5.0	滑石粉	10.0
石蜡	20.0	钛白粉	5.0
氢化蓖麻油	5.0	防腐剂	适量
凡士林	10.0	抗氧化剂	适量
羊毛脂	5.0	香精	适量

配方分析：巴西棕榈蜡、PE 520（改性聚乙烯蜡）、凡士林、蜂蜡、石蜡、白油、羊毛脂、氢化蓖麻油为油脂和蜡成分，是润滑剂、赋形剂。炭黑、滑石粉、钛白粉为颜料，均匀分散于低熔点的油脂和蜡基中。

表17-23 推管式眉笔（眉笔配方2）

组分	质量分数/%	组分	质量分数/%
石蜡	25.0	白油	8.0
E蜡（褐煤酸蜡）	5.0	着色剂（颜料）	12.0
蜂蜡	20.0	防腐剂	适量
羊毛脂	10.0	抗氧化剂	适量
凡士林	10.0	香精	适量
可可脂	10.0		

配方分析：石蜡、E蜡（褐煤酸蜡）、凡士林、蜂蜡、可可脂、羊毛脂、白油为油脂和蜡成分，有润滑作用，为赋形剂。颜料均匀分散于低熔点的油脂和蜡基中。

（四）使用方法

1. 眉笔可直接在眉毛缺损或稀疏处描画线条。
2. 眉粉则可用专用眉刷沿眉毛走向轻刷，使粉体均匀附着在眉毛上，可使眉色加深。
3. 染眉膏直接用附带螺旋刷使眉毛均匀上色，干后可固定眉形。
4. 画眉前应先修整眉形，根据脸形设计眉形。
5. 一般黑发女性多采用炭黑为颜料的眉笔，棕黄色头发可选不同色彩的氧化铁颜料的眉笔。
6. 眉头颜色不可过浓，从眉头到眉梢应有颜色深浅变化，使眉形具有立体感。
7. 眉笔笔芯应具有一定硬度，以利于描画线条，但不可过硬，以免刺激皮肤。
8. 一旦出现皮肤炎症或过敏，应立即停止使用。

第四节 唇部彩妆品

（一）定义及分类

唇部彩妆品（lip cosmetics）主要有唇膏（lip stick），是一类由油、脂、蜡及色素融合后制成的锭状形，涂于唇黏膜或其周围，滋润防干裂，赋予嘴唇以色彩和光泽，强调或调整其轮廓，以美化容颜和增添魅力的唇用化妆品。常用的唇部彩妆品有棒状唇膏（口红）、液态唇膏（唇彩或唇蜜）和唇线笔等。

（二）主要成分及作用

1. 唇部彩妆品的主要原料 有着色剂、油脂、蜡、香精和抗氧化剂等。

（1）着色剂（coloring agent）：色素是唇膏中最主要的成分，因口红的功用就是点红唇部。唇膏中应用的着色剂，应按我国关于可用色素的规定执行。唇膏中的色素很少为单独一种色素，多数为两种或多种调配而成，唇膏的色素可分为3类。

1）可溶性染料（resoluble tincture）：以色泽牢固持久为特点的溶于油脂的染料，如溴酸红等唇膏常用的可溶性染料。它是通过渗入嘴唇外表面对皮肤着色，应用最多的着色染料是溴酸红染料，它是溴化荧光素类染料的总称，有二溴荧光素、四溴荧光素、四溴四氯荧光素等。溴酸红染料能染红嘴唇，并有牢固持久的附着力。现代的唇膏制品中，色泽的附着性主要是依靠溴酸红。溴酸红不溶于水，在一般的油、脂、蜡中溶解性很差，要有优良的溶剂才可产生良好的着色效果。

2）不溶性颜料（infusibility tincture）：以极细的固体粉末混入蜡基质中的不能溶于油脂的染料，主要有色淀等，其色彩好，但附着力不好，可以和可溶性染料合用，包括有机颜料、有机色淀颜料和无机颜料（如二氧化钛等）。现代有机颜料色泽品种很多，应按规定允许唇膏可使用的色素进行调配。不溶性颜料主要是色淀颜料，它是极细的固体粉粒，有较好的遮盖力，色彩鲜艳，经搅拌和研磨后，加入油、脂、蜡基质中，使唇膏涂在唇上能留下一层鲜艳的色彩，但色淀的附着力不好，需要与溴酸红染料并用。

3）珠光颜料（pearlescent pigment）：多采用合成珠光颜料氧氯化铋、二氧化钛-云母膜，随着二氧化钛膜层的厚薄不等，使珠光色泽由银白色至金黄色不等。二氧化钛-云母膜对人体及皮肤无毒、无刺激性，产品品种有多种系列，如斑虹彩系列珠光颜料是由于在二氧化钛涂层上产生光干扰而形成色彩，与一般颜料不一样，每一种斑虹彩都显示两种色彩，即反射色彩和透射色彩；另一种景泰蓝珠光颜料系列的色彩与斑虹彩不同，它的色彩中含有吸收性颜料，即景泰蓝系列珠光是由光干扰和光吸收所组成；另外还有双彩系列珠光颜料，它是由光干扰形成的明亮色彩与不同的彩色底色而形成双色彩。

（2）油脂和蜡（fats and waxes）：唇部彩妆品的基质成分主要有油脂和蜡类，即脂蜡基，含量一般占90%左右，组成其基本骨架。脂蜡基对染料有很好的溶解性，同时具有一定的触变特性，易于涂抹并形成均匀稳定的薄膜，使口唇润滑有光泽，不会过分油腻。常用的脂蜡基有如下几种。

1）蓖麻油（castor oil）：精致蓖麻油是唇部彩妆品最常用的油脂原料。蓖麻油可使唇部彩妆品具有一定的黏度，增加附着力；对溴酸红有一定的溶解性（0.2%左右）。用量通常为12%～50%，不宜超过50%，以免质地过于黏稠油腻。

2）橄榄油（olive oil）：可调节唇部彩妆品的硬度和延展性。

3）可可脂（cocoa butter）：是优良的润滑剂和光泽剂，熔点接近体温，可降低产品的凝固点，增加涂抹速熔性。用量不宜超过8%，否则会影响光泽性，并可能造成表面凸凹不平。

4）低度氢化的植物油（low degree of hydrogenation of vegetable oil）：是唇部彩妆品常用的理想油脂，熔点约为38℃，可增强涂抹性能，性质稳定。

5）羊毛脂及其衍生物（lanolin and its derivatives）：包括羊毛脂、氢化羊毛脂、羊毛酸异丙酯、羊毛醇和羊毛脂吸收基等。羊毛脂是唇部彩妆品不可缺少的原料，具有滋润度高、低熔点和高黏度特性，与其他成分相容性良好，可使各组分混合均匀，可抵抗对温度和压力的突变并防止油相的油分析出，防止唇膏"发汗"和干裂。但气味不佳，易吸水，用量应控制在10%～30%。

6）鲸蜡（spermaceti wax）和鲸蜡醇：均有较好的润滑作用。鲸蜡可增加触变性能，但熔点较低，易脆裂；鲸蜡醇对溴酸红有一定的溶解能力且具有缓和作用，但会影响涂膜的光泽性。通常两者用量均不宜过多。

7）巴西棕榈蜡（carnauba wax）：是化妆品原料中硬度最高的一种，可作为硬化剂使用。熔点较高（83℃左右），利于保持膏体较高熔点而不影响其触变性能，并赋予光泽和热稳定性，可保持唇部彩妆品的形体和光亮表面。用量一般控制在5%以内，否则会引起制品脆化且使组织中有颗粒感。

8）单硬脂酸甘油酯（glyceryl monostearate）：是配方中主要原料，对溴酸红溶解度较高，滋润效果好。

9）地蜡（ozocerite）：可吸收液状石蜡使之不外析，使唇膏在浇注时收缩而脱模，可用作硬化剂。

10）高级脂肪酸酯类（high fatty acid esters）：如肉豆蔻酸异丙酯、棕榈酸异丙酯、硬脂酸丁酯和硬脂酸戊酯等，对溴酸红有低度溶解性，适量添加可减少蓖麻油含量过高引起的黏稠。

（3）香精（essence）：唇部彩妆由于其应用部位的特殊性，总会有少量被人体摄入，且香精用量较高（2%~4%），因此选用的香精更应注重其安全性，一般用食品级香精，无毒无刺激。既要掩盖油脂和蜡的不良气味，又要清香舒适，消费者接受度高。通常采用水果香、淡雅花香和某些食品香料。

2. 唇膏的作用

（1）使用唇膏可赋予女性嘴唇以诱人的色彩和美丽的外貌。

（2）唇膏可突出嘴唇的优点，掩盖其各种缺陷，如唇膏可使窄的不协调嘴唇变宽，使宽的肉感型嘴唇显得窄小。如适当地使用唇膏，还能改变整个面部外形。

（3）采用油性唇膏，能赋予嘴唇湿润的外观，同时还能产生软化作用。

（4）现有专门用于防止嘴唇干裂的无色防裂唇膏，这种唇膏适宜于男女老幼，是一种理想的保护嘴唇用品。现还有一些产品在唇膏中添加了防晒剂，可保护嘴唇免受紫外线的伤害。

（三）唇膏的种类

1. 棒状唇膏（lip stick） 是具有一定硬度的棒状制品，置于可旋转推进的管状支架中。常用的有原色唇膏、变色唇膏和无色唇膏等。原色唇膏最为常见，颜色丰富，适合不同需求。是由色淀等颜料配合溴酸红染料而制成，以增加色彩的牢固性。变色唇膏又称双色调唇膏，使用时颜色可发生改变。其色素为溴酸红染料，在酸性或中性条件下为淡橙色，涂于唇部弱碱性环境时呈玫瑰红色。无色唇膏可滋润柔软口唇，增加光泽。所选油脂成分颜色要浅，且符合酸度要求，无色唇膏不添加色素。

2. 液态唇膏（liquid lipstick） 含挥发性溶剂，涂于口唇后，溶剂挥发留下光亮鲜艳的薄膜。液态唇膏主要成分有可塑性物质、溶剂、增塑剂、色素和香精等。可塑性物质可形成薄膜，如醋酸纤维素、乙基纤维素、硝酸纤维素、聚乙烯醇和聚乙酸乙烯酯等。增塑剂可改善成膜的可塑性，增加柔性并减少收缩，如甘油、山梨醇、邻苯二甲酸二丁酯等。常用溶剂有乙醇、异丙醇、石油醚等。

3. 唇线笔（lip liner） 有铅笔式唇线笔和旋转推管式唇线笔。唇线笔应具有一定硬度，可在口唇边缘描画精细线条，使唇形轮廓更加饱满，改善唇形，亦可用于唇部打底，调整色调。唇线笔在配方结构和制作工艺上与眉笔、眼线笔相似，只是色料以红色系为主。

（四）配方举例

唇部彩妆品配方举例见表17-24、表17-25和表17-26。

表17-24 唇膏配方举例

组分	质量分数/%	组分	质量分数/%
蓖麻油	38.0	地蜡	12.0
羊毛脂	17.0	四溴荧光素	1.0
蜂蜡	8.0	色淀	6.0
巴西棕榈蜡	7.0	香精、抗氧化剂、防腐剂	适量
可可脂	11.0		

配方分析：蓖麻油、地蜡、羊毛脂、蜂蜡、巴西棕榈蜡、可可脂为油脂和蜡类，在配方中起滋润、保护、润滑、形成防水性薄膜的作用；四溴荧光素、色淀为色素，赋予唇膏色彩。

表17-25　珠光唇膏配方举例

组分	质量分数/%	组分	质量分数/%
蓖麻油	40.0	鲸蜡醇	2.0
羊毛脂	8.0	二氧化钛-云母	3.0
硅油	2.0	色淀	7.0
单硬脂酸甘油酯	10.0	染料	2.0
肉豆蔻酸异丙酯	4.0	抗氧化剂	适量
巴西棕榈蜡	4.0	香精	适量
蜂蜡	4.0		

配方分析：蓖麻油、鲸蜡醇、羊毛脂、硅油、单硬脂酸甘油酯、蜂蜡、巴西棕榈蜡等为滋润剂、保护剂、润滑剂、稳定剂、赋形剂、成膜剂。二氧化钛-云母为珠光色素。色淀、染料为色素，赋予唇膏色彩。

表17-26　变色唇膏配方举例

组分	质量分数/%	组分	质量分数/%
蓖麻油	41.8	单硬脂酸甘油酯	5.0
羊毛脂	27.0	棕榈酸异丙酯	8.0
巴西棕榈蜡	6.0	溴酸红	0.2
蜂蜡	8.0	抗氧化剂	适量
可可脂	4.0	香精	适量

配方分析：蓖麻油、羊毛脂、单硬脂酸甘油酯、蜂蜡、巴西棕榈蜡等为滋润剂、保护剂、润滑剂、稳定剂、赋形剂、成膜剂。溴酸红为色素，赋予唇膏色彩。

（五）使用方法

1. 清洁唇部，用润唇膏或唇部隔离霜打底后，用唇刷蘸取唇膏涂抹，棒状唇膏亦可直接涂抹。唇线笔可沿唇周勾勒唇形，使唇部轮廓更加清晰。

2. 唇部彩妆品应用于唇部黏膜，其可能引起的不良反应包括制品经口进入消化道，其中的某些化学成分在体内长期蓄积的毒性；还有唇部黏膜长期接触唇膏制品，可促进角质过度增生而使唇色暗淡，唇膏中所含香料、色素等成分可引起唇炎。因此，唇部彩妆品在选择和使用中应特别注意，可用润唇膏或唇部隔离霜打底起隔离保护作用，进食前应卸除，勿长期使用。

（六）质量要求

唇部彩妆品直接涂抹于口唇黏膜及口周皮肤黏膜交界处，极易随唾液或食物进入口腔，因此对其组成原料安全性的要求极高，应该是可食用的（食品级原料）。口唇黏膜对刺激敏感，彩妆品应选择温和无刺激的成分。如香料中的醛类和酮类成分可能会引起局部水疱或炎症，应慎重选择；着色剂的重金属含量也要低于其他类彩妆品。对唇部彩妆品的质量要求主要有以下几点：

1. 要保证绝对无毒性和刺激性，没有不良的味道和气味。

2. 具有良好的触变性，即有良好的易搽性，接触嘴唇温度便熔化，在唇温之上不致变形。涂于嘴唇上，唇膏不与水分发生乳化而脱落，而是保持其附着力，但要易于抹去。

3. 质量稳定，在使用期内无渗油（不出汗）、不起霜、不成片、不结块、不断裂、不酸败发霉、不易受气候条件变化的影响等。

4. 具有诱人的外观和色彩，色泽均一、稳定，香气幽雅。

第五节　美甲类化妆品

（一）定义及分类

指甲由以硬角蛋白为主要成分的甲板构成，生长于指的末端。美甲类化妆品是修饰指甲形状，增加光泽，美化和保护指甲等的彩妆类化妆品。主要包括指甲表皮清除剂、指甲强壮剂、指甲抛光剂、指甲油、指甲修理剂、指甲油清除剂、指甲护理剂等。

（二）美甲类产品主要成分及作用

1. 指甲表皮清除剂（nail surface scavenger） 可清洗指甲表面，去除老化表皮和污物，主要成分是含碱的液体或膏体。早期是用2%～5%的氢氧化钾水溶液或水-醇溶液，添加10%～20%的保湿剂，如甘油或丙二醇，可减轻氢氧化钾的刺激性，延缓蒸发速度，增加黏度。表皮清除剂也可制成碱性乳状或膏状，使用方便。可添加少量油酸钾或1%$EDTA\text{-}Na_4$以延缓对玻璃容器的腐蚀。

表皮软化剂可润湿软化指甲表皮，然后撕除表皮，主要含亲蛋白质的季铵化合物，如十六烷基吡啶氯化物、硬脂基二甲基苄基氯化铵等，同时有杀菌作用。尿素可软化角蛋白；羊毛脂、肉豆蔻酸异丙酯可改善润滑性；非离子增稠剂可增加黏度，如甲基纤维素和羟乙基纤维素等。

2. 指甲漂白剂（nail bleach） 有去除指甲表面污垢，漂白指甲等功效，有膏状、乳状或其他剂型。可使用过氧化氢作为氧化剂，亚硫酸钠为还原剂，通过氧化-还原反应发挥漂白作用；也可以有机酸水溶液为基质，如柠檬酸、酒石酸和乙酸水溶液等。

3. 指甲强壮剂（nail tonic） 作为指甲油前的基础涂层，增加指甲强度，防止劈裂，增加指甲油持久性。常用的指甲强壮剂是含高分子聚合物、粉末类物质和尼龙粉末等补强剂的制品；还有含水溶性金属盐收敛剂的溶液，如硫酸铝、钾明矾、铵明矾、钠明矾、氯化锆和乙酸锌等，接触或浸泡指甲可使其硬度增加，防止劈裂和分层。

4. 指甲抛光剂(nail polishes） 主要含磨料和润滑剂。磨料通常为微细粉体，如二氧化锡、二氧化硅、滑石粉、高岭土和沉淀碳酸钙等；润滑剂为合成蜡和硬化油脂等。将指甲抛光剂涂于指甲表面研磨，可使指甲表面平滑光泽，促进血液循环，并使之后指甲油的涂膜更加牢固有光泽。

5. 指甲油（nail enamel） 指甲油是最常用的指甲修饰彩妆品，可在指甲表面形成有美观色彩和光泽、耐摩擦的薄膜，起到美化、保护指甲的作用。指甲油主要由成膜成分、溶剂、着色剂、悬浮剂等组成。指甲底油中树脂含量较高，可增加其黏附性。表层指甲油中硝酸纤维素和增塑剂含量较高，树脂含量较低，稀释剂含量较高，蒸发较快。

理想的指甲油应安全无毒，不会损伤指甲，不会引起刺激和过敏；方便涂布，涂膜均匀，可迅速干燥，色彩鲜艳均匀，光泽度好；有一定的硬度和韧性，附着力强，不易脱落、破损；不会因光照、日晒而变色褪色，或失去光泽；容易卸除，不会使指甲染色；涂膜质地滑而不黏，耐潮气；有较长的货架寿命，使用期限内不会分离和沉淀，不会变色褪色，制剂之间不会相互作用，不会氧化酸败或因微生物污染而变质。

常用的指甲油除普通色彩指甲油外，还有指甲底油和表层指甲油。指甲底油的干燥速度比普通指甲油快，形成的膜较硬，通常作指甲打底用。表层指甲油涂于色彩指甲油之上，可增加膜的厚度、光泽和耐磨性。指甲油中的成分较为复杂，主要含以下原料。

（1）成膜成分：

1）主要成膜剂：硝酸纤维素是指甲油的主要成膜剂，可在指甲表面形成附着性极佳的韧性硬质膜，涂膜干燥迅速，光亮透明；有良好的可涂刷性，不易形成纤维质；无毒，可透过水汽，成本较低。通常使用含氮量为11.2%～12.8%的硝酸纤维素。硝酸纤维素属易燃危险品，贮存、运输和使用过程中要严加注意。若残留酸含量高，硝酸纤维素可与铜、铁和某些颜料发生反应而褪色或降解。成膜较硬，容易收缩脆化，光泽较差，需添加树脂和增塑剂改性。此外，还有醋酸纤维素、乙基纤维素、聚乙烯化合物和丙烯酸甲酯聚合物等，均可作为成膜剂添加。

2）辅助成膜树脂：指甲油中添加辅助成膜树脂可加强指甲油的成膜性、附着力和光泽度。可用于指甲油的树脂有天然树脂（如虫胶）和合成树脂两类，其中合成树脂质量稳定，价格低廉，已逐渐取代天然树脂。常用的合成树脂有氨基树脂、丙烯酸树脂、醇酸树脂、聚乙酸乙烯酯树脂和对甲苯磺酰胺甲醛树脂等。

3）增塑剂：增塑剂可增加指甲油成膜的柔软性，减少膜层的收缩和开裂。常用的增塑剂有两类：一类是溶剂型增塑剂，如邻苯二甲酸二丁酯、二辛酯和二乙酯、三甲苯基磷酸酯、乙酰基三乙基柠檬酸酯等，均为低分子量、高沸点和低挥发性的酯类；另一类是非溶剂型增塑剂，也称软化剂，如蓖麻油和樟脑，与溶剂型增塑剂配伍使用，可进一步增加膜的柔韧性。增塑剂的用量一般为硝酸纤维素干基的25%～50%。

（2）溶剂：可溶解成膜成分，调节制品黏度而获得适宜的使用感觉。挥发速度适当，速度过快会影响指甲油的流动性而产生气孔、残留痕迹，从而影响涂层的外观；速度过慢则会使流动性过大，成膜太薄，干燥时间过长。指甲油中的溶剂通常混合使用，是多种溶剂的复配体系。溶剂可根据其溶解能力分为三种，即真溶剂、助溶剂和稀释剂。真溶剂是真正具有溶解能力的物质，如丙酮、丁酮、乙酸乙酯等酮类和酯类物质。而助溶剂单独使用无溶解性，但可协助真溶剂溶解成膜物，改善指甲油的流动性，常用的有乙醇、丁醇等醇类物质。稀释剂与真溶剂配合使用可增加对树脂的溶解能力，并调节指甲油的黏度，改善使用感，降低成本，如甲苯、二甲苯等烃类物质。

（3）着色剂：主要为不溶性色淀，可产生不透明色调。可添加二氧化钛增加乳白感和遮盖力，添加珠光颜料增强光泽。

（4）悬浮剂：为防止指甲油颜料沉淀，需添加悬浮剂增加其稳定性和调节触变性。

6. 指甲油清除剂（nail varnish remover） 是一种去除指甲上指甲油膜的专用剂，即指甲油的卸妆品，它与指甲油配套使用。主要含有溶解硝酸纤维素和树脂的混合溶剂。由于溶剂有脱水和脱脂作用，为减少使用后指甲的干燥感觉，常添加少量的油、脂、蜡及保湿成分等。

7. 指甲修补剂（nail putty） 指甲修补剂是由黏合剂、补强纤维材料和溶剂组成的混合物。黏合剂和补强纤维材料可在受损指甲的破裂部位形成强力结合膜，以改善指甲外观、保持其完美外观，并防止指甲进一步受损。而溶剂可使黏合剂形成具有合适黏度的制品，以方便涂抹和使用。

（三）配方举例

美甲类化妆品配方举例见表17-27和表17-28。

表17-27　指甲表皮清除剂配方举例

组分	质量分数/%	组分	质量分数/%
磷酸三钠	8.0	白油	80.0
甘油	12.0	香精	适量

配方分析：磷酸三钠可温和去除指甲老化表皮和污物，白油为溶剂、润滑剂。甘油为保湿剂，可滋润、减轻刺激。

表17-28　指甲油配方举例

组分	质量分数/%	组分	质量分数/%
硝化纤维素	15.0	甲苯	35.0
甲苯磺酰胺甲醛树脂	8.0	膨润土	1.0
异丙醇	4.5	樟脑	3.0
乙酸乙酯	11.0	着色剂	0.5
乙酸丁酯	22.0		

配方分析：硝化纤维素为主要成膜成分,可在指甲表面形成涂刷性良好的光亮、韧性硬膜。甲苯磺酰胺甲醛树脂为辅助成膜成分，可改善涂膜硬度，增加光泽。樟脑为非溶剂型增塑剂，可增加指甲油成膜的柔软性。乙酸乙酯、乙酸丁酯、异丙醇为溶剂，甲苯为稀释剂。膨润土为悬浮剂，可增加指甲油的稳定性。

（四）使用方法

1. 按先后次序使用指甲表皮清除剂、指甲漂白剂及指甲抛光剂等修整指甲后，刷上指甲油，想要有轻柔的效果只需涂抹一层，若想要颜色更加鲜艳可涂抹两层，依涂抹的次数呈现出不同的色彩。

2. 去除指甲上残余指甲油时，使用指甲油清除剂。

3. 使用美甲化妆品应选用安全性高的产品，一旦出现指甲炎症或过敏，应立即停止使用。

第六节　彩妆类产品使用注意事项

一　彩妆类化妆品的使用原则

1. 不要频繁地化浓妆，也不要长时间地带着浓妆。在日常生活中宜淡妆，浓妆会抑制皮肤正常呼吸。

2. 化妆要有间歇，卸妆要及时彻底。如果彩妆类化妆品常年日久堆积于皮肤表面，会影响皮肤正常的新陈代谢。为减少皮肤负担，如不外出时最好不要化妆。

3. 不要同时使用多厂家的化妆品。由于彩妆品种类多，尽量保持用同一厂家同一系列的产品。因为化妆品是由多种化学品复配而制成，原料之间会产生相互作用，研发人员在配制时会考虑避免。搽抹不同厂家或不同系列的产品，在人体皮肤上混合后，容易引起化学反应。

4. 化妆品放置时间过长可因日晒、氧化而变色、变味，同时还可因微生物污染而变质。

粉底霜、色粉、唇膏、胭脂、眼影、指甲油等彩妆类化妆品，可因时间过久而影响美容效果。

5. 不要和别人共用彩妆类化妆品。由于眼周用品和唇用品很容易进入人体内部，与别人共用化妆品会增加感染结膜炎、流行性感冒等危险。

6. 要注意观察化妆品的颜色，彩妆品大都是有颜色的，但要区分是否由原来的正常色变为黑色、黄色、褐色；是否出现气泡和怪味；表面是否呈现异色和霉斑；化妆品是否变稀，不用时表层出水等，如出现上述情况要进一步鉴定化妆品的品质，如发生变质则不能使用。

7. 不要让眼线刺激双眸。避免将眼线画在睫毛线以内过于靠近眼球表面的部位。这样可能会不小心伤害到眼睛；画眼线的工具或用品也可能因无意间接触到眼球表面而造成感染。

8. 化妆工具要勤洗勤换。化妆用的狼毫笔、棉签、眉笔、海绵等，用后都应及时清洗干净，并注意定期及时更换。

二 特殊时期的化妆注意事项

女性在日常生活中不免要经历特殊时期，如经期、孕期，对于不想放弃美丽的女性来说，要注意安全化妆的问题。

（一）经期化妆注意事项

因为受体内分泌的黄体酮影响，经期女性皮脂分泌增多，皮肤油腻，同时毛细血管扩张，皮肤变得格外敏感，容易出现粉刺、痤疮、毛囊炎、过敏，还容易有黑眼圈。因此，要注意保护脆弱的皮肤，尽量减少对皮肤的刺激。

1. 化妆不宜过浓，以淡妆为主。

2. 粉底要轻薄透气，不要堵塞皮肤呼吸的通道，否则会产生粉刺、痤疮。

3. 不要用劣质的、刺激性大的化妆品。

4. 化妆工具要清洁，否则容易将滋生的细菌带到皮肤上，导致皮肤发炎。

5. 卸妆要彻底，但也要温柔，既不要留下伤害皮肤的隐患，也不要在卸妆过程中伤害皮肤。

（二）孕期化妆注意事项

在怀孕期间，由于孕妇身体内分泌改变，黑素增加，在两颧颊部易出现色素加深，俗称为“妊娠斑”，是黄褐斑的一种类型。怀孕5个月后，孕妇的皮肤通常会变得干燥或粗糙。因此，孕期进行适当的皮肤保养是应该的。但化妆品所含的化学成分比较多，可能会影响到胎儿，所以孕妇对化妆品的选择应该谨慎。

孕期应选用信誉高，品质有保证的化妆品。不要化妆或宜淡妆，带妆时间不宜过长。避免使用含有香料的化妆品，禁止使用含有激素的化妆品。尽量使用天然成分的化妆品，要选择含性质温和的纯植物性功效性原料成分的化妆品。孕妇禁止使用以下产品。

1. 唇膏　唇膏是由多种油脂、蜡质染料和香料等成分组成的。其中油脂通常采用羊毛脂，羊毛脂既能吸附空气中各种对人体有害的重金属，又能吸附可进入胎儿体内的大肠埃希菌等微生物。唇膏若随着唾液进入人体内，可能使孕妇腹中的胎儿受害。

2. 睫毛膏　成分里含有大量防腐剂、炭黑等，可能影响胎儿的正常生长发育。

3. 指甲油　指甲油内含有一种名叫酞酸酯的物质，容易引起孕妇流产及胎儿畸形。孕期或哺乳期的妇女都应避免使用标有“酞酸酯”字样的化妆品。

三 妆后保养

长期化妆会使人的皮肤每天都在与粉饰化妆品接触，粉饰化妆品不仅含有一定量的色素，还会影响皮肤的正常呼吸与排泄，使健康的皮肤显得晦暗无光。因此，化妆后的皮肤应给予适当的保养与护理，使其保持健康状态。

1. 适时卸妆 健康的皮肤在化妆1小时后，妆色显得最美。这是由于化妆后，皮肤分泌物与粉饰化妆品产生亲和性的效果，但化妆4小时后，就应把妆卸掉，尤其是油性皮肤和粉底较厚的浓妆，如果不及时卸妆，会影响皮肤的呼吸与排泄。

2. 就寝前卸妆 当人处于睡眠状态时，正是皮肤进行修复的时候，睡前一定要把妆卸掉，将皮肤清洗干净。

3. 科学使用化妆品 化妆前必须用化妆水和护肤品护肤，再根据皮肤性质选择修饰类化妆品进行化妆。

4. 定期做皮肤护理 每周做1次面部皮肤全面护理，3天做1次清洁性面膜。

四 彩妆的安全性

彩妆类化妆品是由颜料、染料、油脂、蜡、金属皂等原料配制而成，大多为粉体。虽然针对这些原料我国有规定的安全标准，但是长期使用会对人体造成伤害。所以，我们在使用时还是要慎之再慎。使用化妆品一旦出现不良反应，应立即停用该化妆品，并尽可能彻底地清除掉残留在皮肤、毛发和指甲上的化妆品，如果情况比较严重，应该尽早寻求皮肤科专业医师的诊治。彩妆类化妆品常见的有害成分如下。

1. 汞 大多存在于粉体等化妆品中。人体内的汞如果蓄积太多，会失眠乏力，记忆力不好，情绪变化明显，甚至汞中毒。

2. 镉 常存在于口红等化妆品之中。是致癌物之一，会伤害人的肝、肾和骨骼。

3. 铅 存在于口红、染发剂等化妆品之中。它属于积蓄性金属，伤害人的肝、肾、骨骼，会引起慢性铅中毒、贫血、神经衰弱、便秘、食欲不振。

4. 铋 存在于口红等化妆品中，会伤害肝、肾。

5. 甲酸酯 存在于大多数化妆品中，与癌症密切相关。加大女性患乳腺癌的概率，还会危害到她们未来生育的男婴的生殖系统。

6. 苏丹3号 存在于口红等化妆品中。刺激皮肤，产生湿疹、花粉热、哮喘等过敏症；刺激眼睛、口腔、鼻腔和唇部黏膜导致发炎。

7. 煤焦油 存在于眼影等化妆品中，与癌症相关。

8. 增塑剂 存在于指甲油中，破坏人体激素，影响生殖健康，甚至引发癌症。

9. 光敏感物质 会加重皮肤对阳光的敏感性，日晒后引起炎症反应。

10. 人工合成化学物质 如色素和香料等会刺激皮肤引起瘙痒症、神经性皮炎。

11. 油脂 会吸附空气中的灰尘，导致汗腺口和毛囊口被堵塞，造成细菌繁殖，引起毛囊炎、痤疮。

思 考 题

1. 彩妆类化妆品如何分类，各分类的组成及特点是什么？
2. 理想的唇膏有哪些特殊的质量要求？
3. 如何合理选购彩妆类化妆品？
4. 妆后如何保养皮肤？

（张春娜）

参考文献

1. 杨彤，田燕. 美容药物的配制与应用. 北京：人民军医出版社，2005
2. 马英，欧文. 皮肤美容学教学指南. 北京：人民军医出版社，2009

第十八章　芳香类化妆品

芳香类化妆品赋予人们愉悦的嗅觉享受，营造浪漫的情怀。"闻香识女人"，在一些特殊的场景，香味还是人生命中标示记忆的符号。在琳琅满目的化妆品市场中，各种芳香类产品占有重要的地位。

第一节　嗅觉生理

一　嗅觉的功能和特性

嗅觉（olfactory sensation）是动物的基本功能之一。动物依靠嗅觉寻找食物并辨别周围环境，保护自己的身体免受敌方的侵害。对于人类来说嗅觉也有同样的作用，例如煤气味和焦味就是危险的信号，用鼻子闻食物的气味可以评判其是否腐败。在动物世界中雌雄之间的相互引诱也以嗅觉为主，有人把这种同种动物之间产生相互影响的物质称为外激素。

对于人类来说，嗅觉的基本功能已经不很明显了，但其心理精神上的意义却很大。例如，当闻到清新的芳香味时，可以使情绪镇静，精神愉悦，沉浸在滋润的气氛之中；相反，当闻到恶臭或腐败的气味时，就会引起恶心和呕吐，情绪受到影响。还有一种对某些特定味道毫无反应的病理状态称为嗅盲，也称为"特异的无嗅觉症"。研究显示，约有2%的人对形成汗臭或脚臭的吉草酸毫无感觉，约有0.18%的人对形成腐臭味道的硫醇感觉不出来。大多数嗅盲对于自己有嗅盲的情况却毫不知情，即使自己发出那样的气味也毫无意识。也有些人偶尔会发现自己的鼻子"失灵"，嗅觉暂时变得非常迟钝，过一段时间，嗅觉又恢复了，这种情况称为嗅觉疲劳现象。这是因为嗅觉虽然很敏锐，但很容易疲劳，相同的味道闻得太久了，就会对这种味道产生麻痹，会暂时失去分辨的能力。通常，嗅觉有多种特性，如疲劳特性、记忆特性、个体差异性和敏感特性等。

二　产生嗅觉的机制

产生嗅觉的机制目前还不十分清楚，有多种学说。最有说服力的学说是，含有香气的物质首先到达鼻腔上部两侧嗅黏膜上的嗅上皮，嗅细胞在接受化学刺激后，将信息转变成电流的刺激，通过嗅神经集合到嗅球，传到大脑对气味进行分析，从而产生嗅觉。被人类称之为香料之王的茉莉，可以释放出极美妙的芳香。用高灵敏度的装置来分析茉莉的成分，可测定出其中含有200种以上的化学物质，既有像茉莉内酯这样的芳香物质，也有像吲哚这样的恶臭物质，这些成分混合在一起却表现出好闻的气味。在人类生存环境中好闻的香气都是由这许多种气味组合而产生的。

第二节　芳香类化妆品的种类及活性成分

芳香类化妆品又称香水类化妆品，能散发出宜人的芳香，具有增添魅力、赋香抑臭、醒脑提神、营造氛围等作用。芳香类化妆品是最富有文化和艺术特征的化妆品，自从1370年匈牙利香水——世界上的第一支香水，贡献给人类以来，嘉伯香水、科隆香水、皇家馥奇香水、紫罗兰香水、素心兰香水等相继问世。芳香类化妆品的主要成分是香精、乙醇和水等。其中香精含量相对都较高，一般2%~25%，远超过普通化妆品的香精含量（0.2%~1.2%）。芳香类化妆品的剂型包括有液态、固态或半固态等。芳香类化妆品中最主要的剂型是液态芳香产品，包括香水、古龙水和花露水等。

一　香水

香水（perfume）是最重要的芳香化妆品，是化妆品中的珍品。香水虽然只是各种香精油的乙醇溶液，但其品质的高低与香精的调配、用量与质量及乙醇的纯度等密切相关。香水的香气没有统一的标准，往往针对同一瓶香水，由于个人的喜好、环境、性别、文化背景和个性等不同，评价有可能存在很大的差异。而优良的香水必须具备以下特点：①香气幽雅芬芳，个性自我；②产品清澈透明，无沉淀混浊现象；③香气纯正、不含有乙醇或其他不愉快的气味；④留香时间持久，如在衣襟上能驻留7~10天；⑤对皮肤无刺激性、光毒性、变应性和光变应性。

（一）香水的类型

香水有不同的香型，主要是取决于不同香型的香精，它们多选用天然花果的芳香油及动物的香料如麝香、灵猫香等来配制，使花香、果香、动物香浑然一体，芳香持久，幽雅自然。香水的香型因能够变化，类型很多。最简单的一种分类方法是根据香调将香水分为花香型和幻想型两种类型。

1. 花香型香水　花香型是模拟天然植物花香或以此为主由若干种香料调制而成的。这类香水多数被冠以花名，如玫瑰香水、茉莉香水及玉兰、水仙花、栀子、橙花、紫罗兰、晚香玉、金合欢、风信子、薰衣草香水等。

2. 幻想型香水　幻想型香水是基于调香师的艺术灵感和美妙想象创意出来的香精香型。它需要应用各种香精油，如天然香精油、合成香精油（包括单离香料）等，调配成非天然型香调，具有清爽高雅的感觉。这种创作，充满自然现象变化、风俗、景色、地名、人物、情绪、音乐、绘画等方面的艺术想象，而给予美好、独特的命名，如素心兰、夜巴黎、香奈尔五号、欢乐等。目前世界流行的幻想型香水香型有醛香型、清香型、木香型、东方型、馥奇型等。这就是香水被称为芳香的艺术品的原因。

（二）香水的原料

香水的主要原料是香精、乙醇和少量的精制水，有时根据需要可加入极少量的色素、螯合剂、抗氧化剂、表面活性剂等添加剂。其中，香精和乙醇必须经过预处理后方可使用，以保证香水质量，使之水体清晰，香气圆韵，协调透发。

1. 香精 香精是香水的主体，香水中香精的用量多少不一，性能差别很大，香水中香精的含量一般为10%～20%，是化妆品中赋香率最高的，浓度稍淡的香水中香精用量可为7%～10%。初调配的香精其香气不够协调，需要进行熟化处理，方法是先在香精中加少量乙醇，然后移入玻璃器皿中，在25～30℃无光的条件下储存几周后再调制产品。香水最好放在不锈钢或玻璃的器皿中。调配时将新鲜和陈旧的同一品种香精混合，可加快香气的协调。现在各大香料公司的香精可直接供给生产厂调配香水。

2. 乙醇 乙醇在香水中是作为香精的溶剂。其一，乙醇对各种精油具有良好的溶解性，几乎所有的香精油均可溶解于乙醇中；其二，乙醇可帮助香精挥发，增强芳香性，又不影响其香调；其三，乙醇对皮肤刺激性较小、无系统毒性。

3. 水 水质的优劣会影响香水的质量和香气，配制香水应使用新鲜的蒸馏水。

4. 其他添加剂 在香水中还可加入0.5%～1.2%肉豆蔻酸异丙酯，能使香水搽用的部位或喷洒的衣物上形成一层薄膜，让香气持久。

在配制香水的过程中，若使用金属容器，会使水中有金属离子存在，微量金属离子可使某些香料成分加快氧化，香水配方中可添加适量的金属离子螯合剂和抗氧化剂。

香料容易被氧化，因此要特别注意香水颜色变化情况，通常不使用着色剂，必要时应注意着色处理。

（三）香水的香调

香水的香味阶即香水喷洒出后，随着时间的推移，香味所呈现出的变化。可分为前调（高味阶）、中调（中味阶）和后调（基础味阶）。具体的定义如下：

（1）前调（高味阶）：是香氛的第一印象；2小时内散发，不留残香；挥发性高。大都为水果、香草香等。

（2）中调（中味阶）：显示香氛的特色；香氛持续2～6小时；挥发性中等。大都为花香。

（3）后调（基础味阶）：使香氛持久并平均发散；香味可残留6小时～1个月；挥发性低，作保留剂用。大都为动物香、木香。

二 古龙香水

古龙香水（cologne water）又称科隆水，是1680年在德国科隆首先由意大利人创造的一种柠檬香型的芳香产品。后来到了1756～1763年法德战争期间，法国士兵非常喜爱这种产品，将它带回法国并生产，称之为古龙水，此名一直沿用至今。古龙水是现代男用香水的先导，最初它是专供男士们剃须之后使用的，用后令皮肤清爽舒适，一扫剃须之后皮肤干燥不适之感。

古龙水香味较淡，香气保持不久，价格较便宜。经典的古龙香水为柑橘香型，色泽多为金黄或雀绿，具有男子汉特有的刚健、豪放、欢悦、清爽之香韵风格，因此深受世界各国男士们的青睐。现代的香型多为柑橘、柠檬、琥珀和龙涎等，也有将香型分为德国古龙型、法国古龙型、英国古龙型、俄罗斯古龙型等。古龙水与一般香水比较，它的不同之处主要在于古龙水香精含量较低，传统的香精用量仅为1%～3%，现在常为5%～10%，乙醇的浓度为80%～85%。目前所有古龙水香气的共同特征是香柠檬油、甜橙油、橙花油、迷迭香和薰衣草的香气，具有清爽、新鲜和提神的效果，为男士们所喜爱。

古龙水的主要原料为香精、乙醇和水以及添加剂（如微量的色素和螯合剂等）。配制如同香水，乙醇也需进行醇化处理，而水则应为去离子水或新鲜的蒸馏水，需要时还可加入螯合剂，不允许有微生物及金属离子存在。

三 花露水

花露水（floral water）全称花露香水，是一种赋香率较低的芳香类化妆品，早期它的香精是用花露油作为主体香料而得名，其香精含量一般2% ~ 5%，乙醇浓度为70% ~ 75%。在这样浓度下的乙醇，最易渗入细菌的细胞膜，使细胞的蛋白质成为不可逆的凝固状态，因此有杀菌作用。花露水多在沐浴后使用，具有杀菌消毒、止痒除痱、醒脑提神、清凉和防虫咬等功效，是人们喜爱的夏季卫生用品。

花露水现多采用幻想香型，常以清香的薰衣草为主体香料，香精多采用东方香型、素心兰香型、玫瑰麝香香型等。花露水的原料也是香精、乙醇和水，其他添加剂有螯合剂、抗氧化剂（如柠檬酸、二叔丁基对甲酚等）和微量色素。花露水一般以淡色湖蓝、绿、黄色等为主。

花露水其香精含量不高，但香气宜人，而且它自身能起醇化作用，存放时间越久，香气越好。

四 芳香类化妆品的活性成分分析

化妆品的香味来自产品中所含的香料，因此在芳香类化妆品中的香料是产品的关键性原料或功效性成分。根据来源香料可分为天然香料、合成香料和调合香料。天然香料又分为从植物中分离的植物香料和从动物腺囊中等采集的动物性香料。合成香料虽然是指有单一结构的香料，但是其中也有从天然香料中分离出来的单离香料和由合成反应生成的纯合香料。将天然香料和合成香料按目的混合起来形成的香料，称为调合香料。

（一）天然香料

从天然存在的有香气的植物、动物中，经过蒸馏、抽取和压榨等分离操作而提取到的物质称为天然香料。天然香料分为植物性和动物性两类，从植物的花朵、果实、木材、枝叶、树皮或根茎等提取到的为植物性香料，从动物的分泌腺等采集到的为动物性香料。动物性香料有麝香、灵猫香、海狸香和龙涎香4种，其中麝香是极神秘和贵重的香料。灵猫香主要是取自栖息在埃塞俄比亚的灵猫的腺囊，取其分泌出的膏状黏稠液而得，与麝香一样稀释后会变成芳香的香料。海狸香是从海狸生殖腺附近的腺囊中取得的。龙涎香是与麝香同样贵重的香料，它是抹香鲸的肠内和内脏生病后的产物。原始状态的天然香料味道都过于浓烈，有时令人作呕，用于香水制品时，必须加以稀释淡化。近年来由于保护濒临灭绝的野生动植物的需要，根据其主要芳香成分，已合成出具有同样芳香性的物质，并已开始应用。

（二）合成香料

随着香料需求的增加及土地和劳动力费用的上涨，使天然香料的价格飞涨，产量明显不足，天然香料已经不能满足需求，因此大量价廉、来源稳定的合成香料不断出现。而且天然香料中不存在的特征性芳香物质也能够被合成，人们对合成香料寄予厚望。

在合成香料中，有从天然香料中提取其有效成分经精馏、结晶和简单化学方法处理后得到的单离香料，以及用有机合成反应制造的纯合成香料。常用的合成香料有以下化合物：

（1）醇类：香叶醇、香茅醇、薄荷醇和白檀油烯醇等。

（2）醛类：新铃兰醛和铃兰醛等。

（3）酮类：大马酮、甲基紫罗兰酮、紫罗兰酮、4-甲基-2-异己基环己酮、乙酰基柏木烯和茴香酮等。

（4）酯类：乙酸苄酯、二氢茉莉酮酸甲酯和二氢茉莉酮酸酯等。

（5）内酯：茉莉内酯和十五内酯等。

（三）调合香料

使化妆品带上香气称为赋香。在调配赋香产品时很少有将天然香料和合成香料分别单独使用的，大多数情况是根据不同目的组合调整香料，也就是使用经调香后的调合香料。

第三节 调 香

调香是研制芳香类化妆品中最重要的环节，整个过程复杂且严密。以调和香味制成产品为职业的人被称为调香师或创香师，他们经过严格的训练之后脱颖而出，必须具备特殊的能力和素质。

首先，调香师们的嗅觉非常敏锐。他们以敏锐的鼻子为工具，可将超过数千种的合成香料或天然香料的不同香味分辨出来。他们甚至以一般人稍微感觉出来的浓度，就能分辨出是何种香味。其次，他们必须具备可以分辨构成香味成分的能力。香水大都是用100种以上的香料调配而成，闻到香味就要马上了解它所含的成分，若有需要还必须能复制相同的东西。分析香味成分虽然可以由机械处理，但是分辨复杂香味的能力，是经过训练后调香师的鼻子必须具备的。第三，对香味的超强记忆力，要做到必须将任何味道转换为语言来记录。但在实际操作中颇有难度。形容颜色可以用“红色”或“绿色”之类的描述，声音可用“音阶”，但是要记录香味实在很难，大概只能以“像某某的味道”或“香甜的香味”之类的语言来表现而已。第四，要求有艺术方面的涵养，对于识别香味与记忆的能力，经过训练之后，须达到同一个标准。第五，要了解和熟知香料的特性，还要能有创造理想香味的能力，能够创造自己独特的香味。

调香师们为了不使嗅觉变得迟钝，需要控制酒量，不能抽烟，特别注意不能感冒，经常保持嗅觉的最佳状况。然后，必须训练达到相当程度，即无论何时何地，对相同的味道都要有相同的感觉。

第四节 产品质量标准

优质芳香类化妆品应是香气幽雅持久、自然和谐、生动芬芳、无异味，且水质清澈透明、无混浊以及包装考究、瓶盖紧密。

芳香类化妆品可能保存时间越久，香气越醇美。但无论香水、古龙水还是花露水都必须符合一定的技术要求，其中包括感官指标和理化指标。感官指标中的色泽和香气应符合企业要求，必须水质清澈，不得有明显的杂质和黑点。理化指标中的密度必须达到规定值 ±0.02

g/mL（20℃），色泽稳定性在（48±1）℃时，24小时内维持原有色泽不变，浊度在5℃条件下都能保持水质清澈，不混浊。

第五节 使用方法

芳香类化妆品是一种烘托气氛的化妆品，适当地喷洒香水能给人以温馨的气息，使人神清气爽，充满信心，增加魅力。不同的香型给人们带来不同的效果，混合花香、丁香、没药及檀香，香气独特诱人，浓郁持久；富有高贵、成熟、妩媚、风情万种的特性，会令人情有独钟。单一花香为主的香水，神秘浪漫、诗情画意、情深意浓。水果香及木质香味的香水给人以清纯活泼、乐观开朗、健康运动的感觉。花果型及混合香，令人清新娴静或高雅独立。

闻香的方法应该科学，就香水瓶嗅闻香味是不准确的。最好的方法应是将每种香水取1~2滴放在手背或条形纸片上，待乙醇挥发后再试闻香。

越来越多的研究和实践证明，芳香类化妆品产生的芳香气味确实能对人们的健康和美容带来意想不到的作用。香水也是无形的装饰品，它能快速有效地确立一个人的形象，增添其魅力。香水的香气有幽雅与浓郁之分，选用应同肤色、气候、季节、职业、个性、使用香水的场合等相匹配。个性热情者，应选用香气浓郁的香水；性格柔和内向者，应选用香气幽雅的香水为宜。如皮肤白皙的女性，宜选择柔和细腻、清新花香味的香水；肤色较深的女性通常选用略微浓烈的香水。冬季以轻淡的香味为宜，夏季则应选择较为浓郁的香味，因为在温暖的时候，淡香氛比浓烈的香氛挥发香味快。另外，不同地域的人受到不同文化的影响而对香水味道的喜好不同，如欧洲人喜好浓郁气味的香水，美国人钟情淡雅幽香的香水，中东人常用浓烈似火的香水，中国人欣赏清淡如花的香水。平时不宜使用香味过浓的香水，如参加比较重要的晚会、聚会等社交活动时，可使用香味较浓而持久的香水，但要注意不能几种香水混合使用，混杂的香味会失去独有的特色。

香水的使用完全依照个人的意愿。女士们将香水洒在身体的任何部位并没有规定，你认为哪个部位最重要、最需要引起他人的注意，就将香水洒在哪里。一般使用香水的方法是避免直接喷洒或涂抹在皮肤上，只在手腕、肘和膝部的内侧以及耳后乳突部等处涂抹，也可喷洒在衣服（如裙子的底摆）和手帕上。而男士大多在剃须后用古龙水或须后水来改变自己的气味。使用香水时特别要注意的是：①搽在察觉不到的部位；②应在活动时才会散发香气；③余香最受异性喜爱；④补香时，要尽量在远离鼻子的地方进行。

芳香类化妆品应注意密封保存，特别应注意以下3点：①使用后要立即盖上瓶盖，避免芳香类化妆品接触空气，因为芳香类化妆品中的成分在空气的氧化作用下会变质。②应存放在避光处，因为芳香类化妆品在日光或紫外线的作用下也会变质变色。③应存放在阴凉低温处，因为高温也会使芳香类化妆品发生化学反应而引起变质。

第六节 精油与芳香疗法

人类长期以来利用天然植物以达到保健、治病、增进性趣的功效，历经无数技术改良后，演变成现在的芳香疗法（aromatherapy），它起源于古埃及，盛行于近代欧洲，是芳香类化妆品（精油）功效的展现。芳香疗法是利用纯净精油为媒介，并以按摩、沐浴、熏香等方式，经由呼吸或皮肤吸收进入体内，用以舒缓精神压力与增进身体健康，达到预防和辅助治疗疾病以及保健功效的一种方法。

一 精油

精油是一种特殊的芳香类化妆品，是从大自然各种芳香植物的不同部位中萃取提炼而来，最主要的活性成分分别来自根茎、花朵、树叶、果实、枝干和种子等，具有镇静、杀菌、收敛的作用。它有不同气味和颜色，如桉树的叶、玫瑰的花、佛手柑的果皮等。精油都是由一些小分子物质组成，有易渗透、高流动性和高挥发性的特点。当它们渗透于皮肤或挥发入空气中被人体所吸入时，就会对情绪和身体的某些功能产生作用，可以安抚精神和愉悦心情。每一种植物精油都至少有一个化学结构来决定它的香味、色彩和与人体系统作用的方式，这也使每一种植物精油各自分别有一组特殊的功能性物质来强化人体的心理和生理功能。

精油根据挥发程度的不同可分为：①高度挥发油：易挥发、渗透快、具有刺激性，以提神作用为主，挥发时间为20分钟以内。②中度挥发油：挥发程度中等，具有镇定作用，挥发时间在20～60分钟。③低度挥发油：挥发较前两者慢，与高、中度挥发油搭配，可调整挥发性，具有镇定安抚作用，其挥发时间在1～4小时。

长久以来精油被广泛运用在按摩、沐浴、护肤等健康护理美容程序中，但精油也是一类常见的致敏物，会引起皮肤的变态反应。精油的相互作用、副作用和禁忌证有待进一步探讨。

二 芳香疗法的基本原理

芳香疗法是利用纯天然植物精油的芳香气味和植物本身所含有的有效成分，以按摩、沐浴等方法，由嗅觉器官和皮肤吸收，即鼻子吸入和经皮肤直接接触吸收这两种途径来进行。嗅觉器官吸收是利用芳香精油，以直接、蒸气或香薰吸嗅等方式，让芳香分子经由鼻子传递到大脑，促使神经系统的化学物质释放信号，产生镇静、放松、提神或刺激等效果。经皮肤直接接触吸收是利用按摩或精油成分直接添加在皮肤制剂中，经过透皮吸收后由血液循环送达全身，以帮助人们身心获得舒解，达到改善身体健康和皮肤保养的目的，进而产生平衡、镇静、振奋及美容护肤的效果，使身心达到平衡和统一。

精油中的化学成分或分子经鼻子吸入到嗅蕾，或从神经刺激传达至脑的边缘系统，出现嗅觉、记忆、情绪、自主神经反应等。因此边缘系统又被称作“内脏脑”、“情绪脑”或“嗅脑”。研究证明，恰当地使用精油可以达到消除紧张、焦虑情绪，建立乐观积极心态的作用。薰衣草及迷迭香精油能改善情绪，起到减轻焦虑的效用；薰衣草精油泡脚能改善癌症末期患者的疲倦；罗马洋甘菊能改善焦虑。不同的花香香气分别具有各自的作用，如薰衣草油、桉油、檀香和α-蒎烯的香气会使脑电波α-波活动增加，而茉莉花香气会增强人的β-波活动。茉莉花和柑橘等花香的香气会引起在大脑皮层前部和左中部的伴随性阴性脑电波变化明显增加，兴奋性提高。而薰衣草油、麝香、檀香等香气可使其显著下降，说明其有镇静作用。有研究发现柠檬香味会使心率减速，玫瑰香气会使心率加快，心率和脑电波在同一香气条件下的变化趋向是一致的。有研究发现，适度吸入肉豆蔻油、橙花油、缬草油的香气后，会明显地降低心脏收缩压升高现象。当吸入桉叶油的主要成分1, 8-桉叶醇的香气后，大脑血流增加，说明大脑皮层活动增加。橘子、薰衣草油的香气会减少微震的频率和振幅，表示肌肉松弛；而茉莉、洋甘菊、麝香的气味则会增加微震的频率和振幅。

三 芳香疗法

芳香疗法是运用芳香植物蒸馏萃取出的精油，通过有效调节和运用芳香精油保持和增强身体、心理的健康，它是一种自然温馨的治疗系统，不仅影响疾病症状，并能影响整个机体，通过正确使用精油，可调节机体自然平衡、保持健康、预防和辅助治疗疾病。精油含酮、酯等化学成分，根据它们各自的特性，采用不同的方式作用在人体的皮肤和嗅觉器官，可改善焦虑、疼痛、疲倦及其他皮肤和系统生理病理状况。

常用的芳香疗法有按摩法、沐浴法和嗅吸法3种。①按摩法：精油由基底油稀释调和后才能使用，经过按摩很快被皮肤吸收并渗入体内。渗透力强和活性高的精油与基底油混合使用效果更好。②沐浴法：精油可用于沐浴或足浴，浸泡前先将精油搅匀，水温不能过热，否则精油会很快蒸发，全身放松，浸泡大约20分钟。③吸嗅法：将5～10滴精油放入熏香灯，再加水后熏蒸；也可以滴在面纸上吸嗅。

精油要经常更换，频繁地进行芳香疗法可使嗅觉变得灵敏，也会改善肤质。但一种精油使用2～3周后，最好更换一种，以保持对精油的敏感度。3种不同类型的精油搭配使用要比单一精油的效果好得多。

按摩时，精油由经络穴位指压的特殊按摩技巧渗透进入皮肤，由于精油的分子小，极易渗透入人体，在大约20分钟～6小时即可经由血液循环至全身，而其残留物则通过排泄系统排出体外。当精油在体内循环时，部分会被人体的器官、组织或细胞吸收，从而引发精油之治疗功能。

不同花卉的香型对不同的健康状况有辅助治疗的功效，在临床实践中要根据患者不同的症状和体征来选择合适的香型。例如，柠檬香型能提高人的注意力和工作效率；菊花含有龙脑、菊花环酮等芳香物质，能改善头痛、感冒和视力模糊等症状；茉莉花香型可以减轻头痛、鼻塞、头晕等症状；丁香香型能净化空气，杀菌，有助于治疗哮喘病；百合花香型使人兴奋，净化环境；天竺葵香型有镇静安神、消除疲劳、促进睡眠的作用，有助于治疗神经衰弱；桂花香型能消除疲劳；夜来香香型可清除不良气味；郁金香香型可辅助治疗焦虑症和抑郁症；杜鹃花香型对气管炎、哮喘病有一定疗效；水仙花香型可使人精神焕发；牡丹花香型可使人产生愉快感，还有镇静和催眠作用。

在施行芳香疗法时应特别注意以下5点：①有些精油有明显的收缩血管等作用，因此孕妇、高血压患者、青光眼患者慎用；②有些精油对中枢神经有强烈的兴奋或抑制作用，一定要注意控制用量，且癫痫、哮喘等患者禁止或限制使用；③有些精油有发汗作用，体虚多汗者慎用；④活动性肺结核患者慎用；⑤应在专业人士指导下使用。

精油如同药物一般，主要通过吸嗅觉影响脑的边缘系统和皮肤渗透进入体内，产生一系列的生理药理变化从而发挥作用，所以芳香疗法应在专业人员指导下施行。

思 考 题

1. 优良的香水必须具备哪些特点？
2. 芳香类化妆品一般分几类？它们分别具有哪些特征？
3. 请简述几种常用芳香疗法。

（王学民）

第十九章 止汗除臭类化妆品

香皂、护发和止汗除臭化妆品被称为当今个人卫生护理品市场的三大产品。在西方市场，止汗除臭类化妆品的销售额仅次于香皂和护发化妆品。在我国，除臭类化妆品归属于特殊用途化妆品，其所指的主要是用于消除人体腋臭的化妆品。至于能消除口臭、脚臭或其他局部体臭的除臭化妆品，则属于广义的除臭化妆品范畴。

第一节 体臭的形成及多汗

体臭（body odour）是指汗腺分泌的汗液有特殊的臭味或汗液被分解放出臭味，也称为臭汗症。小汗腺和顶泌汗腺分泌物是低气味或无气味的。人体臭味的生成是皮肤小汗腺、顶泌汗腺和皮脂腺3种腺体的分泌物到达特殊部位的皮肤表面相互作用，由于细菌的存在使其中的一些有机物降解，产生的挥发性小分子物质引起体臭。主要发生在腋窝、会阴、足底和趾缝等出汗特别多的部位。

小汗腺（eccrine glands）分布于全身，除口唇、龟头、包皮内层、阴蒂外。它由隐蔽缠绕在真皮或皮下组织的蟠管和直通皮肤表面的导管组成，汗液在蟠管形成并通过导管排出体外。在不同的部位它们的密度也不同，一般以掌跖、腋下最多，屈侧比伸侧多，女性多于男性。成人皮肤上的小汗腺共有200万～500万个，平均密度为143～339个/cm^2，它因为人种、年龄、性别及部位等因素而有所不同。

小汗腺的主要功能是调节体温，它通过汗液分泌，水分蒸发后使体温控制在37℃左右。小汗腺的分泌活动受到温度、精神、某些药物和饮食等因素影响。其本身分泌的汗液是无气味的无色透明液体，汗液的组成因人、时间、部位而有较大的变化，水分约占98.0%，固体成分仅占2.0%，主要是无机物（如氯化钠、磷酸盐和硫酸盐等）、有机物（如尿素、乙酸、丙酸、乳酸、柠檬酸及其盐类等）和微量丙酮酸盐及葡萄糖等。汗液略带酸性，pH为4.5～5.0，大量出汗时pH可达7.0。正常情况下，出汗要比汗液分泌速度高很多，只要汗腺内空了，又会逐渐被重新充满，人体每天因气候和身体状况产生的汗水在0.5～2L。小汗腺可快速地分泌大量的汗液，能提供细菌生长所需的水分和皮脂腺分泌的特定长度的脂肪酸，促进棒状杆菌的生长，因此小汗腺分泌物提供的细菌培养基是出现体臭的关键要素之一。

顶泌汗腺（apocrine glands）是皮肤中的一种特别的腺体，其分泌部的直径较小汗腺约大10倍，只见于少数部位，成年人主要分布在腋窝、乳晕、眼部周围和生殖器部位等。另外，外耳道的耵聍腺和眼睑的Moll腺也属于顶泌汗腺的变型。顶泌汗腺直接开口于毛囊的上部分。顶泌汗腺分泌部分到青春期才发育完善。各部位顶泌汗腺的活动是不一致的，也是不规则的，如早晨会有段分泌高潮。顶泌汗腺的分泌与体温调节无关。顶泌汗腺分泌速度较慢，分泌液是黏稠的乳状液体，pH为6.2 ~ 6.7。可以分为液体和固体两部分，前者主要是水分，后者含有较高的有机成分（如脂质、蛋白质、碳水化合物、酶、胆甾醇和C_{19}雄性激素类甾醇等）。

在顶泌汗腺分布区域的细菌主要是亲脂性假白喉棒状杆菌，它可产生与雄（甾）-16-烯相似的刺鼻臭味；表皮葡萄球菌产生汗臭，普通汗臭的气味与异戊酸相似。这两种细菌的相对含量因人而异，特别是性别对其影响较大，如男性腋下菌群以假白喉棒状杆菌占优势，产生异戊酸气味；特征性的腋臭主要是异戊酸和挥发性的类甾醇类化合物，如雄（甾）烯酮、雄（甾）二烯酮和雄（甾）烯醇等有异味的物质所产生。

局部细菌的生长需要一定的条件。顶泌汗腺分泌的汗液和皮脂腺的分泌物含有大量的营养物质，为细菌的生长提供了营养，促进特殊部位（腋窝）细菌的生长。小汗腺分泌的汗液为细菌生长提供了所需的水分。臭汗症常与多汗症伴发。腋毛的存在为细菌的生长提供了良好的环境，对体臭（腋臭）的聚集也起了一定的作用。顶泌汗腺分泌的脂质和特定链长的皮脂腺分泌物以及小汗腺分泌物为细菌生长创造了合适的环境温度和湿度，为细菌繁殖提供了良好的环境和必要条件，促成体臭（腋臭）产生。臭汗症多在青春期开始发生，到老年期可减轻或消失。不少流行病学资料显示体臭（腋臭）具有相当高的遗传相关性，患腋臭的人常有腋臭家族史。腋臭因人种差别很大，东方黄种人相对少于欧美白种人。

体臭（腋臭）主要是由2种气味组成，其一是异戊酸，其二是挥发性的类甾醇类化合物，还包括少量雄（甾）烯、3-甲基己烯酸等物质，形成麝香、尿和汗臭的混合气味。

临床上体臭主要发生在多汗或汗液不易蒸发处以及顶泌汗腺所在部位，如腋窝、腹股沟、足部、肛周、外阴部、脐部及女性乳房下等处，而以腋部和足部臭汗症最为多见。腋部臭汗症又称为腋臭（俗称狐臭），为一种特殊的刺鼻异味，夏季较重，常见于青壮年。男性多见，轻重不一，青春期气味最浓，以后随着年龄增大，病情可逐渐减轻，可伴有多汗症或色汗症（汗液显黄色）。腋臭患者外耳道分泌的耵聍稀薄。少数患者的外阴、肛门和乳晕部位也可散发出类似的特殊臭味。足部臭汗症也有一种刺鼻臭味。

第二节　止汗除臭类化妆品功效原料及作用机制

止汗除臭化妆品是针对体臭（腋臭）所设计生产的一种特殊用途化妆品，由于它使用方便又有一定效果，越来越受到消费者的青睐。通常，它是专指用于消除体臭（腋臭）的化妆品，而那些能消除口臭、脚臭或其他局部体臭的除臭化妆品，则属于广义的除臭化妆品范畴。

止汗除臭类化妆品的功效原料主要分为四大类，即抑汗剂、抗菌剂、除臭剂和芳香剂。止汗除臭类化妆品的主要作用机制是，通过抑制汗液分泌去除体臭（腋臭）和抑菌杀菌来达到除臭目的，也可通过化学除臭和吸附除臭。另外，气味的抑制可以是两种或两种以上有气味的物质混合，产生的气味比单独存在时的气味低来达到除臭目的。所以止汗除臭类化妆品是以抑汗和抗菌功能为中心，按各自目标活性成分进行组配，添加除臭剂可提高除臭效果，再进一步加入芳香剂可以减少或掩盖不良气味。

一 抑汗剂

抑汗剂（antiperspirant）是指有较强收敛作用，通过抑制人体汗液过量分泌来达到抑汗作用，并可发挥间接除臭效果的活性成分。常用抑汗剂的有金属盐、醛/酸类、丙烯酸/丙烯酰胺聚合物和丙烯酸酯等活性成分。它们是止汗除臭化妆品最主要的活性物质，起着非常重要的作用。

（一）金属盐

金属盐类是最常用的止汗活性物质，主要是铝盐和锆盐，钛的乳酸铵盐、钒盐和铟盐的氯化物也有较好的止汗作用。最早作为止汗活性物质的金属盐是氯化铝六水合物等简单铝盐，它们易水解，水溶液酸性较高，在皮肤上有残留，有刺激作用。以后逐渐被刺激性较低的碱式氯化铝和甘氨酸铝锆止汗活性剂所替代。最近采用的以A-、X-和Y-沸石为基础的铝复合物，分别为非活性弱碱、中性或弱酸性化学活性物，它可以在有汗水时释放出铝复合物达到止汗目的。这些化学活性物平均粒子直径为3.5μm，表面积大，触感好，不会引起皮肤刺激反应或过敏反应。同时，这种复合物会生成聚硅酸类物质，吸收体臭（腋臭）气味，具有除臭作用。

金属盐的止汗机制目前还不完全清楚，主要有栓塞学说、渗漏性能改变学说、神经学说和电势学说等。栓塞学说认为铝、锆金属离子能与汗腺导管内角蛋白的羧基（—COOH）或黏多糖等结合生成环状的化合物，而铝、锆金属离子在汗液作用下水解成氢氧化物凝胶覆盖在皮肤表面，像栓塞一样封闭汗腺导管，阻止汗液排出，达到抑制汗液目的。渗漏性能改变学说认为铝、锆金属离子能改变汗液导管对水的渗透性，汗腺分泌的汗液经过导管时被重新吸收进入真皮组织，而不排出皮肤表面，达到抑汗目的。神经学说认为铝、锆等金属离子能使输入汗腺的神经信号停止，从而抑制汗液的分泌。电势学说认为铝、锆等金属离子在皮肤表面产生强的正电荷，能使汗腺导管的极性发生逆转，从而改变汗流的方向，达到抑汗目的。上述4种学说都不能完全解释金属盐抑汗的作用机制，只是从某一方面进行了探讨。

（二）醛/酸类止汗活性成分

甲醛、戊二醛、单宁酸和三氯乙酸是常用的醛/酸类止汗剂，酸类和醛类能与肽类作用使皮肤角蛋白变性，将汗腺的孔表面封住。但由于酸类和醛类物质只作用在角质层的表层细胞，当这些细胞自然脱落后就会使堵住的汗腺开口重新开放，所以需要每天使用。

（三）其他物质

将丙烯酸/丙烯酰胺聚合物和丙烯酸酯的共聚物涂于皮肤，能在皮肤表面形成薄膜，从而阻碍汗液的排出，有一定减少汗液分泌的作用。复配型表面活性剂，如油酸与单月桂酸甘油酯的混合物，与汗液结合能形成胶体，也能减少汗液分泌。

二 抑菌剂

抑菌剂（bacterial inhibitor）是以抑制或杀灭寄生于腋窝等体臭部位皮肤的细菌来达到除臭目的的活性成分。常用的抑菌成分有硼酸、六氯酚、三氯生（2，4，4′-三氯-2′-羟基二苯醚）、氯化苄烷铵、氯化苄甲乙氧铵、双氯间二甲苯酚和盐酸氯已定等。

三 除臭剂

化学除臭的活性成分包括化学除臭剂和臭味吸附剂。除臭成分作用于产生体臭（腋臭）的低级脂肪酸，发生化学反应：$2RCOOH+ZnO \rightarrow Zn(RCOO)_2+H_2O$，该反应可形成金属盐，消除臭味物质，达到除臭目的，其中有氧化锌尼龙粉、硫酸锌等。臭味吸附剂可使原来的臭味物质转变为无臭味的物质。

四 芳香剂

芳香剂可以增强产品的嗜好性，根据作用方式可分为：①掩盖气味和除臭香水，它是最直接的方法，在香精或香水中添加各种物质排除或掩盖体臭（腋臭）；②改善气味，包括将恶臭改变为愉快的气味或将气味的强度降低至人们可接受的水平；③掩盖臭味和添加气味法，包括用愉快气味的香精简单地压倒恶臭或者利用现代配香技术，设计除臭香精，使恶臭的组分和香精气味混合，结合成愉快的气味。

近年来还常将中草药提取物用于除臭产品，如地衣、龙胆、山金车花、茶树油、广木香、丁香、藿香、荆芥和百里香等作为祛臭剂，很有发展前途，是止汗除臭类化妆品中部分主要活性成分。

抑汗剂和抑菌剂等多为化妆品限用原料，在配方设计时应符合相应的法规。

第三节 止汗除臭类产品类型

止汗除臭类化妆品按照剂型可以分为粉剂、喷雾剂、膏霜剂、乳剂、溶液剂、棒状、气溶胶和走珠型等，目前市场上以止汗除臭露、止汗除臭霜和气溶胶止汗除臭剂为主。不同剂型止汗剂的功效是有差异的（见表19-1）。止汗除臭露含有大量的乙醇，有清凉感，其止汗、除臭效果较好，可采用不需用抛射剂的手动喷雾式包装，使用方便。止汗喷雾除臭剂（粉）是一种气溶胶式的喷雾除臭剂（粉），它的特点是使用的面积大，效果好，感觉清爽，可广泛使用。棒状止汗除臭剂具有制作工艺简单，使用方便，稳定性好等优点，已经成为市场上最流行的止汗除臭剂剂型。

表19-1 不同剂型止汗剂的功效性能

剂型	汗液减少量/%
喷雾型	20 ~ 33
膏霜型	35 ~ 47
走珠型	14 ~ 70
液体型	15 ~ 64
乳液型	28 ~ 62
棒状型	35 ~ 40

体臭（腋臭）对健康无任何影响，但给人与人之间相互交往带来不便。轻者不必治疗，局部用药或使用止汗除臭化妆品可以完全遮盖臭味。重者会散发出扰人的臭味，使患者产生自卑感，不愿参加集体和社交活动，久而久之心理障碍越来越大，这就需要有比较理想的治疗措施。临床应根据体臭（腋臭）的强度、职业和个人要求，选择不同的方法。一般气味轻者，仅用除臭类化妆品，同时加强个人卫生，勤洗澡换衣能基本消退气味。重者则需药物和手术治疗，同时配合使用以上除臭类化妆品。

第四节　除臭类化妆品功效评价

一　止汗功效评价方法

作为一种有效的止汗剂，至少要减少特殊部位（腋窝）排汗量的20%，并且要减少特殊部位（腋窝）处的细菌滋生。止汗剂的功效评价方法较多，其中包括重量法、染色法、水分蒸发法和电导法等。重量法是一种很常用的方法，适用于测定汗液分泌量较大的情况，但不适用于了解汗腺分布情况，而染色法操作简单、快速、灵敏，适用于了解汗腺分布情况，是诊断多汗症的常用方法，但用于止汗效果评价时误差较大。

（一）重量法

重量法是一种通过测定汗液分泌量的减少程度来衡量止汗剂功效的方法。汗液分泌量的测试一般在温度为（37.8±1.1）℃和相对湿度为35%～40%的实验室中进行。受试者身穿紧身棉质T恤衫，在受试部位（如腋窝）放置一纤维垫子以吸附汗液，测试过程持续80分钟，然后马上用重量法测得纤维垫子吸附的出汗量。测定受试者止汗剂使用前后的汗液排放量，通过下列公式计算汗液减少的质量分数即可算出止汗剂的止汗效果。汗液减少质量分数（%）=[（1-使用止汗剂后的排汗量平均值）/使用止汗剂前的排汗量平均值]×100%。

（二）染色法

某些活性染料（溴酚蓝、溴-淀粉和普鲁士蓝等）与汗液接触后会显示特定的颜色，可以利用这一现象来测定汗液的分泌情况。具体方法是将受试部位（如腋窝）擦洗干净后，将活性染料涂抹在受试部位（如腋窝），然后将一洁净的滤纸放置在染料上，几秒钟后拿开；或直接将经染料处理后的试纸，在试验时放在受试部位（如腋窝）染色几秒钟。滤纸或试纸上会留下汗液与某些活性染料反应的斑点，通过测定斑点的数量和大小即可了解汗腺的数量和开口大小，对止汗剂使用前后的汗液染色情况分析即可了解止汗剂的功效。该方法的优点是简单、安全、灵敏度高，但误差较大。

二　除臭功效评价方法

除臭类化妆品的功效评价是一项复杂的工作。从理论上来看，可以借助仪器测定体臭部位（腋窝）的气味或检测局部的细菌生长来评估除臭类化妆品的除臭功效，但结果都很不理想。目前，对除臭类化妆品的功效评价主要还是由经训练的技术员用鼻子直接闻气味，按照给定的方法和程序对气味强度进行评定。间接气味评估是用硼硅玻璃试管插入腋窝收集腋臭，然后进行感观评价。两种方法测得的结果相近，这个方法相对比较准确。臭味强度的定标和描写采用10级记分法，也可用异戊酸溶液作为参考标准的5级记分法，具体根据评价要求和评价能力而定。

（一）体外评价法

1. 仪器分析法　引起体臭（腋臭）的物质很多，其产生的气味和程度也有差异。因此，可以用仪器来测定除臭剂使用前后汗液中臭气物质的浓度，从而评价和分析产品的除臭效果。一般认为体臭（腋臭）是由低级脂肪酸（如己酸、辛酸、癸酸和异戊酸等）和某些甾族化合物（如雌/甾烯酮和雄/甾烷醇等）形成。所以，可用气相色谱对臭气物质进行定量测定。现已确认，尿臭中具有麝香样特征性臭气的是原发性甾族化合物，其中酸臭较强的物质是丁酸和异戊酸等短链脂肪酸。腋臭成分是直链、支链和不饱和脂肪酸，其臭气成分主要是E-3-甲基-2-己烯酸，选用异戊酸作为模拟臭气物质较为适宜。气相色谱法是测定处于平衡状态的气相异戊酸浓度的方法，原理上与人的嗅觉很接近，重复性和敏感性都较高，通常用于除臭物质的筛选，但一般不可作为最终产品的效果评价。也可根据所测定物质的特性，选择使用高效液相色谱、液质联用、气质联用等仪器方法来分析检测，根据不同物质吸收峰的特点及高度来间接地推测产品的除臭效果。

2. 官能评价试验法 官能评价试验法可用在臭气强度中加上不愉快程度和臭气物质的变化等指标的评价方法。评价标准为臭气强度表示法和愉快-不愉快程度表示法等。由经严格训练的正常嗅觉评价人员进行试验，通常需要5～10名评价人员进行重复试验。这种评价希望在与实际体臭-汗臭强度相接近的水平上进行。评价准备工作简单，一次可以评价多个试验样品。

3. 微生物学评价法 某些细菌是引起汗臭的主要原因之一，通过特殊部位（腋窝）细菌学实验可间接了解除臭剂的使用功效。细菌数量和菌种可以通过细菌培养计算菌落数来进行评价。具体方法是在含有体臭（腋窝）者汗液的培养皿上涂除臭剂与不涂除臭剂的相同培养皿进行细菌培养，然后比较两者的差异，即可计算细菌菌落数减少的百分比。

（二）临床试验法

虽然用仪器分析法可以分析、测定臭气物质，但由于受臭气浓度、剂量、阈值以及成分的个体差异等多种因素的影响，所以不能成为客观和最终评判的方法。实际工作中终末产品应通过临床试验来进行评价，临床试验分为直接评价法和间接评价法。

1. 直接腋臭评价法 直接腋臭评价法是让有经验的评判者直接嗅受试者腋下的评价方法。评判者应该具有很强的嗅觉能力并经过严格训练。同时试验应严格设计，研究目的明确也是非常重要的。在除臭类化妆品人体功效规范的评价过程中应明确除臭类化妆品人体功效评价的目的、方法、程序和结果评判。具体如下。

（1）评价的基本原则：选择健康受试者20名，他们的试验部位皮肤必须是完全正常的。所有受试者必须认真阅读知情同意书，并在知情同意书上签名。试验设计必须严格遵守双盲、对照和随机的原则。试验主要通过培训的研究者进行评判。统计分析方法首先是通过kappa分析各个评判者之间的一致性，剔除一致性差的评判者（kappa < 0.2）。再用Marginal Homogeneity检验，比较在应用产品前后腋窝气味改变，并在具有统计学差异时，可以判定该样品具有一定的除臭功效。

（2）受试者要求：受试者必须是年龄18～45岁，符合试验要求的志愿者。还要严格排除有下列情况者：①吸烟者；②妊娠和哺乳期妇女；③体质高度过敏者或有对除臭剂、止汗剂或香皂产品的过敏史；④嗅觉水平低或极高的人；⑤试验期间饮食起居改变，可能影响观察者；⑥受试者患有炎症性皮肤病临床未愈者；⑦从事餐饮行业者；⑧非志愿参加者或不能按试验要求完成规定内容者。

（3）试验方法：标准试验方法主要由评判者的培训和直接腋窝评估两部分组成。

1）评判者的培训：选择至少4名评判者组成评判小组。评判者必须是经过以不同浓度的异戊酸水溶液作为标准参照物的确认试验，筛选出的嗅觉较为敏感，且对溶液臭味程度的评估较为稳定的非吸烟者。

筛选评判者的确认试验首先是按照规定的随机方式，配制出24份不同浓度的异戊酸水溶液，在培训的第一周，评判者每天闻所有的标准溶液2次，在第二周，每天将溶液按随机方式排列，评判者采用盲法对溶液进行评判。对盲法结果进行统计分析，包括评判者评分与实际溶液评分之间的一致性及评判者评分的稳定性，根据分析结果选出符合要求的评判者。

2）直接腋窝评估方法：直接腋窝评估方法可以分为试验的调节期、试验期和回归期。试验调节期是受试者入选后，每位受试者用无香型清洗剂清洁腋窝，进入试验调节期禁止在腋窝应用任何的除臭剂、止汗剂、香水和药物；禁止食用异味较浓的洋葱、大蒜及辛辣食物；禁止刮腋毛；在调节期的最后48小时到试验结束，禁止应用（身体或衣服）香水、粉或者其他有气味的产品，包括洗衣粉清香剂、漂白剂、头发喷雾剂、刮脸后物质；禁止游泳或在温水中坐浴；禁止其他的运动，如打乒乓球和慢跑等。

调节期结束，进入试验期。腋窝臭味评价须在通风良好的房间中进行，每次只能有一名受试者进入评价实验室，每位受试者每侧腋窝评价时，将该侧腋窝高举，充分暴露评价部位；每位评判者分别对受试者两侧腋窝进行评估，两侧腋窝评分 > 1.5分者进入试验。正式试验前先分发新的紧身T恤给每位受试者，禁止乙醇饮料，禁止在试验场所外清洗腋窝。受试者穿着紧身T恤过夜后，第二天进行评分，并作为基础值，更换新的紧身T恤。对腋窝臭味水平进行评分后，由专业人员在受试者腋窝使用除臭产品，再次更换新的紧身T恤。在产品应用后6小时，对腋窝臭味水平再进行评判，评判后再次更换新的紧身T恤。试验回归期是根据产品宣称的功效，可以评价产品使用后24～48小时腋窝的臭味水平。

（4）结果评判：试验结果评判是根据kappa分析结果，将一致性差的评判者的评分从结果中剔除（$P < 0.05$），然后分析不同时间点的臭味水平，与基础值相比，各时间点与基础值相比出现显著性差异者为产品具有除臭功效。

2. 间接腋臭评价法 间接腋臭评价法是训练有素、经验丰富的评判者用器具等作为媒介采集受试者腋臭的分泌物进行评价的方法。具体操作是用棉布、试管和受试者穿过的T恤衫等材料采集试验标本，再由评判者逐一进行评判。由于本方法不存在受试者与评判者的直接接触，避免了主观因素的影响，结果比较客观。国际上比较公认的评分方法有Wild 11级评分法（见表19-2）和Sniff的6级评分法（见表19-3）；还可采用不同浓度的异戊酸溶液作为参考标准的5级记分法（见表19-4）；最后还可以计算产品的除臭率：

$$除臭率（\%）=（试验样品使用后评分/试验前评分）\times 100\%$$

表19-2 Wild 11评分法标准

恶臭程度	评分	恶臭程度	评分
无臭气味	0分	稍浓臭气味	6分
阈值臭气味	1分	中等浓臭气味	7分
十分淡臭气味	2分	浓臭气味	8分
淡臭气味	3分	十分浓臭气味	9分
淡至中等气味	4分	极浓臭气味	10分
中等臭气味	5分		

表19-3 Sniff试验的评分系统

恶臭程度	评分	恶臭程度	评分
无	0	中度恶臭	3
很难察觉	1	重度恶臭	4
可以察觉	2	强度恶臭	5

表19-4 臭味强度5级定标参比样品

记分	臭气强度定标	异戊酸水溶液浓度/mol/L
0	无臭气味	0
1	淡臭气味	0.013
2	确定的臭气味	0.053
3	中等臭气味	0.220
4	浓臭气味	0.87
5	十分浓臭气味	3.57

三 影响功效的主要因素

除臭类化妆品的功效受到很多因素的影响，特别是局部表面存在的细菌和汗液的混合物会影响试验的结果，将局部毛发剃除可以减少皮肤表面的微生物。限制局部汗液量可降低恶臭的产生，降低皮肤pH也可以增加除臭类化妆品的功效。不少有抑汗功效的产品也同时具有除臭的效果。汗液分泌量多的情况下，异味会相对较严重；汗液分泌量少的时候，异味会相对较轻。个体间的嗅觉差异很大，这是由遗传决定的，当然经过严格培训嗅觉会有很大程度的提高，另外，性别、社会文化和习惯等因素也有一定影响。

思 考 题

1. 请简述腋臭的发病机制。
2. 常用的除臭类化妆品原料有什么？分别分几类？
3. 请问如何来评价除臭类化妆品功效？

（王学民）

第二十章　健美类化妆品

"庾亮楼中初见时，武昌春柳似腰肢"，古人总是用赞美的诗句来描绘女性纤秀的身躯，用柳树的枝叶来比喻女性的腰肢。现代人比古人更加追求身材的完美，美也是健康的重要标准之一。近年来，局部脂肪增多、肥胖病已经开始严重影响到各年龄段男、女的形体，而健美类化妆品能让人体的形态更加健康和美丽，因此得到了迅速的发展。健美类化妆品通过皮肤吸收健美活性物质，可促进皮肤脂肪代谢，帮助人体保持和调节局部完美形态。

第一节　人体健美的概念

健美的概念包括对人体美和健康状况的判断。人类经过环境的筛选和遗传的进化，躯体结构更加适应居住的自然条件，精神情感更加丰满。健康的体魄加上舒展自如的姿态，形成了人体特有的曲线。不同的时代，不同的民族，甚至不同的文化程度、社会经历、职业、性别、年龄等，对人形体美的看法也不一致。但大多数情况下，男性形体美崇尚匀称发达的肌肉，彰显蕴含的力量。对于女性，我国古人以女性"蜂腰"、"柳腰"为美，西方的女神断臂维纳斯身体呈"S"形曲线，均说明婀娜多姿的曲线美是衡量女性形体美的重要标志。相对于男性阳刚的外形，女性则以"柔"为美。女性的面部、胸腰部、臀部有一种多层次、多线条交叉又极其和谐的曲线。有人推荐亚洲女性的胸、腰、臀标准三围计算方法如下：

胸围＝身高 ×0.51（如：身高160cm的标准胸围=160cm×0.51=81.6cm）

腰围＝身高 ×0.34（如：身高160cm的标准腰围=160cm×0.34=54.4cm）

臀围＝身高 ×0.542（如：身高160cm的标准臀围=160cm×0.542=86.72cm）

臀部的美学标准：臀部应圆润、丰泽而富有弹性，曲线柔和流畅。对臀部的美学评价标准可以根据臀围与腰围的相对比例来评判，其分型标准见表20-1。

臀部的美学评价标准与等级：

+++级：臀部中等偏大，丰满，呈圆形，可见深大的"菱形窝"。臀稍向上后翘。皮肤光滑而富有弹性，皮下无过多的脂肪组织。

++级：臀部中等大，很圆滑，可见"菱形窝"。皮肤光滑有弹性，没有皮肤脂肪堆积。

+级：臀部较大，圆形，"菱形窝"不明显，皮肤光滑有弹性，可叩及皮下脂肪。

表20-1　臀部分型与其评价标准

类　型	臀围与腰围之差/cm
特小臀部	0～14
小臀部	15～24
中等臀部	25～34
大臀部	35～44
特大臀部	>45

±级：臀部中等偏小，圆形，不规则；皮肤光滑，走路时可见脂肪震动。

–级：臀部小而扁平，或大而不规则，有丰富皮下脂肪。

––级：臀部很小，平塌；皮肤光滑，弹性差。

–––级：臀部很大，呈正方形；臀部突出部分色泽不正常，有脂肪下垂，显得臃肿。

第二节　脂肪代谢与肥胖

骨骼、肌肉和皮下脂肪是维持人体曲线重要的物质基础。成年以后，骨骼和肌肉相对恒定，皮下脂肪的动态变化就成了影响健美体形的主要因素。了解人体皮下脂肪代谢，特别是了解脂肪的分解、转化，对研发、理解和应用健美类化妆品有重要的意义。

一 脂肪细胞的分布、数量与种类

（一）脂肪细胞的分布

尽管脂肪分布于全身各部位，但皮下脂肪占人体脂肪的绝大部分，其中女性为92%，男性为79%。男性和女性的皮下脂肪分布也有所区别，成年女性脂肪组织在胸部、臀部及股前部比较丰富，成年男性的脂肪主要分布于颈部、第7颈椎背侧、三角肌及股三头肌区、腰骶区及臀部皮下层。而深部脂肪，男女之间没有十分明显的区别。根据脂肪堆积的部位，可分为：

皮下性肥胖（subcutaneous obesity）：皮下脂肪堆积过多。

内脏性肥胖（visceral obesity）：内脏脂肪堆积过多。

高位性肥胖（upper body obesity）：主要是腹部肥胖（包括颈、肩部），为脂肪细胞的体积增大所致。与活动少、摄入过多有关，对运动反应较敏感，男性多见。

低位性肥胖（low body obesity）：主要是臀部（包括大腿部）肥胖，为脂肪细胞数量增加所致。多在幼年和儿童时期开始形成，对减肥的抵抗性比较大，女性较多，需早期预防。

（二）脂肪细胞的数量

正常人的脂肪细胞总数约为（26.6 ± 1.8）$\times 10^9$，皮下脂肪细胞平均直径为67 ~ 98μm，每一脂肪细胞的平均含脂量约为0.6μg，肥胖时的含脂量可增至0.91 ~ 1.36μg，直径可增加1倍，至127 ~ 134μm。有些肥胖者脂肪细胞数可高达（77.0 ± 13.5）$\times 10^9$。

（三）脂肪细胞的分类

脂肪组织包括脂肪细胞、脂肪前体细胞、微血管内皮细胞和细胞外基质成分。根据脂肪的颜色，可将脂肪细胞分为白色脂肪细胞和棕色脂肪细胞，其脂肪细胞功能、细胞中色素和细胞间血管多少等有所区别。

1. 白色脂肪（white adipose tissue） 又称单泡脂肪。成熟的脂肪细胞是白色脂肪组织的主要成分，起能量储存和平衡作用。细胞直径25 ~ 200μm，细胞中含有一个几乎与细胞等大的脂滴，体内绝大部分脂肪属此类。胞质成分仅占细胞总容积的1/40，电镜下可见细小的高尔基复合体、多型线粒体、内质网以及中等数量的核蛋白体，胞核亦呈扁圆形。白色脂肪细胞内的脂肪来源于食物、肝细胞内由葡萄糖合成的脂肪和脂肪细胞用摄入的糖和氨基酸合成的脂肪。

2. 棕色脂肪（brown adipose tissue，BAT） 又称多泡脂肪。典型的棕色脂肪细胞为多边形，直径可达60μm，核位于中央。棕色脂肪细胞主要存在于人和多数哺乳动物的颈、肩、腋窝和背部肩胛间等处。细胞内含有大量的线粒体和大量的细胞色素，血液供应丰富。细胞中含有大量分散的三酰甘油油滴。这种脂肪细胞的主要功能是产热，在消瘦、正常和肥胖三者中呈顺序递减。肥胖者由于棕色脂肪组织量少或功能障碍，致使产热这一有效的调节方式失灵，引起能量过度蓄积，进而转化为脂肪而积聚起来。

3. 关于女性“橘皮”现象 橘皮现象主要见于女性，出现在脂肪容易堆积的部位，如臀、腰、腹、大腿、上臂、膝盖、小腿等处。如用手捏住上述部位5~10cm皮肤，稍微用力挤一下，即可见类似“橘皮”或凹陷如酒窝状的纹路出现，严重者不用手检查即可见到橘皮现象。其主要原因是局部脂肪聚集，又称为局部脂肪沉积。女性皮下组织与真皮交界处的结缔组织比较松软，沿垂直方向连续而水平方向不连续分布且无规律，容易形成类似于蜂巢状的组织结构，用手挤压时便有橘皮现象出现。而男性在皮下组织与真皮交界处的组织结构比较密实，没有松散的组织间隙，很少出现橘皮现象。

二 脂肪细胞的生成与代谢

（一）脂肪细胞来源

脂肪细胞来源于多能干细胞，其分化经历了多能干细胞、脂肪母细胞、前脂细胞、不成熟脂肪细胞、成熟脂肪细胞几个阶段。对多潜能细胞系的研究表明，从胚胎干细胞前体衍生物而来的脂肪细胞前体具有分化成脂肪细胞、成骨细胞和肌细胞的能力，具有间质细胞的特性。

（二）脂肪细胞分化

脂肪细胞分化受多种激素的诱导，通过各种信号传导途径，促发不同转录因子调控脂肪细胞特异基因的表达。过氧化物体增殖剂活化受体家族（peroxisome proliferator-activated receptors，PPARs）、CAAT/增强子结合蛋白家族（C/EBPs）是调控脂肪细胞分化的主要转录因子。PPARs属激素核受体超家族成员，由不同基因编码的3个亚型组成，即PPAR-α、PPAR-δ、PPAR-γ。其中PPAR-γ最具脂肪组织特异性，对脂肪细胞的分化起着重要作用。C/EBPs家族有C/EBP-α、C/EBP-β、C/EBP-γ等成员，其中C/EBP-α在脂肪细胞分化中起着关键性作用，促进PPAR-γ的高表达，保持分化细胞的表型。

（三）脂肪组织的代谢调节

全身脂肪的生物调节是一个复杂的过程，涉及内分泌、旁分泌和自分泌系统，由诸多因素共同参与。

1. 饮食作用 高糖、高脂肪、高蛋白饮食，特别是动物内脏和动物脂肪，大量饮啤酒等，过度的能量摄入可导致脂肪沉积，并导致部分脂肪前体细胞分化成脂肪细胞。

2. 水通道蛋白的作用 脂肪组织中经常发生脂肪的合成和分解，而水通道中的水甘油通道参与脂肪组织的合成和分解等一系列重要的物质代谢过程。水甘油通道的表达、功能和（或）调节的改变也是导致肥胖的病理基础。现已发现有13种水通道蛋白（aquaporins，AQPs）参与水通道中的水甘油与脂肪合成分解过程。根据其渗透特异性分为两类，第一类只对水有渗透性，包括AQP0、AQP1、AQP2、AQP4、AQP5、AQP6和AQP8，而第二类包括AQP3、AQP7、AQP9和AQP10，除转运水之外，对其他小分子溶质尤其是甘油还有渗透作用。AQPs的缺失可引起肥胖、糖尿病等。

3. 细胞因子和激素 许多细胞因子和激素可以调节脂肪前体细胞分化和生长过程，如胰岛素、IGF-Ⅰ、生长激素、糖皮质激素和甲状腺素是促进脂肪前体细胞分化的因素，维甲酸抑制细胞分化、影响分化的早期阶段。而肿瘤坏死因子α（TNF-α）和转化生长因子β（TGF-β）则抑制这一过程，白介素-11、干扰素-γ、白介素-1β也呈抑制作用。Pref-1（preadipocyte factor-1）是一种含重复表皮生长因子（epidermal growth factor，EGF）的跨膜蛋白，对脂肪细胞的分化也具有抑制作用。

4. 脂肪组织来源的细胞因子 脂肪细胞分泌的细胞因子或酶参与调节脂肪细胞本身的生长，并有一定的内分泌功能。肥胖病患者脂肪细胞过多地产生TNF-α和血管紧张肽原等因子，它们可能参与了胰岛素抵抗、高血压、心血管疾病的发展。常见的细胞因子及介质主要有：

（1）Adipsin和酰化作用刺激蛋白（acidylation stimulatory protein，ASP）：Adipsin是一种丝氨酸蛋白酶，又叫D因子，其信使核糖核酸（mRNA）在白色脂肪和棕色脂肪组织均有特异表达。ASP是脂肪细胞合成分泌的一种蛋白成分，并随Adipsin的增加而增加，通过Adipsin-ASP旁路发挥作用，ASP能促进脂肪细胞三酰甘油的合成和脂肪酸的再酯化，增加细胞膜对葡萄糖等的利用，对脂肪组织的代谢微环境起到调节作用。

（2）血管紧张肽原（hypertensinogen）：血管紧张肽原是452个氨基酸残基构成的血管紧张素H前体，其mRNA在脂肪细胞有高水平的表达，在脂肪前体细胞向脂肪细胞的分化过程中也有很强的表达，在脂肪细胞上的生理功能尚不清楚。

（3）前列环素（prostacyclin，PGI_2）和前列腺素E_2（prostaglandin，PGE_2）：脂肪前体细胞和微血管内皮细胞可以合成并分泌PGI_2和PGE_2，在脂肪细胞膜上存在着PGI_2和PGE_2的受体，PGI_2可以刺激脂肪前体细胞分化，而PGE_2抑制脂肪分解代谢，导致细胞体积的增大。前列腺素F2α抑制脂肪前体细胞的分化，促进TGF-β的表达，前列腺素D_2和15-脱氧-J_2衍生物是PPAR-γ的配体，可促进脂肪生成。

（4）TNF-α：脂肪细胞可以表达TNF-α，TNF-α能明显抑制脂肪细胞的分化并使发育的脂肪细胞脱脂。它能诱导胰岛素抵抗，一是通过下调胰岛素受体酪氨酸激酶活性，另是诱导胰岛素受体基质-1的产生，后者抑制了胰岛素信号级联反应中各成分的磷酸化。

（5）碱性成纤维细胞生长因子（basic fibroblast growth factor，bFGF）：bFGF可以刺激脂肪前体细胞增殖但却抑制其分化，bFGF的mRNA在肥胖患者脂肪前体细胞的表达要强于正常体重者，推测bFGF可能与肥胖脂肪细胞数目增多有关。

5. 脂肪组织生长的自身调节 脂肪组织除去产生一些细胞因子对脂肪组织自身的生长起到局部调节作用外，微血管内皮细胞和脂肪前体细胞之间、脂肪细胞与脂肪前体细胞之间均存在相互作用，使脂肪组织各成分协调生长。

（四）脂肪组织中的脂代谢

脂肪组织是体内储存脂肪的主要部位，脂肪细胞的容积可随储脂量的改变而改变，最大时储脂量可比正常大4～5倍。脂肪储存有两种形式，一方面，外源性脂肪通过血浆转运，以游离脂肪酸的形式进入脂肪细胞，再合成脂肪而储存；另一方面，肝脏合成的内源性脂肪也通过血浆转运入脂肪细胞储存。

1. 脂肪合成 脂肪细胞的基本功能就是储藏三酰甘油。脂蛋白脂酶主要催化乳糜微粒及极低密度脂蛋白中三酰甘油水解。进入脂肪细胞的脂肪酸在脂肪酰CoA合成酶的激活下，形成脂肪酰CoA。99%的脂肪酸在脂肪细胞线粒体外进行酯化，氧化进行程度则受到酯化的调节。通过酯化可生成三酰甘油、磷脂及胆固醇脂，在脂肪细胞中三酰甘油是其主要酯化产物，作为储能形式蓄积在细胞内脂粒中。

2. 脂解作用 脂肪组织中储存的大量脂肪能及时水解而以游离脂肪酸形式经血浆转运到各组织氧化利用，这就是脂肪动员，亦称脂解作用。脂解作用是由脂肪细胞中多种脂肪酶依次作用而完成的。主要有三酰甘油脂肪酶和单酰甘油脂肪酶，三酰甘油脂肪酶又称激素敏感性脂肪酶（HSL），是脂肪调节酶。其中，三酰甘油完全水解的过程中，激素敏感性脂肪酶活性最低，故为脂解作用的限速酶。

内源性儿茶酚胺是调节白色脂肪组织脂解作用、机体糖代谢平衡和心血管功能的重要因素。脂肪细胞是唯一同时含有激动型和拮抗型肾上腺素受体的细胞，其中，β受体促进脂肪分解，α受体抑制脂肪分解。一般而言，非肥胖者儿茶酚胺β受体密度增高，而α受体敏感性降低，主要是内脏脂肪。消脂素（leptin，LP）亦称瘦素或瘦蛋白，是由脂肪细胞分泌的一种激素。其主要功能是向中枢传递体内脂肪存储的负反馈信号，抑制下丘脑神经肽采食量调控因子（NPY）生成，产生降低食欲，减少摄食、增加能量消耗和抗肥胖的作用。

三 评价肥胖的指标

目前临床上广泛采用体重指数（body mass index，BMI）和腰围、腰臀比值（waist to hip ratio，WHR）作为肥胖程度和脂肪分布类型的指标。

（一）脂肪分布的指标

主要包括腰围、腰臀比值及前后高。

1. 腰围、腰臀比值 WHR的腰围为通过腋中线肋缘与髂前上嵴间的中点的距离，臀围为经臀部最隆起的部位测得的距离。WHR高值为上半身肥胖，低值为下半身肥胖，其分界值随年龄、性别、人种不同而不同。已证实WHR与计算机X线断层摄影术（CT）测得的腹腔内脂肪面积相关。

2. 前后高 可用专门设计的卡尺测量，也可简单地让患者躺在长的水平板上，在相当于前髂嵴水平处的腹部放置一个气泡乙醇水准仪，从气泡乙醇水准仪到长水平板的距离即为前后高，正好等于核磁共振MRI测量的身体前后径。

3. 脂肪分布检测方法 目前，脂肪厚度评估较准确的方法是影像技术，如CT可进行全身脂肪定量检测。特别是根据脐水平的断层像求得皮下脂肪面积（S）和内脏脂肪面积（V），进行脂肪分布的判定（V/S）。MRI类似于CT，但CT和MRI并非常规进行。超声波法让被测者取仰卧位，沿剑突到脐的腹白线进行纵行超声波扫描，可测得腹膜前脂肪的最大厚度和腹壁皮下脂肪的最小厚度，两者的比值作为腹壁脂肪指数（abdominal wall fat index，AFI）能判定脂肪分布。

（二）肥胖的判定标准

1. 标准体重和体重指数BMI（kg/m^2）

标准体重（kg）=身高（cm）-100，简便、实用；

标准体重（kg）=身高（cm）-105，更适合亚洲国家采用；

标准体重（kg）=[身高（cm）-105]×0.9

体重指数=体重（kg）/身高（m^2）

超过标准体重的20%为超重，超过30%为轻度肥胖，超过40%为中度肥胖，超过50%为重度肥胖。对于体重指数，国内以BMI>25为肥胖标准，国外多采用BMI 25～30为超重，BMI≥30为肥胖，BMI≥40为重度肥胖。世界卫生组织WHO（1989年）建议肥胖的标准见

表20-2。

2. 脂肪百分率测定 判断是否肥胖，单测体重不够确切，主要看脂肪在全身的比例，即F%。男性F%=15%，超过25%即为肥胖；女性F%=22%，超过30%即为肥胖。F%=（4.570/D–4.142）×100%，D为体密度，测算方法见表20-3。

3. 描述脂肪分布的标准 腰围＞100cm（男）或90cm（女），前后高＞25cm。WHR＞0.9（男）或0.8（女），WHR超过此值可视为中心性肥胖，又可根据V/S将中心性肥胖分为内脏脂肪型肥胖（V/S≥0.4）及皮下脂肪型肥胖（V/S＜0.4）。AFI同CT求得的V/S相关，男性在1.0以上，女性在0.7以上即可判定为内脏脂肪型肥胖。

4. 代谢性肥胖（metabolically obese，normal weight，MONW） 近年来有研究者发现患者体重正常，BMI保持在20～27，仅有腹部脂肪堆积，称其为代谢性肥胖。

表20-2 成人体重指数的分类与肥胖相关疾病的危险

分类	BMI（kg/m^2）	危险度
低体重	＜18.5	低
正常体重	18.5～24.9	平均水平
超重	25.0～29.9	增加
1度肥胖	30.0～34.9	中度增加
2度肥胖	35.0～39.9	明显增加
3度肥胖	≥40	非常严重

表20-3 体密度测算表

年龄/岁	男性体密度	女性体密度
9～11	1.087 9–0.005 1X	1.079 4–0.001 42X
12～14	1.086 8–0.001 3X	1.088 8–0.001 53X
15～18	1.097 7–0.001 46X	1.096 1–0.001 60X
≥19	1.091 3–0.001 6X	1.097–0.001 3X

注：X=右肩胛角下皮皱厚度（mm）＋右上臂肱三头肌皮皱厚度（mm）

以上各种方法都是间接地估计是否存在肥胖，比较粗糙。体重指数法被公认是相对较好的方法，并和直接测定体内脂肪含量的密度测定有很好的相关性，因而在临床上比较多用。

第三节 健美类产品活性成分及作用机制

肥胖主要是脂肪代谢功能出现障碍，脂肪沉积所致。健美类化妆品通过促进脂肪代谢起到健美的作用。

（一）健美类化妆品对脂肪代谢的作用原理

1. 促进脂肪分解代谢 促进脂肪分解代谢是指脂肪组织中的三酰甘油在一系列脂肪酶的作用下，分解生成甘油和脂肪酸，并释放入血供其他组织利用的过程。脂肪的分解代谢是对生物体提供能量的重要措施。在进行分解代谢的过程中，首先是经酶水解成甘油和脂酸。甘油按照糖代谢途径进行代谢，脂酸则按β-氧化过程分解。脂酸的β-氧化是在线粒体中进行，主要在肝细胞线粒体中进行。其中，环磷腺苷（cAMP）是细胞内参与调节物质代谢和生物学功能的重要物质，是生命信息传递的“第二信使”，对糖、脂肪代谢、核酸、蛋白质的合成调节等起着重要的作用。许多天然植物（如茶叶、山金车、月见草、丹参等）的提取物都有助于环磷腺苷的生成，因此这些天然植物提取物可作为健美类化妆品的添加成分。

2. 辅助脂肪代谢

（1）促进皮肤血液循环：正常的静脉和淋巴毛细微循环是促进脂肪代谢的重要保证。黄酮类化合物可直接对静脉和淋巴毛细微循环系统发生作用，使淋巴系统具有良好的排泄功能，有助于脂肪的清除。许多中医认为有活血化瘀作用的天然植物都含有大量的黄酮类化合物，可选为健美类化妆品的有效成分。

（2）保护和促进结缔组织正常构建：疏松结缔组织中如有大量脂肪细胞聚集，形成脂肪细胞团，并被疏松结缔组织分隔成小叶，称为脂肪组织（adiposetissue）。正常的结缔组织对脂肪代谢有重要作用，脂肪组织中的疏松结缔组织参与脂肪代谢产生热能等作用。机体内过多类脂化合物对结缔组织的侵入会造成弹性纤维的伤害，从而影响脂肪的分解与代谢。因此，防止类脂化合物过多、减少结缔组织的各种不良刺激，对保证脂肪代谢有一定的帮助。

（二）影响脂肪代谢的活性物质

目前，加入健美类化妆品的活性成分主要有：丙醇二酸、胆甾烯酮、烟酸酯类（己醇烟酸酯、苯甲醇烟酸酯、α-生育酚烟酸酯等）、透明质酸酶等。

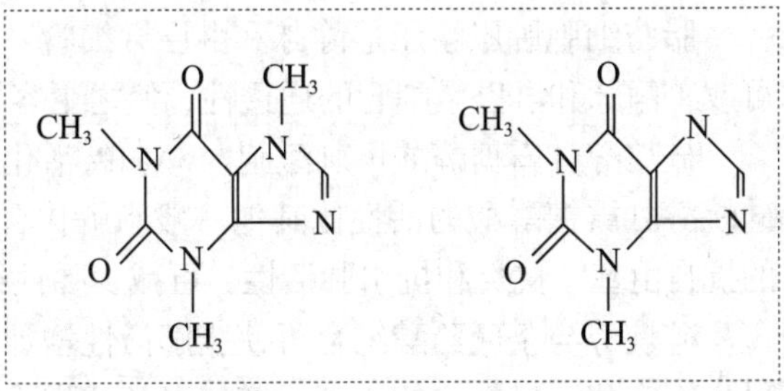

图20-1　咖啡因（左）和茶碱（右）分子结构图

1. 甲基黄嘌呤（methylxanthine） 咖啡因和其他一些植物含黄嘌呤类生物碱（图20-1），这类物质在处方含量范围内使用是无害的。咖啡因、氨茶碱、可可碱、茶碱、茶碱乙酸、茶乙酸和海藻酸等黄嘌呤类生物碱能抑制磷酸双酯化酶，提供类似β-肾上腺素的刺激作用。这种黄嘌呤类生物碱可促使三酰甘油代谢，局部使用有助于使过剩的脂质转移变成血清游离脂肪酸（free fatty acids，FFAs），而由淋巴系统消除。

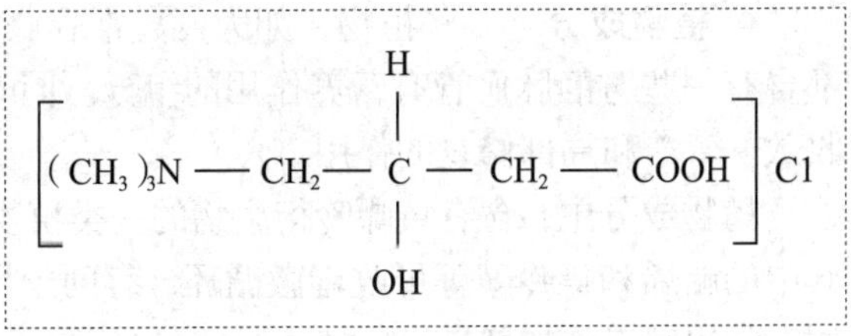

图20-2　肉碱盐酸盐

2. 辅酶A和L-肉碱 肉碱（carnitine）又名肉毒碱（图20-2），与脂肪转换成能量有关。肉碱在生物体内能将脂肪酰基转运通过线粒体膜，有利于脂肪酸氧化供能，是脂肪氧化及分解的促进剂。从天然动物中，如动物肌肉、牛乳提取的为左旋型肉碱（L-肉碱，L-carnitine）。肉碱盐酸盐可溶于水，较难溶于有机溶剂。肉碱的比旋光度$[\alpha]_D^{20}$=20.7°（C=2，H_2O）。化妆品中使用肉碱有健美作用，用量为1%～10%。健美乳液配方举例见表20-4。

表20-4　健美乳液配方举例

组　分	质量分数/%	组　分	质量分数/%
棕榈酸鲸蜡醇酯	1.0	三乙醇胺	0.85
硬脂酸	3.0	防腐剂	0.3
鲸蜡醇	2.0	香精	0.3
矿物油	10.0	肉碱	1.0
肉豆蔻酸异丙酯	7.0	水	余量

生化介质辅酶A（coenzyme A，CoA）和L-肉碱可起着上述作用。CoA和L-肉碱可引导一个单向游离脂肪酸泵（单向FFA泵），供给线粒体呼吸链的燃料，然后使过量的三酰甘油排空。在线粒体内形成的活化酰基-CoA，当经历β-氧化（β-oxidation）作用和转变成CO_2和H_2O时，以ATP的形式将能量释放出来，因而增加三酰甘油的分解。

3. 硅烷醇及其复合物 由于氧化的自由基与蛋白质和蛋白葡聚糖反应，特别是超氧化物自由基具有细胞毒性。它们与细胞DNA反应能诱发突变，在细胞膜或花生酸中的不饱和脂肪酸产生的脂质过氧化物会形成细胞毒性的衍生物，如丙醛。过氧化物和丙醛会使胶原瓦解、弹性组织破坏（炎症现象）和邻近组织硬化。硅烷醇（silanol）通过在羟基化胶原氨基酸和弹性纤维之间搭桥，而对抗组织网状化破坏过程，防止非酶过程的糖基化作用交联，保护纤维。因此，如果将自由基抑制剂和弹性纤维刺激剂（使结缔组织再生）添加于脂解诱发剂中，对重组蛋白葡聚糖和结构糖蛋白有作用。

脂肪细胞肿胀会压迫静脉和淋巴微细管，这会导致邻近细胞中毒引起排放缺陷。硅烷醇可改善静脉和淋巴微细管的通透性，使之更容易除去排出物。

硅烷醇甘露糖醛酸可刺激胞内cAMP,活化脂肪细胞内的脂解作用。在正常使用的含量下，硅烷醇甘露糖醛酸的活性比其他一般脂解化合物（如茶碱）大7倍。该化合物亦表现出突出的抗自由基、抗炎和抗水肿活性，可减少弹性纤维的破坏和胶原的降解。

硅烷醇与茶碱乙酸结合可使脂解活性增加。而甲基硅烷三醇不能抑制磷酸双酯酶，但能阻止不饱和三酰甘油的积聚，增加甲基黄嘌呤的活性，刺激腺嘌呤环化酶，有利于三酰甘油的脂解。

4. 植物成分 一些植物，如大麦、常春藤、假叶树、蘑菇、红车轴草、蓟类和柠檬等，都含有一些对静脉血管有营养作用的组分。同时，这些植物还可改善皮肤末梢微循环，提供收敛、营养和局部修复的作用。

植物成分中，含有黄嘌呤衍生物的一类植物，如常春藤、假叶树、海藻和可可豆提取物，其中的萜烯和嘌呤碱等可改善微循环，有助于局部静脉的营养，可起到健美和抗脂肪团的作用。常用健美添加剂见表20-5。

表20-5 常用健美添加剂

精油	月见草油、百里香油、迷迭香油、薰衣草油、薄荷油、柠檬油、桉叶油、刺柏油
植物成分	茶叶、荷叶、红花、海藻、柑橘、辣椒、问荆、丹参、银杏、红杉、紫杉、木贼、女萎、昆布、芦荟、泽泻、山楂、茴香、蘑菇、草莓、大麦、大黄、柴胡、川芎、鹤虱、黄芪、连翘、枳实、荨麻、七叶草、三叶草、牛至草、马鞭草、金盏草、洋苏草、车前子、迷迭香、何首乌、常春藤、绣线菊、枸杞子、绞股蓝等

健美类化妆品作用于健美部位，利用透皮给药吸收的原理，通过按摩、热敷，使健美成分渗入皮下，抑制脂肪细胞增大，促进多余脂肪的分解和排泄，减少局部脂肪堆积，达到消除肥胖的目的。

第四节 健美类产品类型与使用

一 产品类型

健美类化妆品的种类比较多，如健美霜、健美凝胶、健美精华素、健美香珠、健美香水、健美香皂、健美沐浴露等，主要为乳剂型和水剂型两大类。健美类化妆品配方举例见表20-6至表20-10。

表20-6 健美霜配方举例

组分	质量分数/%	组分	质量分数/%
甲丹参提取物	0.2	Tween-80	3.0
银杏叶提取物	0.2	渗透剂、防腐剂	适量
育亨烯	0.05	月桂酰肌氨酸钠	0.5
大豆磷脂	2.0	羟乙烯基聚合物	1.2
鲸油	2.0	10%氢氧化钠溶液	2.0
鲸蜡	5.0	水	73.05
聚异间戊二烯	5.0	二甲基硅油	0.5
氢化羊毛脂	5.0	香精	0.3

配方分析：配方由水相、油相、乳化剂、乳化稳定剂等经过乳化制成乳膏。水相中的吸湿剂和油相中的类脂、磷脂、油脂使配方具有皮肤调理、保湿、润肤功能。配方中的功效成分具有皮肤调理修饰作用。

表20-7 健美凝胶

组分	质量分数/%	组分	质量分数/%
烟酸苄酯	0.50	乙醇	30.00
聚氧乙烯壬基酚醚-12	5.00	三乙醇胺	0.30
聚丙烯酸树脂	1.00	甘油	3.00
香精	0.30	水	加至100
防腐剂	0.30		

配方分析：配方为凝胶剂型，涂抹于皮肤可与皮肤紧密接触。配方中聚氧乙烯壬基酚醚-12为表面活性剂，聚丙烯酸树脂经三乙醇胺调节pH后黏度增加。配方中烟酸苄酯为功效成分。

表20-8 芦荟臀部健美膏

组分	质量分数/%	组分	质量分数/%
组分A		组分B	
芦荟粉100：1	0.1	对羟基苯甲酸丙酯	0.10
对羟基苯甲酸甲酯	0.20	丙二醇、水、锦葵提取物	
丙二醇	3.00	常春藤、黄瓜	
棕榈酸辛酯	5.00	接骨木类、山金车花、墙草属（fhytelene EGX251）	
硬脂酸甘油酯	2.50	以上组合提取物	0.01
硬脂醇	3.00	瓜拉那（guarana actipte）	0.01
鲸蜡醇聚醚-20	0.30	墨角藻（bladderwrack）	0.01
二甲基硅氧烷(350）	1.50	环二甲基硅氧烷	3.00
生育酚	0.01	组分C	
维生素A棕榈酸酯	0.01	可可（6%）、咖啡因（6%）	16.60
抗氧化剂（BHT）	0.05	咪唑烷基脲（1：1溶液）	0.40
鲸蜡硬脂醇	3.00	防腐剂	0.10
水	42.00	香精	0.20

配方分析：配方由水相、油相、乳化剂、乳化稳定剂等经过乳化制成乳膏。配方中有芦荟粉及多种植物提取物功效成分，需注意原料的微生物指标控制，且配方中加入了对羟基苯甲酸甲酯、对羟基苯甲酸丙酯、咪唑烷基脲等多种防腐剂。

表20-9 植物健美膏配方举例

组 分	质量分数/%	组 分	质量分数/%
神经组织生长因子（m-NTGF）	0.05	金盏花油提取物	10.00
地蜡	10.00	山金车油提取物	5.00
棕榈酸异丙酯	10.00	香精	1.00
白凡士林	15.00	白矿油	加至100
防腐剂	0.20		
抗氧化剂	0.30		

配方分析：配方由矿脂、矿油、地蜡等油性基质组成膏体。活性成分金盏花油提取物和山金车油提取物等均为油性提取物。

表20-10 植物健美乳液

组 分	质量分数/%	组 分	质量分数/%
羊毛花根茎提取物	2.0	木贼提取物	3.0
海藻提取物	2.0	棕榈酸异丙酯	5.0
常春藤提取物	4.0	对羟基苯甲酸甲酯	0.1
茶提取物	4.0	对羟基苯甲酸丙酯	0.1
红花提取物	1.0	吐温-80	2.0
月见草提取物	5.0	蒸馏水	70.0
泽泻提取物	1.5	香精、防腐剂	适量

配方分析：配方由多种植物提取物功效成分经吐温增溶分散在水中制成水性乳液。由于是水性乳液，需注意防腐。

二 产品使用

健美类化妆品属于我国特殊用途化妆品管理范畴，使用前需认真查看批号。对没有特殊用途批号者不能使用，以保护自身安全。同其他化妆品一样，应仔细阅读产品说明书，皮肤敏感者需在使用前进行皮试。只有掌握健美化妆品的正确使用方法，才能达到理想的效果。

1. 不同剂型的健美类化妆品使用方法有所不同。注意直接涂抹于皮肤的膏霜或水剂，与用后需清洗的按摩类产品的区别。

2. 使用前先对局部皮肤进行清洁，沐浴后更佳。

3. 取适量的健美霜均匀地涂抹在皮肤表层。用热毛巾或美容院专业热喷对局部的皮肤进行热敷或热喷（边喷边按摩）；也可用手按摩或用超声波仪导入，时间15～25分钟为宜，以促进产品活性成分充分吸收。

4. 上述程序完成后，还可以用保鲜膜对局部的皮肤进行封包，然后用热毛巾或热喷对封包的部位进行热敷或热喷片刻，待1～2小时后即可取下保鲜膜，整个健美霜使用过程即告完成。

特别注意，皮肤有破损或有手术新创伤的人群暂时不要使用；对产品过于敏感者不可以采用封包的方法。

第五节　产品功效评价

评判健美类减肥化妆品的功效，主要观察化妆品使用部位的皮肤周径和皮肤皱褶厚度以及观察皮下脂肪的改善情况。体重、体内脂肪率可作为辅助指标，必要时也可以考虑选用皮肤色泽、肤质、触感等参数。同时，还要注意观察有无厌食、腹泻和乏力等不良反应，评价产品的安全性。通过严格的设计方案，可以对健美类化妆品安全性和功效作出全面的评价。

测量指标中，体重可以用体重计直接测出，周径如腹围、臀围、大腿周径等可用皮尺测量，皮肤皱褶厚度变化可用皮卡钳测量。除此以外，还可以利用仪器设备进行脂肪测量。

一　B超皮下脂肪测量法

B超检查可以直接测量脂肪的厚度，也可以了解全身脂肪的分布情况，而且对于肥胖的分型也有比较重要的作用。

1. 基本原理　B超法检测的原理是发射脉冲超声进入人体，然后接收各层组织界面的回声作为判断依据，它形成的图像为二维切面声像图，与人体解剖剖面密切相关。B型超声对皮下脂肪的检测是通过对切面声像图的分析而作出的，在声像图中不同组织有不同的回声强度和不同程度的声衰减。组织内含水分愈多，声衰减愈低；含胶原蛋白愈多，声衰减愈大；组织中声速高的，声衰减也大。脂肪组织是一种特殊类型的组织，其中含脂肪细胞最多，脂肪细胞单个或成小堆地出现在结缔组织中，但更多的脂肪细胞是分布在全身的脂肪组织中。人体中除眼睑、阴茎和阴囊及耳垂外，都有脂肪组织。脂肪组织的声速比多数其他组织的声速低50～100m/s，特别是皮下组织要低300～600m/s。根据脂肪组织的物理特性，B超能清楚地显示不同部位脂肪组织的切面图像特征。脂肪组织含水量很低，与毗邻的皮肤及肌肉回声特性有明显差别，因此，从声像图上可以准确直观地分辨脂肪组织的边界并可用电子尺测量其厚度。

2. 主要测量部位　皮下脂肪分布很广，B超能测量各种部位的脂肪厚度。根据Fanelli等研究，常用来测量皮下脂肪厚度的部位有肱二头肌、肱三头肌、肩胛下、腰部、髂嵴上、大腿、小腿7个点，它们的解剖学标志分别为：

（1）肱二头肌肌肉隆起的中点；

（2）肱三头肌上臂后方肩峰与尺骨鹰嘴连线的中点；

（3）肩胛下肩胛角下方；

（4）腰部腋中线肋缘与髂嵴连线的中点；

（5）髂嵴上腋中线髂嵴上斜褶处；

（6）大腿前方腹股沟褶至髂嵴连线的中点；

（7）小腿后方最大周径处。

这些部位中，尤以肱三头肌、腰部及大腿部的测得值最为可靠，也最准确，与皮肤皱褶卡钳法测值的相关性较其他部位更密切，与人体密度的相关性也是这3个部位最显著。

3. 具体步骤与方法

（1）仪器与探头：常用的各种型号的B型超声诊断仪均可用来测量脂肪厚度，要求仪器图像清晰，分辨率高。使用探头频率分别为7.5MHz（或5.0MHz）及3.5MHz，前者用于测量皮下脂肪厚度，后者主要用于测量腹内脂肪厚度，一般可采用直接探查法，对于近场分辨率较差的仪器，可在探头前加上水囊进行间接探查。

（2）检查方法：受检者平卧位，全身放松，充分暴露检查部位。测定腹内脂肪者应空腹检查。检查时操作者应保持探头的恒定压力，压力太大会使受检部位压缩而低估脂肪厚度，每个部位的测值应取三次平均值。

（3）测量脂肪的方法：B超显示皮下脂肪组织呈相对低回声，其内散在有强回声条索，与前方的皮肤及后方的肌肉有明显的界限，不同部位的皮下脂肪回声强度略有差异，脂肪厚度可直接用电子尺准确测量。因皮下脂肪不能精确地反映体内脂肪的总量，故超声测量一个部位或多个部位的脂肪厚度只能用于健美化妆品功效评价。

二 电阻法人体脂肪比率测定

人体脂肪比率测定可采用生物体电阻阻抗法（bioelectrical impedance，BI）。但是不得用此方法作为肥胖的诊断，只能作相对脂肪比率变化的测定。人体的电阻阻抗是由体内水分含量的多少所决定的。脂肪组织因水分含量低而不导电，肌肉等组织因水分含量高其电阻率低。因此，可根据人体的电阻阻抗来推定脂肪和其他组织的比例。在用来作为健美化妆品功效评价时，对某个观察患者必须始终使用同一台测量仪器。

思 考 题

1. 肥胖的诊断指标是什么？
2. 健美类化妆品的主要作用原理是什么？
3. 黄嘌呤类物质在健美化妆品中的主要作用有哪些？
4. 促进健美类化妆品吸收的方法有哪些？

（张怀亮）

参考文献

1. 莫玮，刘洁，周宏灏，等. 中国药理学通报，2006，22（2）：154-159
2. 陈丽，黄荷凤. 水通道蛋白与脂肪代谢的研究进展. 国际妇产科学杂志，2008，35（6）：418-422

第二十一章　美乳类化妆品

“日高邻女笑相逢，慢束罗裙半露胸。莫向秋池照绿水，参差羞杀白芙蓉。”这是唐代周濆《逢邻女》一诗中对袒胸邻家女子美妙形象的描绘。女子表现美乳之风，在唐代发展致巅，不仅是敦煌壁画中宫廷舞技所展示的女子袒胸露臂，其在民间百姓中也有所表现。白居易《小女冠阿容》云：“绰约小天仙，生来十六年。姑山半峰雪，瑶水一枝莲。”其中“姑山半峰雪”，好似写景，实为描写女子乳房。乳房代表着女子的性感，更是女性美中不可缺少的重要组成部分。要想有一对健美的乳房，那么，我们必须学习乳房的基础生理知识和护理方法，包括如何选用和使用美乳类化妆品等。

第一节　乳房健美的概念

数百年来，人们对女性乳房的外形、挺拔程度、乳头与乳晕的大小、色泽等不断研究，对乳房基本上有了比较完善的美学评定标准。

一　乳房的发育及解剖学特点

（一）乳房的发育及影响激素

乳房的发育主要依靠女性激素，从女性生长发育的阶段特征来看：育龄期前，乳房处于相对静止状态；育龄期时，乳房发育得最丰满，因为这个阶段女性体内的雌激素和黄体酮分泌最旺盛；育龄期后，即到了更年期和绝经期，体内的雌激素和黄体酮分泌减少，乳腺开始萎缩，乳房逐渐衰退。

女性在妊娠过程中，雌激素和孕激素增多，分别促使了乳腺管增生和腺泡发育。但是乳房要发育完全，仅有这两种激素还不充分，必须同时有垂体前叶激素，如生长激素、催乳素、促肾上腺皮质激素（或糖皮质激素）等参与。

（二）乳房的组织结构

乳房的组织结构包括皮肤、腺体、脂肪、韧带、血管、淋巴和神经组织等（图21-1）。

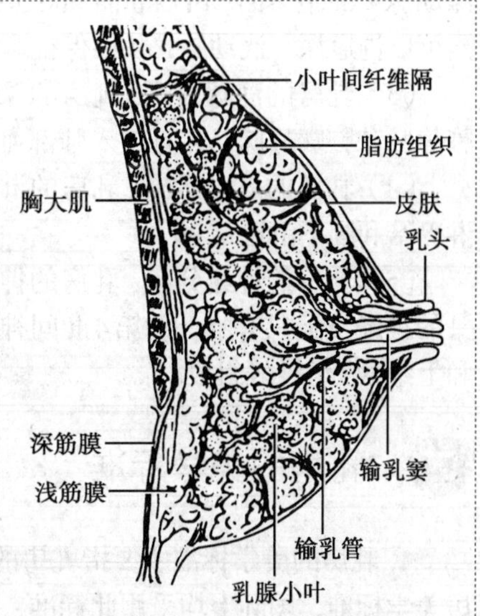

图21-1　乳房结构示意图

1. 乳房的皮肤 乳房部位皮肤张力线的走向与肋骨的走向一致。皮肤的厚度、质地也因不同部位而异。乳房体积如果在乳房皮肤悬托能力之内，其比例才协调，否则乳房就会逐渐下垂，而胸罩可以有效改善乳房下垂的状况。

2. 乳房腺体 乳房体积的主要组成是乳腺，其结构与皮脂腺类似，而功能活动与汗腺类似。乳腺由15～20个腺叶（lobes of mammary gland）组成，呈轮辐状排列。乳汁通过乳腺管排出，乳腺管又称为输乳管（lactiferous ducts）。输乳管以乳头为中心呈放射状排列，在乳晕区集中，形成壶状，称为输乳窦（lactiferous sinuses），起到暂时性存储乳汁的功能。乳腺管最终开口于乳头，称输乳孔。

3. 脂肪 决定乳房大小的主要原因之一是乳房内脂肪的多少，脂肪组织包绕在乳腺周围，形成囊状的半球形整体，称为脂肪囊。另外，在乳腺后方深筋膜与胸大肌之间还有一层脂肪组织，由于这一层血管较少，可以植入假体。

4. 韧带与筋膜 乳房要保持一定的形状，需要筋膜与韧带的固定和支撑。在乳房上部和下部分别有乳房悬韧带（suspensory ligaments of breast）和乳房下皱襞韧带（submammary rugose ligament）。这两种韧带可以固定乳腺腺体，悬吊乳房，从而防止乳房下垂。

5. 乳头乳晕复合体 在形态结构和生理上乳头和乳晕有着非常密切的联系，所以统称为乳头乳晕复合体（complex of papilla and areola）。乳头的基本形态为筒状和圆锥状，乳头周围环行有色素的皮肤为乳晕，其颜色因人的年龄、肤色和功能状态而不同。乳晕部有腺体，包括乳腺、汗腺和皮脂腺。分布在乳晕的皮脂腺又称乳罩腺，可以分泌皮脂来滋润皮肤、润滑乳头。

6. 乳房的血管

（1）乳房的动脉来源：乳房的浅部供血来源于胸廓内动脉上位6个分支，其中，以上位4个为多；深部供血来源于锁骨下动脉的胸肩峰腋动脉分支、腋动脉乳房支和胸外侧动脉分支。

（2）内血管分布：锁骨下动脉的胸肩峰腋动脉分支、腋动脉乳房支和胸外侧动脉分支为乳房深动脉（deep mammary artery）。在乳房深动脉中，有一支相对较粗的，起源、走向及分布相对恒定的动脉，其穿过乳腺实质直达乳头乳晕，并与乳房浅层动脉汇合，称为乳头乳罩深动脉（deep artery of papilla and areola），这是乳房乳晕重要的深部供血来源。乳罩下动脉网可以沟通深、浅动脉，从而保证乳房部位的血液供应。

（3）乳房的静脉回流：乳房的深静脉与动脉伴行，浅静脉紧贴皮下。深、浅静脉均汇入腋静脉和胸廓静脉，并且进入肺部血管网，因此，晚期乳腺癌多见肺部转移。

（4）乳房的淋巴回流：乳房的淋巴回流依次是腋淋巴结和胸骨淋巴结，少数进入锁骨上淋巴结和膈下淋巴结。

（5）乳房的神经分布：乳房的神经支配包括乳头的神经支配和乳房皮肤的神经支配。乳头的神经支配只有唯一的第4肋间神经的外侧皮神经。乳房皮肤的神经支配由前组、外侧组和上组共3组神经组成。

二 乳房的美学标准

1. 乳房的美学标准主要指乳房的审美标准。目前，比较公认的是西方学者研究出来的乳房美学标准，国际上均采用此标准，可供参考，内容如下：

（1）形态丰满、水滴状、高耸挺拔、呈半球形和小圆锥形；

（2）乳尖胸围：身长 ×0.515；

（3）底圆胸围：身长 ×0.432；

（4）乳房的性质：柔韧而富有弹性；

（5）乳房直径：乳房基底直径10～12cm；

（6）乳房位置：第2～6肋间，从足跟算起是身长 ×0.79；

（7）乳房高度：5～6cm；

（8）乳房间距：按照希腊人现在仍然运用的美乳标准，女性2个乳头与锁骨切迹应成为1个等边三角形，见图21-2；

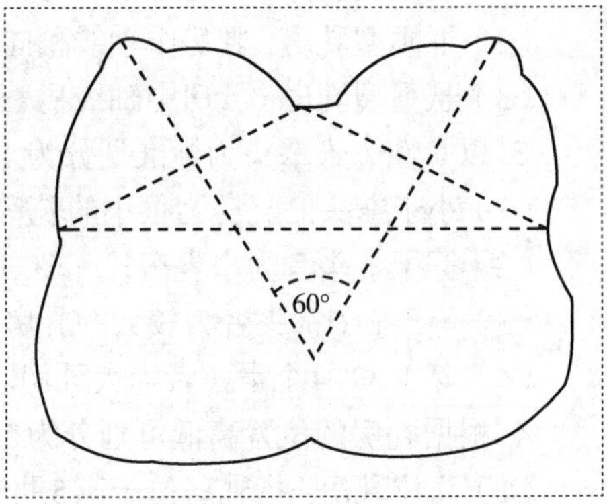

图21-2 两乳间距离

（9）乳头位置：第4肋间；

（10）乳头形态：乳头突出、略向外偏；

（11）乳头间距：乳头间距18～24cm，希腊人现在仍然运用的美乳标准为两乳头间距不得小于或大于乳头至胸骨切迹，乳头到胸骨中线的距离为11～13cm；

（12）乳晕：直径3.5～4.8cm，有许多小圆形凸起，处女乳晕为玫瑰红色，婚后为褐色。

2. 国内调查数据资料

（1）乳头位置与年龄的关系：乳头位置随年龄增长向外下方移动；

（2）乳头位置与乳房体积的关系：乳房体积每增加300mL，乳头向外下方移动1.0cm；

（3）乳头位置与身高的关系：乳头与胸骨切迹间距=1/10身高（cm）+2（cm），为身长的11%～11.5%。

健美乳房的半定量标准：有人用评分法将乳房健美标准定量化，满分为100分，一般在74分以上为健美乳房，具体见表21-1所示。

表21-1 评分法对女性乳房的评价

项目	项目现状及赋分标准							
	健美		较好		一般		较差	
胸围	达到标准胸围	30	相差1cm以内	25	相差2cm以内	20	相差2cm以上	10
乳房外观	正常	10	颜色异常	8	皮肤凹陷皱褶瘢痕	5	皮肤凹陷皱褶瘢痕产色异常	（无评分）
乳房类型	半球型	30	圆锥型	25	圆盘型	20	下垂型	10
乳房位置	正常	10	过高	8	两侧不对齐	5	过低	2
乳头形态	挺出大小正常	10	过小	8	下垂	5	内陷	2
乳房质地	紧张有弹性	10	较有弹性	8	尚有弹性	5	松弛	2

三 乳房的形态及分类

（一）乳房的分型

1. 根据乳房高度与基底面直径的比例划分为3种类型（图21-3）

（1）圆盘型：乳房高度为2～3cm，小于乳房基底面直径的1/2，属于比较平的乳房，多见于黄种人。

（2）半球型：乳房高度为3～5cm，约为乳房基底面直径的1/2，多见于白种人。

（3）圆锥型：乳房高度为5～6cm，大于乳房基底面直径的1/2，多见于黑种人。

2. 根据乳房中轴线与胸壁之间的位置关系（角度）也可划分为3型

（1）挺立型乳房：乳房中轴线与胸壁几乎呈90°，乳房丰满，富有弹性。

（2）下倾型乳房：乳房中轴线稍向下倾斜，与垂线之夹角大于45°，柔软且富于伸展性。

（3）悬垂型乳房：乳房中轴线显著下斜，与垂线之夹角小于45°。

3. 以女性个人拳头为标准划分为4种

（1）小于拳头的乳房为很小的乳房；

（2）等于拳头者为小乳房；

（3）等于2个拳头者为较大的乳房；

（4）等于3～4个拳头者为大乳房。

4. 根据乳房的位置高低可划分为2型（图21-4）

（1）高位乳房：指乳房位于第5肋骨以上者

（2）低位乳房：指乳房位于第5肋骨之下者。

5. 根据乳房体积大小分为4型

（1）小型：乳房体积小于200mL。

（2）中型：乳房体积为250～350mL。

（3）大型：乳房体积600～800mL。

（4）巨型：乳房体积超过1 500mL。

其中以中型乳房为理想。

（二）乳房的形态缺陷

乳房的形态缺陷，主要包括乳房发育不良、乳房肥大和乳房下垂。

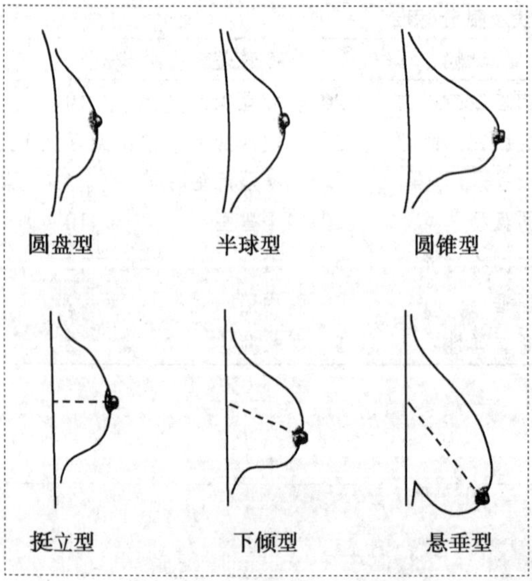

图21-3　乳房形状模式图

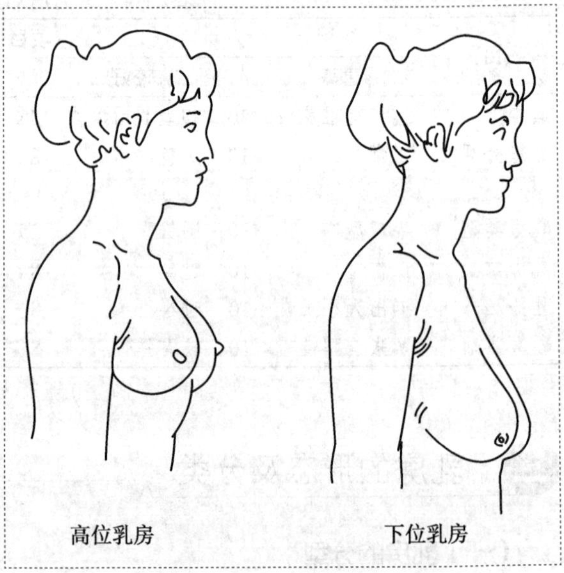

图21-4　乳房的位置

1. 乳房发育不良 乳房发育不良包括单侧和双侧乳房发育不良、不对称或局部发育不良，如平胸、乳房过小、塌陷、凹陷等情况，使胸部外观失去女性特有的曲线和魅力。

2. 乳房下垂 根据乳房和乳头位置高低来判断乳房下垂情况。乳头在乳房下皱襞水平位置、乳房下极超过下皱襞1～2cm者为轻度下垂；乳头在乳房下皱襞之下、乳房下极超过下皱襞2～3cm者为中度下垂；乳头在乳房下极边缘、乳房下极超过下皱襞4～10cm者为重度下垂。

3. 乳房肥大 处女乳房肥大表现为乳房的腺体、脂肪和皮肤组织均发育过度。妇女乳房肥大表现为乳房的脂肪和皮肤组织增生，但腺体可有或无增生。肥胖症患者主要为脂肪增生。

第二节 美乳类化妆品活性成分

美乳类化妆品是指有助于乳房健美的化妆品。局部使用美乳类化妆品，可以改善乳房组织的微循环，使乳房变得丰满、充满活力。美乳化妆品的发展大体经历了化学活性成分型、植物草本型和生化型3个阶段，具有代表性的分别有：以维生素E和雌性激素等化学物质为主的美乳化妆品；添加人参、花粉、海藻等植物草本的美乳化妆品；以及应用蜂王浆、胎盘胶原蛋白、血清等生化制剂的美乳化妆品。

美乳化妆品一般包括美乳活性物质、营养剂和基质3部分。美乳的活性物质主要有天然植物、化学物质和生化制品（表21-2），现在多为天然植物提取物和生物活性物质。这些物质

表21-2 美乳化妆品的常用美乳成分

类别	名称	来源	主要成分	功能
植物草本	人参	人参宿根草本	人参皂苷、人参烯、人参酸糖类、多种维生素、多种氨基酸等	调节机体的新陈代谢，促进成纤维细胞繁殖，延缓细胞衰老，增强机体免疫功能和提高造血功能，称为植物激素
	花粉	蜜蜂采集到的蜜源花粉	花粉蛋白质中含有21种氨基酸、14种维生素、50多种微量元素，还含有许多植物激素黄酮类、核酸抗生素等物质	促进血液循环、细胞的新陈代谢，改善机体的内分泌状况，增强机体免疫功能，对人体具有独特的保健抗衰老功能，可帮助皮肤变得柔润和有弹性
	葛根	本品为豆科植物野葛或甘葛藤的干燥根	葛根含黄酮类化合物，如葛根素、大豆黄酮苷、花生素等营养成分，还有蛋白质、氨基酸、糖和人体必需的铁、钙、铜、硒等矿物质	因含有雌激素样作用的植物成分和促进血液循环作用等成分，可用于美乳和帮助皮肤组织恢复弹性
藻类	海藻	海藻植物	藻朊蛋白中含有10种氨基酸、6种维生素、糖类和多种微量元素。尚可从中提取SOD	保湿、营养、除皱、健美、美乳等，预防皮肤衰老
化学活性成分	维生素E（生育酚）	米、花生、麦胚芽、蛋黄、牛乳、牛肝脏、蔬菜等	α-维生素E（油溶）	参与体内重要的生化反应，提高性功能和用于不育症。对垂体、肾上腺、性腺功能均有一定促进作用。对于女性能增加卵巢重量并促进其功能，可使成熟卵泡增加，黄体细胞增大，故可用于治疗平乳、微乳症

续表

类别	名称	来　源	主要成分	功　能
生物活性成分	胎盘	牛、羊及鹿等动物的胎盘制品	胎盘蛋白含有16种氨基酸、10种维生素和10多种微量元素、脂肪、糖类、激素，如促性腺激素、催乳素、催产素样物质、红细胞生成素、碱性磷酸酶及脱氧核糖核酸等	促进细胞新陈代谢。有赋活作用，防皱延衰，营养并增强皮肤弹性，促进乳房发育，有丰乳功能
	鹿茸	雄鹿未骨化未生茸毛的幼角	富含SOD抗衰老生化物质，含鹿茸总脂、胶原蛋白、磷脂、鹿脂蛋白、透明质酸、18种氨基酸、26种微量元素、激素类似物等	增强皮肤细胞活力，促进其生长，清除皮肤有害物质，促进表皮组织的再生，具有增加皮肤营养、美容、祛斑、抗皱延衰、平疤作用
	蜂王浆	蜜蜂自身腺体的分泌物	含有极丰富的蛋白质、多种氨基酸和维生素、糖类、脂类、激素、酶类、微量元素及多种生物活性物质，是具有特殊功能的生物产品	促进细胞新陈代谢，滋润、营养皮肤，除皱、祛斑，推迟和延缓皮肤衰老，所含激素和维生素E具有丰乳和增强皮肤弹性的作用

可以促进乳房血液循环，刺激乳房成纤维细胞繁殖，产生胶原蛋白和弹性蛋白。此外添加的营养成分还可以使乳房中的脂肪含量增加，诱发、促使腺体分泌，使乳房丰满、坚挺，以达到美乳的效果。营养剂可以提供乳房发育所需要的营养成分，如氨基酸、脂肪、各种维生素、微量元素等。

第三节　配方举例及使用方法

一　配方举例

目前，我国市售的美乳化妆品种有美乳霜、美乳凝胶、美乳精华液等，但以霜剂销量最大，其配方举例如下（表21-3、表21-4）：

配方分析：配方由水相、油相、乳化剂、乳化稳定剂、增黏剂及活性成分等经过乳化制成乳膏。配方中的水、油相可有效地保留水分，增加皮肤水分和湿度，加强皮肤屏障功能，抑制和延缓水分丢失，增加皮肤水分含量，发挥护肤和保湿功能。配方中的活性成分胎盘提

表21-3　胎盘美乳霜配方举例

油相组分	质量分数/%	水相组分	质量分数/%
白油	18.0	三乙醇胺	0.4
凡士林	10.0	聚乙二醇400	6.0
棕榈酸异丙酯	8.0	聚乙二醇-羟乙烯基聚合物	0.4
羊毛脂	2.0	人参浸膏	0.2
Tween-60	5.0	去离子水添加相	44.0
维生素E	适量	胎盘提取液	1.0
防腐剂、渗透剂	适量	香精	适量

取液、人参浸膏、维生素E和渗透剂发挥特殊功效作用。

表21-4　通用型植物草本美乳乳液配方举例

组　分	质量分数/%	组　分	质量分数/%
鲸蜡醇	1.0	1，3-丁二醇	4.0
蜂蜡	0.5	POE（10）单油酸酯	1.0
凡士林	2.0	植物提取液（5%水溶液）	20.0
角鲨烷	6.0	单硬脂酸甘油酯	1.0
二甲基聚硅氧烷	2.0	防腐剂、染料、香精	适量
乙醇	5.0	水	加至100
甘油	4.0		

配方分析：配方是由水相、油相、乳化剂组成的乳液剂型。配方水相中甘油、1，3-丁二醇为皮肤调理保湿剂，具有吸湿作用，能增加皮肤表层的含水量。配方油相成分具有皮肤调理、封闭和润肤功能，通过对皮肤表面形成一个附加的润滑膜层，将角质层包裹起来，通过封闭作用阻挡皮肤内的水分丢失，减少干裂和改善皮肤美观。配方中植物提取液为植物草本功效成分。

近年来，随着社会的快速发展，女性对外在美的要求越来越高，乳房的健康发育也逐渐受到女性的关注，近十年来表现尤为明显，这从各种乳房健美产品的畅销可体现出来。有不少女性甚至甘冒风险采用手术植入假体的方法，以达到美胸的目的，再加上广告的大肆宣传，使其影响面逐渐扩大，关注乳房健美的女性越来越多。因此，安全的生活用美乳类化妆品将有很大的发展空间。

二　使用方法

使用美乳化妆品前，最好先用热毛巾做乳房局部热敷，有条件的可以使用蒸汽机局部热喷几分钟，以促进乳房的血液循环，并利于化妆品更好地吸收。然后涂抹适量的美乳化妆品，并且对乳房进行上下和旋转式按摩，使化妆品被充分吸收。每天早晨起床时和晚上临睡前各使用1次，连续使用。

需要注意的是，使用美乳化妆品前，应先在人体其他部位连续使用3~5日，一般选前臂内侧少量涂抹，以检测无过敏反应。皮肤不出现潮红、红斑或痛痒等过敏现象者，方可使用。若能配合使用丰乳器，则美乳效果更佳。

第四节　美乳类化妆品功效评价

美乳化妆品的功效主要通过观察乳房在使用其前后的变化来衡量，常用的指标有乳房体积、高度、弹性以及乳晕色泽。

一　乳房体积

1. Grossman圆盘测量法（Grossman measurement） Grossman圆盘是一种简单的测

量乳房体积的圆盘。

测量时被测者取半卧位，将圆盘放在一侧乳房上，使乳房组织充满在圆锥状的圆盘里，滑动盘的表面，直至使其严密地适合受试的乳房，此时圆盘表面的刻度数字即为乳房的体积，见表21-5。

表21-5　根据乳房罩杯估算乳房体积

罩杯主型号	乳房体积/罩杯次级型号（A、B、C、D）									
	100	200	300	400	500					
32	A	B	C	D						
34		A	B	C	D					
			400	600	800	1 000	1 200			
36			A	B	C	D				
38				A	B	C	D			
					1 100	1 400	1 700	2 000		2 300
40					A	B	C		D	
42						A	B		C		D

2. 阿基米德定律测量法（archimedes law measurement） 该方法的原理是任何物体浸入液体时都会受到液体对其向上的浮力，并排出相等体积的液体。具体方法：准备一个充满水的玻璃缸，直径可稍大于乳房基底，被测试者俯身使乳房浸入水中，直到乳房基底周围达到玻璃缸的边缘，将排出的水倒入量杯，测量排出水的体积，即可得出乳房体积的大小，见图21-5。

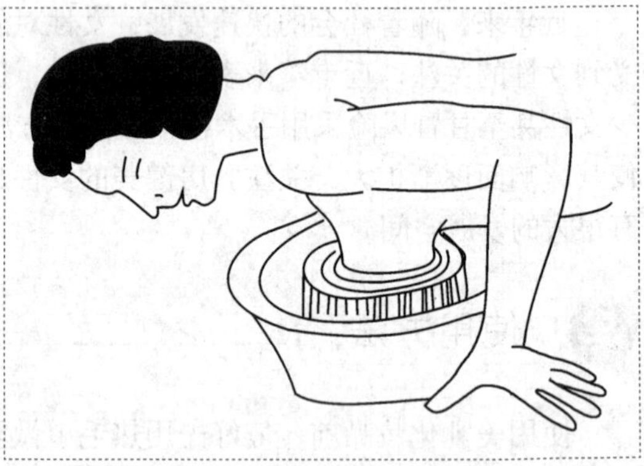

图21-5　应用阿基米德定律测量乳房体积

二　乳房高度与弹性

乳房高度与弹性的综合指标好，才能准确地反映乳房的整体状态好，单项指标好并不能充分说明乳房的整体美。

该方法适用于丰乳化妆品功效的简便观察，反映乳房的前后变化。该法不能测出乳房具体的体积，可以检测出乳房在使用美乳化妆品前后的最大高度和自然下垂时乳房的高度，通过统计学处理能够反映乳房弹性和体积的变化。弹性系数是由卧位时的乳房高度值减去立位时的值，弹性系数越小，乳房弹性就越大，反之则越小；乳房的最大高度值可以反映乳房的体积。

测量工具：直尺和直角三角尺。

测量方法：被测量者分别采用站立和下卧位进行2次测量（图21-6）。测量者轻轻将直尺水平垂直置于乳房下方肋骨部位的皮肤上，再将直角三角尺垂直紧贴直尺，并从上向下慢慢滑动至

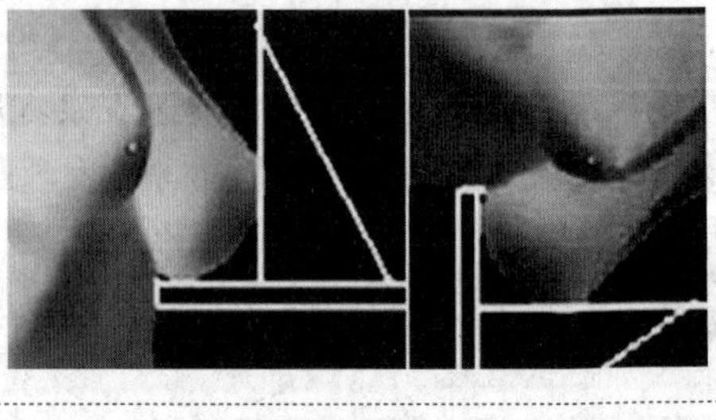

图21-6　站立位与下卧位乳房高度测量示意图

乳晕内侧边缘为止，记录乳房下方肋骨部位的皮肤表面到垂直于直尺的直角三角尺之间的距离。注意在乳头未勃起时测量双侧乳房的高度。

三 其他乳房测量方法

有一些测量方法比较实用，也可以选择用来观察乳房的变化。简介如下：

1. 乳罩杯估算乳房体积的方法　根据乳罩的不同型号可以估算出乳房体积。

2. 乳房杯测量法　准备好不同型号的透明塑料乳房杯，乳房体积相对应于正好可装满乳房的杯子体积。

3. 石膏模型测量法　用石膏对乳房进行倒模，然后在模型中倒满水，水的体积即为乳房体积。

4. 计算机图像处理测量方法　用数码摄像机对乳房进行多方位扫描，经过计算机处理后可以得出乳房体积。

5. 根据胸围差（cm）推算乳房体积，其方程式如下：

乳房体积=250+50×胸围差+20×超重体重；

其中，胸围差=经乳头胸围-经腋下胸围。

6. 根据身高（cm）、体重（kg）推算乳房的体积（mL），其方程式如下：

乳房体积=2 145.32－11.406 9×身高（标准体重）

乳房体积=1 874.268－9.254×身高（超重）

乳房体积=9.074×体重－134.18

其中，

标准体重：体重=身高－110

超体重：体重=（身高－110）+1

低体重：体重=（身高－110）-1

中国妇女平均乳房体积为310～330mL，标准乳房体积为250～350mL。如果是超体重者，则每超重1kg，乳房体积增加20mL，仍为正常乳房体积。

7. 根据乳房高和乳房基底内侧、外侧、下部的半径从乳房体积表中检出其乳房体积。

综上，美乳化妆品功效的观察主要以直接测量乳房体积、高度和弹性等方法为好。以上5～7项，由于涉及乳房以外的条件，如体重、身高、腋下胸围等，不太适用于美乳化妆品功效的观察指标，只能作为参考。

思考题

1. 乳房的美学标准主要有哪些？（至少回答5项）
2. 妇女妊娠期间哪些激素促使乳房发育？
3. 乳房的形态缺陷主要包括哪些方面？
4. 评价美乳化妆品功效的常用指标有几方面？

（张怀亮）

参考文献

1. 李福耀. 医学美容解剖学. 北京：人民卫生出版社，1999
2. 肖子英. 实用化妆品学. 天津：天津大学出版社，1999
3. 王建新. 天然活性化妆品. 北京：中国轻工业出版社，1997

第二十二章 发用化妆品

毛发是哺乳动物皮肤表面特征性的覆盖物。毛发最初的功能是保护身体抵御外界环境因素（热、冷、阳光、干燥等）的伤害和撞击，它们能辅助体温调节，具有出色的抵抗力，能长期保持其结构稳定。虽然人类的毛发在外观上已经退化，但事实上它仍是重要的触觉器官，是性别、生理正常发育的一部分。在具有保护作用的同时，更多的是美观作用。

清洁、健康的头发和漂亮的发型，可以增加人的俊朗或柔美，使人精神焕发。因此，头发的清洁、保护和修饰是美容的重要内容，发用化妆品则提供了所必需的物质基础。发用化妆品（hair cosmetics）是用来清洁、保护、营养、美化人体毛发的化妆品，其种类繁多，主要包括洗发化妆品（香波）、护发化妆品（护发素、发油、发蜡、发乳、焗油等）、美发化妆品（喷发胶、发用摩丝、发用凝胶、定型发膏、染发类化妆品、烫发类化妆品等）和剃须化妆品（剃须膏、剃须摩丝、电动剃须液、电动剃须用摩丝和剃须后皮肤护理用品）。

为了能对发用化妆品的作用和功效有较全面地了解，本章首先介绍毛发的结构和性质，然后分别介绍清洁、护发、美发和剃须用化妆品等方面内容，其中染发类和烫发类化妆品又属于特殊用途化妆品，将在后续章节分别介绍。

第一节 毛发的结构和性质

一、毛发的分类和组织结构

（一）毛发的分类

毛发由角化的上皮构成，分为胎毛、终毛和毳毛，终毛又分为长毛和短毛。长毛包括头发、胡须、腋毛和阴毛，短毛包括眉毛、睫毛、鼻毛和耳毛等。毳毛主要见于面部、四肢和躯干，质地软，颜色淡。

人体的头发又有直发、波状发和卷发之分。亚洲人的头发多为直发，头发的横截面呈近圆形；白种人则多为波状发，横截面呈椭圆形；黑种人的头发卷曲更甚，其横截面呈扁形。头发的形态主要由遗传和种族决定。

头发颜色又有红色、黑色、黄色、灰色和白色之分，是由毛干本身含的色素（即黑素）决定的，与人种、性别、年龄、生活环境及营养情况等有关。

根据人体的健康、内分泌和保养情况，又可将头发分为中性头发、干性头发、油性头发和受损头发4种情况：

1. 中性头发（neutral hair） 指健康的正常性头发，具有光泽、柔顺、健康的发质，既不油腻也不干燥，软硬适度，丰润柔软，有自然的光泽，适合做各种发型，是理想的发质。

2. 干性头发（dry hair） 头发干燥，触摸有粗糙感，不润滑，缺乏光泽，造型后易变形。

3. 油性头发（oiliness hair） 头发油腻发光，触摸有黏腻感，发干直径细小，柔软无力，容易粘在一起，造型困难，洗发后头发很快变得油腻，容易变脏。

4. 受损头发（damaged hair） 指因物理或化学因素损害的头发，头发干燥，触摸有粗糙感，颜色枯黄，缺乏光泽，发尾易分叉，不易造型。

（二）毛发的组织结构

毛发由毛干、毛根、毛乳头等组成，其结构如图22-1所示。毛发在皮肤表面以上的部分称为毛干，在皮肤下面处于毛囊内的部分称为毛根，毛根的下方膨大如球称毛球。毛乳头（hair papilla）位于毛球的向内凹入部分，它包含有结缔组织、神经末梢及毛细血管等，对毛发的生长起着至关重要的作用，并使毛发具有感觉功能。在毛乳头上有许多分裂的细胞，即毛球，毛球是毛发的发端，在毛球的上半球含有色素细胞。毛囊的上方接着皮脂腺，其分泌油脂，滋润毛发。

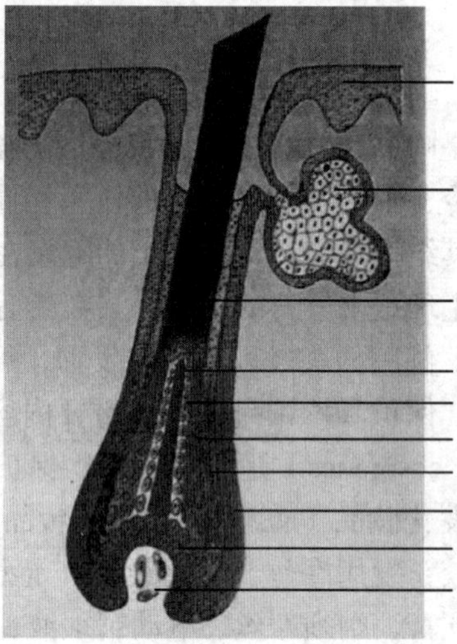

图22-1 毛发结构图

头发的绝大部分是毛干，主要是由毛小皮、皮质以及毛髓质构成，以毛皮质为主。毛小皮（hair cuticle）是头发的最外层，其作用是保护毛皮质，赋予头发光泽和弹性，并在一定程度上决定头发的色调。毛小皮一般由6～10层的毛小皮细胞重叠排列而成，在毛发表面呈叠瓦状。

毛皮质（hair cortex）是头发最主要的构成部分，是头发中体积最大的部分，几乎占毛发总重量的80%，皮质也是头发纤维的核心。皮质中有头发特有的纤维蛋白——α角蛋白，它控制毛发的水分，决定毛发的韧性、弹性和强度。

髓质层（medulla）是毛发的中心部分，为皮质细胞所围绕，只占头发纤维的一小部分。髓质层中间有色素存在，髓质层的作用是赋予毛发提高结构强度和刚性。

二 毛发的生长

毛发从毛囊深部的毛球不断向外生长，每根毛发可生长若干年，直至最后其本身自然脱落，毛囊休止一段时间后再产生新的毛发，这个过程称为毛发生长周期（hair cycles）。毛囊的生长阶段称为生长期，随后的退行阶段和静止阶段分别称为退行期和静止期。头发的生长期为2～7年，生长期变化很大；退行期约为3周，这时头发停止生长；休止期为2～3个月，旧发脱落后至再生新发。

人的头发数量为10万～15万根，正常人每天脱落50～100根头发，同时也有等量的头发再生。头发生长速度为每日0.27～0.4mm，3～4年可长至50～60cm。

调节毛发生长的确切基因与调控机制仍未完全清楚，一般认为与遗传、营养、激素及一些细胞因子和相应的受体有关。此外，毛发的生长速度还受到性别、年龄、部位和季节等因素影响。毛发生长与调节的其他相关内容参见本书第二十五章。

三 毛发的化学组成和结构

（一）毛发的化学组成

毛发主要由角蛋白组成，占整个毛发重量的65%～95%。角蛋白是由多种氨基酸组成，其中以胱氨酸的含量最高。此外，毛发内还含有水（6%～15%）、脂质（1%～9%）、色素和微量元素。

（二）毛发的化学结构

毛发中含有胱氨酸等十几种氨基酸，多个氨基酸分子之间通过肽键，连接组成了多肽链的主链。可用下列通式（图22-2）表示其主链：

由形成纵轴的多个肽链与在其中间起连接作用的其他连接方式如二硫键、盐键、氢键、酯键等形成了具有网状的天然高分子结构。毛发角蛋白化学结构如图22-3所示。

1. 二硫键 是由两个半胱氨酸氧化成胱氨酸时形成的一种化学键，可以在两条肽链之间，也可以在一条肽链的不同部位之间。所形成的二硫键能够使两个肽链之间紧密地靠近。在与这两个多肽链存在的其他键的作用下，使多肽链的结构上形成大小不等的肽环结构。在毛发

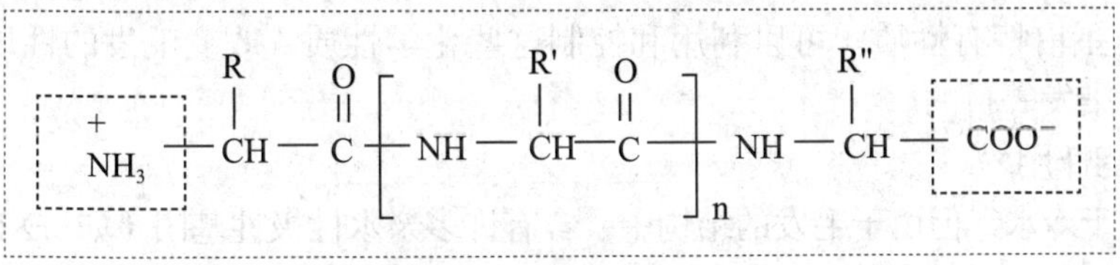

图22-2 毛发多肽链主链

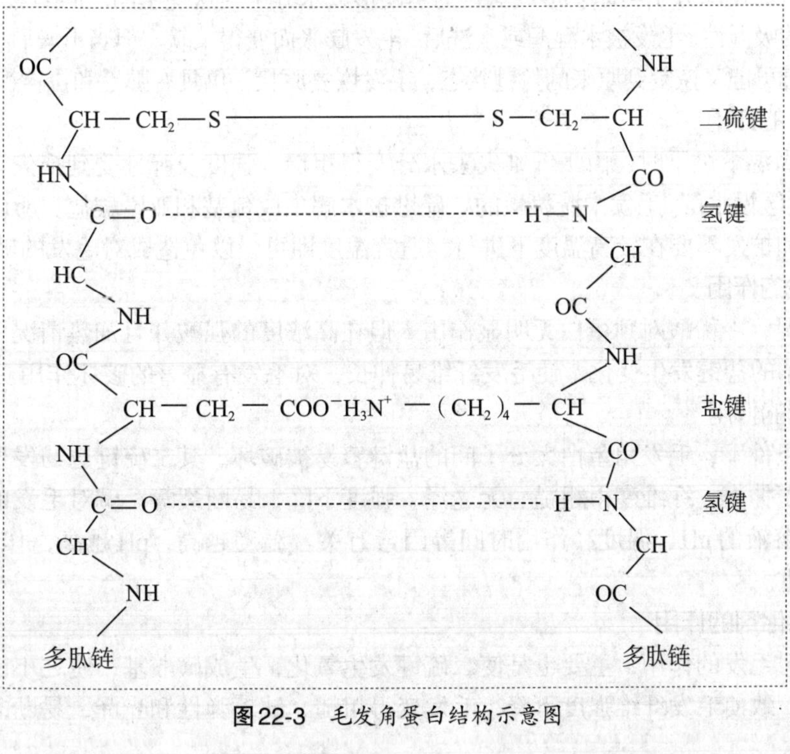

图22-3 毛发角蛋白结构示意图

的卷曲过程中，二硫键的还原断裂及氧化复原起着重要的作用。

2. 盐键 也称离子键，在多肽链的侧链间存在着带正电的氨基和带负电的羧基，相互之间通过静电吸引作用而形成化学键。

3. 氢键 由于肽键具有极性，一个肽键上的羧基和另一个肽键上的酰胺基之间可能发生相互作用，这种作用就称之为氢键。毛发角蛋白分子中，在主链肽键之间、侧链与主链、侧链与侧链之间都可以形成氢键。虽然氢键的键能很小，是一种较弱的相互作用，但由于在一条多肽链中可以存在多个氢键，所以它们也是多肽结构上的一个重要稳定因素。

4. 酯键 含有羟基的氨基酸的羟基和另一氨基酸的羧基在主链的横向以酯键的形式连接。

（三）毛发的空间结构

毛发的多肽链以α-螺旋形式存在，分子中的亲水基团大部分分布在螺旋周围，又可以形成如前所述的盐键、二硫键、氢键等。由于这些化合键的存在，使毛发角蛋白大分子形成了稳定的网状空间结构。由于这样的结构，使毛发具有了拉伸性和弹性，在一定条件下具有柔韧性，即曲折或拉伸后，它又可以恢复原来状态。

四 毛发的化学性质

毛发是一种角蛋白，其水解最终产物为α-氨基酸。它除具有氨基酸的化学性质外，还具有所组成的角蛋白特有性质。可以利用和控制这些化学性质，改变毛发的性质，达到清洁、护发、卷发、染发等目的。

（一）水的作用

毛发不溶于冷水，但由于毛发的结构中，含有许多亲水性极性基团（如—NH_2、—COOH、—OH等），均能和水分子形成氢键。同样水分子还可以进入毛发纤维结构内部，破坏原来分子结构内的氢键，使水分子与原来形成氢键的基团形成水分子与这些基团之间的氢键。因此，毛发具有良好的吸湿性，毛发被水湿润或水洗后，毛发膨胀而变得柔软。但当干燥后，水分子失去，被破坏的氢键可能又恢复到原来的氢键状态，毛发恢复原状，仍具有弹性和拉伸性。

（二）热的作用

毛发在高温下烘干时，由于纤维失去水分变得粗糙，强度及弹性受到损失。在较高温度热水中，毛发缓慢水解，毛发中胱氨酸的二硫键被水解生成巯基和亚磺酸盐。所以，一般吹发、卷发、染发和护发不要在较高温度下进行，适宜温度即可，以免造成对毛发的破坏。

（三）酸的作用

通常情况，冷稀酸对角蛋白无明显作用。但在高浓度的强酸并且加热情况下，酸溶液可使毛发结构中的盐键发生变化，使毛发纤维易伸长，对毛发有显著的破坏作用。

（四）碱的作用

在碱性条件下，毛发角蛋白大分子间的盐键容易被破坏，其二硫键也易发生断裂。其结果使毛发易于伸直，纤维变得粗糙、无光泽、强度下降、易断裂等。碱对毛发的破坏程度与碱的浓度、溶液的pH、温度、作用时间等因素有关。温度越高，pH越高，作用时间越长，破坏也越严重。

（五）氧化剂的作用

氧化剂对毛发的作用，主要也是使二硫键发生氧化，生成磺酸基，使之不能再还原成巯基或二硫键，致使毛发纤维强度下降，毛发变得粗糙、缺乏弹性和光泽，易断裂等。氧化剂对毛发的损害程度与氧化剂溶液的浓度、温度、pH有关。当用过氧化氢漂白头发时，一般用低浓度的溶液，浓度过高易对毛发造成严重损害。金属铁与铬能强烈地催化过氧化氢的氧化作用，应予以注意。

（六）还原剂的作用

还原剂也可与角蛋白的二硫键发生还原反应，使二硫键断裂生成巯基。可用作还原剂的多为含硫化合物，如巯基化合物、亚硫酸钠等。其与二硫键的反应和溶液的pH密切相关。当pH为10以上时，纤维膨胀，二硫键受到破坏，生成巯基化合物。巯基化合物还原二硫键的反应如下：

$$R-S-S-R+HSR' \longrightarrow 2RSH+R'S-SR'$$

巯基化合物，可使毛发变得柔软易于弯曲。但若作用过强，二硫键被完全破坏，则毛发将发生断裂。上述反应生成的巯基在酸性条件下相对稳定，不易再被氧化成二硫键。但在碱性条件下，则又容易被氧化成二硫键。其反应如下：

$$2R-SH+\frac{1}{2}O_2 \longrightarrow R-S-S-R+H_2O$$

此反应如在痕量的金属离子如铁、锰、铜离子存在时，其氧化速度加快。

五 毛发的物理性质

毛发的物理性质与其化学组成和结构有关，在很大程度上决定毛发的状态和外观。毛发的物理性质可分成力学特性、摩擦特性、密度、光泽和吸湿性。

（一）毛发的力学特性

由于毛发复杂独特的结构，毛发具有显著的力学特性，主要体现在：

1. 毛发的弹性 弹性是毛发最主要的物理特性，指毛发能拉到最长程度仍然能恢复其原状的能力。当拉伸一根正常的湿发时，可以伸长30%，并能在干燥后恢复原来的长度。

2. 毛发的弯曲和硬度 毛发的硬度是指其抵抗弯曲的能力，人体毛发的强度主要是由皮质决定的，因为皮质中含有一种复合结构，不连续的角蛋白纤维埋于富含硫的基质中。如果将毛发弯曲成弓形，那么会形成3个纵向的结构，其中最外层被拉伸，最内层被压缩，而中间层则既没有被拉伸也没有被压缩。

（二）头发的摩擦特性

毛发的摩擦系数比合成纤维的摩擦系数高，这是由于其毛小皮特殊结构造成的。在毛小皮中，细胞可以在相邻的细胞表面移动，这种重叠的细胞层使毛发表面比较粗糙，从而能够很好地耐受外界的摩擦作用。

毛发显示出一定方向的摩擦力，因为从毛发的近端向远端移动要比从远端向近端移动容易。摩擦力与毛发的直径或温度无关；毛发漂白和烫发可以增加摩擦系数，而洗发香波和外用的一些乳膏则会降低摩擦系数；湿摩擦力均大于干摩擦力；人为地破坏毛小皮的结构并不明显影响毛发的弹性。

（三）毛发的静电特性

毛发具有摩擦起电的性能。摩擦干燥的毛发，如在适当的环境中梳理干燥的头发，就可能产生静电，这是由于头发不断地飘动时部分电子或离子产生移动。静电使头发互相排斥而不能平整地排列在一起，导致毛发竖立、飘拂。毛发带静电性受毛发表面状态、水的含量及温度等因素的影响。由摩擦产生的电称为摩擦电，毛发比较容易产生摩擦电。相对湿度升高后，绝缘能力降低，不易产生摩擦电。当毛发表面覆盖有足够的护发成分如阳离子表面活性剂时，一般不会发生摩擦起电现象。

（四）毛发的密度

角蛋白纤维的绝对密度很难测量。在相对湿度为60%时，密度大约是1.32，与羊毛纤维相同。一般毛发染色和烫发不会影响到毛发的密度。

（五）毛发的光泽

毛发的光泽对美观起着重要的作用。毛发的光泽是由毛发反射光线而成的。毛发表面越平坦，反射效果则越好，越显得有光泽；当毛发表面粗糙时，会很大程度引起光散射，使毛发失去光泽。

（六）毛发的吸湿性

正常头发含水量为6%～15%，用以滋润头发，使头发不干燥。将头发置于空气中，头发会吸收或放出水分以达到与水蒸气保持平衡的状态。这种平衡受环境湿度影响很大，相对湿度高时头发的水分含量也会增加。水分过量头发会失去支撑力，水分过少则会使头发变得散乱。

第二节　香　　波

洗发化妆品主要包括清洗和调理头发的化妆品，其英文名称为shampoo，音译为香波，就是通常所说的洗发液、洗发水和洗发露，现已成为人们对洗发用品的习惯称呼。

20世纪30年代之前，人们最早使用肥皂清洁头发，其后用椰子油皂制成的香波，后来用表面活性剂月桂醇硫酸钠为基料制成的液状和膏状乳化型香波。近年来，具有洗发、护发、养发、去屑止痒等多功能的香波已成为现代香波的主流产品，如兼有洗发、护发作用的“二合一”香波，洗发、护发、去屑止痒作用的“三合一”香波，洗发、护发、养发、去屑止痒作用的“四合一”香波等，已被人们广泛应用，成为重要的化妆品类型。

香波的主要功能是清洁附着在头发和头皮上的油垢、头屑、灰尘和不良气味等，以保持其清洁和美观。还可以在香波中加入各种添加剂赋予其护发、养发和去屑止痒等多种功能。

理想的香波应具有以下性能特点：适度的清洁能力和脱脂作用，可除去头发上的沉积物和头屑，又不会过分脱脂；能形成丰富、细腻而持久的泡沫；使用后头发爽洁、柔软而有光泽，易于梳理，易定型；性能温和，对头发、皮肤和眼睛刺激性小、无毒、安全性高；容易从头发上清洗干净；具有芬芳的香气和悦目的色泽。

一　香波的分类和组成

香波的种类很多，按剂型可分为液状、膏状和粉状等，其中液状香波是目前市场上流行的主体。液状香波按其透明度可分为透明型和乳浊型香波，按功能可分为通用型、调理型、去屑型、育发型香波等，按适用的发质可分为干性发质用、中性发质用和油性发质用香波等。目前不论是液状香波，还是膏状、粉状香波都在向洗发、调理、护发、养发、去屑止痒等多功能方向发展。

香波是由表面活性剂、调理剂、溶剂、防腐剂、色素和香精等组成，起主要作用的是表面活性剂。除此之外，为改善香波的性能，配方中还加入了各种添加剂（包括珠光剂、螯合剂、特殊添加剂等）。根据消费者的需求、配方设计的要求和成本，可做不同的选择。

（一）表面活性剂

表面活性剂是香波的主要成分，按其作用分为洗涤剂（主表面活性剂）和辅助表面活性剂。

1. 洗涤剂 主要起到清洁和发泡作用，为香波提供了良好的去污力和丰富的泡沫。有阴离子、非离子、阳离子和两性型表面活性剂，通常以阴离子表面活性剂为主。

（1）脂肪醇硫酸盐（$ROSO_3M$，AS）：是香波中最常用的阴离子表面活性剂之一，有钠盐、钾盐和乙醇胺盐。AS有较好的发泡性、去污力和良好的水溶性。其中月桂醇硫酸钠即十二烷基硫酸钠（$C_{12}H_{25}OSO_3Na$）的发泡力最强，去油污性能良好，但低温下溶解性较差。由于脱脂能力强而有一定的刺激性，适用于配制粉状、膏状和乳浊状香波。乙醇胺盐溶解性能好，低温下仍能保持透明，不产生混浊现象，是制造透明液状香波的主要原料。

（2）聚氧乙烯脂肪醇醚硫酸盐[$RO(CH_2CH_2O)_nSO_3M$，AES]：多为钠盐和胺盐，是目前应用最广泛的阴离子表面活性剂之一，如月桂醇聚氧乙烯硫酸钠和脂肪醇聚氧乙烯醚硫酸三乙醇胺。这类表面活性剂具有优良的发泡性和去污力，刺激性较小，与许多种表面活性剂和添加剂相容性好，易调节稠度，且生物降解性极好，适宜于配制液状香波。

（3）琥珀酸酯磺酸盐类[$RCOOCCH_2CH(SO_3Na)COOM$]：是近年来开发的新型阴离子表面活性剂，种类很多。这类表面活性剂具有良好的洗涤性和发泡性，对皮肤和眼睛刺激性小，且有良好的渗透性能，属温和型表面活性剂。与其他表面活性剂混合使用，可配制各种不同性能的香波。

2. 辅助表面活性剂 主要指用量较少，能增强洗涤剂的去污力和泡沫稳定性，改善香波的洗涤性和调理性的表面活性剂。其中包括阴离子、非离子、阳离子和两性型表面活性剂，目前常用的是非离子和两性型表面活性剂。

（1）非离子表面活性剂：具有良好的洗涤、乳化、增溶和稳泡性能，耐硬水，刺激性低，毒性小，其应用也日益广泛。多种非离子型表面活性剂都可以在香波中作为辅助表面活性剂使用，如烷醇酰胺为稳泡和增稠剂；聚氧乙烯失水山梨醇脂肪酸酯为透明剂、增溶剂等。

（2）两性型表面活性剂：具有良好的去污、发泡、杀菌和柔软等性能，耐硬水，对酸、碱和各种金属都比较稳定，毒性低，对皮肤刺激性低，具有良好的生物降解性，广泛应用于香波中。它与离子型和非离子型表面活性剂相容性好，可混合使用。常用丁香波的两性型表面活性剂主要是甜菜碱、咪唑啉型衍生物、氧化胺和氨基酸型。

（二）调理剂

调理剂的主要作用是改善洗后头发的手感，使头发光滑、柔软、易于梳理，并且梳理后易成型。其原理是基于这些调理剂在头发表面易被吸附。常用的调理剂主要有阳离子表面活性剂、阳离子高分子化合物、有机硅表面活性剂和羊毛脂类及其衍生物等。

1. 阳离子表面活性剂 如十八烷基三甲基氯化铵[$C_{18}H_{37}N^+(CH_3)_3Cl^-$]、十二烷基氧化胺（$C_{12}H_{25}NH_2 \rightarrow O$）、十二烷基甜菜碱[$C_{12}H_{25}N^+(CH_3)_2CH_2COO^-$]等是较早应用于香波的调理剂。因与阴离子表面活性剂配伍易产生沉淀而失去效能，所以阳离子表面活性剂已较少用于香波体系中，主要用于护发素体系中。

2. 阳离子高分子化合物 现代香波多用阳离子高分子化合物作为调理剂，如阳离子纤维素聚合物（JR-400）、阳离子瓜尔胶（GuAR）、阳离子高分子迪恩普（DNP）、阳离子高分子蛋白肽等。

（1）阳离子纤维素聚合物：在头发表面具有较强的吸附力，对头发的调理作用非常明显，与阴离子、两性离子和非离子表面活性剂有很好的配伍性，可用在透明的多功能香波中，同时还有一定的增稠作用，一般用量为0.2%～0.5%。

（2）阳离子瓜尔胶：有较耐久的柔软性和抗静电性，可赋予头发光泽、蓬松感，与其他的表面活性剂有很好的配伍性，同时还是一种良好的增稠剂、悬浮剂和稳定剂，一般用量为0.5%～1.0%。

（3）阳离子高分子迪恩普：具有抗静电、杀菌、柔软等功能，能赋予头发良好的梳理性和蓬松感。与其他表面活性剂有很好的配伍性，可用于透明香波中。在弱酸性时，它具有明显的吸附性和增稠性，一般用量为0.5%～2.0%。

（4）阳离子高分子蛋白肽：是由天然蛋白质改性制得，对头发有很好的附着性，能赋予头发良好的柔软性和易梳理性，保持头发光泽、改善发型，并对受损头发有修复功能，一般用量为2.0%左右。

3. 有机硅表面活性剂 能显著改善头发的梳理性，赋予头发抗静电性、润滑性、柔软性和光泽性，对受损头发有修复作用，防止头发开叉。长期使用也不会在头发上造成永久性集聚，并能降低阴离子表面活性剂的刺激性。常用的有机硅表面活性剂有聚醚类和氨基改性硅油，一般用量为2.0%～5.0%。

4. 羊毛脂及其衍生物 能有效地吸附在头发上，形成油脂膜而起到补充油脂、抑制头发水分散失、使头发有湿润感和润滑作用。洗涤过程中能起到加脂作用，抑制脱脂作用，洗后头发有光泽、易梳理。

（三）添加剂

添加剂是为了某种理化特性和特殊效果而添加于香波中，赋予香波各种不同的功能，如增稠剂、珠光剂、澄清剂、酸化剂、螯合剂、去屑止痒剂和特殊添加剂等。具体如下所述：

1. 增稠剂 其作用是提高香波的黏稠度和稳定性，获得理想的使用效果。有无机增稠剂和有机增稠剂两类。

（1）无机增稠剂：主要有氯化钠、氯化铵等电解质和硅酸铝镁、硅酸镁钠等水溶性聚合物。氯化钠和氯化铵主要用于透明香波增稠，用量一般不超过3%，多加会产生盐析现象而分层，增加刺激性。硅酸铝镁与少量纤维素混合，增稠效果明显而稳定，适用于不透明香波增稠，一般用量0.5%～2.5%。

（2）有机增稠剂：目前常用的有聚乙二醇脂肪酸酯类，如聚乙二醇（6000）二硬脂酸酯、聚乙二醇（6000）月桂酸酯等、卡波（Carbopol）树脂、聚乙烯吡咯烷酮、氧化胺、纤维素衍生物和脂肪酸烷醇酰胺等。以上有机增稠剂，其效果大多不是单一的，往往还具有其他功能，在使用时需要注意。

2. 珠光剂 也称遮光剂。添加适量珠光剂，可使液状香波产生悦目的珍珠般光泽，提高产品的视觉效果。常用的珠光剂有乙二醇单硬脂酸酯和乙二醇双硬脂酸酯、氯氧化铋、硬脂酸金属盐（钙、镁或锌盐）、十六醇、十八醇等。

3. 澄清剂 用来保持和提高香波透明度，常用的有丙三醇、丁二醇、己二醇、山梨醇和壬基酚聚氧乙烯醚等。

4. 螯合剂 用来防止或减少在硬水中洗发时生成钙、镁皂而黏附在头发上，增加去污力和洗后头发光泽性。常用的螯合剂有柠檬酸、酒石酸、乙二胺四乙酸及其钠盐。

5. 酸化剂 用来调节香波的酸度。弱酸性香波对头发护理、减少刺激性是有利的。有时香波配方中有些组分需在一定的pH条件下才能稳定或发挥其特定的作用，如铵盐体系必须将pH控制在弱酸性。用无机盐如氯化钠、氯化铵作增稠剂时，弱酸性会使增稠效果更明显。常用的酸化剂有柠檬酸、酒石酸、磷酸及乳酸等。

6. 去屑止痒剂 头皮屑是新陈代谢的产物，头皮表层细胞的不完全角化和卵圆形糠疹芽孢菌的寄生是头屑增多的主要原因。头屑的产生为微生物的生长和繁殖创造了有利条件而刺激头皮，引起瘙痒，加速表皮细胞的异常增殖。因此，抑制头皮表层细胞角化速度从而降低表皮新陈代谢的速度、阻止将要脱落的细胞积聚成肉眼可见的块状鳞片以使其分散成肉眼不易察觉的细小粉末、杀灭微生物等等都是去屑的有效途径。这就需要在香波中添加一些抑菌和杀菌功能的活性物质，以减少头皮微生物的生长，有效控制头皮屑。常用的去屑止痒剂有吡啶硫酮锌（ZPT）、十一碳烯酸衍生物、吡啶酮乙醇胺盐（octopirox，OCT）和天然植物提取物等。

（1）吡啶硫酮锌：是高效、安全的去屑止痒剂和广谱杀菌剂，可以延缓衰老，减少脱发和白发。但它单独加入香波基质中，易形成沉淀而产生分离现象，故须配加一定的悬浮剂或稳定剂才能使之形成稳定体系。香波中一般用量为0.2%～0.5%。

（2）十一碳烯酸衍生物：如十一碳烯酸单乙醇酰胺琥珀酸酯磺酸钠，是一种阴离子表面活性剂，具有良好的去污性、泡沫性和分散性；与皮肤黏膜等有良好的相容性，刺激性小；与其他表面活性剂配伍性好，是一种强有力的去屑、杀菌、止痒剂，还能抑制脂溢性皮炎的产生，一般用量为2%（有效物）时效果比较明显。

（3）吡啶酮乙醇胺盐：是水溶性去屑止痒剂，具有广谱的杀菌抑菌性能、良好的溶解性和复配性能、很好的增稠作用，刺激性小，性能温和。其适用pH为5～8，一般用量为0.2%～0.5%。

（4）天然植物提取物：富含各种活性成分，具有去屑、抗菌消炎、提供营养等功效，且作用温和持久，刺激性小，是一类具有极大潜在应用价值的去屑止痒剂，如胡桃油、积雪草、甘草、山茶提取物。

7. 特殊添加剂 为使香波具有护发、养发功能和一定的疗效，常在香波中添加具有滋润、营养、药效等作用的成分。主要有：

（1）维生素类：如维生素E、泛酸（维生素B_5）等，能赋予头发光泽，保持润湿，修补头发的损伤，增加头发的营养成分等作用。

（2）氨基酸类：如丝肽、水解蛋白等，起到营养和修复受损头发的作用，同时也具有一定的调理作用。

（3）天然植物提取液：如人参、何首乌、芦荟、当归、三七等的提取液，加入香波中除具有营养作用外，有的还能促进皮肤血液循环、促进头发生长、使头发光泽而柔软，如人参提取液；有的还有乌发和防止脱发的功效，洗后头发具有光泽、乌黑、柔顺等效果，如何首乌提取液；有的则具有杀菌、消炎等作用，如芦荟提取液等。这类添加剂作用持久温和，刺激性小，具有较好的发展前景。

二 香波类型

（一）通用型透明香波

通用型透明香波为外观清澈透明的液体，具有泡沫丰富、易于清洗、使用方便、制备简单等特点。为了保持其透明度，通常选用浊点较低的原料，以便产品即使在低温时仍能保持透明清晰，不出现沉淀、分层等现象。常用的表面活性剂有脂肪醇硫酸三乙醇胺、聚氧乙烯脂肪酸酯、烷醇酰胺等，并加入适量的螯合剂、澄清剂等。通用型透明香波配方举例见表22-1。

表22-1　通用型透明香波配方举例

组分	质量分数/%	组分	质量分数/%
月桂醇硫酸三乙醇胺	5.0	甘油	3.0
脂肪醇聚氧乙烯醚硫酸钠	5.0	柠檬酸	适量
醇醚璜基琥珀酸单酯二钠	15.0	氯化钠	1.0
脂肪醇酰胺	5.0	防腐剂、香精	适量
十六醇	1.0	水	加至100

配方说明：配方为多种表面活性剂复配的体系，以月桂醇硫酸三乙醇胺、脂肪醇聚氧乙烯醚硫酸钠为主要的表面活性剂，配以作用温和的醇醚璜基琥珀酸单酯二钠以降低主表面活性剂的刺激性，脂肪醇酰胺为稳泡剂。配方原料易得，配方科学，工艺简单，成本较低。产品泡沫丰富细腻，去污力适中，刺激性小。

（二）乳浊香波

乳浊香波包括乳状香波和珠光香波两种。乳浊香波由于外观呈不透明状，具有遮盖性，所以原料的选择范围较广。常用脂肪醇硫酸盐或醇醚硫酸盐作为表面活性剂，还加一些十六醇、脂肪酸单甘脂类物质，以增加乳液感。乳浊香波可加入各种添加剂，构成多功能的香波。如加入珠光剂，使其均匀悬浮于香波中，经反射而得到珍珠般光泽，构成珠光香波，给人以高档的感觉。乳浊香波配方举例见表22-2。

表22-2　珠光香波配方举例

组分	质量分数/%	组分	质量分数/%
月桂醇硫酸钠	9.0	氯化钠	1.0
醇醚硫酸盐（100%）	9.0	乙二胺四乙酸二钠	0.1
月桂酸二乙醇胺	4.0	尼泊金酯	0.1
乙二醇单硬脂酸酯	2.0	香精	适量
十六醇	1.0	色素	适量
柠檬酸	0.2	水	加至100

配方说明：珠光香波的色泽与珠光剂加入后的制备条件（如搅拌速度和冷却速度等）有密切的关系。产品须有足够的稠度，确保珠光晶片不沉降。

（三）调理、去屑香波

调理香波是目前深受消费者欢迎，市场上占主导地位的一类香波。常见的兼有洗发、护发作用的"二合一"香波，即是其中一种，其洗发、护发一次完成。调理香波是在通用型香波的基础上加入头发调理剂。冲洗时调理剂从香波中沉淀出来,形成一层薄膜,覆盖在头发上,从而起到护发作用。在选择调理剂时，必须考虑调理剂与体系中其他组分的相容性（如与阴离子表面活性剂的相容性）、对产品泡沫的影响、多次洗发后调理剂在头发上的集聚情况等。调理效果的好坏与头发所吸附调理剂的量及调理剂的类型有密切关系。

去屑香波可在调理香波的基础上，再添加去屑止痒剂，构成洗发、调理和去屑"三合一"香波。调理、去屑香波配方举例见表22-3。

表22-3 调理、去屑香波配方举例

组 分	质量分数/%	组 分	质量分数/%
月桂醇醚硫酸钠	16.0	阳离子瓜尔胶	0.3
月桂醇醚磺基琥珀酸单酯二钠	4.0	聚氧乙烯（20）甲基葡萄糖苷	1.0
椰油酰胺丙基甜菜碱	8.0	中草药提取物	0.2
聚氧乙烯（20）缩水山梨糖醇单月桂酸酯	0.2	吡啶酮乙醇胺盐	0.7
		柠檬酸	0.25
椰油酰二乙醇胺	2.5	防腐剂、色素	适量
二羟丙基聚氧乙烯（5）亚油酸氯化铵	1.0	香精	适量
		水	加至100

配方说明：①以中药酸模中提取的活性成分作为去屑剂，并配以吡啶酮乙醇胺盐，具有安全、有效、显著的去屑作用，经济成本较低。②本品选用多种表面活性剂复配的体系，以月桂醇醚硫酸钠为主表面活性剂。具有泡沫丰富、去污力适度、脱脂力适中、不会刺激头皮的特点。③本品选用多种阳离子调理剂复配的调理体系，以二羟丙基聚氧乙烯（5）亚油酸氯化铵为主调理剂，聚氧乙烯（20）甲基葡萄糖苷为保湿润发剂。该体系与皮肤有很好的亲和性，能改善梳理性，具有润发保湿的作用。

（四）儿童香波

儿童香波是专为儿童设计的香波产品。特别强调香波温和的脱脂作用以及安全性和低刺激性，对原料的使用要求较为严格，同时其活性物含量相对较低。此外，香波的外观设计也应突出柔和、纯净、卡通的特点，满足儿童的心理需求。儿童香波配方举例见表22-4。

表22-4 儿童香波配方举例

组 分	质量分数/%	组 分	质量分数/%
油酸单二乙胺酰胺磺基琥珀酸二钠	30.0	水解胶原蛋白	1.0
		香精	适量
月桂醇醚硫酸酯钠盐（25%）	17.0	防腐剂、色素	适量
月桂酰胺丙基甜菜碱	4.0	去离子水	加至100
氯化钠	3.0		

配方说明：油酸单二乙胺酰胺磺基琥珀酸二钠和月桂醇醚硫酸酯钠盐均为温和型表面活性剂，刺激性小；水解胶原蛋白能促进头发的生长，改善头发的结构，修复头发。本品性能温和，滋润保养，使用安全。

（五）干洗香波

干洗香波即为免水洗香波，主要由挥发油或表面活性剂、低碳醇、添加剂等组成。利用挥发油或表面活性剂对头发中的污垢和角质头屑有较好的浸透力和软化作用，并与头发相容性好，不发黏，易清除等特点，达到清洁头发和调理头皮油脂平衡的目的。利用营养添加剂，保持头发滋润，调节油脂分泌，利于健康发丝成长。适用于不方便湿洗发者，特别是患有头部病症、卧床的患者，旅行、出差及长期野外作业者等。干洗香波配方举例见表22-5。

（六）膏状香波

膏状香波即洗发膏，是国内开发较早的一种质地柔软的洗发用品，具有携带和使用方便，泡沫适宜，去污力好的特点。由于该类香波呈不透明膏状体，故可加入多种对头发有益的滋润性物质。现代洗发膏也从单一洗发功能向洗发、护发、养发、去屑止痒等多功能方向发展。洗发膏多以皂体与其他表面活性剂相配，或由各种表面活性剂（无皂基）相配制得。膏状香波配方举例见表22-6和表22-7。

表22-5　干洗香波配方举例

组　分	质量分数/%	组　分	质量分数/%
硅酮油	50.0	肉豆蔻酸异丙酯	10.0
乙醇	30.0	春黄菊精	10.0

表22-6　膏状香波配方举例

组　分	质量分数/%	组　分	质量分数/%
十二烷基硫酸钠	20.0	三聚磷酸钠	5.0
硬脂酸	5.0	甘油	3.0
羊毛脂	1.0	防腐剂、香精、色素	适量
氢氧化钠（100%）	1.0	水	加至100

配方说明：配方为皂基型香波，去污力强，使用安全。

表22-7　墨旱莲洗发润膏配方

组　分	质量分数/%	组　分	质量分数/%
墨旱莲提取物	52.0	羊毛脂-75	1.3
尿囊素	0.3	十二烷基甜菜碱	5.0
瓜尔胶	0.4	珠光剂	0.9
硅油DC-1679	5.0	防腐剂	0.3
脂肪醇聚乙烯醚硫酸钠	20	蛋白质胶原	2.9
助溶剂403	5.0	透明质酸钠盐	1.9
烷基醇酰胺	5.0	香精	适量

配方说明：配方选用多种表面活性剂复配的体系，透明质酸钠盐为保湿剂，蛋白质胶原加入洗发润膏使用后留有一层明显的胶膜，使头发更加光滑柔顺，增强头发的抗静电效果和梳理作用。本品配方及工艺科学合理，产品起泡迅速，用量省，无毒副作用，安全可靠。使用本品后可使头发更加滋润柔软、乌黑亮泽，头皮屑明显减少，止痒效果可达3～5天。

三　香波的使用方法

1. 非干洗香波的使用方法　将适量香波（用量标准是能让泡沫布满整个头发）均匀涂于湿发上，从头皮开始，逐渐涂满全部头发，用手指由发根向发梢轻轻按摩，再用温水洗净。若有需要，可重复一遍。

洗发过程中应注意以下事项：

（1）将香波置于润湿的头发上，不要直接将香波放于干发上洗发；

（2）洗发后应将香波的泡沫冲净，否则会影响头发的光洁度；

（3）避免香波进入眼睛，如不慎入眼，即用清水洗净。

2. 干洗香波的使用方法 将干洗香波涂抹或喷涂在头发上，充分润湿头发，再用手轻轻搓擦头发，使头发和头皮上的污垢、头屑等显露于外面，然后用梳子梳理，用毛巾擦干，即可将头发清洁干净。

第三节 护发、美发化妆品

健康的头发表面上有一层薄的油膜，此层薄膜可维持头发的油水平衡，保持头发的光泽，同时还可直接保护头发和头皮。如果因接触碱性物质、洗发、染发或烫发以及长期的风吹、日晒和雨淋等破坏了油水平衡，使头发变得干枯、发脆、易断等，这就需要适当地补充油分、水分和营养物质，以恢复头发的光泽和弹性。

护发化妆品（hair care cosmetics）的主要作用就是使头发柔软光泽、有弹性、易于梳理、抗静电，并使头发损伤（机械、烫发、染发等所带来的损伤）得到一定程度地修复，达到滋润和保护头发、兼有修饰和固定发型之目的。美发化妆品（hair beauty cosmetics）的主要作用是增加头发光泽、梳整头发、保持发型。常用的护发、美发化妆品有护发素、发油、发蜡、发乳、焗油、喷发胶、发用摩丝、发用凝胶、定型发膏等。

（一）护发素（rinse）

护发素是一种洗发后使用的，能保护头发和补充营养，促使头发健康的护发用品，它对头发具有极好的调理和保护作用。除此之外，理想的护发素还应具有以下性能：改善干梳和湿梳性能，使头发不会缠结；具有抗静电作用，使头发不会飘拂；赋予头发光泽；保护头发表面，增加头发的立体感。

护发素的品种繁多，具有不同的分类方法。按照功能分为正常头发用、干性头发用、受损头发用、头屑性头发用、防晒和烫发及染发等护发素；按照形态分为透明状、乳液状、凝胶状、气雾剂型等护发素；按照使用方法分为用后需冲洗干净的、免冲洗的及焗油型护发素。一般的护发素用后需冲洗干净，不需冲洗的护发素多数为气雾剂或凝胶型。

护发素由主要成分（阳离子表面活性剂、胶性成分、调理剂、香精、防腐剂等）、辅助成分（保湿剂、增脂剂、乳化剂等）和特殊添加剂等组成。护发素多以阳离子表面活性剂为主体，它能中和香波洗头后残留在头发表面上的阴离子表面活性剂，吸附于毛发上，形成单分子膜，这种膜可赋予头发柔软性及光泽，使头发富有弹性，并阻止产生静电，使缠结的头发顺服、易于梳理。常用的阳离子表面活性剂有溴化季铵盐（如十八烷基三甲基溴化铵）、氯化季铵盐（如十二烷基二甲基苄基氯化铵）、聚季铵盐、阳离子瓜尔胶等。

水溶性高分子化合物等胶性成分可起到增稠、增黏或成膜作用，有助于护发定型。多采用天然胶粘剂（如阿拉伯胶、黄蓍胶）等、合成胶粘剂（如聚乙烯吡咯烷酮、聚乙烯醇等）。

阳离子调理剂如季铵盐水解蛋白可对头发起到柔软、抗静电、保湿和调理作用。

辅助成分的加入可提高护发素的护发性能和使用性能，保湿剂（如丙二醇、山梨醇、聚乙二醇等）有保湿、调理、调节黏度作用；增脂剂（如白油、植物油、硅油、高级脂肪醇等油性成分）可补充头发油性成分，改善头发营养状况，使头发光亮，易梳理，并对护发素起增稠作用；乳化剂多采用非离子表面活性剂（如聚氧乙烯脂肪醇醚、聚氧乙烯脂肪醇酯等）主要起乳化作用，并兼有护发、滋润、柔软等作用。

特殊添加剂具有活性成分，加入配方中以增强或提高护发素的使用价值和应用范围，赋予护发素各种功能。如去屑止痒活性成分、防晒活性成分、水解蛋白、维生素E、泛酸、芦荟胶和啤酒花提取物等。

除上述原料外，护发素中还需要加入防腐剂、抗氧剂、色素和香精。护发素配方举例见表22-8和表22-9。

表22-8　护发素配方举例

组　分	质量分数/%	组　分	质量分数/%
十六烷基三甲基氯化铵	4.0	丙二醇	2.3
甲基丙烯酰胺丙基三甲基氯化铵	1.3	防腐剂	适量
		柠檬酸（调pH=5.0）	适量
液状石蜡	2.2	香精	适量
聚二甲基硅氧烷	0.5	水	加至100
十六醇/十八醇	2.8		

表22-9　免冲洗型养发护发素配方举例

组　分	质量分数/%	组　分	质量分数/%
当归提取液	12.0	甘油	12.0
白术提取液	12.0	乙醇	16.0
生地黄提取液	8.0	十六烷基三甲基溴化铵	2.0
何首乌提取液	8.0	羧甲基纤维素	1.0
肉桂提取液	8.0	叶绿素	0.2
乌梅提取液	8.0	防腐剂	0.5
地骨皮提取液	6.0	香精	0.3
桑白皮提取液	6.0		

配方说明：免冲洗型护发素不需要用水冲洗，不易沾灰尘，不沾衣领、被褥，防静电、易于梳理成型。本品主要原料为天然植物提取液，为水溶性液态产品；使用后可促进头发的正常生长和乌黑，防止白发和脱发的产生；同时又通过护理头发，使头发柔软、润泽、有弹性，达到养发和护发的双重效果。

护发素的使用方法：洗发后，将适量护发素倒在掌心，均匀地涂抹在头发上。首先从发梢开始用手指夹住头发轻轻按摩均匀，然后再慢慢涂抹至整个发部，1～2分钟后用清水洗净（免冲洗护发素可不必冲洗）。使用量根据头发的长短程度和发质而定，一般短发每次使用4～5mL，中长发6～8mL，长发12～15mL甚至更多。头发有严重受损、分叉现象可适当增加使用量，并对发梢进行加强护理。

（二）发油（hair oil）

发油也称头油，是一类古老而又重新焕发活力的化妆品，呈无色或浅黄色透明的油状物，有适度香味。发油的作用是补充头发的油分，增加光亮度，有一定的整形功效。使用发油可恢复洗发后头发失去的光泽与柔软性，还可以防止头发及头皮过分干燥，起到滋润、养发的作用。因发油含油性较大，油性头发或患脂溢性皮炎的人群忌用。制作发油一般多采用凝固点较低的纯净植物油或精制矿物油为主要成分，加入少量油溶性色料、抗氧剂和香精制成。发油配方举例见表22-10。

表22-10 发油配方举例

组分	质量分数/%	组分	质量分数/%
液状石蜡	50.0	杏仁油	20.0
薏苡仁油	8.0	乌桕子油	20.0
蜂王浆	2.0	香精、抗氧剂、色素	适量

配方说明：因薏苡仁油具有吸收紫外线和消炎的作用，所以本品除营养头发，使头发光滑柔软外，还具有防晒消炎杀菌的功效。

发油的使用方法：将头发洗净，待头发干后，将适量头油涂抹于头发上，在头发上轻轻按摩，使头油在头发上涂抹均匀。

（三）发蜡（hair pomade）

发蜡是外观为透明或半透明软膏状半固体护发定型化妆品，是油、脂和蜡的混合物。其作用是利用油和蜡类成分来滋润头发，使头发具有光泽并保持一定的发型。根据原料来源和产品外观，分为植物性、矿物性和水溶性发蜡3种。

（1）植物性发蜡：是以植物油（如橄榄油、蓖麻油等）为主要原料，并添加蜂蜡、地蜡、抗氧剂和香精等而制成，它有适当的硬度和黏性，较易清洗。

（2）矿物性发蜡：是以凡士林、白油、石蜡等矿物油为主要原料，添加适量的色素、香精等原料而制成，具有留香持久、高黏性，适用于硬性头发，用后易梳理成型、头发光亮等特点。

（3）水溶性发蜡：又叫透明发蜡，主要原料有橄榄油、高级醇、液状石蜡、表面活性剂、去离子水、香精、色素、抗氧剂等。水溶性发蜡为透明的凝胶状膏体，使用感觉不黏、头发柔滑，护发效果好，可保持头发的自然光泽，为护发美容佳品。其配方举例见表22-11。

表22-11 发蜡配方举例

组分	质量分数/%		
	植物性	矿物性	水溶性
凡士林		52.0	
白蜡		6.0	
木蜡	15.0		
白油		9.0	3.0
橄榄油	4.0	30.0	7.0
蓖麻油	79.0		
羊毛脂	2.0	2.0	
油醇			5.0
聚氧乙烯十六醇醚			30.0
水			54.0
香精、抗氧剂、色素	适量	适量	适量

发蜡的使用方法：发蜡常用于短发。用时应先将发蜡搽在手指上，再涂到头发上。浓密的头发，可将手指伸到头发内搽，不可只搽表面。油性头发或混合性头发，只在头发梢轻轻地搽一些，头顶勿搽或少搽。

（四）发乳（hair cream）

发乳是一种光亮、稠度适宜、洁白的乳化型护发化妆品。其主要用于补充头发油分和水分的不足，使头发柔软、光亮，并有适度的美发效果。尤其是O/W型的发乳，水分易被头发吸收，油脂残留在头发上，使用时无黏腻感、感觉滑爽，易被清洗。

发乳的配方组成与一般乳液相近，主要有油分、水分、乳化剂、抗氧剂、防腐剂、螯合剂、香精和色素等；还可根据需要，添加水解蛋白、人参活性成分提取液等营养成分，以补充头发营养和修复受损头发；或加入药性成分，制成药性发乳。

为了制得膏体细腻和稳定性好的发乳，选择适当的乳化剂是十分重要的。常用的乳化剂有脂肪酸皂、脂肪醇硫酸盐、脂肪酸酯、聚氧乙烯衍生物等，其中以脂肪酸的三乙醇胺皂作为乳化剂最为普遍。乳化剂复配使用，乳化效果更佳。此外，油相和水相的平衡及两相的适当黏度，也会影响其稳定性。发乳配方举例见表22-12。

表22-12　O/W型发乳配方举例

组　分	质量分数/%	组　分	质量分数/%
液状石蜡	21.0	水解蛋白	1.0
山梨醇单硬脂酸酯	2.5	三乙醇胺	1.0
硬脂酸	2.0	香精、防腐剂	适量
乙酰化羊毛脂	5.0	水	加至100
何首乌提取液	7.5		

配方说明：本品稳定性好，刺激性小，营养发根，使头发易梳理。经常使用，使头发乌黑光亮，对少年白发症有较好的治疗作用。

发乳的使用方法：发乳应在洗净头发后，在头发湿润时涂用。用法是将适量发乳（视头发的多少、干性或油性程度而定）在手掌中揉开，将双手掌在头发上轻轻涂抹，先搽头发最干燥的部分，让这部分头发得到最多的油分，以改善其缺油的状况。

使用发乳时应注意以下事项：①头发洗后稍干不黏手时，最适宜搽发乳；刚洗完头就搽，水分不能正常挥发；头发太干了搽，就会失去光亮。②搽上发乳后，要用木梳多梳几次，才不会使头发上留下一层白色。

（五）焗油（hot oil）

焗油是20世纪90年代流行的改善发质的护发用品，其功能与一般护发素相同。“焗油”的意思是通过蒸气将油分和各种营养成分渗入发质内和发根，起到养发、护发的作用，其效果优于一般护发素。焗油具有抗静电、增加头发自然光泽、滋润柔软，易于梳理的作用。对损伤性头发，特别是对经常染发、烫发或风吹日晒造成的干枯、无光、变脆等发质有修复功能。

焗油类产品分为液体和膏状。常制成O/W型膏霜，称为焗油膏，其主要成分是渗透性强、不油腻的动植物油脂（如貂油、霍霍巴油等）、对头发有优良护理作用的硅油、季铵盐或阳离子聚合物，还常加入一些皮肤促渗剂成分（如薄荷醇、冰片等）。焗油类产品配方举例见表22-13。

表22-13　焗油膏配方举例

组　分	质量分数/%	组　分	质量分数/%
十八烷基三甲基氯化铵	8.0	聚乙二醇（150）双硬脂醇醚	0.6
羟乙基纤维素	0.5	水解蛋白	0.3
D-泛醇	0.3	薄荷醇	1.0
硅油	2.0	香精、防腐剂、色素	适量
霍霍巴油	1.0	水	86.3

焗油的使用方法：使用时，先用香波将头发洗净，擦干或吹风机吹干后，将焗油膏均匀涂抹在头发上，梳理均匀。然后用热毛巾或者焗油帽加热15～20分钟，待完全冷透后用清水洗净头发，并整理出理想的发型。另外，若是免蒸焗油膏，则不需要加热，其他类同。

（六）喷发胶（hair spray）

喷发胶的主要作用是定型和修饰头发，以满足各种发型的需要。喷发胶是将化妆品原液和喷射剂一同注入耐压密闭容器中，以喷射剂的压力将化妆品原液呈雾状均匀地喷洒在头发上，能立即在头发表面形成一层柔软而有韧性的薄膜，发丝相互黏合，从而保持发型。

化妆品原液是喷发胶的主要成分，含有成膜剂、溶剂、增塑剂和香精等。成膜剂既能固定头发，又能使头发柔软。现多选用合成高分子物，常用的是高聚物树脂，如聚乙烯吡咯烷酮/乙酸乙烯酯（PVP/VA）共聚物及聚丙烯酸树脂类等。溶剂大多采用乙醇或含有少量水的乙醇/水混合体系，这些树脂溶于上述体系中，喷在头发上后，乙醇立即挥发，树脂则在头发上形成薄膜，起到定型作用。增塑剂能使形成的薄膜柔软、可塑并有韧性，主要有高碳醇类、羊毛脂、硅油、蓖麻油等。

喷射剂也称为推进剂，主要包括液化或压缩气体，如丁烷、丙烷、异丁烷、异丁烷/丙烷（80/20，LPG）和二甲醚等。常温下在密闭耐压容器内产生一定的压力，当开启喷射装置的阀门时，则可将醇溶性物质一起喷射出。喷发胶配方举例见表22-14。

表22-14　喷发胶配方举例

组　分	质量分数/%	组　分	质量分数/%
聚乙烯吡咯烷酮/乙酸乙烯酯共聚物	2.2	十六醇	0.05
		无水乙醇	32.1
2-氨基-2-甲基丙醇	0.3	香精	0.25
硅油	0.1	二甲醚	65.0

（七）发用摩丝（hair mousse）

摩丝由“mousse”音译而得名，是于20世纪80年代出现的泡沫型润发、定发产品。近年来，在摩丝配方中添加的各种功能的添加剂使其性能不断完善，新用途品种不断涌现，出现了保湿摩丝、防晒摩丝、洁面摩丝等。产品使用面从头发拓展到全身。

发用摩丝为气溶胶型化妆品，使用时可喷出洁白、易消散、具有弹性的泡沫，容易在头发上涂敷，使头发光滑、润湿、易梳理、抗静电，便于头发造型、定型等。其主要成分是原液（成膜剂、表面活性剂、溶剂、保湿剂等）和喷射剂等。成膜剂以高聚物树脂为主，与喷发胶类同，但略有区别，喷发胶所用的聚合物较重于定型，黏度不高，易形成较细的喷雾；而摩丝所用的聚合物要求有一定黏度，最好兼有调理作用，对泡沫有一定的稳定作用。表面活性剂起到泡沫基质和发泡剂的作用，多采用非离子表面活性剂（HLB值为12～16），如聚氧乙烯油醇醚、聚氧乙烯失水山梨醇脂肪酸酯等；溶剂是水/乙醇体系；还常添加脂肪酸酯、羊毛脂衍生物、硅油等或营养成分，改善发用摩丝的滋润、可塑及护发性能；摩丝喷射剂用量一般少于喷发胶，且具有较高的挥发性。发用摩丝配方举例见表22-15。

表22-15　发用摩丝配方举例

组　分	质量分数/%	组　分	质量分数/%
聚乙烯吡咯烷酮/乙酸乙烯酯共聚物	2.0	无水乙醇	10.0
聚氧乙烯（20）油醇醚	3.0	香精	适量
阳离子纤维素聚合物	1.5	防腐剂	适量
十八烷基三甲基氯化铵	0.6	异丁烷/丙烷（80/20）	15.0
甘油	5.0	水	加至100

配方说明：本品原料易得，配比科学，工艺简单。产品发泡均匀稳定，成膜快，硬而不黏腻，保湿和发型固定性好。

（八）发用凝胶（hair gel）

发用凝胶是一种非流动或半流动性凝胶状美发化妆品，是近年来流行的一种新型的定型、护发产品，主要适用对象为男士。通过涂抹后在头发上形成透明胶膜，赋予头发光泽和弹性，还可赋予各种色彩，呈现华丽的色彩。发用凝胶的作用和喷发胶、发用摩丝类同，只是其黏着力较弱，较易用水清洗掉。其缺点是干燥较慢，可使用热吹风加快干燥。发用凝胶主要有无水透明发膏、啫喱膏和啫喱水。

1. 无水透明发膏　是利用硬脂酸金属皂等作为凝胶剂，使油脂类形成透明、均匀的无水凝胶。这类凝胶能赋予头发较高的光亮度，使用时无拉丝或发脆等缺点，具有涂敷均匀、无黏腻感的优点，但油性较强，易沾上灰尘，定型能力较低。

无水透明发膏主要成分是由油脂（如白油、液状石蜡）和凝胶剂（如硬脂酸和棕榈酸的铝、镁、锌等金属皂）组成。另外加入适量的脂肪酸酯可改进膏体的脆性、收缩性等质量问题，提高使用效果。无水透明发膏配方举例见表22-16。

表22-16　无水透明发膏配方举例

组　分	质量分数/%	组　分	质量分数/%
白油	84.0	异硬脂酸	2.0
三氧基三硬脂酸铝	7.0	单月桂酸甘油酯	5.0
12-羟基硬脂酸	2.0	香精、抗氧剂、色素	适量

2. 啫喱膏　也叫定型凝胶，外观为透明、非流动性或半流动性凝胶体，易于均匀涂抹在头发的表面，形成的薄膜不黏，易于梳理，可保持自然清爽的定型效果。

啫喱膏的主要成分是成膜剂、凝胶剂、中和剂、稀释剂、调理剂、光稳定剂、螯合剂、香精及其他添加剂等。成膜剂（类同于喷发胶）和中和剂（如三乙醇胺、氨甲基丙醇等）在稀释剂（通常是去离子水）的作用下,可使产品形成透明水合凝胶基质,同时还可有定型作用。调理剂可起到使头发易梳理和抗静电的作用。光稳定剂在产品基质中加入适量的紫外线吸收剂[如二苯（甲）酮-4，一般浓度在0.5%以下]有光保护作用，防止产品变色。其他添加剂可赋予产品特定功能，如使用光亮剂、保湿成分、维生素、植物提取液、防晒剂等。啫喱膏配方举例见表22-17。

表22-17 啫喱膏配方举例

组分	质量分数/%	组分	质量分数/%
聚乙烯吡咯烷酮/乙酸乙烯酯共聚物	3.3	苯甲基乙醇/甲基二溴戊二腈	0.05
卡波-940	0.65	三乙醇胺	0.7
聚乙烯吡咯烷酮/二甲基氨基乙基甲基丙烯酸酯硫酸乙酯铵	1.5	香精	适量
		吐温-20	0.75
二苯（甲）酮-4	0.5	水	加至100
乙二胺四乙酸	0.05		

配方说明：卡波-940树脂是啫喱膏使用较多的凝胶剂，可以制得美观的透明凝胶，当全部或部分被中和时，可以与许多其他类型的树脂配伍。本品不含乙醇、喷射剂等易燃易爆物，方便出差和旅行者携带和使用。

3. 啫喱水 也称定型液或定发水，外观是透明半流动的凝胶。主要用于修饰和固定发型，用后头发柔润、光泽且无油腻感。可用于湿发或烫发后使用。

啫喱水的组成与啫喱膏相似，配方中主要使用水溶性聚合物，稀释剂中可以有适量的乙醇，来降低产品本身的黏稠感。啫喱水配方举例见表22-18。

表22-18 啫喱水配方举例

组分	质量分数/%	组分	质量分数/%
聚苯乙烯磺酸钠（50%）	2.2	乙醇（95%）	18.0
葡萄糖酰氨丙基二甲基羟乙基氯化铵	0.2	香精、防腐剂	适量
聚氧乙烯（20）油醇醚	0.5	水	加至100

（九）定型发膏（hairdressing pomade）

定型发膏是呈乳白色的膏状美发化妆品，具有易涂布均匀，无油腻、黏滞感，护发、定型效果良好，用后易清洗的特点。定型发膏多为O/W型微乳状液，主要组分为油性成分、乳化剂、助乳化剂、珠光剂等。其配方举例见表22-19。

表22-19 定型发膏配方举例

组分	质量分数/%	组分	质量分数/%
卡波-940（2%）	40.0	六偏磷酸钠	0.1
聚氧乙烯（20）甲基葡萄糖苷醚	2.0	防腐剂	适量
丙二醇	2.0	二氧化钛-云母	5.0
甘油	1.0	乙醇	15.0
D-泛醇	1.0	聚乙烯吡咯烷酮	2.0
三乙醇胺	1.0	水	加至100

（十）喷发胶、发用摩丝、发用凝胶和定型发膏的使用方法

可根据个人的习惯选用不同类型的定型化妆品，如习惯于早上做发型的人，可使用发用凝胶；习惯于在洗完头后直接做发型的人，可选择发用摩丝或喷发胶。在使用发用凝胶时，先蘸些在手指上，然后从发根向发梢方向涂抹。使用发用摩丝时，先将摩丝摇匀，挤出鸡蛋大小的一团泡沫，轻轻敷在头发上，用梳子或刷子抹匀，然后可将头发随意梳理成型，干发、

湿发均可使用。在使用喷发胶时，应于20～30cm的距离喷涂全体或局部头发，应注意避免喷向眼睛。喷发胶一般在洗完头吹风定型后使用，头发前区的刘海处可多喷一些。

第四节　剃须化妆品

剃须化妆品（shaving cosmetics）一般供男性在剃除面部胡须时使用。其作用是软化、膨胀须发；清洁皮肤；减轻皮肤和剃须刀之间的机械摩擦，使表皮免受损伤；提高剃须速度；使剃须后的皮肤产生（或增加）舒适感。

肥皂是最早被用来作为软化须毛的用品使用的，但碱性较强，长期使用会刺激皮肤，甚至可能引发皮肤过敏等病变。随着化妆品行业的飞速发展，人们开始使用专用的剃须产品。剃须用品主要分为3类：湿式剃须用品、干式剃须用品和剃须后皮肤护理用品。

一　湿式剃须用品

湿式剃须用品（wet shaving cosmetics）是供剃刀或刀片剃须的制品。它能润湿须毛，使须毛软化，润滑皮肤，有利于剃刀或刀片刮剃须毛，从而使剃须过程舒适、安全和快速。湿式剃须用品主要有泡沫剃须膏、无泡沫剃须膏、气雾型剃须膏等类型。

（一）泡沫剃须膏（foam shaving cream）

泡沫剃须膏是一种较流行的剃须化妆品，为柔软均匀的乳膏，有适宜的稠度，用软管装贮，使用方便。使用时能产生丰富的泡沫，附着在皮肤上不易干燥。剃须后易于清洗，无刺激、不引起皮肤过敏反应。

泡沫剃须膏主要由乳化泡沫剂、滋润剂、保湿剂及其他组分组成。乳化泡沫剂是硬脂酸或椰子油的钾、钠或三乙醇胺皂，起到乳化发泡和碱化剂的作用，可将胡须溶胀、软化，使其容易剃除。滋润剂是未皂化的脂肪酸、动植物油脂以及合成油脂，起到滋润、减轻皮肤刺激及增加膏体稳定性等作用。保湿剂是多元醇等，起到对皮肤和胡须滋润柔软作用，而且对膏体有保湿和提高稠度及光亮度等作用。用薄荷脑作为剃须膏的香精，既可赋予清凉感，又具有收敛、麻醉和杀菌防腐的作用。泡沫剃须膏配方举例见表22-20。

表22-20　泡沫剃须膏配方举例

组分	质量分数/%	组分	质量分数/%
硬脂酸	32.0	羊毛脂	5.0
椰子油	5.0	薄荷脑	0.2
氢氧化钾	6.2	香精	0.5
氢氧化钠	1.3	防腐剂	0.2
甘油	15.0	水	34.6

（二）无泡沫剃须膏（non-foam shaving cream）

无泡沫剃须膏也称免刷剃须膏，其特点是在使用时不用刷子，使用方便，但用量较多，软化须毛效率不如泡沫剃须膏高。无泡沫剃须膏配方一般与雪花膏基本相同，只是加入了大量的滋润性物质、润滑剂等。硬脂酸含量一般为10%～30%，其中仅部分被碱皂化，余下的硬脂酸增加了膏体的滋润性；滋润剂对皮肤和须毛起润湿和软化作用，常用油脂类，如羊毛脂、单硬脂酸甘油酯、硅酮油等；保湿剂仍为常用的多元醇等。无泡沫剃须膏配方举例见表22-21。

表22-21　无泡沫剃须膏配方举例

组分	质量分数/%	组分	质量分数/%
硬脂酸	18.0	三乙醇胺	1.0
白油	5.0	硅油	1.0
聚氧乙烯失水山梨醇单硬脂酸	5.0	香精	0.2
甘油	5.0	防腐剂	适量
硼砂	2.0	水	62.8

（三）剃须摩丝（shaving mousse）

剃须摩丝是当前最为流行的一种剃须用品，它属于气雾剂型化妆品。其原液为O/W型乳液，喷射剂多为异丁烷/丙烷（80/20）混合物或二甲醚等。当原液喷出时，形成了被水溶性表面活性剂包裹的推进剂气泡组成的泡沫。

其原料种类与上述剃须膏相似，只是组分配比不同。各种阴离子和非离子表面活性剂可改善剃须泡沫的性能。剃须摩丝配方举例见表22-22。

表22-22　气雾型剃须膏配方举例

组分	质量分数/%	组分	质量分数/%
硬脂酸	6.5	水	69.0
椰子油酰基肌氨酸钠	7.0	香精	适量
山梨醇（70%）	3.0	防腐剂	适量
三乙醇胺	6.0	异丁烷/丙烷（80/20）	7.0
硅酸铝镁	1.5		

湿式剃须用品使用方法：使用时先用温水将胡须润湿，取适量湿式剃须用品置于胡须部，顺着胡须生长的方向剃，剃完后用水清洗干净。泡沫剃须膏可用刷子蘸剃须膏涂抹，起泡后再剃须；无泡沫剃须膏可直接用手掌取适量抹开；剃须摩丝先摇匀后，取适量摩丝涂在胡须处并按摩，直至摩丝产生丰富泡沫后，便可以开始剃须。

二　干式剃须用品

干式剃须用品（dry-shaving cosmetics）供电动剃须使用。它能防止须毛滑脱，有利于电动剃须器顺利将须毛切除，主要有电动剃须液和电动剃须用摩丝两种。

（一）电动剃须液

电动剃须液（pre-electric shave lotion）是含有乙醇的收敛性液体或油的乳液。其主要作用是使须毛竖起和硬挺，同时保持润滑。在配方中需要添加一些温和的收敛剂（如氯化羟基铝、乳酸等），进一步增加醇类的收敛作用；也常添加薄荷脑、樟脑等作清凉剂以及高级脂肪酸酯作润滑剂，提高化妆品的功效。电动剃须液配方举例见表22-23。

表22-23　收敛性电动剃须乳液配方举例

组分	质量分数/%	组分	质量分数/%
乙醇	80.0	樟脑	0.1
氯化羟基铝	5.0	香精	适量
肉豆蔻酸异丙酯	5.0	着色剂	适量
薄荷醇	0.1	水	9.8

（二）电动剃须用摩丝

电动剃须用摩丝（quick-breaking aerosol foam）是一种快速消失的气雾剂泡沫。这类化妆品的典型组成（以质量分数计）为：55%～70%乙醇、4%～10%润滑剂、0.5%～5%表面活性剂、3%～10%喷射剂。其泡沫持久性取决于乙醇和喷射剂的含量，一般为数秒至数分钟。常用的表面活性剂为非离子型的乳化蜡，润滑剂为己二酸二异丙酯、癸二酸二甲酯等。电动剃须用摩丝配方举例见表22-24。

表22-24　电动剃须用摩丝配方举例

组分	质量分数/%	组分	质量分数/%
双-（2-甲氧基-2-乙氧基）乙基己二酸酯	2.4	香精	适量
乙醇（95%）	68.1	水	21.9
乳化蜡（Polwax A-31）	4.9	异丁烷	2.7

干式剃须用品使用方法：使用前先摇匀电动剃须液（摩丝），取适量涂搽在面部，待剃须液干后（或摩丝的泡沫消失）开始剃须。

三　剃须后用护肤品

剃须过程中除剃去须毛外，还会除去部分表皮角质层，损伤皮肤。同时，剃须制品中表面活性剂的刺激脱脂作用也会使皮肤受到不同程度的损伤。因此在剃须后，需要用剃须后皮肤护理用品来减轻剃须对皮肤的刺激和不适感觉，使皮肤清新、凉爽及恢复抗菌作用。剃须后皮肤护理用品主要有护理液、润肤乳液、护肤凝胶和护肤摩丝等类型，其中以配方中含有乙醇的护理液化妆品最为普遍，其配方举例见表22-25。

表22-25　收敛性剃须后护肤液配方举例

组分	质量分数/%	组分	质量分数/%
A：一缩二丙二醇	1.0	B：聚氧乙烯十二烷基醚	1.0
酚基磺酸锌	0.5	邻氨基苯甲酸薄荷酯	2.0
水	41.0	薄荷香精	0.5
B：乙醇	54.0	C：色素	适量

配方说明：将A、B分别混合搅拌使其溶解，在缓缓搅拌下将A加入到B中，溶解后加C，过滤后分装。酚基磺酸锌为收敛剂，邻氨基苯甲酸薄荷酯为紫外线吸收剂，剃须后用本品擦洗胡须皮肤，具有护肤、增加清凉舒适感作用。

剃须后用护肤品使用方法：剃须后立即将适量的护理用品倒于手掌中，以剃须部位为中心，轻拍于整个面部。

思 考 题

1. 香波的主要功能和性能特点有哪些?
2. 护发、美发化妆品都有哪些? 其作用是什么?
3. 以表22-3调理、去屑香波配方为例，说明组成香波的各个成分的作用。
4. 以表22-8护发素配方为例，说明组成护发素的各个成分的作用。
5. 剃须化妆品如何分类? 其作用各是什么?

（李发胜）

第二十三章　染发类化妆品

第一节　染发类化妆品概述

一、染发类化妆品的概念

染发类化妆品（hair dye cosmetics）是指用于改变头发颜色，达到美化毛发目的的化妆品，通常称其为染发剂。它可将白色、灰白色、黄色头发染成黑色，也可以将黑色头发染成棕色、金黄色及漂白脱色等。

染发剂作为化妆品用于美化人们的生活已有几百年的历史。早在我国宋朝以及古希腊、古埃及和古罗马时期，人们就已经开始用植物染料进行染发。现代染发类化妆品始于19世纪末，是在有机物对苯二胺的基础上发展起来的，直到今天，以对苯二胺为主体的合成氧化型染料仍是染发剂的主要原料。

二、染发类化妆品分类

染发剂按采用的染料可分为植物性、矿物性和合成染发剂。根据染发原理和染色的牢固程度又可分为暂时性染发剂、半永久性染发剂、永久性染发剂和漂白剂，这几种染发剂的作用时间不同，其中永久性染发剂应用最为普遍。而按产品的剂型分类，又可分为乳膏型、凝胶型、香波、粉剂、摩丝和气雾剂型等。对染发剂的性能要求主要体现在：较好的染色性能；较好的安全性，不损伤头发和皮肤；较好的稳定性，对洗发、护发化妆品稳定，不易变色或褪色；易于涂抹，使用方便。

第二节　染发类化妆品功效原料、作用机制和配方

一、暂时性染发剂

1. 暂时性染发剂功效原料　暂时性染发剂（temporary hair dye cosmetics）常采用天然色素（如炭黑、铜粉、氧化铁）、有机合成染料（碱性染料如偶氮类、酸性染料如蒽醌类、分散性染料如三苯甲烷类等）和植物性染料（如指甲花、苏木精、春黄菊和红花等的提取物）作为着色剂。

2. 暂时性染发剂作用机制　一般是将染料溶解或分散在基质（水、水-醇溶液、油脂或

含有透明聚合物的液体介质等）中使用。可利用油脂的附着性（如乳膏型染发剂）、水溶性聚合物的吸附性（如凝胶型染发剂）、高分子树脂的黏结性（如染发摩丝和气雾剂型染发剂）进行染发。由于暂时性染发剂常用相对分子质量较大的染料，不能透过表皮渗入发髓，只能以黏附或沉淀形式附着在头发的表面上形成着色覆盖层；与头发的相互作用不强，牢固度较差，不耐洗，经一次洗涤即可全部除去，并且深色头发染不上较浅的颜色。但因暂时性染发剂只滞留在头发表面，对头发损伤少，故产品较为安全。头发染后，如不洗发，可保持色泽7～10天。常用于染发后修补鬓发、临时性化妆或演员化妆用。

3. 暂时性染发剂配方 暂时性染发剂有各种不同的剂型，包括染发喷剂、染发凝胶、染发摩丝和染发膏等。其配方组成各不相同，一般包括着色剂、溶剂（水、乙醇、异丙醇、油脂、蜡等）、增稠剂（纤维素类、阿拉伯树胶、树脂等）、乳化剂和香精等。其中以染发喷剂多见，其使用方便，着色较快，且多用于将头发染成各种鲜艳明快的色彩，也可用于美发定型后的局部白发或灰色染发。暂时性染发剂配方举例见表23-1。

表23-1　暂时性染发喷剂配方举例

组　分	质量分数/%	组　分	质量分数/%
原液：		香精	适量
聚乙烯吡咯烷酮/乙酸乙烯酯共聚物	6.0	乙醇	81.6
聚二甲基硅氧烷	0.2	气溶胶：	
辛基十二醇	0.2	原液	70
珠光颜料	12.0	喷射剂：异丁烷/丙烷（80/20）	30

配方说明：本配方为气压式染发用品，将配制好的原液充入耐压气压容器内，安装阀门后充入喷射剂形成气溶胶。使用时开启阀门，由喷射剂在气压容器内产生的压力将原液喷射出。这类用品具有使用方便，成膜均匀，染发效果好等特点。聚乙烯吡咯烷酮/乙酸乙烯酯共聚物为成膜剂，在头发上形成薄膜，起到定型作用。聚二甲基硅氧烷和辛基十二醇可作为增塑剂，也可作为保湿剂，使成膜剂更加柔软、可塑性增强，对头发也有滋润、保湿作用。珠光颜料为着色剂，赋予头发珠光般色泽。

二　半永久性染发剂

1. 半永久性染发剂功效原料 半永久性染发剂（semi-permanent hair dye cosmetics）一般使用对毛发角质亲和性好的相对分子质量较小的染料，主要有金属盐染料、硝基对苯二胺、硝基氨基酚、氨基蒽醌及其衍生物、偶氮染料、萘醌染料等，多数是直接染料并可复合使用。为了增加染料往头发皮质里的渗透作用，可配入一些增效剂，如聚氧乙烯酚醚类、环己醇、苄醇，N-甲基吡咯烷酮等。

2. 半永久性染发剂作用机制 半永久性染发剂能直接染发，并不需要氧化作用便可将毛发染成各种不同的色泽。其所用的染料相对分子质量较小，能渗入到头发表皮，部分进入皮质而沉积；但透入皮质层较浅，也可能再扩散出来，故染色程度不如永久性染发剂，介于暂时性染发剂和永久性染发剂之间。半永久性染发剂耐洗次数为6～12次，并可保持色泽1个月左右。这类染发剂比持久性染发剂刺激性小,不易损伤头发和引起过敏,但色泽牢固度较差。

由于此类染发剂不用氧化剂，对于不宜使用氧化型染发剂染发的人是最适合的染发用品。

3. 半永久性染发剂配方 半永久性染发剂的剂型包括染发香波、染发凝胶、染发摩丝、染发液和染发膏等。不同剂型的原料组成有共性之处，主要包括染料、溶剂（乙醇、丁氧基乙醇等）、碱化剂（三乙醇胺、甲基氨基乙醇等）、表面活性剂、增稠剂（羟乙基纤维素等）、缓冲剂（油酸、柠檬酸等）和香精等。半永久性染发剂配方举例见表23-2。

表23-2 半永久性染发剂配方举例

组 分	质量分数/%	组 分	质量分数/%
对硝基苯二胺	0.2	油醇醚-20	3.0
邻硝基苯二胺	0.3	乙二胺四乙酸	0.5
月桂酸单二乙醇酰胺	7.0	柠檬酸	适量
羟乙基纤维素	0.3	乙醇	加至100
氨基甲基丙醇	至pH 8.5 ~ 10.0		

配方说明：对硝基苯二胺、邻硝基苯二胺为着色剂，功能着色；月桂酸单二乙醇酰胺为表面活性剂，增加着色剂的渗透；羟乙基纤维素为增稠剂，增加体系黏度；油醇醚-20为均染剂，保证色泽均匀；氨基甲基丙醇为碱化剂，控制体系至碱性；柠檬酸建立缓冲体系；乙醇为载体溶剂。

三 永久性染发剂

1. 永久性染发剂功效原料 永久性染发剂（permanent hair dye cosmetics）所使用的染料原料可分为植物性、金属盐类和合成氧化型染料三类，其中使用最普遍的是合成氧化型染料，以它为原料配制的染发用品染色效果好、色调变化宽、持续时间长。合成氧化型染料通常不使用染料，其功效原料主要由染料中间体、耦合剂和氧化剂组成。

（1）染料中间体（primary intermediates）：即氧化型染料，主要有对苯二胺、甲基苯二胺及其衍生物等。通常，这些染料中间体本身是无色的，但经氧化剂氧化、耦合剂缩合后则生成有色的大分子染料。其中对苯二胺染发后的颜色为棕至黑色，氯代对苯二胺染发后的颜色为深褐色，邻苯二胺染发后的颜色为金黄色，2-甲氧基对苯二胺染发后的颜色为浅灰色，邻甲苯二胺染发后的颜色为浅褐色，2,5-二氨基酚染发后的颜色则为红棕色等。

（2）耦合剂（couplers）：常用的耦合剂为对氨基酚，间苯二酚、邻苯二酚，联苯三酚等多元酚和α-萘酚等。

（3）氧化剂：常使用的氧化剂为过氧化氢、过硼酸钠、过硫酸钾和过碳酸钾等。

永久性染发剂功效原料中有一些如对苯二胺、间苯二酚等存在一定的毒性，故制备的染发产品要严格执行GB7916卫生标准和《化妆品卫生规范》中已明确限定的使用范围、要求等。

2. 永久性染发剂作用机制 使用永久性染发剂染发时，小分子的染料中间体和耦合剂先渗入头发的皮质层和髓质层，然后由氧化剂将中间体氧化生成缩合物，再与耦合剂进行缩合反应生成稳定的大分子染料，被紧锁在头发纤维内，从而起到持久的染色作用。由于染料中间体和耦合剂的种类不同、含量比例的差别，故产生色调不同的大分子染料，使头发染上不同的颜色。在洗涤时，由于大分子染料不容易通过毛发纤维的孔径被冲洗除去，故使头发的色调有很好的持久性，可保持6～7周不褪色。

影响染发过程的因素很多，例如反应混合物的复杂性（通常配方中使用的染料中间体和耦合剂高达10种）、反应物的浓度、染料基质及其pH、染色的时间长短和头发的状态等。

3. 永久性染发剂配方

（1）永久性染发剂剂型：由于永久性染发剂中各组分的化学反应通常需要10～15分钟，一般在染发前将染料中间体、耦合剂和氧化剂现用现配，并在深入发质内部后使反应发生。因此，永久性染发剂一般分为单剂型和二剂型，通常以二剂型为主。二剂型中一剂是含有染料中间体、耦合剂和基质原料的氧化型染料基（称为染发Ⅰ剂），可以是膏体、凝胶、香波、粉末或气雾剂等；另一剂是氧化剂基（称为染发Ⅱ剂），可以是溶液、膏体或粉末。染发Ⅰ剂和染发Ⅱ剂的各种剂型的组合，构成不同剂型的永久性染发剂。如以下剂型：

1）永久性液体染发剂：一般以15%～20%的乙醇水溶液作染料载体，与氧化剂混合后呈液体状。这类液体染发剂的着色性能强，但染发时不易黏附在头发表面，且易流动而沾污皮肤和衣物，使用不太方便。

2）永久性染发乳膏：是在基质中加入一些表面活性剂、增稠剂等，与氧化剂混合后呈黏稠状半流动胶体。其特点是易涂抹停放于目标部位，有利于染料分子渗透到发质内部，具有良好的稳定性。染发后具有色泽真实、自然等特点。

3）永久性染发香波：是在香波基体中溶入水溶性染料中间体配制而成，是一种具有洗发和染发双重功能的染发剂，使用比较方便，适宜在家庭中使用。

4）永久性染发凝胶：是在基体中加入各种具有增稠作用的聚合物。这种染发剂易于计算使用剂量，使用简单，也非常适宜在家庭中使用。

5）近年来，也出现含过氧化氢微囊的单剂型永久性染发剂和单剂型粉末状的永久性染发剂。

（2）永久性染发剂配方组成：配方主要包括染料中间体、耦合剂、氧化剂、基质和添加剂等。基质和添加剂有以下品种：

1）表面活性剂：主要起到分散、渗透、耦合、发泡、调理等作用。常用的表面活性剂有高级脂肪醇硫酸酯、乙氧基烷基酯等。

2）溶剂：主要作为染料中间体的载体，并对水溶性物质起增溶作用。常用的溶剂是低碳醇、多元醇、多元醇醚等。

3）调理剂：可以减小碱性处理环境对头发的损伤，加强对头发的保护作用。常用的有羊毛脂及其衍生物、水解角蛋白、烷基咪唑啉衍生物、聚乙烯吡咯烷酮等。

4）抗氧剂和抑制剂：抗氧剂阻止染料中间体自身氧化，抑制剂防止氧化剂氧化作用太快。常用亚硫酸钠、BHA、BHT等。

5）增稠剂和胶凝剂：主要起增稠、增溶和稳定泡沫等作用。常用的有高碳醇类、聚乙氧烯脂肪醇醚、纤维素类等。

6）碱化剂：是pH调节剂。常用的是氨水、三乙醇胺和烷基酚胺等。

7）螯合剂：能增加基质的稳定性。常用的螯合剂为乙二胺四乙酸钠盐。

8）香精和防腐剂等。

（3）永久性染发剂配方举例见表23-3。

表23-3　永久性染发膏配方举例

组　分	质量分数/%	组　分	质量分数/%
染发Ⅰ剂		异丙醇	10.0
A相		氨水	10.0
对苯二胺	4.0	水溶性硅油	4.0
2,4-二氨基苯甲醚	1.25	亚硫酸钠	适量
1,5-二羟基萘	0.1	乙二胺四乙酸四钠	适量
对氨基二苯基胺	0.07	水	加至100
4-硝基邻苯二胺	0.1	染发Ⅱ剂	
油酸	20.0	过氧化氢（30%水溶液）	17.0
氮酮	1.0	甘油	0.3
B相		聚氧乙烯硬脂酸酯	2.5
聚氧乙烯失水山梨醇单油酸酯	10.0	十六醇	10.0
丙二醇	8.0	磷酸	适量
十六醇	2.0	水	加至100

配方说明：在剂型方面，膏霜剂型为最佳剂型，它便于生产、贮存和使用，染发后头发触感较好，富有健康的光泽。使用时将染发Ⅰ剂和染发Ⅱ剂等量混合搅匀，呈黏稠的糊状，立即可涂抹到所需染的头发上。染发Ⅰ剂配方中对苯二胺、4-硝基邻苯二胺、对氨基二苯基胺、2,4-二氨基苯甲醚、1,5-二羟基萘为染料中间体和耦合剂，作为显色剂；油酸作为显色剂的溶剂和分散剂；氮酮为助渗剂，帮助和促进显色剂渗透进入皮质；水溶性硅油和十六醇作为调理剂，减少对头发的损伤，加强对头发的保护作用。染发Ⅱ剂配方中，十六醇为赋形剂，起基质作用；聚氧乙烯硬脂酸酯为表面活性剂，起乳化作用。

四　漂白剂

漂白剂（hair bleacher）又称头发脱色剂。它是利用氧化剂对头发黑素进行氧化分解，减少黑素，使已存在的黑素脱色或防止新的黑素形成，从而使头发褪色。根据氧化剂浓度、氧化剂作用于头发的时间、漂白次数的不同，可将头发漂成不同的色调。灰白或花白的头发可漂成白色，黑色或棕色头发经漂白脱色后颜色由深逐渐变浅，也可为头发染色做准备。

目前常用的头发漂白剂是过氧化氢，在碱性条件下极易分解，释放出活性氧，其氧化性能很强。一般采用3%～4%的过氧化氢水溶液，添加少量氨水，增加漂白活性，即可达到漂白作用。

除过氧化氢外，还有固体过氧化物如过硫酸钾或铵、过硼酸钠等。为防止过氧化物分解，常在配方中添加少量的非那西汀等稳定剂。为防止铁、铜等金属促进过氧化物分解，还应加入乙二胺四乙酸。

漂白剂包括水剂、乳液、膏剂和粉剂。水剂、乳液和膏剂配方主要有氧化剂（过氧化氢）、赋形剂、表面活性剂、稳定剂和酸度调节剂等。粉剂配方主要有氧化剂（过硫酸钾或铵、过硼酸钠等）、增稠剂、表面活性剂和稳定剂等。漂白剂配方举例见表23-4。

表23-4　头发漂白剂配方举例

组　分	质量分数/%	组　分	质量分数/%
过氧化氢（30%水溶液）	17.1	聚氧乙烯（15）单硬脂酸甘油脂	2.0
单硬脂酸甘油脂	2.5		
磷酸（10%）	适量，调节pH至4	水	加至100
十六醇	2.5		

配方说明：单硬脂酸甘油脂和聚氧乙烯（15）单硬脂酸甘油脂为表面活性剂，起乳化作用；十六醇为赋形剂，起基质作用。用本品漂洗头发后，漂白光亮，对头发损害较小。

五　使用方法

染发之前，须将头发洗净，擦净头发上的水分。根据染色时间的长短，选择合适的染色剂。

暂时性染色剂一般有两种使用方法。一种是将染料与水或水-醇体系混合在一起，配制成染发液，直接用毛刷涂敷于润湿的头发上。也可将染料和油脂或蜡混合配制成棒状、条状或膏状，使用时像唇膏那样直接涂抹在头发上。室温下保持20分钟后，用温水洗净即可。另一种方法是将染料溶于含有透明聚合物的液体介质中，配制成染发定型液，通过喷雾器喷雾到头发上。用梳子梳理均匀，20分钟后即可达到染色的目的。

半永久性染色剂根据剂型的不同，可以将染发剂直接用梳子或毛刷涂敷于润湿的头发上、直接涂抹在头发上或喷雾到头发上。室温下保持20分钟后，用温水洗净即可。

永久性染发剂一般将染发Ⅰ剂和染发Ⅱ剂分开包装，使用时将两者按一定比例混合后，均匀地涂敷于头发上，保持20分钟后，用温水洗净即可。

漂白剂漂洗方法是将头发用香波洗净、干燥后，使头发全部浸入漂白液中不断绞洗。可依漂洗的颜色情况，随时用大量热水冲洗而中止漂白作用，不需要再用香波洗发。因漂白的时间越长或次数越多，对头发损伤也越严重，所以漂洗后的头发应使用护发化妆品。

特别需要指出的是氧化型染料中常用的化合物对苯二胺，敏感体质的人对此极易发生皮肤过敏反应。氧化剂具有一定的皮肤刺激性，因此，在初次使用之前，应做皮肤试用试验，如有红肿、瘙痒等反应，不能用于染发。在染发的过程中，应尽量防止染发剂直接接触皮肤，以此减少染发剂对皮肤的损伤。如发生染发后过敏，应到皮肤病专科就诊。

第三节　染发类化妆品功效评价

染发类化妆品功效评价可以分为人体评价和体外评价两种方法，两者在很多情况下不可或缺且又互为补充，以此可以了解产品的功效。

一　体外评价

体外评价方法主要是利用仪器来检测头发样本的方法。在染发类化妆品中主要评估头发的颜色及其坚牢度。

1. 颜色测量　对于头发颜色的评估，一般使用两个颜色标准系统，Munsell颜色数标系统和1976 CIE-LAB系统。Munsell颜色数标系统中颜色是通过3个参数在一个柱状坐标系统中表达的，这种系统创建了各种颜色图谱。1976 CIE-LAB系统是一个近似均一的颜色空间，在其中每种颜色都能在柱状坐标系或直角坐标系中以三维参数来表示。此系统建立了详细的规范来表述颜色及色差，其测量结果与人类的视觉感知很接近。

检测颜色的仪器主要有三色刺激值色度计和分光比色计2种。三色刺激值色度计可以测定样品的颜色是否在标准样品的误差范围内；分光比色计可以直接测试样品颜色，并能评估颜色差别。一般头发颜色的测量通常是在发束上进行的，需要在一束头发上进行大量的测试，然后取平均值，才能得出精确且可重复的测量结果。仪器测量法能排除测定者的主观因素，较准确地测量颜色。

2. 颜色坚牢度测量

（1）颜色的抗洗性：试验包括用待测产品给发束染色，经过特定次数的洗发后，评估发束颜色的变化。用一种特殊的设备Ahiba Texomat可以模拟洗发的过程，这种设备可以标准的方式重现洗发过程中的2个动作，即摩擦与起泡。在每次试验前后都要测试发束的颜色，然后根据1976 CIE色差方程式DE_{76}* 来计算色差。色差越大，被测产品就越容易引起褪色。

（2）阳光下的颜色坚牢度：该试验与抗洗性试验十分相似，唯一的区别在于模拟洗发的设备被换成日光模拟器。日光模拟器是一种能发出类似日光光线的仪器，辐照的强度与时间都可以调节。利用特殊的滤光片，可以控制紫外辐射的强度。利用日光模拟器照射发束，以及用自动喷洒装置重复喷水使发束膨胀，两者结合可以评估耐光性。

二 人体评价

1. 感官评价内容　用感官分析的方法来评估染发剂产品。即用视觉评价头发的着色效果、光亮度、发量、均匀混合、渗透性等；用触觉评价头发的柔软度、黏稠度等；用嗅觉测量和鉴定头发的香味。

2. 评估人员的选择　评估应由以下人员执行：①受过专业训练的专家，如发型师，他们直接评估志愿者的头发；②经过筛选的感觉敏锐的人员，他们在自己的头发上进行评估。

评估人员都须在标准化的条件下作业，他们都接受过以下几方面的培训：①术语和评价的相关模式，在专家小组内建立共同的语言与评价方式。②对评估问卷的熟悉，这些问卷可能包括非结构性的连续分级（non-structured continuous scale）和（或）评分分级（scoring scale）。

3. 试验方法　试验前详细说明试验目的、试验方法及可能出现的不良反应，选合格受试者20人以上；确定头部染发部位，取3束头发，每束约50根头发，按受试染发产品说明书中推荐的使用方法和剂量进行染发，染发结束后及一周内，观察染发效果。这些测试都是在美发实验室进行，由专业的发型师在志愿者头上试验产品。

4. 基本评级方法

（1）设计感官评价表。内容应能覆盖需要测试的所有项目。

（2）评估人员根据染发过程和染发后的感觉，填写相对应的功效性感觉评价表。注意：评估者在标准化的真实试验条件下工作，以减少外部因素的影响（如采取双盲形式测试或在模拟日光且所有条件都相同的房间中进行等）。

（3）将所有数据汇总，采用适当的数理统计分析方法（ACP、PLS等），获得染发类化妆品的最终评价。

思 考 题

1. 染发类化妆品功效原料主要有哪些?
2. 永久性染发剂染发的原理是什么?
3. 如何评价染发类化妆品功效?
4. 染发剂中的哪些成分容易导致皮肤过敏或刺激，如何避免?

（李发胜）

参考文献

1. 刘玮，张怀亮. 皮肤科学化妆品功效评价. 北京：化学工业卫生出版社，2005

第二十四章　烫发类化妆品

第一节　烫发类化妆品的概念

烫发类化妆品（hair perming cosmetics）是指具有改变头发弯曲程度，并维持其相对稳定的化妆品，也称为烫发剂。烫发是改变头发形态的一种整发术，是美化发型的基本方式之一。

早在公元前3 000年，古埃及人就尝试将潮湿的头发卷在木棒上用黏土固定，然后在日光下晒干，使头发变成弯曲的状态，这称为黏土烫或水烫；20世纪初出现了用火加热金属钳，夹住头发进行烫发，称之为火烫；以后又用药液（多是采用硼砂、氨水和碳酸铵等）涂在头发上后，用电热夹来加热，使头发卷曲，称之为电烫。火烫和电烫因对头发损伤较大，操作亦不方便，故现在已不使用。

1930年英国化学家Speakman发明了用亚硫酸钠加热到40℃的烫发方法，即在略比常温高的温度下使头发卷曲，称为化学热烫。后来又出现了以巯基化合物为主要成分的冷烫剂，称为化学冷烫。这两种化学烫发方法一直延用至今，成为当今市场上重要的烫发方法。

第二节　烫发类化妆品功效原料、作用机制和配方

一　烫发类化妆品功效原料

烫发剂功效原料主要包括还原剂、碱化剂、氧化剂和稳定剂。还原剂作用是在碱性条件下，通过还原反应破坏头发中的二硫键。常用的还原剂为巯基乙酸及其盐类、亚硫酸盐、巯基乙酸单乙醇胺、半胱氨酸、巯基乙醇、α-巯基丙酸（硫代乳酸）、2-亚氨基噻吩烷等。常用的碱化剂为氨水、三乙醇胺、单乙醇胺和碳酸氢铵等。氧化剂的作用是通过氧化反应重建二硫键，常用的氧化剂有溴酸钾（钠）、过硼酸钠、过氧化氢、过硫酸钾等。为了使氧化剂保持稳定，常添加一定的稳定剂，如磷酸二氢钠、六偏磷酸钠和锡酸钠等。

二　烫发作用机制

头发的主要成分是角蛋白，其中含有胱氨酸等十几种氨基酸，多个氨基酸分子之间通过肽键，彼此连接组成了多肽链，多肽链间起连接作用的有二硫键、盐键、氢键、酯键等。多肽链与相邻的支链互相交联，形成了具有网状的天然高分子结构，具有较好的弹性。在正常情况下，头发是不易卷曲的，只有当头发结构内的上述化学键断裂，即头发软化后，借助外

力卷曲或拉伸头发，最后修复软化过程中所破坏的化学键，对卷曲的头发进行定型，才能达到烫发的目的。烫发是一种复杂的物理化学变化过程，包括软化、卷曲（或拉伸）和定型3个过程。

1. 头发的软化 头发的软化过程实际上是断裂头发结构中多肽链之间的氢键、盐键、二硫键等化学键的过程。头发湿润后，由于水分子渗入头发结构内，切断了原来肽链间的氢键，使头发变软和膨胀。用碱化剂改变头发表面pH，则可以断裂其盐键，使头发变得柔软易于弯曲。而二硫键是多肽链上两个半胱氨酸之间形成的一种比较稳定的化学键，可使多肽链的两个不同区域之间能紧密的靠拢起来，是头发结构稳定的重要因素，一般的水洗和酸性介质处理不能切断其连接。但在碱性条件下，二硫键较易被还原剂还原成巯基，使二硫键断裂，使头发变软，暂时失去弹性，而易于卷曲。

2. 头发的卷曲 头发的卷曲是采用各种式样的卷发器，施加复杂的外力，使软化的头发沿卷发器样式有规则地卷曲或拉伸，卷曲成所需要的各种形状。

3. 头发的定型 当头发卷曲成型后，已破坏的化学键如不修复，发型则难以固定下来，也不能形成持久的卷曲状态。因此卷曲成型后，还必须修复被破坏的化学键。在卷曲状态下用氧化剂氧化巯基重建二硫键，调节pH至4 ~ 7可使盐键恢复，干燥头发可恢复氢键。结果使头发恢复为原来一定程度的刚韧性，同时也保留了持久的卷曲状态，最后达到头发卷曲的目的。

三 烫发类化妆品配方

根据烫发作用机制，现在使用的烫发剂大多是由二剂型组合构成的，它主要包括卷发剂和中和剂两部分。卷发剂为Ⅰ剂，可以是水剂型、气雾剂型、乳剂型和粉剂型；中和剂为Ⅱ剂，可以是溶液、膏体或粉末。

1. 卷发剂（wave lotions）

（1）热烫法：使用的卷发剂主要成分是亚硫酸盐，碱化剂等。可以采用的碱有碳酸钾、硼砂、氨水、碳酸铵、三乙醇胺等。早期产品采用碳酸钾或硼砂等以控制碱性，但作用较强，对头发有一些损伤。较后的产品均采用挥发性碱，如氨水、碳酸铵等，以减少对头发的过度作用，但有挥发性氨的刺激性气味和易在溶液内过早挥发的缺点。较新的配方中除氨外，还加入一种以上的乙醇胺类，以保持适度的碱性。含有亚硫酸盐的烫发液可以缩短加热的时间，不会使头发变黄并能形成较好的卷发效果。卷发的效果与加热温度、作用时间、烫发液的浓度、pH等均有关系。热烫卷发剂配方举例见表24-1。

表24-1　热烫卷发剂配方举例

组　分	质量分数/%	组　分	质量分数/%
亚硫酸钠	6.5	吐温-60	0.5
氨水（28%）	10.0	香精	适量
碳酸铵	2.0	水	加至100
三乙醇胺	1.0		

配方说明：本品工艺简单，配方科学，使用方便，对头发柔和，不使头发变脆变暗，用后头发色泽光亮、柔顺自然。

（2）冷烫法：使用的卷发剂主要成分是巯基化合物、碱化剂和添加剂等。由于在碱性条件下，头发可以获得更好的软化效果，还原剂的还原作用显著增加，所以必须加入碱化剂，调节pH在8.5～9.5，可提高卷曲效果。为使卷发剂具有良好的使用效果和保护头发作用，经常加入体系中的添加剂有：①表面活性剂，易于卷发剂分散、渗透，促进头发的软化膨胀，而且也可使不溶性成分在水中分散和乳化，提高卷曲效果，改善头发卷曲的持久性；②螯合剂（如乙二胺四乙酸、柠檬酸）和抗氧剂（亚硫酸钠）等，防止还原剂的氧化，增加稳定性；③调理剂，改善头发的梳理性，增加光泽；④滋润剂，使头发柔韧，有光泽；⑤香精、色素等。冷烫卷发剂配方举例见表24-2和表24-3。

表24-2　巯基乙酸及其盐冷烫卷发剂配方举例

组　分	质量分数/%				
	透明卷发剂	调理卷发剂	卷发膏	珠光卷发凝胶/膏	卷发凝胶
巯基乙酸铵（60%）	—	12.0	14.0	—	—
巯基乙酸	7.5	—	—	5.0	5.0
二硫代二乙酸（60%）	—	1.5	—	—	—
氨水（28%）	11.6	1.8	2.2	8.4	8.4
pH	9.3	9.2	9.1	9.1	9.2
碳酸氢铵	4	—	—	—	—
月桂醇醚-12	0.5	0.75	—	—	—
硬脂酰胺丙基三甲基胺乳酸盐	—	0.5	—	—	—
油醇醚-20	—	—	—	0.4	—
月桂醇醚-75	—	—	—	—	1.0
十六醇	—	—	—	0.4	—
聚乙二醇-15椰基胺	—	—	—	0.5	—
白矿油	—	—	5..0	2.0	—
羊毛油	—	—	1.0	—	—
硬脂酸单甘酯、聚乙二醇-100硬脂酸酯	—	—	2.5	—	—
聚丙烯酸树脂	—	—	—	1.6	1.6
硅酸铝镁	—	—	1.2	—	—
庚酸钠	0.1	0.1	0.1	—	—
乙二胺四乙酸二钠	—	—	—	0.1	0.1
香精	适量	适量	适量	适量	适量
水	加至100	加至100	加至100	加至100	加至100

配方说明：本配方为冷烫卷发剂的基本配方。还原剂主要为巯基乙酸或巯基乙酸铵，碱化剂为氨水，再添加各种基质或有效成分，构成不同作用和剂型的卷发剂。烫发效果与还原剂的浓度、pH和与头发作用时间等因素有关。其中巯基乙酸的卷发效能最好。

表24-3 半胱氨酸冷烫卷发剂配方举例

组　分	质量分数/%	组　分	质量分数/%
半胱氨酸	5.0	单乙醇胺	3.0
巯基乙酸铵	1.0	十二烷基硫酸钠	0.4
油醇醚-20	0.8	香精	适量
油醇醚-7	0.5	水	加至100

配方说明：半胱氨酸对人体比较安全，但其稳定性和还原作用不如巯基乙酸。常在半胱氨酸配方中添加巯基乙酸或巯基乙酸铵，可使烫发时间缩短，卷发效率提高，产品稳定性大大提高。本品原料易得、配比科学、工艺简单，刺激性小，使用安全。

2. 中和剂（neutralizers） 主要有氧化剂、有机酸和添加剂等。中和剂的作用是对头发起固定、定型作用，还可除去残余的卷发剂。溴酸盐、过硼酸钠等常用于制备粉状的中和剂，加入六偏磷酸盐、锡酸钠，可改善过硼酸钠在硬水中的溶解度及提高稳定性。过氧化氢只能用于制备液体中和剂，加入少量的乙酰苯胺、对乙酰氨基苯乙醚可作为其稳定剂。加入有机酸等调节头发的pH，可提高氧化剂的氧化性和在水中的溶解性。添加剂的类型和作用与冷烫剂中的类同。中和剂配方举例见表24-4。

表24-4 中和剂配方举例

组　分	质量分数/%			
	1	2	3	4
过氧化氢（35%）	4.5	6.0	—	6.0
溴酸钠	—	—	10.0	—
对乙酰氨基苯乙醚	0.02	0.02	—	0.04
锡酸钠	—	0.005	—	0.005
磷酸	0.06（pH 3.0）	—	—	至pH 3.0
柠檬酸	—	至pH 3.2	—	—
壬基酚醚-9	—	1.0	1.0	—
乙醇（95%）	—	3.0	—	—
水解蛋白	—	—	2.0	—
羟乙基纤维素	—	—	0.5	—
硬脂酸单甘酯、聚乙二醇-100硬脂酸钠	—	—	—	6.0
水	加至100	加至100	加至100	加至100

配方说明：中和剂配方设计时，一定要添加稳定剂，以保证产品的质量。加入表面活性剂，可改善氧化剂在头发上的铺展性能，改进其氧化性能。

3. 染发、烫发剂 在染发、烫发的实际过程中，染发和烫发往往都是同时进行的，可用染发、烫发剂为第Ⅰ剂，氧化剂为第Ⅱ剂。染发、烫发剂配方举例见表24-5。

第Ⅱ剂：采用过氧化氢溶液，其中过氧化氢有效含量为6%～9%，必要时使用磷酸调节pH为4左右。

表24-5 染发、烫发剂（第Ⅰ剂）配方举例

组分	质量分数/%	组分	质量分数/%
L-半胱氨酸	30	乙二胺四乙酸四钠	1.0
乙硫醇酸	5.5	单乙醇胺与氨水（1∶1）	适量
对苯二胺	1.9	吐温-20	1.0
间苯二酚	0.5	乙醇	8.0
抗坏血酸	0.5	水	加至100
焦亚硫酸钠	0.5		

配方说明：本品烫发剂与染发剂可同时置于第Ⅰ剂内，保存稳定性好，且使用方便。使用第Ⅰ剂与第Ⅱ剂，染发与烫发可以一次完成。先将第Ⅰ剂其中的一半（30～50mL）均匀抹于头发上，用卷发器将头发卷成所喜爱之形状，再将第Ⅰ剂的另一半（30～50mL）抹入头发中，维持8～20分钟（依不同发质，所需时间长短不定）。检查头发卷度满意后，才将第Ⅱ剂喷入或抹入头发中，维持10～20分钟（依所需之头发色泽而定），观察头发卷曲坚牢及染色剂显色程度。本品使用效果持久，染发颜色可随对苯二胺、间苯二酚及过氧化氢等用量的多少调出多种染发色泽（由浅金黄至深黑色不等），完成染发及烫发程序所需时间短，大约为1小时，可避免伤害头发及头皮。

四 使用方法

烫发前，根据头发的发质选择相适应的冷烫剂。特别对于漂过的头发，发梢要用低强度的冷烫剂。使用前应将头发洗净，保持润湿状态，根据期望头发卷曲的程度，选择使用35～50个卷发夹（直径通常在6～20mm），小心细致地卷发。卷好后，利用海绵或塑料挤瓶将冷烫剂饱和浸透所有发束，勿让冷烫剂流到头皮上，以免引起刺激。之后维持一定的时间（20～40分钟），如果要缩短卷发时间或提高卷曲效果，可用热毛巾热敷或电热帽保温（50～70℃）10分钟即可。卷发完成后，用海绵或塑料挤瓶在卷发夹上涂抹中和剂用量的2/3，一束接一束涂抹，随后停留5分钟。然后解开卷发夹，注意不要拉扯发束，将剩余的1/3中和剂涂抹在发端，等待3～5分钟后，用水仔细冲洗。在整个烫发过程中操作者必须戴保护性手套。

第三节 烫发类化妆品功效评价

烫发类化妆品功效评价方法可以分为人体评价和体外评价两种方法。人体评价方法如同染发类化妆品感官分析一样，在志愿者的头发上进行测试，评估烫发效果。但由于烫发的复杂性，普通消费者很难在家里独立完成，需要在发廊或美容院中由专业美发师完成。因此，美发师和志愿者的意见对烫发类化妆品功效评价起决定作用。

体外评价法的仪器测试指标只作为参考，常用于筛选新的烫发产品。应用比较广泛的有静态法和螺旋棒法。

1.静态法 这种方法很容易操作。在一定的应力条件下，把校准好的发束缠绕在已知尺寸的卷发棒上，然后进行处理。在可控条件下将头发连同卷发棒烘干后，把卷曲的发束从卷发棒上解下来，悬挂在刻度板前，一并放在相对湿度和温度可控的密封室内，任其自由松散开。发束长度的增加与时间的关系提供了烫发产品效果方面的相关信息。

2.螺旋棒法 取一束自然形状的头发，使其绕自身卷成几卷（螺旋状）。在特定的温度和

时间条件下用待测产品处理发卷，同时对发卷施加一定的应力以使其维持这个形状，然后把发束的一端松开使整束头发自由松弛。通过计算处理后的螺旋数与处理前的螺旋数比率可以评估烫发产品的功效。把发卷浸入热水之中，通过计算浸入前后螺旋数之比可以评估烫发的维持度。

思 考 题

1. 烫发类化妆品功效原料主要有哪些？
2. 冷烫的基本过程和原理是什么？
3. 如何评价烫发类化妆品功效？

（李发胜）

第二十五章 育发类化妆品

“宿昔不梳头，丝发被两肩。婉伸郎膝上，何处不可怜？”。这首南北朝乐府诗《子夜歌》中所描绘的情景，表达了我国古人常以青丝寄托情思的情怀，诗人常以秀发描写女子的美貌。秀美的头发不仅给人们带来健康，更可以装点我们的生活。每日精心打扮自己的头发，可以给人以最好的印象，梳理好头发也可以给我们一天的工作和生活带来信心。因此，我们要认真保养好我们健康的头发，让它给生活带来美丽。

第一节 脱发的概念

一 头发的生长周期

头发从毛囊深部的毛球不断向外生长，每根头发可以生长好几年，期间只要不影响毛囊，一般的风吹日晒雨淋、清洗头发、烫发染发，损伤的都只是毛干，不会影响毛球继续生长头发，直到其本身自然脱落，毛囊休止一段时间后再产生新的头发，这个过程称为发生长周期（图25-1）。头部的每个毛囊从婴幼儿到出生后的几十年中，大约可以反复出现20个生长周期。头发的生长脱落到再生长是一种周期性重复的毛囊非同步再生，称为毛囊生长的镶嵌模式。人类头发生长周期如下述：

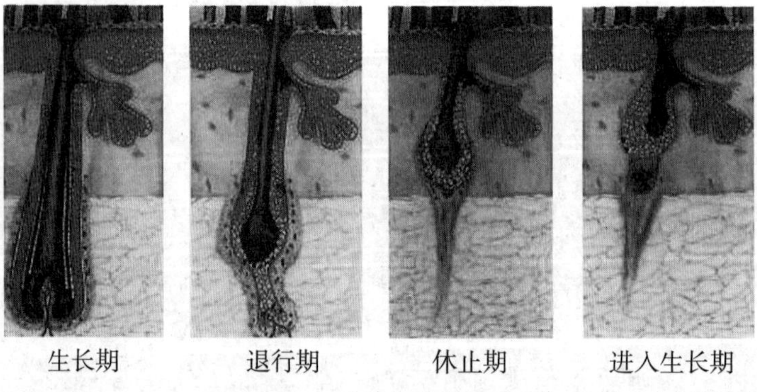

图25-1 毛发的生长周期

1. 生长期（anagen phase） 毛球内毛母质细胞在此期间分裂旺盛，头发每个月约生长1cm，每根头发生长期为2～7年，到休止期时，可长达1m以上。

2. 退行期（catagen phase） 生长期后是退行期，在此期间母质有丝分裂减少，随后常在数天内完全停止，这个阶段持续约6周。此后即进入休止期。

3. 休止期（telogen phase） 休止期为毛囊的静止期，持续时间为3～4个月，在此期间，杵状头发无色素，在下一个生长周期发生之前，这种头发会隐藏在毛囊内，有时拔除休止期杵状发可以诱发头发生长。正常情况下，生长时间长的头发会随着毛囊底部向上推移而自然脱落或很容易地被拔出而无疼痛感。休止期的头发多在梳头或洗发时脱落。头皮任何一个部位头发的休止期可持续3～4个月。无论何时，头部都有大约1/10的毛囊处于休止期。如果头发在生长期被拔去，长出新发的时间腮部接近92天，颞部为117天，头顶部需129天。

4. 衰老毛囊（aging follicle） 即毛囊退化，在这个过程中色素将丧失，头发纤维因为变小而显得更细、更短，颜色变淡。灰发是因为成熟的黑素小体部分或全部丧失，而白发则是因为黑素细胞绝对丧失。

二 毛发生长与调控

目前，关于调控毛发的基因与过程还不是很清楚，遗传、激素、营养及一些细胞因子和相应的受体等都与毛发的生长与调控有关，并构成一个非常复杂的关系网。一般情况下，毛发的生长在遗传基因的作用下，通过体内各种激素的作用，有充足的营养供给，在许多细胞因子的作用下，完成毛发生长的全过程，并显示出不同的种族特性。其中任何一个环节出现问题，均可在毛发的生长或形态的变化上表现出来。因此，毛发的异常也常常反映出人体某些遗传性和代谢性疾病，或者反映出机体损伤和中毒等疾病。

1. 垂体激素 脑垂体分泌生长激素（GH）、褪黑激素（melatonin）和促肾上腺皮质激素。人类生长素（HGH）影响着人的毛发生长，褪黑激素可以在冬季促进毛发生长，而在夏季抑制毛发生长。促肾上腺皮质激素通过影响肾上腺皮质的作用而影响毛发的生长，当分泌的肾上腺皮质雄激素过多时，可引起女子多毛症。当脑垂体功能低下时毛发减少。

2. 甲状腺素 当甲状腺功能降低时，头发数量减少，直径减小，颜色变浅，脱发的区域主要以枕部和头顶最明显，而甲状腺功能恢复正常后头发也可恢复正常。

3. 雌激素 雌激素可以刺激头发生长。妇女产后雌激素水平下降，导致头发生长期与休止期的比例下降，所以产后4～6个月会出现脱发现象。

4. 雄激素 雄激素对头顶部的头发起下调作用，分泌异常时可引起雄激素性脱发。

5. 促进头发生长细胞因子 毛囊及其周围组织分泌的特异性可溶性因子，会影响毛囊的生长发育及生长周期。例如，角质形成细胞生长因子（KGF）、胰岛素样生长因子-1（IGF-1）、神经内分泌肽、肝细胞生长因子（HGF）等对毛囊生长发育有促进作用。

6. 抑制头发生长细胞因子 头发生长抑制因子控制着头发的正常周期。例如，表皮生长因子（EGF）家族中的转化生长因子α（TGF-α）可抑制毛囊生长速度，但该抑制作用是可逆的。

7. 双向调节细胞因子 一些细胞因子对细胞生长有双向调节的作用，例如，EGF家族中的另一成员双调蛋白AR基因（amphiregulin，AR）既能刺激某些细胞的增殖，又能对另一些细胞起到抑制作用；转化生长因子家族（TGF-β）至少有3个成员，既能抑制上皮细胞的生长，同时又促进成纤维细胞和其他间质细胞的增殖。

8. 白介素 白介素（IL）有多种白介素分子，参与毛囊的生长调控。例如，IL-Iα、IL-Iβ等可以抑制毛囊和毛发纤维的生长，引起毛囊在生长期的营养不良。

9. 头发生长的相关受体 头发生长的相关受体通过和以上各种细胞因子的结合来调控头发的生长，真皮乳头细胞和毛球是这类受体最集中的部位。

10. 头发生长相关的生物合成酶 雄激素合成酶存在于毛囊和皮脂腺中，并能合成少量的雄激素，而一种芳香族细胞色素P450酶存在于毛根鞘处，对平衡毛囊组织中雄激素水平起着重要的作用，其浓度在妇女头皮毛囊组织中明显高于男性，所以女性出现雄激素性脱发者明显少于男性。

三 脱发的诊断

头发具有一定的防御和保持体温的功能，但对于人类而言，其选择性、可塑性和装饰性，对头面部、肩颈部以至整个体态的协调作用显得更为重要。头发具有很强的修饰功能。正常的头发应该自然、光滑、富有弹性，颜色、光泽正常统一，不油腻也不枯燥、不打结、不分叉，没有头皮屑。每个人头发的数量受遗传因素的支配，中、老年之后，头发多少的差别将会显得更加明显。各种疾病甚至日常护理不当等造成的头发脱落或头发受损，将不同程度的影响人的容貌甚至人的精神状态。

由于头发的生长、退化和休止同时存在，生理上，正常人每天脱发可达50～100根，在梳理及清洁时，由于牵拉会导致已经处于休止期而尚未脱落的头发脱落。如果每天头发的脱落数目比通常要多，则可见头发稀疏。诊断脱发需要仔细询问病史、进行体格检查以及头发的显微镜检查，甚至头皮组织活检。

脱发的原因可以涉及遗传、内分泌、免疫、感染、代谢和营养状况，甚至人的行为异常、环境因素等。

（一）病史

脱发的病史对脱发的诊断非常重要，需要详细了解患者的年龄、性别、发病时间、家族史、疾病史、用药史，甚至妇女生产、居住环境和社会环境都与脱发有关。

1. 年龄 不同的年龄有不同的脱发疾病。婴幼儿发病多与遗传性、先天性疾病有关；儿童期脱发以头癣、拔毛癖等多见；中青年常见雄激素源性脱发；老年人多见老年性脱发。

2. 性别 雄激素源性脱发患者大多为男性，产后脱发见于女性患者，而一些遗传性疾病也带有性别特征。

3. 发病时间 中毒性脱发、药物性脱发常在使用药物后1个月或数个月之后发病。

4. 家族史 脱发患者的家族史主要用于遗传性疾病的诊断，或排除遗传性脱发疾病。

5. 疾病史 各种新发疾病、慢性病史及近期手术史。许多疾病，尤其是内分泌异常、结缔组织病、肠道疾病（包括吸收障碍）、未经化疗的肿瘤等都与脱发有关。

6. 季节性 尽管每天头发都在脱落，但临床常见到一些就诊的患者，秋天脱发增多，到春天开始减少，多属正常的生理周期性脱发。

（二）脱发体征

检查脱发首先要确定其类型，是弥散性还是局灶性；脱发是否伴有瘢痕形成，有瘢痕形成提示了毛囊永久性的破坏，无瘢痕则头发生长只是暂时性的停止。

1. 弥散性脱发（diffuse hair loss） 弥散性脱发又称播散性脱发，包括生长期和休止期毛发脱落。最首要的是评价脱发的严重程度、病程，并且排除生理性的、季节性的头发脱落。生长期头发占所有头发的85% ~ 90%，任何全身性的损伤，无论是激素性、营养性、药物性和系统性的原因，都会影响快速分裂的毛母质细胞。如肿瘤病患者服用的细胞毒药物，可导致90%的头发脱落，且脱落的头发处于生长期。临床常见的休止期脱发，其脱发常出现在损伤后3 ~ 4个月；受损头发并不立即脱落，但可过早地终止生长期而进入休止期，或暂时中止、减慢生长期正常的细胞分裂和分化。生长期头发生长暂停，并非生长终止，这种损伤仅造成部分毛干脆弱，而后其可继续生长。典型的例子是怀孕期头发生长周期停止，直到分娩，所有头发处于休止期，分娩3个月后开始脱落，脱落的头发全处于休止期。弥散性脱发是暂时性的，可以完全恢复。弥散性脱发分类见图25-2。

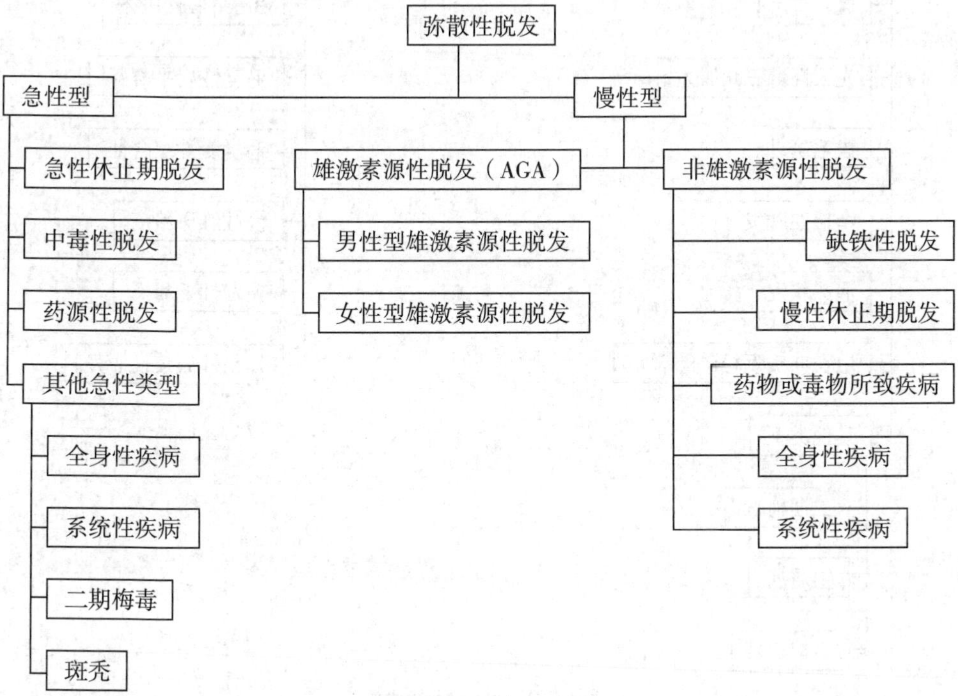

图25-2 弥散性脱发类型

2. 灶性脱发（focal hair loss） 灶性脱发可局限在头皮的某一较大的区域，灶性脱发中，除了雄激素性头顶部脱发外，一般都可以找到特征性的单灶性或多灶性脱发斑片。如斑秃出现的圆形脱发斑，二期梅毒可引起播散性脱发或小斑片状不完全性脱发，毛发的真菌感染形成参差不齐的断发，用伍德灯选择感染头皮的毛发可显示出皮肤癣菌感染的特征性绿色荧光，用断发做直接镜检呈阳性。肥厚的银屑病和石棉糠疹也可引起可逆性的脱发。

斑秃（alopecia areata）是一种典型的灶性脱发。如严重到全头毛发脱落称为全秃，如体毛也一起脱落则更为严重，称其为普秃。斑秃确切的病因目前仍未清楚，但很可能是一种自身免疫性疾病，而心理因素可能为诱因，其发病率为2%。最新研究表明，在其发病过程中，HLA-Ⅱ类分子发挥着重要作用，DQ3、DR4和DRw11抗原提示易患斑秃，相反DRw52a抗原是保护因素，DR4、DR11和DQ7抗原还提示易患全秃或普秃。

瘢痕性脱发（scarrins alopecia）是一种灶性脱发。当正常毛囊被纤维化毛囊代替后，脱发是瘢痕性的，一旦纤维化，脱发是永久性的，是毛囊被特异性破坏的结果，只能通过外科手术矫正（头发移植术或头皮削减术）。任何原因引起的瘢痕性脱发最终的临床表现都一样，即头皮萎缩，毛干出口消失，有时伴皮肤硬化。毛发扁平苔藓、硬斑病、慢性红斑狼疮、秃发性毛囊炎、瘢痕性痤疮、肿瘤、痣等可伴发瘢痕。

灶性脱发种类简述如图25-3。

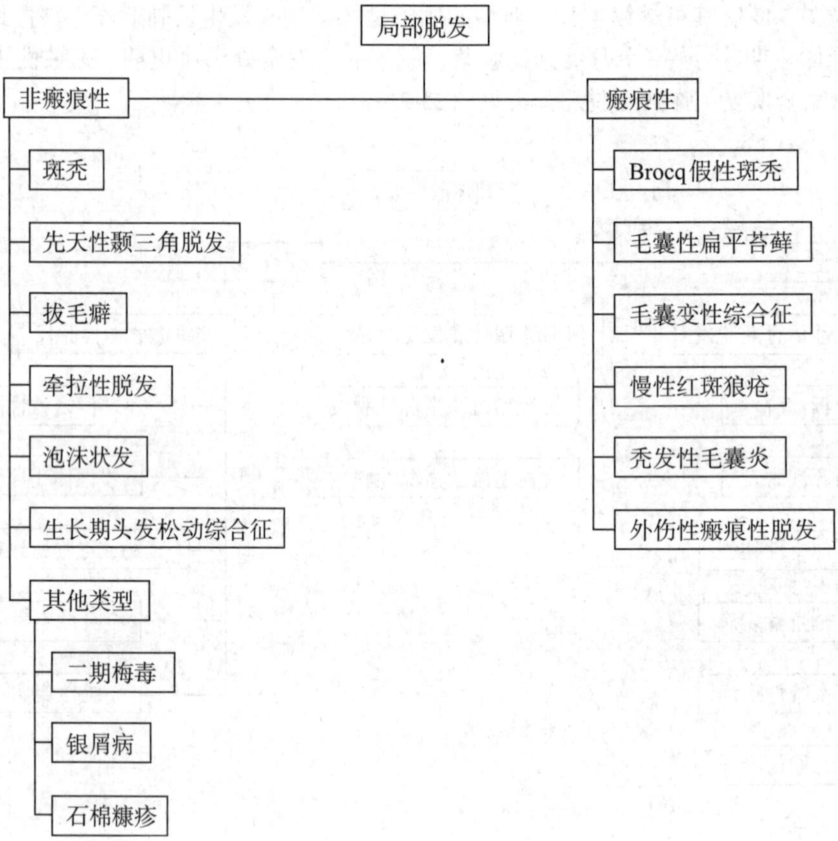

图25-3 灶性脱发种类

3. 雄激素源性脱发 性激素源性脱发多具有家族性，主要发生于20～30岁的男性，女性也可发病。一般表现从前额两侧开始头发纤细稀疏，并逐渐向头顶延伸，或者直接从头顶开始发病。Hamilton将男性型脱发分为3类12种情况（图25-4）；Ludwig将女性脱发分为3类（图25-5）。

（三）头发的辅助检查

除一般体征检查外，一些辅助检查方法可以进一步确定头发脱落的数量、脱发的分期、头发损伤的形态变化以及感染等情况。

1. 脱发的定量分析 该分析有助于确定患者是否有脱发病征，并可提示患者的病情是否稳定、使用药物是否恰当以及是否进入恢复期。该方法可对头发脱落的进展和恢复进行动态监测，从而指导用药。

2. 拔发试验 拔发试验（hair pull test）主要检查在一定条件下拔出头发的数量。

3. 剃发试验（hair window） 该检查主要针对拔发癖，方法是，剪去或剃去很小面积的

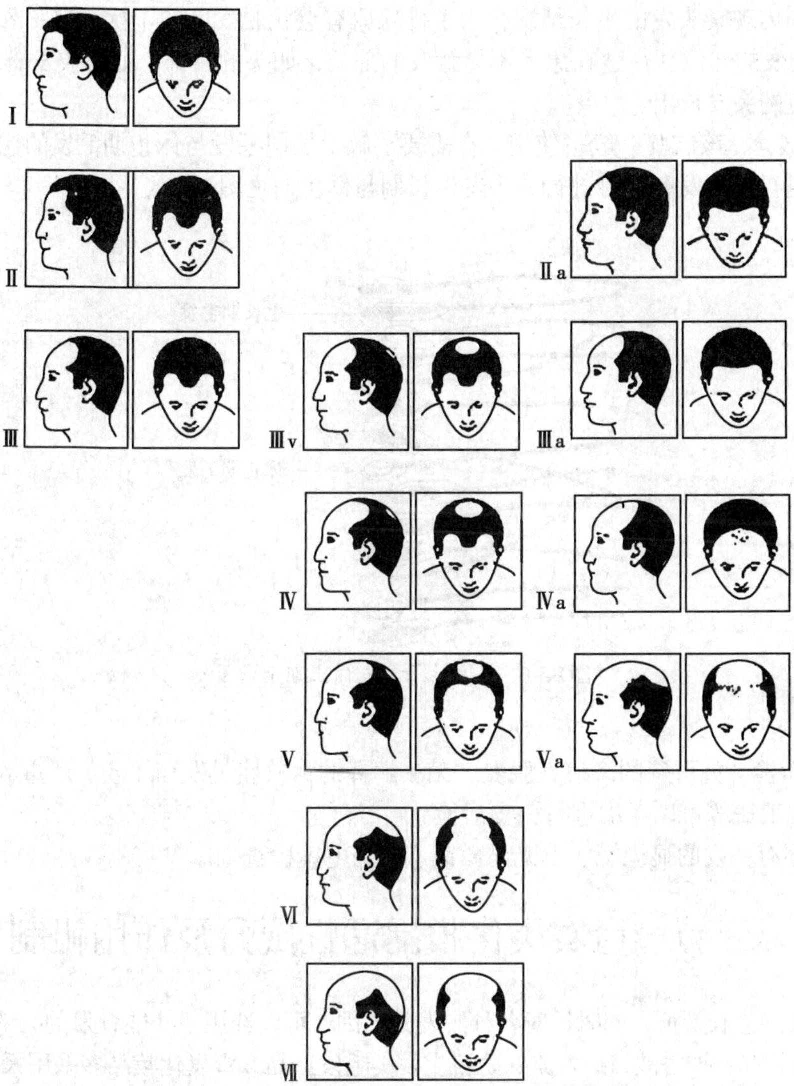

图25-4　男性型雄激素源性脱发分级图（Hamilton）

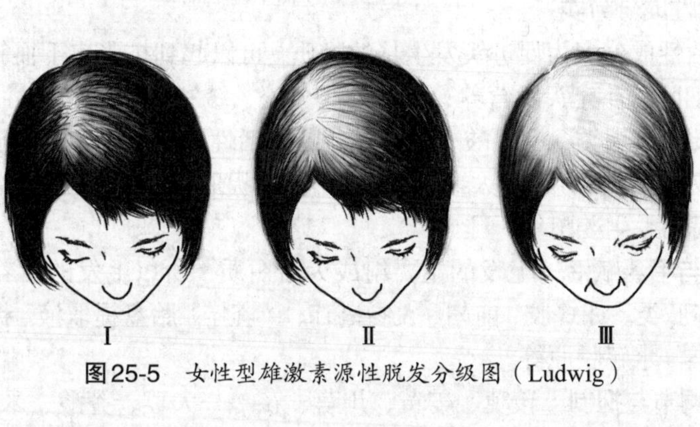

图25-5　女性型雄激素源性脱发分级图（Ludwig）

头发，在数周内观察头发的生长情况，为了排除原有点状脱发区的干扰，剃发区的面积至少为$2.5cm^2$。剃发的部位往往选在患者不易触及的部位，如头的后部。如为拔发癖患者，2 ~ 4周后应有相应的头发长出。

4. 钳发试验　该试验一般不使用，在需要了解生长期毛发与休止期毛发的比例时，或需要证实有无退行期毛发存在时进行。头发生长期与休止期见图25-6。

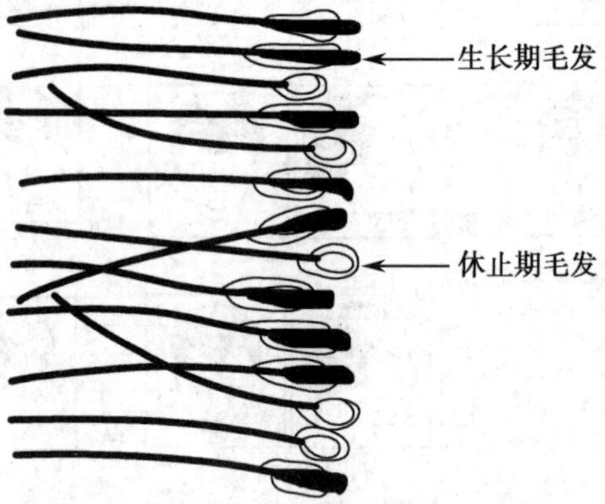

图25-6　头发生长期与休止期示意图

5. 头皮活检　如可疑的瘢痕性脱发、无法解释的弥散性脱发和（或）严重的脱发、有疑问的斑秃或拔毛癖等可以考虑进行头皮活检。

6. 另外还有头发的显微镜、偏光显微镜、扫描电镜检查等。

第二节　育发类化妆品活性成分及作用机制

根据毛发的生长特征，同时针对各种脱发的原因，可以选用一些能育发的有效活性成分研制多种育发化妆品，如香波、护发素、防脱生发类毛发产品。育发化妆品多采用天然活性成分，主要促进毛囊生长、提供头发生长营养成分、改善抑制过多皮脂等，以达到防脱、助生长的目的。目前，随着科学技术的进步，育发产品的研发应用到了细胞生物学，分子生物学的理论与方法；深入研究脱发的原因，可指导育发新原料的研究，使育发的研究步入了一个新阶段。

（一）育发活性成分分类

育发化妆品活性成分多为促进头发生长的物质，可以起到扩张皮下血管、促进血液循环、赋活或激活毛囊细胞、补充头发营养、减少油脂分泌、缓和皮肤紧张度、防止头皮屑、舒缓皮肤等作用。主要由黄酮类、有机酸、生物碱、萜类活性物和头发营养物质等组成。

1. 改善微循环　当归、川芎、人参、何首乌、大黄提取物、银杏黄素、辣椒素、褪黑激素、毛果芸香碱、大蒜酊、生姜酊等。

2. 营养成分与毛囊赋活　毛发的主要组成为蛋白质，所以毛发的营养成分多为蛋白类、氨基酸、糖类及多肽类。如蜂胶、前胡、人参皂苷、芦荟宁、胎盘提取液、糖蛋白类脂类激素、卡拉胶、维生素类、水解胶原等。

3. 皮脂分泌调节与抑制　菝葜、姜黄、川芎、茯苓、大豆、芥酸、米诺地尔、去甲雄甾族化合物、鸡纳树、菌类植物、担子纲中的真菌类植物等。

4. 舒缓刺激 升麻、金银花、黄连、大黄、黄芩、连翘、蜂房、菝葜、茵陈、土茯苓、甘草酸、甘草次酸等。

5. 防条件致病菌 桃金娘、何首乌、大黄、金银花、四季青、升麻、艾叶、β-萘酚、水杨酸等。

（二）含有育发活性成分的传统中草药分类

传统中医认为："肾者主骨、生髓，发者，脑之华、髓之所养；冲脉者经络之海，血盛则渗灌皮肤、生毛发；足少阳胆经其容在发，足少阳肾经其华在发，冲任二脉为十二经之海，血盛则发美，如血气衰弱、经脉虚竭则头发脱落"。所以肾气、肝血充足者发长而美，衰惫者则发不长。如因大病、久病，或因七情过激，或因房劳过度，以致肝肾虚亏，气血不足，或因风、寒、湿、燥、痰、瘀、虫诸邪郁结发根，阻塞气血，发根枯败等因素，均可致头发不荣润、不生长和头发脱落。在中医外用药剂中，常用祛风、除湿、杀虫、止痒、祛瘀、润发补虚等方法辨证施治，以达到头发正常生长的目的。常用育发类本草如下：

1. 祛风除湿 桑叶、附子、生姜、蔓荆子、升麻、皂荚、川椒、辛夷花、藿香、竹叶、川升麻、槐米、防风、苍耳子等。

2. 理气祛瘀 松叶、川芎、泽兰、侧柏叶、当归、韭根汁、甘松、艾叶、王不留行、大黄、零陵香、秦椒等。

3. 祛风杀虫 土荆皮、黄芩、硫黄、苦参等。

4. 润发补益 何首乌、桑根汁、莲子草汁、人参、生苣胜油、松脂、甘草、桑寄生、续断汁、侧柏叶、骨碎补等。

（三）育发化妆品活性成分分析举例

1. 辣椒 辣椒的果实中主要存在辣椒素（capsaicin），辣椒素的化学名称为8-甲基-6-癸烯香草基胺，分子式是$C_{18}H_{27}NO_3$。在生发剂中，辣椒素有极强的刺激性，微量使用即可刺激头皮，促进血液循环，起到促进头发生长的作用。

2. 侧柏叶 新鲜的侧柏叶和种子中含0.6%～1%的挥发油，其萃取物具有防腐防菌作用，临床上常用于防止脱发，用乙醇浸泡鲜侧柏叶7天后滤取药液，外涂于脱发部位，可用于多种脱发。

3. 菝葜 菝葜的根茎含菝葜皂苷A、B、C，为主要活性成分，其水萃取物对5α-还原酶有一定抑制作用，可促进毛发生长，并可预防雄性激素性脱发。

4. 人参 人参皂苷（ginsenoside）是人参的主要成分，比较容易透过皮肤表层被真皮吸收，能防止微循环障碍和皮肤老化，并可促进皮肤组织再生，可用于生发与护发。以人参酊、水杨酸、蓖麻油等配制的生发液可用于防止脱发。

5. 褪黑激素 褪黑激素（melatonin）具有一定的抗衰老作用和免疫调节等作用。主要存在于哺乳动物大脑半球之间的丘脑上方的松果体，其最大吸收波长为728nm，并具内在荧光。褪黑激素现已可用羟基吲哚为原料合成。

6. 赤霉酸 赤霉酸（gibberellins），又名920，存在于许多植物种子的胚芽中，具有雌激素样活性，能刺激细胞分裂，可加速头皮部位的血液循环，促进生发和减少头屑，用于预防脂溢性脱发。

7. 腺苷环磷酸 腺苷环磷酸是非核酸物质的组成部分，也是非核酸物质的代谢产物，存在于绝大多数动物细胞中，可促进黑素的生成，刺激生发，防控中老年人白发。

8. 芥酸 芥酸（erucic acid）广泛存在于十字花科（cruciferae）植物种子的油脂中，有一定的皮肤渗透性，且易为头发所吸附，低浓度即能抑制睾丸激素5α-还原酶的活性，可预防头皮发痒和男性脱发。

9. 银杏黄素（ginkgetin） 银杏黄素和白果素（bilobetin）等双黄酮存在于银杏科银杏（ginkgo biloba）的叶片中。银杏双黄酮能增进血液循环、刺激毛发的生长；控制皮炎，具有抗菌性；可能有激活体内荷尔蒙活性的功能。

第三节　育发类化妆品配方举例与使用

一　育发类化妆品配方举例

（一）传统中草药配方举例

常用本草配方在具体选用时，必须遵守国家化妆品管理规范，对规范中禁用或限用的成分必须剔除或控制用量。

1. 樟脑辣椒洗剂 樟脑0.25%、辣椒0.25%。功效为活血生发，可起到活血化瘀，改善微循环的作用，有助于头发生长。

2. 透骨草煎液 透骨草30g、筋骨草20g、海桐皮30g、海风藤30g、千年健30g、红花10g、三七10g、当归20g、五加皮20g、石菖蒲20g、苏木15g、桂枝10g。功效为除湿活血，用于脂溢性脱发。

3. 治鬓发堕落令生长方（《备急千金要方》） 生柏叶（一升，切）、附子（四枚）、猪膏（三升），上三味为末，膏和，作三十丸，用布裹一丸，纳泔中煎，沐发长不落。其药密贮，勿令泄气。功效为祛风除湿，可用于脂溢性脱发。

4. 洗发菊花散（元·《御药院方》） 甘菊花二两，蔓荆子、干柏叶、川芎、桑白皮、白芷、细辛、旱莲草一两。功效祛风生发，防止头发脱落。但白芷、细辛为化妆品禁用成分。

5. 病后发落方（《本草纲目》） 骨碎补30g，野蔷薇嫩枝30g。功效为祛风活血，解毒，用于病后脱发。

6. 海艾汤（《外科正宗》） 艾叶、菊花、薄荷、防风、藁木、藿香、甘松、蔓荆子、荆芥穗各6 g。功效为祛风除湿，防止脱发。

7. 长发滋荣散(《御药院方》) 生姜皮(焙干)1两,人参1两。功效为疏风散寒,益气生发,防止脱发。

（二）现代育发化妆品配方举例

见表25-1至表25-5。

表25-1　菝葜发水配方举例

组分	质量分数/%	组分	质量分数/%
橄榄油	0.5	乙醇	30.0
菝葜萃取物	0.5	1%透明质酸钠	5.0
吐温60	2.0	水	加至100
蓖麻油聚氧乙烯醚	2.0		

配方分析：配方用吐温60和蓖麻油聚氧乙烯醚将橄榄油、菝葜萃取物和透明质酸钠增溶或分散在水相基质中。

表25-2　褪黑激素育发水配方举例

组分	质量分数/%	组分	质量分数/%
褪黑激素	0.5	95%乙醇	30.0
聚氧乙烯醚氢化蓖麻油	0.5	水	余量

配方分析：配方为活性成分经表面活性剂分散在乙醇水中。

表25-3　胎盘生发水配方举例

组分	质量分数/%	组分	质量分数/%
萱烯	20.0	胎盘水溶胶	15.0
乙醇	21.7	水	加至100
异丙醇	21.7		

配方分析：配方为活性成分直接混溶于乙醇、异丙醇和水中。

表25-4　碱性成纤维细胞生长因子育发剂配方举例

组分	质量分数/%	组分	质量分数/%
碱性成纤维细胞生长因子	20 000单位	十六烷基聚氧乙烯醚	2.0
液状石蜡	10.0	Span-83	1.0
角鲨烷	7.0	氢氧化钾	0.1
霍霍巴油	3.0	甘油	3.0
尼泊金乙酯	0.1	水	加至100
固体石蜡	3.0		

配方分析：配方将活性成分碱性成纤维细胞生长因子经表面活性剂乳化分散在油、水相中。

表25-5　防脱发香波配方举例

组分	质量分数/%	组分	质量分数/%
脂肪酸甲酯磺酸钠（MES）30%	28.0	十八烷基二甲基氧化胺	4.0
		水解蛋白	2.0
十一烯酸单乙醇酰胺黄花琥珀酸酯钠	4.0	D-泛醇	2.0
		d-生物素	0.05
甲基葡萄糖苷二油酸酯聚氧乙烯醚（120）（DOE-120）	1.5	防腐剂	适量
		香精	适量
羟磺基甜菜碱（CDS）	8.0	水	加至100

配方分析：配方将活性成分经多型表面活性剂分散在水中制成有特殊功效的香波。

二 产品使用

作为育发类化妆品，主要起到防止头发脱落的作用，对头发的生长有一定的促进作用。育发化妆品的功效还有待提高。使用要持之以恒，最好与控油、去屑类化妆品联合使用，再配合按摩、生姜涂搽等促进血液循环的方法，增加效果。必要时仍然需要到医院用药治疗。

（一）使用频率

育发化妆品的使用，要有一定的规律性和持续性。用于洗发的化妆品可以每周使用2～3次，洗发频率可以根据季节、头部油脂分泌情况和职业环境加以调整。夏季以及油性头发洗发周期可以略短，秋冬以及干性头发洗发周期可以稍延长。另外，野外作业及接触粉尘环境者可酌情增加洗发次数。用于涂抹的育发类化妆品，可以每日早晚各涂抹1次于患处。

（二）使用方法

1. 洗发用水 应选用软水（如自来水、河水、湖水等），不宜选用硬水（如井水、泉水等）。如果使用硬水洗发，须将硬水煮沸，使其含有的矿物质沉淀，待水温合适再清洗。洗发的水温以40℃为宜。

2. 洗护化妆品的使用 首先，在使用洗发剂前，先用温水冲洗头发，让头发和头皮完全浸湿，让污垢和发用定型剂等溶解于水中，令头发更容易清洁。再将洗发剂倒入掌心揉搓后涂抹到头发上，第一遍均匀地搓揉头发数分钟，第二遍用指肚按摩全部发根及头皮。之后要用清水反复冲洗头发3～5次，直到完全冲洗干净。使用护发产品时，将护发素倒在掌心后均匀地涂在头发上。与洗发水的使用方法相反，首先从发梢开始用手指夹住头发轻轻按摩均匀，然后再慢慢涂抹至整个发部。按摩后不要立即冲洗，等待数分钟后再清洗干净。

洗发后，把头发擦至半干状态，用干毛巾将头发包裹，两手压紧毛巾，将头发上多余的水分吸干。头发在潮湿状态下，毛鳞片容易脱落，所以不要用毛巾使劲摩擦头发，以避免引起头发表面的毛鳞片受损。然后用宽齿钝圆头梳子梳理头发。湿发自然晾干最好，若使用吹风机不要选择过高的温度，以60℃以下为宜；吹风口不要距离头发太近，以保持10～20cm为宜。

3. 涂抹类化妆品的使用 取适量涂抹类化妆品，用棉签轻轻搽于患处，早晚各一次，一般宜连续使用2～3个月为一疗程。

有过敏体质的患者在使用育发化妆品时，应先取少量产品涂抹于耳后皮肤，24小时后观察有无不适症状，若无不良反应发生则可按常规使用，若出现不适症状则暂停使用。

第四节 育发化妆品功效评价方法

育发化妆品的功效评价，是观察在正确使用育发化妆品之后头发的生长情况。作为育发化妆品功效评价的标准，要求尽量做到指标可量化、可重复性和可对比性，具有统计学意义。在临床上，简单、方便、快捷和准确的评价方法才具有可行性。在实验室方面，细胞培养、器官培养以及图像解析装置等计测技术的进步，使得育发化妆品的功效评价有了较大的进步。育发化妆品的功效评价方法，可以分为人体直接试用和间接实验室评价两类方法。

一 育发化妆品功效性的人体试用评价方法

育发剂的主要目的是使头发达到和保持一定的数量而不脱落。观察的指标，包括毛囊生长的数目、直径、速度、生长期与休止期的比例。其他指标如头发的色泽、梳理性、抗静电等只能作为育发化妆品功效评价的辅助项目。完全达到精确评价目前还有一定困难，但是，就功效判断来讲，只要可比性成立，便可以进行功效评价，以下观察指标也主要是以可比性为目的进行讨论。

（一）受试者入选标准

作为功效测定，要求受试者的选择与需要观察的脱发种类有代表性，还要有可观察性，特别是要快速、准确、容易操作和容易被受试者接受。

1. 年龄 不同的脱发类型年龄选择也不尽相同，如脱发主要选择能够配合观察的患者，包括儿童和老人，甚至可以由家人帮助使用育发剂，但是，如果受试者充裕，选择18 ~ 50岁为宜；而雄激素源性脱发，俗称“脂溢性脱发”，年龄选择20 ~ 40岁为宜。

2. 病程 病程选择主要根据对受试者和可观察性的要求选择病程。脂溢性脱发病程最好在秃顶后3年以内，而且秃顶者头发并没有完全脱落。

3. 脱发种类 作为育发化妆品，主要应用于雄激素源性脱发以及生理性脱发等。

4. 其他受试者条件 除以上主要条件之外，一般要求受试者无可能影响本观察结果的其他疾病，1个月内未用过类似育发剂，并能按照要求自愿配合完成观察等。另外，季节因素也要考虑，如季节性生理性脱发多在秋季，观察生理性脱发不能从秋季开始。

（二）常规功效观察指标

1. 头发脱落计数 每天起床梳头或洗头时，收集所有掉落的头发或用纱布过滤洗头水，将滤过的头发计数并记录。目的是观察每天头发脱落的情况。但是，该项观察要注意头发脱落的季节性。

2. 毛囊数目 该项指单位面积内的毛囊数。毛囊数目变化对育发化妆品的功效评价非常重要，理论上讲，育发剂可促进毛囊的恢复，促进毛发的生长，判断毛囊多少。从功效变化来看，为了便于比较，统一标准，一般将有毛发的部位判为有毛囊的部位。

3. 毛发直径 毛发的直径可以反映出头发的生长情况。如脂溢性脱发者，头发逐渐变细、变软，当头发改善以后，头发直径也逐渐变粗。必须统计单位面积内头发直径的变化，才能反映育发剂的功效。

4. 生长速度 头发的生长速度也可直接反映出育发剂的功效。观察时必须是单位面积内头发生长的平均速度，单根头发不能明确反映出头发的生长速度。

（三）定点

要具有可比性和可重复性，必须定点观察头发生长的全过程。

1. 小面积定点观察 所谓定点，是指在同一个被观察者，选择某一点和某一小部分，连续观察该部位的头发生长变化情况，包括毛囊数、头发直径和头发生长速度等功效学量化观察指标，以此来代表整个头发生长情况，从而反映出育发剂的功效。

2. 剃发和观测面积 根据检测器具，一般5 ~ 10mm^{2}的面积比较合适，圆形或方形均可，可根据需要选择。

（四）数码相机照片或摄像对比观察

采用优质的照相机或摄像机，连续记录使用前后不同时间点的头发情况，再用肉眼对比评价或用特殊专业图像软件处理统计分析图片，可获得多种头发生长与脱落的各种参数，如单位面积中头发的数量、头发生长率、头发生长期持续时间、头发的类型、头发的粗细、一根头发从脱落到再生新发所需的时间等。可以对全头进行照片或拍摄，也可以对某一局部固定的区域进行观察。

二 育发化妆品功效性的实验室评价

目前，可能被采用的化妆品实验室功效评价方法简要介绍如下（见表25-6）。

表25-6　育发成分的评价方法

实验名称	方法	意义
毛囊器官培养	用人或动物毛囊进行器官培养	调查其毛囊伸长度，其形态和DNA合成。96小时前后毛囊成长可能呈线性关系，在无血清培养基中可以快速评价有效成分和检索抑制毛发生长的因子
毛囊移植	将人头皮毛囊移植到小鼠皮肤内，观察毛成长，结果表明成长持续3个月以上，并且与供区毛成长呈现相关性	期待此法能作为搞清头发周期机制的有效手段
细胞增殖试验	外毛根鞘细胞、毛乳头细胞和毛母细胞等细胞培养研究	用毛囊关连细胞和皮肤构成细胞评价有效成分的实验，与用动物的体外试验比较，实现了实验系统的单纯化，解决了季节变动等动物特有的问题
细胞游走能试验	Stenn方法做细胞游走能试验	选择在休止期-生长期的变化中可提高细胞活动度的成分作为育发化妆品的功效成分
皮肤器官培养法	将含有毛囊的小鼠皮肤置于胶原凝胶上进行器官培养观察	观察被毛的成长，用于育发化妆品的实验室研究
抗雄性激素作用试验	皮肤检测法，将5α-还原酶抑制活性和羟基去甲麻黄素比较，或将二羟睾酮受体活性和醋酸氯地孕酮等标准物质比较	抗雄性激素剂真正应用化研究（尚无成功案例）

三 动物实验

育发功效评价还可用动物做育毛实验，进行毛发生长的多层次、多个参数评价，如毛囊内ATP测定、调查毛发生长与皮肤炎症介质和血流之间的相关性等。已有报道的有高脂肪食料小鼠育毛试验、面猴育毛试验等，但是以C3H小鼠和白兔为代表的育毛试验和人试用综合评价育发效果为主体。随着动物保护的呼声越来越高，化妆品动物实验会逐渐减少直至停止。

思考题

1. 毛囊的生长周期包括哪些阶段?
2. 弥散性脱发的原因是什么?
3. 促进毛发生长的机制有哪些?

（张怀亮）

第二十六章 脱毛类化妆品

身体任何部位毛发数量过度增长或女性出现男性体毛分布，都会影响体表皮肤外观。脱毛类化妆品可以脱除多余的体毛，常用于女性皮肤脱毛或运动员、演艺人员为了表演或运动比赛的需求，使用脱毛类化妆品将腋部、股部甚至正常外露部分体毛脱除。

第一节 多毛的概念

毛发为皮肤的附属器官。从审美的角度看毛发问题，除头发和眉毛外，人们对身体上其他部位毛发的看法不一样。对于男性，有的人喜欢“大胡子”和浓密的胸毛；而对于女性则相反，多数人认为除头发以外体毛越少越好。所以，脱毛类化妆品常常是女性使用的产品。了解体毛增多的原因和类型，将对我们正确选用和合理使用脱毛类化妆品提供帮助。体毛增多按病理机制可分为2种类型，即毛增多症和女性多毛症。毛增多症又可分为病理性多毛和生理性多毛。

（一）生理性毛增多及对体毛的美学观念

生理性毛发过多是指正常人体表生长的体毛较长或浓密，不伴有男性化现象，也无生理异常，可有家族性毛发过多史，而无多毛性疾病或并发症。

1. 性别差异 正常人终毛分布，女性主要分布在头部、眉睫部、腋下、阴部。除了以上部位，男性面部、胸部、四肢生长有终毛。

2. 种族的生理差别 不同的种族，体毛的多少也有一定的差别。如亚洲女性和欧美女性的区别，亚洲女性普遍体毛较欧美女性体毛轻；欧美男性和女性的体毛均较亚洲人为重，因此，不同种族接受和判断女性体毛的正常量也不同。

对女性美的判断差异：其一，种族的差别可导致对女性生理性毛发过多症的判断和接受程度的区别，如亚洲人对女性生理性毛发过多症的要求比欧美人要高。其二，人们对女性美认识的变化影响对生理性毛发过多症的判断，当人们越来越注意女性体毛的时候，对女性的体毛要求就越来越高，人们就会越来越严格地从自己希望的角度去判断女性的体毛，如头上的毛越长越好，而其他部位的毛越短、越少越好。

3. 广告宣传的影响 大量的广告正在逐渐影响着人们对生理性体毛的认识，作为女性，人们认为似乎只有无毛的躯体才是正常和美丽的。

（二）病理性体毛增多

病理性多毛是指除了毛增多外，还可能存在遗传、内脏疾病等。毛增多症还可以根据分布（全身或局部）、发病年龄（先天性或从出生渐变或获得性）及毛发类型（毳毛、毫毛、终毛）

来分类。

1. 先天性胎毛过多 本病是由于基因突变所致的常染色体显性遗传疾病，表现为出生时即有多毛，皮肤被覆过多胎毛，胎毛不为毳毛或终毛所替代。头发与体毛一样，其直径和质地达不到成人毛发程度，眉毛浓而长，两眉常可连接起来。前额、面部、颈部毛发密而长，躯干与四肢呈多毛，牙齿发育不良，外耳畸形等。这种小儿俗称“毛孩”或“狼人”等。

2. 获得性胎毛过多 本病伴发或发生于重症疾病后，在面部出现细丝状长毳毛，可遍及除掌跖以外的全身皮肤，毛发可较迅速的生长。中老年人出现本病要高度重视，检查体内是否有恶性肿瘤。

3. 垂体病变 脑垂体分泌各种促性腺激素，对体内各种激素起着重要的协调作用，当垂体有病变时，如肢端肥大症、垂体肿瘤等均可导致多毛。

4. 大脑和下丘脑病变 如多发性硬化病、肥胖，脑炎等，也可发生多毛。

5. 症状性多毛 症状性多毛症是指由卟啉病、大疱性表皮松解症，先天性牙龈象皮病、甲状腺功能减退、甲状腺功能亢进、皮肌炎、婴儿肢痛病、原发性营养不良等引起的多毛症。

6. 甲状腺功能减退 甲状腺功能减退出现多毛者很少，只有在青年型甲状腺功能减退者中偶尔见到多毛症状。

7. 肘毛增多症（hypertrichosis cubiti） 亦名为多毛肘综合征，为出生后双肘多毛，5岁后多毛开始减少，可为常染色体显性或隐性遗传。

8. 先天性局部毛增多症（congenital localized hypertrichosis） 本病发生于出生时或以后，无一定好发部位。常与一些痣伴发，称为痣样毛增多症（naevoid hosis），如Becker痣，毛粗而长。

9. 脊柱裂和骶骨毛增多症 本病见于儿童，在腰骶区有一簇粗或细毛伴有脊柱裂。

10. 黑毛痣 黑毛痣是色素痣的一种类型。大部分可能为常染色体显性遗传，也可能与紫外线照射有关。黑毛痣严重影响着皮肤的美观，并且有可能癌变。不宜选用冷冻除痣和化学药物腐蚀除痣，包括脱毛类化妆品。

11. 刺激性多毛症 如经常摩擦、搔抓、烧灼、上石膏等外界刺激可以引起局部多毛。

12. 充血性多毛症 一般称获得性多毛症。指长期持续性皮肤充血引起局部多毛。

13. 指（趾）节毛增多症（hypertrichosis of phalanx） 本病多见于男性，发生于第2、3、4、5指（趾）背侧，为常染色体显性遗传。

14. 毛耳 主要发生于男性外耳道，该部位的短毛增粗、增长，伸出耳廓。

15. 药物诱发的毛增多 一些药物可以诱发体表毛发增多，停用药物以后，大多数是可以恢复的。能够诱发毛增多的主要药物见表26-1。

（三）女性多毛症

男性青春期第二性征发育，导致面部出现胡须，胸部、肩部、背部、胳膊、大腿、阴部和下腹及臀部出现体毛。如发生于妇女，意味着卵巢或肾上腺分泌的雄激素上升或终末器官对雄激素敏感性上升。多毛症（hypertrichosis）特指妇女体表有男性型终毛分布。下列原因可导致女性出现多毛。

1. 雄激素性多毛 由于局部毛囊雄激素受体和局部可获得足够多的可结合雄激素（二氢睾酮）是导致雄激素性多毛的必须条件，各种原因，导致的女性局部毛囊受体接受到过多的雄激素刺激，可出现女性多毛及男性化等现象。

2. 特发性毛发过多 没有检测到潜在内分泌疾病的多毛女性称为特发性毛发过多。体毛

表26-1　药物诱发的毛增多症

抗生素	免疫抑制剂
* 链霉素	* 环孢素
抗炎药	补骨脂素
* 苯噁丙酸	* 三甲氧补骨脂素
* 皮质激素	* 八甲氧补骨脂素
扩血管剂	杀菌剂
* 二氮嗪	* 六氯苯
* 米诺地尔	螯合剂
* 前列腺素 E_1	* 青霉素
碳酸酐酶抑制剂	其他
* 乙酰唑胺	* 干扰素 α
抗癫痫药	* 西妥昔单抗
* 苯妥英	* 非诺特罗

生长是雄激素增多最敏感的雄激素增多证据。特发性毛发过多多毛症主要发生在妇女妊娠期和绝经期后，发生于妊娠期的，生育后可部分消退，再怀孕时又可增多；绝经期或绝经期后发病者的多毛症常局限于面部，这与该时期女性体内及皮肤雄激素代谢发生变化，对雄激素敏感性增加有关。

3. 多囊卵巢综合征（polycystic ovarian syndrome，PCOS） 由Stein和Leventhal在1953年报道，特征为不育、继发性闭经，经期改变和常见肥胖，伴巨大多囊卵巢。在一次正常的月经初潮之后，患者出现持续性经量过少或闭经，常伴发不育。至少50%的患者表现为肥胖，部分出现黑棘皮病，无生殖器男性化体征；70%的患者伴有痤疮；90%的患者有多毛症，通常是侧面的，特别是在乳房、面颈侧面和腹部，有70%的患者在嘴唇、前臂、小腿等处出现多毛。卵巢肿瘤也可出现多毛。

4. 肾上腺疾病

（1）先天性肾上腺增生：先天性肾上腺皮质增生症（congenital adrenal cortical hyperplasia，CAH）是一组由于肾上腺皮质激素合成过程中酶的缺陷所引起的疾病，属常染色体隐性遗传病，引起男性化者又称肾上腺性征异常综合征。典型的CAH发病率约为万分之一，而非典型的发病率约为典型的10倍，并有种族特异性。胆固醇在肾上腺皮质中经过一个复杂的代谢路径，成为醛固酮、皮质醇、激素（雄激素、雌激素和孕激素），如果代谢过程中某个环节出现缺陷，特别是相关代谢酶的减少或缺失，可导致该代谢路径的产量减少，使代谢前体重新分布进入其他途径，引起雄激素产生过量。小部分青春期多毛的女性已经被证实患有特别的“迟发性”CAH，患有迟发性CAH者约80%患有多囊卵巢。

（2）21-羟化酶缺失（21-OHD）：是常见的常染色体隐性遗传性疾病之一，占先天性肾上腺皮质增生症（CAH）的90%～95%。临床上，21-OHD可表现为经典型（包括失盐型、单纯男性化型）和非经典型（迟发型、隐匿型）等一系列连续的疾病谱。非经典型21-OHD是21-OHD中酶活性下降较轻的一种类型。其临床表现缺乏特异性，往往仅有轻度雄激素过多症状和体征；常混杂于高雄激素血症的其他病因中，与多囊卵巢综合征的临床特征相近，易于漏诊或误诊。本病发病率较高，且常合并胰岛素抵抗及其他代谢紊乱。

（3）获得性肾上腺皮质疾病：本病主要与肾上腺肿瘤密切相关。发生在肾上腺的肿瘤分为肾上腺皮质腺瘤、肾上腺皮质癌和肾上腺髓质肿瘤等。其中10%腺瘤和腺癌患者中可能出现孤立的男性化，男性化和库欣综合征的合并出现强烈提示癌瘤的出现，后者睾酮水平显著增高。

5. 生殖腺发育不全症 性细胞分裂时，由于某种原因，导致性染色体不分离，形成合子时就只有一条染色体；或在分裂过程中，X染色体短臂断裂或丢失。性染色体数目或结构异常，即可出现卵巢发育不全综合征，形成临床上的先天性生殖腺发育不全或特纳综合征（Turner's syndrome）。其中部分患者可出现多毛。

6. 高泌乳血症（PRL） 高泌乳血症可以刺激肾上腺皮质，使之产生过量的脱氢表雄酮（DHEA），因而有部分患者出现了多毛。

7. 卵巢肿瘤 多毛几乎是男性化卵巢肿瘤的特征，患者中大多数血浆睾酮水平增高，并表现出其他男性化现象。

第二节 脱毛类化妆品原理

脱毛类化妆品分物理性脱毛和化学性脱毛两大类。物理脱毛剂，如松香等树脂，将需要脱除的毛发粘住，从皮肤上脱下，因使用起来让人感到很不舒适和容易感染等原因，现已经很少使用了。化学脱毛剂，如碱金属及碱土金属的硫化物，将毛发中的胱氨酸还原，使其结构遭到彻底破坏。由于化学脱毛剂碱性较强，5～15分钟即显示出脱毛效果。目前，脱毛类化妆品基本上使用的是化学脱毛类化妆品，这也是本章所介绍的重点。

一 化学脱毛类化妆品的基本原理

毛发结构的稳定性主要是由毛发角蛋白中的二硫键（见图26-1）来保证的，二硫键的数目越多，毛发纤维的刚性越强，因此，如果二硫键被破坏，毛发的结构强度将变低。脱毛剂是在碱性条件下，使毛发膨胀变软，毛发硬度降低，并利用还原剂将构成体毛的主要成分角蛋白胱氨酸链中的二硫键还原成半胱氨酸，从而切断体毛，达到脱毛目的。羟基烟酸类脱毛剂是目前最常用的脱毛剂，其活性物是巯基乙酸及其盐、巯基丙酸及其盐、乳基乳酸及其盐。巯基乙酸及其盐在使用浓度范围内是无毒和稳定的，一般使用浓度为2.5%～4%；若低于2%，作用缓慢；如高于4%，效果提高不显著。在浓度范围内，它取决于pH，pH低于10.0，作用很慢，起效时间较长；如在pH 12.5附近，其脱毛效果最好；pH大于12.5，对皮肤刺激性较大，一般在5～15分钟脱毛效果显著。表26-2列出了pH对巯基乙酸脱毛速度的影响（0.5mmol/L）；表26-3显示在过量$Ca(OH)_2$存在时巯基乙酸浓度对脱毛速度的影响；表26-4则显示不同巯基乙酸盐和β-巯基丙酸盐脱毛所需时间。

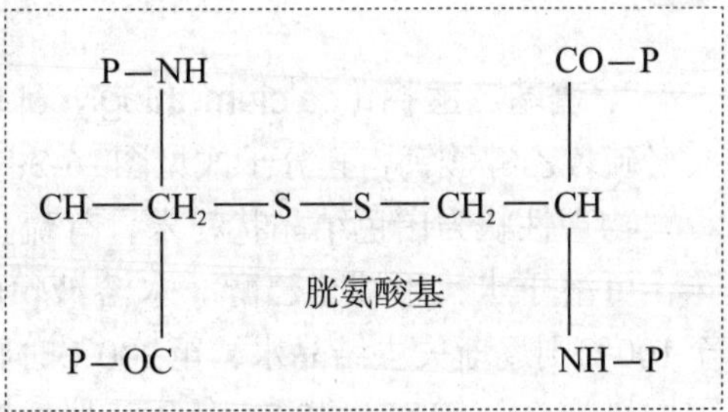

图26-1 二硫键

表26-2　pH对巯基乙酸脱毛速度的影响（0.5mmol/L）

pH	除去毛发时间/min	引起皮肤刺激情况
9.5	24	30min内无刺激作用
10.0	19	30min内无刺激作用
10.5	15	30min内无刺激作用
11.0	12	30min内无刺激作用
11.5	9	30min内无刺激作用
12.0	7	30min内无刺激作用
12.5	5	30min内无刺激作用
13.0	3	30min内无刺激作用

表26-3　在过量 $Ca(OH)_2$ 存在时巯基乙酸浓度对脱毛速度的影响

巯基乙酸的浓度/mmol	脱毛时间/min		30min时皮肤刺激作用
	完全脱毛	部分脱毛	
0.2	15	10	无
0.5	9	6	无
0.8	9	6	无
1.5	10	8	无
2.0	10	8	无

表26-4　不同巯基乙酸盐和β-巯基丙酸盐脱毛所需时间（0.4mmol/L，pH 12.5）

盐类	巯基乙酸盐所需时间/min	β-巯基丙酸盐所需时间/min
钙盐	4.0	10.0
钡盐	12.0	7.0
锶盐	5.0	7.0
钠盐	4.0	5.5
钾盐	3.5	4.0
锂盐	3.5	5.0

从效率、安全性和成本上综合分析，多数情况下选用巯基乙酸钙比较适宜。

二　脱毛类化妆品的主要原料

1. 巯基乙酸钙（calcium thioglycolate）　巯基乙酸钙又名硫代乙醇酸钙，其分子式见图26-2：

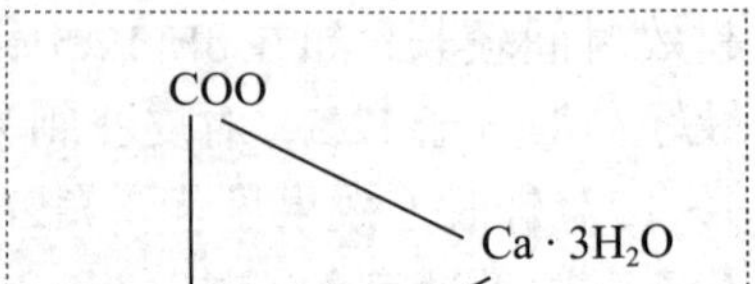

图26-2　巯基乙酸钙

物理性状为白色结晶状粉末，有巯基化合物的特殊气味，可溶于水，不溶于乙醇。水溶液pH为10～11，加热至100℃则逐渐失去结晶水，至200℃时则分解。国家规定限用量为5%，pH 7～12.7，使用该脱毛原料必须在标签说明书上注明“含巯基乙酸盐；按用法说明使用；防止儿童抓拿”。

2. 其他类似脱毛原料 巯基乙酸的钠盐、镁盐、锶盐等，如同时使用2种以上的巯基乙酸盐为原料，其脱毛效果将更好。

在脱毛类化妆品中常添加适量的增效剂，如尿素、碳酸胍等，它们与毛发角质蛋白作用后，能使蛋白质分子变为无规则的疏散结构，从而使胱氨酸分子的二硫键与硫化物或巯基乙酸盐等脱发活性成分得以充分接触，促使其切断二硫键，使毛发更容易脱落。一般在10分钟以内即可将毛发抹去或用水冲洗掉。有时使用如三聚氰胺、二氰基二酸胺，聚乙烯吡咯烷酮（PVP）共聚物等溶酸剂可有助于加快巯基化合物脱发剂产生作用的速度。

第三节 脱毛类化妆品的配方与使用

一 脱毛类化妆品的配方

（一）脱毛类化妆品配方的基本要求

1. 对皮肤无毒性作用，不会引起皮肤刺激反应；
2. 脱毛效果显著，在10分钟内毛发变软，并呈塑性，易于擦除或冲洗；
3. 无异味或尽可能低的气味；
4. 不会损伤或沾污衣物；
5. 外观宜人，无色或天然色；若为膏霜或乳液，质地细腻；
6. 易于贮存，有相对稳定的保存期。

（二）脱毛类化妆品配方组成的建议

1. pH范围9.0 ~ 12.5，一般为10.5 ~ 12.5。

2. 巯基化合物的质量分数为2.5% ~ 4.0%，个别可达到6% ~ 7%。

3. 所用碱类的电离常数应大于2×10^{-5}。

4. 为防止对皮肤的危害作用，溶液中碱类制剂的含量不要大于巯基化合物化学剂量的2倍。

5. 浆状是最合适的剂型。一些天然或合成的水溶性聚合物可增加制品的稳定性。

（三）脱毛类化妆品的配方实例

下面列举了非常常用的化学脱毛类化妆品配方实例，见表26-5至表25-8。

表26-5 脱毛膏配方举例

组分	质量分数/%	组分	质量分数/%
巯基乙酸钙	6.5	白矿油	8.0
司盘-60	4.0	氢氧化钠	2.0
十六醇醚-2	4.0	氢氧化钾	1.0
凡士林	15.0	香精	适量
十二醇	10.0	水	53.0

配方分析：配方为由水相、油相、表面活性剂组成的乳膏型制剂。巯基乙酸钙在碱性或强碱性情况下，具有脱毛作用。

表26-6　快速脱毛剂配方举例

组分	质量分数/%	组分	质量分数/%
硫化钙	3.0	失水山梨醇单硬脂酸酯	3.0
碳酸胍	3.0	丙二醇	4.0
脲素	3.0	羟乙基纤维素	0.2
十六醇	1.8	香精	适量
蜂蜡	1.8	水	加至100.0
十六醇醚	4.0		

配方分析：配方为由水相、油相、表面活性剂组成的乳膏型制剂。硫化钙具有脱毛作用。

表26-7　脱毛摩丝配方举例

基质：

组分	质量分数/%	组分	质量分数/%
硬脂醇醚	4.0	氢氧化钾（调节pH至12.0～12.5）	适量
巯基乙酸钙	5.0		
巯基乙酸	5.0	水	加至100

基质：推进剂＝90：10

配方分析：配方由巯基乙酸钙和巯基乙酸脱毛剂制成摩丝，方便使用。

表26-8　气雾脱毛剂配方举例

基质：

组分	质量分数/%	组分	质量分数/%
辛基十二醇	2.0	水	加至100
巯基乙酸钙	5.4	氢氧化钾（ρ= 40%，pH调节至12.4）	适量
硅酸钠	3.4		
香精	0.5		

基质：推进剂＝90：10

配方分析：配方在密闭容器中由推进剂将巯基乙酸钙水性制剂推出制成气雾剂。

二　产品使用

每个人对脱毛产品的敏感性不一样，要使脱毛产品使用时完全对皮肤无损害是非常难的。如果皮肤比较娇嫩，可以选择刺激性小或脱毛添加剂较少的产品；如果皮肤耐受性强体毛又比较重，可以选择脱毛添加剂相对较多一点的产品。皮肤有损伤或有炎症者，必须等皮损痊愈之后才能使用脱毛化妆品。另外，过粗的体毛也不适合用脱毛化妆品，避免过度使用造成皮肤伤害。使用前应仔细阅读说明书，使用方法如下：

1. 用时先用温水洗净或用湿毛巾擦净需脱毛的部位，涂上厚度不少于0.5mm的脱毛膏，然后将脱毛膏顺毛发生长方向均匀涂抹，霜体涂抹厚度为1～2mm，以完全覆盖毛发为准。

2. 10～15分钟后，待毛发螺旋般卷曲时，即表示脱毛已完成，用刮棒（产品内配）逆毛发生长方向轻轻将脱毛膏连同体毛一起刮去；必须依照其说明指定的时间除去脱毛霜，不应待其干硬时才除去。

3. 按规定时间使用后应及时用清水洗干净，涂抹少量护肤品，不可用强力摩擦皮肤或用碱性香皂清洗。

4. 每次在同一部位使用脱毛膏的间隔时间应不少于1周；发炎和损伤的皮肤表面禁用，有过敏史者慎用。

第四节　脱毛类化妆品功效评价

脱毛类化妆品主要用于女性生理性毛发增多，一般不适用于明显严重的病理性多毛，对一些增多的毳毛有一定的辅助脱毛作用。化学脱毛剂存在潜在的皮肤刺激或致敏的危险性，在我国把脱毛剂纳入特殊用途化妆品的管理范畴。脱毛类化妆品所能够达到的脱毛效果一般是将腋下和腿部增多的毛脱除，如果要增加脱毛效果就要增加脱毛剂的使用浓度，有可能带来更大的皮肤刺激。

脱毛化妆品功效评价方法至今尚无标准或公认的方法和程序，一般采用临床评价和临床评价结合计算机图像分析的方法。

1. 临床评价法　临床评价方法即用肉眼分析评估。常选择一定数量的健康志愿者，一般在30例以上，确定试验区，由有经验的评估者进行临床评分，将每个等分区域的评分总和作为试验区域的结果。脱毛效果在75%以上者，为符合要求的脱毛产品。

脱毛效果=∑各区域涂抹后毛发脱落评分 ÷∑区域数 ×100%，每个试验区域按其脱落的数量进行评分，基本标准为：

0分，无任何毛发脱落者；

1分，毛发脱落量小于25%；

2分，毛发脱落量小于25%～50%；

3分，毛发脱落量小于50%～75%；

4分，毛发脱落量小于75%；

5分，毛发完全脱落者。

2. 计算机图像分析法　计算机图像分析法是一种比较客观的量化检测方法，其原理是利用皮肤（白色）与体毛（黑色）的色差来检测单位皮肤面积中毛发所占有的总面积。计算机图像分析法需要包括计算机图像摄取设备（数码相机和数码摄像机）、专业图像分析软件、专业的图像摄取和图像分析技术人员。硬件条件在一定程度上限制了该项技术的推广和发展，其关键技术是，在脱毛前后是否能够在同一位置、同一光线、同一光线角度获得同等面积大小一致的光学和数码数据。符合以上条件之后，其获得的数据才具有可比性，并且比肉眼观察评估的结果更准确和更有可比性。

临床研究中，将靶皮损经光电图像数码转换器（CCD）或数码相关按标准程序获取的图像，经过专业图像分析软件，用检测得到的靶皮损内毛发总数或毛发密度的具体数值，通过计算得到脱毛率。

脱毛率=（涂抹前毛发面积－涂抹后毛发面积）÷涂抹前毛发面积 ×100%

这样所得到的检测结果客观可靠、重复性强、敏感性高。如脱毛率在75%以上，则认为脱毛剂是符合要求的。

思 考 题

1. 脱毛类化妆品的定义是什么？
2. 病理性多毛和生理性毛发过多有何区别？
3. 脱毛类化妆品的主要用途是什么？
4. 毛增多症与妇女多毛症该如何鉴别？
5. 病理性多毛和生理性毛发过多怎样区别？

（张怀亮）

参考文献

1. 张惠杰，杨军，李小英. 非经典型21羟化酶缺陷症的研究进展. 国际内分泌代谢杂志，2007，27（6）：418-421

共引参考文献

1. 唐冬雁，刘本才. 化妆品配方设计与制备工艺. 北京：化学工业出版社，2003

2. 裘炳毅. 化妆品化学与工艺技术大全. 北京：中国轻工业出版社，1997

3. 刘玮，张怀亮. 皮肤科学与化妆品功效评价. 北京：化学工业出版社，2005

4. 赵辩. 临床皮肤病学. 第3版. 南京：江苏科技出版社，2001

5. 王培义. 化妆品原理配方生产工艺. 北京：化学工业出版社，2006

6. Robert Baran，Howard Maibach. 刘玮，赖维，王学民主译. 美容皮肤科学. 北京：人民卫生出版社，2007

7. 李明阳. 化妆品化学. 北京：科学出版社，2002

8. 阎世翔. 化妆品科学. 上海：科学技术文献出版社，1995

9. 张学军，刘维达，何春涤. 现代皮肤病学基础. 北京：人民卫生出版社，2001

10. 方章林，姜世正. 人体美学. 北京：北京出版社，2000

11. 赖维. 头发的护理与疾病治疗. 北京：人民卫生出版社，2009

12. 化妆品卫生规范（卫生部发布），2007

索 引

E

F

G

H

J

T

W

X

Y

Z

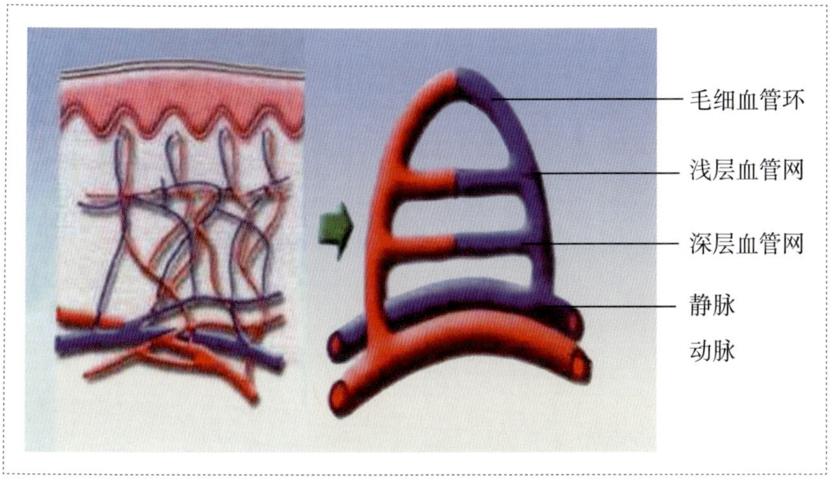

图2-3 皮肤血管网模式图

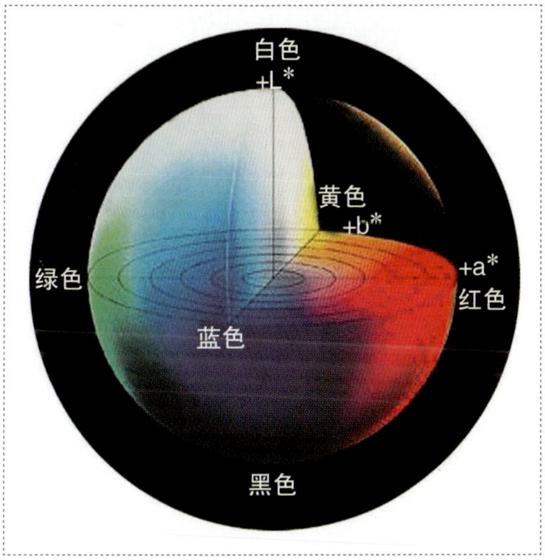

图4-2 CIE-L*a*b*颜色系统L*轴

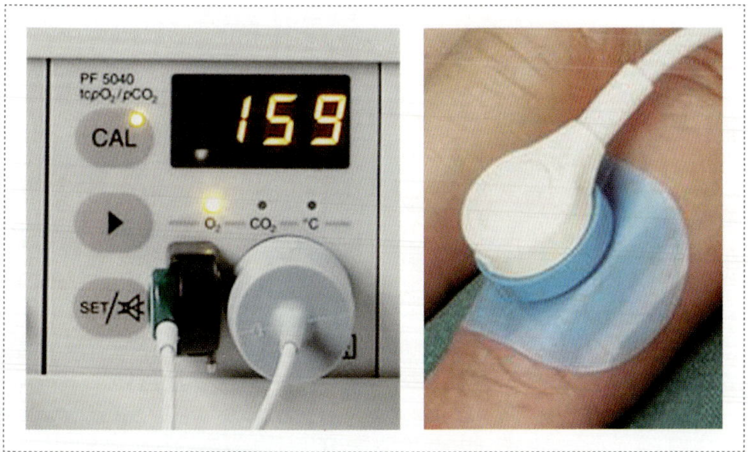

图4-3 经皮氧分压测量单元

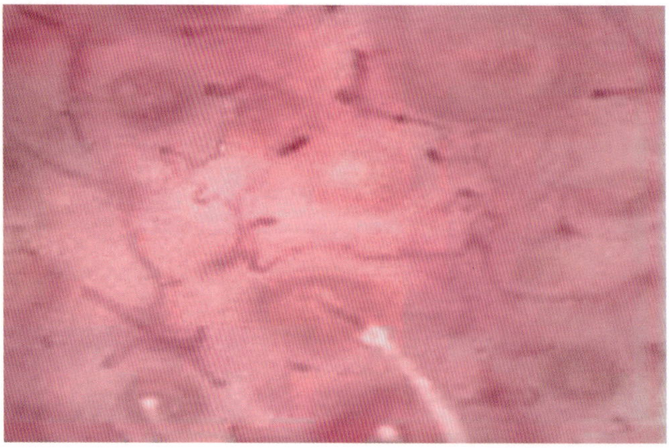

图4-4 电视毛细血管镜下皮肤微血管图

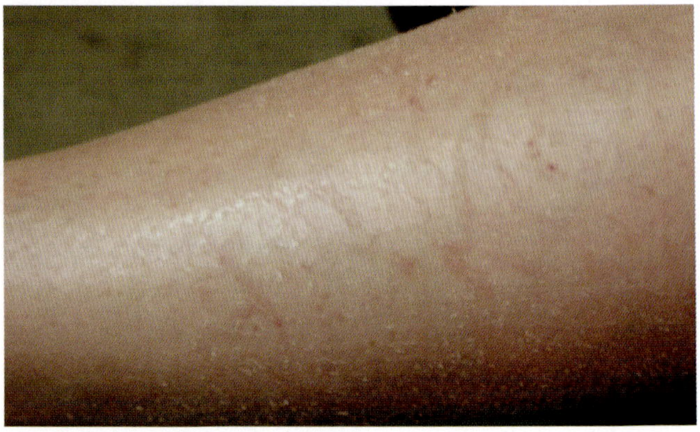

图7-1 皮肤干燥（使用硫黄香皂过度造成）

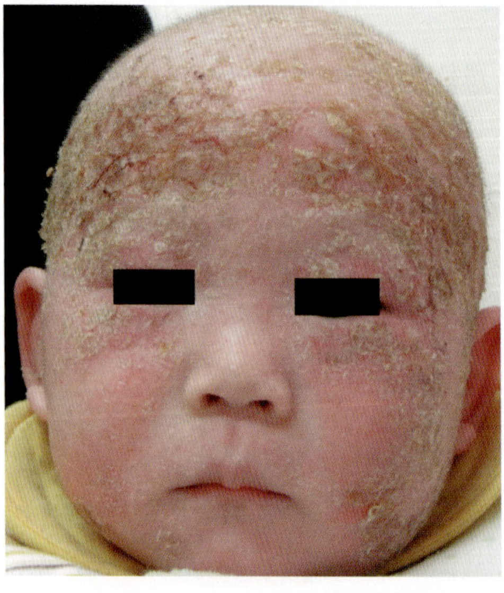

图7-2 特应性皮炎

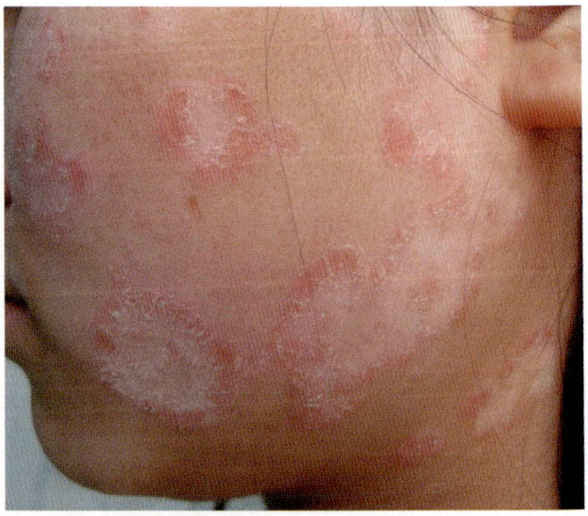

图7-3 银屑病

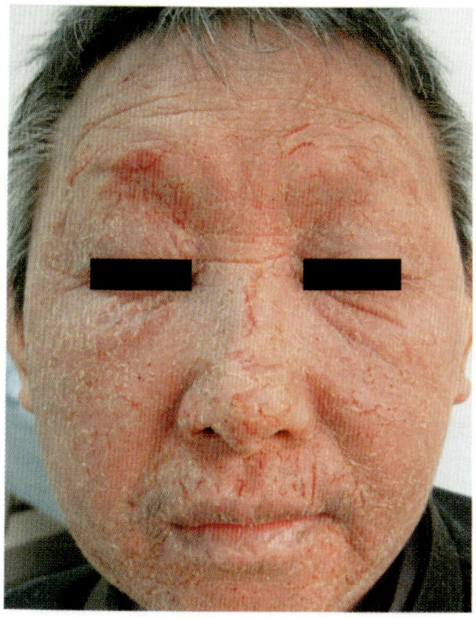

图7-4　红皮病

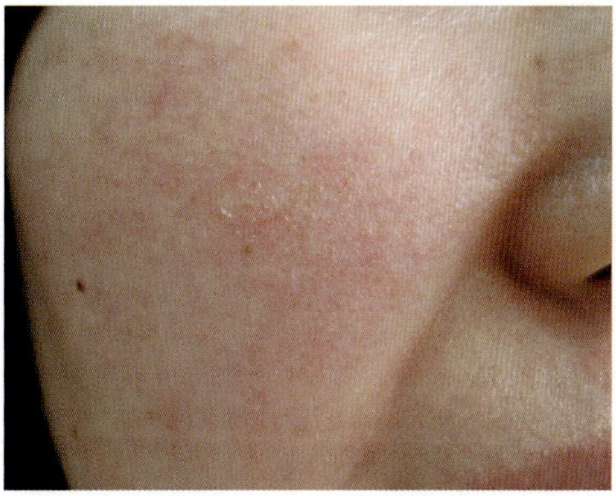

图7-5　激素依赖性皮炎

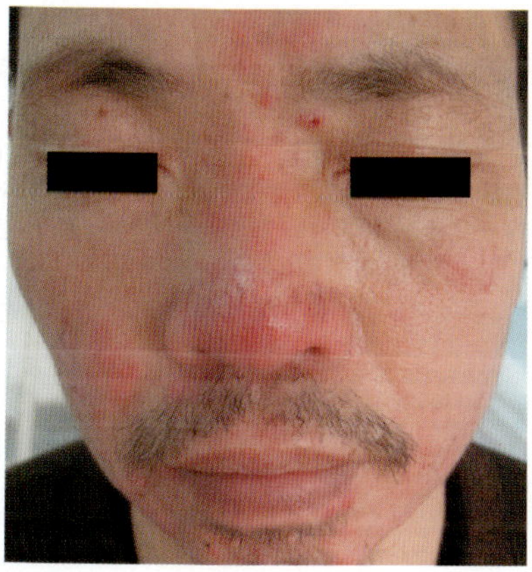

图7-6　酒渣鼻

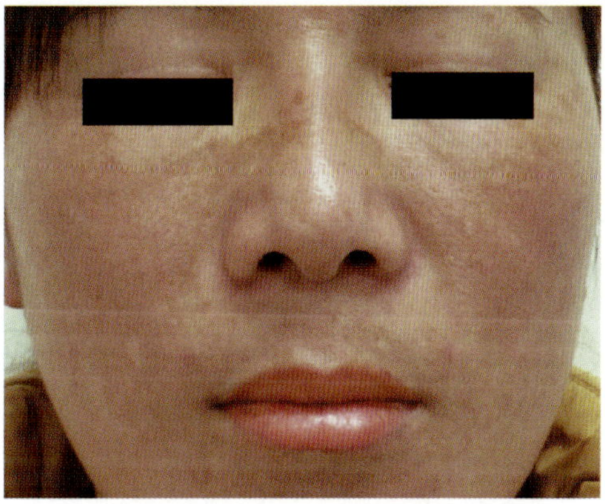

图7-7　黄褐斑

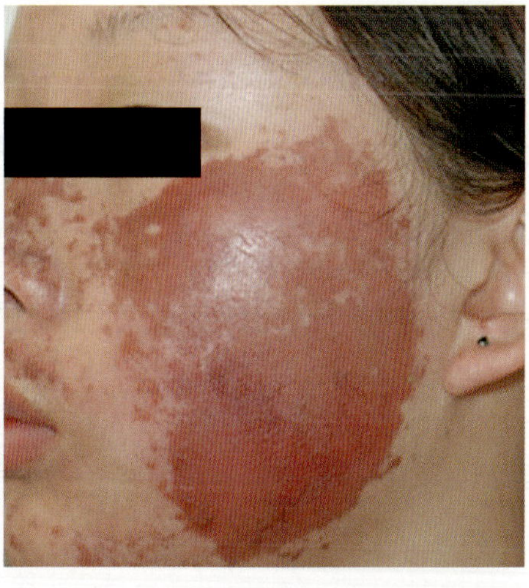

图8-1　化妆品刺激性接触性皮炎

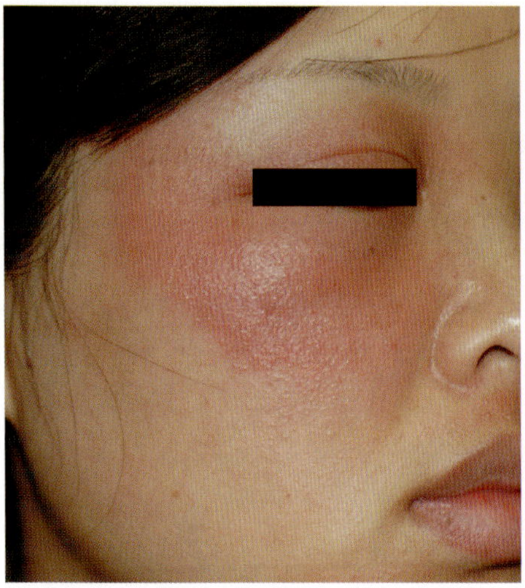

图8-2　化妆品变应性接触性皮炎

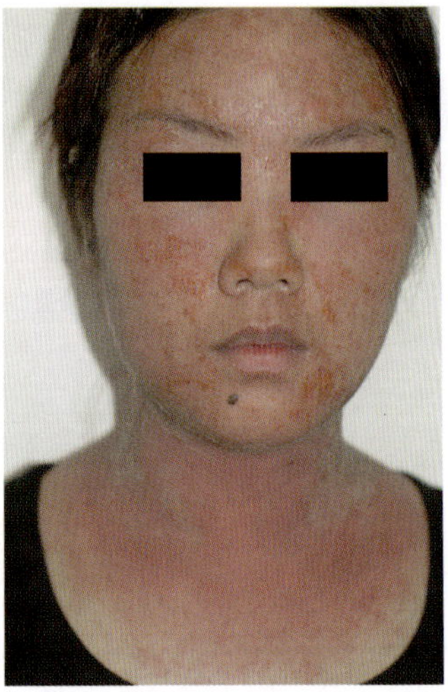

图8-3　化妆品光接触性皮炎

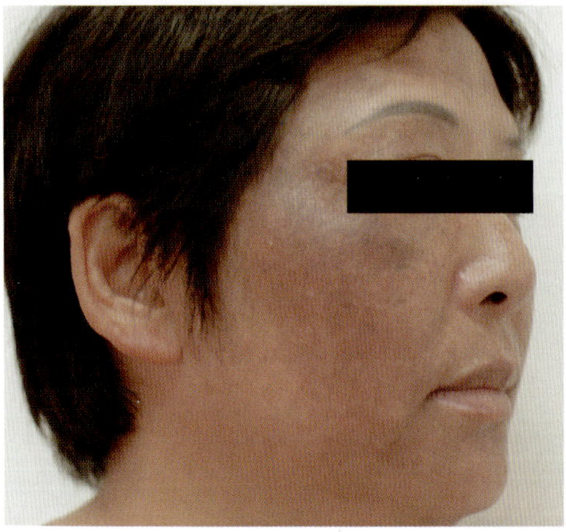

图8-4　化妆品色素异常性皮肤病——色素沉着

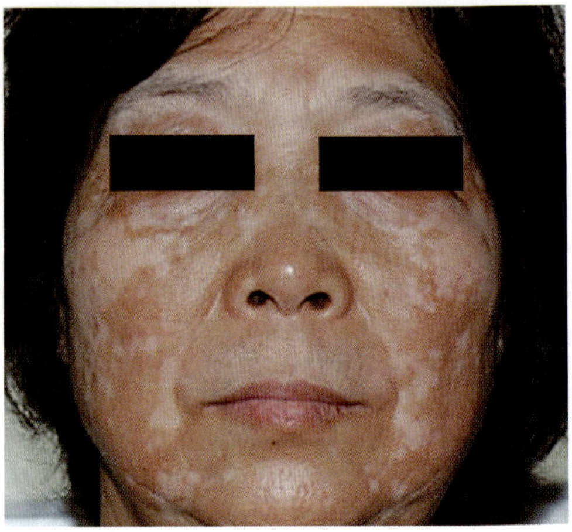

图8-5　化妆品色素异常性皮肤病——色素减退

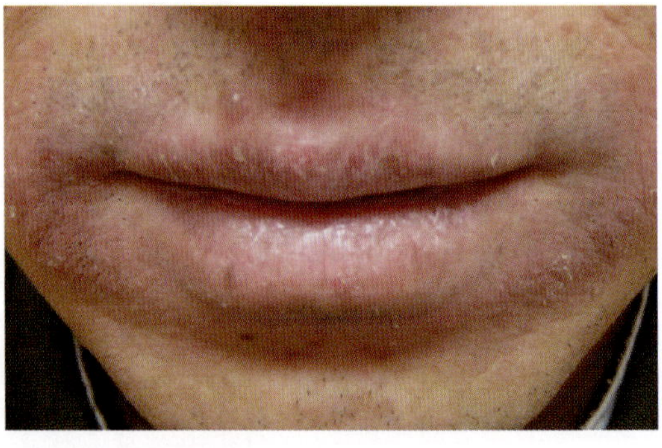

图8-6　化妆品唇炎

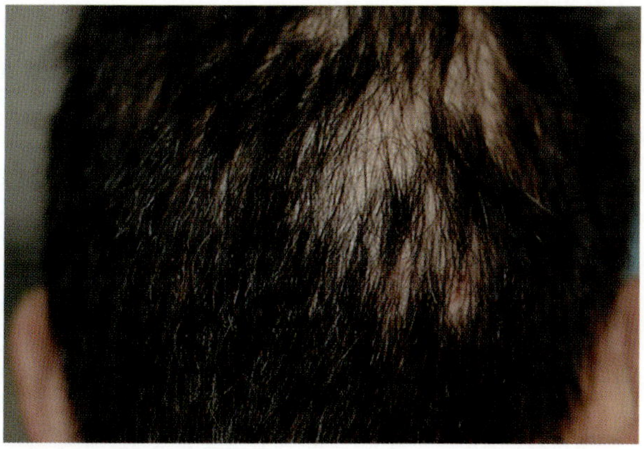

图8-7　化妆品毛发损害

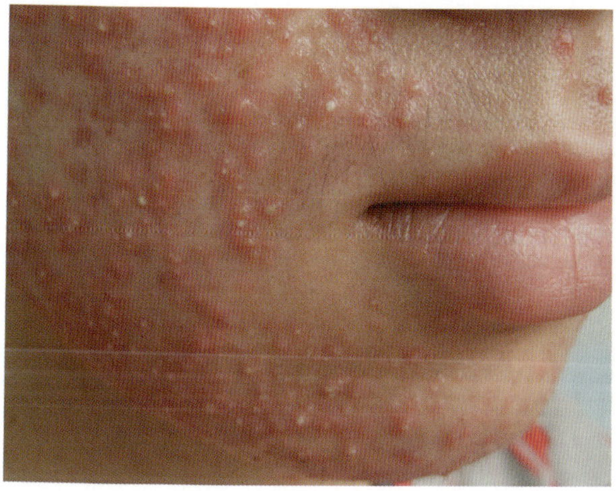

图8-8　化妆品痤疮

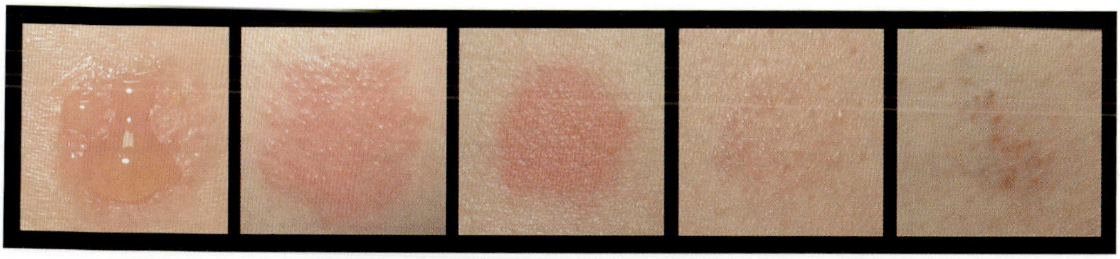

图8-9　封闭型斑贴试验皮肤反应评判

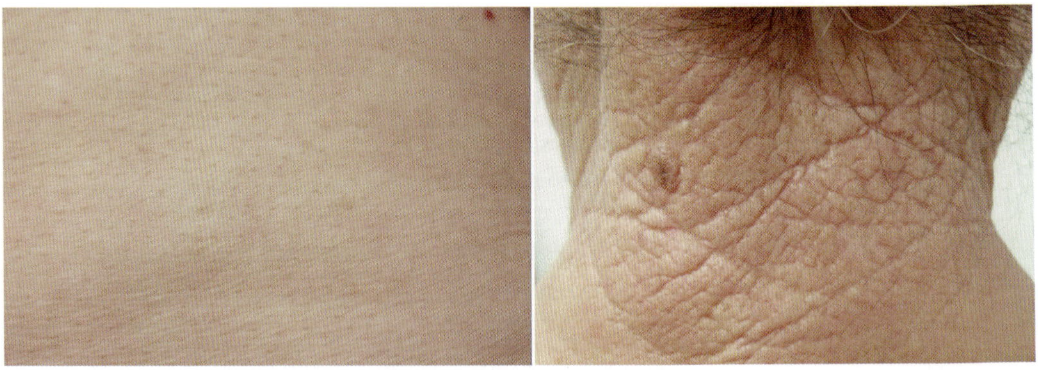

图12-1　皮肤衰老的临床表现
（女，78岁，农民。左：腹部皮肤示自然老化　右：项背菱形皮肤示光老化）

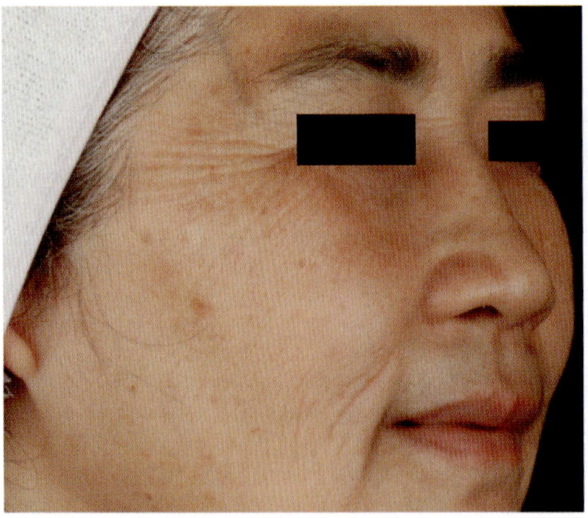

图12-2　动力性皱纹

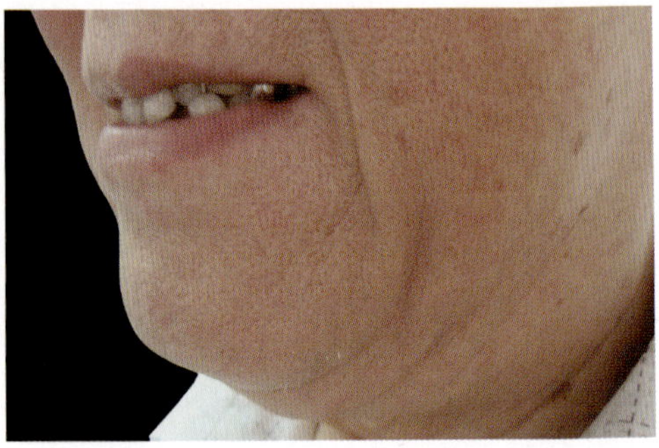

图12-3　重力性皱纹

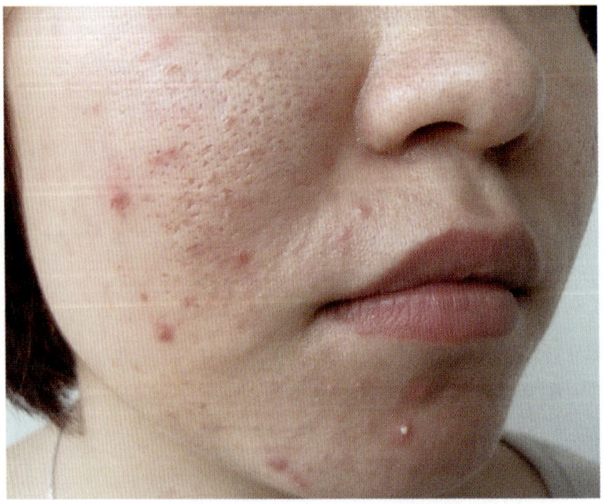

图14-2　寻常型痤疮

图16-1　面膜贴

图16-2　石膏粉

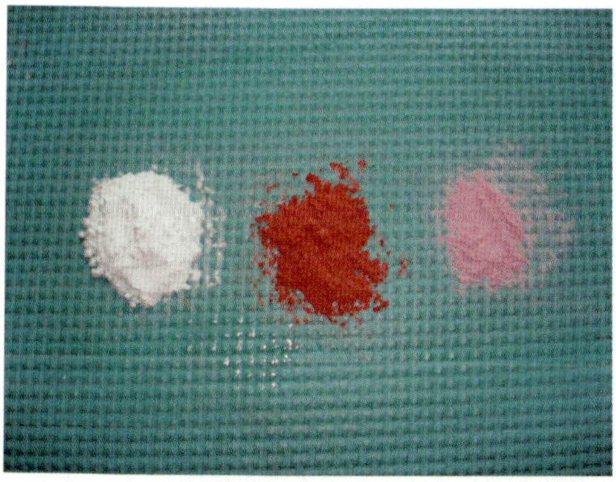

图16-3　软膜粉

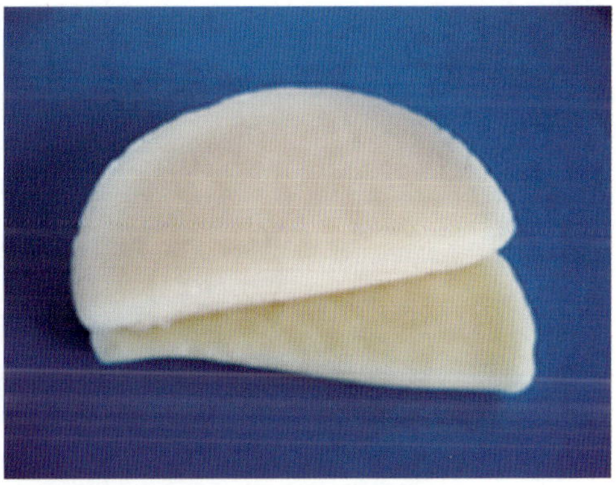

图16-4　石蜡（面膜用）

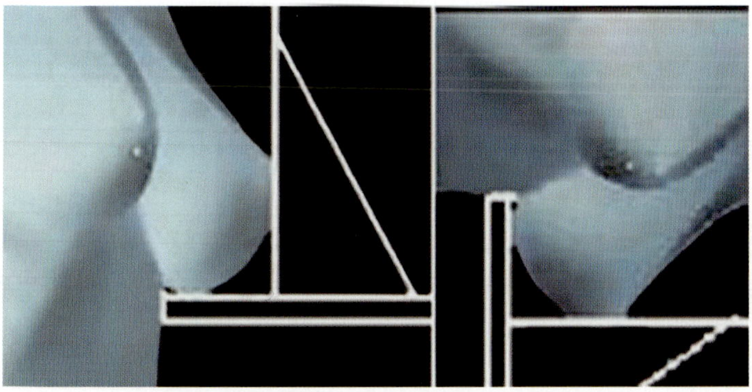

图21-6　站立位与下卧位乳房高度测量示意图

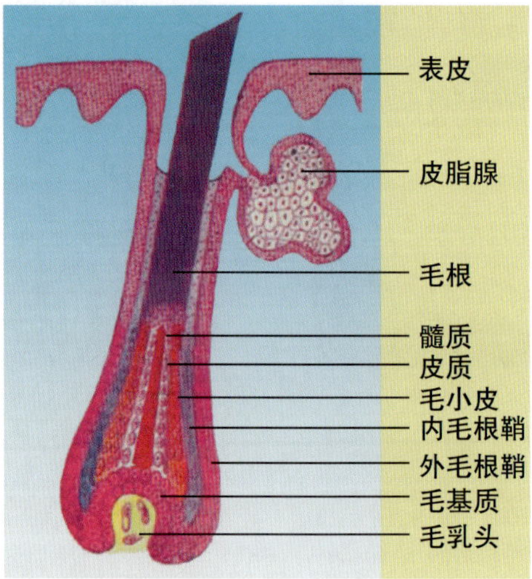

图22-1　毛发结构图

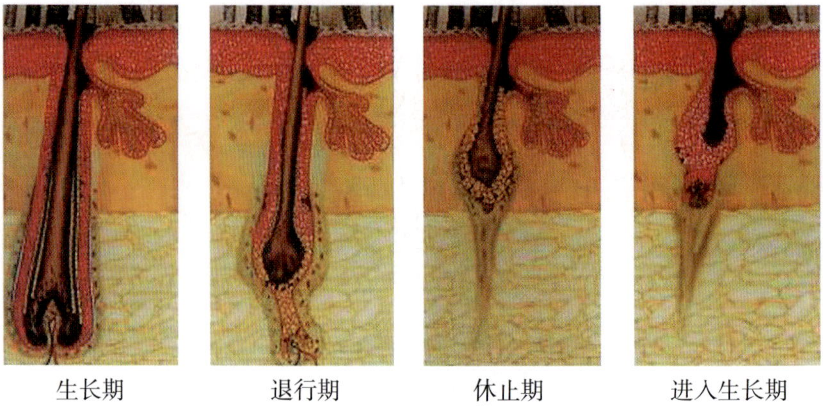

图25-1　毛发的生长周期